ESSAI

DE

PHYTOMORPHIE

Paris. Impr. de PILLET fils aîné, rue des Grands-Augustins, 5.

ESSAI

DE

PHYTOMORPHIE

OU

ÉTUDES DES CAUSES

QUI DÉTERMINENT LES PRINCIPALES FORMES VÉGÉTALES

PAR

CH. FERMOND

PHARMACIEN EN CHEF DE LA SALPÉTRIÈRE
VICE-PRÉSIDENT DE LA SOCIÉTÉ BOTANIQUE DE FRANCE;
VICE-PRÉSIDENT FONDATEUR
DE LA SOCIÉTÉ D'ÉMULATION POUR LES SCIENCES PHARMACEUTIQUES;
MEMBRE DE L'INSTITUT POLYTECHNIQUE, DE LA SOCIÉTÉ LINNÉENNE DE SENS,
DE LA SOCIÉTÉ HAVRAISE D'ÉTUDES DIVERSES, ETC.

> La nature est donnée aux philosophes comme
> une grande énigme où chacun donne son sens,
> dont il fait son principe. Celui qui, par ce prin-
> cipe, rend raison plus clairement de plus de
> choses, peut au moins se vanter d'avoir l'opinion
> la plus vraisemblable.
> La raison et l'expérience doivent être insépa-
> rables pour la découverte des choses naturelles.
>
> L'abbé D'AILLY.

TOME PREMIER

PARIS

LIBRAIRIE MÉDICALE GERMER BAILLIÈRE,
rue de l'École-de-Médecine, 17.

LONDRES | NEW-YORK
Hippolyte Baillière, Regent street, 219. | Baillière brothers, 440, Broadway

MADRID, C. BAILLY-BAILLIÈRE, PLAZA DEL PRINCIPE ALFONSO, 16.

1864

TABLE DES MATIÈRES

CONTENUES DANS LE PREMIER VOLUME

(1) Le mot ἔκαστος est composé de la préposition ex, qui marque la séparation, la division, etc., et du substantif αστος, qui signifie citoyen, citadin, individu. La préposition prenant le ξ devant une voyelle, nous avons cru devoir écrire et prononcer *exastosie* plutôt que *écastosie;* le premier mot nous semblant d'ailleurs plus euphonique.

CORRECTIONS ET ADDITIONS

Pages.	Lignes.	Au lieu de :	Lisez :
57	17	tétraède,	tétraèdre.
70	11	D,	C.
94	9	*Nauclea gambia,*	*Nauclea gambir.*
152	10	combinée,	combinés.
182	24	*Datura fastuosa,*	*Datura fastuosa* et *ceratocaula.*
200	31	sixième,	cinquième.
204	31	modifications,	multiplications et les modifications.
204	33	modifications,	multiplications et ces modifications.
215	21	le,	du.
219	25	il,	qu'il.
222	29	*Cerasophyllum,*	*Ceratophyllum.*
223	12	les,	le.
227	2	*Naudina,*	*Nandina.*
227	15	fleurs,	pieds.
227	21	5,	10.
227	22	4,	8.
232	11	C,	c, c c.
234	18	3 divisions,	2 divisions.
239	4	une,	un.
239	17	telles,	tels.
244	31	elle y est accompagnée,	elles y sont acompagnées.
253	36	circulaire,	centripète.
254	11	elles,	elle.
255	2-3	de plus en plus nou-velles,	surnuméraires.
255	11	trouvent,	trouve.
256	23	opposés,	opposées.
271	25	centre de l'axe,	centre de la feuille.
291	18	fleur,	feuille.
301	16	dans la longueur, de,	de la longueur de.
301	22	bourgeons latéraux,	branches latérales.
320	14	dans,	au bas de.
—	30	lui-même,	elle-même.
—	dernière	*Pflanzenteralogie,*	*Pflanzenteratologie.*
326	34	ne se sont engendrés,	se sont engendrés.
330	6	fleur,	inflorescence.
336	34	éloignés,	éloignées.
—	34	uns,	unes.
341	3	*Adansiona,*	*Adansonia.*
—	34	de l'anthère,	organique de l'anthère avec le fruit.
342	20	carpelle,	carpelles.
344	23	les,	la.
345	27	forment,	forme.
349	35	dans,	entre.
350	6	même,	semblable.
351	28	évolutions à,	évolutions des axes à.
349	21	axes de sphærochorise,	axes de la sphærochorise.
383	25	*Scabiosa purpurea,*	*Scabiosa atro purpurea.*

AVERTISSEMENT

L'ouvrage que nous publions aujourd'hui est le résultat d'une trentaine d'années bientôt d'études et de méditations sur la botanique. Il contient des vues nouvelles sur la manière de considérer la végétation, vues qui conduisent à une théorie générale de ce grand acte de la nature. Cette théorie, que nous n'entrevoyions que vaguement quand, il y a déjà plus de vingt ans, nous en donnions un aperçu très-succinct à la Société d'émulation pour les sciences pharmaceutiques, a été, depuis, le sujet de nos préoccupations constantes. Bien des modifications y ont été apportées, et c'est parce qu'il y avait encore des points de notre théorie qui nous paraissaient obscurs, que nous avons dû attendre si longtemps le moment où nous ferions connaître nos idées sur ce sujet. Aujourd'hui que, plus claire dans ses différentes parties, nous croyons être sûr que notre théorie peut rendre quelques services à la science des végétaux; nous n'avons pas reculé devant un travail long, pénible et dispendieux pour en assurer la publication.

Les idées que contient notre ouvrage sont si nouvelles et si multipliées; elles s'enchaînent tellement qu'il nous était impossible de les faire connaître au monde savant autrement que dans un ouvrage complet qui pût les présenter toutes ensemble. Les publier séparément, c'eût été nous exposer à les compromettre, car il y aurait eu nécessairement des explications oubliées ou laissées dans l'ombre, qui auraient fait que les idées présentes n'auraient pas été suffisamment comprises. Or, du moment que l'on ne comprend pas, on s'intéresse peu à ce qui est dit, et l'on est, par cela même, naturellement enclin à juger mal l'œuvre qui paraît sans intérêt. Au contraire, dans un travail d'ensemble, il est toujours possible au lecteur de recourir à l'explication des idées qu'il n'aurait plus nettement dans l'esprit ; et l'intérêt qu'il trouve à comprendre les explications données de certains phénomènes le rendent beaucoup plus favorable. Aussi verra-t-on que nous n'avons négligé aucune précaution pour lui rendre ce travail facile en le renvoyant à la page qui contient l'idée qu'il lui importe de posséder parfaitement.

Toutefois, ainsi que cela arrive pour toutes les conceptions nouvelles et d'une assez longue haleine, il se peut que notre ouvrage ne soit pas suffisammeut compris, parce que, pour en bien saisir l'esprit et l'ensemble, il exigera une lecture, mieux que cela, une étude complète, appliquée, réfléchie, souvent ingrate par l'aridité du discours portant parfois sur des descriptions fort abstraites. Mais si, par un bonheur inespéré, notre ouvrage était lu et étudié par quelques hommes intelligents qui n'ont en vue que la recherche de la vérité, nous osons concevoir l'espoir qu'alors nos idées, bien accueillies malgré leur imperfection et mûries par d'autres cerveaux plus capables que le nôtre, seraient un jour conduites à bonne fin.

Notre ouvrage est donc le produit d'un travail long et consciencieux. Il est fait de telle façon, que chaque chapitre contient un grand fait général qui conduit à l'explication du fait général aussi que renferme le chapitre suivant. Chaque article ou section de chapitre contient des faits ou des observations qui sont, pour ainsi dire, les corollaires des propositions générales contenues dans le chapitre où ils sont classés,

en même temps qu'ils en sont la confirmation. En conséquence, vouloir chercher à nous comprendre sans lire
notre ouvrage en entier et chapitre par chapitre, section par
section, etc., c'est vouloir s'exposer à un grand mais inutile
travail, qui ne conduirait le lecteur à rien moins qu'à lui
faire considérer notre ouvrage comme une œuvre folle.

Nous le répétons, celui qui désirera comprendre comment
se fait la végétation tout entière, et en vertu de quel mécanisme tous les organes végétaux se forment, croissent et se
composent, devra, de toute nécessité, nous lire attentivement,
nous étudier même, et faire avec notre ouvrage ce que l'on
fait avec un ouvrage de mathématique ; c'est-à-dire, ne passer à un chapitre que lorsqu'il possédera complétement les
idées contenues dans le chapitre précédent. Dans ces conditions, nous osons croire que nous serons le plus souvent
compris, et, s'il y avait quelques pages ou quelques descriptions qui ne fussent pas suffisamment claires pour le lecteur,
nous nous empresserions de répondre aux questions qui
pourraient nous être faites au sujet de notre *Phytogénie*, ou
Théorie générale de la végétation : c'est que, tout en croyant
notre œuvre utile, nous n'avons nullement la prétention de
la juger irréprochable, soit au point de vue littéraire, soit
au point de vue de la clarté des explications.

Toutes les fois que des idées nouvelles surgissent des observations multipliées que l'on fait, il est difficile de les bien
exprimer sans que l'on soit obligé d'employer des mots
nouveaux qui paraissent, à l'auteur, indispensables pour
rendre clairement sa pensée. Souvent même, et c'est ce qui
a dû nous arriver, il est obligé de réformer certaines dénominations qui ne s'adaptaient plus à ses idées, et d'en créer
de nouvelles, qui lui semblent indispensables à l'intelligence
des faits ; le néologisme est donc le *socius* obligé de toute
nouvelle création tant soit peu importante. Par conséquent,
il ne faudra pas s'étonner si l'on trouve dans notre ouvrage

un certain nombre d'expressions nouvelles, ou d'accep-
tions différentes de celles données à quelques mots déjà
usités dans la science ; d'ailleurs, nous espérons que l'on ne
nous supposera pas le travers d'avoir voulu faire du néologisme pour la simple et puérile satisfaction d'inventer des
termes nouveaux. Dans tous les cas, pour les créer, nous
avons eu soin de nous renfermer dans le conseil que nous
donne Horace dans les vers suivants :

> . . . . . . Si fortè necesse est,
> Indiciis monstrare recentibus abdita rerum,
> Fingere cinctutis non exaudita Cethegis
> Continget, dabiturque licentia sumpta pudenter ;
> Et nova fictaque nuper hebebunt verba fidem, si
> Græco fonte cadant, parcè detorta..... (1).

Ces divers points établis, nous devons maintenant faire
connaître le but de notre ouvrage.

Cette publication ne ressemble en aucune façon à celles
qui ont été généralement faites sur la botanique. Sous le
titre d'*Essai de Phytomorphie*, nous avons conçu le plan
d'un ouvrage où sont étudiées les principales formes que
peuvent prendre les végétaux, soit dans leur ensemble, soit
dans les diverses parties relativement élémentaires qui les
composent, en recherchant autant que possible les causes
qui président à la régularisation de ces formes et en leur
donnant une explication rationnelle d'après les principes de
physiologie connus, ou d'après des principes simples de
mécanique rationnelle.

L'esprit doit, ce nous semble, singulièrement s'intéresser
à comprendre comment, une *forme type* étant donnée, cette
forme peut se modifier d'une manière souvent si profonde,
et à rechercher en vertu de quel travail organique s'accomplit ce phénomène. Pareillement, il doit être curieux d'observer le passage d'une forme simple aux formes de plus en
plus composées ; du végétal le plus simple au végétal le plus

(1) *De arte poetica*, Carm., 48-53.

complexe. Aussi l'étude, l'observation et le raisonnement qui tendent à ramener les formes plus ou moins altérées à la forme type de laquelle elles dérivent, sont-elles complétement du domaine de la Phytomorphie. Plus tard, notre intention est de publier, sous le nom de *Phytogénie*, une théorie mécanique générale de la végétation, basée sur des études spéciales que nous avons faites sur les mouvements moléculaires ; car il ne faut pas le méconnaître, toute la végétation, c'est du moins notre opinion, paraît être le résultat d'un travail mécanique, d'ailleurs très-simple, dont nous croyons pouvoir donner la clef. Cette *Phytogénie* sera en quelque sorte le complément du travail général que nous espérons faire connaître sur la vie intime des végétaux. Il sera la conséquence d'un vaste syllogisme dont l'*Essai de Phytomorphie* contiendra les prémisses.

. Ce n'est donc qu'après avoir bien étudié la variabilité de formes que peuvent présenter les diverses parties végétales ; qu'après avoir fait connaître les différentes modifications ou compositions que ces formes affectent dans certaines circonstances normales ou anormales, ainsi que les causes plus ou moins probables de ces nombreuses modifications, que nous pourrons être en mesure d'aborder la théorie générale de la végétation. Alors nous démontrerons comment, partant du bourgeon naissant (petite masse de tissu cellulaire très-homogène à laquelle, pour plus de simplicité, nous donnons le nom de *centre vital* ou celui de *Phytogène*), et en vertu d'un mécanisme fort simple, les parties les plus extérieures de cette petite masse (phytogène), pour former des organes que l'on est convenu de nommer *appendiculaires*, se séparent de la masse centrale qui devra, par son développement, constituer le *corps axile*, sur lequel seront diversement placés tous les organes appendiculaires.

Pour cela, à partir de ce phytogène, et en suivant progressivement l'ordre suivant lequel la nature végétale marche, nous passerons en revue les feuilles, les diverses parties de la fleur, le fruit, la graine, l'embryon, les axes, etc. On voit donc que nous devons ainsi faire subir au végétal une véritable analyse, dont le but sera d'examiner en détail chaque élément simple ou composé, d'en décrire les formes, la nature et les diverses fonctions. Ce sera, en un mot, faire l'histoire générale de toute la végétation.

Après avoir étudié dans notre premier volume de phyto-morphie la manière dont, à notre point de vue, on doit en-visager la *Vie*, tant dans son principe essentiel que dans ses manifestations générales ou particulières, nous abordons la question de l'*Individualité*, que nous examinons d'une ma-nière générale, mais plus spécialement dans les végétaux, laquelle n'est, après tout, qu'une conséquence de la manière dont nous définissons la *Vie universelle*; puis, nous abordons l'étude de la *Symétrie* envisagée au point de vue des trois grandes divisions primordiales des êtres naturels; et quoique nous ayons traité cette vaste question d'une manière spé-ciale (1), cependant nous avons dû lui faire subir de légères modifications, qu'une étude plus approfondie nous a fait juger nécessaires. D'un autre côté, nous avons dû lui don-ner plus d'extension, surtout en ce qui concerne les appa-rences de défauts dont elle est capable par suite de causes diverses que nous examinons sous le nom de *Symétrie dis-simulée*.

Enfin, vient la grande question de l'*Exastosie* (2), force ou propriété générale que présente le phytogène et sans laquelle toutes les parties végétales vivantes resteraient éter-nellement unies en un tout continu sans présenter la moindre apparence de ces organes appendiculaires dont l'immense variété de formes concourt à donner aux végétaux des phy-

(1) *Études sur la symétrie considérée dans les trois règnes de la nature.* Broch. in-8° avec 29 figures. Paris, 1855.
(2) Consulter la note de la première page de la table des matières.

sionomies si particulières, si *individuelles*, qu'il n'est pas possible de confondre deux individus appartenant aux mêmes genres.

L'exastosie nous paraît donc être la force ou la propriété la plus caractéristique du règne végétal, car on ne la retrouve dans aucun autre règne, du moins dans un état de manifestation aussi visible, et, à part les végétaux les plus inférieurs qui ne consistent qu'en une seule cellule *simple* et *libre* (*protococcus*), tous donnent des signes les plus évidents de cette propriété. Il y a mieux, c'est que les végétaux les plus simples dont nous venons de parler ne sont même pas exempts d'exastosie, puisque l'on reconnaît que chaque individualité, une fois formée, devient le point de départ de nouvelles générations; et comment comprendre qu'une cellule simple et libre donne naissance à une seconde, une troisième, etc., cellule simple et libre aussi, sans aussitôt concevoir le phénomène de l'exastosie? A moins que l'on n'admette, pour la formation de chacune de ces cellules simples et libres, la théorie de la génération spontanée.

Cette propriété, dont aucun ouvrage de botanique ne fait mention, quoique soupçonnée peut-être, n'était évidemment pas étudiée, et le défaut de connaissance de cette propriété avait conduit les botanistes les plus éminents à employer des expressions capables d'induire en erreur tous ceux qui s'occupent de botanique. Le terme *soudure*, par exemple, en est une qui ne peut manquer de sauter à l'esprit de tous ceux qui comprendront la signification du mot *exastosie*. En effet, la petite masse de tissu cellulaire qui, pour nous, est un *centre vital* ou *phytogène*, n'est formée que de cellules liées ou unies entre elles aussi intimement que possible et parfaitement homogènes. Vue aux plus forts grossissements, rien alors ne peut faire supposer que toutes ces parties se sépareront les unes des autres; cependant il arrive un moment où l'exastosie exerce son action sur les cellules, et celles-ci se disjoignent en formant des centres d'union divers qui donneront lieu aux différents organes dont se composent les végétaux. Donc, lorsque cette séparation ne se fait pas, il est impropre de dire qu'il y a *soudure*; au contraire, lorsqu'elle s'effectue, il y aurait plutôt véritablement *dessoudure*, et c'est ce que nous semble bien exprimer le mot *exastosie*.

Mais ces exastosies peuvent avoir lieu d'une manière plus ou moins multipliée, d'où résultent des phénomènes de second ordre appartenant toujours au grand fait de l'exastosie ; et c'est pour cela que le chapitre qui traite de cette propriété est divisé en plusieurs parties principales, parmi lesquelles sont les *chorises* et les *répétitions des organismes végétaux*, et chacune de ces parties est elle-même subdivisée en d'autres sections comprenant des états de l'exastosie qui viennent en sous-ordre.

La question des chorises a été pour nous le sujet d'une étude spéciale. Nous avons été assez heureux pour saisir le lien qui unissait tous les phénomènes connus sous les noms de *dédoublements, multiplications, fascies, loupes* ou *exostoses, polycladie*, etc., et nous avons démontré qu'il n'y a réellement que trois ordres de multiplications : celle qui se fait suivant un plan (*épipédochorise*); celle qui se produit selon un cercle (*cyclochorise*); et celle qui a lieu sphériquement (*sphærochorise*).

Dans l'article des *Répétitions d'organismes* nous avons fait voir que les infrondescences pouvaient se transformer en *phytonies* (infrondescences et inflorescences réunies); les phytonies en inflorescences; celles-ci en fleurs, etc., et réciproquement, si bien qu'il est alors impossible de ne pas reconnaître que c'est le même élément botanique, le *phytogène* qui, selon les circonstances, subit toutes ces transformations.

Enfin, dans notre article intitulé : *Prolepsie végétale*, nous avons cherché à démontrer, par un certain nombre d'exemples, que l'obliquité des rayons solaires n'était pas sans avoir une certaine influence sur quelques floraisons, et devait pouvoir concourir, ainsi que la somme de chaleur efficace, à la floraison, et par suite à la maturation des fruits.

Chaque chapitre, chaque article, chaque section même, peut être considéré, si l'on veut, comme un mémoire spécial sur la question qu'il traite, car on comprend qu'ayant pour base cette propriété non étudiée jusqu'à nous (*l'exastosie*), toutes ces questions, envisagées sous un jour tout nouveau, doivent avoir une tout autre interprétation, laquelle, après tout, n'est que la conséquence de l'étude de cette propriété si générale.

Enfin, quoique notre premier volume ne soit composé que de faits relatifs à l'exastosie, cependant, nous serons obligé d'y revenir dans notre second volume, car telle est la généralité de cette propriété, que l'on peut assurer qu'il n'est pas un seul phénomène de végétation sans exastosie, soit que celle-ci se montre *normale*, en *défaut* ou en *excès*; soit qu'elle se fasse *circulaire*, *centripète* ou *transversale*.

Les excès ou les défauts d'exastosie constituant d'ordinaire des états contre nature, nous avons dû nécessairement traiter des phénomènes tératologiques qui en résultent, tout en parlant aussi des principaux phénomènes naturels qui ne sont point considérés comme des monstruosités. D'un autre côté, faisant dériver tous les organes végétaux d'un élément unique : le *centre vital* ou *phytogène*, il a nécessairement fallu comprendre dans nos études les métamorphoses, que nous traiterons d'une manière particulière dans notre second volume de Phytomorphie; de sorte que, sans être un traité spécial de *Tératologie*, notre ouvrage doit néanmoins réunir un très-grand nombre d'exemples de faits tératologiques, car nous sommes persuadé que c'est en surprenant, pour ainsi dire, la nature s'essayant à des créations nouvelles, que l'on arrivera à se faire une juste idée de la manière dont elle procède.

La composition de notre ouvrage a donc nécessité un très-grand nombre de recherches pour arriver à grouper tous les faits connus les plus importants et les plus capables d'appuyer nos idées théoriques; mais, quels que soient les soins que nous ayons apportés dans ce travail, ou notre bonne volonté à le parfaire, il nous sera sans doute arrivé de laisser passer de nombreuses omissions et de signaler, comme nous appartenant, des observations ou des expériences déjà indiquées par d'autres botanistes, et dont nous n'aurions pas eu connaissance. Si cela était arrivé, nous serions le premier à en reverser la priorité sur l'auteur qui nous serait désigné comme ayant droit à cet honneur, bien que la plupart de nos observations ou expériences puissent être antérieures à certaines de celles qui pourraient être publiées; car, faites depuis longtemps, nous avons dû attendre le moment opportun de les faire connaître sous les nouveaux points de vue qui ressortissent de notre théorie.

Les sources où nous avons puisé nos renseignements sont nombreuses. Ce sont des ouvrages ou des mémoires justement estimés, et il nous suffira de citer les noms de quelques-uns de leurs auteurs pour en fournir la preuve. Ces noms sont : Adanson, Brongniart (Adolphe), Brown (Robert), Decaisne, de Candolle (Alph.), de Candolle (Aug. Pyr.), Cassini (Henry), Duchartre, Duhamel, Dunal, Dupetit-Thouars, Dupont de Nemours, Dutrochet, Engelmann, Gaudichaud, Gay (Jacq.), Goëthe, Jussieu (Adrien), Jussieu (Ant. L.), Kunth, Lamarck, Lindley, Link, Linné, Mirbel, Montagne, Moquin-Tandon, Payer, Richard, Rœper, Saint-Hilaire (Aug.), Schimper, Schleiden, Seringe, Tournefort, Treviranus, de Tristan, Turpin, etc., etc. Quelquefois, nous avons dû aussi nous confier à nos souvenirs, si bien que si quelques erreurs capitales, malheureusement inévitables, se sont glissées dans notre ouvrage, ce sont eux qu'il faut en accuser.

Enfin, dans quelques cas, si nous sommes entré dans des détails inutiles pour la plupart des botanistes, c'est que nous avons cru qu'ils étaient indispensables pour les élèves qui seraient appelés à lire notre livre.

Nous n'ignorons pas que nous avons entrepris une tâche laborieuse et difficile ; que bien souvent nous serons resté au-dessous de la mission que nous nous sommes imposée ; que quelques vues émises dans notre œuvre ne seront pas acceptées par tous les hommes qui nous liront ; qu'enfin nous sommes sorti quelquefois du champ de l'observation exacte et palpable, et cela au moment où beaucoup d'esprits ne visent qu'à la constatation des faits les plus matériels et délaissent systématiquement le côté théorique de la science. Mais de ce que l'étude ou le travail offrent de grandes difficultés, quelquefois de véritables obstacles, s'ensuit-il que l'on ne doive pas les tenter ? Non, certes, et plus le labeur est pénible, plus il y a de courage, sinon d'honneur à l'entreprendre. D'ailleurs, nous sommes persuadé que ce sont moins les faits observés qui manquent que l'esprit de méthode et de généralisation capable de les grouper, de les coordonner et d'en tirer les déductions théoriques si souvent utiles.

Le monde savant se compose d'hommes dont l'esprit et l'intelligence se nuancent à l'infini ; mais, parmi ces hommes, les uns sont essentiellement pratiques et se contentent de voir ou d'observer et d'expérimenter : ce sont des *expérimentateurs* ; tandis que les autres, au contraire, ne peuvent s'astreindre à la pratique de l'expérience ; ils se contentent de réfléchir sur ce qu'ils savent, et en tirent parfois des conséquences qu'ils croient utiles : ce sont des *penseurs*, que par une sorte de mépris on traite de *rêveurs*. Pour être juste, il faut reconnaître que ces deux classes d'hommes rendent à la science de grands services; car, si les premiers mettent plus particulièrement leur activité corporelle et intellectuelle au service de la science, les autres ont constamment l'esprit tendu vers la recherche des causes qui produisent les phénomènes dont ils ont connaissance, et arrivent souvent à les expliquer de la manière la plus satisfaisante. La science n'est, pour ainsi dire, composée que de sortes de formules mathématiques ou équations dans lesquelles il y a un grand nombre d'inconnues. Les premiers, les expérimentateurs, cherchent les faits qui sont comme les quantités connues de ces vastes équations, et les penseurs, à leur tour, mettent en regard ces faits et en tirent les inconnues qui sont les conséquences théoriques des faits observés. Néanmoins, peut-être, faut-il reconnaître que les uns et les autres, incontestablement utiles, exagèrent le sens dans lequel ils travaillent. Enfin, il est des hommes qui, étant à la fois penseurs et expérimentateurs, font marcher ensemble la pratique et la théorie, l'expérience et la réflexion; ils constituent une classe d'hommes qui ont bien aussi leur utilité. Nos efforts et nos tendances nous feront peut-être classer parmi ces derniers, et si nous n'avons pas rendu à la science un service aussi grand que nous l'aurions voulu, au moins nous aurons fait notre devoir envers elle, en faisant connaître le fruit de nos recherches et de nos réflexions, en la servant dans la mesure de notre intelligence.

Quel que soit l'avenir que le sort réserve à notre ouvrage, nous avons la satisfaction de penser qu'il n'est l'œuvre d'aucune idée spéculative, mais bien celle d'un esprit ami de la vérité, qui la cherche partout où il croit la trouver; celle d'un homme qui s'est laissé guider par ses observations plutôt que par une idée préconçue et qui pense que ses idées, qu'il ne saurait juger lui-même, doivent, par cela même, être portées à la connaissance de tous, pour le cas où elles pourraient être utiles à la science. Nous n'ignorons pas que ces idées trouveront de nombreux contradicteurs, et que nous serons maintes fois dans l'obligation de les défendre; mais nous acceptons volontiers une lutte de laquelle, certainement, il ne peut sortir que de la lumière, et nous nous estimerons heureux si quelques-unes de ces idées peuvent contribuer au progrès d'une science aussi importante et aussi vaste que l'est la botanique.

Dans tous les cas, nous espérons que nos lecteurs reconnaîtront que l'ensemble de nos études justifie, à notre point de vue, l'épigraphe que nous avons mis en tête de notre ouvrage, ou que tout au moins nous ne rentrons pas dans la catégorie des auteurs dont parle le poëte latin dans ces vers si connus qui commencent son épître sur l'*Art poétique* :

> Humano capiti, cervicem pictor equinam
> Jungere si velit, et varias inducere plumas,
> Undique collatis membris ; ut turpiter atrum
> Desinat in piscem mulier formosa supernè.

Nous attendrons donc avec confiance le jugement des hommes du présent et de l'avenir.

INTRODUCTION

A L'ÉTUDE DE LA BOTANIQUEj

Dès que l'on cherche à lire dans le grand livre de la nature, on s'aperçoit que les êtres de la création affectent des formes trop diverses pour que l'on puisse les considérer comme étant tous le résultat d'un principe unique. En comparant ensemble un animal, une plante ou une pierre, il n'est personne qui ne saisisse aussitôt la différence existant entre ces trois sortes d'êtres et qui ne comprenne que la cause qui préside à la formation de l'un n'est pas la même que celle qui dirige la formation de l'autre.

Si l'on se demande en quoi diffèrent ces êtres, il sera souvent difficile de se l'expliquer avec exactitude, bien que l'on sache parfaitement les distinguer; et n'était la faculté locomotrice des animaux, qui peut servir de base à leur caractérisation, il serait pour ainsi dire impossible de définir leur différence, surtout quand l'observation se porte sur les espèces inférieures végétales ou animales. Il ne faut donc pas s'étonner si cette définition de l'immortel Linnée : *Mineralia crescunt, vegetabilia crescunt et vivunt, animalia crescunt, vivunt et sentiunt,* quoiqu'étant peutêtre encore la meilleure, n'est cependant pas l'expression exacte de la vérité.

En employant comme nous venons de le faire l'adverbe dubitatif, peut-être, nous n'avons pas voulu juger nous-même la définition suivante, que nous déduisons de notre travail sur la symétrie générale. Tous les êtres sont symétriques : *les minéraux le sont par rapport à* un point ; *les végétaux le sont par rapport à* une ligne ; *les animaux le sont par rapport à* un plan ; ce qui pourrait être plus simplement exprimé de la manière suivante : les animaux sont *épipédosymétriques;* les végétaux *enthésymétriques;* les minéraux *sigmésymétriques*, en admettant que ces mots tirés du grec ne parussent pas trop longs et ne fussent pas trop durs à prononcer.

De tout ce qui précède, nous tirons néanmoins cette conséquence bien importante : c'est que l'on s'accorde généralement à reconnaître dans les êtres qui composent notre globe trois catégories bien tranchées dérivant toutes de trois *formes primitives*, ou *formes types*, que l'analyse fait retrouver dans chacun des êtres qui composent chaque catégorie. Ces trois formes sont depuis longtemps reconnues dans la science et constituent ce que l'on a coutume de désigner sous les termes de *règne minéral, règne végétal* et *règne animal*.

Il ne faut pas considérer longtemps tous les êtres de la nature pour s'apercevoir que le plus vaste cerveau ne saurait apprendre tout ce qui les concerne, et l'on comprendra que l'on ait dû diviser l'étude de tous ces êtres en autant de sciences spéciales que nous avons reconnu de groupes distincts. L'étude des animaux est devenue la *zoologie;* l'étude des minéraux, la *minéralogie;* et celle des végétaux a dû constituer la *botanique*.

Mais la botanique ne consiste pas uniquement à cultiver une plante et à en connaître le nom. Cette science est devenue, surtout de nos jours, tellement vaste, qu'il a fallu y reconnaître des parties diverses, et il n'est pas rare de trouver de profonds botanistes qui ne se sont presque jamais occupés que de l'une d'elles. C'est qu'en effet l'étude approfondie d'une seule de ces parties suffit à l'occupation d'une vie tout entière ; et encore, quand on considère le résultat auquel arrive un seul homme après une vie laborieusement et intelligemment remplie, on est étonné de trouver la science aussi avancée. Cependant, si l'on réfléchit que chaque homme qui travaille selon ses goûts et son aptitude apporte son contingent de matériaux qui doit servir à élever le monument scientifique, et que de temps en temps, de loin en loin, il se trouve toujours un esprit supérieur qui s'empare de ces matériaux et en construit l'édifice, on finit par comprendre que la science ait pu se faire, mais en même temps l'on est effrayé du temps et du nombre d'hommes qui ont été employés pour la conduire au point où elle en est, et l'on ne peut s'empêcher de considérer combien l'homme seul est peu de chose, combien au contraire l'ensemble des hommes est grand quant à ses productions.

C'est donc en vertu de l'immensité d'objets divers qu'embrasse une science qu'il devient nécessaire de la diviser, puis de la subdiviser. Voilà pourquoi aujourd'hui la botanique se divise en *Organographie, Anatomie, Physiologie, Terminologie, Taxonomie* et *Phytographie.*

Par Organographie on entend parler de la description des organes, leur forme, leur disposition et leurs rapports les uns avec les autres. L'Anatomie est l'étude de la structure, de la composition des tissus. La Physiologie comprend les diverses fonctions des organes ou des parties qui composent les tissus. La Terminologie ou *Glossologie* s'occupe de la connaissance des termes propres à distinguer les différents organes des plantes et leurs nombreuses modifications. C'est en un mot la science du langage technique dont on fait usage en botanique, ce qui la rend inséparable des autres branches.

Enfin la Taxonomie et la Phytographie s'occupent : la première, des principes de la classification et des différentes classifications proposées pour disposer méthodiquement les plantes ; la seconde, de la dénomination et de la description des plantes, conformément à certaines règles et par des caractères généraux ou particuliers propres à distinguer les végétaux les uns des autres. Ces deux branches en ont pour annexes deux autres : la *Littérature botanique* et la *Synonymie* ou connaissance de la série des noms vulgaires ou scientifiques par lesquels chaque plante est désignée, soit par les différents peuples, soit par les besoins de la science et à des époques différentes.

A ces branches il faut encore ajouter l'*Organogénie*, qui s'occupe de l'étude du développement des organes végétaux et de l'ordre d'après lequel se fait ce développement, et la *Philosophie botanique*, dans laquelle viennent se ranger : 1° la *Phytomorphie* dont le but est de rechercher par l'observation, l'expérience et le raisonnement, l'explication naturelle des métamorphoses, dont la botanique nous offre de très-nombreux exemples, et de ramener à des types bien connus les formes principales ou leurs modifications dont la nature se montre parfois si prodigue ; 2° la *Phytogénie*, qui est, à proprement parler, la science de la végétation, puisque, en étant la théorie générale, elle donne la raison qui fait que les divers éléments végétaux s'associent, se groupent de telle ou telle façon pour constituer des organes essentiels à la vie végétale, en même temps qu'elle cherche à établir les lois d'après lesquelles se fait l'évolution et la composition de ces organes. Ces nouvelles branches de la botanique sont aujourd'hui le sujet des recherches les plus actives, et ce sont elles qui certainement vont concourir à donner à quelques théories de la science, sous plusieurs points de vue, un cachet de vérité qu'elles étaient loin de posséder.

Il ne faut pas croire que la botanique se borne à ces connaissances ; car, non-seulement elle doit s'occuper de l'organisation, du mode de développement des végétaux, mais elle doit aussi les étudier par rapport à eux, aux animaux et surtout à l'homme. C'est à cette partie très-importante de la science que l'on est convenu de donner le nom de *Botanique appliquée*, et, selon la nature des applications auxquelles on peut soumettre les plantes, on obtient des subdivisions qu'il convient d'indiquer. Ainsi, la partie qui traite de la connaissance des plantes en tant qu'elles exercent une salutaire influence sur l'homme malade, prend le nom de *Botanique médicale*, et celle qui embrasse les végétaux que l'homme sain emploie, soit pour ses jouissances, soit pour

ses plus indispensables besoins, porte le nom de *Botanique écono-
mique*, laquelle comprend encore la *Botanique agricole, horticul-
turale, forestière, industrielle*, etc., selon qu'elle étudie plus
particulièrement les plantes de petite et de grande culture, ou les
espèces qui servent à embellir nos jardins et nos serres, ou les
arbres qui peuplent nos forêts ou qui décorent nos parcs et nos
allées, ou bien enfin les espèces qui, employées dans les arts, y
revêtent les formes si variées et en même temps si utiles pour nos
besoins divers.

La botanique est sans contredit la science la plus récréative, la
plus poétique et la plus entraînante parmi toutes les sciences.
Tout le monde aime les fleurs, et presque tous, tant que nous
sommes, nous aimons les jardins pour les fleurs, les fruits, les
arbres, les senteurs exquises qu'ils nous procurent. Voir ces
plantes, en connaître le nom et les propriétés diverses, c'est un
besoin de notre nature, et à notre insu, de cette façon, nous faisons de la botanique. Mais quand on étudie la structure d'une
fleur, non plus pour admirer les splendides couleurs de sa corolle,
non plus pour jouir du spectacle du gracieux mouvement de ses
étamines sous les baisers de la plus légère brise, mais bien pour
considérer l'utilité de toutes ces parties qui s'enveloppent les
unes les autres comme pour protéger ou cacher des phénomènes
que l'observation nous apprendra à connaître, oh ! alors l'intérêt
nous envahit, et une fois lancés dans cette voie d'observations et
d'études, il nous devient difficile de nous soustraire à ce besoin
d'apprendre encore qui nous poursuit sans relâche. C'est que dans
cette fleur qui semble n'être créée que pour distraire et réjouir
notre vue ; c'est que dans ces brillantes couleurs dont l'ensemble,
véritable musique oculaire, forme une des plus agréables sym-
phonies, il y a tout un monde intéressant de phénomènes naturels, d'amours mystérieux dont les façons diverses, sortes d'intel-
ligences végétales, sont bien propres à exciter notre curiosité et à
étonner notre esprit. Ici, ce sont les étamines ou organes mâles
des Saxifrages, de la Parnassie et de plusieurs Liliacées, qui s'ap-

prochent spontanément du pistil ou organe femelle. Là, les filets des étamines se courbent pour porter l'anthère sur le stigmate, comme on peut l'observer dans les *Geranium* et les *Kalmia*. Dans la Capucine de nos jardins, chaque jour une étamine s'incline sur le pistil, et comme il y en a huit, le même phénomène se produit pendant huit jours avec une certaine régularité. Au contraire, dans le Tabac elles s'en approchent toutes à la fois. A l'époque de la fécondation, les étamines de l'*Amaryllis aurea* sont comme agitées d'une espèce de mouvement convulsif. Chez plusieurs plantes de la famille des Urticées (la Pariétaire et le Mûrier à Papier) les organes mâles sont inclinés vers le centre de la fleur et au-dessous du pistil : quand vient le moment de la fécondation, elles se redressent avec élasticité comme autant de ressorts pour lancer leur pollen sur l'organe femelle. Il semble donc qu'en général, chez les végétaux, les organes femelles ne se prêtent que d'une manière passive à l'acte de la fécondation. Il n'en est cependant pas toujours ainsi, comme nous allons le voir.

En effet, si vous examinez les organes femelles au moment de la fécondation, vous reconnaissez qu'ils sont quelquefois le siége d'une irritabilité plus ou moins remarquable.

On a surpris bien des fois le stigmate des fleurs d'Epilobe, de Passiflore, de Nigelle, de Lis, etc., se penchant vers les fleurs mâles. Chez la Tulipe, le *Martynia* et la Gratiole, le stigmate se dilate et s'ouvre d'une manière fort sensible. Il en est de même des lèvres du stigmate du *Mimulus,* qui se rapprochent et se resserrent dès qu'une petite masse de pollen vient à les toucher.

On trouve dans la Nouvelle-Hollande une jolie petite plante, le *Leschenaultia,* dont la fleur porte un stigmate en forme de coupe garni sur ses bords de poils assez longs. Au moment de la déhiscence des anthères, et quand le pollen tombe sur le stigmate, on voit aussitôt celui-ci se contracter comme pour embrasser les grains de pollen, et les poils se rapprocher de manière à en fermer l'ouverture.

Les *Stylidium* nous fournissent le spectacle d'une mobilité très-remarquable. Les filets des deux étamines sont soudés avec toute la longueur du style ; il en résulte une sorte de colonne terminée par le stigmate glanduleux qu'entourent les quatre loges qui constituent les deux anthères. Cette colonne, deux fois fléchie dans sa longueur, est déjetée du côté de la plus petite et de la plus irrégulière des cinq divisions de la corolle. Quand la fleur est jeune et la corolle encore jaune, les anthères ne sont pas épanouies, mais aussi la colonne ne présente aucun mouvement. Au contraire, dès que la corolle est devenue blanche ou rose, les anthères s'ouvrent et la colonne devient le siége d'une grande excitabilité. Dans ce cas, si l'on secoue la fleur ou si l'on touche avec un corps dur la base externe de la colonne, immédiatement on la voit se déjeter avec force et se coucher sur le côté opposé de la fleur. Au bout de quelque temps elle reprend sa première position et, avec elle, son excitabilité.

Tout est donc calculé, prévu dans les phénomènes naturels, et si bien souvent nous sommes à la recherche des fonctions que peuvent remplir tel et tel organe, soyez assuré que la nature ne l'a pas créé en vain, et qu'un jour viendra où vous en connaîtrez les usages.

Longtemps on a dû penser que les corolles n'avaient d'autre but que de servir d'enveloppe protectrice aux organes essentiels de la fécondation, et l'on s'était fondé sur l'observation générale qu'une fois ce grand acte accompli elles se dessèchent et tombent. Mais observez ce qui se passe dans une fleur d'*Iris*, d'*Ipomea*, de *Convolvulus* ou d'*Hibiscus*, et vous pourrez reconnaître les phénomènes dont voici la description :

Si vous choisissez comme sujet d'observation une fleur d'*Iris*, vous pouvez voir qu'elle est formée de six parties disposées trois par trois et constituant un périanthe, que les botanistes regardent comme l'analogue du calice des autres fleurs de dicotylédones. Trois de ces parties qui paraissent être plus en dehors de la fleur sont extérieurement recourbées; les trois autres, plus internes, sont dressées. En face des trois premières parties, et plus à l'intérieur, on aperçoit trois espèces de lames un peu courbées en voûte concave du côté qui regarde la partie du périanthe, et convexe du côté du centre. Ces trois lames sont les stigmates du pistil dont l'ovaire paraît parfaitement au-dessous de la fleur. Chaque stigmate cache, bien appliqué dans sa concavité, une étamine dont l'anthère s'ouvre *extérieurement* par une fente longitudinale.

Comme on le voit, ces organes sont dans une disposition peu favorable à la fécondation, puisque le pollen semble devoir être dirigé en sens contraire de la position du stigmate; mais voici comment la nature y a pourvu. Vous pouvez remarquer que les trois parties qui sont vis-à-vis le stigmate portent souvent, seules, sur le milieu de leur face interne, une bande de petits poils que nous nommons *poils collecteurs*. Ce sont eux qui reçoivent le pollen à mesure qu'il s'échappe des loges de l'anthère. Un peu plus tard, et par un mouvement particulier propre à toutes les parties, mouvement auquel nous avons donné le nom d'*inconvolution*, chaque partie ainsi chargée de pollen se redresse, puis se courbe vers le centre de la fleur; de sorte que, lorsque la fleur paraît fanée, chaque stigmate est, avec l'étamine, parfaitement enveloppé par la partie du périanthe qui lui était opposée. Alors le pollen agit directement sur le stigmate, et l'on peut dire que la fécondation s'opère ici après la floraison. Quant aux poils collecteurs, on conçoit qu'ils ont essentiellement pour rôle de retenir le pollen que le vent disperserait au préjudice de la fécondation.

C'est en 1840 que le premier et pour la première fois, nous avons fait et décrit cette curieuse observation, ainsi que plusieurs autres que nous allons faire connaître (1). Ainsi, après avoir été conduit de cette façon à rechercher quel pouvait être le rôle de la

______

(1) *Du rôle que jouent les périanthes dans l'acte de la végétation.* (*Journal de pharmacie*, décembre 1840.) — Voyez aussi Ch. Fd., *Faits pour servir à l'histoire générale de la fécondation chez les végétaux.* Broch. in-8°, 1850, p. 1-24.

corolle ou des périanthes dans l'acte de la fécondation, nous avons vu que le phénomène que nous venons de décrire se retrouvait dans les genres *Sisyrinchium* et *Morea*, de la même famille que les *Iris*. Nous avons aussi reconnu que cette propriété de se rouler en dedans ou vers le centre de la fleur appartient encore à la corolle des *Ipomœa* et à celle de quelques espèces du genre *Nyctago*. Dans ces derniers exemples, les étamines étant plus courtes que le style, bien que la fleur reste dressée, ce mouvement d'inconvolution devient nécessaire pour assurer la fécondation. En effet, le pollen étant lancé sur la corolle, lorsque celle-ci vient à exécuter ce mouvement, elle enveloppe souvent le stigmate, qui se trouve alors directement en contact avec les granules polliniques.

Un autre mode de fécondation par le concours de la corolle se présente dans les *Convolvulus*. Comme chez les *Ipomœa*, la fleur est dressée et les étamines plus courtes que le style. Mais après la déhiscence des anthères, la corolle chargée de pollen, en se fanant, se contourne en spirale, de manière à embrasser exactement le style et le stigmate. D'ailleurs, bientôt après, le moment arrive où cette corolle se détache par sa base; et, tendant continuellement à tomber au moindre mouvement que lui impriment les vents, elle glisse le long du style, dont le stigmate peut, pendant ce temps, se charger de quelques grains de pollen déposés d'abord sur la corolle.

Nous avons encore observé un autre mode du concours de la corolle dans l'acte de la fécondation, particulièrement dans la famille des Malvacées. Chez les *Hibiscus*, par exemple, les étamines, qui sont en grand nombre, ont des filets très-courts soudés et formant un arbre staminifère, du milieu duquel s'élève le style, qui est terminé par un nombre variable de stigmates. La fleur n'est pas penchée, et conséquemment la position respective de ces organes est peu favorable à la fécondation. Mais quel est le moyen que la nature emploie? Le matin, la fleur s'épanouit, étale sa corolle, et bientôt, par un mouvement d'élasticité propre aux anthères, les grains de pollen sont dispersés et lancés assez loin pour aller tomber sur les pétales et même au delà du cercle qu'elles décrivent quand elles sont étalées. Le soir, les pétales se relèvent vers le centre de la fleur, qui peu à peu se ferme assez pour que les stigmates puissent se trouver en contact avec la partie interne des pétales ainsi chargés de pollen ; et comme si la nature avait craint que la fécondation ne pût pas certainement s'accomplir, elle a voulu que la plupart de ces corolles se contournassent en spirale, de manière à faire que les stigmates fussent plus exactement enveloppés.

Mais voyez les ressources de la nature pour arriver au but qu'elle s'est proposé. Un grand nombre de fleurs seraient naturellement infertiles par la disposition anormale de leurs organes reproducteurs. Les plantes dioïques, par exemple, c'est-à-dire celles qui sont formées d'individus ne portant que des fleurs mâles et d'individus ne portant que des fleurs femelles, seraient parfaitement dans ce cas. On pourrait observer que généralement les espèces dioïques ou monoïques (celles qui portent des fleurs mâles et des fleurs femelles séparées quoique sur un même individu) ont des fleurs mâles très-nombreuses et un pollen si abondant, par exemple chez les conifères, les peupliers, etc., que la terre peut en être littéralement recouverte. C'est lui qui constitue ce que d'ordinaire on connaît sous le nom de *pluie de soufre*. Eh bien ! c'est précisément à la fin de l'hiver, au moment des plus grands vents, que fleurissent le plus grand nombre de nos arbres dioïques. Par ces vents le pollen est dispersé au loin, et quand il rencontre les stigmates qui sont alors nus et recouverts d'un enduit plus ou moins visqueux, il s'y fixe et la fécondation s'opère.

D'autres fois la floraison se fait par des temps calmes, et rien ne ferait supposer que dans certains végétaux la fécondation puisse s'effectuer. Mais ne vous hâtez pas de dire que la fécondation ne se fera pas, et regardez cet homme qui, couché dans ce champ de blé, paraît singulièrement occupé ; ses yeux sont d'abord constamment fixés sur un objet, puis ils le quittent et semblent pendant quelques instants poursuivre un être chimérique, pour se reposer de nouveau sur un autre objet. Cet homme, c'est Conrad Sprengel, qui observe comment la fécondation, en apparence impossible dans la Nigelle des champs, parce que ses étamines sont plus courtes que le pistil, et que ses anthères s'ouvrent à l'extérieur ; c'est Conrad Sprengel qui, profond observateur, va vous dire que l'abeille, friande du nectar que contiennent les pétales, se glisse entre eux et les étamines, et comme celles-ci s'inclinent vers la corolle, l'insecte reçoit nécessairement le pollen sur la partie supérieure de son corps ; il va se poser ensuite sur une autre fleur de Nigelle, dont les styles qui sont tordus et recourbés en dehors font que les stigmates se chargent de la poussière fécondante qu'il avait prise à la première fleur (1). C'est ainsi que Conrad Sprengel et d'autres observateurs, parmi lesquels nous citerons Willdenow et Robert Brown, sont venus nous apprendre que les insectes contribuaient puissamment à la fécondation des végétaux.

Il ne faut pas croire que ce soient là les seuls moyens que la nature ait à sa disposition. Un grand nombre de plantes aquatiques ne pouvant fleurir sous l'eau, il semblerait que la reproduction par les fleurs fût impossible. Dans ce cas, voyez la description que nous donne de Candolle de la manière dont s'opère la fécondation dans l'*Aldrovanda* : « Cette plante, dit-il, croît au fond des lacs vaseux et des fossés fangeux de l'Europe méridionale. Elle est attachée au fond de l'eau par des racines ; sa tige et ses pédoncules sont dépourvues de toute faculté d'allongement : comment pourra-t-elle atteindre à la surface ? Il paraît qu'à l'époque où la plante a besoin de fleurir, sa tige se coupe naturellement près du collet ; elle s'élève à la superficie, facilitée dans cette ascension par sa légèreté spécifique, et, quoique dépourvue

____

(1) Voir aussi notre brochure intitulée : *Faits pour servir à l'histoire générale de la fécondation*, etc., p. 19.

alors de racine, elle a le temps d'y vivre assez pour fleurir et pour mûrir ses graines. »

Mais, de tous les moyens mis en usage par le Créateur, aucun n'est plus digne d'admiration, et en même temps n'offre un sujèt de plus profonde méditation, que la manière dont la Vallisnérie, si célèbre par les récits merveilleux et les poëmes charmants dont elle a été l'objet, s'y prend pour arriver à la reproduction au moyen de ses fleurs. La Vallisnérie est une plante dioïque qui vit dans le midi de l'Europe, retenue au fond des eaux par de nombreuses racines. Chez les individus femelles, la fleur est portée par une hampe ou tige florale qui, dans sa jeunesse, est roulée en hélice à la manière d'une élastique de bretelle. Les individus mâles sont au contraire fixés sur un pédoncule très-court qui ne peut s'allonger. Voilà alors le curieux phénomène qui se passe : Quand la fleur femelle doit fleurir, son pédoncule se déroule et la fleur vient s'épanouir à la surface des eaux. Peu après, la spathe qui réunissait en une seule tête toutes les fleurs mâles s'ouvre, et celles-ci se détachant une à une par la base, aidées par leur légèreté spécifique, viennent fleurir à la surface de l'eau, émettre leur pollen et mourir. La fleur femelle fécondée, son pédoncule rapproche les tours de son hélice et retire au fond des eaux l'ovaire qui va y mûrir ses graines.

Nous croyons devoir reproduire ici la charmante et poétique manière dont Castel, dans son poëme des plantes, parle des amours de la Vallisnérie :

> Le Rhône impétueux, dans son onde écumante,
> Pendant neuf mois entiers nous dérobe une plante
> Dont la tige s'allonge en la saison d'amour,
> Monte au-dessus des flots et brille aux yeux du jour.
> Les mâles, jusqu'alors dans le fond immobiles,
> De leurs liens trop courts brisent les nœuds débiles,
> Voguent vers leur amante, et, libres dans leurs feux,
> Lui forment sur le fleuve un cortége amoureux.
> On dirait d'une fête où le dieu d'Hyménée
> Promène sur les flots sa pompe fortunée.
> Mais les temps de Vénus une fois accomplis,
> La tige se retire en rapprochant ses plis,
> Et va mûrir sous l'eau sa semence féconde.

Telles sont les admirables observations que les fleurs vous permettent de faire pour peu que vous dirigiez votre attention sur elles au moment où elles commencent à fleurir, jusqu'à celui où elles vont passer.

Mais pendant que vous avancerez dans l'étude des plantes, l'occasion vous fera connaître une autre sorte de phénomène qui vous étonnera. Dans cette plante, ce seront toutes les étamines qui disparaîtront et qui se trouveront remplacées par autant de pétales plus ou moins bien développées. Si vous voulez vous assurer que ce sont bien les étamines qui se sont transformées ainsi, vous n'aurez qu'à chercher dans une rose et surtout dans la fleur du *Nymphea* ou de la Canne d'Inde, et vous en aurez la preuve quand vous rencontrerez quelques pétales portant encore des portions d'anthère, où vous trouverez quelquefois des granules de pollen. Allez dans un jardin et prenez-y une ou plusieurs fleurs bien doubles d'Ancolie dont les étamines, à l'état de nature, sont petites et grêles. La culture les aura fait disparaître et aura mis à leur place des pétales en cornet terminés par un éperon. Aug. Saint-Hilaire vous apprend qu'avec un peu d'attention vous pourrez voir dans une même fleur toutes les nuances possibles entre l'étamine et le cornet : d'abord une des lèvres de ce cornet devient plus étroite; plus près des pistils, un rudiment d'anthère se présente à l'extrémité de cette même lèvre; toujours plus près, le filet et l'anthère sont déjà formés, mais une petite lame rappelle encore le cornet; enfin la petite lame disparaît et est remplacée par une simple bosse qui disparaît à son tour pour montrer une étamine telle qu'elle se trouve dans la fleur simple des bois.

D'autres plantes, quoique beaucoup plus rarement, nous montreront, au lieu de la belle couleur qui distingue leurs pétales, une couleur verte à peu près semblable à celle des autres feuilles. C'est ce qu'ont vu plusieurs observateurs dans la Fraxinelle, la Campanule fausse-raiponce, la Raponcule à épis, la Mauve sauvage, plusieurs Molènes, la Julienne, l'Amandier, le Choux, le Navet, etc.

Un plus grand nombre de plantes vous montreront leur calice plus ou moins transformé en véritables feuilles. C'est ce qui se passe assez fréquemment dans les fleurs de Renoncules, d'Anémones et de Rosiers, et cette métamorphose a été observée dans un grand nombre d'autres fleurs telles que le Souci des marais, plusieurs Primevères, le grand Liseron des haies, le Trèfle rampant, le Pavot d'Orient, la Julienne des jardins, la Giroflée jaune, le Thlaspi des champs, etc.

Les pistils ou carpelles mêmes ne sont pas exempts de ces métamorphoses. Un grand nombre d'espèces appartenant au genre *Croton* présentent souvent des fleurs qui, au lieu de porter un pistil au centre, offrent une étamine à sa place, et l'on sait que dans un grand nombre de plantes la culture transforme les pistils en pétales. Dans les jardins on cultive comme plante d'agrément un arbre appelé Cerisier à fleurs doubles, à cause de la grande quantité des pétales qui constituent ses fleurs; au centre de chacune d'elles on trouve deux ou trois petites feuilles vertes, dentées comme celles de la tige, dont elles ne sont qu'une miniature. On reconnaît en elles des pistils transformés parce qu'elles se terminent d'ordinaire par un long filet qui porte une glande, lesquels filet et glande sont les analogues du style et du stigmate.

Enfin, en multipliant les observations on peut arriver à reconnaître qu'il y a des métamorphoses *ascendantes* comme il y en a de *descendantes*, selon l'expression du célèbre Goëthe. Nous avons eu des exemples de métamorphoses descendantes, nous devons en donner quelques-uns des métamorphoses ascendantes.

Dans la Tulipe des jardins, il est arrivé quelquefois que l'enveloppe florale ou périanthe avait verdi; ses divisions s'étaient recourbées et portaient sur leurs bords des graines imparfaites.

La Joubarbe des toits a présenté assez fréquemment dans les pays froids et humides, à la place de certaines étamines, de véritables pistils qui avaient des ovules à la place de pollen.

Une espèce de Pommier, celui qui fournit la *Pomme-figue*, porte une fleur sans pétales et sans étamines, mais à leur place

on trouve autant de pistils. Aussi cette pomme est-elle sans pé-
pins.

Les étamines intérieures du Magnolia à fleurs brunes se
changent aussi quelquefois en pistils, et une observation de ce
genre a été faite par M. Rœper sur la Tulipe de Gesner, si commune dans nos jardins.

Un grand nombre de plantes ont offert à l'observation des phénomènes tout à fait analogues, dont le plus curieux est celui des
Pavots somnifères, à bractée et oriental, chez lesquels un grand
nombre d'étamines ont été transformées en petites têtes de pavots.

Si vous réfléchissez profondément à la nature de ces curieux
phénomènes, il est difficile que vous ne soyez pas conduit à admettre qu'il a dû y avoir, dans chaque organe végétal, un moment où tous les organes se ressemblaient, bien qu'ils dussent
plus tard former, l'un une feuille, l'autre une division du calice,
un troisième une partie de la corolle; celui-là une étamine, et celui-ci un carpelle. Or cette manière de voir, et qui est généralement admise, n'avait point échappé au célèbre Linnée ; car à la
fin de sa *Philosophie botanique* on trouve un chapitre très-court,
intitulé : *Metamorphosis vegetabilis*, où il est dit : « L'origine des
fleurs et des feuilles est la même. *Principium florum et foliorum
idem est.* » Au reste, cette idée parait être antérieure à Linnée,
puisque Jungius, en 1678, a composé un ouvrage intitulé : *Isagoge phytoscopica,* où sont présentées des vues très-justes sur les
analogies des divers organes végétaux. Néanmoins, c'est peut-
être un professeur de l'Académie de Pétersbourg, Gaspard-Frédéric Wolf, qui, le premier, a indiqué d'une manière précise l'unité
typique des organes végétaux. Mais c'est surtout Goëthe, l'illustre
poëte allemand, qui nous a donné une exposition détaillée de
cette théorie, aussi belle que philosophique, dans son livre intitulé : *la Métamorphose des plantes,* et qui, il faut bien le dire,
ne fut pas alors accueilli aussi favorablement qu'il le méritait,
parce que c'était une œuvre qui devançait son siècle et que les

esprits n'étaient pas encore mûrs à la conception des idées qui s'y trouvaient révélées. Aussi fit-on un reproche au célèbre poëte d'avoir cherché à sortir du cercle de ses occupations ordinaires et d'avoir voulu tout d'un coup s'élever à l'œuvre plus sérieuse de la création d'une théorie ayant pour base les conséquences tirées de l'observation. C'est qu'on avait mal compris le génie de Goëthe, qui, élégant et flexible, savait prendre toutes les formes pour exprimer toutes les nuances de la pensée; qui, grave à l'occasion, a su nous prouver les ressources de son intelligence dans la composition scientifique de son livre, en choisissant un style et un langage tout à fait en harmonie avec les idées élevées qui y sont exprimées.

Le savant auteur de la *Philosophie anatomique*, Geoffroy Saint-Hilaire, a dit quelque part, en parlant de son livre, qu'il était pour le fond des idées celui d'un savant, et dans sa forme celui d'un philosophe qui s'exprime en poëte; c'est le plus parfait éloge qui puisse en être donné, en même temps que c'est noblement le réhabiliter dans l'esprit de tous.

Cependant l'année précédente, en 1789, un homme justement célèbre, Antoine-Laurent de Jussieu, avait fait paraître son immortel *Genera plantarum*, dans lequel les idées du poëte saxon étaient pour ainsi dire généralisées, puisque le classement des plantes d'après toutes leurs ressemblances doit faire comprendre qu'il n'y a que des nuances insensibles entre les différents groupes végétaux. Les liens qui unissent les classes, les familles et les genres les plus éloignés les uns des autres y sont parfaitement démontrés : « Il semble, dit Aug. Saint-Hilaire, qu'il mette quelquefois une sorte de coquetterie à dévoiler certaines affinités qu'on ne soupçonnait pas, et à faire sentir que le règne végétal est un vaste réseau dont les fils s'entrecroisent de mille et mille manières. »

Quoi qu'il en soit, ce livre du grand maître, devenu pour ainsi dire le guide obligé de ceux qui voulaient utilement faire de l'histoire naturelle, habitua peu à peu les esprits à des idées plus philosophiques et plus vraies sur l'origine des organes végétaux, et presqu'en même temps, de 1810 à 1825, sans se communiquer le résultat de leurs observations et de leurs méditations, et sans connaître les écrits oubliés de Goëthe, plusieurs savants botanistes arrivèrent en France au même résultat que lui. Depuis ce moment, la théorie des métamorphoses est devenue un sujet d'études incessantes, et les observations sont, chaque jour, venues en confirmer la loi fondamentale, au point qu'aujourd'hui elle est presque universellement adoptée.

Après avoir indiqué les phénomènes les plus généraux de la végétation au point de vue des intéressantes observations dont elle est le théâtre, nous allons maintenant nous occuper de quelques exemples de l'utilité pratique que présente l'étude de cette science, c'est-à-dire de la Botanique appliquée.

L'Agriculture et l'Horticulture doivent aux études de l'Organographie et de la Physiologie botaniques l'état prospère et florissant où elles se trouvent aujourd'hui. Il est indispensable, en effet, de connaître les différents organes des plantes afin d'en étudier les fonctions, et de la connaissance de celles-ci on est conduit à imprimer volontairement à la plante tel résultat plutôt que tel autre. Sans l'organographie et la physiologie, l'art de l'agriculteur ou de l'horticulteur ne consiste plus qu'en une pratique aveugle qui se traîne à la remorque des idées vieilles et sans avenir de la routine ; car, ne connaissant ni les plantes, ni leurs fonctions, ni leurs habitudes, on ne peut ni les bien élever, ni les bien diriger, de manière à obtenir d'elles ce que l'on en attend. Par exemple, s'agit-il de faire pousser un arbre à fleurs et à fruit au lieu de le faire pousser *à bois*, il faut faire que les bourgeons-scions se métamorphosent en bourgeons-fleurs. Si au contraire on désire avoir plus de feuilles, on s'arrange de façon à retarder la floraison, et partant à obliger les phytogènes à ne former que des feuilles. Comment arrivera-t-on à obtenir les résultats désirés si l'on n'a aucune connaissance de l'organographie et surtout de la physiologie? L'expérience a indiqué dans beaucoup de cas les moyens à suivre, et l'on sait que Tschudy a posé ce précepte botanique, que « *jeunesse et vigueur ne produisent que de l'herbe, et n'accordent pas de fruits ou les mûrissent mal.* » Partant de cette idée donc, en exposant un arbre fruitier plus au soleil, en coupant quelques-unes de ses racines, et quelquefois en le déplantant pour le replanter, on peut arriver à détruire cette abondance de séve qui le poussait aux feuilles, et de cette façon favoriser la métamorphose des phytogènes-scions en fleurs qui pourront donner des fruits. On assure que cette pratique est connue dans les Indes Orientales où, pendant les grandes chaleurs, on déchausse la racine des arbres fruitiers, ce qui fait tomber les feuilles, arrête la végétation, et, au lieu de pousser en bois et en feuilles, les bourgeons se développent en fleurs et en fruits.

Si par contre on recherche plutôt les feuilles ou les tiges, on placera la plante dans un terrain moins aride, plus ombragé, en un mot, de manière à ce qu'elle soit bien nourrie et bien arrosée.

C'est ainsi que la physiologie nous apprend que la *taille* étant un moyen de ralentir la végétation, cette opération est indiquée comme pouvant hâter ou diminuer la floraison et la fructification. C'est ainsi qu'elle nous fait connaître que la *courbure* ou *arcure* et la *torsion*, en diminuant la facilité avec laquelle la séve descend des feuilles aux racines, et restant en plus grande abondance dans les parties supérieures, sont encore des moyens propres à favoriser la floraison et la fructification. C'est aussi de cette façon que paraît agir la *compression* et l'*incision annulaire*. On sait que Lancry fit voir, en 1776, à la Société d'agriculture de Paris, une branche de Prunier portant sur la moitié ayant subi l'incision annulaire, des fruits bien mûrs, tandis que l'autre moitié ne portait que des fruits verts. Il a fait voir aussi que l'incision annulaire, pratiquée au moment de la floraison, empêche les fleurs de *couler*, suivant l'expression des cultivateurs, et que les fruits *nouent* plus facilement. Mais comme Hempel a observé que l'incision réussit mal sur le Groseillier ordinaire, tandis qu'elle réussit bien sur le Groseillier épineux, on voit par là combien l'étude approfondie de la physiologie est utile pour la culture des végétaux.

Au point de vue de l'art médical et de l'hygiène publique, l'étude de la botanique n'est pas moins utile. Pour en être convaincu, il suffit de faire observer que la plupart de nos aliments tirent leur source du règne végétal, et que parmi les espèces qui le composent il y en a qui fournissent les plus violents poisons. Que d'erreurs graves les hommes se fussent épargnés s'ils eussent eu des connaissances botaniques même les plus élémentaires! Que de ressources nos médecins de campagne tireraient de la botanique s'ils étaient plus versés dans les diverses connaissances de cette science! Les premiers, au lieu de tenter dans leur alimentation l'usage d'espèces nuisibles, s'adresseraient à coup sûr à des végétaux dont l'innocuité est pour ainsi dire écrite sur leur air de famille. Les seconds sauraient trouver, pour suppléer aux espèces médicinales qui leur manquent, d'autres espèces de même organisation, c'est-à-dire appartenant au même genre ou à la même famille.

Parmi les faits nombreux enregistrés dans les annales de la science, il en est un que nous devons citer pour faire comprendre l'utilité et le but des connaissances botaniques. Dans la Laponie, une affreuse maladie se déclare parmi les bestiaux, et les cultivateurs voient avec un amer désespoir les seules ressources de leur famille disparaître sous l'implacable fléau. Vaines tentatives! Efforts impuissants! rien ne peut combattre l'intensité du mal; ces malheureux sont menacés d'une ruine prochaine. Cependant Dieu entend leurs prières, voit leur douleur profonde, et, touché de leurs larmes, il envoie sur les lieux un homme qui doit leur sauver la vie en leur rendant le bonheur. Linné, l'immortel botaniste, reconnaît bientôt que la seule cause de la maladie est tout entière dans une plante vénéneuse, la *Cicuta virosa*, dont les bestiaux faisaient leur nourriture, et qu'il suffit de les en éloigner pour faire disparaître les ravages d'un empoisonnement que l'on considérait comme une maladie inconnue et incurable.

Mais tous les végétaux ne viennent pas dans les mêmes pays, sous les mêmes latitudes et aux mêmes hauteurs ; les uns viennent dans les endroits humides, d'autres dans un endroit sec ; ceux-là préfèrent un lieu ombragé, ceux-ci une exposition en plein soleil ; quelques-uns recherchent un sol argileux ou une terre riche en humus ; quelques autres se contentent d'un sol aride et quelquefois de la crevasse d'un mur ou d'un rocher ; enfin il en est qui, complétement parasites, ne peuvent vivre qu'aux dépens d'autres végétaux. Or, parmi des plantes si diverses, beaucoup d'entre elles, par leurs formes, leurs couleurs et leurs odeurs ou les produits que l'on en retire, sont pour l'homme une source de jouissances dont aujourd'hui il aurait beaucoup de peine à se passer. Il faut donc les cultiver ; mais pour les cultiver il faut connaître leur tempérament, leurs habitudes, la température qui leur convient, l'exposition qu'ils recherchent ; les placer, en un mot, dans les conditions les plus rapprochées de leur *habitat* naturel ; et comment y arriverait-on si l'on ne consultait l'analogie, qui bien souvent conduit à faire d'emblée ce que l'on ne serait arrivé à faire qu'après bien des tâtonnements et en s'exposant à perdre des espèces que l'on a tant d'intérêt à conserver ?

C'est donc aux connaissances botaniques que nous devons la possibilité d'avoir dans nos jardins et dans nos serres des végétaux rares et souvent utiles sous plus d'un point de vue. Un père infortuné, un mari au désespoir, après la perte des êtres qui leur furent chers, viennent souvent dans l'étude et la culture des fleurs chercher une distraction, un adoucissement aux douleurs amères que leur a occasionnées le vide immense qui vient de se faire autour d'eux.

Parmi les applications de la botanique, il en est plusieurs qui sont pleines d'actualités. Nous voulons parler des affreuses maladies qui désolent à la fois nos champs de Pommes de terre et la plupart de nos vignobles. N'est-il pas déplorable de penser que ce fléau menace d'envahir tous les pays qui font consister leurs principales ressources dans la culture de ces plantes précieuses?

Pendant ce temps de calamités, quelle attitude prend la botanique? Elle s'applique non-seulement à rechercher la cause du mal, dans l'espoir de le combattre efficacement, mais aussi de trouver des moyens d'y suppléer par la culture de certains végétaux, ou l'importation de quelques plantes exotiques plus faciles à mettre à l'abri de ces inconvénients.

C'est donc au botaniste qu'il appartient de faire connaître les espèces végétales qui peuvent en remplacer d'autres; c'est lui qui a trouvé dans la Betterave un succédané à la Canne à sucre, succédané qui, pendant le blocus continental de Napoléon, et entre les mains des chimistes Margraff, Achard et Chaptal, a permis de doter la France d'industries importantes, assez prospères aujourd'hui pour rivaliser avec la fabrication des sucres étrangers.

Que sont, après tout, la Pomme de terre et le Raisin?

La première est un tubercule essentiellement amylacé, qui déjà a trouvé un auxiliaire dans la Batate (*Convolvulus Batatas*, L.), employée dans l'Inde et l'Amérique méridionale à la place de la Pomme de terre, et dans l'Igname Batate (*Dioscorea Batatas*, D^{ue}), qui, par sa saveur franchement féculente et dépourvue des arrières-goûts douceâtres, acides ou épicés, paraît devoir être préférée à beaucoup d'autres comestibles de cette nature.

Le second doit être considéré comme un fruit contenant du sucre, une matière azotée fermentescible, quelques sels et de l'eau. Or, ces substances se rencontrent fréquemment dans d'autres fruits, ou dans la séve et dans le suc d'un grand nombre de végétaux. Il est donc permis d'espérer que quelques botanistes voyageurs nous feront connaître une plante qui pourra, jusqu'à un certain point, remplacer la Vigne, si tant est qu'ils ne nous fassent pas connaître une espèce de Vigne qui puisse résister à l'action délétère de l'*Oïdium Tuckerii*.

Cependant, de tous les avantages que nous venons de signaler comme émanant de la science qui nous occupe, aucun, sans contredit, ne peut égaler celui qui peut résulter de son progrès. On l'a souvent dit avec une grande vérité : toutes les sciences s'enchaînent, toutes se prêtent un mutuel appui ; elles s'éclairent réciproquement l'une par l'autre. C'est ainsi que la botanique a tiré, dans ces derniers temps, de la chimie un secours puissant qui est venu révéler, non-seulement la composition des plantes les plus énergiques dans leurs propriétés, mais encore l'analogie de composition de tout un groupe et souvent de toute une famille de végétaux. La botanique elle-même, sous l'inspiration des illustres Bernard et Antoine-Laurent de Jussieu, les auteurs de la *Méthode naturelle*, n'est-elle pas venue prêter son concours au célèbre Cuvier, par les principes de cette méthode même, que cet homme de génie a appliqués à la classification des animaux ? Et à son tour la Tératologie animale, si bien interprétée par le savant philosophe Geoffroy Saint-Hilaire, n'est-elle pas venue donner une impulsion nouvelle à l'étude des monstruosités végétales ?

Oui, nous le répétons, toutes les sciences se tiennent par la main, et l'on doit s'efforcer de les faire progresser ensemble ; l'une d'elles restée en arrière retarde ou entrave la marche des autres. Il est donc du devoir de tous de contribuer au progrès des sciences pour la part que peut leur permettre la position qu'ils occupent, l'intelligence qu'ils ont reçue de la nature et les circonstances qui les environnent ; faire autrement, c'est, il nous semble, commettre un crime de lèse-humanité ; car la nature qui va sans cesse perfectionnant a choisi l'homme pour être son auxiliaire et son interprète.

ESSAI

DE

PHYTOMORPHIE

CHAPITRE PREMIER

DE LA VIE EN GÉNÉRAL.

S'il est au monde une définition exacte difficile à donner, c'est bien certainement celle de la vie. La vie ! quel est l'homme qui n'a pas cherché à se rendre compte de ce qu'est la vie? Quel est le philosophe ou le savant qui n'a pas cherché à la définir? Sans doute bien des travaux d'esprit s'exécuteront encore sur ce sujet avant que l'on soit arrivé à donner une définition qui dépeigne avec précision ce grand phénomène de la nature. En attendant, qu'il nous soit permis d'émettre ici les idées qu'a fait naître en nous une longue méditation sur cette question, la plus intéressante, sans contredit, de la philosophie des sciences.

Les opinions que nous allons émettre à ce sujet sont sans doute très-différentes des idées, bien respectables d'ailleurs, que l'on a admises jusqu'à ce jour; mais rien n'empêchera, si l'on veut, de ne voir dans notre dissertation autre chose qu'un parallèle plus complet établi entre la manière d'être de la nature organique et celle de la matière inorganique.

D'ailleurs la définition de la vie doit dépendre du point de vue où l'on se trouve placé, et ce point de vue est très-différent pour le physiologiste et le philosophe. Il y a mieux, c'est que les physiologistes et les philosophes non-seulement différeront sur la définition qu'ils en donneront, mais encore ils pourront varier dans leur manière de voir, selon qu'ils considéreront la vie comme un *résultat* ou comme un *principe*. Pour en donner une idée nous allons rapporter plusieurs exemples de définitions que nous ne nous engageons nullement à discuter ici, parce que cela nous entraînerait en dehors du cadre que nous nous sommes tracé.

1° La vie est la nutrition, l'accroissement et le dépérissement par soi-même (Aristote).

2° Dans les corps organisés la vie est cet état de choses qui y permet les mouvements organiques, et ces mouvements qui constituent la vie résultent d'une cause stimulante qui les excite (Lamarck).

3° La vie est l'ensemble des fonctions qui résistent à la mort (Bichat).

4° C'est l'organisme en action (Béclard).

5° C'est une collection de phénomènes qui se succèdent pendant un temps limité dans un corps organisé (Richerand).

6° C'est l'uniformité constante des phénomènes avec la diversité des influences extérieures (Tréviranus).

7° C'est la faculté du mouvement au service de ce qui est mû (Erhard).

8° C'est l'activité spéciale des êtres organisés (Dugès).

9° C'est l'alliance temporaire du sens intime et de l'agrégat matériel, alliance cimentée par une cause de mouvement dont l'essence est inconnue (Lordat).

10° C'est un principe intérieur d'action (Kant).

Comme on le voit, les physiologistes sont bien loin de s'entendre; mais alors même qu'ils s'entendraient sur le sens à donner au mot *vie*, il est évident qu'il pourrait y avoir des savants, des philosophes qui lui donneraient une autre signification, car si l'on considère telle ou telle propriété ou manifestation des êtres, on arrive à ne reconnaître la vie que là où se trouvent les manifestations que l'on envisage, et elle doit nécessairement être exclue de tous les autres êtres.

Par exemple, si nous ouvrons un dictionnaire au mot *Vie*, nous trouvons cette définition : « *État de l'animal qui sent et se meut,* » et un peu plus loin : « *Il se dit aussi des plantes pendant qu'elles ont un principe de végétation.* »

Si nous appliquons la première manière d'envisager la vie aux animaux, nous sommes naturellement conduits à l'exclure de quelques animaux inférieurs qui ne sentent et ne se meuvent pas, à moins que l'on ne confonde l'irritabilité avec la sensibilité (1), et à considérer d'ailleurs comme des animaux certains végétaux inférieurs qui, au moyen de cils vibratiles dont ils sont pourvus, sont véritablement doués de mouvements; tels sont : les *Conferva dilatata* (Trentepohl), *limosa* (Treviranus), et en général les Tremelles, les Oscillatoires et les Conferves qui, par des mouvements de balancement, d'incurvation, de torsion et de reptation ont plus ou moins de rapport avec les animaux.

Si, maintenant, nous examinons de la même manière la phrase qui se rapporte aux végétaux, nous sommes forcés d'admettre alors que la vie n'existe plus dans les graines, que l'on peut conserver un grand nombre d'années sans qu'elles manifestent aucun signe de végétation. Les bourgeons, pendant l'hiver, sont plus ou moins dans le même cas. Or personne n'oserait soutenir que les animaux inférieurs, les graines et les bourgeons ne vivent pas.

Si nous abordons toute autre définition, nous nous trouvons tout aussi embarrassés et nous arrivons toujours à reconnaître que ce qui, dans la définition, peut se rapporter aux uns ne s'applique plus aussi bien aux autres. Pour bien comprendre cette idée, observons que l'on a désigné les êtres vivants sous le nom d'*êtres organisés*, c'est-à-dire formés d'organes nécessaires ou essentiels à l'entretien de la vie. D'après cette manière de voir, il devrait paraître rationnel d'admettre avec Béclard que la vie est

---

(1) La sensibilité va sans cesse diminuant à mesure que l'on s'approche des espèces inférieures, et l'on arrive à ce point, dit Bérard dans son *Cours de physiologie,* où l'irritabilité semble avoir pris la place de la sensibilité et du mouvement volontaire, et déjà les nerfs ont cessé d'être apparents. Il est donc impossible de démontrer la sensibilité chez les animaux gélatineux qui habitent les coraux, les madrépores ou les éponges, et l'espèce d'irritabilité qu'on y observe est peut-être par sa nature très-voisine de celle que l'on observe dans certaines plantes, en particulier dans le *Mimosa pudica.*

l'organisme en action. Mais alors la *monade*, parmi les animaux, et le *protococcus*, parmi les végétaux, chez lesquels on ne peut trouver d'autre organe que le corps lui-même, c'est-à-dire une membrane renfermant un liquide homogène dans lequel, parfois, on observe quelques globules, ne sont donc pas des êtres vivants? Au contraire, dans la graine dont nous parlions tout à l'heure, nous trouvons des organes très-apparents (radicule, tigelle et cotylédons) que l'on ne peut dire être *en action;* il faut donc admettre encore que cette graine est privée de vie?

Nous pourrions prendre chaque définition en particulier et démontrer qu'aucune ne satisfait pleinement à l'idée que l'on se forme ordinairement de la vie. C'est que l'on a cru bien faire de limiter la vie à ce que nous nommons végétaux et animaux, et l'on n'a pas généralement reconnu qu'aux deux extrêmes de ces séries il pouvait y avoir des êtres vivants aussi, mais chez lesquels les manifestations de la vie sont tellement différentes de celles que l'on aperçoit chez les végétaux et les animaux, que les meilleurs esprits ont pu croire que la vie n'était point en eux; c'est peut-être aussi que, n'ayant pas suffisamment reconnu le point commun qui relie tous les êtres de la création, et voulant trop limiter ce qui est général, on a dû fatalement tomber dans des définitions plus ou moins inexactes.

Cuvier, ce grand naturaliste, donne une définition de la vie qui, bien que limitée à cause du point de vue où il est placé, ne se ressent pas moins des idées larges, dignes du cerveau qui l'a conçue. Il dit dans son introduction à l'étude du règne animal : « Si pour nous faire une idée juste de l'essence de la vie nous la considérons dans les êtres où ses effets sont les plus simples, nous nous apercevrons promptement qu'elle consiste dans la faculté qu'ont certaines combinaisons corporelles de durer pendant un temps et sous une forme déterminée, en attirant sans cesse dans leur composition une partie des substances environnantes et en rendant aux éléments des portions de leur propre substance.

« La vie est donc un tourbillon plus ou moins rapide, plus ou moins compliqué, dont la direction est constante et qui entraîne toujours les molécules de même sorte, mais où les molécules individuelles entrent et d'où elles sortent continuellement, de manière que la *forme* du corps vivant lui est plus essentielle que sa matière. »

Cette définition, quoique longue, nous semble de beaucoup supérieure à toutes les autres, mais elle se ressent des études spéciales du physiologiste et pas assez de celles du philosophe. Nous verrons d'ailleurs, un peu plus loin, qu'il y a un grand nombre de phénomènes vitaux qui ne sauraient se ranger parmi ceux qu'expriment ces idées.

D'un autre côté, dire que la vie n'est que l'apanage des animaux et des végétaux, c'est, il nous semble, faire bon marché des grands phénomènes naturels, en même temps que c'est avancer une idée qui ne nous paraît pas plus sage que celle qui consisterait à soutenir que les animaux sont seuls doués de vie parce que seuls ils sont doués de la faculté locomotrice. Il nous semble donc que la définition doit être plus générale et embrasser tous les corps de la nature, en tant qu'ils sont doués de certaines manifestations communes en même temps que de celles qui sont propres à chacun d'eux.

Les anciens philosophes avaient bien compris qu'il en devait être ainsi, puisqu'ils ont dit que « *la vie est une force, un principe duquel dérivent tout acte, toute manifestation; le corps n'est autre chose que l'instrument; il est purement passif et subordonné.* » A la vérité, selon le physiologiste, cette définition ne matérialise pas assez le phénomène et ne se ressent pas assez des études d'anatomie et de physiologie.

Malgré la diversité d'idées que font naître les définitions que nous venons de rapporter, il est aisé de voir que toutes reconnaissent implicitement une manifestation unique, commune, le mouvement, qui nous paraît être l'essence de la vie. Mais bien que dans les définitions l'on n'ait pas insisté sur sa présence comme essence de la vie, si le mouvement est réellement l'âme ou l'essence de ce mode d'existence, nous devons être irrésistiblement entraînés à admettre la vie dans tout être qui possède un mouvement quelconque, mais dans des conditions spéciales que nous allons indiquer.

Nous croyons donc que le vrai philosophe doit retrouver la vie autre part que dans l'animal et le végétal seulement ; que pour lui, la vie doit être partout, car c'est elle qui meut la terre, les

soleils, l'univers entier en un mot, et que la vie est essentiellement *le mouvement spontané et régularisé, le mouvement sous
toutes ses formes et le mouvement dans le mouvement.*

Mais pour comprendre cette définition, il ne faut plus limiter la
vie à l'animal et au végétal, il faut l'étendre à tout ce qui anime
la nature. Eh quoi! ces tourbillons de mondes qui se promènent
dans l'espace pendant des milliers d'années, peut-être pendant
l'éternité, seraient de la nature morte; tandis que nous, qui ne
faisons que passer, qui ne sommes qu'un point dans l'immensité,
qu'une seconde dans l'éternité, nous serions doués seuls du principe de vie! C'est une idée si déraisonnable, si orgueilleuse, que
nous ne saurions nous y habituer.

Mais la vie envisagée sous ce vaste point de vue est infiniment
complexe et suppose des *vies particulières* dans cette *vie générale*, et ce sont ces vies particulières qui sont le partage des végétaux et des animaux. Examinons donc sous ses principaux points
de vue la vie en général, pour que nous puissions tirer cette
seconde conséquence : « *La vie est le mouvement sous toutes ses
formes;* » car nous posons comme axiome ce premier membre de
notre définition : *La vie est le mouvement spontané et régularisé.*

Nous devons constater d'abord que l'immensité n'a pas de limites, et cela doit être; car si on lui supposait des bornes, l'esprit
se demanderait tout de suite ce qu'il y a derrière ces bornes; dès
lors il comprendrait que l'infini existe nécessairement dans l'espace. Il en est de même du temps; car supposons que le temps a
commencé et finira, on peut se demander : Qu'y avait-il auparavant, qu'y aura-t-il encore après? Ces simples questions font
mieux comprendre que toutes les explications du monde ce
qu'est l'infini par rapport au temps et à l'espace.

1° Une forme du mouvement, constituant la *vie générale* ou
universelle, consiste précisément dans cette succession inces-
sante d'unités de temps que nous appelons à volonté journées,
heures, minutes, etc., qui disparaissent à tout jamais pour faire
place à d'autres qui subiront le même sort, et cela éternellement!

2° Si nous considérons tous ces mondes se mouvant dans l'espace, nous voyons qu'ils sont tous emportés dans l'immensité
et qu'ils passent certainement par des lieux où ils n'ont jamais

passé et où ils ne repasseront plus : ainsi s'accomplit une autre forme de mouvement qui appartient à la vie universelle.

3° Mais si tous ces mondes avaient existé en même temps, et s'ils finissaient tous en même temps, la vie générale serait nécessairement limitée, et dès lors l'espace et le temps n'auraient pas besoin d'être infinis. Il faut donc aussi que l'existence de tous ces mondes soit infinie, non pas particulièrement, mais d'une manière générale. Aussi, parmi ces mondes les uns disparaissent, les autres se forment pour parcourir une longue suite de siècles; mondes qui disparaîtront à leur tour pour être remplacés par des mondes d'une plus nouvelle formation. Nébuleuses, étoiles, planètes, etc., tout est soumis à cette immense et implacable loi, et cette succession régulière de mondes qui viennent et qui s'en vont fournit une autre forme de mouvement de la vie universelle.

4° Il y a plus, c'est que de même que le temps ne peut plus revenir à une époque passée, de même tous ces mondes ne repasseront jamais aux mêmes points de l'espace où ils sont passés; de même aussi l'on peut assurer que les mondes qui disparaissent ne seront jamais remplacés par des mondes semblables à eux ou à ceux qui leur succéderont : ce qui constitue une autre forme de mouvement de la vie universelle.

5° En parcourant l'espace, ces mondes ne se meuvent pas suivant une ligne droite, ils décrivent tous des orbites plus ou moins grandes dont le plan est sans cesse déplacé, ce qui donne lieu à une forme particulière de mouvement de la vie universelle.

6° La plupart de ces mondes ne sont pas seulement doués d'un mouvement simple de translation en accomplissant la courbe orbitale dont nous avons parlé; ils sont encore doués d'un mouvement de rotation qui en fait une autre forme de la vie universelle.

Nous pourrions citer presque à l'infini des formes de mouvement dans la vie universelle, mais ce que nous venons de dire suffit pour faire comprendre leur variabilité.

C'est donc ce mouvement général, ces formes diverses de mouvement réunies qui constituent la vie universelle, laquelle se délimite, se circonscrit de plus en plus, dans les astres d'abord, puis dans les habitants qui couvrent ces astres, jusqu'à ce qu'enfin, après s'être localisée ou individualisée dans les animaux, les végétaux et peut-être les minéraux, dans lesquels elle se circonscrit davantage, dans les bourgeons les semences, les dents, les poils, etc., nous la retrouvions plus limitée encore dans ces innombrables animaux microscopiques dont le microscope n'a certainement pas encore donné le dernier mot de l'infinie petitesse, ou jusqu'à ce qu'enfin nous l'ayons retrouvée peut-être dans l'atome, mais à coup sûr dans la cellule.

Mais l'atome est-il doué à lui seul d'une vie individuelle? Car le mot vie, dans nos idées reçues, semble impliquer celle de mouvements composés, périodiques, réguliers, ayant pour effet la formation de certains phénomènes souvent très-complexes et d'autant plus, généralement, que la vie est elle-même moins circonscrite ; ce qui explique pourquoi les phénomènes vitaux sont plus complexes chez les animaux que chez les végétaux, et dans la seule série animale chez l'homme que chez les autres animaux. Voyons donc si le raisonnement et l'observation ne pourraient pas nous éclairer au point de nous conduire à retrouver un principe de vie quelconque jusque dans les minéraux, qui en sont si dépourvus en apparence ; et si par exemple nous ne pourrions point saisir quelques traits de ressemblance entre la manière dont se fait leur accroissement et celle dont se forment les diverses couches des parties végétales ou certaines parties animales ; car si ces points de ressemblance existent, nous pourrons conclure à un principe de vie chez les minéraux, quoique bien évidemment d'un ordre très-inférieur. En effet, qui saurait dire au juste, parmi tous les êtres de la création, quel est celui où la vie commence et celui où la vie finit?

Dans les premiers âges du monde, l'être qui jouissait de la faculté locomotrice, l'animal, n'était-il pas le seul qui parût vivre? Cependant, plus tard, on s'est peu à peu accoutumé à regarder les végétaux comme des êtres vivants, et il ne faut pas croire que c'est parce que l'on connaissait leurs diverses fonctions; non, c'est parce que l'on avait constaté leur croissance, car on n'avait alors aucune idée de la physiologie végétale. Néanmoins, dès l'origine de l'étude de l'histoire naturelle on a distingué trois espèces de corps sous les noms de *règnes* ou *royaumes*, d'abord spécialement désignés par les noms de *pierre, plante* et *animal;* puis sous ceux plus généraux de *silens, vegetans* et *animatum;* enfin, sous ceux plus généralement adoptés de *mineralia, vegetabilia* et *animalia.*

Ce sont ces idées qui ont conduit Linné aux définitions aphoristiques suivantes : *mineralia crescunt; vegetabilia crescunt et vivunt; animalia crescunt, vivunt et sentiunt;* définitions qui ne sauraient empêcher les meilleurs esprits d'être embarrassés lorsqu'ils s'agit de déterminer si tel être est végétal ou animal, c'est-à-dire sent ou ne sent pas. Cela prouve non-seulement que ces définitions sont loin d'être d'une exactitude rigoureuse, mais encore que l'on ne saurait assurer qu'entre les points les plus voisins de l'échelle des végétaux ou des animaux, c'est-à-dire là où les végétaux et les animaux peuvent si facilement se confondre, il n'y a pas des substances ou des êtres que l'on pourrait regarder comme des végétaux et qui ne seraient pourtant que des minéraux; et dans ce cas comment déterminer ce qui serait doué de vie de ce qui ne le serait pas?

Cette difficulté a conduit les savants à la création d'une autre division de la matière individualisée en deux règnes; savoir : le *règne inorganique* et le *règne organique*, le premier représentant les corps bruts et le second les corps vivants. Mais cette division, pas plus que l'autre, ne nous met à l'abri des erreurs que l'on commettra toujours lorsqu'il s'agira des espèces inférieures.

Par exemple, dans quelle catégorie des êtres placera-t-on la croûte gélatiniforme qui se produit à la surface des liquides qui fermentent lentement en passant à l'état d'acide acétique, et la membrane qui se forme sur certaines eaux dans certaines circonstances de lumière et de chaleur?

Si pour appartenir au règne organique il faut que l'être présente une organisation quelconque, cette substance ne saurait être ni végétale ni animale, car même avec les plus forts grossissements on y chercherait vainement des traces d'organisation; on n'y trouve ni cellules, ni tubes, et cependant cette matière s'est formée spontanément; elle a augmenté considérablement de volume sans néanmoins prendre la forme géométrique qu'affectent les minéraux qui se forment lentement. Dira-t-on que le défaut de forme cristalline est précisément ce qui annonce que la substance est végétale ou animale, et par conséquent douée de vie? Ce serait une singulière manière de raisonner, car on attribuerait la vie à l'être qui ne saurait régulariser son accroissement, tandis qu'on la refuserait à l'être qui aurait la propriété de prendre une forme presque toujours la même, et par conséquent une propriété de plus, celle de régulariser son accroissement. Dira-t-on que c'est une substance végétale ou animale parce qu'elle serait formée d'hydrogène, de carbone, d'oxygène et d'azote? On n'oserait pas invoquer un tel argument, car ce serait évidemment sortir de l'ordre d'idées sur lequel s'est engagée la discussion. D'ailleurs l'oxygène, l'hydrogène, le carbone et l'azote ne sont que de la matière brute, et nous ne voyons réellement pas pourquoi ces quatre éléments, en se groupant, auraient seuls le privilége de donner naissance à des êtres doués de vie. On arriverait ainsi à décider que sur une soixantaine de corps simples, cinquante-six sont incapables, en se combinant, de donner naissance à des corps vivants. Voilà l'excès où l'on serait forcé de tomber.

Cependant telle était, naguère encore, notre manière de voir à ce sujet; mais déjà des travaux récents nous ont forcés à admettre qu'aux quatre éléments précédents il fallait en ajouter deux autres, le soufre et le phosphore, pour arriver à la composition de certaines substances organiques. C'est ainsi que la *protéine*, substance formée de carbone, d'hydrogène, d'oxygène et d'azote ($C^{36} H^{25} O^{10} Az^4$), ne devient, selon Mülder *caséine* qu'en admettant dans sa composition 1 équivalent de soufre; *fibrine*, en se combinant avec 1 équivalent de soufre et 1 équivalent de phosphore, et *albumine*, en s'appropriant 2 équivalents de soufre et 1 équivalent de phosphore. Ainsi voilà déjà des substances organiques, indispensables à la vie, qui ont une composition constante et à proportions définies exactement comme les corps inorganiques; le principe énoncé par Liebig, savoir : *que dans la même plante, suivant les circonstances, une base peut être remplacée par un équivalent d'une base différente; mais analogue*, n'est peut-être pas si éloigné de la vérité qu'on pourrait bien le croire.

Pour nous, qui ne saurions nous contenter de ces idées surannées concernant la vie, nous aimons mieux voir, dans les matières gélatiniformes que nous venons de signaler, comme une première ébauche de toute association d'éléments minéraux : oxygène, hydrogène et carbone, qui doivent former les végétaux, sans cependant que la moindre trace d'organisation puisse être saisie : c'est, à volonté, ou une matière minérale sans cristallisation, ou une matière végétale sans organisation. Elle est comme le trait d'union qui lie les minéraux avec les êtres inférieurs végétaux ou animaux. Cette matière vit bien évidemment, et pourtant qui oserait la classer parmi les végétaux ou les animaux? Mais si elle n'est ni végétale ni animale, elle est minérale, et puisqu'elle vit, il faut bien admettre que la matière vit ; à moins cependant qu'on ne lui refuse aussi la vie, comme on la refuse aux autres minéraux.

Mais c'est surtout en étudiant la manière dont se fait l'accroissement des êtres, que l'on saisit une analogie remarquable entre toutes ces évolutions et que l'on se trouve, par suite, très-disposé à admettre une sorte de vitalité chez les minéraux.

Tout le monde sait que l'on a généralement admis deux modes d'accroissement, savoir : l'accroissement par *intussusception* et l'accroissement par *juxtaposition :* le premier mode appartenant aux animaux et aux végétaux ; le second, aux minéraux. Ce sont des idées tellement admises que d'ordinaire on se contente de les savoir et de les présenter à l'occasion sans conteste comme sans contrôle, et l'on est persuadé avec cela qu'il y a entre le mode d'accroissement des végétaux et celui des minéraux une différence tellement grande que cela doit suffire pour établir entre eux une vaste ligne de démarcation. Examinons donc les phénomènes.

1° On admet généralement que chez les animaux et les végétaux la nutrition ou l'accroissement se fait par pénétration des matériaux pris dans le monde extérieur. Pour que cette pénétration soit facile, il faut que les éléments de nutrition soient rendus liquides ou gazeux, car sous cette forme ils peuvent s'introduire et circuler dans les tissus organisés; alors, ils se solidifient et concourent de cette manière à l'accroissement des parties solides. Mais bientôt, sous l'influence de la vie, ces mêmes matériaux sont de nouveaux rendus liquides ou gazeux pour être rejetés à l'extérieur. Ainsi se trouve justifiée la définition de Cuvier; mais nous allons voir que cette manière d'être souffre de nombreuses exceptions et que si la matière qui compsse ce tourbillon à direction constante *est moins essentielle que la forme* dans les animaux, nous ne saurions admettre que le phénomène soit exactement le même dans les végétaux.

Les minéraux au contraire empruntent au monde extérieur des matériaux qui n'ont pas besoin de les pénétrer pour que leur croissance ait lieu; celle-ci se fait simplement par la juxtaposition des molécules matérielles sur d'autres molécules antérieurement déposées, de sorte que le minéral conserve tous ces matériaux pendant un temps considérable ou jusqu'à ce que quelques causes mécaniques ou chimiques viennent en détruire la forme ou la composition.

Ainsi une grande distinction à établir entre les animaux et les minéraux consisterait en ce que l'on admet que les premiers, pendant la vie, s'accroîtraient par absorption, en changeant les éléments matériels qui les constituent et ne conservant que la forme; tandis que les corps bruts s'accroîtraient plutôt par dépôt et ne perdraient rien des matériaux qui entrent dans leur composition.

Mais si la propriété de s'accroître par absorption et de changer les éléments matériels pour ne conserver que la forme de l'individu est un caractère certain de vie, il ne faudrait pas dire que la vie appartient aussi aux végétaux; car si l'on peut assurer que ces êtres s'accroissent par absorption, on ne peut pas dire aussi qu'ils changent leurs éléments matériels pour ne conserver que leur forme.

D'un autre côté, si la conservation de la forme est un caractère essentiel de vitalité, il faut convenir que cette propriété appartient tout aussi bien au minéral qu'au végétal ou à l'animal, puisque le premier conserve toujours sa forme, quel que soit l'accroissement qu'il prenne.

En effet, l'accroissement des végétaux se fait bien plutôt à la manière des minéraux que des animaux; car les premières couches de *duramen* ou bois sont incessamment et successivement recouvertes par d'autres couches de plus nouvelle formation, et l'on ne saurait véritablement admettre pour elles ce changement de molécules matérielles que l'on admet pour les

animaux. A la vérité, si l'on observe que dans l'écorce des végétaux il se forme une succession de couches internes qui repoussent de plus en plus à l'extérieur les couches les plus anciennes
de manière à les expulser totalement de l'individu, on sera tenté
d'assimiler ce phénomène, dans lequel il y a une sorte de changement de molécules, à celui des animaux; mais il ne faut pas
perdre de vue que, même ici, l'accoissement s'opère à l'intérieur,
par la formation de couches comme dans le bois, formation qui a
la plus grande analogie avec la succession de couches, par dépôt,
des matériaux qui accroissent un cristal.

Si maintenant nous considérons le végétal dans sa structure la
plus intime, nous voyons encore les utricules ou les vaisseaux
formés d'abord d'une membrane plus ou moins mince s'épaissir
peu à peu par l'application successive de couches qui se forment
de l'extérieur à l'intérieur. Mais une fois déposées, ces couches
restent à peu près indéfiniment jusqu'à ce que des causes de
destruction, tout à fait en dehors de la vie du végétal, viennent
en dissocier les éléments.

Or, quelle différence trouvons-nous entre l'application de ces
couches et l'application des couches qui grossissent un cristal, si
ce n'est que ces sortes de dépôt se font de l'intérieur à l'extérieur
pour le minéral, tandis qu'elles se font, au contraire, de l'extérieur à l'intérieur pour le végétal, en tant que nous considérons
l'accroissement des couches corticales et des cellules, et puisque
d'ailleurs, dans l'un comme dans l'autre cas, il faut que la matière soit rendue liquide par un moyen quelconque pour servir à
l'accroissement? D'un autre côté, nous avons vu plus haut que
l'application des couches de *duramen* se faisait de l'intérieur à
l'extérieur, absolument comme chez le minéral. Nous le demandons, cela suffit-il pour dire que la vie est chez l'un plutôt que
chez l'autre?

2° Mais c'est surtout en étudiant plus expérimentalement la
manière dont se fait l'accroissement des êtres, que l'on saisit une
analogie remarquable entre toutes ces évolutions et que l'on se
trouve très-disposé à admettre une sorte de vitalité chez les minéraux.

Déjà, bien que physiologiquement l'on regarde, sans doute
avec raison, les dents, les poils, les ongles, etc., comme le pro-

duit d'une sécrétion, on a coutume de leur attribuer un principe de vie, quoique d'un ordre bien moins élevé. Or, pour se former une idée générale de la manière dont on peut envisager la vie dans les trois règnes, il faut considérer et comparer la croissance des dents, poils ou ongles, etc., celle de certaines conferves inférieures ou d'une feuille de monocotylédone (jacinthe, oignon, roseau, etc.), et celle des cristaux d'azotate de chaux.

A. Si nous convenons que dents, poils ou ongles sont doués de vie, comment se manifeste la vie chez ces parties animales? Par une véritable végétation tout à fait analogue à celle de l'oscillaire ou de la feuille de monocotylédone. Ici, en effet, il serait impossible de constater aucun des phénomènes ordinaires de la vie animale : point d'organes de la digestion ; point de système nerveux, de circulation, de sensibilité et de contractilité, si ce n'est dans la capsule qui les forme ; point de volition ni de possibilité de locomotion. Au contraire, une capsule avec un bulbe ou bourgeon, une tige simple ou composée avec des espèces d'organes appendiculaires dans beaucoup de cas (plumes); mais ces corps ne provenant ni d'un œuf, ni d'une graine, quoique doués d'une certaine vitalité, nous concevons déjà que la nécessité de provenir d'un œuf ou d'une graine n'est pas indispensable à la constatation d'un phénomène vital.

En vertu de quel mécanisme ce qui n'existe pas dans l'économie animale vient-il à se former et à prendre un mouvement de croissance si évident? C'est ce que nous ne saurions dire au juste; mais ce que nous constatons, c'est que dents, poils ou ongles se forment par une sorte de racine ou bulbe, et que le produit s'allonge de telle façon que les nouvelles formations repoussent les anciennes, à peu près comme sortirait de la plaque du vermicellier la pâte préparée qui doit former le vermicelle. C'est une sorte de *végétation animale.*

B. Rien ne semble indiquer que certaines conferves ou certains champignons inférieurs aient un autre mode de croissance, et, même ici, il est à peu près impossible de constater soit la présence d'un bulbe, soit la présence d'une racine ou d'un *mycelium*, et n'était l'absence de la rigidité que l'on retrouve dans les cristaux, on pourrait croire à une sorte de *cristallisation végétale.*

D'ailleurs ce mode d'accroissement *par expulsion* que nous venons de constater se retrouve même jusque dans les végétaux très-compliqués, comme les feuilles de monocotylédone dont nous avons parlé. Si en effet, comme nous l'avons fait plusieurs fois, quand une feuille de monocotylédone, celle de l'*Arundo donax*, par exemple, vient de sortir de la gaîne de la feuille inférieure, si, disons-nous, on vient à faire différentes marques d'une étendue donnée à la base et au sommet de la feuille, avec un compas, soit que l'on perce la feuille, soit qu'on y fasse un point avec de l'encre, on remarquera que l'extrémité libre de cette feuille reste sans croissance, et que conséquemment la distance de la marque à l'extrême sommet est constamment la même; tandis qu'au contraire la distance de la marque à l'extrême base va toujours en augmentant. Or c'est exactement ce qui se passe dans la croissance des parties animales dont nous avons parlé.

C. Enfin, si nous examinons le mode de croissance des cristaux d'azotate de chaux qui viennent se former à la surface des murs dits *salpétrés*, nous constatons une formation tout à fait analogue aux dents ou aux poils et à la feuille d'*Arundo donax*, moins le bulbe, et sous ce rapport plus semblable à l'oscillaire, avec cette seule différence que les tubes minéraux sont plus rigides que les tubes végétaux; mais on comprend que l'on ne saurait baser sur cette rigidité une cause de non-manifestation des phénomènes vitaux. Donc sur cette limite extrême de ce qui est animal, végétal ou minéral, nous retrouvons le même mode de production, les mêmes phénomènes d'accroissement, et si nous accordons un principe de vie à l'un, il faut bien, pour être logique, en attribuer aussi un à l'autre, quoique différent peut-être dans son intensité et dans son essence; et si cela est, nous avons ici une vraie *végétation minérale*.

On nous objectera peut-être que nos exemples sont mal choisis, parce que nos produits animaux ne sont que le résultat de sécrétions, et qu'à la rigueur on peut concevoir l'animal vivant sans poils ou ongles, sans dents ou sans plumes. Mais cela n'est juste qu'en apparence : car s'il convenait de regarder ces corps comme des produits de sécrétion, parce qu'ils ont un mode insolite de formation, il faudrait, pour être conséquent, regarder aussi la feuille de monocotylédone comme une sécrétion, puisque le mode de formation est absolument le même. Or la feuille a-telle jamais été regardée comme le produit d'une sécrétion? Mais pour faire une large concession aux antagonistes de cette manière de voir, admettons que ces sortes de végétations, ces sécrétions, comme on dit, sont dépourvues d'organisation en dehors de la capsule et partant privées de vie, et que notre comparaison ne puisse se soutenir; alors nous prendrons tout le système osseux, et nous ne craindrons plus que l'on ne vienne nous objecter que l'être qui en est pourvu puisse s'en passer, et que ces parties, comme les poils, sont dépourvues d'organisation, puisqu'ici nous avons affaire à un véritable tissu reconnu et admis par tous les naturalistes. Dans ce cas on ne comprendrait plus que le système osseux, qui est tout aussi indispensable à l'existence des vertébrés que n'importe quel organe, et qui se forme et croît comme les autres parties de l'individu, puisse être regardé comme de la matière privée de vie. Or Duhamel, le premier, a tellement bien démontré l'accroissement des os, au moyen de la garance qui les colore à l'extérieur, qu'il les a judicieusement comparés à l'écorce des arbres, avec cette différence toutefois que cet accroissement est *centrifuge*, tandis que dans l'écorce l'accroissement est *centripète;* mais pour être contraire, il n'est aucun esprit qui ne saisisse parfaitement l'extrême analogie qui existe dans ces deux formations.

Maintenant, si nous abordons les phénomènes de pure physiologie, nous allons voir un même ordre de choses se passer dans les animaux, les végétaux et les minéraux, avec cette restriction cependant que le phénomène est plus complexe chez les animaux et les végétaux que chez les minéraux, où il se simplifie tellement, que nous nous regardons comme plus maîtres de le faire naître que nous ne le sommes de le produire chez les végétaux, et à plus forte raison chez les animaux. Posons donc brièvement les principaux éléments de la nutrition chez les animaux, par exemple, et nous verrons ensuite qu'il est possible de les ramener aisément à ceux plus simples de la nature minérale.

Les matériaux de la nutrition animale ont pour composition tantôt l'oxygène et l'hydrogène (eau); tantôt l'oxygène, l'hydrogène et le carbone; tantôt ces trois éléments unis à l'azote; d'au-

tres fois, l'oxygène, l'hydrogène, le carbone et l'azote unis à
des proportions différentes de soufre et de phosphore ; enfin,
la plupart de ces substances sont en outre unies à des sels de
soude, de potasse, de chaux, de magnésie, de fer et d'ammo-
niaque.

Pendant le phénomène de la *chylification* et après l'absorption
du chyle par les vaisseaux chylifères qui le versent dans le canal
thoracique, où il commence à se mêler au sang, des combinaisons souvent nouvelles se sont formées et le sang se trouve chargé
d'une foule de substances qui vont servir à la nutrition, à l'accroissement ou au remplacement des parties animales. Ce qu'il
importe de bien remarquer surtout, c'est que déjà le sang contient les corps tout formés qui doivent servir à l'accroissement
des tissus, et c'est pour cette raison que divers auteurs lui ont
donné le nom de *chair coulante*. En effet, la fibrine, l'albumine, la cérébrine, le phosphate de chaux, etc., se trouvent tout
formés dans le sang. Or il est remarquable que chacune de ces
substances est particulièrement attirée et fixée par les tissus qui
en sont essentiellement formés. Ainsi tel tissu, composé presque
uniquement de fibrine, fixe la fibrine ; tel autre, plus particulièrement formé d'albumine, s'approprie l'albumine ; alors qu'au
contraire le système nerveux fixe la cérébrine, et le système osseux le phosphate de chaux. C'est cette sorte d'*affinité élective*
des diverses substances contenues dans le sang pour les divers
tissus, qui a conduit Geoffroy Saint-Hilaire à reconnaître dans la
vie animale une force particulière qu'il a généralisée sous le titre
de *affinité de soi pour soi* ; c'est, autrement dit, une attraction qui
s'exerce entre des molécules similaires, sans doute très-compli-
quées dans leur composition ; mais n'était la forme régulière de
la géométrie que l'on n'y rencontre point, on pourrait presque
dire que c'est une sorte de *cristallisation animale*.

Les végétaux ont un mode de nutrition tout à fait analogue,
si ce n'est plus simple, et par conséquent la force particulière que
nous venons de faire connaître, l'affinité de soi pour soi, doit
nécessairement présider à la nutrition. Malheureusement on ne
connaît pas aussi bien la composition de la séve ascendante ou
descendante que l'on connaît celle du sang, et d'ailleurs non-
seulement cette composition doit déjà être très-variable, mais

encore il a été jusqu'à présent à peu près impossible de distinguer la séve descendante de certaines sécrétions. ·

Mais si nous ne connaissons pas parfaitement la composition de la séve, nous savons au moins que l'eau (hydrogène et oxygène) est indispensable à la végétation ; qu'elle dissout l'acide carbonique (oxygène et carbone), des matières *oxhydrocarbonées*, des sels ammoniacaux et autres sels minéraux ; qu'ainsi chargée de tous ces principes, elle est absorbée par les racines, et que par des phénomènes mécaniques : endosmose, capillarité et vide produit par l'évaporation, elle monte peu à peu dans tout le végétal, et alors chaque partie de végétal, chaque organe choisit et fixe les matériaux ou les éléments qui lui sont nécessaires ; que d'ailleurs les végétaux ne vivent que plongés dans une atmosphère où se trouvent à la fois tous les éléments dont ils sont formés : oxygène, azote, acide carbonique, eau, etc. De plus, sous la double influence de l'absorption, de la respiration et très-probablement du mouvement qui se produit dans toute son économie, le végétal décompose ces substances, s'assimile leurs éléments et souvent les recompose d'une autre façon, de manière à produire des substances nouvelles. Mais comme la plupart de ces substances s'obtiennent dans nos laboratoires de chimie, que chaque jour leur nombre s'accroît, on peut avec quelque raison supposer que les seules forces chimiques suffisent à leur production et que les diverses parties végétales, en vertu du principe de l'affinité de soi pour soi, s'approprient, celles-ci du carbone, de l'oxygène et de l'hydrogène ; celles-là de l'oxygène, de l'hydrogène, du carbone et de l'azote ; cette autre ces quatre corps, auxquels vient se joindre le soufre.

A la vérité, chez les végétaux ces éléments minéraux se groupent de diverses façons pour former des organes spéciaux indispensables à la vie végétale : c'est déjà une division, une localisation du travail organique. Mais en descendant l'échelle des végétaux jusqu'au *protococcus* ou aux conferves ou champignons inférieurs, dont il a été question plus haut, le phénomène se simplifie tellement que la division du travail ne semble plus exister, puisque nous ne retrouvons plus qu'une simple cellule dans le premier cas et qu'un tube dans le second, qui, pour se former, ne paraît pas avoir besoin de germe ; car jusqu'à ce jour on ne les a trouvés formés que d'un tube simple, sans sporules et sans apparence de racines, et ces êtres n'ont fait que choisir et s'assimiler les éléments minéraux qui les constituent végétaux.

C'est très-probablement d'une manière très-analogue à la production de ces végétaux qu'à lieu la formation de certains cristaux. En effet, reprenant notre exemple d'azotate de chaux, nous voyons celui-ci se produire à la surface d'une pierre poreuse : le carbonate de chaux. Rien de ce qui se formera n'existe encore ; mais peu à peu, sous l'influence de l'humidité, la chaux s'approprie l'oxygène et l'azote de l'air dans des proportions convenables à sa constitution, et bientôt tous ces éléments, en vertu de l'attraction ou de l'*affinité élective* dont nous avons parlé, se groupent en un seul corps affectant la forme d'anguilles, qui n'est autre que l'azotate de chaux, lequel s'allonge comme l'oscillaire ou comme la feuille dicotylédonée jusqu'au point d'atteindre une longueur de 30 à 40 millimètres. D'un autre côté, si nous faisons une dissolution de plusieurs sels ensemble, et si nous l'abandonnons à une évaporation spontanée, les sels cristallisent l'un après l'autre ou en même temps, selon leur degré de solubilité, mais séparément, de façon que les molécules similaires seules se réunissent encore en vertu du principe de l'affinité de soi pour soi. Or, malgré toute notre attention, dans les phénomènes que nous venons de relater, nous ne saurions trouver de différence autre qu'un degré de complication de plus en plus grand à mesure que, partant du minéral, nous nous élevons davantage dans l'échelle des êtres. C'est donc le même ordre de phénomènes, mais auquel l'habitude a fini par consacrer une toute autre interprétation.

Une des raisons qui ont semblé très-puissantes aux naturalistes pour dire que la vie n'existe point dans les minéraux, c'est la faculté qu'ils ont pour la plupart de cristalliser en affectant des formes régulières de la géométrie. Qu'il nous soit permis de dire que rien n'est plus faux que cette manière de juger ; car nous avons démontré dans nos *Études sur la symétrie considérée dans les trois règnes*, que les animaux et les végétaux sont soumis à des lois de symétrie géométrique tout aussi bien que les minéraux ; que leur physionomie générale dépend de l'espèce de symétrie à laquelle chaque règne appartient ; que l'animal, ainsi que nous le verrons bientôt, appartient à la *symétrie par rapport à un plan;* le végétal, à la *symétrie par rapport à une ligne;* le minéral, à la *symétrie par rapport à un point,* et leur degré de complication est entre eux comme le sont un point, une ligne et un plan. Donc, sous ce rapport encore, rien qui doive faire refuser la vie aux minéraux.

La longévité ainsi que le rapport de l'âge avec l'accroissement ne sauraient non plus être invoqués pour décider qu'un être jouit ou non de la vie; car si un minéral est capable de s'accroître indéfiniment (autre argument contre la vitalité), on en peut dire autant de certains végétaux, comme les gigantesques baobabs des îles du cap Vert, dont la croissance se continue encore, quoique Adanson leur ait supputé une existence de six mille ans environ. Enfin, parmi les animaux, Lacépède a établi par le calcul que les poissons osseux (Carpes), cartilagineux (Squales) et les reptiles (Boas, Crocodiles, Tortues) grandissent toute leur vie, laquelle, assure-t-on, peut atteindre jusqu'à deux et trois cents ans.

On pourrait peut-être nous objecter encore que la nature minérale se forme tout aussi bien à l'obscurité qu'à la lumière, tandis que les animaux et les végétaux ont un indispensable besoin de cette lumière pour vivre. Cet argument n'est pas aussi absolument rigoureux qu'on pourrait le croire, car nous savons qu'un certain nombre de végétaux vivent dans l'obscurité la plus profonde et qu'il en est ainsi de certains animaux des classes inférieures. M. Moquin-Tandon nous a assuré que la sangsue médicinale, qui est déjà un animal dont les fonctions sont assez complexes, a été retrouvée dans des eaux qui ne recevaient aucune lumière et où cependant elle vivait parfaitement.

A la vérité, la tendance des plantes à se diriger vers la lumière semblerait indiquer un principe de vie tout à fait impossible à constater chez les minéraux, et l'argument, ici, semble des plus sérieux. Cependant l'expérience peut encore venir démontrer l'invalidité de cet argument. En effet, si l'on place une substance solide, mais volatile, dans un flacon entouré de papier noir offrant quelques solutions de continuité, on pourra constater la tendance de ce corps à se diriger vers la lumière. Mettons donc du camphre dans un flacon bien bouché et recouvert par un papier noir sur lequel on a découpé une figure quelconque qui éclaire l'intérieur du flacon, et abandonnons-le à lui-même. Au bout d'un certain temps, en le développant avec précaution, nous trouverons une certaine quantité de la matière volatile qui sera venue se fixer et cristalliser sur les parois du flacon qui se trouvaient éclairées. C'est une observation que beaucoup de personnes ont pu faire. Un mélange de cyanure de mercure et d'iode placé dans un flacon bouché ne tarde pas à former des aiguilles d'*iodure de cyanogène* dont la tendance à se diriger vers la lumière est des plus manifestes.

Ce phénomène de pure mécanique moléculaire aurait besoin de trop de détails explicatifs pour que la théorie en puisse être donnée ici.

La *résistance à la destruction spontanée* ou la *suspension de la vie* que l'on observe à un si haut point chez les minéraux ne semble pas devoir être invoquée pour établir, au point de vue de la vie, une ligne exacte de démarcation entre la nature organique et la nature inorganique; car on les retrouve aussi à un assez haut degré chez les végétaux et les animaux. En effet, sans parler de ces substances végétales et animales qui dans certaines conditions peuvent se conserver à peu près indéfiniment, tandis que des roches naturelles, telles que les feldspaths et les ponces, se décomposent naturellement, les premières en *kaolin*, les secondes en une espèce d'*allophane;* tout le monde sait que certaines graines peuvent se conserver fort longtemps sans perdre leur faculté germinative. Ainsi des graines de melon ont germé encore après quarante et un ans (Friewald), des haricots après trente-sept ans (Voss) et, pris dans l'herbier de Tournefort, après cent ans (Gérardin), des grains de seigle après cent quarante ans (Home). Selon Rœmer, à Zurich, on a fait de bon pain avec du blé qui avait été conservé pendant deux cent cinquante ans, de 1548 à 1799. Malheureusement, on n'a pas essayé de le faire germer. D'un autre côté, des végétaux hors de terre et placés dans un milieu humide, à une basse température, conservent très-longtemps la faculté de revivre dès qu'ils viennent à être placés dans des conditions convenables.

Il en est de même des œufs de certains animaux, particulièrement ceux du *Sericaria mori*, connus sous le nom de *graine de ver à soie*, que l'on est maître de conserver assez longtemps, pourvu qu'on les tienne à une température assez basse, sans pourtant leur voir perdre la faculté d'éclore. Les rotifères, qui sont des animaux déjà assez élevés dans l'échelle animale, puisqu'ils paraissent se rapprocher des mollusques ptéropodes, ont offert à Spallanzani cette curieuse faculté de pouvoir être desséchés dans le sable ou la terre et alors prendre l'apparence d'animaux morts. Dans cet état ils peuvent être conservés des années entières ; mais dès que l'on vient à humecter et délayer cette terre dans l'eau, ils reprennent leur forme, leur vie et leur activité, et l'on ne se douterait pas qu'ils viennent de subir si longtemps cette mort apparente. Peut-être en est-il de même du *Vibrio tritici* (Bauer) et des Branchipes, des Apus, des Daphnies qui se montrent tout à coup dans les eaux pluviales et bourbeuses. Nous avons nous-même fait des observations presque analogues sur les Néphélis. Si, en effet, on place au frais et à l'obscurité des œufs de Néphélis sur le point d'éclore, on peut retarder leur éclosion pendant un assez grand nombre de jours, alors que les jeunes Néphélis n'avaient plus qu'à subir l'action de la chaleur et du soleil pour sortir de leur embryophore.

Nous ne devons pas quitter ce sujet sans faire observer que dans l'idée de quelques naturalistes il faudrait admettre que certains germes se conservent pour ainsi dire indéfiniment, puisque sans cela ils seraient obligés d'admettre la génération spontanée, qu'ils repoussent pour des êtres inférieurs que des circonstances contre nature font naître avec des caractères tout à fait différents de toutes les espèces connues. C'est en particulier ce qui est arrivé à un nouvel *Hygrocrocis* que nous avons le premier signalé, dans une simple dissolution d'iodure de potassium ou il s'était développé, et que M. Montagne a spécifié par l'adjectif *fusca* (1).

Enfin, et c'est là l'argument le plus puissant contre la vitalité des minéraux, on a dit que tous les végétaux et les animaux provenaient d'un œuf « *omne vivum ex ovo* » (Harvey), et comme on a surabondamment prouvé que cet axiome n'était pas toujours vrai, même avec l'extension que Burdach et Valentin ont donnée au mot œuf, on a dû dire, pour être dans une plus grande géné-

(1) Montagne, *Huitième centurie des plantes cellulaires nouvelles. — Ann. Sciences nát. Botanique,* 1858, p. 142.

ralisation, que tous les végétaux et les animaux ne peuvent provenir que de parents auxquels ils ressemblent. Mais si cela est vrai pour les animaux et les végétaux supérieurs, il faut bien reconnaître, d'une part, que pour les espèces les plus inférieures nous sommes à cet égard dans un doute qui ressemble beaucoup plus à une conviction contraire, au moins selon l'opinion d'un assez grand nombre de naturalistes; d'un autre côté, nous ne saurions logiquement admettre que certains végétaux qui ne se présentent que sous forme de tubes simples, sans aucune trace de spores ou germes, puissent provenir d'un parent ou d'un germe dans certaines conditions parfaitement déterminées. Donc, jusqu'à ce qu'il soit mieux démontré que la génération spontanée n'existe réellement pas, nous devons voir dans la création des espèces inférieures un passage naturel qui conduit de la vie organique à la vie inorganique.

De ce que les phénomènes vitaux se simplifient à mesure qu'ils se produisent dans les individus plus bas placés dans l'échelle des êtres ou chez les individualités plus circonscrites, il y a peut-être moins d'impertinence qu'on ne pourrait le penser à admettre la vie dans ces atomes matériels qui se repoussent quelquefois ou s'attirent, suivant certaines circonstances. Peut-être l'attraction universelle est-elle le principe de vie de tous les corps de la nature; mais quand nous voyons les corps *bruts* s'accroître en vertu d'une force qui sollicite les molécules similaires à venir se grouper suivant des positions particulières à chaque corps, nous constatons un *mouvement régularisé*, souvent *spontané*, et nous pouvons nous demander s'il est juste de leur refuser une parcelle de cette vie que nous reconnaissons non-seulement aux animaux les plus simples, mais aussi aux végétaux microscopiques qui ne consistent qu'en une seule cellule.

A la vérité, nous sommes maîtres d'agir sur ces corps en les plaçant dans des circonstances telles que nous les puissions produire à volonté, ce qui, pour quelques philosophes, ne serait pas si les cristaux étaient doués de vie, persuadés qu'ils sont que l'homme est impuissant à donner la vie aux êtres : mais alors ils ne font pas attention que nous ne sommes pas capables de détruire ou de donner le principe de vie qui est dans chaque atome, et que placer ces atomes dans des circonstances qui favorisent leur rapprochement, c'est, dans un ordre de choses moins élevé, faire l'analogue de ce que nous faisons quand nous réunissons les circonstances qui doivent donner naissance à certains végétaux inférieurs, ou même quand nous plaçons des graines ou des œufs dans des conditions propres à leur parfait développement. Dans tous ces cas, c'est parce que le principe vital existe qu'il ne nous reste plus qu'à trouver les conditions nécessaires au développement des êtres. Nous sommes plus immédiatement maîtres de ces conditions pour la plupart des minéraux, pour quelques végétaux et animaux inférieurs; mais nous n'avons presque plus d'action immédiate quand il s'agit du développement des animaux supérieurs.

Nous concluons donc que tout ce qui existe est doué d'une vie appartenant à la vie universelle, dont l'attraction peut-être serait le principe, et que la vie est essentiellement *le mouvement sous toutes ses formes;* car si l'esprit pouvait concevoir une forme quelconque de ce mouvement, on pourrait soutenir que cette forme existe quelque part dans l'univers sans que l'on puisse être taxé d'exagération, puisqu'à notre sens l'esprit ne saurait rien concevoir qu'il ne fût donné à la nature ou à Dieu de réaliser.

Mais si, même à l'aide de nos plus puissants télescopes, nous ne voyons se mouvoir que les astres qui composent notre système solaire, parce que nous faisons partie d'une vaste nébuleuse qui nous emporte dans son immense tourbillon, ce n'est pas à dire pour cela que tout reste immobile autour de nous et que notre système solaire soit doué seul de mouvement. Dans tous les cas, les mouvements qu'il nous est donné d'apercevoir sont déjà des mouvements dans le mouvement de la nébuleuse à laquelle nous appartenons, et ainsi commence à se justifier le dernier membre de notre définition : *le mouvement dans le mouvement.* Ne voyons-nous pas d'ailleurs les astres qui composent notre système planétaire se mouvoir d'un mouvement qui leur est propre? et si nous considérons les phénomènes géologiques, ne reconnaissons-nous pas qu'indépendamment de son triple mouvement de translation, de rotation et de nutation, la terre exécute sans relâche un travail incessant qui soulève des montagnes au sein des plaines ou au milieu des mers, ou qui en engloutit d'autres dans de formidables affaissements?

Pour le matérialiste, ce ne sont là que des phénomènes purement physiques, mais pour le philosophe, qui doit remonter autant que possible au principe de toutes choses, il y a plus que cela; il y a un phénomène vital, et pour lui, certainement, rien n'est fait qui ne soit commandé et qui n'ait son but d'utilité dans le grand travail dont la nature entière est le théâtre. Enfin, comment supposer que notre terre, qui sue la vie par la production d'êtres si divers qui vivent et meurent, puisse être seule inerte et sans vie? Si nous l'osions nous nous permettrions une comparaison qui rendrait plus saisissante cette idée, et nous n'aurions qu'à supposer un raisonnement aux animaux parasites qui vivent et meurent sur des êtres vivants. A coup sûr ces parasites pourraient être fondés à croire que les êtres sur lesquels ils vivent sont de la matière brute, car ne pouvant apercevoir d'autres horizons que ceux qui limitent la périphérie du corps qui les porte, ils sont inhabiles à constater les manifestations de la vie qui lui appartient en propre. Aussi peut-être les végétaux et les animaux sont-ils à la terre ce que les parasites sont aux êtres qui les nourrit. Ce parallèle seul est digne de réflexion et pourrait faire croire à la vie dans les corps qui jusqu'à ce jour ont été considérés comme en étant privés.

Quand nous disons jusqu'à ce jour, nous nous trompons, car il faut bien le dire, cette idée n'est pas nouvelle. Pour les anciens alchimistes, en effet, il n'y avait point de corps inanimés; chaque être en particulier avait sa vie propre comme la nature entière et, selon eux, les minéraux possèdent une vie *imparfaite, obscure* et *essentielle* qui n'est ni *végétative*, ni *sensitive*.

Pour bien comprendre la raison d'être du dernier membre de notre définition, il importe de prendre une idée exacte de ce que l'on doit entendre par ces mots *individualité* et *individu*.

Une des causes qui ont pu contribuer à faire regarder la nature minérale comme privée de vie, c'est certainement la difficulté qu'il y a à définir l'individu dans le règne inorganique, et quand on voit quelques auteurs placer dans les astres ou dans les *corps planétaires* l'individualité minéralogique, alors que d'autres avec Lamarck la trouvent tout entière dans la *molécule intégrante* des corps, il est difficile en effet que l'on puisse bien s'entendre, et quoique jusqu'à un certain point l'une et l'autre idée puissent se soutenir, il y a cependant une grande différence entre l'idée que l'on se fait de l'individualité animale, végétale et minérale, et celle que l'on se fait de l'individualité de la terre. En effet, le soleil, la terre, la lune, etc., qui peuvent passer évidemment pour des individualités dans notre nébuleuse, ayant chacune ses mouvements, son utilité, son but, sa raison d'être en un mot, mais dépendant les uns des autres, sont d'une nature fort complexe, puisque dans cette manière d'envisager l'individu terre, par exemple, nous devons y comprendre non-seulement tous les minéraux qui composent le corps de la terre, mais aussi tous les végétaux et tous les animaux qui les peuplent. La terre n'est donc pas exactement comparable comme individualité à un végétal ou à un animal, ou plutôt les mots individu et individualité n'ont donc rien d'absolu dans leur signification.

D'un autre côté, en cherchant dans la molécule intégrante une individualité comparable aux animaux ou aux végétaux, on tombe, à notre avis, dans un excès contraire aussi grand; car il serait impossible de voir l'individu et de reconnaître sa forme : donc nous ne saurions nous en faire l'idée. Il est bien vrai que l'on a admis que de la *forme type* ou *primitive* dérivaient les autres formes; mais il n'est pas prouvé que chaque molécule intégrante ait la forme du corps, puisque ici le mot forme primitive implique l'idée de la réunion de plusieurs molécules qui peuvent bien, elles, n'avoir pas la forme du corps.

Quant à l'individualité végétale nous sommes aujourd'hui fort embarrassés pour la déterminer, puisque nous sommes forcés de reconnaître que chaque tige ou bourgeon constitue un individu. Il y a mieux, c'est que l'expérience prouve que les feuilles mêmes peuvent donner naissance à d'autres individus : car il est acquis à la science que les feuilles d'oranger, d'*aucuba*, de figuier élastique, de *glauxinia*, etc., peuvent reproduire un végétal pareil à celui qui les a fournies. Dans ce cas la feuille serait donc une individualité? Enfin si des portions de feuilles (*Bryophyllum*, *Ornithogalum*, etc.) ou de calice (Opuntie commune) peuvent donner naissance à une plante semblable à la mère, l'individualité n'est donc pas bornée à la feuille entière et celle-ci est donc composée de plusieurs individualités?

Chez les animaux, nous retrouvons encore, quoique d'une manière bien plus limitée, la même individualisation dans les zoonites qui composent l'individu. Depuis l'homme, en effet, que l'on peut considérer avec Dugès comme formé par la réunion de deux zoonites accolés, ne voyons-nous pas cette individualisation se multiplier et se prononcer de plus en plus à mesure que nous descendons vers les animaux inférieurs, jusqu'à ce qu'elle devienne infinie pour ainsi dire dans les animaux dont, comme les hydres, les fragments les plus ténus suffisent pour reproduire un animal entier. Nous pouvons donc encore nous demander où se trouve l'individualité? En présence de cette difficulté on pourrait, en se basant sur des considérations que nous ferons connaître ultérieurement, conserver le nom d'*individu* à l'être collectif qui peut comporter, lui, plusieurs *individualités* ou *entités*, nom qui rappellerait le principe de l'individu.

Pour nous donc, la terre, comme individu, a sa vie particulière dans la vie générale de la nébuleuse de laquelle elle fait partie, et conséquemment ses mouvements particuliers. Ainsi non-seulement elle a les trois mouvements de translation, de rotation et de nutation; non-seulement elle a ses soulèvements, ses affaissements, ses volcans et ses convulsions violentes, mais encore son atmosphère est sans cesse agitée par des vents divers; ses continents sont parcourus par des ruisseaux, des rivières, des fleuves, des cataractes sans cesse en mouvement pour aller se jeter dans les océans : pendant ce temps, un autre mouvement va, sous forme de vapeurs, être la cause de ces nuages immenses qui se promènent dans l'atmosphère et qui plus tard se résolvent en pluie, en même temps que d'autres mouvements de la matière plus intime, après s'être accumulés sur divers points, produisent ces imposants phénomènes électriques qui portent la terreur chez tous les animaux.

Mais la terre est peuplée de végétaux et d'animaux dont chaque individu est évidemment doué d'une vie spéciale plus ou moins complexe, et dans laquelle il nous est impossible de ne pas reconnaître l'existence de certaines forces. Or ces forces commandent des mouvements très-divers, peu appréciables chez les minéraux, plus sensibles chez les végétaux, et très-remarquables chez les animaux, puisqu'ils possèdent la faculté de locomotion que l'on ne retrouve plus chez les végétaux. Mais les végétaux sont à leur tour la cause et le siége d'un mouvement plus général qu'il importe de bien apprécier ici, parce qu'il est un exemple de plus de la multiplicité des formes que peut présenter le mouvement. En effet, nous reconnaissons que les plantes, par leurs racines, quelquefois très-profondément enfoncées en terre, puisent à des profondeurs variables des matières rendues solubles, lesquelles s'élèvent dans le végétal jusqu'aux extrémités les plus éloignées du sol, et arrivées dans les feuilles y séjournent sous des états divers. Celles-ci tombant périodiquement à terre ne tardent pas à se décomposer, et de cette décomposition résultent des matières solubles qui seront de nouveau absorbées par les racines pour être encore reportées dans toutes les parties du végétal. Il y a donc, sous ce point de vue encore, une sorte de mouvement circulaire, périodique, régularisé, dont la constatation n'est pas un des moins curieux phénomènes de la vie végétale.

Ainsi l'accroissement des minéraux ; l'accroissement et la circulation des végétaux ; l'accroissement, la circulation, la faculté de locomotion des animaux, accusent seuls des mouvements propres à chacun de ces êtres, mouvements très-divers qui ensemble constituent leur vie. Il est donc impossible de concevoir la vie sans mouvement.

Et si maintenant nous recherchons les mouvements particuliers qui appartiennent aux diverses parties des végétaux ou des animaux, nous trouvons que la vie se circonscrit, se localise de façon à rendre sensibles des mouvements partiels. C'est ainsi que les bourgeons, les graines, etc., chez les végétaux, et les dents, les poils, les œufs, etc., chez les animaux, ont une organisation propre qui les fait s'allonger et grossir, croître ou avorter, vivre et mourir, et par conséquent, ils possèdent leurs mouvements vitaux particuliers. Mais comme nous ne saurions concevoir la vie végétale ou animale sans la production de ces parties, nous sommes forcés d'admettre que la vie est aussi *le mouvement dans le mouvement* et que conséquemment notre définition se trouve complétement justifiée.

A la vérité, et pour donner plus de généralité à nos idées, nous devons dire que le mot mouvement doit être pris quelquefois dans un sens plus large que celui auquel on est ordinairement habitué. En effet, le plus souvent ce mot est appliqué à un corps

qui change de place ou de position et que nos sens perçoivent
aisément ; mais il est plus difficile de concevoir le mouvemen
appliqué à une *abstraction,* comme le temps par exemple ; et s
nous nous faisons l'idée du mouvement du temps dans la succession des unités de temps, c'est bien plutôt parce que nous sommes
habitués à le personnifier en quelque sorte, c'est-à-dire à le considérer comme le résultat de la marche du soleil, ou de la succession périodique des jours et des nuits ou des battements d'un
pendule, etc. Mais en supposant que le soleil ou plutôt la terre
soit immobile, que le jour soit éternel, que le pendule ne batte
pas, l'esprit n'en concevrait pas moins la succession des unités
quelconques de temps, et cette succession indiquerait un mouvement en quelque sorte *métaphysique* ou *abstrait,* si l'on veut,
mais qui n'en serait pas moins une forme particulière du mouvement. Or ces sortes de *mouvements abstraits* sont assez nombreux pour intervenir en assez grande part dans la vie universelle
et dans la vie particulière. Ainsi succession d'individus semblables et succession d'individus différents, disparition totale d'espèces anciennes ayant certains caractères, qui sont remplacées par
d'autres espèces ayant d'autres caractères, tout cela constitue autant de *mouvements abstraits* qui appartiennent à la vie particulière de notre globe, comme la succession des mondes constitue
une forme de mouvement appartenant à la vie universelle. Enfin
les idées et les passions avec leurs formes, leurs dimensions, leurs
progrès sont encore une forme de mouvement qui rentre dans le
domaine de la vie individuelle ou générale, selon qu'on les considère isolément ou collectivement.

Ainsi il nous semble démontré que la vie est *le mouvement
spontané et régularisé ; le mouvement sous toutes ses formes et
le mouvement dans le mouvement,* et cette définition s'appliquant
à la vie universelle convient tout aussi bien à la vie individuelle
des végétaux ou des animaux.

Si maintenant nous cherchons quel est le phénomène le plus
appréciable dans la vie des animaux et des végétaux et la manifestation qui leur est commune, nous trouvons que c'est essentiellement la croissance ou certaines formes de mouvement, car
tous les autres phénomènes ne sont pas identiques dans les uns
et dans les autres, et par conséquent ne sauraient être généralisés.

Mais la croissance est aussi bien le propre des minéraux « *mine-ralia crescunt* » que des végétaux et des animaux, et cette crois-sance est tellement manifeste, que les naturalistes ont coutume de la considérer comme pouvant être indéfinie. Si donc nous vou-lions stigmatiser d'une manière aphoristique chacun des trois règnes, nous dirions que les minéraux croissent ; les végétaux croissent et respirent ; les animaux croissent, respirent, digèrent et sont locomobiles, au moins dans leur jeune âge.

C'est qu'il faut reconnaître dans la vie des végétaux et des ani-maux des différences notables qui les font aisément distinguer des minéraux. Chez les premiers, en effet, la matière se groupe de façon à former des corps très-différents les uns des autres, corps connus sous le nom d'*organes*, d'où le nom d'*êtres orga-nisés*. Ces organes, outre la faculté de s'accroître, sont doués de propriétés qui les rendent aptes à remplir certaines fonctions utiles à la vie générale de l'être pendant un temps plus ou moins long ; mais dès que ces propriétés disparaissent, dès que ces fonc-tions cessent de se produire, l'être cesse en même temps de s'ac-croître, et la vie ou plutôt les espèces ou variétés de mouvements pour lesquels ces organes avaient été formés disparaissent com-plétement sans cependant que leur organisation ait changé en apparence. Le mouvement dans un même sens s'est arrêté, voilà tout. Mais bientôt un autre mouvement lui succédera, qui réduira les êtres en leurs éléments : ceux-ci se combineront alors de dif-férentes manières, selon les circonstances, pour former d'autres corps doués à leur tour de propriétés et de manifestations très-différentes, mais dans lesquelles on pourrait ne voir, si l'on veut, qu'une forme particulière de la vie générale. C'est à l'accomplis-sement des fonctions de chaque organe ou de leurs mouvements toujours dans le même sens que nous donnons particulièrement le nom de *vie organique*, et c'est au moment où ces fonctions cessent, où ces mouvements dans le même sens s'arrêtent, que l'on est convenu de donner le nom de *mort* (1). Un exemple suf-fira pour nettement faire comprendre notre pensée.

(1) Ce mot auquel l'habitude nous a fait donner une acception qui désigne assez bien l'état d'un individu qui ne vit plus, ou plutôt chez lequel les or-ganes ne sont pas en mouvement dans le même sens, dit cependant le con-traire de ce que l'on a voulu exprimer, car il donne exactement l'idée d'un

Ainsi, dans chaque plante nous trouvons d'abord une racine, une tige, des feuilles constituant les organes de la nutrition ; ensuite, comme organes de reproduction, des fleurs formées d'un calice, d'une corolle, d'étamines dont l'ensemble constitue l'androcée, et de carpelles surmontés chacun de leur style et de leur stigmate formant le gynécée. D'ordinaire la racine et la tige sont organisées pour vivre le plus longtemps ; mais les feuilles ont une vie spéciale qui dure au plus quelques mois, au bout desquels, devenues inutiles, elles meurent, se dessèchent et tombent. Il en est de même du calice, de la corolle et de l'androcée, dont l'existence est plus éphémère encore, puisque le temps qui les voit naître, fonctionner et mourir est souvent moins de quelques semaines, et tandis que feuilles, calice, corolle et androcée accomplissent les fonctions en vue desquels ils avaient été organisés dans un espace de temps plus ou moins court, au contraire le gynécée et surtout la tige et la racine sont organisés pour accomplir des fonctions d'une plus longue durée, car ils doivent vivre assez pour que les produits de la fécondation puissent arriver à terme. Quelquefois même, comme dans les arbres, les tiges et les racines sont organisées de façon à servir à plusieurs générations et cela, pour quelques végétaux, pendant des milliers d'années ; mais leurs organes appendiculaires n'ont d'ordinaire qu'une existence toujours très-limitée et en rapport avec le rôle et les fonctions qu'ils doivent remplir.

Il résulte de ce que nous venons de dire que dans une plante considérée comme individu vivant et organisé pour remplir une série de fonctions, il y a d'autres parties ou individualités vivantes aussi qui sont formées pour accomplir des fonctions ou des

---

état de chose qui n'est pas dans la nature. S'il se fût borné à signifier la fin de tout ce qui a eu commencement, il serait très-exactement employé ; mais l'opposer au mot *vie,* c'est, il nous semble, une exagération et une inexactitude. En effet, tout ce qui commence a nécessairement une fin : c'est démontré par l'observation de tous les siècles ; tandis que rien ne démontre d'une manière aussi évidente que tout ce qui vit doit nécessairement cesser de vivre, car nous sommes en droit d'assurer que la nature vit sans que nous puissions supposer qu'elle cessera de vivre. La nature, c'est Dieu, et son existence ne soulève aucun doute ; mais comme il ne peut avoir eu de commencement, nous sommes fondés à dire qu'il n'aura pas de fin, et conséquemment que la mort ne saurait l'atteindre. Donc le mot *mort* ne peut être opposé au mot *vie ;* tandis qu'il doit être opposé au mot *commencement* ou au mot *naissance.*

actes spéciaux, et une fois cette mission remplie, ces individualités meurent et se séparent de la plante. Ce sont donc autant de *vies particulières* dans une vie plus générale, des mouvements contenus dans d'autres mouvements. « Il faut convenir, dit Dupont de Nemours dans un de ses mémoires, qu'une plante est une confédération d'individus tous parents, tous intimement unis, s'entr'aidant les uns les autres, travaillant tous au bien de la société. »

Si l'on nous a parfaitement compris, nous croyons que l'on nous permettra de conclure d'après cette dissertation que le mot *vie* doit avoir un sens plus large que celui qu'on lui accorde d'ordinaire ; que la définition que nous avons donnée paraît s'appliquer à la vie universelle en même temps qu'elle convient aussi bien à la vie particulière de la plupart des végétaux et des animaux, et que conséquemment la vie est essentiellement *le mouvement spontané et régularisé ; le mouvement sous toutes ses formes et le mouvement dans le mouvement.* Mais comme tout mouvement implique l'idée d'une force qui en est la cause, pour nous la vie est un *résultat* dont l'attraction universelle serait le *principe.* Descartes en décrivant ses tourbillons a signalé certains effets de la vie universelle ; Newton en généralisant l'attraction en a découvert le principe, mais ni l'un ni l'autre de ces deux grands génies n'y a vu autre chose qu'un phénomène de mécanique céleste : nous, au contraire, nous n'y voyons que les manifestations de la vie universelle, lesquelles s'étendent jusque dans la vie individuelle des êtres les plus infimes.

CHAPITRE II

DE L'INDIVIDUALITÉ EN GÉNÉRAL.

Parmi les questions les plus délicates et les plus difficiles à traiter de l'histoire naturelle, celles de l'espèce, de la variété et de l'individu occupent à coup sûr le premier rang. Combien n'at-on pas fait d'efforts, en effet, pour définir et délimiter l'espèce et la variété? On pourra sans doute encore disserter longuement sur ce sujet sans que jamais peut-être on arrive au but exact que l'on se propose. Nous laissons à d'autres le soin de ce travail, qui n'a aucun rapport avec celui que nous publions ici; mais comme il importe essentiellement de nous faire une idée exacte de l'individualité, nous devons traiter ce sujet avec assez d'étendue pour que l'on puisse arriver à comprendre l'individualité, d'après nos idées, qui sont loin de ressembler à celles que l'on a émises jusqu'à ce jour sur cette matière.

Afin de donner plus de force à notre raisonnement, nous aurons soin de rechercher dans les deux règnes, végétal et animal, ce qu'il convient de regarder comme un individu; d'ailleurs il nous semble qu'avant de chercher à définir ou délimiter l'espèce ou la variété, il est convenable de bien s'entendre sur l'individualité elle-même.

L'usage a consacré le nom d'*individu à tout être végétal ou animal qui a sa vie propre et qui peut se suffire à lui-même lorsque, arrivé à un certain âge, il a été séparé du parent.* Un Homme, un Cheval, un Poisson, une Mouche, sont autant d'individus animaux; de même que l'on considère un Pommier, un Chêne, un Lis, etc., comme représentant chacun un individu végétal.

Mais quand on voit un même animal produire autant de nouveaux individus que lui-même peut donner de morceaux par division, comme cela a lieu pour les *Hydres* ou *Polypes d'eau douce*, la question de l'individualité se complique, et l'individu animal devient beaucoup plus difficile à délimiter. Pareillement, quand nous examinons un arbre, nous ne tardons pas à reconnaître que toutes ses branches ont la plus grande analogie, et comme nous savons parfaitement que chacune d'elles, avec le temps, par division, soit au moyen du *bouturage* ou du *marcottage*, soit au moyen de la *greffe*, peut devenir un arbre en tous points semblable à celui qui les a fournies, nous arrivons encore à nous faire une tout autre idée de l'individualité végétale. On cite avec raison l'exemple du *Saule pleureur*, dont un seul individu apporté en Europe paraît avoir produit tous ceux que l'on y trouve aujourd'hui. Or on sait qu'il n'y existe qu'un des sexes, et par conséquent il est impossible que ceux qui se trouvent en Europe aient pu provenir de graines. Tous ces saules sont donc des portions d'un seul et même individu considéré sous le rapport physiologique (de Candolle).

Ainsi voici l'idée vulgaire de l'individu complétement ébranlée, et nous ne devons donc plus nous étonner si des hommes célèbres, tels que Ray, Lahire, Darwyn, Buffon, Dupont de Nemours, Dupetit-Thouars, de Tristan, de Candolle, Dunal, Rœper, Gaudichaud, Poiteau, Moquin-Tandon, etc., ont été conduits à cette idée : que l'individu végétal ou animal était lui-même composé d'individualités que l'on pouvait facilement distinguer.

A la vérité, Gallesio a cherché à établir que le nom d'individu devait être réservé à celui qui provient d'un embryon fécondé, et que conséquemment, quand on parvient naturellement ou artificiellement à former des individus au moyen de bourgeons, on ne fait que diviser un être unique en plusieurs ; mais au bout de quelque temps le nouvel être est si semblable à l'individu qui lui a donné naissance, qu'il est impossible de les distinguer, et si on donne le nom d'individu à l'un, on ne peut guère logiquement le refuser à l'autre. D'ailleurs, comme le dit de Candolle (1), l'individualité du bourgeon se lie avec l'hypothèse que les germes

(1) *Physiologie*, 1832, p. 961.

qui forment les bourgeons et ceux qui forment les embryons sont originairement de même nature, quoique les premiers se développent d'eux-mêmes, et que les seconds semblent réclamer impérieusement l'action préalable de la fécondation.

Mais ce sont surtout les idées de Dugès et de Moquin-Tandon sur les zoonites qui ont concouru à ce grand travail intellectuel qui devait préparer à l'acceptation de cette idée générale. Ces deux savants ont en effet reconnu que les animaux des classes inférieures, et particulièrement les annélides, étaient constitués par des séries d'anneaux ayant tous, à très-peu de chose près, la même constitution et par conséquent se répétant tous d'une manière très-évidente; ils en ont conclu que ces animaux étaient formés d'individualités soudées bout à bout de manière à constituer un tout que nous avons pris l'habitude de regarder comme un individu. Ils ont donné à chacune de ces individualités le nom de *zoonite*. Mais en examinant attentivement chacune de ces séries d'anneaux ou zoonites, on reconnaît que si l'on fait passer un plan par les lignes médianes, dorsale et ventrale, on a, de chaque côté, des parties tout à fait similaires; de sorte que l'on serait rationnellement conduit, avec Dugès, à regarder la moitié de chaque anneau non plus comme un demi-zoonite, mais comme un zoonite entier. Enfin, ainsi que nous l'avons démontré dans notre mémoire sur *la Symétrie considérée dans les trois règnes de la nature* (1), à part un très-petit nombre d'animaux, tous les autres, en y comprenant même ceux des classes supérieures, pouvant se diviser symétriquement par un plan en deux moitiés homologues, il s'ensuit que l'homme serait lui-même formé de deux zoonites et par conséquent de deux individualités.

Il y a, au reste, assez longtemps déjà que les zoologistes ont reconnu la réunion de plusieurs individualités dans certains individus en apparence uniques, tels que les *Botrylles*, les *Pyrosomes*, les *Polyclinums*, les *Polypes*, etc.

Ainsi l'idée d'individualités réunies pour composer un seul individu est admise et reçue dans la science zoologique; mais notre but n'étant pas de faire un traité de zoologie, nous nous bornons à ces simples énoncés sur la constitution des animaux.

(1) Brochure in-8°. Paris, 1855.

Il n'en sera pas de même des végétaux, dont nous voulons essayer de donner la théorie du développement, et surtout celle des formes que ces êtres peuvent ou doivent prendre.

Depuis longtemps déjà l'individualité du bourgeon végétal a été regardée comme probable. On trouve dans les écrits d'Hippocrate un chapitre dans lequel il dit que le jeune rameau *est un arbre en miniature* (Ἀλλ' αὐτὸς ὁ κλαδος ἐστὶν ὥσπερ καὶ το δένδρον ἔχει). Mais ce n'était qu'une idée en herbe qui avait besoin de grandir et d'être ensuite démontrée, puis généralisée, pour être élevée au rang de théorie. Ray, Goethe, Lahire (1), Buffon (2) et Dupont de Nemours (3) l'ont entrevue ou soupçonnée ; mais c'est Darwyn qui, dans sa *Phytologia,* au chapitre consacré à l'examen de l'individualité des bourgeons, paraît être le premier qui l'ait conçue avec quelque généralité.

Mais celui qui a le mieux défendu cette théorie de l'individualité des bourgeons, et qui l'a pour ainsi dire rendue sienne, c'est, sans contredit, Dupetit-Thouars, dans un mémoire présenté à l'Académie des sciences, en 1708. Depuis lors ces vues ont été adoptées par les botanistes distingués dont nous avons énuméré les noms.

Cependant personne n'a encore suffisamment discuté et recherché jusqu'où cette individualité pouvait remonter. Les uns la font arrêter aux bourgeons, les autres la retrouvent dans chaque mérithalle, se rapprochant en cela, comme nous le verrons, des idées des zoologistes que nous avons précédemment nommés. D'autres avec Goethe et Gaudichaud la limitent à la feuille, aux sépales, aux pétales, aux étamines ou aux pistils ; c'est-à-dire aux organes appendiculaires. Turpin, dans son *Iconographie vé-*

<hr>

(1) *Mém. Acad. des sciences,* 1708.

(2) Dans son *Discours sur la reproduction en général,* Buffon dit, à propos de son système de molécules organiques, que les arbres sont composés de petits êtres organisés semblables, et que l'individu total est formé par l'assemblage d'une multitude de petits individus. »

(3) Dans un de ses Mémoires, Dupont de Nemours se pose la question de savoir « si une plante n'est pas une famille, une république, une espèce de ruche vivante dont les habitants, les citoyens ont en commun la nutrition et mangent au même réfectoire... » Et plus loin il dit : « On est forcé de convenir qu'une plante est une confédération d'êtres tous parents, tous intimement unis, s'entr'aidant les uns les autres, travaillant tous au bien de la société. » (*Mém. sur différents sujets,* 1807.)

gétale, a émis l'idée que chaque cellule végétale devait être regardée comme un individu. Enfin un grand nombre de botanistes se bornent à regarder le végétal comme la réunion d'une multitude d'individus : « *Planta est multitudo* » (Engelmann), mais sans chercher à décider ce qui dans leur opinion doit être regardé comme une individualité.

Si l'on prend l'individualité à sa naissance, il est certain que l'on sera tenté avec Turpin de dire qu'elle remonte jusqu'à la cellule, puisque toutes les parties végétales commencent rigoureusement par des cellules. Celles-ci peu à peu se transforment en cellules allongées, en fibres et en vaisseaux qui, par leur réunion, arrivent, plus tard, à constituer les organes. Mais nous croyons que c'est une idée plutôt spécieuse que raisonnable. En effet, si l'on admettait cette manière de voir, on serait conduit à cette conclusion remarquable : c'est qu'il n'y aurait au monde qu'une seule individualité végétale et une seule individualité animale, puisque tout commence par une cellule végétale ou animale. Ainsi l'individualité du *Protococcus* et celles des conifères, des Palmiers, etc., serait la même parmi les végétaux, aussi bien que celle de la monade, de l'homme, de l'insecte, etc., parmi les animaux.

Évidemment il y a là une exagération patente. Sans doute les observations de Mirbel prouvent que les parties si différentes qui constituent un végétal, prises à leur naissance, strictement *ab ovo,* commencent toutes par une utricule simple, et cela quels que soient le végétal et la classe à laquelle il appartienne. Sans doute encore tout œuf animal commence par une vésicule, qui, examinée au microscope, paraît d'abord formée par une matière mucilagineuse; plus tard un petit nuage se forme, et bientôt un petit gâteau ou disque devient appréciable. Dans cet état il est tout à fait impossible de dire si l'animal sera un insecte, un poisson ou un mammifère. Mais si la cellule végétale et la vésicule animale continuent leur évolution, on leur voit prendre des formes différentes qui tendront de plus en plus à caractériser l'être qu'elles doivent former. Il y a donc au delà de nos moyens d'investigation des caractères insaisissables à nos sens et qui s'opposent logiquement à ce que l'on considère toutes les cellules d'un végétal ou d'un animal comme parfaitement identiques, et par conséquent l'individualité ne saurait remonter jusqu'à elles.

Si nous abordons la question de savoir si l'individualité remonte jusqu'à la feuille ou à ses modifications comme l'ont voulu Goethe, Gaudichaud et quelques autres botanistes, nous arrivons à reconnaître que la feuille présente une constitution qui rend la solution difficile, et cela parce que le mot individu n'est pas ou ne peut pas être, ce nous semble, suffisamment bien défini. Si par individu végétal on entend parler d'un être portant racines, axe, organes appendiculaires, fleurs et sexes, il est évident que la feuille ne saurait être un individu, puisque l'on ne peut y reconnaître ni fleur ni sexe (1). Si, au contraire, nous reconnaissons l'individualité dans tout corps capable de contenir les éléments propres à reproduire un être semblable à celui dont nous venons de parler, c'est-à-dire portant racines, axe, feuilles, fleurs et sexe, on peut soutenir que la feuille est un individu, car dans un grand nombre de cas les feuilles peuvent seules, dans certaines conditions, reproduire l'individu (oranger), et souvent même elles portent des corps particuliers capables, dans certaines circonstances, de se développer et de former de nouveaux individus : c'est ainsi que les *Bryophyllum calycinum, Malaxis paludosa, Drosera intermedia, Cardamine pratensis, Cardamine macrophylla, Rochea falcata, Eucomis regia, Ornithogalum thyrsoides, Woodwardia radicans, Asplenium bulbiferum,* etc., portent des feuilles qui dans quelques circonstances sont capables de donner des bulbilles ou des bourgeons pouvant reproduire la plante entière.

Sous ce rapport, la feuille elle-même serait constituée par une multitude d'individualités ayant chacune sa vie à part et pouvant mourir ou avorter sans nuire au développement des autres. C'est la vie particulière dans une vie plus générale, comme nous le disons dans le premier chapitre de cet ouvrage.

Ces corps quelconques, sur le compte desquels on ne s'est pas assez appesanti, qui ont une existence évidente et qui méritent d'être distingués du reste du végétal, n'ont encore reçu aucun

___

(1) Il est bien entendu que nous ne voulons parler ici que des végétaux, mono et dicotylédonés.

nom, quoique l'on puisse supposer qu'on les a décrits sous le nom de *bourgeons latents;* mais sous ce nom on désigne un être de raison que l'on est forcé d'admettre, puisqu'on ne peut nier son existence à la façon dont il se montre inopinément en reproduisant un bourgeon qui formera un axe, plutôt qu'un corps existant toujours et pouvant toujours, quand les circonstances le permettent, se développer en un axe ou en un organe appendiculaire. Or il convient de bien distinguer ce corps du bourgeon latent tel qu'on l'a conçu, et c'est ce que nous ferons ultérieurement en parlant du *phytogène.* C'est ce corps qui termine tout espèce d'axe ou qui forme le bourgeon naissant; c'est lui qui constitue le parenchyme des feuilles et des autres parties végétales; c'est encore lui qui, parthénogéniquement, donne lieu à la formation de certaines graines en dehors des circonstances ordinaires de la vie végétale; c'est lui qui constitue les globules de la *fovilla,* les bourgeons latents; enfin c'est lui qui, selon les circonstances d'humidité, de chaleur, et surtout de position sur l'axe, se développe en pollen, ovules, spores, bulbilles, bourgeons, feuilles, bractées, sépales, pétales, étamines, carpelles, etc. En un mot, ce corps infiniment petit, formé d'un amas de cellules, est en quelque sorte le *centrum vitale* d'un nouveau végétal; c'est en lui que résident les sources de la vie d'un nouvel être qui, selon que les circonstances seront ou non favorables, se développera, se transformera ou avortera. Nous verrons d'ailleurs dans la suite que ces idées n'ont rien qui répugne à l'esprit, et que le phytogène peut à merveille se transformer en toutes les parties que nous venons d'énumérer.

En abordant un autre ordre de considérations, on est conduit à penser qu'un individu se compose de plusieurs organes ou de plusieurs appareils qui ont leurs fonctions à part, sans que pour cela on ait cherché à les individualiser. Par exemple, si nous considérons une branche de Lilas, nous y trouvons un axe, des feuilles autour de l'axe et un bouquet de fleurs qui, plus tard, donneront des fruits. Si nous regardons comme un individu cet ensemble d'organes, il est évident que nous ne pouvons plus regarder comme un individu une feuille, un sépale, un pétale, etc., pris chacun séparément, puisque nous venons d'admettre que l'ensemble seul constitue l'individu. Ce serait une exagération semblable à celle qui consisterait à dire qu'une jambe, un doigt, un œil, etc., sont des individus, quand l'être qui porte ces organes est regardé lui-même comme un individu, ou bien alors il faudrait admettre que la partie est égale au tout, ce qui serait absurde. D'ailleurs une individualité peut bien comporter plusieurs systèmes d'organes, une répétition plus ou moins grande de ces organes; mais l'esprit n'est pas accoutumé à admettre qu'un individu puisse être composé d'une multitude d'autres individus de formes, de caractères et de fonctions si diverses. Il faut donc raisonnablement commencer par définir exactement ce que l'on entend par individu.

Or une définition est toujours une chose extrêmement difficile à trouver, surtout pour la rendre générale, particulièrement pour le sujet qui nous occupe. Aussi n'essayerons-nous d'en donner une qu'après que les idées que nous allons développer auront suffisamment fait comprendre ce que nous entendons exactement sous le nom d'individu. Nous nous bornerons ici à en faire l'application aux végétaux.

Dans nos idées, une cellule n'est un individu que dans les végétaux inférieurs, chez lesquels la cellule seule séparée du reste de la masse peut continuer à végéter. *Elle compose seule un ensemble de caractères complets, qui indique qu'elle n'a plus aucune autre phase de végétation à parcourir*, si ce n'est de reproduire une autre cellule semblable, qui en produira une seconde semblable aussi, et ainsi de suite; telles sont les cellules individuelles qui forment dans la famille des algues les *Zoosporées* de la classification de M. Decaisne. Mais déjà dans les *Synsporées* de la même classification, de ce que deux filaments distincts formés de cellules unies bout à bout concourent tous deux à la formation de la cellule particulière qui renfermera les corps connus sous le nom de *spores*, il s'ensuit qu'une seule cellule prise sur le filament ne saurait représenter ici un individu, puisque cette cellule ne constitue pas le végétal entier. A plus forte raison, cette conséquence est-elle applicable aux végétaux plus composés dans leur structure.

Mais si, choisissant un bulbe de *Jacinthe*, nous considérons que ce bulbe va, au-dessous de son plateau, émettre des racines, et que du sein des écailles tuniquées qui surmontent le plateau

sortiront des feuilles, puis une hampe portant des fleurs dans lesquelles nous retrouverons des parties de plus en plus différentes,
jusqu'à ce que nous soyons arrivés à la graine qui doit, par son
développement ultérieur, donner un autre individu pareil, nous
serons tentés de regarder la plante entière comme un seul individu très-complexe, puisqu'il sera formé de toutes les parties que
nous venons d'énumérer. Ainsi, dans l'individu *zoosporé* nous
avons un végétal extrêmement simple, tandis que dans la Jacinthe nous avons un individu infiniment plus compliqué.

D'après cette manière de voir, que convient-il de regarder
comme individu dans un pied de Lilas? Ici la chose est un peu
plus difficile, parce que dans le pied de Lilas tout entier nous
reconnaissons une racine, une tige ou axe, des feuilles, des fleurs
composées qui produisent des graines. Mais une multitude d'axes
portent des multitudes de feuilles et de fleurs, et à chacun de ces
axes nous ne reconnaissons pas de racines. Faudrait-il en induire que ces axes portant feuilles, fleurs et fruits, parce qu'ils
n'ont pas de racines apparentes, ne sont pas des individus? Évidemment oui, s'il était prouvé que les racines manquent, et certainement non, si, au contraire, on regarde comme des racines
les fibres qui paraissent descendre des axes secondaires dans les
axes primaires, etc.

Ainsi, d'après ce que nous venons de voir, *un individu serait
un être offrant un ensemble de caractères complets, qui n'a
plus aucune autre phase de végétation à parcourir et qui peut
toujours, sexuellement, reproduire son semblable.*

Mais admettons, dans les idées de de Lahire, Dupetit-Thouars
ou Gaudichaud, que feuilles, mérithalles ou rameaux, émettent
des fibres qui sont de véritables racines, chaque tige ou rameau
de Lilas portant fleurs, fruits et graines, sera une individualité;
alors, pour être conséquent avec la définition précédente, nous
arrivons fatalement à conclure que le Saule pleureur dont nous
parlions tout à l'heure n'est pas un individu, puisque, n'étant
que d'un seul sexe il ne saurait, à lui seul, produire de fruits et
de graines. De même le Pistachier, le Dattier, en un mot tous
les végétaux dioïques, ne seraient, dans cet ordre d'idées, des
individualités qu'à la condition qu'un pied mâle et un pied femelle seraient réunis; d'où cette singulière conséquence que

chaque pied, pris en particulier, ne serait qu'une demi-individualité. Pareillement un Homme, un Chien, un Chat, ne sauraient être une individualité, parce que, ne réunissant pas les deux sexes, ils sont incapables, à eux seuls, de reproduire leurs semblables. Il y a même une difficulté encore plus grande chez les animaux dits *androgynes*, tels que les Sangsues, les Escargots, les Lombrics ou vers de terre, etc., qui, bien que portant les deux sexes réunis, sont cependant obligés de subir une fécondation réciproque pour se reproduire. Ira-t-on dire que chaque être pris isolément n'est pas une individualité?

Comme on le voit, à de certains points de vue l'individualité n'est qu'une chose relative, et sa définition générale au moins très-difficile. Voilà pourquoi sans doute les naturalistes philosophes qui ont étudié cette question ont été si différents dans leur manière de comprendre l'individualité.

Déjà de Candolle (1) a cherché à distinguer les diverses individualités végétales par des noms spéciaux : ainsi il nomme *individu-cellule* chaque cellule partielle composant le végétal; *individu-bourgeon*, chaque bourgeon capable de fournir une branche ou un rameau; *individu-bouture,* le végétal obtenu par le moyen du bouturage, du marcottage ou d'un tubercule ; *individu-embryon,* le végétal provenant d'une graine; enfin, le nom d'*individu-végétal* est réservé, suivant l'usage ordinaire, à la totalité d'un végétal quelconque dont toutes les parties sont continues. Mais il faut bien reconnaître que ces diverses dénominations n'offrent rien de parfaitement distinct, puisque l'individu-bouture ne peut être que l'individu-bourgeon plus développé ; puisque l'individu-cellule ne produit presque jamais autre chose qu'une cellule, que l'on ne peut regarder comme un végétal entier que dans les plantes appartenant aux dernières limites de la végétation; puisque enfin tous ces individus concourent pareillement à la formation de l'individu-végétal, dans l'acception adoptée par le savant botaniste de Genève.

Mais si tous ces individus arrivent à produire un seul et même végétal, ayant même forme et mêmes propriétés physiques, chimiques ou physiologiques, il est logique de penser qu'entre

(1) *Phys. vég.*, t. II, p. 958.

l'individu-cellule, qui ne saurait à lui seul fournir, dans tous les cas, le végétal en question, et l'individu-bourgeon, l'individu-bouture ou l'individu-embryon, qui le produisent toujours certainement, il existe un état intermédiaire qui n'est pas encore le bourgeon ou la graine, mais qui est plus que la cellule. Or qu'aperçoit-on au point où le bourgeon doit se former, mais alors qu'il n'est pas encore bourgeon? un amas de cellules. Que voit-on sur le limbe des feuilles du *Bryophyllus calycinum*, avant que les bulbilles se soient montrées? un amas de cellules. Qu'y a-t-il au centre d'une fleur, à la place d'un pistil qui n'est pas encore formé? un amas de cellules; à la place d'une étamine, à sa naissance? un amas de cellules, etc. Ce sont donc ces amas de cellules plus ou moins circonscrits et délimités qu'il convient de considérer chacun comme l'œuf de l'individualité, qui, selon la position qu'elle occupe sur le végétal, position qui fera naître pour elle des conditions très-variables de nourriture, de température, d'humidité, de sécheresse, de lumière, etc., se transformera en gemme, en bulbe ou cayeux, en bulbille, en graine, feuille, sépale, étamine, ou tout autre organe propre à donner immédiatement, par son évolution simple, un végétal semblable à l'être qui les aura produits, ou des organes indispensables à la constitution de l'individu. Ainsi bourgeon, bulbe ou cayeux, bulbille, graine, feuille, sépale, étamine, etc., ne sont absolument pour nous que les divers degrés de développement ou de transformation d'une même individualité, le *phytogène*, chez laquelle une différence dans les circonstances a suffi pour lui en donner une très-légère ou très-profonde dans la forme; car il ne faut pas s'y tromper, si les différences que l'on remarque entre ces divers organes sont quelquefois très-grandes, comme celles qui existent entre une étamine et une tige, d'autres fois, au contraire, elles sont bien plus légères que l'on n'est habitué à le penser. En effet, il est impossible d'établir une distinction organographique et physiologique sérieuse entre un bourgeon, un cayeux et un bulbille, et n'était la position toute spéciale de la graine, qui a sans doute besoin de protections plus grandes pour assurer son développement, ce qui fait qu'elle se trouve enveloppée d'une façon particulière, et surtout la manière fort hypothétique dont elle est formée, il serait impossible de ne pas l'assimiler aux corps dont nous venons de faire l'énumération. C'est sans doute cette manière d'envisager la graine qui a conduit Dupetit-Thouars à lui donner le nom d'*embryon libre* pour la distinguer du bourgeon, qu'il nomme *embryon fixe*.

Nous n'ignorons pas que l'on va nous objecter que l'*individu-embryon* porte cotylédons, tigelle et radicule, tandis que le bourgeon ne porte ni cotylédon ni radicule. A cela nous répondrons : 1° que si la question des racines ou fibres descendant des bourgeons a été très-controversée, néanmoins il a été surabondamment prouvé que les bourgeons et même les feuilles émettent des fibres ou racines qui s'enfoncent dans la terre ou qui descendent sur le tronc qui les porte (1) ; 2° que les écailles où les premières feuilles des bourgeons correspondent exactement aux cotylédons ; que d'ailleurs les bourgeons de certaines plantes (Pêchers) sont toujours accompagnés de deux ou trois feuilles, que de Candolle et quelques autre botanistes regardent avec raison comme les analogues des cotylédons.

La plupart des dicotylédones, en effet, présentent à l'aisselle de leurs feuilles caulinaires deux et quelquefois trois autres feuilles, que l'on est habitué à regarder comme une rosette ; mais leur égale grandeur, dans la majorité des cas, ne permet pas de conserver cette manière de voir, qui est bien plus dictée par la théorie des cycles hélicoïdaux contractés que l'expression exacte de la vérité, comme nous le verrons par la suite. Il faut pourtant dire que bon nombre de végétaux dicotylédonés ne présentent pas de feuilles disposées en rosettes autour du bourgeon qui doit constituer plus tard un nouvel axe ; mais il est alors très-aisé de reconnaître que le bourgeon se comporte absolument comme le ferait une graine. Par exemple, si nous examinons le bourgeon de l'Abricotier, nous n'apercevons d'abord qu'une masse de tissu cellulaire, qui s'élargit peu à peu dans le sens de la feuille à l'aisselle de laquelle elle se trouve ; bientôt cette masse se divise en deux parties égales et forme de chaque côté d'une masse indivise, qui apparaît au centre, comme deux ménisques concaves dont la

---

(1) *Voir* notre Mémoire *sur la formation des racines de feuilles et sur l'accroissement en diamètre des tiges.* Comptes rendus de l'Institut, t. XXXIII, p. 619.

concavité est tournée du côté de l'axe. Ces deux parties restent épaisses et simulent plus ou moins les deux cotylédons non encore développés de certaines graines. Ce qui se passe ici se retrouve dans les bourgeons des Cerisiers, Groseillers, etc., avec cette différence que les deux parties sont moins épaisses que dans l'Abricotier.

D'ailleurs, physiologiquement, les cotylédons ne sont que des feuilles modifiées, et la feuille elle-même à l'aisselle de laquelle se trouve le bourgeon peut être considérée comme le cotylédon d'un embryon transformé en bourgeon. En traitant de la répétition des organismes végétaux, nous donnerons une idée plus complète de cette manière de voir.

Nous venons de partir du végétal tout entier pour marcher par voie d'élimination vers l'individualité, et nous sommes ainsi arrivé à l'être le plus simple, auquel nous avons donné le nom de *phytogène*. Nous allons maintenant suivre un procédé inverse, et nous reconnaîtrons que la question étudiée sous ce nouveau point de vue conduira aux mêmes idées et, en même temps, vers la possibilité d'établir une définition de l'individu.

1° Dans le règne animal on ne saurait faire autrement que de regarder l'œuf comme une individualité, par le seul fait que si cet œuf se trouve dans les meilleures conditions possibles, il donnera naissance à un individu qui se développera et parcourra toutes les phases de sa vie ordinaire. Pareillement, dans le règne végétal la graine est une individualité, par la raison que, placée dans des circonstances favorables, elle produira un individu accomplissant toutes les phases de sa végétation habituelle. 2° D'un autre côté, de ce que certains de ces animaux ou végétaux n'arrivent pas au terme de leur évolution, il ne s'ensuivra pas nécessairement qu'il ne faudra pas les considérer comme des individus. En effet, l'œuf et la graine, qui sont évidemment des individualités, sont déjà des corps bien organisés et bien développés ; mais bien avant qu'ils soient arrivés à ce degré de développement, ils doivent encore être considérés comme des individualités, et ce raisonnement peut être logiquement poussé jusqu'à l'origine de leur formation. Or, nous remarquons qu'une cellule, ou plutôt un amas de cellules, est l'origine de l'œuf ou de la graine ; conséquemment l'individualité peut être reconnue là où jusqu'à ce jour on n'a vu qu'un ensemble d'éléments appartenant à l'individu qui les porte, et c'est à ce petit amas de cellules, chez les végétaux, que nous donnons le nom de phytogène. 3° Enfin, de ce que l'œuf ou la graine peut produire un être monstrueux au suprême degré, on ne saurait jamais refuser le nom d'individu à l'œuf, à la graine ou à l'être qui en résulte. On peut tirer de ces trois ordres d'antécédents les conséquences suivantes : le phytogène étant l'œuf (1) de la graine, du bourgeon, du cayeux, du bulbille, etc., parce que dans certaines circonstances il deviendra tel ou tel organe plus ou moins modifié, il ne s'ensuit pas qu'il ne devra pas être regardé comme une individualité qui, dans certains cas, ne reproduira que des parties d'individus, tandis que dans d'autres il pourra donner naissance à un individu complet : donc il est une individualité.

D'après cette manière de raisonner on arrive, au moins en botanique, à définir l'individu : *un être offrant un ensemble de caractères et une composition capables de lui permettre de parcourir toutes les phases de son évolution ordinaire, lorsque les circonstances où il est placé le permettent.* On voit que cette définition, dans laquelle nous ne tenons pas compte de la sexualité, donne raison à tous les phytologistes qui ont écrit sur l'individualité végétale, à l'exception de Turpin, puisque la cellule seule est incapable de produire un être pourvu de tous ses organes et pouvant parcourir toutes les phases de la végétation (2). On conçoit bien qu'une cellule en produise une autre semblable, ou qu'une cellule puisse s'allonger en fibre ou peut-être en vaisseau ; mais jusqu'à présent au moins on n'a pas vu qu'une cellule puisse à elle seule produire un ensemble de cellules, de fibres et de vaisseaux, tandis que l'on sait que cellules, fibres et vaisseaux, se produisent dans un amas de cellules. Or, le phytogène est un amas de cellules, donc on peut remonter jusqu'à lui pour reconnaître une individualité. Au reste, ce que nous

(1) En parlant de la fécondation en général, nous démontrerons que l'acception du mot œuf ne doit pas s'arrêter à la forme et à la composition de ce que généralement nous connaissons sous cette dénomination.

(2) Nous avons dit qu'il fallait en excepter les végétaux les plus simples dont l'individu est uniquement constitué par une seule cellule (*Protococcus*).

dirons plus tard du phytogène nous fortifiera encore dans l'idée que nous venons d'émettre.

Enfin il résulte de cette discussion que le mot individu ne saurait être pris dans un sens absolu, au moins d'après les idées reçues aujourd'hui dans la science. Mais si l'on observe que dans le règne végétal, aussi bien que dans le règne animal et même dans le règne minéral, il est à peu près impossible d'assigner la dénomination d'individu à un être qui ne comporte pas en même temps plusieurs individualités dans un plus ou moins grand état de développement ou de modification, il tombera naturellement sous le sens qu'une distinction est à faire entre l'être collectif et l'être partiel. Le premier pourrait prendre le nom d'*entité* quand il s'applique au *phytogène*, en temps qu'il est le principe de l'œuf végétal, ou conserver le nom d'*individu* quand il se rapporte à l'être développé ou en voie de développement; et le second, prendre tout autre nom tel qu'*individualité*, dont l'acception serait un peu changée, quoique rappelant parfaitement son origine ou mieux encore *exastose* (du grec ἕκαστος, chaque individu), car chaque individu partiel concourt à la constitution de l'être collectif, et cette individualité ou exastose se retrouve même dans les individus les plus inférieurs du règne organique. En effet, quoi de plus simple que l'individu végétal nommé *Protococcus*, que l'individu nommé *monade?* et cependant, dans le Protococcus comme chez la monade, à toutes les époques de leur individualisation, on peut reconnaître des éléments propres à former d'autres individus : donc ils sont composés d'entités et d'individualités; par conséquent ces individus si simples en apparence sont encore des êtres collectifs.

CHAPITRE III

DE LA SYMÉTRIE EN GÉNÉRAL, ET EN PARTICULIER CHEZ LES VÉGÉTAUX.

Bien que nous ayons traité d'une manière spéciale de la symétrie dans les trois règnes (1), nous sommes obligé d'y revenir ici en considérant plus particulièrement les végétaux, soit parce que l'étude complète de cette symétrie nous conduira à l'explication de certains phénomènes de physiologie végétale, soit parce que nous avons à faire connaître de nouveaux exemples qui viennent confirmer d'une manière très-évidente notre théorie de la symétrie végétale.

Dès que l'on examine avec soin un animal, un végétal ou un minéral, on reste frappé de l'ordre et de la régularité qui président à la disposition des parties, lorsque, bien entendu, ces parties sont homologues ou de même nature. Dans un animal, un chien, par exemple, nous reconnaissons aisément qu'il peut être divisé par un plan en deux moitiés égales offrant de chaque côté de ce plan des parties qui se correspondent parfaitement, de manière que son côté droit est exactement formé des mêmes parties, ayant les mêmes dimensions que son côté gauche.

Pareillement, le cristal complet d'une substance minérale, du *fluorure de calcium* par exemple, peut être divisé en deux moitiés dont chacune contient les mêmes parties arrangées dans le même ordre autour d'un point, quoique en sens contraire.

(1) *Etudes sur la symétrie considérée dans les trois règnes de la nature.* Paris, 1855.

En examinant un végétal dans son ensemble, nous reconnaissons que, chez lui aussi, toutes ses parties sont tellement disposées qu'on pourrait le diviser en deux moitiés dans chacune desquelles on retrouverait les mêmes éléments disposés à peu près dans le même ordre. De plus, chacune des parties du végétal, par exemple, une feuille, une fleur pourrait être divisée en deux moitiés dans chacune desquelles on pourrait reconnaître le même nombre ou la même grandeur dans les parties qui les composent.

On a donné le nom de *symétrie* à cet arrangement particulier des parties, et ces exemples suffisent pour nous la faire admettre dans les trois règnes : aussi zoologistes, botanistes et minéralogistes l'ont-ils parfaitement reconnue dans les êtres qui font l'objet de leurs occupations ; mais il faut bien le dire, l'étude particulière de la symétrie dans les trois règnes n'avait pas encore reçu toute l'extension qu'elle nous paraissait susceptible de recevoir. C'est dans l'espoir d'arriver à éclairer cette partie importante de l'histoire naturelle que nous avons cru devoir faire connaître nos idées sur ce sujet.

Tout en reconnaissant une symétrie dans les trois règnes, il est impossible de ne pas voir qu'il y existe des différences extrêmement tranchées que l'œil saisit bien ; mais s'il s'agissait de dire à quel ordre de choses tiennent ces différences, on serait certainement fort embarrassé ; car dire, par exemple, que le cristal a des faces, des angles, des arêtes, tandis que le végétal a des branches, des feuilles et des fleurs, et l'animal des pieds, une tête, etc., ce serait énoncer les caractères communs soit aux minéraux, soit aux végétaux, soit aux animaux, et nullement dire sur quoi porte la différence que présente la symétrie dans les trois règnes.

Le mot *symétrie*, tiré du grec συμμέτρια, de σύν, avec, et de μέτρον, mesure, signifie proportion et rapport d'égalité ou de ressemblance que les parties d'un corps naturel ou artificiel ont entre elles et avec le tout, de manière à former un ensemble régulier. (Tous les dictionnaires, particulièrement ceux de l'Académie, de Bescherelle et de Napoléon Landais.)

Si nous ne nous abusons, à notre sens cette définition ne repose sur aucun principe, aucune règle fixes : aussi se ressent-elle de ce défaut de base et ne laisse-t-elle à l'esprit rien de net, rien de précis. Il n'est donc pas étonnant que, dans les sciences comme dans le monde, on donne au mot *symétrie* une acception très-étendue qui la confonde soit avec l'ordre, soit avec la régularité, soit avec la répétition des mêmes objets, etc.

Si nous cherchons à appliquer cette définition aux êtres symétriques dont il vient d'être question, nous sentons que le mot ne dit pas assez et qu'il ne distingue pas ce qui est à distinguer dans les trois grandes divisions des êtres naturels. Il nous a donc semblé utile de chercher une définition plus rigoureuse, du moins pour l'exigence de la science, et surtout plus en rapport avec les distinctions à faire dans les symétries qui se rencontrent dans les trois grands règnes naturels.

Par symétrie nous entendons *la disposition particulière des parties similaires placées perpendiculairement à égales distances de chaque côté d'un point, d'une ligne ou d'un plan, et dont un des côtés, quoique en sens contraire, représente assez exactemen le côté opposé.*

Partant de cette définition, dans toute symétrie il faut commencer par considérer deux choses, savoir : les parties constituantes de la symétrie et le centre par rapport auquel ces parties sont ordonnées. Ce centre peut être un point, une ligne ou un plan, et nous dirons de suite que la symétrie ordonnée par rapport à un point est celle qui appartient aux minéraux ; la symétrie ordonnée par rapport à une ligne, celle qui appartient aux végétaux ; et la symétrie par rapport à un plan, celle qui appartient aux animaux.

Cherchons donc à établir ce que, géométriquement, on doit appeler symétrie par rapport à un point, une ligne ou un plan, pour en déduire que la première est celle des minéraux ; la seconde, celle des végétaux ; et la troisième, celle des animaux.

Dans toute symétrie exacte et régulière, toute droite perpendiculaire au centre symétrique, point, ligne ou plan, doit nécessairement rencontrer à égale distance et de chaque côté de l'un de ces centres des parties homologues ou similaires. Mais une droite, quelle que soit sa direction, est toujours, par rapport au point, dans une position que l'on ne peut pas dire n'être pas perpendiculaire à ce point, ou, ce qui revient au même, toutes lignes droites menées sur un point ont toutes, par rapport à ce point, une position semblable; par conséquent, dans quelque direction que l'on place une droite passant par le centre de figure d'un solide géométrique, on est certain que cette droite ira toucher des parties homologues; mais comme aussi cette droite peut tourner autour du point dans tous les sens possibles sans changer de rapports relatifs, il en résulte que cette symétrie pourrait être regardée comme *sphérique;* elle ne serait que *circulaire* si la droite ne tournait que dans un plan, comme c'est le cas pour les figures planes.

Dans la symétrie par rapport à une ligne, la droite ne peut être perpendiculaire que tout autour de la longueur de la ligne. Enfin, dans le cas où la symétrie a un plan pour centre, la droite ne peut lui être perpendiculaire que d'une seule façon. Voici comment on peut, d'une manière plus simple, distinguer ces idées générales :

1° La droite qui conduit aux parties homologues, en passant par le centre de symétrie, peut être dirigée suivant les trois dimensions de l'étendue pour la symétrie par rapport à un point.

2° Elle ne peut être dirigée que suivant deux dimensions de l'étendue pour la symétrie par rapport à une ligne.

3° Enfin, pour celle qui a un plan pour centre, elle ne peut l'être que selon une seule dimension.

1. Symétrie par rapport a un point. (*Symétrie minérale.*)

Si, par exemple, nous concevons un corps symétrique, *fig.* 1, Pl. I. formé d'un plus ou moins grand nombre de parties, mais dans lequel toutes les parties homologues sont opposées par rapport au point C et placées à égales distances du point, nous aurons théoriquement une symétrie : *régulière* si toutes les parties sont semblables, *irrégulière* si les parties sont différentes, *fig.* 2. Et l'esprit conçoit en même temps qu'il n'y aurait plus symétrie si les mêmes parties de la figure 2 étaient disposées dans un tout autre ordre, comme dans la figure 3, par exemple, car il n'y aurait plus opposition des parties similaires. Ce qui constitue essentiellement cette symétrie, c'est donc l'opposition des parties similaires, que l'on doit toujours trouver à égale distance d'un point central, en faisant *circulairement* tourner une droite sur ce point.

On comprend facilement que ce que nous venons de dire pour une figure plane puisse tout aussi bien se dire pour une figure solide, une sphère, par exemple, qui, supposée formée de parties hétérogènes, ne serait symétrique qu'à la condition que toutes ses parties similaires seraient en opposition. Quoiqu'un pareil exemple ne soit peut-être point dans la nature, nous avons dû pourtant en parler pour compléter la série d'exemples que nous devons présenter pour asseoir nos idées sur la symétrie en général.

Mais si nous ne trouvons pas de corps sphériques symétriques formés de parties hétérogènes, nous pourrions citer des solides géométriques ou des cristaux approchant plus ou moins de la sphère et présentant quelques diversités dans leurs angles, leurs arêtes et leurs faces, mais qui, pour satisfaire à la loi de la symétrie, auront besoin d'avoir toutes leurs parties homologues opposées chacune à chacune et de chaque côté du point central.

Cette symétrie, par rapport à un point, est essentiellement celle qui appartient aux minéraux cristallisés, car nous allons voir que toute autre symétrie ne pourrait leur être appliquée. Un des caractères saillants de cette symétrie consiste dans le *mouvement en sens contraire des parties homologues*, mouvement que l'on rencontre bien encore dans les végétaux; mais tandis que dans les minéraux on le reconnaît dans toutes les positions autour du point, dans les végétaux il ne se rencontre que selon un plan perpendiculaire à la ligne qui en est le centre symétrique. Enfin, ce mouvement ne saurait être démontré dans les animaux qui ont un plan pour centre de symétrie.

Pour comprendre ces idées, considérons, par exemple, le rectangle ABab, *fig.* 4. D'après ce que nous avons dit, il ne nous sera pas difficile de trouver les angles homologues, puisque nous pouvons toujours supposer un point central P de chaque côté duquel ils seront en opposition, car la figure est symétrique, et dès lors nous voyons que les angles homologues sont A et *a*, B et *b*, chacun à chacun, et que nous pouvons les réunir par une droite qui passerait par le centre de la figure P. De plus, on peut remarquer que les points *a'* et *a"* sont les homologues des points A'A", puisqu'ils sont opposés chacun à chacun, et que, par conséquent, ces points, dont les premiers vont en montant et les seconds en descendant, sont en *mouvements contraires*. Il serait facile de prouver, par un raisonnement pareil, que les différents points du côté BA sont en mouvements contraires avec les différents points du côté *ba*.

Pour comprendre qu'il en est bien ainsi, il suffit de prouver que les angles A et *a*, B et *b* sont les seuls homologues chacun à chacun, et que les angles A et B, *b* et *a* ne le sont pas, comme on pourrait le croire, d'après l'égalité des angles. Pour cela, il suffit de concevoir les côtés du rectangle mobiles au point de pouvoir prendre à volonté la forme AB*ab* de la figure 5. Dans ce cas, il ne reste plus de doutes sur la similitude des angles A et *a*, B et *b*. En effet, A et *a* sont devenus des angles obtus au même degré, tandis que B et *b* sont devenus des angles aigus au même degré aussi, puisque les côtés AB et *ba*, A*b* et B*a* sont parallèles chacun à chacun. Donc les angles A et *a*, B et *b* sont les seuls homologues chacun à chacun. Mais de ce que la figure 4 est passée, dans l'hypothèse, à la figure 5, il s'ensuit que, par rapport au centre, le côté A*b* est descendu, le côté *a*B est remonté, et que, par conséquent, les deux côtés sont en mouvements contraires. Donc encore, tous les points compris entre A et *b* sont en mouvements contraires avec tous les points compris entre *a* et B.

Cette démonstration était nécessaire pour empêcher qu'on ne tombât dans une erreur qui eût pu conduire à une fausse interprétation de la symétrie minérale.

Par exemple, rien n'empêchait, au premier abord, de supposer que le rectangle AB, *ab*, *fig.* 4, pouvait être symétrique par rapport à la ligne L*l*; mais alors, ainsi que nous le verrons plus loin (symétrie par rapport à une ligne), il eût fallu admettre que l'angle A était l'homologue de l'angle B, et l'angle *b* l'homologue de l'angle *a*, dont le contraire vient d'être démontré.

Est-il besoin de dire que dans tout polygone régulier les angles AA′, BB′, CC′, DD′, *fig.* 6, sont homologues chacun à chacun ; qu'il en est de même des côtés AB, A′B′; BC, B′C′, etc., et que, par conséquent encore, la symétrie de cette figure a un point pour centre?

Enfin on conçoit que, quel que soit le nombre des côtés d'un polygone régulier, fût-il, autant qu'on le voudra, approché de la circonférence, il est toujours possible de reconnaître, par l'opposition, que ses parties sont homologues et que, par conséquent, elles sont symétriques par rapport au point central, autrement la figure serait irrégulière et ne serait plus symétrique.

Tout ce que nous venons de dire se rapporte exactement à la théorie de la symétrie représentée graphiquement par la figure 1. Mais il est des polygones qui se rapportent plutôt à la symétrie théorique représentée figure 2; soit, par exemple, le polygone représenté fig. 7 *bis*. Il est évident, d'après notre définition, que la symétrie a encore un point pour centre; car de l'égalité des angles Aa, A$'a'$; Bb, B$'b'$, chacun à chacun, il résulte que les côtés BA et ba, AA$'$ et aa', A$'$B$'$ et $a'b'$, Bb' et B$'b$ sont égaux chacun à chacun; qu'ils sont opposés l'un à l'autre et à égales distances de chaque côté du point P; qu'ils marchent en sens contraires, et, par conséquent, la symétrie satisfait pleinement à la définition que nous avons donnée.

Si maintenant nous cherchons à faire l'application de ces principes aux polyèdres géométriques, nous voyons qu'ils se prêtent à la théorie de la symétrie tout aussi bien que les polygones. Or, comme les cristaux ne sont autre chose que des polyèdres géométriques, il s'ensuit que la même démonstration sera applicable et aux cristaux et aux polyèdres.

Soit le polyèdre à six faces, ABCD, *fig.* 7, dont nous allons, pour plus de simplicité, ne considérer que les angles solides ABCD, A$'$B$'$C$'$D$'$.

Dans ce solide, ce ne sont plus les angles B$'$D$'$ ou DB qui sont homologues chacun à chacun, comme dans la figure plane 4, mais bien les angles B$'$B ou DD$'$, car le centre de figure a changé de place, et au lieu d'être au centre d'une surface, il se trouve porté au centre du solide. Or, pour satisfaire aux conditions de la symétrie, il fallait que les angles homologues se rencontrassent à l'extrémité de toute droite passant par le centre et conduisant à deux angles quelconques, et que, par conséquent, ils fussent opposés chacun à chacun de chaque côté d'un point central P. C'est en effet ce qui a lieu, car si nous concevons les deux faces ABCD, A$'$B$'$C$'$D$'$ mobiles, mais liées entre elles par les arêtes CA$'$DB$'$, AC$'$BD$'$, on peut admettre que la première pourra s'élever et la seconde s'abaisser obliquement, de telle façon qu'il puisse en ré-

sulter un parallélipipède oblique dans lequel les angles DD′ ou
CC′ sont devenus aigus au même degré, et au contraire les angles
BB′ ou AA′ sont devenus obtus au même degré aussi. Dans cette
nouvelle figure, les angles solides B′D′ ou A′C′ ne sont pas semblables, tandis que les angles DD′ ou B′B le sont. Donc, de même
que pour les polygones, en joignant les angles homologues par
une droite, cette ligne passera par le centre de figure du polyèdre.
Il en serait de même de toutes les autres parties homologues, et le
point d'intersection de toutes ces lignes est précisément le point
central par rapport auquel la symétrie est ordonnée ; par conséquent, tous ces angles et toutes les autres parties du solide sont
symétriquement placés autour d'un point central et ne sauraient
être ordonnés par rapport à une ligne.

On prouverait de même que, pour le rectangle, *fig.* 5, que les
arêtes et les faces de ce polyèdre ne sont aussi symétriques que
par rapport à un point et sont en mouvements contraires.

Ce que nous venons de dire du parallélipipède, *fig.* 7, est applicable sans réserve à tous les autres polyèdres réguliers de la
géométrie, jusques et y compris la sphère, qui peut n'être considérée que comme un polyèdre d'un nombre infini de côté, arêtes
et angles.

Les conséquences à tirer de ces démonstrations, au point de
vue de la minéralogie, sont que les modifications qui se produisent dans un cristal, sur les angles solides ou sur les arêtes, ne
sont de même nature qu'autant qu'elles s'exercent sur des angles
ou des arêtes homologues ; c'est ce qui a fait établir cette loi minéralogique : *Dans un cristal, toutes les parties de même espèce
sont modifiées à la fois et de la même manière;* ou réciproquement, *les parties d'espèces différentes se modifient isolément ou
différemment.*

Voilà pourquoi, quand les modifications sont les mêmes sur
tous les angles ou les arêtes d'un cube et d'un octaèdre régulier,
ces modifications pourront varier sur les arêtes de nature différente des octaèdres à base carrée, à base rectangle ou dans les
prismes desquels ils dérivent.

Il y a bien quelques exceptions à cette règle, mais elles ne sont
réellement qu'apparentes, et la minéralogie nous apprend que si
la boracite, le rubis, le saphir, la tourmaline ou quelques autres

paraissent faire exception à la loi de la symétrie minérale par les modifications qui se prononcent sur leurs angles ou leurs arêtes, cela tient uniquement à ce que chaque cristal particulier doit être regardé comme composé d'un grand nombre de cristaux d'une autre forme et dont l'ensemble donne la forme cristalline, qui semble faire l'exception. Nous étendre plus longuement sur ce sujet, serait sortir du cadre de ce travail. Nous renvoyons, pour l'étude de ces exceptions, aux ouvrages de minéralogie, et, entre autres, à l'excellent *Cours élémentaire d'histoire naturelle, minéralogie et géologie*, par Beudant, page 35.

Il est cependant quelques cas où les parties ne sont plus disposées comme nous venons de le dire, bien que pourtant on reconnaisse qu'il y existe une symétrie d'un ordre différent, comme par exemple dans la figure 8, où toutes les parties peuvent être homologues, placées à égales distances du point P, souvent impaires et jamais en opposition l'une à l'autre de chaque côté de ce point. Tel est le cas du triangle équilatéral et de tout polygone équilatéral et équiangle ayant un nombre impair de côtés.

Il en est de même de certains solides, particulièrement du tétraèdre régulier. Bien évidemment il y a là une sorte de symétrie par rapport à un point, et comme elle doit être distinguée de celle dont nous avons tracé les principaux caractères, nous les désignerons : la première, sous le nom de *symétrie paire* ou *pari-symétrie*, et la seconde, sous celui de *symétrie impaire* ou *impari-symétrie*.

Les formes que nous venons de citer étant régulières, l'impari-symétrie sera *régulière* pour la distinguer d'une autre impari-symétrie *irrégulière* dont nous pouvons citer quelques exemples. Il est vrai qu'alors nous touchons presque à la nature *asymétrique*. Aussi cette dernière symétrie est-elle la plus basse dans l'échelle. Cependant, si nous considérons un triangle isocèle, *fig.* 9, il est bien difficile de n'y plus reconnaître de symétrie, et pourtant on voit bien qu'elle n'a plus la même valeur que dans le cas de triangle équilatéral. Enfin, dans le triangle scalène, *fig.* 10, il est tout à fait impossible de retrouver la moindre trace de symétrie ; car par cela seul que ses trois côtés sont inégaux, deux seulement de ses angles ne sauraient être égaux, et c'est ce que nous indiquons par les chiffres différents 1, 2, 3.

Ces notions nous paraissent suffisantes pour établir : 1° que la symétrie par rapport à un point est bien la seule que puissent affecter les corps bruts cristallisés; 2° qu'il existe plusieurs ordres de cette symétrie auxquels se rapportent soit la plupart des figures géométriques, soit les formes cristallisées de la minéralogie. C'est pour cette raison que nous l'avons nommée *symétrie minérale*.

Nous pouvons donc classer les formes de cette symétrie de la manière suivante :

A. Pari-Symétrie..	*Régulière :* cube, octaèdre régulier, carré, polygones réguliers. *Irrégulière :* prismes, octaèdres irréguliers, pyramides, prismes obliques, parallélogrammes.
B. Impari-Symétrie	*Régulière :* tétraèdre régulier, triangle équilatéral, polygones impairs réguliers. *Irrégulière :* tétraède irrégulier, certaines pyramides, triangle isocèle, polygones impairs irréguliers.
C. Asymétrie......	Triangle scalène, etc., matières amorphes.

On voit aisément que cette symétrie va sans cesse décroissant à partir de la symétrie paire régulière jusqu'au triangle scalène qui conduit aux matières amorphes.

II. SYMÉTRIE PAR RAPPORT A UNE LIGNE. (*Symétrie végétale.*)

Linné paraît être le premier naturaliste qui ait employé ce mot dans la botanique, mais d'une manière très-vague, qui prouvait néanmoins qu'il avait des idées justes sur la méthode naturelle. (De Candolle.)

Plus tard, Correa de Serra s'en est servi dans ses *Mémoires de la Société Linnéenne,* mais sans en donner non plus aucune définition ; néanmoins, les idées philosophiques de cet observateur ont eu une heureuse influence sur les progrès de la science ; malheureusement, ces idées ont été plutôt émises dans l'intimité des conversations que consignées dans des ouvrages. (Moq. Tand.)

Il faut arriver jusqu'aux savants de notre siècle pour trouver au mot *symétrie*, employé dans la science, un sens plus précis, et encore les botanistes ne sont-ils pas nettement d'accord sur sa signification.

Ainsi De Candolle donne le nom de symétrie à *cette régularité non géométrique que l'on rencontre dans une fleur dont les pétales ne sont même pas égaux, ou dans une feuille dont les deux côtés ne sont pas mathématiquement semblables.*

Au contraire, Dupetit-Thouars lui reconnaît une régularité géométrique telle, qu'il l'a souvent désignée sous le nom de *géométrie vivante.*

Ces deux auteurs, on le voit, confondent la symétrie avec la régularité, et cette confusion est également faite par M. Moquin-Tandon, qui a adopté les idées de De Candolle.

Aug. Saint-Hilaire, auquel on doit un long chapitre sur la symétrie (1), distingue avec raison la symétrie de la régularité. Pour lui la symétrie est *l'ordre respectif suivant lequel les organes latéraux sont placés sur la plante.* Ainsi, pour ce savant, la disposition spirale constitue la symétrie des organes de la végétation, tandis que l'alternance constitue celle des organes de la fructification. Mais il faut bien reconnaître que la symétrie d'Aug. Saint-Hilaire n'est que la régularité sous un autre point de vue et n'a rien de commun avec la symétrie géométrique.

Enfin, Ad. de Jussieu, dans son excellent ouvrage de botanique (2), n'en donne aucune définition; mais par les exemples qu'il choisit, on voit qu'il a une idée plus exacte de la symétrie et se rapproche beaucoup de la définition de De Candolle, en tant que ce dernier parle de la feuille; mais il a grand soin de faire une distinction entre la régularité et la symétrie. Nous citons le passage de l'ouvrage d'Ad. de Jussieu, afin que l'on puisse se faire l'idée de ce qu'il entendait par symétrie:

« Il ne faut pas confondre les fleurs régulières et les fleurs symétriques. Les premières peuvent se partager dans tous les sens en deux moitiés exactement semblables; les secondes ne le peuvent que suivant un seul plan, et ce plan est généralement parallèle et perpendiculaire à celui de l'axe qui porte la fleur. On peut le vérifier sur les fleurs de verveine et de scabieuse, et l'on verra

(1) *Leçons de botanique,* 1840.
(2) *Cours élémentaire d'histoire naturelle,* partie botanique.

que, par un plan ainsi mené, on les partage en deux moitiés tout à fait pareilles, l'une de droite, l'autre de gauche. Suivant tout autre plan, les deux moitiés cesseraient de se ressembler. C'est que si les conditions étaient différentes en dehors et en dedans, en haut et en bas, pour les parties de la corolle, elles se trouvent précisément semblables à droite et à gauche.

« Il peut donc y avoir des fleurs symétriques, quoique irrégulières, et c'est même le cas le plus fréquent pour celles-ci : celui où il y a défaut de symétrie en même temps que de régularité est beaucoup plus rare. »

Comme on le voit, les idées d'Aug. Saint-Hilaire sur la symétrie ne reposent sur aucune base géométrique et sont bien différentes de celles de De Candolle et d'Ad. de Jussieu, et celles de ce dernier se distinguent un peu des idées du savant botaniste de Genève.

De Candolle est un de ceux qui ont parlé de la symétrie végétale avec le plus d'extension, particulièrement dans sa *Théorie élémentaire* et dans son *Organographie végétale*. Mais pour peu que l'on fixe son attention sur ce qu'il entend exactement par ce mot, on reconnaît que c'est moins la division possible en deux parties égales d'un organe que le développement intégral de toutes ses parties constituantes qui doit servir de base à la symétrie.

Ainsi, lorsqu'il dit : *C'est par l'observation de certaines monstruosités qu'on est parvenu à démêler la vraie nature de certains organes avortés, et, par conséquent, la vraie symétrie de ces plantes* (1), il indique évidemment que, pour lui, toutes les fleurs chez lesquelles on peut constater des avortements, et l'on sait que le nombre en est grand, ne seraient plus symétriques ; mais cette symétrie qui disparaît ainsi peut reparaître chez une espèce ou un genre voisins ou dans une monstruosité de la même espèce. Par exemple, pour De Candolle, les *Linaires* ne seraient symétriques que dans leurs anomalies péloriennes. Or, ce seul exemple nous fait voir la différence essentielle qui distingue les idées du savant botaniste que nous venons de citer de celles d'Aug. Saint-Hilaire et d'Ad. de Jussieu.

____

(1) *Théorie élémentaire,* 1813, p. 104.

Mais pour nous faire une juste idée de la manière dont ce mot est généralement compris, nous n'avons qu'à indiquer la fleur d'un *Berberis*, celle d'un *Albuca* et celle d'une *Papilionacée*.

Si, en effet, nous examinons la fleur d'un *Berberis*, nous sommes frappés de la régularité et de la disposition symétrique de ses parties. Pour tous les botanistes, c'est assurément une fleur symétrique ; tandis que pour Aug. Saint-Hilaire, par son défaut d'alternance, elle ne saurait en être une. Une fleur d'*Albuca*, au contraire, est symétrique pour Aug. Saint-Hilaire et tous les autres botanistes ; mais l'avortement des anthères de trois des six étamines en fait une fleur qui n'est plus symétrique pour De Candolle.

La fleur d'une *Papilionacée* est symétrique pour Aug. Saint-Hilaire, car chez elle l'alternance est conservée, et cependant au premier coup d'œil est-il une fleur plus irrégulière et moins symétrique pour la plupart des botanistes, qui confondent la régularité avec la symétrie ? Néanmoins, pour De Candolle et Ad. de Jussieu, c'est aussi une fleur symétrique ; mais tandis que dans l'esprit du botaniste de Genève, c'est parce que cette fleur est complète, c'est-à-dire qu'il n'y a eu aucun avortement, pour Ad. de Jussieu, c'est parce qu'on peut la couper suivant un plan, de manière à en faire deux moitiés semblables.

Il est inutile de multiplier les exemples : ceux qui précèdent nous semblent suffire, et bien que ces auteurs soient parfaitement conséquents avec leur définition, il y a cependant tant de différence entre les idées qu'elles font naître et celles qui découlent toujours de l'acception ordinaire de ce mot appliqué à la zoologie, la botanique, la minéralogie, ou au langage ordinaire, qu'il nous a paru utile de fixer les idées sur la symétrie de manière à faire :

1° Que l'on soit toujours d'accord sur le sens de ce mot ;

2° Que la symétrie soit regardée comme plus générale qu'on ne l'avait supposée ;

3° Qu'elle ne soit point confondue, en botanique, avec la loi d'alternance, la répétition des parties et leur régularité ;

4° Que sa définition satisfasse, autant que possible, aux exigences de la géométrie, de la zoologie, de la botanique, de la minéralogie et même de notre langage.

Nous avons dit que la symétrie végétale était celle qui est ordonnée par rapport à une ligne. Nous allons chercher à démontrer que cela est rigoureusement vrai, et qu'alors, sauf de très-légères exceptions, tous les organes appendiculaires et même les axes peuvent être regardés comme exactement symétriques.

Dans cette symétrie, les parties similaires sont ordonnées par rapport à une ligne que la géométrie nous apprend être formée par la superposition de points mathématiques. Par exemple, la ligne AB, *fig.* 11, avec les parties homologues ou similaires 1=1, 2=2, 3=3, placées à égales distances et opposées chacune à chacune, présentent un cas parfait de symétrie par rapport à une ligne.

La figure 12 représente un autre mode d'arrangement symétrique par rapport à une ligne, dans laquelle les parties homologues sont représentées par les mêmes chiffres, seuls ou affectés des mêmes signes.

Dans la figure 13, nous représentons une autre forme de symétrie, mais qui, en réalité, n'est qu'une modification de celle représentée *fig.* 12, offrant seulement un plus grand nombre de parties opposées, placées autour d'un même point de la ligne symétrique AB.

La première de ces symétries est représentée en botanique par les tiges à feuilles dites opposées ; la seconde, par des tiges à feuilles opposées également ; mais les chiffres primés représentent les bourgeons qui sont à l'aisselle des feuilles. Nous lui avons donné le nom de *symétrie oppositive*.

Quant à la troisième, beaucoup plus fréquente qu'on ne le croit communément, elle est celle de certains axes à feuilles verticillées par six, et comme un grand nombre de dicotylédones présentent le nombre 6 dans les différentes parties de leurs fleurs, nous sommes fondé à croire que cette symétrie leur est applicable. En parlant de la composition probable du phytogène, nous retrouverons ce nombre 6, qui nous expliquera la plupart des phénomènes de la végétation.

Quant aux *symétries alternatives* et *hélicoïdales* que, dans notre premier travail, nous avions cru devoir établir, nous sommes aujourd'hui persuadé qu'elles n'existent plus, puisqu'elles ne satisfont point à notre définition ; mais, comme nous le verrons plus tard, c'est une disposition régulière qui résulte d'un déplacement des organes appendiculaires, lequel vient déguiser la loi de symétrie que nous avons établie.

Ceci posé, examinons maintenant si la symétrie végétale se rapporte à la symétrie par rapport à une ligne plutôt qu'à celle qui a un point ou un plan pour centre.

A. *Symétrie des feuilles.*

1° Si nous prenons une plante à feuilles opposées, nous remarquons que les feuilles sont d'autant plus petites, et, par conséquent, plus jeunes que nous les examinons plus haut sur la tige. Rigoureusement, quoique ces parties portent le même nom, on voit que pourtant elles ne sont pas homologues ou similaires, puisque celles du bas sont plus âgées et souvent d'une autre forme que celles du haut. Chacune de ces paires de feuilles, prise séparément, pourrait être considérée comme appartenant à la symétrie par rapport à un point, puisque l'on peut toujours supposer un point central par lequel passerait une droite qui irait joindre des parties de même nom.

Par exemple, la ligne AB, *fig.* 14, passant par le centre de la tige T, passerait aussi par les deux extrémités A et B des deux feuilles opposées ; tandis que la droite C et D, passant aussi par le centre, se trouverait aller joindre les deux secondes nervures *n* et *n* des deux feuilles. Évidemment, voici un assemblage de feuilles dont la symétrie s'ordonne par rapport à un point qui est au centre de la tige, et si nous n'avions à le considérer qu'isolément, rien ne la différencierait de la symétrie des minéraux. Mais aussitôt que nous venons par la pensée à supposer un ou plusieurs autres assemblages de feuilles placées au-dessus de ce premier, l'idée de symétrie par rapport à une ligne nous arrive, car, mathématiquement, la superposition de plusieurs points est justement la condition de la formation d'une ligne, et alors on pourrait reconnaître que toute droite passant par le centre de la tige et qui ne serait pas *perpendiculaire à son axe*, c'est-à-dire à la ligne formée par la superposition des points dont nous venons de parler, cette droite, disons-nous, irait évidemment rencontrer des parties de diverses natures. En effet, une portion de cette droite, en s'élevant, tendrait à aller joindre les parties florales ou de plus nouvelle formation, tandis que l'autre portion, en s'abaissant, tendrait à se rapprocher des racines ou de la base de la tige, qui est de plus ancienne formation, choses que, rigoureusement, l'on ne peut pas considérer comme similaires.

Ainsi, ce seul exemple suffit pour nous démontrer que la symétrie végétale ne saurait être ordonnée par rapport à un point. Voyons maintenant si elle est ordonnée par rapport à un plan, et dans ce cas, nous rentrerions nettement dans les idées d'Ad. de Jussieu, qui, disons-le de suite, est le botaniste qui s'est, à notre sens, le plus rapproché de ce que l'on doit entendre par symétrie.

2° D'après notre définition, pour reconnaître si la symétrie des végétaux est ordonnée par rapport à un plan, nous n'avons qu'à supposer ce plan coupant par le milieu deux feuilles opposées de l'assemblage des feuilles verticillées, *fig.* 15, suivant AB ; à mener des droites perpendiculaires au plan, et à voir si les parties rencontrées sont similaires. Dans le cas dont il s'agit, on voit que la droite CD, perpendiculaire à AB, rencontre des parties $n'n'$, qui, tout d'abord, paraissent homologues ou de même nature ; mais alors, si nous concevons une autre droite EF, perpendiculaire aussi à AB, nous rencontrons encore des parties homologues nn, dont la recherche et l'origine sont différentes, puisque, dans le premier cas, les parties homologues appartiennent à la même feuille, tandis que dans le second elles appartiennent à deux feuilles différentes. Cet exemple suffirait pour démontrer l'incertitude où l'on serait de savoir quelles sont véritablement, dans ces deux cas, les parties rigoureusement homologues ; et rien jusqu'à présent ne nous l'indique. Heureusement qu'il est des plantes chez lesquelles il est possible de s'assurer quelles sont, dans ces différents cas, les parties réellement homologues.

a. On peut arriver à éclairer ce point de la question en faisant les mêmes observations sur les feuilles opposées du *Rochea falcata*, dont les feuilles en forme de faux ne sauraient se prêter à une division en deux parties égales ou similaires. Par conséquent, il n'est aucune droite perpendiculaire à un plan passant par le centre de la tige qui puisse conduire à des parties homologues ; tandis que si l'on mène une droite perpendiculaire à l'axe de la tige et passant par son centre, on est sûr de la voir de chaque côté conduire à des parties rigoureusement homologue. Soit donc la figure 16, représentant à peu près l'assemblage de deux feuilles opposées du *Rochea :* si l'on mène les droites AB, DE, passant par le centre de la tige C, on voit aisément que les points que rencontrent ces deux lignes en *a, a; b, b; c, c,* sont très-sensiblement semblables chacun à chacun, et que par conséquent la symétrie est bien ici ordonnée par rapport à un point. Mais comme ce que nous venons de démontrer pour cet assemblage de feuilles peut se démontrer pour les autres assemblages de feuilles, et que les points centraux superposés constituent une ligne, il est de conséquence rigoureuse de dire que dans le *Rochea falcata* la symétrie des feuilles est ordonnée par rapport à une ligne.

b. Le *Mercurialis annua* est encore très-propre à servir d'exemple à la loi de symétrie végétale. Ici les feuilles sont opposées et tout à fait régulières : on ne pourrait donc pas savoir d'une manière certaine comment la symétrie est ordonnée. Mais à l'aisselle de chaque feuille naît une une série de bourgeons, dont deux se développent de bonne heure : l'un d'eux, essentiellement foliaire, devient un axe qui ne tarde pas à se comporter comme l'axe principal ; l'autre, particulièrement floral, ne porte pas trace de feuilles. Or ces deux axes sont toujours un peu latéraux par rapport à la feuille, et la symétrie veut que le bourgeon foliaire opposé se développe précisément sur la même droite qui, partant de l'un d'eux, passerait par le centre de la tige, et il en est de même des petits axes floraux, comme le représente la figure 17, la droite CD conduisant aux deux bourgeons foliaux homologues *bb;* celle EF, aux bourgeons floraux homologues *ff,* comme la ligne AB conduit aux deux extrémités des deux feuilles, c'est-à-dire aux deux parties qui, seules aussi, sont homologues.

c. La famille des Cucurbitacées nous offre quelquefois aussi des exemples propres à démontrer la loi de symétrie végétale. D'ordinaire, les feuilles sont alternes, mais parfois aussi on en trouve deux en opposition exacte. Or à côté de chaque feuille se développe une vrille. Dans le cas d'opposition, la droite CD conduit aux deux vrilles *vv,* c'est-à-dire aux deux parties homologues, passe nécessairement par le centre de la tige, *fig.* 18, tandis que la droite AB, passant par le centre, conduit aux deux extrémités des feuilles évidemment homologues.

d. Dans quelques cas, les tiges à feuilles opposées émettent des axes secondaires à feuilles verticillées par trois : dans ce cas, la symétrie veut que ces feuilles soient disposées de telle façon qu'une droite, partant d'une feuille de l'un des axes et passant par le centre de l'axe primaire, aille rencontrer une feuille de l'autre axe secondaire, comme le représente la figure 19, en f, f, Pl. II. suivant a b et en f′, f′, suivant c d. D'un autre côté, on voit que la droite AB, en passant par le centre de l'axe primaire, rencontre dans le sens de leur nervure médiane les deux feuilles homologues, f″, f″, ou les deux premières feuilles FF qui ne sont que ponctuées.

Quelquefois l'inverse se présente, et alors les deux feuilles f″, f″, au lieu d'être les plus voisines de l'axe primaire Ap, en sont les plus éloignées, ce qui tient à des causes que nous examinerons plus tard.

L'exemple que nous avons choisi pour notre figure 19 est pris sur un pied de *Valeriana locusta.* Linn.

e. Chez les plantes à feuilles véritablement *hétérophylles*, on peut encore trouver un exemple de symétrie végétale, surtout quand celles-ci sont opposées. En effet, comme la cause qui détermine la scission du limbe n'est pas rigoureusement répartie d'une égale quantité de chaque côté de la feuille, il s'ensuit que l'une des moitiés du limbe reste plus ou moins entière, tandis que l'autre subit des divisions plus ou moins profondes. Or il arrive assez fréquemment que les divisions qui se présentent sur les deux feuilles opposées se trouvent placées comme le représente la figure 20, dans laquelle les droites AB, CD, EF, passant par l'axe A, conduisent de la manière la plus évidente à des parties exactement homologues a = a′, b = b′, c = c′. Toutefois, cette tendance à la division, que nous examinerons plus tard sous le nom de *principe de la triplasie*, n'étant pas rigoureusement répartie d'une égale manière et subissant de notables variations pour les plus légères causes, il s'ensuit que la symétrie est dans ce cas souvent déguisée, tellement qu'alors on ne puisse plus la retrouver ; mais c'est un accident exceptionnel qui ne saurait détruire la loi générale que nous cherchons à établir. La figure 20 a été prise sur une paire de feuilles du *Syringa persica,* et se retrouverait dans un grand nombre d'autres feuilles de plantes hétérophylles.

Nous venons de démontrer que la symétrie des feuilles par rapport à l'axe qui les porte était bien symétrique par rapport à une ligne, et nous avons vu que les droites qui conduisent aux parties homologues pouvaient varier de position, pourvu qu'elles fussent toujours perpendiculaires à l'axe. La symétrie des feuilles considérées en elles-mêmes est encore ordonnée par rapport à une ligne passant par leur nervure principale, mais ici les droites qui conduisent aux parties homologues restent toujours dans le même plan. Soit en effet la jeune feuille de vigne représentée *fig.* 21. La ligne par rapport à laquelle les parties sont ordonnées est suivant AB, et les droites perpendiculaires CC', DD'EE' conduisent évidemment aux parties homologues chacune à chacune, c = c', d = d', e = e', et l'on peut supposer autant de droites qu'on le voudra entre les extrêmes de la feuille a b; pourvu qu'elles soient perpendiculaires à l'axe AB, on sera sûr de les voir rencontrer à droite et à gauche des parties homologues.

Si nous faisons le même raisonnement sur une feuille composée, *fig.* 22, nous arrivons à démontrer qu'elle appartient à la même symétrie. Il suffit de jeter un coup d'œil sur cette figure pour reconnaître la même symétrie. Donc *la symétrie, considérée dans la feuille elle-même, est encore ordonnée par rapport à une ligne.*

B. *Symétrie des fleurs.*

Si nous considérons une fleur *régulière,* rien, au premier abord, n'annonce qu'elle appartient bien à la symétrie par rapport à une ligne, puisque l'on peut faire passer un plan de telle façon que la fleur puisse être partagée en deux parties égales, et cela de cinq ou six façons différentes, selon que les verticilles floraux seront de cinq ou six parties.

Mais pour reconnaître réellement l'espèce de symétrie qui appartient à la fleur, il faut recourir à celles dites *irrégulières,* et l'on arrive à trouver qu'elles sont douées de la plus parfaite symétrie. C'est ce que nous allons démontrer en choisissant de préférence des fleurs d'*Orchidée*, de *Personnéé*, de *Renonculacée* irrégulière et de *Papilionacée*.

Si nous voulions ordonner la symétrie de ces fleurs par rapport à une ligne qui passerait au centre de la fleur même, nous verrions qu'il y a des parties de grandeur et de forme différentes, ou bien des parties dégénérées ou même avortées, et l'esprit ne concevrait qu'une symétrie imparfaite qui le satisferait peu. Au contraire, si nous ordonnons la symétrie par rapport à une ligne qui passe au centre d'un axe principal d'inflorescence, nous rentrons dans la symétrie la plus parfaite, quelles que soient les modifications ou les irrégularités de la fleur. Si, en effet, nous représentons le diagramme d'une fleur d'Orchidée, *fig.* 23, D, nous voyons qu'elle est formée de parties disposées ainsi qu'il suit : trois divisions externes d, e, du périanthe, disposées de manière que la plus éloignée de l'axe A lui présente sa concavité; trois divisions internes, d, i, alternant avec les précédentes, de sorte que la plus intérieure, l (labellum), présente sa convexité à ce même axe A. Au centre se trouve le *gynostème*, dont la position est telle que les étamines, e, ou *staminodes*, s, et les stigmates alternent avec les divisions internes du périanthe. Enfin, au centre, nous avons représenté la coupe transversale de l'ovaire à une seule loge, mais à trois placentas indiqués par les angles rentrants.

Dans la plupart des Orchidées la disposition est la même; de sorte que si nous supposions que deux fleurs fussent opposées, comme en D et E, *fig.* 23, il serait facile de reconnaître que des droites BB, CC, passant par le centre de la tige, iraient rencontrer des parties tout à fait similaires que la figure indique suffisamment.

Nous avons supposé que la fleur était dans la position qu'elle présente avant la torsion de l'ovaire, et ce qu'il y a de remarquable, c'est qu'après cette torsion la symétrie est renversée, mais sans cesser d'être parfaite; car la torsion s'est faite de telle façon que les parties les plus voisines de l'axe A sont devenues les plus éloignées, et dans ce cas les mêmes droites BB, CC conduisent non plus aux mêmes parties que précédemment, mais aux parties qui sont rigoureusement similaires ou homologues dans l'une ou dans l'autre fleur. Enfin, ce qui n'est pas moins remarquable, c'est la symétrie avec laquelle se font les modifications des organes. Par exemple, dans le genre *Cypripedium*, les deux staminodes, ss, *fig.* 23, deviennent anthérifères, tandis que la troisième étamine, e, avorte, et alors les mêmes droites BB, CC, conduisent à des organes également développés dans les deux fleurs. Ajoutons seulement ici que pour rendre la symétrie plus saisissable, nous avons admis l'opposition qui se présente quelquefois, mais le plus ordinairement c'est l'alternance qui domine ; mais alors la symétrie est déguisée par déplacement, comme nous le disons plus loin. Dans tous les cas, la symétrie n'en est pas moins ordonnée par rapport à une ligne.

La fleur de l'*Antirrhinum majus* est une fleur très-irrégulière, mais qui n'en est pas moins symétrique pour cela ; car, par un procédé analogue à celui que nous avons suivi pour la fleur d'Orchidée, on peut reconnaître que toutes les parties peuvent être considérées comme ordonnées par rapport au centre de la tige A, *fig.* 24. Si en effet on conduisait des droites comprises dans le périmètre du diagramme d'une fleur et passant par le centre de la tige A, ces droites iraient trouver, dans le cas d'opposition qui est ici plus fréquent, les parties similaires de la fleur opposée. Pour en être sûr, il suffit d'observer que toutes les fleurs sont disposées de manière que l'une des divisions du calice C tourne le dos à la tige ; qu'il en est de même de la lèvre supérieure formée de deux pétales, et que la place de l'étamine avortée a est toujours précisément la plus voisine de l'axe A.

Si maintenant nous passons à la fleur de l'*Aconitum napellus*, nous trouvons une disposition représentée par le diagramme, *fig.* 25, dans lequel on reconnaît un sépale en forme de capuchon C, toujours plus voisin de l'axe de la tige A ; deux sépales latéraux, ss, moins grands, et deux autres, s's', plus petits, tout à fait à l'extérieur. La corolle incomplète se trouve réduite à deux pétales, pp, transformés en cornets ressemblant chacun à un bonnet phrygien et logés tous deux sous le premier sépale. Les trois autres pétales sont ordinairement plus atrophiés et sont représentés par trois petites lanières. En raisonnant sur deux fleurs opposées, comme nous l'avons fait pour les deux autres sortes de fleurs irrégulières, on arrive à retrouver une semblable symétrie.

Enfin, si nous appliquons la même méthode aux fleurs Papilionacées, nous arrivons encore aux mêmes résultats indiqués suffisamment par le diagramme, *fig.* 26. Dans cette espèce de fleur, l'étendard, e, est toujours interne par rapport à l'axe, et la carène, c, toujours externe. Il en résulte que dans le cas d'opposition de deux fleurs, des droites qui passeraient par le centre de la tige iraient rencontrer dans chacune des fleurs les parties qui seraient tout à fait similaires.

Mais si la symétrie existe pour les fleurs irrégulières que nous venons de citer, à plus forte raison doit-elle appartenir aux fleurs régulières. Seulement ici, en raison même de cette régularité, elle semble indépendante de la ligne par rapport à laquelle nous l'avons fait naître dans les exemples précédents; tandis que c'est véritablement le même ordre qu'il faut voir et la même méthode qu'il faut suivre pour déterminer les parties rigoureusement similaires des fleurs régulières. Pour elles, la figure théorique 27 en représentera les parties : seulement les chiffres sont les mêmes comme représentant des grandeurs égales, tandis que les signes indiquent les parties homologues. Au contraire, dans le cas de fleurs irrégulières, la symétrie veut la figure théorique 28, dans laquelle les parties similaires sont représentées par les chiffres semblables, ces chiffres ne variant qu'avec la forme ou les grandeurs.

Enfin, de ce que les fleurs sont disposées symétriquement autour d'un axe, ainsi que nous venons de le voir, il s'ensuit que la disposition des carpelles ou des fruits avec leurs graines peuvent aussi être ramenés à la symétrie par rapport à une ligne.

Si donc toutes les parties sont démontrées placées symétriquement autour ou de chaque côté d'une ligne, il est vrai de dire d'une manière générale que la symétrie par rapport à une ligne est essentiellement la *symétrie végétale*, laquelle se distingue nettement de la symétrie minérale et de la symétrie animale. Il est bien entendu que cette symétrie ne peut jamais être rigoureusement mathématique.

Mais comme si la nature s'était plu à confondre ou plutôt à rapprocher les êtres les plus simples de chaque règne, à quelque point de vue que l'on se place, nous trouvons des végétaux dont la symétrie a de l'analogie avec celle des minéraux ; à la vérité, ils sont en si petit nombre, que si nous les signalons ce n'est absolument que pour constater le fait. Nous trouvons en effet, parmi les algues de la tribu des *Zoosporées*, des végétaux d'une structure si simple qu'ils ne consistent qu'en une seule vésicule, et alors il semble que leur symétrie soit analogue à celle des minéraux, c'est-à-dire qu'elle ait lieu par rapport à un point. Mais dès que l'on arrive, dans la même famille, à l'examen des êtres formés de plusieurs vésicules ajoutées bout à bout, il est évident qu'aussitôt nous retrouvons les conditions de symétrie par rapport à une ligne.

D. *Symétrie des axes.*

L'étude que nous venons de faire pourrait nous dispenser de démontrer que dans les tiges à feuilles opposées les parties de la tige sont aussi symétriques par rapport à une ligne centrale, car de ce que les feuilles sont opposées, de ce qu'à l'aisselle de chaque feuille il se développe un bourgeon, on peut déduire que la tige présente, de chaque côté de l'axe central, au point de réunion de ces corps avec la tige, des parties tout à fait homologues ; mais pour distinguer ce qu'il y aurait de trop subtil à saisir dans ce que nous venons de dire, nous choisirons des exemples plus palpables qui feront mieux comprendre ce que l'on doit entendre par *symétrie des axes*. On sait que le mot *axe*, employé en botanique, est le synonyme de tige, de pédoncule, pédicelle, etc., c'est-à-dire le corps plus ou moins allongé sur lequel se développent les organes appendiculaires, cotylédons, feuilles, bractées, sépales, pétales, étamines, etc.

Or on sait que les axes n'affectent pas tous une forme cylindrique, et qu'il en est qui s'aplatissent tellement que quelques-unes prennent tout à fait l'apparence d'une feuille ; telles sont les prétendues feuilles des *Ruscus*, des *Xylophylla* et des *Phyllanthus*, que les botanistes modernes regardent avec raison comme des rameaux fasciés ou composés.

1° Si donc nous portons notre attention sur le rameau florifère du *Ruscus aculeatus*, par exemple, nous trouvons que ce rameau est traversé longitudinalement par une sorte de nervure assez analogue à celle d'une feuille simple, que la fleur naît, unique,

sur cette nervure, et que les parties latérales partant de la base
vont en augmentant, puis en diminuant de grandeur, exactement
comme dans la feuille, de telle façon que si l'on applique la méthode que nous avons développée pour démontrer la symétrie de
la feuille de vigne, *fig* 21, on voit que les droites perpendiculaires à la ligne qui suivrait la nervure conduiraient de chaque
côté à des parties tout à fait homologues, ce que démontre très-
sensiblement les nervures secondaires de ces petits rameaux.

2º Les *Cactus* et les *Rhypsalis*, dont les tiges sont aplaties,
les angles rentrants que présentent leurs bords, angles où se développent d'autres axes ou des fleurs, peuvent encore permettre
d'y démontrer leur symétrie. Ainsi, quoique bien souvent ces
angles soient alternes, il arrive cependant qu'ils sont quelquefois
opposés, et cette opposition permet, pour reconnaître leur symétrie, d'appliquer la même méthode que pour les feuilles simples
ordinaires.

3º Chez les *Xylophylla*, les tiges florifères ressemblent aussi à
des feuilles présentant aussi des dentelures dont les angles rentrants portent les petites fleurs. Assez souvent il est facile d'y
reconnaître la symétrie que nous avons reconnu aux feuilles, car
là aussi nous trouvons une nervure médiane offrant de chaque
côté des nervures secondaires se rendant aux petits angles rentrants, lesquels parfaitement opposés dans le *Xylophilla latifolia*,
deviennent alternes dans les *X. angustifolia* et *falcata*, mais où
néanmoins des vestiges de cette symétrie dissimulée se retrouvent
encore.

4º Quant aux tiges des *Phylanthus*, nous avons toujours été
étonné qu'on les ait jamais considérées comme des feuilles,
ainsi que l'indique leur nom; car ces prétendues feuilles composées ne sont autre chose que des rameaux portant des feuilles
alternes distiques, à l'aisselle desquelles naissent les fleurs, et
n'ayant de remarquable que leur articulation, qui les fait ressembler aux feuilles composées de quelques Légumineuses. Nous
verrons d'ailleurs plus tard que ces articulations se retrouvent
aussi dans les tiges de beaucoup d'autres plantes, et que lorsque
vient l'hiver, elles se désarticulent à la manière des feuilles composées.

5º Parmi les tiges très-propres à démontrer la symétrie des

axes, nous devons signaler la Pomme de terre et le Topinambour. Tous les botanistes savent que la Pomme de terre (*Solanum tuberosum*) et le Topinambour (*Helianthus tuberosus*) ne sont autre chose que l'extrémité renflée de tiges souterraines. Dans l'état ordinaire, ces tiges présentent des œils assez diversement disposés, desquels naîtront les tiges aériennes. Or ces œils sont quelquefois disposés symétriquement par opposition, comme cela a fréquemment lieu dans le Topinambour. Mais le plus souvent, dans la Pomme de terre, les œils sont sans ordre apparent, ou plutôt on pourrait les regarder comme disposés suivant une hélice, et comme sa forme est ronde ou ovale, on serait tenté, jusqu'à un certain point, d'admettre qu'ici la symétrie a un point pour centre. Cependant, comme la Pomme de terre présente quelques anomalies de forme, on peut s'en servir pour déterminer la nature de sa symétrie. Ainsi, quoique rarement, la Pomme de terre affecte la forme d'un cœur, et dans ce cas il serait tout à fait impossible de faire passer des droites dans tous les sens avec l'intention de conduire à des parties homologues; car il est évident que si nous supposons un point P au centre d'une pareille tige par lequel nous ferons passer les droites AB, CD, *fig.* 29, les parties aa′, bb′ que rencontreront ces lignes ne seront pas homologues chacune à chacune. Au contraire, supposons une série de points superposés PP′P″ constituant une ligne AB, *fig.* 30, si nous tirons les droites CC′, DD′ EE′ perpendiculaires à AB, nous les voyons conduire aux parties cc′, dd′, ee′, qui sont évidemment homologues chacune à chacune. Donc, on peut dire que la symétrie des axes est encore ordonnée par rapport à une ligne. Nous possédons en effet, dans notre collection, une pomme de terre qui a exactement la forme représentée dans les figures 29 et 30, et ce qu'il y a de mieux, c'est que le nombre des œils qui se trouvent sur chaque moitié du cœur se retrouve également dans l'autre, seulement avec un léger déplacement.

DE LA SYMÉTRIE DISSIMULÉE.

La symétrie des plantes peut subir de si nombreuses et de si profondes modifications qu'il est difficile *à priori* de la reconnaître. Cependant, l'observation soutenue, et surtout les recherches que nous avons faites conduisent à démontrer que la symétrie existe chez tous les végétaux, mais que des causes physiologiques inconnues, constantes pour certaines espèces, viennent la masquer suffisamment quelquefois pour qu'on ne puisse la retrouver. La symétrie peut en effet être déguisée par des causes très-diverses, savoir : par *déplacement des organes*, par *dédoublement*, par *avortement*, par *dégénérescence*, par *soudures* ou *défaut d'exastosie*, par *développement inégal, normal ou anormal des parties*. Nous allons examiner brièvement chacune de ces modifications.

1° *Symétrie dissimulée par des déplacements.*

Nous démontrerons plus tard que l'état normal des feuilles ou des organes appendiculaires sur les tiges est leur opposition ou le verticillisme, c'est-à-dire leur position opposée au nombre de 2, 4, 6 ou plus sur une même ligne circulaire de la tige. C'est pourquoi chez presque toutes les dicotylédones les deux cotylédons naissent opposés l'un à l'autre, et pourquoi il n'est pas rare de trouver opposées les premières feuilles qui apparaissent au-dessus des cotylédons chez les plantes dont les feuilles sont regardées comme très-normalement *alternes*, chez les Légumineuses (Haricots) et les Crucifères (Lunaire) par exemple.

Or nous avons démontré dans un mémoire présenté à l'Académie des sciences qu'il n'existait peut-être pas chez les dicotylédones un seul genre de plantes à feuilles alternes qui ne laisse voir parfois des feuilles véritablement opposées, et comme parfois aussi certaines espèces se présentent, normalement, avec des caractères d'opposition aussi fréquents (Chanvre, Topinambour) que ceux d'alternance, alors que certains genres à feuilles dites opposées ne présentent jamais normalement l'alternance, nous sommes conduit à penser que l'opposition est la *disposition-type* des organes appendiculaires sur la tige, et que l'alternance n'est plus qu'une déviation de ce type, due à un accroissement inégal dans les diverses parties de la tige, accroissement inégal qui se rencontre dans une foule d'autres cas que nous examinerons un peu plus loin, et auquel nous devons en particulier la *Campylotropie des graines.*

Il en est des folioles des feuilles composées sur le rachis comme des feuilles simples sur la tige, et des nervures secondaires de ces dernières sur la nervure médiane. Lorsque l'opposition ne se retrouve pas, cela tient pareillement à des déplacements justifiés par la rencontre fréquente de toutes ces parties en opposition exacte, soit accidentellement dans les espèces où l'alternance se montre le plus fréquemment, soit d'une manière régulière et normale dans les autres espèces.

Mais si l'alternance des feuilles doit n'être considérée que comme une déviation de la disposition-type, il est évident que les fleurs qui ne présentent pas l'opposition dans les inflorescences sont le résultat d'une pareille déviation, car la fleur étant le résultat du développement d'un bourgeon, et chaque bourgeon laissant supposer une feuille plus ou moins complétement avortée, à l'aisselle de laquelle il naît d'ordinaire, il faut rigoureusement admettre que les fleurs aussi ne deviennent alternes que par déplacement dû à un accroissement inégal de toutes les parties de la tige.

Ces idées sont, comme on le voit, entièrement opposées à la théorie des cycles contractés ou rosettes, admise par la plupart des botanistes, lesquels probablement n'ont pas étudié la question sous le même point de vue que nous. Quoi qu'il en soit, c'est parce que nous n'avions pas fait ces études que, dans notre premier mémoire sur les symétries (1), nous avions admis les deux distinctions suivantes, savoir : la *symétrie alternative* et la *symétrie hélicoïdale*, en raison de ce que chez certaines plantes les feuilles sont normalement alternes *distiques*, et dans certaines autres alternes *hélicoïdales*, c'est-à-dire décrivant une hélice autour de la tige. Toutefois, de même que nous avons vu la symétrie minérale se modifier jusqu'à la *symétrie,* et par conséquent échapper alors à la règle générale, nous devons, pour être conséquent, conserver encore le mot de symétrie aux parties végétales dans les conditions où nous venons de les placer, en prévenant toutefois que la définition générale ne leur sera plus appliquée. On pourra donc ainsi conserver les expressions : *symé-*

---

(1) *Etudes sur la symétrie considérée dans les trois règnes de la nature.* Paris, 1855.

trie alternative et *symétrie hélicoïdale*, qui sont déjà employées par quelques savants dans le langage botanique comme exprimant mieux certains états des plantes que le mot symétrie employé comme on le faisait naguère encore.

2° *Symétrie dissimulée par dédoublement.*

Nous avons vu que la plupart des plantes dicotylédones pouvaient être regardées comme formées par des axes portant des organes appendiculaires opposés, comme cela se voit chez toutes les plantes à feuilles décussées, et d'une manière bien plus remarquable encore dans la *Circée* (Circea lutetiana). Ici, en effet, nous trouvons, pour organes de la végétation : deux feuilles opposées ; pour organes de la fructification : deux sépales opposés, pour le calice ; deux pétales opposés, pour la corolle ; deux étamines opposées, pour l'androcée, et deux carpelles pour le gynécée. Or ici rien n'est plus facile à déterminer que la symétrie telle que nous l'avons indiquée. Mais bien souvent les feuilles, au lieu de rester opposées au nombre de deux, deviennent verticillés par trois, c'est-à-dire admettent le nombre trois dans leur assemblage autour de la tige, et alors on ne saurait retrouver la moindre symétrie reconnaissable aux caractères que nous avons donnés. Dans ce cas, il faut avoir recours à l'observation, et voici ce qu'elle fait connaître : 1° toutes les plantes, peut-être sans exception, qui sont à feuilles opposées, présentent aussi des tiges qui sont à feuilles verticillées par trois ; 2° d'un autre côté, parmi les plantes reconnues être composées de tiges à feuilles verticillées par trois, beaucoup d'entre elles présentent des tiges à feuilles simplement opposées ; 3° enfin il est des plantes chez lesquelles le verticillisme par trois est aussi fréquent que l'opposition (*Veronica, Helianthus tuberosus*, etc.). De ces trois sortes d'observations, on est conduit à dire (le nombre de plantes à feuilles opposées étant plus grand que celui à feuilles verticillées par trois, et pouvant, par conséquent, être regardé comme le plus normal) que dans le premier cas c'est par un dédoublement exceptionnel que le nombre normal deux se trouve porté à trois ; que dans le second cas, le dédoublement en question n'est plus exceptionnel et se prononce assez souvent pour offrir autant de tiges à feuilles verticillées par trois que de tiges à feuilles opposées; et que dans le dernier cas, le dédoublement qui fait le verticillisme par trois devient assez fréquent pour être à son tour le nombre normal, tandis que l'opposition n'est plus que l'exception (*Nerium oleander*, *Lippia citriodora*, etc.).

Il résulte de cette manière de voir que la symétrie parfaite que l'on retrouvait aisément dans les cas d'opposition ne se retrouve plus et est complétement masquée par le verticillisme par trois, c'est-à-dire par suite d'un dédoublement.

Mais si, au lieu de trois parties au verticille nous en trouvons quatre (*Rubia valantia*, etc.), ou six et huit (*Galium*, etc.), aussitôt nous retombons dans les conditions de la symétrie végétale, et de même qu'elle s'est trouvée dissimulée par le nombre impair trois dans le cas d'opposition, de même aussi elle se trouve dissimulée par l'addition d'une partie aux nombres pairs précédents. Néanmoins, comme il est aisé de découvrir la cause de ce défaut de symétrie, et que d'ailleurs les nombres pairs symétriques se rencontrent fréquemment, nous lui avons donné le nom de symétrie *verticillaire*, car elle répond parfaitement à une manière d'être assez générale des végétaux, et que, d'un autre côté, elle est aujourd'hui admise par quelques botanistes.

3° *Symétrie dissimulée par avortement.*

Bien que le déguisement de la symétrie dans les axes floraux, par suite du nombre impair des parties, puisse se tirer des réflexions qui précèdent, cependant nous penchons pour le faire découler d'un autre ordre d'idées que nous ne ferons qu'exposer ici brièvement, ayant nécessairement besoin d'y revenir plus tard, quand nous parlerons du nombre type des parties de la fleur.

En principe général, *la division des organes appendiculaires est d'autant plus grande ou plus prononcée que l'on s'élève, jusqu'à un certain point, plus haut sur les axes, et vice versâ.* Voilà pourquoi les cotylédons sont le plus souvent simples ou entiers, quand déjà les feuilles primordiales sont plus ou moins divisées, et celles-ci, sauf quelques exceptions, plus ou moins entières quand les feuilles caulinaires offrent souvent des divisions très-profondes, des décompositions et même des surdécompositions.

Or on peut remarquer que les monocotylédones, si l'on en excepte un ou deux genres, sont toutes à feuilles alternes, conséquence forcée de l'unité de cotylédon; tandis que, dans les dicotylédones, les feuilles sont le plus souvent opposées, conséquence obligée aussi de la dualité des cotylédons. Mais à mesure que nous nous élevons au sommet de l'axe principal, nous voyons souvent les organes appendiculaires se modifier et se diviser de façon que chez les monocotylédones la fleur semble formée de deux ou trois parties à chacun de ses verticilles floraux, tandis que chez les dicotylédones chaque verticille floral semble être formé de deux, quatre, cinq et six parties. On a admis généralement le nombre trois pour le verticille floral des monocotylédones, et le nombre cinq pour celui des dicotylédones; mais outre que ce nombre n'est pas un multiple du nombre trois, il est logique de penser que lorsque l'élément appendiculaire (cotylédon ou feuille) se triple pour former la fleur des monocotylédones, les deux éléments appendiculaires (cotylédons ou feuilles) doivent aussi se tripler chez les dicotylédones et porter le nombre des parties de la fleur à six, et lorsque ce nombre ne se trouve pas, c'est que l'un d'eux a avorté. Or nous croyons avoir démontré que le nombre six est bien plutôt que cinq le nombre type des parties de la fleur des dicotylédones :

1° D'abord, parce que ce nombre se retrouve très-souvent parmi les fleurs à cinq parties à chaque verticille;

2° Ensuite, parce qu'il y a des fleurs où le nombre six est aussi fréquent que le nombre cinq (Fraisiers, Abricotiers, etc.);

3° Puis, parce qu'il y a des familles entières où le nombre six est réellement le nombre normal (Lythrariées) ;

4° Enfin, parce que, comme nous le verrons, de la composition du *phytogène* il résulte toujours que six parties analogues en enveloppent une septième. De ces quatre ordre de faits, il résulte que physiologiquement la fleur doit être formée de verticilles par six, dont les parties sont opposées deux à deux, et par conséquent parfaitement symétriques, et si le nombre se trouve réduit à cinq ou trois, c'est à un avortement ou plutôt à un *défaut d'exastosie*, comme nous le verrons plus loin, qu'il faut attribuer le défaut de symétrie, qui revient aussitôt que les parties se trouvent être en nombre pair.

Quelquefois, cet avortement se porte sur l'un des bourgeons qui naissent à l'aisselle de chaque feuille opposée, et alors, au lieu de deux axes secondaires, on n'en trouve qu'un, et dans ce cas, on ne retrouve plus la loi de symétrie telle que nous l'avons indiquée. C'est ce que l'on peut observer à la base des axes de certains *Galium, Asperula, Dianthus, Gypsophilla,* et surtout les *Serissa fœtida, Petunia, Cuphea,* etc. Quelquefois aussi, le développement du bourgeon opposé se fait quelque temps après, si bien qu'un peu plus tard la loi de symétrie végétale se trouve rétablie (*Silene rubella, bipartita, repens; Lychnis-dioïca; Spergula nodosa; Galium articulatum,* etc.). — (Bulletin Soc. bot. France, 27 juillet 1855.)

4° *Symétrie dissimulée par défaut d'exastosie.*

On a coutume d'appeler *soudures* un phénomène physiologique qui est tout autre que celui que l'on veut désigner par cette expression. En effet, il semble que des parties séparées dans l'origine ont contracté adhérence entre elles et se soient véritablement soudées, mais il n'en est réellement rien. Dans un bourgeon naissant, constitué par du tissu cellulaire seulement, toutes les parties sont liées d'une manière intime, et quand une partie de ce tissu se détache sous forme de feuille, foliole, stipule, axe ou autre organe, il y aurait plutôt *dessoudure*. Or nous avons donné le nom d'*exastosie*, du grec ἕκαστος, individu, à ce phénomène, parce qu'en réalité il se forme une individualisation ou *exastose* végétale, ainsi que nous l'avons démontré dans notre article sur l'*individualité en général*.

Dans beaucoup de cas où les feuilles sont alternes, où par conséquent on serait tenté de ne trouver aucune symétrie, et où tout au moins on devrait admettre un défaut de symétrie par déplacement, il peut arriver pourtant que ce défaut de symétrie ait une autre cause. Cette cause nous est révélée par les exemples suivants, que nous pourrions considérablement multiplier :

1° Nous avons constaté la soudure par les côtés ou défaut d'exastosie d'un côté, des deux feuilles opposées du *Fuchsia*. Le pétiole s'était élargi de façon à former une large exsertion sur la tige. Si cette anomalie s'était prononcée tout le long de la tige, on aurait pu croire avoir affaire à une tige à feuilles alternes ;

2° Le *Symphoricarpos racemosa* nous a offert un pareil défaut d'exastosie par le côté de ses deux feuilles opposées, et il en est résulté une feuille unique offrant à son sommet cinq ou six découpures qui n'avaient rien de commun avec les découpures latérales des feuilles normales. Ce fait s'est présenté plusieurs fois sur le même axe ;

3° Les *Phaseolus* nous ont présenté assez souvent une semblable anomalie dans le défaut d'exastosie de leurs deux feuilles primordiales ; mais l'union, au lieu de se faire d'un seul côté, se faisait des deux côtés, de sorte qu'au lieu d'avoir une feuille plane, nous avions une feuille conique formant l'entonnoir, la face supérieure de la feuille formant la paroi interne de cette espèce d'entonnoir. On reconnaissait aisément la soudure de deux feuilles aux deux languettes assez longues qui se trouvaient assez rapprochées et dominaient les bords de l'entonnoir. Cette distinction était assez importante à établir, car il arrive quelquefois que les deux côtés d'une seule feuille se soudent ensemble et forment aussi un entonnoir ; mais ici il n'y a qu'une seule des languettes que nous avons signalées. Nous avons rencontré un pareil phénomène de soudure en entonnoir, ou plutôt en cornet, dans les feuilles du *Vitis vinifera*, et ici la soudure était faite de telle façon que l'on reconnaissait aisément les trois lobes supérieurs de chacune des feuilles qui entraient dans la composition de cette anomalie, et pourtant on sait que la vigne n'a pas ses feuilles opposées ; mais l'une des feuilles paraissait un peu plus petite que l'autre, de sorte qu'il semble que la soudure se soit faite entre deux soudures de formation différente ;

4° Il n'est pas rare de rencontrer des cotylédons de potiron, de vigne, de radis, de carottes, de soucis, etc., qui s'étant soudés par les côtés semblaient n'en présenter qu'un seul, bien qu'un examen attentif nous ait fait voir qu'il y en avait réellement deux. Enfin cette soudure anormale des deux cotylédons devient presque normale pour certaines espèces, et en particulier pour un certain nombre de Cycadées.

Il est donc évident d'après ce qui précède que la symétrie végétale se trouve quelquefois déguisée par des soudures.

Nous verrons plus loin qu'il est extrêmement probable que beaucoup de feuilles de dicotylédones ne sont alternes que par une cause pareille, qui, étant générale, en fait un état normal de la plante et que presque toutes les monocotylédones sont précisément dans ce cas.

5° *Symétrie dissimulée par développement inégal.*

Il y a des cas où la symétrie est encore difficile à reconnaître à cause des développements inégaux des parties végétales ou par suite d'atrophies qui s'y manifestent, ce qui revient tout à fait au même.

Ainsi les graines campylotropes offrent des cotylédons qui semblent s'éloigner un peu des règles que nous avons posées pour la symétrie végétale. Il y a à cette occasion deux distinctions à faire.

1° Tantôt les deux cotylédons, au lieu de se développer régulièrement dans toutes leurs parties, se développent beaucoup plus d'un côté, et ce côté est le même pour les deux cotylédons, de sorte qu'une des moitiés de chaque cotylédon enveloppe l'autre et donne à la graine la forme d'un rein (*Campylotropie latérale*). Dans ce cas, les deux cotylédons, de même grandeur, sont incurvés dans le même sens, comme chez le Haricot, et une droite A B, passant par le centre de l'axe T ne conduirait pas toujours à des parties homologues, car les points rencontrés a et a' ne sont évidemment pas similaires (*fig.* 31).

2° D'autres fois les deux cotylédons, au lieu de se développer régulièrement, ou bien, comme il vient d'être dit, se développant de telle façon que l'un des cotylédons grandit beaucoup plus que l'autre, de manière à envelopper plus ou moins le plus petit, le développement, au lieu de se faire sur le côté des cotylédons, s'est fait par le dos de l'un d'eux (*Campylotropie dorsale*). C'est le cas que nous avons observé dans les *Sapindus* et qui se retrouve probablement dans quelques autres genres. Ici la symétrie est bien plus apparente que dans la campolytropie latérale, car on conçoit que dans le cas d'opposition parfaite A A', B B', *fig.* 32, conduiraient encore aux points a a', b b', homologues chacun à chacun quoique étant d'inégales grandeurs. Ajoutons que la différence entre les deux cotylédons sera d'autant plus grande qu'ils seront plus épais.

Dans un certain nombre de plantes, les feuilles considérées en elles-mêmes au point de vue de la symétrie présentent des différences assez notables dans la manière dont les deux moitiés se développent. Ainsi dans les Ormes, les Tilleuls, et un grand nombre de feuilles dicotylédones, dites *alternes distiques,* on trouve presque toujours que l'un des côtés s'est plus développé que l'autre, et cette différence dans le développement des deux côtés est singulièrement exagéré dans les feuilles des *Begonia,* dont quelques espèces ont véritablement la forme d'un rein. *C'est une véritable campylotropie latérale des feuilles.* Dans ce cas la symétrie des feuilles est si transparente qu'il n'est pas, pour ainsi dire, nécessaire de présenter la raison de ce défaut de symétrie. Mais en admettant une opposition dans les feuilles, alors il est tout à fait difficile de retrouver la symétrie végétale, par la raison que les plus petits côtés sont tous deux dirigés du même côté, et nous rentrons tout à fait dans le cas de symétrie dissimulée du haricot. Cependant, comme si la nature avait horreur du défaut complet de symétrie dans la création de la plupart des êtres, nous remarquons que la jeune feuille est parfaitement symétrique, et ce n'est qu'en grandissant que l'un des côtés devient prédominant. Mais alors le plus souvent le pétiole se tord si bien que le limbe de chaque feuille, au lieu de paraître en croix avec l'axe qui la porte, lui devient réellement parallèle, et dans ce cas la symétrie semble reprendre ses caractères essentiels, toutefois en exigeant une autre méthode pour la reconnaître.

Pour rendre l'exposition plus claire, nous raisonnerons sur les feuilles distiques de l'*Ulmus campestris, fig.* 33, que nous supposerons opposées (1). Comme nous l'avons dit, le limbe se trouvant par la torsion du pétiole parallèle ou dans le même plan que l'axe qui porte les feuilles, il en résulte que l'un des côtés de la feuille *b* est aussi voisin, et l'autre *a* aussi éloigné que possible de l'axe. Dans cette position, le côté le plus voisin prend toujours

Pl. III

—————

(1) Cette supposition se trouve souvent réalisée dans la nature. Ainsi, quand une graine d'orme germe, elle donne presque toujours la première année des feuilles opposées, mais alors elles sont décussées, et leur limbe n'est plus parallèle à l'axe.

moins d'accroissement que l'autre et la feuille devient ainsi iné-
quilatérale. Si dans cet assemblage de feuilles nous avions à rechercher les parties des deux feuilles qui sont rigoureusement
similaires, nous n'aurions qu'à tirer la droite CD perpendiculaire
à la ligne AB et comprise dans le plan du limbe des deux feuilles.
Alors, conformément à notre définition, nous aurions les points
$a\,a'$, $b\,b'$ à égales distances chacun à chacun de la ligne AB, d'où
nous conclurions que a est l'homologue de a', et b l'homologue
de b', ce que l'œil reconnaît aisément. Donc ici la symétrie, grâce
à la torsion du pétiole, est parfaite et ordonnée par rapport à la
ligne AB.

Pour cet exemple nous avons dû supposer l'opposition des
feuilles, tandis qu'elles sont ordinairement alternes. De cette
façon nous avons fait naître une *symétrie oppositive* qui a dû
mieux faire saisir notre pensée; mais en restituant l'alternance
qui leur est particulière, nous retrouvons la *symétrie alternative*
que nous avons dit n'être qu'une déviation de la précédente.

6° Symétrie dissimulée par dégénérescence ou transformation.

Nous verrons plus loin qu'il est extrêmement probable que
toutes les parties végétales, axes comme organes appendiculaires, ont une origine commune, et que les circonstances de
position sur la tige ou autres ont seules pu déterminer leur
forme. Pour en citer des exemples reconnus, nous signalerons les
vrilles des *Lathyrus* et des *Pisum*, qui sont des dégénérescences
des folioles; celles des Passiflores, qui sont des dégénérescences de
pédoncules, c'est-à-dire d'axes; celles des Cucurbitacées, qui sont
aussi évidemment des axes avortés; les épines des *Berberis*, qui
sont des feuilles transformées; celles des *Gleditschia*, des *Prunus*
et du *Mespilus oxyacantha*, qui sont des tiges dégénérées; celles
des *Robinia*, qui sont des stipules transformées : si donc on arrive
à prouver que les feuilles ne sont que des axes fasciés, il sera
logique de penser que les vrilles oppositifoliées des *Cissus* et des
Vitis ne sont que des dégénérescences des axes qui devaient former une feuille; que les fleurs oppositifoliées des *Pelargonium,
Phytolacca, Lycopersicum* et autres Solanées, etc., ne sont que
des transformations de la fascie foliaire en un axe floral. Ces idées,

que l'on comprendra beaucoup mieux lorsque nous parlerons de la constitution organogénique de la feuille, font concevoir que lorsque dans la vigne nous trouvons une vrille opposée à une feuille, il se peut que la vrille ne soit autre que la feuille transformée opposée, et dont la preuve ressort en partie de ce que l'on observe dans les *Pelargonium* et les Tomates.

Dans ces plantes, en effet, nous observons ce singulier phénomène qu'au bas des axes toutes les feuilles sont alternes, un peu plus haut on trouve alternativement deux feuilles opposées, puis une feuille opposée à un axe floral. Mais assez souvent cette *alternation* (?) ne se fait pas d'une manière régulière, et après la paire de feuilles opposées au lieu d'un axe floral opposé à une feuille, nous trouvons encore une feuille opposée à une autre feuille. Donc il est permis de croire qu'ici l'axe floral s'est transformé en feuille, et si cela est la réciproque a véritablement lieu. D'ailleurs il y a longtemps que nous avons observé dans le *Sambucus nigra* une transformation de cette nature (1). Il arrive quelquefois que deux des cinq rayons de la cyme ombelliforme qui constitue l'inflorescence du Sureau se sépare des trois autres et reste en dessous; or, dans ce cas, nous avons constaté que l'un de ces axes floraux se transforme quelquefois en feuille et que l'on a ainsi une inflorescence véritablement oppositifoliée. Nous ne pouvons ici rappeler tous les exemples tendant à appuyer cette idée, que d'ailleurs nous exposerons plus tard (2); mais, cela admis, il est facile de conclure que la symétrie est nécessairement dissimulée sous ces transformations.

Nous ne pouvons mieux choisir, pour faire bien comprendre la similitude d'origine des axes et des organes appendiculaires, que ce qui se passe dans la feuille des cucurbitacées accompagnée de sa vrille. La vrille des cucurbitacées, sur laquelle on a longtemps discuté pour en connaître l'origine, a été regardée par les uns comme une feuille avortée, par les autres comme un axe. Mais personne ne nous semble avoir abordé les meilleures raisons pour faire admettre son idée. D'après nos observations, la vrille des cucurbitacées est réellement un axe dégénéré par les raisons :

(1) *Bulletin de la Société botanique de France.*
(2) Similitude d'origine des organes végétaux.

1° Que si l'on observe un grand nombre de vrilles du *Cucurbita pepo*, on reconnaît tout de suite que les filaments n'émergent pas tous des deux côtés opposés du filament principal ; que, par conséquent, ils ne sont pas dans un même plan comme le sont les nervures de la feuille et que chacun d'eux se trouve placé sur l'axe principal de façon à décrire une hélice. Enfin nous avons des échantillons de vrilles dans lesquelles les filaments sont disposés autour de l'axe principal de manière à former plusieurs verticilles par trois, ce qui ne devrait pas être si réellement la vrille était une feuille transformée.

2° Nous verrons plus loin, en parlant du phytogène, que lorsqu'un phytogène se développe *seul* il produit un axe portant ou ne portant pas de feuilles et qu'au contraire la soudure de plusieurs phytogènes dans un même plan et se développant ensemble produit, selon les cas, des fascies, des rameaux fasciés plus ou moins semblables aux feuilles (*Ruscus, Xylophylla*, etc.), ou enfin des feuilles. Ceci admis, voilà ce qui a lieu chez les Cucurbitacées : Selon M. Payer, et nous l'avons nous-même vérifié, les premières feuilles des *Cucurbita* ou autres ne présentent point de vrilles (*fig.* 34), et si l'on cherche le nombre des faisceaux de fibres qui passent de la feuille dans la tige, nous en trouvons *trois*. Un peu plus haut la feuille se trouve accompagnée d'une vrille ; si on recherche alors le nombre des faisceaux de fibres qui se rendent de la feuille dans l'axe, on n'en trouve plus que *deux*. Où se trouve donc le troisième ? Précisément dans la vrille ; mais tandis que deux des trois phytogènes se soudent pour végéter ensemble et former la fascie foliaire ou la feuille, le troisième phytogène se développera seul, et par conséquent, au lieu de former une fascie, ne formera qu'un axe dont les organes appendiculaires plus ou moins dégénérés et réduits à leurs nervures médianes constitueront les filaments hélicoïdalement placés autour de l'axe. Or tandis que l'ordre respectif de formation de la feuille et de la vrille se fait d'ordinaire de façon que, dans le cas d'opposition de deux feuilles, les deux vrilles sont aussi exactement opposées (*fig.* 35), il arrive quelquefois (*fig.* 36) que l'inverse a lieu, c'est-à-dire que le phytogène qui dans la figure 35 formait la vrille, entre dans la composition de la feuille, et réciproquement que le phytogène de gauche qui entrait dans la composition de la feuille, s'en détache, vit seul et forme une vrille, mais qui se trouve à gauche dans la figure 36 au lieu d'être à droite comme dans la figure 35. Enfin, il y a des cas où les quatre phytogènes contigus a a' b b' (*fig.* 37) s'associent deux à deux pour former les deux fascies foliaires placées l'une à côté de l'autre, alors que les phytogènes libres c d, végètent séparément pour former les deux axes avortés qui prennent la forme de deux vrilles contiguës. On voit aisément par ces exemples combien il est facile à un axe dégénéré ou vrille de cucurbitacée d'entrer dans la composition d'une feuille, et comment le phytogène détaché d'une feuille de cucurbitacée peut en végétant isolément prendre les caractères d'un axe dégénéré et par conséquent d'une vrille.

Maintenant que nous avons fait connaître les causes qui peuvent masquer la symétrie végétale d'après les lois que nous avons exposées, nous allons employer une dernière méthode pour reconnaître l'espèce de symétrie à laquelle nous avons affaire, et nous verrons que cette méthode nous conduit encore à une symétrie ordonnée par rapport à une ligne. Elle aura d'ailleurs l'avantage de ne tenir aucun compte des causes qui viennent troubler la symétrie reconnue à l'aide de la première méthode.

Ad. de Jussieu, avons-nous dit, a eu des idées assez nettes sur la symétrie végétale et il a parfaitement reconnu qu'en faisant passer un plan par le milieu d'une fleur et parallèlement à l'axe qui la porte, on peut constater que ces deux moitiés se ressemblent. De cette façon on serait tenté de croire à une symétrie par rapport à un plan. Mais alors il faudrait admettre qu'il y a autant de plans différents qu'il y a de fleurs; et tandis que la symétrie minérale n'admettrait qu'un seul point, et la symétrie animale qu'un seul plan pour centre, les végétaux au contraire auraient pour centre symétrique tantôt un point, tantôt une ligne et tantôt un plan. Telle ne peut être notre manière de voir, et d'ailleurs, en poursuivant notre raisonnement, nous arrivons, même avec l'usage des plans, à reconnaître que la symétrie qui nous occupe n'est véritablement ordonnée que par rapport à une ligne.

En effet, les fleurs comme les feuilles sont placées sur la tige, soit en formant des verticilles, soit en décrivant une hélice. Dans les deux cas, il est aisé de reconnaître que tous les plans qui diviseraient les fleurs ou les feuilles en deux moitiés égales, s'ils étaient suffisamment prolongés vers l'axe floral, iraient se joindre tous au centre de l'axe, puisque nous les supposons parallèles à cet axe et coupant la feuille ou la fleur par son centre : donc le lieu de leur rencontre ou leurs points d'intersection constitueraient une ligne A B (*fig.* 38) par rapport à laquelle tous ces plans seraient ordonnés, et par conséquent ils seraient eux-mêmes symétriques par rapport à une ligne. Donc toutes les fleurs et toutes les feuilles sont symétriques par rapport à une ligne, et cette symétrie est le propre des végétaux.

Il est toutefois un cas où il pourrait être difficile de reconnaître par cette méthode la symétrie végétale; c'est celui où les feuilles sont alternes distiques, car alors le plan qui couperait par la moitié les feuilles qui sont d'un côté de la tige passerait aussi par le milieu des feuilles qui sont de l'autre côté, et dans ce cas il n'y aurait aucune ligne d'intersection; mais comme ces mêmes végétaux présentent fort souvent des axes dont les feuilles sont disposées suivant la disposition quinconciale ($\frac{2}{5}$), il s'ensuit que dès lors la méthode par les plans nous conduit ici encore à la symétrie par rapport à une ligne. Dans la figure 38, nous avons représenté les plans qui passeraient dans les cinq feuilles constituant le cycle de la disposition quinconciale ($\frac{2}{5}$) : les chiffres simples indiquent le côté des feuilles; les chiffres primés la continuation du plan après avoir traversé l'axe, et la ligne A B, la ligne d'intersection des cinq plans.

III. — SYMÉTRIE PAR RAPPORT A UN PLAN (*symétrie animale*).

Afin de compléter ces idées générales sur la symétrie, il nous reste à parler de la symétrie des animaux; c'est ce que nous allons faire, mais de la manière la plus brève possible.

Nous avons déjà pu reconnaître que la symétrie par rapport à une ligne était plus compliquée que celle qui a un point pour centre. Nous allons voir maintenant que la symétrie ordonnée par rapport à un plan est plus compliquée encore; car on comprend qu'il soit plus simple de coordonner les parties autour d'un point qu'autour d'une ligne, qui est formée de plusieurs points, et

à plus forte raison qu'autour d'un plan, qui se compose de la réunion de plusieurs lignes. En effet, dans un même cristal ou dans
une même figure géométrique, nous n'avons eu à opposer qu'un
petit nombre de parties homologues (2, 3 ou 4, rarement plus);
tandis que dans une plante, déjà nous avons dû opposer beaucoup
plus de parties diverses. Dans les animaux, les parties qui forment
symétrie sont très-nombreuses, et pour cette raison elles lui donnent un degré de complication bien plus élevé. Toutefois, nous
n'aurons point à nous étendre longuement sur les formes diverses
qui peuvent naître de cette symétrie, car il nous suffira de démontrer son existence pour que nous ayons les éléments nécessaires à l'accomplissement de la tâche que nous nous sommes
imposée.

Quoique l'on n'ait point fait une étude spéciale de la symétrie
des animaux, cependant on peut voir que les zoologistes reconnaissent une symétrie; car il suffit de rappeler que le célèbre de
Blainville avait établi sa grande division des *artiomorphes* ou
animaux *pairs* sur cette manière d'être de la plupart des animaux; mais, nous le répétons, cette symétrie n'avait point été
étudiée au point de vue de ses propriétés et de ses rapports avec
les symétries végétales et minérales.

Nous posons en principe que dans la symétrie par rapport à un
plan, toutes les parties homologues sont placées perpendiculairement de chaque côté de ce plan, à égales distances chacune à
chacune, exactement comme le seraient un objet et son image
que l'on verrait dans une glace. En effet, si l'on place devant
une glace, à une certaine distance, un objet quelconque, une
flèche, par exemple (*fig.* 39), on voit se peindre une seconde
flèche qui semble être derrière la glace à une distance égale à
celle qui la sépare de la première, avec cette circonstance, qui
est le propre de toute symétrie, que la partie *a*, la plus voisine
fait son image en *a'*, la plus voisine aussi ; que la partie A la plus
éloignée a pareillement son image en A', qui est aussi la plus
éloignée. Il en est de même des parties bB par rapport aux points
b' B'; de sorte que l'image représente la flèche avec une symétrie
remarquable. On peut donc dire que toutes les parties de l'objet
et celles de l'image sont disposées symétriquement de chaque côté
de la glace, par conséquent d'un plan.

Comme nous ne voulons pas nous étendre longuement ici sur l'étude de la symétrie animale, nous dirons simplement que si nous supposons un plan coupant en deux moitiés égales un animal quelconque, un chien par exemple, on peut toujours reconnaître qu'une droite prise au hasard dans les points qui circonscrivent l'animal, et perpendiculairement au plan, va traverser des parties similaires situées, chacune à chacune, à des distances égales du plan. Toute autre ligne qui ne serait pas perpendiculaire conduirait à des parties de nature très-différentes. C'est ainsi que la droite qui passerait par l'œil, l'oreille gauches, etc., pourvu qu'elle soit perpendiculaire au plan qui divise l'animal en deux moitiés égales, passerait aussi par l'œil, l'oreille droits, etc.

D'après ce que nous venons de dire, on voit que, dans cette symétrie, les parties homologues ne sont plus ordonnées par rapport à un seul point, ni même à une seule ligne ; car, ici, nous reconnaissons que diverses parties correspondent non-seulement à des points divers dont l'ensemble constitue une ligne, mais encore à des lignes diverses dont l'ensemble constitue un plan. De sorte que, si au lieu d'une flèche nous avions pu prendre la moitié gauche ou droite d'un chien et si nous l'avions appliquée sur la glace par la partie interne, il est clair qu'en supposant la glace sans épaisseur nous aurions reproduit un chien entier analogue à celui dont nous aurions pris la moitié. C'est qu'alors toutes les parties de l'image étant, ainsi que les parties homologues de l'objet, à une égale distance du plan central (de la glace), il est évident que la moitié qui manque se trouve dans l'hypothèse remplacée par l'image. C'est donc là une symétrie différente de celles que nous avons étudiées ; et ainsi que nous allons le démontrer, comme cette symétrie se retrouve dans la généralité des animaux, il nous a semblé juste de la nommer *symétrie animale*.

Afin de donner plus de force à notre raisonnement, nous rappellerons que presque tous les organes sont pairs chez tous les animaux, dans les premiers temps au moins de leur formation, et que si en apparence ils paraissent parfois impairs, cela tient à des avortements ou des défauts de développement que l'embryogénie a parfaitement constatés, et que du reste l'anatomie comparée vient jusqu'à un certain point confirmer. D'ailleurs ce fait est aujourd'hui tellement admis dans la science, que M. Serres s'en est servi pour établir une loi de dualité ou de symétrie pour les organes animaux (1).

Nous ne nous étendrons point longuement sur les organes qui paraissent impairs, comme le cœur par exemple, et qui sont véritablement des organes doubles ou peuvent réellement être ramenés à la loi de dualité. Il nous suffit, en effet, de reconnaître qu'à l'extérieur d'un animal toutes les parties sont paires, pour y constater la symétrie animale dans toute sa généralité. Il y a plus, à notre sens, c'est que si les zoologistes pouvaient être arrêtés par des observations contraires dans la théorie de la dualité des organes intérieurs, ils pourraient la soutenir avec une certaine force de logique en se fondant sur la similitude parfaite des organes ou des appareils extérieurs. En effet, comment supposer que le côté gauche, si parfaitement semblable au droit pour les formes, les grandeurs et les distances du centre de toutes les parties qui se ressemblent, est formé, dans son intérieur, de parties différentes ou de parties en plus ou de parties en moins? Il nous paraît rationnel d'admettre qu'une même cause, agissant dans le même sens physiologique et de la même manière, a dû présider à la formation des deux côtés ; et quelle que soit la partie où réside cette cause, il faut bien que cette partie ait une *qualité de dualité* ou *propriété de formation binaire* sans laquelle rien ne serait parfaitement égal de chaque côté d'elle. Mais par cela même que les parties sont doubles ou symétriques, il s'ensuit que les actions de cette cause étant les mêmes de chaque côté, les effets sont nécessairement les mêmes ; et si un muscle, un os, ou toute autre chose se forme à droite à une certaine distance, un autre muscle, os ou autre chose en tout pareil doit se former à gauche à une égale distance.

Revenant donc à la dualité des organes extérieurs, il est bien inutile de rappeler ici que le bras, la jambe, etc., se répètent du côté gauche et du côté droit ; mais nous devons insister davantage sur les parties qu'au premier abord on pourrait croire simples. Nous remarquerons, avant tout, que ces organes ou ces appareils occupent toujours la ligne médiane du corps ; tels sont : le nez, la bouche, la colonne vertébrale, etc. ; ensuite, que ces organes

(1) Cours d'anthropologie au Muséum d'histoire naturelle.

sont toujours divisibles en deux moitiés parfaitement semblables, même en admettant que l'on ne reconnaisse pas de suite la présence de ces deux moitiés symétriques.

On voit facilement que tous les *vertébrés*, les *articulés*, les *crustacés*, les *annelés*, les *mollusques* sont bien formés d'après cette symétrie qui a un plan pour centre; mais il faut un peu plus d'attention pour la découvrir dans les *Echinodermes*, en particulier chez les *Oursins* et les *Etoiles de mer*, à cause de leur conformation rayonnée et de leurs cinq ou six divisions indiquées par les bras chez les Astéries et par les côtes chez les Oursins. Mais chaque bras de l'Astérie est divisé dans sa longueur par un sillon qui indique déjà que l'animal est divisible en deux moitiés semblables; mais, de plus, il a une certaine épaisseur, les deux faces ne se ressemblent pas et il n'a qu'une seule ouverture qui remplit la double fonction de bouche et d'anus. Par conséquent, en faisant passer un plan A B (*fig.* 40) qui divise l'ouverture et le bras B en deux parties égales, on aura dans CC', DD' des parties homologues chacune à chacune. Enfin, en conduisant des droites perpendiculaires au plan médian, on reconnaîtra que ces droites rencontrent des parties évidemment semblables, d'où l'on devra conclure que cette symétrie se rapporte à un plan plutôt qu'à une seule ligne. Le même raisonnement s'applique sans réserve aux Oursins.

D'après cela, sauf quelques rares exceptions, il nous semble difficile de ne pas admettre chez les animaux une symétrie spéciale tout aussi différente de la symétrie végétale que celle-ci l'est de la symétrie minérale.

Mais de même que nous avons vu la symétrie par rapport à un point entrer dans la composition d'un très-petit nombre de végétaux réduits à une cellule simple, de même, dans les animaux, nous retrouvons pour une très-petite fraction de ces êtres la symétrie par rapport à une ligne et même par rapport à un point, comme si la nature avait pris à tâche de réunir dans les séries, aux êtres les plus complexes, ceux d'une organisation plus simple, afin d'indiquer que rien ne lui est impossible, et réaliser jusqu'à un certain point cet axiome bien connu : *Qui peut le plus peut le moins.* Il est en effet difficile de faire entrer dans la symétrie par rapport à un plan quelques animaux tels que les *Polypes*, les

Méduses, les *Sertulaires* et quelques autres, dont les formes extérieures semblent se rapporter plutôt à la symétrie qui a une ligne pour centre, et quelques Monadaires dont la forme plus ou moins arrondie ne semble plus appartenir qu'à la symétrie par rapport à un point.

Réflexions sur ces trois symétries.

Il nous est impossible de taire les réflexions qui nous ont été suggérées par l'étude de ces propriétés générales.

Pour peu que l'on recherche quelle peut être la part d'influence que peut avoir cette partie centrale : *point, ligne* ou *plan* sur la forme des corps, on est conduit à des considérations qui sont bien de nature à exercer la sagacité des naturalistes.

Et d'abord, cette partie centrale a-t-elle véritablement quelque action sur la forme des êtres? On comprend que là réponse à cette question est complétement du domaine des opinions, puisque l'esprit ne conçoit aucune manière de la résoudre par l'expérience. Cependant si l'on remarque que les cristaux si variés d'un groupe cristallin peuvent tous être ramenés à une *forme primitive commune,* peut-être sera-t-on tenté de penser qu'il existe *un point, une force centrale* qui préside à l'arrangement des molécules du corps. D'un autre côté, le développement centrifuge des végétaux et des animaux ne semble-t-il pas indiquer qu'il y a, là aussi, une force intérieure qui repousse à l'extérieur, mais dans un certain ordre, les principes qui doivent constituer les parties végétales ou animales? Pour fixer les idées, nous nommerons *actions* ou *forces périphériques* ces forces occultes qui semblent diriger cet arrangement des molécules pour les placer symétriquement de chaque côté du point, de la ligne ou du plan.

1° Dans le point, les actions périphériques n'étant en aucune façon multipliées par la présence d'autres points, il en résulte que ces actions, quoique étant partout libres et à peu près semblables, leurs produits doivent être très-limités et à peu près les mêmes dans tous les sens pour chaque individu. De là vient peut-être que les cristaux *pris isolément* sont d'une étendue fort limitée et offrent des formes plus régulières et en même temps plus simples, dans lesquels on reconnaît que l'action a eu lieu à peu près pareillement dans les *trois dimensions de l'étendue.*

2° Dans la ligne, les actions périphériques sont déjà multipliées dans un sens par la superposition des points qui constituent la ligne, tandis qu'elles restent libres et limitées dans *deux des dimensions de l'étendue.* De là vient sans doute la forme allongée de la plupart des végétaux et cette physionomie particulière qui les distingue si complétement des autres êtres organisés.

3° Enfin, dans le plan, on voit que les actions périphériques sont encore plus multipliées que dans la ligne puisque les côtés de chaque ligne sont recouverts par les lignes voisines, de façon à constituer le plan ; d'où il résulte que ces actions restent libres et limitées dans *une seule dimension de l'étendue ;* mais comme en même temps les lignes qui forment le plan peuvent de leur union acquérir des forces spéciales, il n'y aurait rien de bien étonnant quand elles détermineraient la forme qui caractérise si énergiquement les animaux.

On peut donc dire avec quelque vérité que l'action périphérique *libre* et *limitée* du point central minéral se fait sentir dans les trois dimensions de l'étendue, c'est-à-dire de six côtés à la fois ; celle de la ligne centrale végétale agit encore dans deux dimensions de l'étendue, c'est-à-dire sur quatre côtés à la fois ; qu'enfin celle d'un plan central animal est limitée à une seule des dimensions de l'étendue, c'est-à-dire à deux côtés seulement.

En cherchant à faire une application de ces vues théoriques à la science, on peut se demander s'il n'existerait point une voie par laquelle on pourrait parvenir à donner la clef de certains faits de physiologie végétale et animale.

Par exemple, nous savons parfaitement, d'après les plus récents travaux des physiologistes, que la formation des cellules animales se fait généralement par *développement binaire* et que la formation des loges de l'anthère et des grains de pollen dans les cellules polliniques, ainsi que les sporules dans les cellules mères, se fait par *développement quaternaire.* Si donc nous faisons ce rapprochement que, dans les végétaux comme dans les animaux, c'est probablement une *cellule primitive* qui doit former le nouvel être, laquelle prend ce développement quaternaire pour les végétaux, binaire pour les animaux, nous sommes tenté de reconnaître que le développement quaternaire est le propre des actions périphériques de la ligne, d'où la symétrie végétale; tandis que le développement binaire serait le propre des actions périphériques du plan, d'où la symétrie animale.

Mais pour que ces vues théoriques aient un fond de vérité commun aux trois symétries, il faut que dans le règne inorganique, dont nous avons vu le centre symétrique être un point, lequel possède une action périphérique *libre* dans les trois dimensions de l'étendue, il faut, disons-nous, qu'il y ait aussi un *développement senaire.* Eh bien, en effet, si nous jetons un coup d'œil sur les six groupes de cristaux, nous trouvons dans chacun d'eux des *cristaux simples* à six faces regardant les trois dimensions de l'étendue, et que pour cette raison nous pouvons considérer comme étant la *forme primitive* des cristaux plus ou moins modifiés qui en dérivent, et qui seraient à ces groupes de cristaux ce que la cellule organique est à l'individu auquel elle doit donner naissance.

Si nous avons été bien compris, nous voyons que la symétrie est due sans doute à une force centrale appartenant aux trois règnes naturels; et dans l'impossibilité où nous sommes de dire ce qu'est le *principe vital* et où il réside, nous pouvons toujours le supposer dans le point, la ligne, le plan par rapport auquel toutes les parties s'ordonnent.

On peut supposer aussi, comme nous l'avons déjà dit, que l'action périphérique d'un point est très-limitée, ce qui fait que le cristal est d'ordinaire de petite dimension et que toujours sa forme est régulière, puisque du *seul* point ne peut sortir que des actions périphériques de la plus grande simplicité. Voilà pourquoi les six formes principales de la cristallographie, savoir le *cube,* fig. 45, a; le *prisme droit à base carrée,* b; le *prisme droit à base rectangle,* c; le *prisme oblique à base rectangle,* d; le *prisme oblique à base de parallélogramme obliquangle,* e, et le *rhomboèdre,* f, n'atteignent jamais de grandes dimensions sans que l'on y reconnaisse aussitôt la possibilité de les décomposer en cristaux plus petits et de même nature, comme on en peut juger par la figure 45, g, qui n'est autre qu'un *octaèdre régulier,* formé lui-même d'autres petits octaèdres du même système et dont nous en avons représenté un séparément en g'.

Au contraire, de ce que deux ou plusieurs points sont superposés, il semble que cette superposition multiplie leur action périphérique; car tandis que dans deux des trois dimensions de l'étendue le végétal a *individuellement* peu de développement, nous reconnaissons que dans l'étendue suivant laquelle s'est faite la superposition des points le même individu a pris beaucoup plus de développement, ainsi que l'on peut en juger sur une *Cellulaire* (Webera nutans), fig. 43, et sur une *Vasculaire* (Nauclea gambia), fig. 44. Mais en même temps on peut remarquer que les parties qui composent chaque individu sont déjà beaucoup plus variables que chez les minéraux, et les formes qui en résultent sont pour ainsi dire infinies.

Enfin, pour la même raison, la superposition de plusieurs lignes pour faire le plan qui est le centre symétrique des animaux doit multiplier dans deux des dimensions de l'étendue les parties variables : aussi les organes animaux sont-ils infiniment plus nombreux que les organes végétaux, et si l'on suppose un plan coupant en deux parties égales le *Vertébré* (Capra Ægagrus), fig. 41, ou l'*Insecte* (Argymis Pandora), fig. 42, ou même l'animal *rayonné* figurant une Étoile de mer, fig. 40, on reconnaît aisément que l'on ne saurait, pour ainsi dire, tirer aucune ligne droite variable et perpendiculaire au plan sans rencontrer des parties variables aussi. D'un autre côté, les actions périphériques sont loin d'être aussi limitées que dans l'individu végétal et minéral, puisqu'un éléphant, par exemple, peut tout au plus être regardé comme formé de deux individualités accolées. Si les végétaux et les minéraux peuvent acquérir des dimensions quelquefois beaucoup plus considérables que les animaux, c'est qu'alors il y a une multitude d'individualités qui se sont formées ou développées les unes sur les autres, et ce n'est qu'à ce point de vue que l'on peut dire que l'accroissement des minéraux est sans limites.

CHAPITRE IV.

DE L'EXASTOSIE EN GÉNÉRAL.

Après avoir étudié d'une manière générale l'individualité et la symétrie ; après avoir fait comprendre comment avec des vies particulières dans une vie générale il est possible de donner une idée de la composition d'un végétal, il convient de parler d'un autre phénomène ou force générale sans la connaissance duquel on ne comprendrait guère comment toutes ces petites vies particulières se détachent ou tout au moins se séparent les unes des autres pour constituer les différentes formes des parties qui composent le végétal. Nous voulons parler de l'exastosie.

Quoique l'on ait l'habitude de ranger un grand nombre des phénomènes que nous allons décrire parmi les métamorphoses, cependant ils sont tous tellement liés à des phénomènes physiologiques normaux, que nous avons cru devoir les détacher des monstruosités, dont nous parlerons d'ailleurs autre part, parce qu'ils constituent réellement un état que l'on pourrait soutenir n'être pas contre nature, et surtout parce qu'il est difficile d'étudier les uns sans être obligé d'étudier aussitôt les autres.

Il y a des espèces végétales chez lesquelles l'exastosie se montre d'une façon naturelle ; d'autres où l'exastosie fait souvent défaut, et d'autres enfin où le contraire se produit, c'est-à-dire où l'exastosie est exagérée. Il y a donc lieu en conséquence de diviser ce chapitre en trois parties distinctes, savoir : 1° l'exastosie naturelle envisagée d'une manière générale ; 2° les défauts d'exastosie, où nous signalerons les cas les plus fréquents de ce phénomène ;

3° l'exastosie exagérée, où nous rappellerons certains exemples d'organes multiples là où ces organes auraient dû rester simples.

D'une manière générale, dans les végétaux où l'exastosie est la plus complète, on rencontre des états exastosiques très-variables, depuis le plus incomplet jusqu'au plus complet, et l'on pourrait dire que ces divers états sont l'état ordinaire de certaines espèces végétales, comme nous le démontrerons par la suite.

ARTICLE PREMIER. — *De l'exastosie naturelle en général.*

Nous donnons le nom d'exastosie (du grec ἔκαστος, chaque individu) à cette force ou ce phénomène particulier qui fait que des parties végétales liées entre elles dans le principe se séparent tellement qu'elles ne se touchent plus quelquefois que par un seul point, ou même se détachent tout à fait d'elles-mêmes.

En effet, si l'on examine un bourgeon naissant, on reconnaît au microscope qu'il n'est constitué que par une multitude de petites cellules parfaitement semblables et liées entre elles ; mais peu à peu certaines parties se détachent, s'individualisent pour former chacune un organe ou une individualité à part, justifiant le nom que nous avons donné à ce phénomène.

Quelquefois l'exastosie se borne à séparer l'extrémité seule des parties, mais d'autres fois elle agit beaucoup plus profondément, et les parties ne sont liées les unes avec les autres que par des points très-restreints : telles sont les feuilles et les bourgeons sur les axes ; les sépales, les pétales, les étamines, les carpelles, les graines, sur l'axe très-court qui supporte les diverses parties de la fleur.

Il faut dès à présent distinguer plusieurs espèces d'exastosie : 1° celle qui sépare les parties autour de l'axe, telles que les feuilles, les bourgeons, les sépales, les pétales, les étamines, et que nous appellerons, pour cette raison, *Exastosie centripète,* parce qu'elle tend à marcher vers le centre de l'axe ; 2° celle qui détache circulairement les parties les unes des autres. Ainsi, lorsque plusieurs feuilles naissent circulairement d'un même plan perpendiculaire à l'axe, elles sont toutes d'une même époque de formation physiologique, et forment un verticille circulaire. Si l'exastosie n'agissait pas sur cette petite ligne circulaire de tissu

cellulaire, on aurait un tout uni qui formerait comme une collerette autour de l'axe. Or, il y a une exastosie qui sépare cette
collerette en plusieurs parties, et c'est elle que nous nommerons
circulaire ou *plane* : circulaire, parce qu'elle agit sur ce cercle
de cellule; plane, parce que c'est elle qui divise le limbe des
feuilles, qui est ordinairement plan. Enfin, il y a encore l'exastosie qui sépare les parties de celles qui se forment au-lessus ou
qui se sont formées au-dessous. Nous l'appellerons *exastosie
transversale.* Pour bien faire comprendre le rôle de ces trois
sortes d'exastosies, nous supposerons l'observateur en face d'une
tige ou plutôt d'un tronc d'arbre, *fig.* 1. Il peut alors concevoir Pl. IV.
plusieurs forces, qui sépareront de 3 manières les parties de ce
tronc. L'une, celle qui coupera des parties circulaires et concentriques, allant de la circonférence au centre, d^{IV}d$'''$d$''$d$'$do : c'est
l'exastosie centripète; la seconde, celle qui tend à diviser chaque
cercle en différentes parties ab, bc, cd, etc. : c'est l'exastosie circulaire ou plane; la troisième, celle qui sépare transversalement
les parties formées, de, ef, fg, etc. : c'est l'exastosie transversale.
Si maintenant nous observons qu'en agissant ainsi les 3 exastosies portent leur action suivant les 3 dimensions de l'étendue,
longueur Dd, largeur od, profondeur Ao, on verra que les 3 exastosies, en agissant simultanément, ont précisément pour effet de
délimiter et circonscrire des petits amas de cellules ayant chacun
leur vie propre, particulière, leurs mouvements, dont la variabilité amènera nécessairement des différences dans les parties produites. Nous verrons plus tard que c'est précisément la réunion
de ces 3 forces exastosiques, prises strictement à leur naissance,
qui conduit logiquement à la nécessité de reconnaître des centres
vitaux, et ce sont ces centres vitaux que nous nommerons phytogènes.

Comme ces trois exastosies agissent ensemble, nous n'aurons
pas à les étudier chacune en particulier dans leurs effets normaux,
mais bien d'une manière générale. Au contraire, nous aurons
soin d'étudier leurs effets dans les anomalies qu'elles pourront
faire naître, soit par leur défaut, soit par leur excès.

1° Le premier effet de l'exastosie sur la petite masse de tissu
cellulaire, dont la constitution nous sera mieux connue plus tard
sous le nom de phytogène, est toujours, sauf de certaines excep-

1.

tions que nous ferons connaître, de se diviser en 2 ou 3 parties latérales et circulaires, du milieu desquelles s'élève un tubercule cellulaire, autre phytogène qui se divisera pareillement en 2 ou 3 parties, pour continuer ainsi ce mode d'évolution.

Le plus ordinairement, les premières parties qui se séparent ainsi sont plus ou moins planes et affectent des figures peu variées, d'écailles d'abord, puis de feuilles simples. Dans la presque totalité des cas, plus ou moins longtemps après la production de ces organes plans, et à leur aisselle, on voit poindre une autre petite masse de tissu cellulaire, l'origine d'un bourgeon, qui se comportera de la même façon que celle qui l'a produite. Or, pour que ces parties se soient ainsi détachées du reste central de la masse, il faut qu'il y ait une cause, et c'est à cette cause ou force que nous appliquons la dénomination d'*exastosie centripète*.

2° Si maintenant nous examinons organogéniquement ces productions planes que nous nommons écailles, feuilles, bractées, sépales, pétales, etc., nous reconnaissons qu'après s'être détachées de la masse en vertu de l'exastosie centripète, elles se présentent sous la forme d'un organe parfaitement simple, qui, en grandissant, peut conserver l'état de simplicité, mais amplifié, que nous observons : c'est à cet état que nous donnons le nom d'écaille, feuille, etc., *simple* (1). Mais le plus souvent l'organe appendiculaire ne conserve pas cette forme simple, et on le voit se partager à son tour dans le sens de sa largeur et former des divisions plus ou moins profondes, qui elles-mêmes peuvent donner lieu à d'autres divisions de plus en plus petites et atteindre ainsi parfois un 7ᵉ ou un 8ᵉ ordre de division. C'est à cette cause de division des organes plans que nous avons donné le nom d'*exastosie circulaire* ou *plane*.

3° Enfin, on peut remarquer que ces parties, qu'a formées l'exastosie centripète en les détachant de la masse centrale du tissu cellulaire, et qu'a divisées latéralement l'exastosie circulaire ou plane, sont séparées les unes des autres par un tube cylindri-

(1) On a coutume de leur donner aussi le nom d'*entière*; mais on comprend qu'une feuille composée puisse être entière aussi bien qu'une feuille simple, et que le mot *entier* n'est pas comme le mot *simple* l'opposé de *composé*. Conséquemment, nous prévenons que nous n'emploierons ici que le mot *simple* pour désigner un organe axile ou appendiculaire sans aucune division bien marquée.

que d'ordinaire, ou quelquefois prismatique, auquel on a donné le nom de *mérithalle* ou *entre-nœud*, parce qu'il est en effet placé entre les points d'où émergent les organes appendiculaires, et qui sont d'ordinaire le siége d'un renflement que l'on a nommé *nœud vital*. Si nous portons notre attention sur ces nœuds vitaux, nous ne tardons pas à reconnaître que, bien souvent, selon les espèces de plantes où on les observe, ils sont le siége d'une *articulation* qui permet de détacher les mérithalles les uns des autres, comme s'ils n'avaient été que collés ensemble. Chez quelques végétaux, ces mérithalles se détachent d'eux-mêmes et tombent à la fin de chaque année, comme on peut le voir dans certains *Begonia* (*Evansiana*) et dans les extrémités des tiges de Vigne à l'approche de l'hiver.

Pareillement, vers la fin de la saison, presque toutes les feuilles, les folioles mêmes des feuilles dites composées, se désarticulent de l'axe qui les porte et tombent d'elles-mêmes. Les pédoncules mêmes ne sont pas exempts de cette désarticulation spontanée quand les fleurs qu'ils portent ont rempli leurs fonctions (*Asparagus officinalis, Æsculus hippocastanum,* etc.). Enfin, c'est grâce à de semblables désarticulations spontanées que les carpelles et certains bourgeons (bulbilles) tombent, que certains carpelles (lomentacés) se séparent par articles, et que les graines se sèment d'elles-mêmes.

En présence de ces faits irrécusables, il est donc bien établi que la masse unique de tissu cellulaire n'a pas seulement subi des séparations verticales et latérales, mais encore elle a subi une séparation transversale, et c'est à cette séparation transversale que nous avons donné le nom d'*exastosie transversale.*

Ces distinctions bien posées, revenons au développement de notre petite masse de tissu cellulaire et voyons toutes les particularités qu'elle peut présenter.

Le plus souvent, les mérithalles se succèdent sans phénomènes extraordinaires, produisant autour d'eux des feuilles et des bourgeons, puis des fleurs. Dans ce cas, si l'on vient à couper transversalement l'axe ou tige, on y trouve un canal médullaire généralement arrondi.

Il peut arriver que la petite masse de tissu cellulaire, que désormais nous nommerons bourgeon ; il peut arriver, disons-nous, que ce bourgeon, avant de produire les 2 ou 3 parties latérales et circulaires qui constituent les écailles ou les feuilles, se divise en 2 parties, en subissant l'action de l'exastosie centripète, et qu'alors, au lieu de former un seul axe, elle en forme deux qui marcheront parallèlement dans leur évolution. Dans ce cas, il se présentera 3 modifications de ce phénomène, qui a reçu le nom de *dédoublement*.

A. Si l'exastosie centripète est complète, les deux axes qui en résulteront seront complétement distincts; mais la séparation pourra varier beaucoup depuis l'origine de la formation des deux axes jusqu'au moment où cette séparation sera complète. Alors chaque axe donnera lieu à 2 ou 3 organes appendiculaires semblables à ceux qu'aurait donné l'axe qui serait resté simple, chacun d'eux offrant dans sa coupe transversale un canal médullaire *arrondi*.

B. Il peut arriver que l'exastosie centripète se prononce beaucoup moins et qu'elle se traduise à l'extérieur par un aplatissement de l'axe et par une rainure longitudinale plus ou moins profonde sur l'une ou sur les deux faces de l'axe. Dans ce cas, si l'on coupe transversalement une semblable tige, on peut remarquer qu'il s'est formé deux canaux médullaires dont l'ensemble forme un 8 *de chiffre* (Moq.-Tand.), canaux d'autant plus distincts que les rainures étaient plus prononcées. Ce phénomène assez fréqent a généralement été désigné sous le nom de *soudures*, parce que l'on a supposé que les deux axes, originairement séparés, se sont greffés ensemble par une cause quelconque. Mais on peut reconnaître qu'il n'est que le résultat d'un état *exastosique* intermédiaire entre le précédent et celui que nous allons décrire. Toutefois, ce phénomène présente deux modifications qu'il est bon d'observer, savoir : 1° celui où l'exastosie s'est prononcée sur le bourgeon terminal, sans cependant arriver au point de produire un dédoublement complet; dans ce cas, il se forme à l'aisselle de la feuille un troisième bourgeon libre, qui formera une branche secondaire. Nous pourrions nommer ce phénomène tout simplement *dédoublement incomplet ;* 2° celui où l'exastosie centripète ne se serait pas prononcée sur le bourgeon terminal et le bourgeon axillaire : dans cette hypothèse, on a un phénomène qui ressemble beaucoup au précédent ; mais l'absence d'un troisième bourgeon libre à l'aisselle de la feuille le fait aisément distinguer du premier. C'est particulièrement à ce phénomène que l'on a appliqué le mot *soudure*.

C. Enfin, il se peut encore que l'exastosie centripète soit encore moins prononcée que dans les exemples précédents et ne se traduise que par l'aplatissement de l'axe et par un bourgeon déprimé lui-même comme l'axe et dans le même sens ; quelquefois les deux bourgeons sont distincts, quoique unis ensemble. Si l'on coupe transversalement une semblable tige, on ne trouve plus deux canaux médullaires, parce que l'exastosie ne s'est pas assez prononcée pour permettre aux côtés internes des deux axes de se développer ; mais le seul canal qui existe offre une *forme elliptique*. Cet état particulier est un commencement de la monstruosité que les physiologistes appellent *fascie* ou *tige fasciée*.

Lorsque l'exastosie qui produit la fascie se prononce, il est rare qu'elle s'arrête à la production de deux axes, et souvent la force exastosique, bien diminuée sans doute, puisqu'elle ne détermine aucune séparation, s'étend latéralement, de manière à produire 3, 4, 5, et jusqu'à un très-grand nombre d'axes unis. aussi intimement que dans le cas précédent ; c'est-à-dire que l'exastosie en profondeur s'est infiniment peu prononcée, et dans ce cas on n'a toujours qu'un seul canal médullaire, formant alors une *ellipse très-allongée*. Il semble que la force exastosique latérale se soit formée aux dépens de la force exastosique antéro-postérieure, c'est-à-dire celle qui aurait dû séparer toutes ces tiges liées intimement entre elles.

Pour bien comprendre cette idée, il faut observer que ce phénomène ou cette force, si l'on veut, comme toutes les autres forces, est susceptible d'un *maximum* et d'un *minimum* d'intensité ; que ce maximum se traduit par des parties complétement séparées et qui se détachent de l'être qui leur a donné naissance sans aucune déchirure ; que le minimum d'intensité, au contraire, n'est indiqué que par la plus légère tendance qu'a un organe à se diviser ; mais la moindre de ces tendances est déjà un commencement de séparation, d'individualisation, d'exastosie par conséquent. Or, dans l'exemple que nous avons signalé dans la formation des fascies, l'exastosie latérale, celle qui tend à multiplier les organes, appartient à cette série croissante d'exastosies variables qui montent vers le maximum d'intensité ; tandis que l'exastosie en profondeur, celle qui tend à séparer les individualités formées, appartient aux derniers degrés de la série décroissante d'exastosies variables qui descendent vers le minimum d'intensité.

Il peut arriver que les exastosies qui font la feuille ou le bourgeon ne se produisent pas, et qu'alors, à la place où l'on aurait dû en trouver une, on ne trouve absolument rien, ce qui constitue un des cas nombreux du phénomème tératologique désigné sous le nom d'*avortement*, parce qu'en effet il semblait juste d'admettre que les éléments qui auraient dû se développer en feuilles n'ont pris aucun mouvement d'évolution. Ce phénomène, plus fréquent qu'on ne pense pour les feuilles, et que jusqu'à ce jour on n'a pas étudié à un certain point de vue, a été signalé dans les feuilles verticillées, ou même sans preuve dans le cycle hélicoïdal des feuilles, ne possédant plus le nombre indiqué par la notation qui représente le cycle. Par exemple, le *Paris quadrifolia* (Parisette) porte une rosette tétraphylle d'ordinaire ; mais comme parfois elle perd une de ses feuilles, elle se trouve réduite à 3, par avortement, suivant les idées reçues aujourd'hui. Pareillement, le cycle quinconcial de tout autre végétal peut perdre 1, 2 ou 3 feuilles et être réduit à 4, 3 ou 2 éléments. On admet alors qu'il y a avortement d'autant de feuilles qu'il en manque.

Il est fort difficile de dire qu'il y a eu ou non avortement de l'une des feuilles de la Parisette, car il se peut qu'il ne se soit formé circulairement que trois centres vitaux destinés à faire les feuilles, et que l'exastosie n'ait pu s'exercer que sur 3 éléments au lieu de 4, et dans ce cas il n'y a réellement pas d'avortement ; mais s'il était au contraire prouvé qu'il y eût eu circulairement 4 centres vitaux, et que l'un d'eux fût resté en route pendant le développement des 3 autres, on pourrait affirmer que le phénomène est dû à un avortement ; hors ce cas, on annonce une chose qui peut ne pas avoir lieu.

De même, pour dire qu'un élément manque dans un cycle, il ne suffit pas d'en compter le nombre et de constater la disparition d'un ou de plusieurs d'entre eux. La disposition quinconciale $\frac{2}{5}$ peut parfaitement passer à la disposition $\frac{1}{3}$, $\frac{1}{2}$ ou $\frac{1}{4}$ (insolite), sans que l'on puisse affirmer qu'il y a eu avortement, pas plus que l'on ne peut dire qu'il y a eu dédoublement parce que l'on pourra la voir se transformer en disposition $\frac{3}{8}$. Tout dépend du nombre de centres vitaux primitivement formés, et que l'exastosie a détachés de l'axe.

Pour être bien sûr qu'il y a eu avortement, il faut reconnaître qu'un élément manque à la place qu'il aurait dû occuper, ce qui peut se faire en trouvant un intervalle plus grand entre les éléments verticillaires ou un tubercule plus ou moins développé à la place de l'élément manquant; car alors on est bien sûr que l'élément a eu un commencement d'existence et que quelque cause a empêché son évolution. Il en serait de même si l'on reconnaissait dans un cycle un tubercule à la place de la feuille ou un angle de divergence double ou du moins bien plus grand que ceux que comporte la notation qui exprime le cycle. Par exemple, si dans le cycle quinconcial d'une branche de Cerisier nous trouvions que la 5ᵉ feuille, au lieu de la 6ᵉ, vînt se placer sur la 1ʳᵉ, il y aurait lieu d'examiner chaque angle de divergence en particulier, et s'il était constaté que l'un des angles formés par deux feuilles consécutives fût le double ou presque le double de l'angle formé par deux autres feuilles consécutives, il y aurait lieu de supposer que l'avortement d'une feuille s'est réellement effectué. Enfin, signalons encore le cas où la disposition quinconciale, qui n'est, comme nous avons cherché à le démontrer, que l'association de deux verticilles, l'un de 2 feuilles, l'autre de 3, avec déplacement de tous les éléments, reviendrait au verticillisme par 2; ce qui ferait, par le déplacement, la disposition insolite $\frac{1}{4}$, absolument comme il se pourrait que les deux verticilles fussent par 3, ce qui conduirait, par le déplacement des parties, à cette autre disposition insolite $\frac{2}{6}$, qui se rencontre quelquefois. Dans le premier cas, il pourrait ne s'être formé que 4 centres vitaux pour un cycle, et alors il n'y aurait pas d'avortement; de même que, dans le second cas, il pourrait s'être formé dès le principe 6 centres vitaux, et l'on ne pourrait, par conséquent, regarder l'élément supplémentaire comme résultant d'un dédoublement.

Toutefois, nous devons reconnaître que l'avortement pourrait réellement exister, et les feuilles prendre une disposition représentée par $\frac{1}{4}$, c'est-à-dire à angles de divergence égaux; c'est ce qui arriverait si l'un des 6 centres vitaux foliaires venait à avorter dès le principe de l'évolution, car alors les autres éléments se partageraient les distances d'une manière à peu de chose près égale : mais dans ce cas il faut convenir que l'avortement est difficile à constater.

Il est plus facile de reconnaître, nous ne dirons pas l'avortement, mais le *défaut d'exastosie* dans les feuilles distiques alternes ($\frac{1}{2}$), parce qu'ici on peut bien constater qu'il manque ou non une feuille d'un côté ou de l'autre. Par exemple, la Vigne (*Vitis vinifera*) a des feuilles alternes distiques ; mais il arrive quelquefois, comme nous l'avons plusieurs fois constaté, que deux feuilles consécutives se trouvent placées l'une au-dessus de l'autre : l'une des deux feuilles alternant avec les deux feuilles précitées manquait donc réellement. En effet, on pouvait observer qu'à la place de cette feuille il n'y avait absolument qu'une gibbosité circulaire, un vrai nœud, malgré l'absence de la vrille et de la feuille, nœud qui dénotait bien un commencement de production appendiculaire qui s'est borné au renflement de la tige en cet endroit.

Le plus bel exemple de ce défaut d'exastosie des éléments foliaires nous a été fourni par la Capucine (*Tropœolum majus*). Nous y voyons, en effet, trois boutons floraux et un bourgeon ordinaire bien formés qui naissent de la tige sans être accompagnés comme les autres de la feuille à l'aisselle de laquelle ils se forment habituellement. Mais, à la place de ces feuilles, on peut observer un tubercule peu volumineux qui indique d'une manière évidente l'atrophie de cet organe.

L'exastosie, ou plutôt les trois espèces d'exastosies, agissant ensemble, ne se bornent pas à produire les organes appendiculaires (écailles, cotylédons, feuilles, bractées, sépales, pétales, etc.). On remarque que presque toujours, à l'aisselle des feuilles, une petite masse de tissu cellulaire se détache de l'axe ou tige principale, constituant d'abord un phytogène, qui plus tard devient un œil, plus tard encore un bourgeon, et enfin un axe ou une tige analogue à celle qui lui a donné naissance, et qui se comporte absolument comme elle, en formant circulairement des organes appendiculaires à l'aisselle desquels il se formera un nouveau bourgeon, et ainsi de suite.

Nous venons de nommer exastosie centripète ce phénomène

qui sépare les organes axiles et appendiculaires que l'on trouve
d'ordinaire autour des axes primaires, secondaires, etc., pour la
distinguer de l'*exastosie circulaire* ou *plane* qui fait les feuilles
composées ou même qui sépare les éléments d'un même verticille, dans lesquelles, en effet, les différents éléments de la feuille
se séparent toujours suivant un plan. Nous avons étudié spécialement les effets de l'exastosie circulaire appliquée aux feuilles,
et nous avons pu en tirer un principe général et des lois qui ré-
gissent la composition des feuilles. Comme nous y reviendrons
plus loin, il est inutile de les faire connaître ici. Nous signalerons
seulement dès à présent quelques-uns des effets importants qui
peuvent résulter de l'inconstance et de l'irrégularité de l'exastosie
circulaire.

Puisque l'exastosie est cette force ou cause qui détermine la
séparation des parties végétales, on peut dire qu'elle est soumise
en général à la loi de symétrie végétale telle que nous l'avons
établie autre part. Il résulte de ce fait important que lorsque,
d'un côté d'un axe ou d'une nervure, il se produit un phénomène
d'exastosie, il faut de toute nécessité que le même phénomène se
prononce de l'autre côté. Par exemple, si, d'un côté de l'axe,
l'exastosie produit une feuille, la loi de symétrie veut que, du
côté opposé, l'exastosie en produise une autre, et cette vérité se
trouve justifiée dans toutes les plantes à feuilles opposées, à moins
que quelques déplacements ne viennent dissimuler la symétrie,
comme c'est, en général, le cas des feuilles dites alternes. De
même aussi, lorsque l'exastosie produit un lobe ou une foliole d'un
côté de la nervure d'une feuille, la loi de symétrie veut que le
côté opposé porte un lobe ou une foliole, et cette loi se trouve
pleinement justifiée par les exemples nombreux de feuilles trilobées, quintilobées, trifoliolées ou plus ou moins composées. Mais
hâtons-nous de dire qu'il y a de nombreuses exceptions à cette
règle, qui n'en est pas moins, malgré cela, d'une très-grande généralité. Voici quelques-unes de ces exceptions :

1° On peut dire que les feuilles sont aussi souvent alternes
qu'opposées ; mais comme les deux feuilles cotylédonaires et,
dans le plus grand nombre de cas, les feuilles primordiales sont
opposées, nous pensons qu'elles ne deviennent alternes que par
déplacement ; d'où il résulte que la symétrie est dissimulée,

comme nous l'avons dit dans notre chapitre précédent. Ici, l'exastosie n'est pas en défaut, il y a seulement déplacement.

2° Lorsque les feuilles sont opposées, nous avons démontré que le bourgeon axillaire de l'une des deux feuilles opposées, dans un certain nombre de cas, ne se développait pas ou ne se développait que plus tard (*Gypsophylla altissima ; Vaccaria parviflora*, etc.). Dans quelques cas, il est supposable que l'exastosie est en défaut ; mais dans d'autres, l'exastosie s'est prononcée, et le bourgeon, qui prend plus tard son essor, prouve qu'il y avait seulement *arrêt provisoire* dans son évolution (*Silene rubella, bipartita, repens ; Lychnis dioica*, etc.). Enfin, dans quelques cas, l'exastosie des bourgeons se montre d'une manière tellement insolite, que si l'on suppose l'axe partagé, d'une certaine façon, en deux moitiés longitudinales, il peut y avoir une de ces moitiés qui porte tous les bourgeons en voie d'évolution, tandis que l'autre ne manifeste aucune tendance à l'évolution des bourgeons (*Serissa fœtida, Petunia, Cuphea, Mirabilis*, etc.). Ici, la symétrie est bien certainement encore dissimulée par un défaut d'exastosie.

3° Nous avons dit précédemment que les feuilles étaient généralement symétriques par rapport à une ligne, c'est-à-dire à la nervure médiane. Il est toutefois fréquent de rencontrer des feuilles qui ont une forme d'un côté bien différente de celle de l'autre. Ainsi l'on voit des feuilles simples d'un côté et lobées ou même composées du côté opposé (*Morus, Broussonnetia, Humulus lupulus, Gleditschia*, etc). Il est bien évident que la force exastosique qui a fait les lobes ou la composition d'un côté manquait totalement de l'autre, et par conséquent ainsi dissimulait la symétrie. D'un autre côté, nous avons fait voir que des feuilles d'ordinaire offraient d'une manière anomale des lobes quelquefois assez prononcés pour en faire des feuilles au moins trilobées (*Malus, Cerasus, Amygdalus, Euphorbia, Tilia*, etc.). On voit donc que le peu de tendance à l'exastosie des feuilles précitées, qui en faisait des feuilles simples, se révélait, dans quelques cas, par l'apparition d'un ou de plusieurs lobes.

Il y a des plantes chez lesquelles l'exastosie est, on pourrait dire exagérée, tandis que chez d'autres elle est plutôt en défaut. Il en est chez lesquelles l'exastosie se fait principalement sentir sur tous les bourgeons, ce qui en fait des végétaux très-rameux, alors que chez d'autres cette exastosie n'existe pour ainsi dire pas, comme on en a la preuve dans les Palmiers, qui n'ont absolument qu'un seul bourgeon terminal ; mais, en compensation, leur régime ou inflorescence semble alors se dédommager du défaut d'exastosie dans les bourgeons foliaux, en donnant à profusion des bourgeons floraux. Enfin, il y a certaines espèces chez lesquelles l'exastosie semble se porter exagérément sur les organes appendiculaires, surtout à mesure que la plante ou l'axe avance en âge. Ainsi les feuilles du *Ferula tingitana*, du *Ligusticum pyrenæum* arrivent à la 7 ou 8e puissance de composition, ce qui peut porter le nombre des éléments plus ou moins séparés au chiffre considérable de près de six à sept mille ; mais ici l'exastosie plane est généralement incomplète. Au contraire, l'*Acacia dealbata* porte une feuille qui peut donner jusqu'à 5,000 foliolules articulées, ce qui indique toujours un maximum d'exastosie. A côté de cela, il y a des feuilles qui offrent la plus grande résistance à l'exastosie plane, tandis que les pétales semblent au contraire offrir une grande tendance à cette exastosie ; telles sont certaines Caryophyllées, les *Dianthus*, par exemple, chez lesquels, jusqu'à ce jour, il nous a été impossible de constater la moindre tendance à l'exastosie circulaire ou plane des feuilles.

Il est une remarque indispensable à faire relativement à l'intensité de l'exastosie circulaire. Elle consiste dans ce fait que certaines parties parfaitement distinctes et séparées le sont beaucoup moins que d'autres qui le paraissent tout autant. Ainsi, si nous observons une feuille de Jasmin, nous la trouvons formée de 5, 7 ou 9 folioles distinctes ; mais de ce que les folioles, surtout les supérieures, ne sont pas franchement articulées comme le sont celles des feuilles du Rosier, nous en concluons que dans le Rosier l'exastosie est poussée plus loin que dans le Jasmin. De même, de ce que les folioles des feuilles du Rosier portent de très-courts pétiolules et ne sont pas si bien articulés sur le rachis que celles du *Robinia pseudo-acacia*, qui sont assez longuement pétiolulées et munies d'un bourrelet à leur base, nous tirons cette conséquence que dans ces dernières l'exastosie est plus parfaite que chez le Rosier et, à plus forte raison, que chez le Jasmin.

Eh bien! il est une foule de plantes dont l'exastosie dans les feuilles composées est bien loin d'atteindre l'intensité que l'on trouve déjà amoindrie dans le Jasmin. Ainsi, les feuilles composées des Ombellifères sont dans ce cas, et cette vérité est démontrée par la forte adhérence qui existe entre tous les systèmes composés de la feuille entière et la nervure médiane ou Rachis *(Angelica archangelica)*. Enfin, l'exastosie est encore moindre dans les feuilles qui approchent de la composition, mais dont toutes les folioles sont plus ou moins décurrentes sur le Rachis *(Heracleum sphondilium)*.

L'exastosie centripète présente aussi dans ses divers degrés d'intensité des phénomènes analogues à ceux que nous venons d'étudier. Ainsi, lorsque nous voyons une feuille longuement pétiolée et surtout munie d'un bourrelet à sa base, il est impossible de ne pas reconnaître une intensité plus grande de l'exastosie centripète que lorsque la feuille est sessile, et celle-ci est déjà dans un état d'exastosie plus intense que la feuille qui présente des décurrences latérales sur l'axe qui la porte, comme cela a lieu par exemple pour le *Symphytum officinale*. Or, ces divers degrés d'intensité qui n'ont presque aucune valeur dans la classification quand ils s'adressent aux feuilles, en acquièrent au contraire une assez importante lorsqu'elle porte sur les parties florales. Ainsi, quand l'exastosie centripète est aussi complète que possible, on a toujours un ovaire supère (Renonculacées, Papavéracées). Au contraire, lorsque l'exastosie est aussi peu prononcée que possible, on a toujours un ovaire infère (Ombellifères, Araliacées). C'est qu'en effet, dans ce dernier cas, tous les verticilles floraux sont restés unis entre eux, de façon à ne se trouver séparés que par leur partie supérieure, tandis que dans les fleurs à ovaire supère l'exastosie a séparé jusqu'à leur base tous les verticilles floraux. En prenant pour type ce dernier état, on voit qu'il y a défaut d'exastosie dans les fleurs à ovaires infères, ou réciproquement, en regardant comme type ces dernières fleurs, on aurait un excès d'exastosie dans les fleurs à ovaires supères. Entre ces deux extrêmes se trouvent des états intermédiaires fort variables (Rosacées, Légumineuses, etc.), qui n'ont pas empêché l'illustre auteur de la méthode naturelle de s'en servir comme moyen de classification. D'où les trois modes de division généralement adoptés : *hypogynes, périgynes, épigynes,* expressions se rapportant à l'exsertion des étamines relativement aux pistils.

Pareillement, il y a dans l'exastosie des intensités fort diverses, qui détachent les axes les uns des autres. Ainsi, les articulations qui existent à la base des axes des *Phyllanthus* accusent une exastosie plus prononcée que celle qui existe à la base des tiges des *Robinia* dont nous avons parlé, et chez certains individus l'exastosie transversale des tiges va jusqu'à former des articulations à chacun des entre-nœuds dont l'axe se compose. Les *Begonia,* les *Vitis,* les Caryophyllées, etc., sont tellement dans ce cas que chaque nœud est le siége d'une facile séparation, et même, chez quelques *Begonia,* les *Vitis,* etc., les mérithalles se séparent d'eux-mêmes à la fin de la saison. Chez les *Vitis,* il n'y a que les derniers mérithalles qui présentent ce phénomène. Mais c'est surtout l'*Ephedra fragilis* qui le présente à un degré remarquable, car ses articulations se séparent et tombent à mesure qu'elles sèchent.

Nous avons établi d'une manière générale (voir le chapitre *Feuilles*) que les organes appendiculaires commençaient par être simples, et que ce n'était que peu à peu que leur composition s'élevait et qu'elle atteignait un maximum de composition après lequel les feuilles redevenaient de plus en plus simples, jusqu'à ce qu'elles fussent réduites à leur simplicité absolue dans les bractées, les sépales, les pétales, etc. Cette règle, quoique de la plus grande généralité, souffre cependant quelques exceptions. En effet, il y a quelques plantes chez lesquelles l'exastosie plane est plus grande dans les feuilles inférieures que dans les supérieures. Par exemple, les cotylédons du *Tilia Europœa* sont profondément quintilobés, tandis que les feuilles sont d'ordinaire de la plus grande simplicité. Les feuilles du *Cochlearia armoracia* sont presque toujours pinnatifides, ou même presque pinnatiséquées; mais plus tard elles se simplifient de plus en plus, jusqu'à devenir parfaitement simples. La cause efficiente de cette différence dans l'exastosie nous est complétement inconnue.

D'après tout ce que nous venons de dire, on pourrait peut-être confondre avec l'exastosie les phénomènes bien distincts, selon nous, que nous avons décrits dans les trois précédents chapitres. Comme il importe que nous soyons parfaitement compris et que l'on ne nous accuse d'aucun esprit de confusion, nous résumerons ainsi la distinction à faire entre les idées exprimées dans les quatre premiers chapitres qui traitent des questions générales indispensables à l'étude des faits que nous exposerons ultérieurement.

1° *La vie* donne le mouvement.

2° *L'exastosie* circonscrit d'abord, puis divise les mouvements particuliers pour en faire autant de vies particulières.

3° *La symétrie* ordonne les parties qui se forment.

4° *L'individualité* ou *l'individualisation* n'est que l'expression d'un fait déterminé par l'exastosie.

On comprend donc maintenant la raison d'existence de cette force, que nous avons nommée exastosie, et dont nous devrions maintenant chercher à analyser mécaniquement la cause; mais pour se faire une idée exacte du mécanisme de cette exastosie latérale, il faut de toute nécessité connaître la manière dont se distribue les vies particulières dans la vie déjà générale, relativement, du bourgeon naissant; il faut connaître la composition probable du phytogène, et surtout il faut que nous ayons démontré, à notre point de vue, comment on doit considérer organogéniquement et physiologiquement tous les organes appendiculaires. Nous renvoyons donc cette étude à l'un des chapitres suivants, car alors nous aurons toutes les données nécessaires à l'intelligence de la cause mécanique de l'exastosie. Nous allons maintenant passer en revue quelques-unes des anomalies qui résultent, soit de son défaut, soit de ses excès, appliqués à tous les organes végétaux. Nous parlerons plus particulièrement de celles que nous avons observées ou de celles qui pourront offrir quelque intérêt au point de vue de la théorie générale que nous donnerons plus tard.

SECTION Iʳᵉ. — DES DÉFAUTS D'EXASTOSIE.

Lorsque, par des causes encore inconnues ou inexpliquées, des organes habituellement séparés se trouvent accidentellement unis en laissant voir la trace de cette union, on a généralement coutume de dire que les organes sont *soudés*, ou qu'il y a *soudure*. Nous avons fait voir qu'en réalité il n'y a aucune soudure, puisque les éléments qui devaient former ces organes étaient dès le principe parfaitement liés entre eux. Il est beaucoup plus rationnel de dire qu'il y a défaut d'exastosie, c'est-à-dire défaut de séparation, comme le dit le savant auteur des *Éléments de tératologie végétale,* qui lui-même insiste sur cette distinction, quoique continuant à se servir du mot *soudure* (1).

Ces défauts d'exastosie sont en général très-fréquents chez les végétaux, certainement en raison de la multiplicité des organes, et peut-être, selon M. Moquin-Tandon, du défaut de locomobilité qui caractérise le règne végétal.

Les défauts d'exastosie peuvent, ainsi que nous l'avons déjà dit, être complets ou incomplets. Ils sont complets lorsque les organes restent unis dans toute leur longueur, comme cela a lieu pour les *fascies,* les *rameaux fasciés* et les *feuilles simples.*

Ils sont incomplets lorsque la séparation des éléments s'étend plus ou moins loin, sans atteindre jusqu'à l'origine de leur formation, comme cela a lieu pour les feuilles plus ou moins lobées ou divisées.

Les défauts d'exastosie peuvent affecter des parties de *formation* sensiblement *d'une même époque physiologique,* comme le sont les parties d'un même verticille ou des parties qui ne sont pas d'une même époque physiologique, comme le sont les divers verticilles les uns par rapport aux autres. Nous avons donc à examiner d'une manière spéciale chacun de ces états : l'un s'appliquant plutôt aux défauts d'exastosie circulaire ou plane ; l'autre aux défauts d'exastosie centripète et même aux défauts d'exastosie transversale.

§ 1. — *Des défauts d'exastosie circulaire ou plane.*

AXES. Nous regardons comme appartenant à cette section la monstruosité représentée fig. 2. C'est une fleur de Prunier, composée de 7 pétales, 5 carpelles et 5 styles ; 2 des carpelles restent unis dans toute leur longueur, mais les 2 styles sont libres. De plus, on reconnaît sur la rangée circulaire des carpelles un espace vide pour la place d'un autre carpelle. La raison qui nous fait placer ici cet exemple, c'est qu'il est le résultat de l'u-

(1) *Élém. tératol. vég.,* p. 240 et 241.

nion intime de 3 axes, de 3 pédoncules floraux fondus en un seul, ainsi que les 3 fleurs, presque dans toutes leurs parties, chaque fleur ayant 2 carpelles qui, ici, se seraient développés à l'exception d'un seul. La plupart des boutons floraux des Pruniers sont en effet à 2 et 3 fleurs. Il y a eu défaut d'exastosie entre les 3 boutons, qui, fleurissant toujours ensemble, nous paraissent avoir une même époque physiologique de formation, et par conséquent constituer un verticille de 3 fleurs, autour d'un axe moyen qui aurait avorté (1).

Feuilles. L'exastosie plane étant celle qui fait la séparation des éléments d'une feuille simple pour en faire une feuille composée, son défaut doit tout aussi bien être le sujet de notre examen que l'exastosie centripète, qui détache la feuille de l'axe. Ainsi, lorsque des feuilles, des folioles, des foliolules, composées d'ordinaire, arrivent à être simples, c'est évidemment par défaut d'exastosie. Pareillement, quand des feuilles plus ou moins lobées arrivent à ne présenter aucun lobe, aucune division, c'est aussi par défaut d'exastosie.

Le *Fragaria vesca monophylla* paraît être l'espèce ordinaire chez laquelle le défaut d'exastosie aurait laissé à l'état simple et complétement unies en une seule feuille les 3 folioles que nous sommes habitués à lui voir, et l'on trouve fréquemment les premières feuilles 3 foliolées des *Phaseolus* simplifiées au point de répéter les deux feuilles primordiales; les feuilles du *Ptelea trifoliata* nous ont aussi offert un semblable défaut d'exastosie.

Les plus beaux exemples à consulter pour constater des défauts d'exastosie plane se trouvent sans contredit dans les *Gleditschia* et dans le Framboisier *(Rubus idæus)*. Il est, en effet, facile de rencontrer, pour peu que l'on cherche, des feuilles bicomposées de *Gleditschia* où l'on trouve des foliolules réunies en demi-folioles opposées à des foliolules libres et des folioles qui restent elles-même unies en portions de feuilles opposées à des folioles libres ou mêmes transformées en foliolules. Il y a alors exastosie d'un côté et défaut d'exastosie de l'autre.

(1) Rigoureusement, ce fait devrait appartenir aux phénomènes d'exastosie centripète aussi bien que le développement des bourgeons autour d'un axe central qui continue à se développer; mais l'avortement de cet axe central nous paraît constituer un cas particulier qui fait ressembler le phénomène à ceux que nous étudions dans cette section.

Dans le Framboisier, il est aussi facile de trouver des feuilles qui présentent des défauts d'exastosie que d'en rencontrer qui soient parfaitement normales, et entre la feuille simple, lobée d'un côté ou des deux côtés, jusqu'à la feuille composée de 5 ou 7 folioles, on rencontre tous les intermédiaires possibles, toutes les modifications que peut laisser supposer le défaut d'exastosie.

Ce que nous venons de dire et les exemples cités un peu plus haut suffisent pour faire comprendre les effets que peut produire le défaut d'exastosie plane sur la forme générale des feuilles.

Ce défaut d'exastosie des éléments foliaires est soumis à deux lois d'une simplicité et d'une généralité faciles à observer, et que l'on peut exprimer de la manière suivante : •

1° *Les défauts d'exastosie plane sont d'autant plus faciles à rencontrer que, toutes choses égales d'ailleurs, les feuilles sont plus composées.*

Il suffit d'avoir observé une certaine quantité de feuilles composées du système $L=1$ pour être convaincu de cette vérité (1).

2° *Les défauts d'exastosie plane sont d'autant plus difficiles à rencontrer que, toutes choses égales d'ailleurs, les éléments foliaires sont mieux articulés sur les axes qui les portent.*

Cette loi n'est que la conséquence de ce que nous avons dit du maximum d'intensité de l'exastosie. Il est bien évident, en effet, que l'articulation indiquant un maximum d'exastosie, les feuilles où ce maximum se rencontre doivent nécessairement être plutôt exemptes du défaut d'exastosie que les autres feuilles. Voilà pourquoi les feuilles composées du système $L=1$, particulières aux Ombellifères, chez lesquelles il n'y a pas d'articulations entre les axes et les éléments foliaires, seront plus sujettes aux défauts d'exastosie que les feuilles du système $L>1$, particulières aux Légumineuses, chez lesquelles les articulations sont si prononcées qu'elles arrivent souvent à être accompagnées d'un bourrelet.

C'est par un défaut d'exastosie que certaines feuilles opposées restent unies par deux de leurs bords les plus voisins, de façon à ne faire qu'une seule feuille simple, ainsi que nous l'avons observé par exemple sur les cotylédons du *Cucurbita pepo*, sur les feuilles du *Fuchsia spectabilis*, sur celles du *Symphoricarpos*

(1) *Voir* plus loin le chapitre *Feuilles.*

<table><tr><td>I.</td><td>8</td></tr></table>

racemosa et sur celle du Haricot (*fig.* 25). Or cet état, anomal pour les dicotylédones, nous paraît être, au contraire, l'état normal des monocotylédones, ainsi que nous chercherons à le démontrer.

Il ne faut pas confondre cette espèce d'anomalie avec les feuilles doubles qui proviennent d'un dédoublement, comme on en voit de nombreux exemples dans la nature végétale, car on confondrait deux phénomènes tout à fait contraires, puisque celui qui nous occupe est un défaut d'exastosie, tandis que le dédoublement est plutôt un excès d'exastosie. Il est possible que les deux feuilles unies du *Justicia oxyphylla* et celle du *Laurus nobilis*, figurées par De Candolle (1), appartiennent au défaut d'exastosie circulaire; mais nous n'avons à cet égard aucune certitude, et elles pourraient tout aussi bien être le résultat d'un excès d'exastosie par *dédoublement circulaire* ou *latéral*. (*Voir* cet article.)

Quelquefois le défaut d'exastosie est incomplet et se prononce à la base seulement de deux ou plusieurs organes qui auraient dû être libres dès leur origine. Les feuilles, les folioles, les pétales, les étamines, les carpelles sont soumis à ce genre d'anomalie; leur union peut se faire par des points plus ou moins étendus à leur base, et cet état tératologique pour quelques végétaux est l'état habituel pour quelques autres.

1° Par exemple, nous avons vu les feuilles du *Syringa vulgaris* unis à leur base, et formant tantôt une feuille *connée*, tantôt une feuille *perfoliée*. Or cette anomalie est l'état presque normal du *Lonicera caprifolium*. En effet, cette espèce a des feuilles opposées; mais tandis que le plus souvent ces feuilles sont suffisamment distinctes pour être à peine sessiles, et même quelquefois pétiolées, au contraire, lorsque les feuilles arrivent dans le voisinage de l'inflorescence, le défaut d'exastosie circulaire est tel que les deux feuilles opposées n'en forment plus qu'une seule elliptique ou sous-arrondie, au centre de laquelle passe l'axe floral. Enfin, ce qui n'a lieu, dans le chèvrefeuille, que sur les axes floraux, se produit habituellement dans toutes les feuilles connées du *Crassula perfossa* des *Sylphium perfoliatum*, etc.

2° Une anomalie plus rare consiste dans le défaut d'exastosie de

_____

(1) *Org. vég.*, pl. 17, fig. 3, et pl. 48, fig. 2.

deux feuilles opposées d'un *Phaseolus* (*fig.* 3, a); les deux bords latéraux de chaque feuille étaient restés unis de façon à représenter un cornet accompagné de deux languettes, qui n'étaient autres que les extrémités des deux feuilles, et dans lequel on reconnaissait à peu près toutes les nervures des feuilles composantes. L'axe central était resté sans développement.

Nous avons quelquefois observé chez les *Chœrophyllum sativum* et *odorum*, Lamk., les 2 cotylédons, unis dans toute l'étendue de leur long pétiole, sans remarquer au centre des 2 cotylédons la moindre trace de tigelle; celle-ci, au contraire, n'apparaissant que beaucoup plus tard et ne sortant de terre qu'à quelque distance des 2 cotylédons ainsi unis à la base. Or, cette tigelle, pour se faire jour, avait écarté la base des 2 pétioles et avait grandi, laissant sur le côté les 2 cotylédons. Cet état contre nature nous a conduit à chercher s'il n'y aurait pas des espèces présentant d'une manière normale cette anomalie, et nous avons été assez heureux pour la retrouver normalement reproduite dans le *Chœrophyllum bulbosum*, Lin., espèce cultivée aujourd'hui comme plante alimentaire (*fig.* 3, b.).

Dans quelques cas, nous avons trouvé la feuille du Haricot offrant d'autres cornets (*fig.* 4), mais seulement avec une seule languette et la nervation d'une seule feuille. Une anomalie tout à fait semblable s'est présentée plusieurs fois sur les feuilles de la Capucine et celles de la Vigne, comme on peut le voir fig. 5. Ici, les deux bords latéraux étaient restés sans se séparer. Il est fort possible que les feuilles en cornets du *Nelumbo lutea* (1), et peut-être celles *concaves* de l'Écuelle d'eau (*Hydrocotyle vulgaris*), soient dues normalement à une formation analogue, et ce qui tendrait à confirmer cette manière de penser, c'est que, sur le *Geranium eflexum*, dont les bords de dernière formation se recouvrent d'ordinaire, nous avons observé une feuille où l'union de ces deux bords était parfaite, ce qui faisait de la feuille une vraie feuille peltée, mais un peu concave.

Il est probable que les exemples de Tilleul, de Chou, de *Pelargonium inquinans*, cités par M. Moquin (2), sont des anomalies analogues à celles que nous venons de faire connaître.

(1) Turpin, *Icon. vég.*, tab. VIII, fig. 3.
(2) *Élém. térat. vég.*, p. 176.

Une curieuse anomalie se rencontre fréquemment dans le *Staphylea pinnata* : un certain nombre de folioles terminales ou latérales portent aussi de petits cornets situés à l'extrémité de la nervure médiane, allongée et dédoublée au sommet de la feuille (*fig.* 5, b et c); quelquefois tout le limbe s'atrophie et l'on ne trouve plus pour foliole qu'un long pétiolule portant à son sommet un petit cornet (*fig.* 22). Ces folioles rappellent beaucoup, en petit, moins l'opercule, la singulière structure de la feuille des *Nepenthes* (1) et du *Cephalotus follicularis* (2). Ainsi cette anomalie, rare dans les exemples précités, serait plus fréquente dans le *Staphylea pinnata*, presque généralement normale dans le *Cephalotus follicularis*, et tout à fait normale dans les *Nepenthes*.

Comme il est assez difficile de reconnaître, dans les nombreuses variations de forme des feuilles, ce qui doit constituer un défaut ou un excès d'exastosie plane, peut-être vaudrait-il mieux regarder toutes les feuilles comme simples normalement, et alors regarder les feuilles composées ou plus ou moins lobées comme des feuilles ayant subi un excès d'exastosie. (*Voyez* cet article.)

Une anomalie assez fréquente, que nous rapportons à un défaut d'exastosie, c'est celle d'une feuille qui se développe plus ou moins d'un seul côté. Ainsi, nous avons plusieurs fois observé des feuilles de Lilas (*fig.* 7) et de Vigne (*fig.* 6) dont la moitié seulement de la feuille s'est développée. Or, pour comprendre comment il y a défaut d'exastosie, il faut concevoir que dans la feuille ce sont toujours les nervures qui apparaissent les premières et que le tissu cellulaire suit l'évolution des nervures. C'est, si l'on veut, une succession d'axes qui se développent toujours dans un même plan, qui sont de plus en plus petits, et dont les intervalles sont le plus souvent remplis par du tissu cellulaire. Par conséquent, si, sur le côté d'une nervure médiane, il ne se forme aucun des mamelons qui doivent constituer les nervures, il ne se formera pas de parenchyme, et l'on dira que les éléments de ce côté de la feuille ont avorté; mais on comprend que rien n'indique que ces éléments de la feuille aient eu une existence quelconque, si ce n'est à l'état de phytogène, et, par

(1) D. C. *Fl. fr.*, pl. 7, fig. 5.
(2) Labill. *Nov.-Hol.*, 1. pl. 145. Brown. *General remarcks*, pl. 4.

conséquent, si l'on peut soutenir qu'ils ont avorté, on peut tout aussi bien dire que l'exastosie ne les a pas divisés organogénique-ment, ou plutôt ne les a pas détachés de l'axe (nervure). C'est un phénomène analogue à celui qui fait que le bourgeon qui devrait se prononcer à l'aisselle d'une feuille reste sans paraître, ainsi que nous en avons donné des exemples p. 106. Seulement, le phénomène est peut-être pris, ici, plus à sa naissance. Ajoutons que si la cause qui a fait manquer le tissu cellulaire ou la moitié de la feuille la faisait aussi manquer de l'autre côté, il ne reste-rait plus que la nervure médiane de la feuille, qui pourrait bien n'être autre chose qu'une vrille.

Entre ce défaut d'exastosie et l'exastosie ou le développement qui fait une feuille parfaitement symétrique, il y a des nuances pour ainsi dire infinies. Nous avons représenté (*fig.* 7) une branche de Lilas où l'on trouve cette anomalie à deux degrés bien prononcés : les deux feuilles opposées du haut, symétriques par rapport à l'axe, sont chacune asymétriques par rapport à la nervure médiane, en raison du faible développement qu'a pris le côté droit de chaque feuille (1). Les deux feuilles qui sont au-dessous, opposées aussi, sont encore toutes deux symétriques par rapport à l'axe; mais l'un des côtés, toujours le côté droit, est resté sans aucun développement. De plus, on peut remarquer que ces deux feuilles ont pris une forme campylotropique qui est d'une valeur particulière, parce qu'elle se retrouve dans l'état normal des feuilles de la plupart des *Begonia*. De même on pour-rait, sans être trop éloigné de la vérité, supposer que les deux demi-feuilles donnent la raison d'être des deux feuilles opposées du *Rochea falcata*.

Mais puisque les feuilles simples sont capables de ne se déve-lopper que par moitié, il était probable que dans les feuilles com-posées un phénomène analogue se présenterait. Avec une sem-blable idée, il était possible de s'assurer de la vérité de ces vues. Or, en cherchant un peu, nous n'avons pas tardé à trouver sur le *Robinia pseudo-acacia* des feuilles qui se trouvaient être à peu près dans les mêmes conditions. En effet, chaque feuille est com-

---

(1) Dans ces sortes de descriptions, nous supposons toujours l'observateur au centre de l'axe autour duquel sont les parties dont on parle.

posée de 5, 6 à 12 paires de folioles; mais il arrive très-fréquemment que l'on trouve 1, 2 et même 3 folioles manquant au nombre exigé par des folioles semblables opposées, et cela sans que l'on puisse admettre une diastasie qui les a éloignées les unes des autres. Les folioles absentes pouvaient être tombées par suite de causes accidentelles, et bien que nous ayons cherché dans les plus jeunes feuilles formées et trouvé le phénomène reproduit, cependant, pour plus de certitude, nous avons dû rechercher organogéniquement si ce phénomène avait réellement lieu. Après avoir exploré des centaines de feuilles en voie de formation, nous avons constaté de vrais défauts d'exastosie aux places indiquées par la fig. 8, a, que nous avons dessinée plus grande et surtout avec toutes les folioles ouvertes; car il ne faut pas oublier que la jeune feuille, au moment où elle vient de se former, est non-seulement pliée dans le sens du rachis, mais encore toutes ses folioles le sont dans le sens de leur nervure médiane (*fig. 8, b*).

Les feuilles verticillées sont dans une disposition très-favorable aux défauts d'exastosie circulaire; aussi rencontre-t-on quelquefois des feuilles de cette disposition dont les éléments restent unis entre eux. Les *Leptandra virginica* et *siberica*, ainsi que les *Lysimachia punctata* et *verticillata*, et le *Polygonatum verticillatum* se sont offerts à notre observation avec des éléments unis 2 à 2, 3 à 3.

BRACTÉES. Les bractées n'étant que des feuilles un peu modifiées, sont quelquefois exposées à de semblables adhérences, surtout lorsqu'elles sont verticillées. Les collerettes ou involucres de certaines Ombellifères (*Sium, Caucalis, Tordylium*, etc.) offrent des unions fort variables par 2, 3 et 4 éléments. Les collerettes ou involucelles partielles du *Buplevrum junceum* nous ont présenté des défauts d'exastosie circulaire, tantôt à la base seulement de la collerette, à la manière de l'*Ammi visnaga*, tantôt dans presque toute sa longueur, et rappelant l'involucelle normale du *Seseli hyppomarathrum*.

SÉPALES. Il est beaucoup plus rare de rencontrer des sépales, libres d'ordinaire, unis entre eux. Dans son histoire des Fraisiers (1), Duchesne signale 2 sépales de Fraisier qui ne s'étaient

(1) **Paris, 1766.**

pas disjoints, ce qui en faisait un calice à 4 folioles, mais le sépale double offrait plus d'amplitude. Les *Brassica* offrent parfois une semblable anomalie. Dans un exemple du *Brassica napus*, les 4 sépales étaient restés unis 2 à 2 et formaient un calice à 2 sépales, l'un un peu plus grand que l'autre, ce qui en faisait une sorte de calice bilabié persistant à la base de la silique; le reste des organes floraux était resté dans son état naturel.

On doit à Jæger la connaissance d'une anomalie bien curieuse qu'il a observée sur le *Clematis viticella*. Il y avait défaut d'exastosie à la base des sépales, et le calice représentait une petite cloche à 2 lèvres.

Nous avons rencontré une tulipe *(Tulipa Gesneriana)* offrant un défaut d'exastosie dans ses 6 sépales, et cela jusqu'à une assez grande hauteur. La base du périanthe s'était assez rétrécie pour donner à la fleur l'apparence d'un tube surmonté d'un limbe campaniforme.

On pourrait avancer que tous les calices monosépales ne sont que le résultat d'un défaut d'exastosie circulaire, avec des adhérences très-variables, depuis le limbe entier ou à peine denté des Ombellifères jusqu'au calice à divisions profondes des Légumineuses. Les calices et les corolles n'étant que des feuilles modifiées, lesquelles d'ordinaire sont libres, on peut, en effet, si l'on veut, regarder les calices polysépales comme étant les types des verticilles calicinaux.

C'est ici qu'il convient de placer les monstruosités que nous avons observées sur les parties pétaloïdes du *Narcissus pseudonarcissus* double. Dans une fleur très doublée, nous avons trouvé un des éléments de la couronne du 2ᵉ rang en partie avorté, mais présentant sur l'un de ses côtés un long tube terminé par Pl. V. un cornet fort bien fait (*fig.* 9, a), le sépale n'ayant subi aucune modification. La couronne du 3ᵉ rang nous a présenté une pareille anomalie sur une de ses parties; mais cette partie tout entière ayant concouru à la formation du cornet infundibuliforme (*fig.* 9, b), il en est résulté un organe mieux développé et placé exactement en face du sépale non modifié.

Pétales. Les corolles polypétales présentent aussi des défauts d'exastosie qui sont connus déjà depuis longtemps. Ainsi Linné rapporte que la Saponaire d'Angleterre a présenté une corolle véritablement monopétale (1).

M. Moquin-Tandon a pu étudier tous les genres possibles d'alliance entre les éléments de la corolle, et il a reconnu que l'on pourrait trouver à l'état monstrueux la plupart des modes d'union de l'ordre habituel. Ainsi il a vu des pétales, libres d'ordinaire, unis à la base, comme c'est l'habitude chez les Véroniques; d'autres unis par le sommet, absolument comme dans la Vigne ; d'autres par le sommet et par la base, à la manière des Raiponces.

Les pétales des Fuchsias nous ont offert des défauts d'exastosie fort curieux, savoir : 1° dans l'un, les 4 pétales étaient unis entre eux jusque vers le sommet et présentaient un pli rentrant à chacune des lignes représentant les bords qui auraient dû rester libres : cette corolle rappelait assez bien celle des *Datura;* 2° dans d'autres fleurs, et ce phénomène n'est pas rare, les pétales longuement onguiculés étaient unis par leurs bords de façon à représenter le cornet des feuilles du Haricot dont nous avons parlé plus haut *(fig.* 10, b). L'un de ces pétales, unis par ses deux bords, mais à sa base seulement, s'était assez fortement allongé pour avoir pris une forme qui rappelait jusqu'à un certain point les demi-fleurons des fleurs radiées; 3° dans une autre fleur, l'étamine, libre d'ordinaire jusqu'à la base du pétale, était adhérente jusqu'au sommet du petit côté du cornet *(fig.* 10, a, e), en même temps qu'elle était restée adhérente dans toute sa longueur avec l'étamine voisine.

Une des plus jolies monstruosités que nous ayons rencontrées nous a été offerte par le *Dictamnus albus.* La fleur offrait des pétales réunies en un tube jusqu'à une certaine hauteur; 4 des pétales étaient unis ensemble jusqu'au sommet, n'offrant plus que 4 dents, tandis que l'autre pétale, étant demeuré libre jusqu'au sommet du tube, rappelait assez bien une fleur très-amplifiée du *Lonicera caprifolium,* dont elle avait aussi l'irrégularité.

Enfin, nous avons décrit une monstruosité de fleur de Prunier où les trois fleurs normales du bourgeon-fleur s'étaient fondues

(1) Singularis est metamorphosis *Saponariæ* anglicanæ, quæ fit, ex Pentapetala, vere Monopetala. *Phil. bot.* Berolini. Édit. secunda, p. 83.

de façon à ne plus faire qu'une seule fleur à 7 pétales. Il y a donc eu défaut d'exastosie de 8 pétales (*fig. 2*).

Le défaut d'exastosie est en général facile à reconnaître dans les corolles, soit par des lobes ou des dents que présentent leur sommet, soit par l'examen des nervures médianes, examen toujours indiqué par l'absence d'une ou de plusieurs parties de la corolle.

L'exemple du *Saponaria anglicana* et celui du *Fuchsia* sont de nature à faire comprendre comment, par défaut d'exastosie, les corolles d'un grand nombre de végétaux restent corolles monopétales.

ÉTAMINES. Les étamines sont essentiellement formées de deux corps bien distincts : le *filet* et l'*anthère*. Tantôt le défaut d'exastosie se fait sentir sur les filets seulement, les anthères seules restant libres; tantôt les filets deviennent libres et les anthères seules sont unies entre elles.

a. Dans le *Cercis siliquastrum,* nous avons trouvé tous les genres de défauts d'exastosie, à partir de l'exastosie parfaite de chacune des dix étamines. Chez quelques fleurs, tous les filets étaient parfaitement libres; dans d'autres, ils étaient unis à leur base seulement jusqu'au tiers environ de leur longueur; dans un très-petit nombre, le défaut d'exastosie arrivait jusqu'aux anthères et en faisait véritablement des étamines monadelphes; quelquefois nous avons trouvé les étamines réellement diadelphes; mais les faisceaux étant de 1 et 9, de 2 et 8 et de 5 et 5. De sorte que, dans cette seule espèce, nous avons, à la longue, trouvé tous les états tératologiques qui se retrouvent normalement dans la vaste famille des Légumineuses.

Les étamines polyadelphes du *Citrus aurantium* présentent aussi des combinaisons d'alliances très-variées, de 2, 3, 4, 5, etc., étamines, et même quelquefois toutes les étamines sont réunies en un tube cylindrique.

Dans le pois ridé de Knigt, nous avons quelquefois trouvé les étamines complétement monadelphes.

Dans une fleur monstrueuse de *Dictamnus albus,* les 10 étamines étaient restées unies entre elles par leurs filets élargis, formant un tube qui entourait l'ovaire; mais le pistil, en grossissant, avait peu à peu séparé les filets, qui ne restaient plus adhérents entre eux que par le sommet ; puis elles ont fini par tomber par les progrès de la croissance du fruit.

Nous avons également trouvé les défauts d'exastosie entre les étamines des *Fuchsia* ; nous avons représenté une anomalie de ce genre dans la fig. 10, a.

b. Bien que les anthères soient complétement libres dans le genre *Campanula*, cependant nous les avons trouvées assez souvent unies ensemble, constituant un tube qui persistait après la fécondation et la floraison, alors que d'ordinaire elles se déjettent au fond de la corolle. Cette fleur anomale était organisée, quant à l'androcée, comme l'est celle des Lobéliacées.

Pareillement, nous avons trouvé une seule fois dans le *Polygala vulgaris* les étamines entièrement unies depuis la base des filets jusqu'au sommet des anthères, constituant ainsi un tube entourant l'ovaire.

Nous avons aussi rencontré des fleurs de *Drosera longifolia* et *rotundifolia* ayant des filets libres et des anthères réunies en un tube entourant les 5 styles soudés. Ces deux dernières observations rappellent assez bien l'organisation de l'androcée du genre *Viola*.

Enfin, le *Pittosporum tobira* nous a offert plusieurs de ses fleurs avec 4 des étamines unies 2 à 2, et la 5ᵉ libre, anomalie qui devient habituelle dans la famille des Cucurbitacées, particulièrement les genres *Sicyos*, *Bryonia*, *Gronovia*, etc.

C'est par suite d'une loi générale fort naturelle que nous avons cherché et trouvé toutes ces anomalies, loi que nous présenterons à la fin de ce chapitre.

Carpelles. Quoique le défaut d'exastosie entre les ovaires soit très-fréquent, précisément à cause de la position centrale qu'ils occupent dans la fleur, cependant on n'en a signalé que des cas relativement peu nombreux. De même que pour tous les défauts d'exastosie que nous avons signalés, les carpelles peuvent s'unir, soit entre eux seuls, et encore à des degrés très-variables ; l'union peut se continuer entre les styles et même les stigmates, auquel cas le défaut d'exastosie est complet.

Si l'on suit une série de fleurs de la seule famille des Renonculacées, on trouve des exemples normaux et anormaux de ce défaut d'exastosie. En d'autres termes, chaque état tératologique trouve sa manière d'être habituelle dans les genres ou les espèces de cette grande famille.

Ainsi, si nous cherchons suffisamment parmi les fleurs du *Delphinium elatum* ou de l'*Aquilegia vulgaris* dont les carpelles sont libres d'ordinaire, on finit toujours par en trouver qui sont plus ou moins unis à la base; or cet état contre nature des espèces sus-mentionnées devient le cas habituel du *Nigella orientalis*, et si maintenant on examine un grand nombre de pistils de cette dernière espèce, on trouve que leurs carpelles sont à différents degrés d'adhérence, quelques-uns étant libres presque jusqu'à la base, quelques autres étant unis presque jusqu'au sommet, ce qui constitue une capsule à plusieurs loges bien voisine, quant au mode de formation, de celle du *Nigella Damascena*. Au contraire, on trouve quelquefois la capsule de cette dernière espèce formée par des carpelles plus ou moins libres au sommet, ce qui les rapproche des capsules du *Nigella orientalis*.

La monstruosité de Prunier que nous avons mentionnée plus haut est encore un exemple où nous avons fait connaître la réunion en un seul de deux carpelles indiqués d'abord par un sillon très-prononcé longitudinalement, et surtout par les deux styles libres qui surmontaient ce double carpelle (*fig.* 2).

On doit à Robert Brown une observation bien importante au point de vue physiologique qui nous occupe, et surtout au point de vue de la similitude d'origine des organes. Ce célèbre botaniste a vu les étamines du *Cheiranthus cheiri* transformées en pistils, rester unies et formant une espèce de gaîne enveloppant le pistil. La coupe transversale a démontré que les loges anthériques s'étaient transformées en autant de loges. Le fait de la réunion des loges est bien moins remarquable que celui de la transformation des étamines en carpelles. Mais nous y reviendrons plus tard en parlant de la similitude des organes axiles et appendiculaires.

Le même fait a été observé sur une fleur du *Campanula rapunculoides*, par Rœper. Dans ce cas, comme dans le précédent, l'organe staminal avait augmenté de volume et la soudure s'était opérée avec la transformation. (Moq.-Tand.)

Jusqu'à présent, nous n'avons examiné les défauts d'exastosie que sur les organes placés sur un même rang verticillaire, et par conséquent sur des organes dont la formation est assez exactement de la même époque physiologique. Il convient maintenant de parler du défaut d'exastosie qui s'observe sur des organes dont la formation n'est pas exactement de la même époque : en d'autres termes, du défaut d'exastosie entre des verticilles différents.

§ 2. — Des défauts d'exastosie centripète.

Les défauts d'exastosie centripète, comme nous l'avons déjà dit, sont ceux en vertu desquels des éléments nés à des époques physiologiques différentes restent néanmoins plus ou moins unis ; et quelquefois même la fusion est tellement complète qu'il serait, à priori, difficile de dire quel est de deux éléments celui qui a dû se former le premier. Il semblerait que ces sortes d'unions dussent être rares, et pourtant, quoiqu'en général moins fréquents que les défauts d'exastosie précédents, on rencontre encore assez souvent ce genre de monstruosité. Comme le dit M. Moquin-Tandon, l'hétérogénéité de deux systèmes, leur direction quelquefois différente, leur position souvent éloignée, sont autant d'obstacles qui s'opposent aux alliances anomales, c'est-à-dire au défaut d'exastosie centripète.

On peut dire d'une manière générale que les défauts seront d'autant plus possibles que les mérithalles seront plus courts ou que les époques physiologiques de formation seront plus voisines. Ainsi il sera plus difficile de trouver des associations de ce genre dans les feuilles que dans les parties des fleurs constituantes, dont les mérithalles sont très-courts d'ordinaire, et dont les époques de formation sont beaucoup plus rapprochées les unes des autres.

Quoi qu'il en soit, ces sortes d'anomalies se retrouvent dans tous les organes végétaux. Voici quelques exemples de ces monstruosités.

Racines. Bien que d'ordinaire on ait rarement l'occasion d'observer le développement des racines, cependant on peut supposer que des anomalies tout à fait du même ordre que celles que l'on observe dans les tiges peuvent se produire. Dans des expériences sur leur évolution, nous avons reconnu chez le Saule, le Coignassier, le Sureau, le Haricot, le Solanum dulcamara et le Symphoricarpos racemosa des défauts d'exastosie entre les fibres radiculaires qu'il faut rapporter à ceux de cette section, puisqu'ils représentent des rameaux souterrains. Ces défauts se sont présentés avec des étendues et des positions variables. La plupart offraient une union suivant un plan parallèle à l'axe même de la racine ou de la tige, c'est-à-dire qui les aurait coupées longitudinalement (*Solanum dulcamara*, Haricot); mais d'autres fois cette union s'était faite suivant un plan perpendiculaire, ou plutôt qui aurait coupé la racine obliquement et en travers (Saule, *Symphoricarpos racemosa*). L'une de ces racines monstrueuses offrait même l'apparence d'une véritable fascie dont le plan était le même par rapport à l'axe que celui des phyllodes de certaines Acacies de la Nouvelle-Hollande (Haricot).

Rameaux. Les rameaux, bien plus faciles à observer dans leur évolution que les racines, à cause de leur position superterranéenne, ont aussi offert un grand nombre d'anomalies connues sous les noms de *dédoublements* ou *chorises*, de *fascies* et de *soudures*. C'est de cette dernière monstruosité qu'il doit être question ici, les autres appartenant à un ordre de phénomènes différents; c'est qu'en effet nous ne regardons pas comme un défaut d'exastosie les chorises et les fascies, qui sont bien plutôt le résultat d'un *excès d'exastosie*, puisqu'au contraire il s'ajoute au nombre des éléments normaux un certain nombre d'autres éléments.

Il y a défaut d'exastosie centripète lorsqu'un bourgeon axillaire qui devait normalement se développer en axe reste uni avec celui d'où il procède dans une étendue plus ou moins grande. Ainsi, il n'est pas rare de trouver le bourgeon axillaire ou la vrille de la Vigne unis très-intimement avec l'axe primaire. Dans quelques cas, cette union s'élève assez pour faire croire que la vrille émerge d'un point très-rapproché au-dessous de la feuille supérieure, ou le bourgeon d'un point très-rapproché au-dessous de la vrille. Quand l'union se fait à une faible distance entre l'axe floral et l'axe qui continue la tige, le pédoncule est tout à fait *supra axillaire*, comme on dit être naturellement celui du *Menispermum canadense*. Mais on sait qu'il n'en est absolument rien, attendu que dans cette espèce deux bourgeons naissent l'un au-dessus de l'autre, que l'inférieur avorte et que le supérieur seul se développe.

M. Moquin-Tandon a nommé *synophties* l'union des bourgeons

foliaux *(synophties des bourgeons)*, ou des embryons *(synophties des embryons)*, et *synanthies* celle des bourgeons floraux. Mais comme il ne nous paraît pas prouvé que la plupart des exemples cités par ce savant ne proviennt pas d'un excès d'exastosie, c'est-à-dire d'un dédoublement à la naissance des organes, nous aimons mieux ne pas les rappeler ici. Il ne nous est pas mieux démontré que les deux turions d'asperges greffés de Turpin (1) ne sont pas le résultat d'un dédoublement. Aussi nous contenterons-nous de les mentionner ici. Il n'en est pas de même des deux turions d'asperges que M. Moquin a observés, puisque, distincts à la base, ils étaient simplement accolés vers le milieu et confondus au sommet en une seule pointe (2).

Quand le défaut d'exastosie des axes se présente, il peut offrir des nuances assez variées ; mais, en général, *plus l'union est intime et moins on remarque de différences entre les deux axes, qui peuvent arriver ainsi à une fusion complète.* Ainsi l'exemple de M. Moquin en est déjà une preuve à laquelle nous pouvons en ajouter plusieurs autres : un pied de *Rumex acetosa*, simple à sa base, offre un peu plus haut une tige aplatie qui, coupée transversalement, présente deux cavités médullaires, puis la tige reprend sa forme cylindrique, et sa cavité médullaire devient arrondie et unique. Ici, l'un des axes secondaires était resté uni à sa base et avec l'axe primaire, tout en conservant son canal médullaire indépendant ; puis la fusion était arrivée, et il n'y avait plus qu'un seul canal, presque en 8 de chiffre d'abord, puis elliptique avec angles rentrants vers le milieu de l'ellipse, et enfin rond comme dans une tige normale : les deux axes s'étaient complétement fondus en un seul. Ce phénomène est exactement l'inverse de celui que nous observerons souvent en parlant des fascies.

Nous avons sous les yeux l'exemple de deux pédoncules d'Angélique unis jusqu'à la base de leur ombelle, qui tous deux se trouvent assez fondus ensemble pour qu'au premier abord on ait pu les prendre pour une seule inflorescence ; mais le nœud ou premier réceptacle commun d'où émergent les rayons offre

(1) *Mém. sur la greffe*, Ann. sc. nat., t. 24, p. 338, pl. 17.
(2) *Élém. térat. vég.*, p. 262 et 263.

évidemment la trace de l'union de deux ombelles. Le pédoncule double est d'ailleurs tellement tordu en hélice qu'il est impossible de rien distinguer des deux origines. C'est encore un défaut d'exastosie entre l'axe primaire et l'un des axes secondaires ; mais la fusion a été tellement intime que les deux axes ont fait vie commune et ont grandi et grossi d'une même façon.

Quand la fusion de deux axes floraux est bien intime, il y a une sorte de solidarité d'évolution qui fait que celui qui a le plus de tendance à s'allonger est retenu par l'autre, et réciproquement celui qui a le moins de propension à croître est entraîné par le premier, d'où il résulte que l'union se fait entre les parties similaires, ou, si on l'aime mieux, les deux bourgeons vivant en commun, croissent ensemble, et l'influence physiologique qui fait, pour l'un, à une hauteur déterminée, des sépales, des pétales, des étamines ou des pistils, agit sur l'autre à la même hauteur, pour faire des parties exactement de même nature. Voilà pourquoi, quand des fleurs se fondent parfaitement, l'on observe que le calice de l'une s'unit au calice de l'autre, la corolle à la corolle, etc. Seulement, on remarque que le nombre des parties n'est pas toujours en rapport avec celui qu'auraient donné les fleurs séparées, et l'anomalie de la fleur du Prunier que nous avons décrite p. 111 et reproduite fig. 2, vient confirmer cette opinion.

Cependant, nous avons assez souvent trouvé les deux fleurs mâles du *Cucurbita pepo* unies parfaitement entre elles et offrant 10 divisions au calice et à la corolle et 10 étamines unies 2 à 2. Ici, les deux étamines libres de chaque fleur isolée étaient restées adhérentes, de façon à donner à la fleur une plus grande régularité.

Lorsque la fusion est moins prononcée, la monstruosité laisse l'une des fleurs un peu en dessous de l'autre, et l'on reconnaît souvent à la feuille bractéale que le phénomène est dû au défaut d'exastosie d'un bourgeon axillaire avec l'axe principal. Ainsi, par exemple, dans le grand Soleil *(Helianthus annuus)*, où ce phénomène se présente quelquefois, l'inflorescence est définie ou centrifuge, c'est-à-dire que la calathide terminale est la première qui fleurisse, puis l'axillaire supérieure, et ainsi de suite en descendant. Eh bien ! si la fusion est complète, tous les demi-fleurons de la double calathide s'épanouissent circulairement en même temps, et la fleur composée anomale n'offre de différence avec la fleur composée normale qu'en ce qu'elle est d'ordinaire plus amplement développée, qu'elle présente une bosselure transversale dans le plan du clinanthe ou réceptacle commun, et que souvent les bractées indiquent des traces d'adhérence. Mais il est arrivé aussi que la fleur axillaire supérieure est restée unie à la fleur terminale, de façon à former un seul pédoncule à deux calathides, même un peu unies à la base, mais l'une restant un peu au-dessus de l'autre. D'ailleurs, la floraison des deux calathides ne coïncidait pas exactement.

Des Dahlias, des Reines-Marguerites se sont offerts à notre observation avec des phénomènes analogues.

Il est probable que les pédoncules de Centaurées unis ensemble, ainsi que les deux hampes de Jacinthe figurées par De Candolle (1), rentrent dans le cas de fusion complète de deux axes dont nous venons de parler.

On trouve très-souvent des axes floraux oppositifoliés dans un grand nombre de *Solanées*, particulièrement dans le *Solanum dulcamara*, et surtout dans le *Lycopersicum esculentum*. Or, bien souvent les pédoncules floraux paraissent émerger du milieu d'un mérithalle dans le *Solanum dulcamara*, et quelquefois dans le *Lycopersicum esculentum*. Au contraire, ce n'est que rarement que dans les *Lycopersicum pyriforme* et *cerasiforme* les axes floraux sont oppositifoliés. Il y a donc entre ces deux états, différents pour chaque espèce, un développement normal et un développement anomal, et ce qui est l'un pour une espèce ne l'est pas pour l'autre, et réciproquement. On comprend que cette idée ait pu être généralisée par Dunal, qui a supposé que l'inflorescence extra-axillaire des *Solanum* était toujours dû à une adhérence de deux axes, l'un qui continue la tige et l'autre qui porte les fleurs (2).

Axes et feuilles. Les adhérences entre les feuilles et les axes

(1) *Org. vég.*, pl. 14, fig. 1, et pl. 15, fig. 1.
(2) Nous verrons plus tard que, d'après un autre ordre d'idées, quelques botanistes admettent que l'inflorescence oppositifoliée est la continuation de l'axe principal déjeté sur le côté par le développement de l'axe secondaire supérieur.

se sont quelquefois offertes à l'observation. Cette union peut se faire seulement entre le pétiole et l'axe ou se continuer plus haut sur la nervure médiane et la face supérieure de la feuille. Nous ne connaissons pas d'adhérence exactement démontrée entre les feuilles et l'axe qui leur a donné naissance. Toutefois, on peut considérer les feuilles décurrentes comme offrant des défauts d'exastosie centripète, c'est-à-dire des adhérences avec l'axe qui les a produits, et nous ne doutons nullement qu'une monstruosité représentant ce phénomène normal se rencontre quelquefois dans les végétaux qui d'ordinaire n'ont pas de feuilles décurrentes. Mais si cette anomalie n'a pas été observée, on rencontre parfois des axes unis aux feuilles à l'aisselle desquelles les bourgeons se sont développés. C'est ce que nous avons observé dans les *Lycopersicum* et les *Solanum*, dont un des bourgeons foliaux ou floraux reste adhérent à la feuille jusque vers le tiers du rachis.

Un autre exemple de ces adhérences nous a été fourni par le *Lampsana communis*, dont le pédoncule pluriflore adhérait à la feuille à peu près jusqu'à la moitié de la nervure médiane. Or, cet état anomal nous a paru être le même que celui de la fleur du Tilleul, si ce n'est que dans l'anomalie la feuille avait conservé sa couleur verte.

Nous avons encore observé ce mode d'adhérence sur les Fuchsias, et plus fréquemment dans le *Daucus carota*, et surtout l'*Angelica archangelica*. Les pédoncules floraux étaient unis seulement avec le pétiole de la feuille ou de la bractée, de sorte que l'inflorescence semblait être pétiolaire et rappelait assez bien la disposition normale de la fleur du *Thesium ebracteatum;* seulement, la prédisposition organique qui veut que le phénomène soit normal a régularisé l'adhérence pour la rendre sensiblement la même dans toutes les fleurs, tandis que dans les anomalies précitées il y a une assez grande variabilité dans l'étendue de l'adhérence.

La fusion de l'axe et de la nervure est quelquefois si prononcée que l'on serait tenté de regarder la feuille comme décurrente sur l'axe; mais il y a cette différence à établir : c'est que la feuille appartient à l'axe primaire et se trouve adhérer à un axe secondaire. M. Moquin n'hésite pas à dire que cette structure rappelle celle des feuilles décurrentes ordinaires, et en particulier celles du *Prenanthes viminea.*

Enfin peut-être aurait-on le droit de supposer que des deux feuilles géminées qui se rencontrent souvent dans certaines espèces de la famille des Solanées *(Physalis alkekengi et viscosa, Solanum diphyllum, rubrum,* etc.), il y en a une qui se trouve normalement unie à l'axe jusqu'à la hauteur de l'autre. L'irrégularité de la disposition hélicoïdale des éléments foliaires justifierait jusqu'à un certain point cette manière de voir.

Feuilles. On peut rencontrer des feuilles unies entre elles, bien que n'appartenant pas à la même époque physiologique de formation, mais il est extrèmement probable que ce phénomène est très-souvent le résultat d'un dédoublement; sans cela, il faudrait admettre que le défaut d'exastosie s'est produit entre des organes d'époque physiologique très-éloignée, comme le seraient les dispositions quinconciales ou $\frac{2}{5}$, $\frac{3}{8}$, $\frac{5}{13}$, $\frac{8}{21}$, $\frac{13}{34}$, $\frac{21}{55}$, en admettant la théorie des cycles hélicoïdaux; toutefois, en admettant la théorie des verticilles déplacés, la difficulté est bien moins grande, car les époques physiologiques de formation se trouvent beaucoup plus rapprochées, et alors les défauts d'exastosie centripète peuvent plus souvent avoir lieu : c'est en effet ce que prouvent les exemples rares que la science a enregistrés. Cependant, comme déjà cette tendance au déplacement indique des époques physiologiques qui ne coïncident pas toutes mathématiquement, il en résulte que les adhérences ou défaut d'exastosie centripète seront encore assez rares; car nous ne saurions ranger sous ce chef l'adhérence des feuilles de Laitues indiquées par Bonnet (1), ni celles d'Oranger que M. His a communiquées à Turpin (Moq.-Tand.), par la raison que lorsque l'adhérence a lieu par défaut d'exastosie centripète, il est présumable que c'est le ventre ou face supérieure de l'une qui est collée au dos ou face inférieure de l'autre. Or, comme les deux feuilles de Bonnet et celles de M. His étaient, les premières, unies à la base, mais *dos à dos;* la seconde *ventre à ventre,* par la nervure médiane, il est à croire que le phénomène est différent de celui qui nous occupe et appartient à celui dont nous parlerons à l'article *Dédoublement,* à moins que

____

(1) *Recherch. us. feuill.,* p. 319.

la dernière anomalie ne soit due à un défaut d'exastosie centripète, par suite d'avortement du bourgeon terminal. Cependant,
si l'on observe que la vernation de la feuille de l'Oranger est *condupliquée*, on trouvera une difficulté à admettre cette explication.
Ce fait nous semble bien mieux se rapporter aux phénomènes de
dédoublement, qui ne sont après tout qu'une autre forme de
l'exastosie centripète (1).

Il faut au contraire rapporter ici l'exemple que Turpin a signalé
dans son mémoire sur la greffe (2) de deux feuilles d'*Agave americana* qui étaient unies dos à ventre ; c'est-à-dire que la face supérieure de celle de dessous était adhérente à la face inférieure
de celle de dessus.

Nous avons trouvé et décrit autre part deux feuilles de Vigne
qui étaient aussi adhérentes par leur nervure médiane, et résul-
taient bien évidemment du défaut d'exastosie centripète par suite
de plésiasmie, car les deux feuilles unies avaient pour opposée
une feuille qui nous a paru être l'intermédiaire alterne distique
entre les deux feuilles adhérentes. Il y avait donc eu plésiasmie,
c'est-à-dire rapprochement de trois feuilles de trois époques physiologiques différentes ou, si l'on veut, avortement des deux mérithalles intermédiaires entre la feuille inférieure et la feuille
supérieure adhérentes.

Le *Galega officinalis* nous a présenté un phénomène analogue
sur 2 de ses feuilles composées. L'une des doubles feuilles paraissait avoir ses deux feuilles unies plutôt *dos à ventre* par le
rachis, et quelques-unes des folioles se recouvraient assez exactement ; les autres, de grandeur variable, paraissaient disposées
pêle-mêle et non dans un même plan. L'autre double feuille
semblait être le résultat d'une union latérale de deux feuilles,
union accusée par un rachis large, profondément cannelée, mais
dont la fusion aurait été telle que les folioles moyennes ne se
seraient pas formées.

La disposition où cette anomalie doit se rencontrer le plus fréquemment doit être, d'après ce que nous avons dit, celle où la
troisième feuille se place sur la première (feuilles alternes disti-

(1) Voyez pag. 100, où nous avons indiqué les dédoublements plutôt comme
des excès d'exastosie sur lesquels nous reviendrons bientôt.
(2) *Ann. sc. nat.*, t. 24, p. 836.

ques), et celles dites *décussées* (opposées en croix) ou *ternées* (verticillées par trois); car les époques physiologiques de formation de chaque élément se trouvent beaucoup plus rapprochées les unes des autres; au contraire, les cycles représentés par les notations de plus en plus élevées doivent nécessairement présenter des défauts d'exastosie centripète de moins en moins fréquents.

Feuilles et bractées. Les feuilles et les bractées se sont aussi montrées adhérant ensemble, et cela doit se concevoir, puisque les mérithalles sont en général plus courts au voisinage de l'inflorescence, et les époques physiologiques de formation se rapprochant davantage, les chances d'adhérence doivent augmenter.

Nous n'avons cependant présent à l'esprit qu'un seul exemple de cette anomalie; c'est celle qui a été observée par M. Moquin chez le *Narcissus poeticus*. Dans cette curieuse monstruosité, la bractée scarieuse était unie par le dos avec la face supérieure d'une feuille. Cette union avait arrêté la croissance de la hampe, et celle-ci se trouvait à demi atrophiée (1).

Bractées et sépales. Les mérithalles ou entre-nœuds qui séparent les bractées des sépales étant en général très-courts, il est probable que les défauts d'exastosie seront très-fréquents. Ainsi, nous avons vu la bractée des Sauges rester quelquefois adhérente au calice : dans les *Salvia horminum* et *splendens* et dans le *Melampyrum arvense*.

Dans une monstruosité très-multiple d'*Angelica archangelica*, dans laquelle un grand nombre des fleurs sont affectées de *chloranthie*, avec développement anomal d'un grand nombre de feuilles bractéales à la base de presque tous les pédicelles, plus ou moins lobés et dentés, et dont un grand nombre ont pris la forme de cornets semblables à ceux que nous avons décrit p. 115, nous trouvons un certain nombre de ces feuilles quelquefois longuement adhérentes avec le pédicelle de chaque fleur, et quelquefois même unis avec le calice, de manière à terminer le fruit en formant une sorte de languette sur le côté (*fig.* 11).

Nous devons citer aussi la monstruosité que M. Moquin a observé sur le *Caucalis leptophylla ;* une partie des involucelles polyphylles se trouvait collée à la face inférieure de plusieurs petites

____

(1) *Élém. térat. vég.*, p. 254.

fleurs *(loc. cit.)*. Nous ferons observer que cet exemple rentre
dans le cas de l'anomalie citée plus haut, de l'union de l'involucelle avec un axe, le rayon de l'ombellule du *Daucus carotta;*
seulement, ici, l'adhérence s'était continuée jusqu'aux sépales. Il
est difficile, dans un cas pareil, qu'il n'y ait pas confusion des
deux phénomènes.

Il en est de même de l'adhérence que contracte quelquefois la
feuille bractéale avec les pédoncules et les sépales des *Aconitum
napellus* et du *Delphinium elatum,* que nous avons quelquefois
observée.

Sépales et pétales. Si l'on considère que, dans les plantes à
corolles ou plutôt à étamines périgynes, les sépales et les pétales
dans l'état normal sont nécessairement soudés ensemble, au
moins à leur base, on concluera, d'après tout ce qui a été dit,
que cet état doit se retrouver d'une manière insolite dans des végétaux qui d'ordinaire ne sont pas dans de semblables conditions.
Toutefois, les exemples à citer sont assez rares, car M. Moquin-
Tandon n'a signalé qu'un seul fait de ce genre, qu'il a observé
sur le *Geranium nodosum :* un des pétales avait dévié de sa situation normale et était resté uni par le dos de sa partie inférieure à une des folioles du calice (1).

Si l'on admettait, avec quelques auteurs, que le verticille extérieur de la fleur des Monocotylédons dût être considéré comme le
calice, et le verticille intérieur comme la corolle, opinion bien
appuyée par la fleur du *Tradescantia virginica,* nous pourrions
citer un exemple de l'anomalie qui nous occupe en rappelant celui du *Tulipa gesneriana,* dans lequel tous les sépales étaient
restés unis à la base, en un tube allongé (p. 119).

Malgré quelques recherches faites dans le but d'accroître la
liste de semblables anomalies, nous devons dire que nous n'avons
pas été assez heureux pour rencontrer, en dehors des familles où
ce phénomène se produit normalement, d'unions intimes entre
le calice et la corolle. Il est très-probable que cela tient à la
grande différence de structure qui existe entre le calice et la corolle, qui ont en effet des fonctions physiologiques assez différentes.

(1) *Élém. térat. vég.,* p. 254.

Pétales et étamines. L'union des étamines avec les pétales doit naturellement être moins rare, puisque la nature des uns et des autres est telle, qu'ils subissent de fréquentes transformations, et que souvent un pétale est étamine à moitié, ou réciproquement. Cassini a signalé une monstruosité du *Centaurea collina,* chez laquelle deux filets étaient restés unis à la corolle, depuis la base du tube jusqu'à son sommet, tandis que les trois autres filets étaient devenus libres (1).

Dans l'exemple cité p. 120, du *Dictamnus albus,* les dix étamines portaient des filaments élargis à leur base, unis entre eux et avec le tube de la corolle, au sommet duquel elles redevenaient libres; cinq de ces étamines étaient tellement réduites, qu'elles ne portaient que des vestiges d'anthères, rappelant, sous ce rapport, la constitution de l'androcée des *Pelargonium* et des *Erodium.*

Nous avons décrit, p. 120, une monstruosité de pétales de *Fuchsia,* dont deux des huit étamines étaient unies jusqu'au sommet du petit côté du cornet qu'avait formé le pétale (*fig.* 10, a, e).

Il semble véritablement que le défaut d'exastosie, en formant les corolles à pétales plus ou moins adhérents entre eux, doit agir sur tous les organes de même nature ou de nature fort voisine, de façon à faire que l'adhérence soit conservée dans les deux sens; voilà sans doute pourquoi, normalement, toutes les corolles dites monopétales sont plus ou moins unies aux étamines.

Ce singulier phénomène est facile à expliquer, ce nous semble, en admettant un défaut d'exastosie transversal et centripète, qui fait que les époques physiologiques de formation des pétales et des étamines sont très-sensiblement les mêmes, ou, si l'on aime mieux, les deux verticilles pétalaires et staminaux n'étant pas séparés par l'exastosie centripète, le travail physiologique qui agit sur la corolle agit aussi sur l'androcée, et c'est probablement là la cause de la transformation réciproque facile des étamines en pétales et des pétales en étamines.

Il y a à cet égard des variabilités remarquables de défauts d'exastosie centripète. En effet, dans quelques Liliacées, les étamines sont complétement libres (*Lilium, Tulipa,* etc.); dans d'autres, elles commencent à être attachées à la base du périanthe

(1) *Opusc. phytol.,* t. II, p. 387.

(Aletris, Aloe, Hyacinthus, etc.) *(fig.* 12, a). Dans quelques espèces, le filet commence à se fondre avec le périanthe, et l'étamine ne semble sortir que du milieu des divisions *(Muscari)* *(fig.* 12, b) ; puis on voit le filet complétement disparaître et l'étamine ne plus offrir ses anthères qu'au sommet du pétale *(Bocagea viridis) (fig.* 12, c). Dans le *Castrea falcata (fig.* 12, d), l'anthère n'est plus réduite qu'à un pore au sommet du pétale (Aug. Saint-Hilaire). Enfin, dans le *Viscum album,* la fusion ou le défaut d'exastosie est tel qu'il n'y a plus d'anthères ; mais le pollen se trouve répandu sur presque toute la surface interne du pétale, qui en paraît ainsi comme alvéolé *(fig.* 12, e).

ÉTAMINES ET PISTILS. Il paraît que les étamines et les pistils peuvent s'unir ensemble et produire des monstruosités qui trouvent dans les *fleurs gynandres* une manière d'être fort naturelle. Les exemples de ce défaut d'exastosie sont très-peu nombreux, puisque M. Moquin-Tandon n'a cité que celui qu'il croit avoir vu *(sic)* dans une fleur de Scabieuse prolifère.

Le *Nymphea alba* présente quelquefois aussi des adhérences plus ou moins grandes de ses étamines avec le pistil. Toutefois, il faut observer que ce que l'on a pris, dans la plupart des cas, pour des adhérences avec le pistil, ne sont, le plus souvent, que le résultat de l'union des étamines et des pétales adhérents au torus ; mais ils se détruisent après la floraison, et le torus qui enveloppe le fruit se trouve marqué de leurs cicatrices (De Candolle).

Enfin, dans le genre *Raspalia,* le pistil est bien réellement adhérent aux étamines, mais en même temps à la corolle (Ad. Jussieu).

Nous avons souvent trouvé, particulièrement toujours sur le même oranger, des ovaires multiples résultant évidemment de la séparation des carpelles (excès d'exastosie), mais aussi chez lesquels des filets staminaux étaient restés adhérents à l'ovaire. Après la floraison, ces filets, d'ailleurs privés d'anthère, apparaissaient sur l'ovaire avec la couleur blanche qui les caractérise ; mais peu à peu ils ont revêtu la couleur verte des carpelles, ou plutôt du torus, tellement qu'il était difficile alors de les considérer autrement que comme des carpelles rudimentaires.

SÉPALES, PÉTALES, ÉTAMINES ET PISTILS. On peut dire d'une manière générale que les défauts d'exastosie centripète qui font que les pistils restent unis au calice ne peuvent avoir lieu qu'autant que certaines conditions sont remplies, savoir : 1° que les pièces du calice sont unies ensemble de façon à former un tube plus ou moins prononcé ; 2° que la corolle et les étamines sont elles-mêmes unies ensemble et avec le calice ; 3° enfin, que les carpelles sont unis entre eux ou réduits à l'unité. Voilà pourquoi, sans doute, il a été si difficile de rencontrer ce phénomène à l'état tératologique. Mais toutes ces adhérences se trouvent normalement avoir lieu dans les familles calyciflores ou à fleurs périgynes.

Nous avons cependant constaté une seule fois l'adhérence du calice avec les carpelles dans le *Spirea ulmaria* cultivé dans notre jardin : Le défaut d'exastosie s'était prononcé inférieurement jusqu'au tiers environ de la longueur des carpelles, et des sept carpelles composant le gynécée, trois étaient restés unis entre eux presque dans toute leur longueur.

Ce phénomène ne saurait étonner personne, puisque l'espèce que nous venons de citer appartient à la famille des Rosacées, famille chez laquelle on retrouve presque tous les intermédiaires entre les deux extrêmes des défauts d'exastosie centripète, depuis le Poirier et le Pommier, où le défaut est complet, jusqu'aux Spirées et aux Potentilles, où le défaut d'exastosie a complétement disparu ; mais les Rosiers et les Alchemilles semblent tenir le milieu de ces deux extrêmes en offrant des calices libres et plus ou moins resserrés en godet à leur sommet, et contenant des carpelles tantôt multiples, tantôt solitaires, sans adhérer avec eux (De Candolle).

M. Miquel a observé une fleur de *Salvia pratensis* dans laquelle il y avait défaut d'exastosie entre l'un des stigmates et le lobe moyen de la lèvre inférieure de la corolle (1).

Feuilles et pistils. Enfin, quelques auteurs ont trouvé des pistils unis avec des feuilles. Ainsi, Duhamel a figuré un concombre dont la base était unie à une feuille par son pétiole (2).

M. Moquin-Tandon a donné la description de poires que lui a fournies M. Germain, sur lesquelles adhéraient des feuilles. Ces

(1) Linnæa, t. II, p. 607.
(2) *Physique des arbres*, liv. II, pl. xiv, fig. 324.

poires, unies dès leur jeunesse avec une ou deux des petites feuilles que porte quelquefois le pédoncule, avaient grossi, et, par suite de la dilatation du parenchyme, une désunion s'est opérée; « mais il est resté à la surface de chaque fruit une impression plus ou moins profonde, ayant la même forme que la feuille, à surface rude, mate et de couleur fauve, qui tranche avec la peau lisse, luisante et jaunâtre de la Poire. On voit très-bien dans ces impressions la trace des nervures principales. La cicatrice laissée par la base des feuilles, après leur chute, annonce que ces dernières étaient nées dans le voisinage du fruit et que le pétiole était greffé avec le pédoncule. Les Poires dont il s'agit sont petites et arrondies comme des Pommes; il y en avait beaucoup sur le même arbre. » (Moq.-Tand., *Térat. vég.*, p. 255 et 256.)

Nous avons observé bien des fois des Poires, des Nèfles et des Pommes chez lesquelles on trouvait, sur leur partie renflée, des vestiges de feuilles, et plusieurs fois même nous avons trouvé ces feuilles parfaitement développées, et notamment sur une Poire de Doyenné d'hiver et sur un fruit du *Mespilus germanica*. Mais en examinant attentivement le fruit, on reconnaissait, à l'absence de l'une des divisions calycinales, à une sorte de gouttière à sa place, et à une ligne rugueuse qui partait de la feuille adhérente et se prolongeait jusqu'à la ligne circulaire où devait se trouver la division calycinale, on reconnaissait, disons-nous, que cette feuille n'était autre que le sépale uni seulement à sa partie inférieure, et qui s'était développé à sa partie libre, de façon à former une sorte de feuille. Évidemment, ce phénomène est bien différent de celui que M. Moquin vient de décrire.

Un bien singulier défaut d'exastosie avec prolification nous a été fourni par le *Brassica Napus (fig. 22 bis, Pl. VI)*. C'est une feuille bractéale dont un des côtés était resté uni dans toute sa longueur avec le pédoncule et le dos d'une silique, a. Cette silique ayant assez bien l'apparence d'une feuille, s'était ouverte et présentait sur le bord lié à la feuille bractéale 4 petits corps foliacés qui n'étaient autre chose que des ovules transformés. La nervure médiane portait d'un côté des nervures secondaires; mais une nervure peu éloignée de la médiane, et qui lui était parallèle, portait aussi 5 petites feuilles rudimentaires sous-arrondies et provenant sans doute d'ovules transformés. Enfin du centre de cette silique monstrueuse s'élevait un petit axe porteur de quatre sépales, ou plutôt de 4 pétales sépaloïdes ; car les 4 seules étamines dégénérées et verdâtres que nous ayons trouvées alternaient avec les pièces pétaloïdes. Le tout était terminé par une silicule sousorbiculaire longuement stipitée. Au reste, toute l'inflorescence était formée par des fleurs et des siliques anomales qu'il n'est pas rare de rencontrer dans cette espèce.

§ 3. — Des défauts d'exastosie transversale.

Nous avons désigné ainsi la cause qui fait que des axes qui doivent être naturellement plus ou moins articulés, par suite du verticillisme des organes appendiculaires, arrivent non-seulement à n'être plus articulés, mais encore à ne plus offrir la moindre apparence de verticillisme.

AXES. Pour bien concevoir les effets de l'exastosie transversale, il faut se rappeler que chaque axe ou tige se compose d'organes appendiculaires qui se trouvent espacés les uns des autres par des tubes cylindriques en général, quelquefois prismatiques, auxquels on a donné le nom de *mérithalles* ou *entre-nœuds*, parce que chacune des extrémités d'un mérithalle se trouve renflée en une sorte de nœud auquel sont attachés d'ordinaire les feuilles et les bourgeons.

Lorsqu'à chaque nœud il n'y a qu'une feuille, il est rare que la tige soit bien renflée au point où cet organe prend naissance ; mais lorsqu'au contraire chaque nœud porte deux ou un plus grand nombre de feuilles, alors le nœud est beaucoup plus apparent. Si l'on cherche à briser une tige pourvue de ces nœuds apparents, on remarque que ces points, qui offrent plus d'épaisseur que dans les autres parties de la tige, sont cependant ceux où se fait plus facilement la rupture, qui souvent offre une netteté extrême et ressemble à une vraie désarticulation : d'où le nom de *tiges articulées* donné à certains axes, ou d'*articulation* donné au nœud de certaines tiges où ce phénomène est le plus apparent. Le nœud est regardé comme un point de l'axe où les fibres s'entre-croisent et où le tissu cellulaire se tuméfie, de manière à former une protubérance annulaire, comme on en voit des exemples dans les Graminées. Aug. Saint-Hilaire dit que la facilité avec laquelle certaines tiges se rompent tient vraisemblablement à ce que, dans cet endroit, leur tissu est d'une organisation plus récente, et que là, par conséquent, il doit être plus faible. Ce raisonnement n'est vrai que jusqu'à un certain point, car dans la Vigne, par exemple, le nœud est toujours formé avant le mérithalle qui le surmonte. Cependant, si l'on cherche à casser un mérithalle formé depuis assez longtemps, on voit qu'il ploie ou se déchire sans rupture, tandis qu'au contraire, au nœud inférieur, il se casse net, absolument comme s'il n'était que collé. Il est bien vrai que le nœud coïncide le plus souvent avec ce point de l'axe où se trouve le *nœud vital*, qu'il ne faut point confondre avec le nœud articulaire dont nous parlons, et que ce nœud vital est toujours un point où se trouve une certaine quantité de tissu cellulaire de nouvelle formation qui peut concourir au phénomène de la désarticulation facile ; mais comme 1° les nœuds vitaux ne coïncident pas toujours avec le nœud articulaire ; 2° que ces articulations se présentent dans des parties végétales où l'on ne saurait admettre la moindre trace de nœud vital, il est juste de dire que la rupture facile n'est pas uniquement due à du tissu de plus récente formation. Nous verrons d'ailleurs, par la théorie que nous donnerons de ce phénomène, qu'il est précisément dû à un défaut d'accroissement du tissu en ce point.

Évidemment, il y a là un phénomène particulier qu'il est bon de connaître en détail, et ce phénomène nous paraît être de même nature dans son essence que ceux que nous avons désignés sous les noms d'exastosies centripète et circulaire ou plane, si ce n'est qu'ici l'exastosie se fait dans une autre dimension de l'étendue, c'est-à-dire transversalement (*fig.* 1, de, ef, fg, etc., Pl. IV), et que le phénomène n'est, dans bien des cas, jamais aussi complet que dans les autres exastosies, pour des raisons que nous chercherons à développer plus loin. Il est aussi sujet à des défauts que nous devons examiner.

Si l'on n'y prenait garde, on pourrait confondre l'exastosie centripète, qui sépare les axes d'un ordre plus élevé ou les organes appendiculaires les uns des autres, avec l'exastosie transversale ; mais on concevra nettement la différence qui existe entre elles, si l'on observe que cette dernière a pour effet de déterminer transversalement dans les axes ou au point de jonction des organes appendiculaires ou axiles aux autres axes, la formation de points où la cohérence est beaucoup plus faible que dans d'autres. Il y a donc là comme une sorte de séparation naturelle, d'individualisation incomplète sans doute, mais qui, comme toutes les autres séparations, méritent la même dénomination, chaque intervalle compris entre deux nœuds étant un individu élémentaire capable de reproduire le végétal, ou tout au moins de constituer un *organisme* ou individualité concourant aux fonctions de la vie générale des végétaux.

Il y a des plantes chez lesquelles cette exastosie transversale des axes se multiplie considérablement; telles sont les Caryophyllées, les *Begonia*, etc., dans lesquelles les nœuds ou articulations sont très-rapprochés.

Chez d'autres, au contraire, cette exastosie semble à peine y exister; aussi les entre-nœuds sont-ils souvent très-éloignés les uns des autres.

Quoique nous n'ayons pas l'intention de confondre le phénomène qui éloigne (*diastasie*, de διάστασις, distance) ou qui rapproche (*plésiasmie*, de πλησιασμός, rapprochement) les parties verticillées, cependant, il faut remarquer que ces deux phénomènes sont, jusqu'à un certain point, en relation intime avec le phénomène de l'exastosie transversale. En effet, nous sommes persuadé que l'état normal, ou plutôt l'arrangement type des parties sur l'axe est le verticillisme : ce qui nous paraît prouvé par l'opposition constante des cotylédons; l'opposition de la plupart des feuilles primordiales, qui deviennent alternes plus tard; le retour à l'opposition, dans un grand nombre de cas, des organes d'abord alternes sur la tige, et surtout le verticillisme des parties florales. Or, on peut admettre qu'une tige est articulée plus ou moins au point d'où émergent des feuilles verticillées, et par conséquent l'exastosie y est dans un état sensible, tandis qu'au contraire, là où il n'y a qu'une seule feuille, l'articulation est bien moins prononcée. Les Géraniacées, les *Begonia*, les Vignes et les Graminées nous offrent cependant des exceptions remarquables sur lesquelles nous reviendrons plus tard. Par conséquent, lorsqu'une plante porte un axe sans articulation ou sans nœud un peu apparent, c'est que l'exastosie transversale fait défaut, et ce défaut est le plus souvent dû à la diastasie, phénomène qui a pour objet d'écarter des parties qui devraient être posées sur une même ligne circulaire.

Il nous faudrait donc entrer dans quelques détails sur ce singulier phénomène; mais comme nous y reviendrons plus tard, nous nous bornerons à dire que lorsqu'une tige porte des feuilles verticillées, organogéniquement et physiologiquement il faut concevoir autant d'individualités plus ou moins composées qu'il y a d'éléments dans le verticille; que chacune de ces individualités peut avoir des croissances pour ainsi dire indépendantes les unes des autres, et qu'au lieu de se développer toutes sur une même ligne circulaire, elles se séparent toutes d'après un ordre que nous apprendrons à connaître, et une fois cet ordre établi, sauf les exceptions que nous indiquerons, les organes naissent et se disposent d'après le même ordre, probablement en vertu d'une *prédisposition organique* dont aujourd'hui il serait absolument impossible de dire la cause.

Mais puisque les phénomènes de diastasie et de plésiasmie sont concomitants avec l'exastosie transversale, on pourrait, jusqu'à un certain point, s'en servir pour mesurer d'une manière relative la force exastosique transversale. Ainsi, lorsque nous voyons les articulations se rapprocher beaucoup en donnant de courts mérithalles, il est évident que cette force est bien plus prononcée, ou plutôt multipliée, que dans un axe qui n'offrira des articulations ou des nœuds qu'à des distances très-éloignées les unes des autres. Quelle différence, en effet, n'y a-t-il pas entre un axe d'œillet, qui peut mesurer quelques centimètres, et l'axe du *Cyperus papyrus*, qui peut mesurer jusqu'à quatre mètres? Parfois il arrive que la multiplicité des nœuds se fait aux dépens de l'intensité de l'exastosie : par exemple, le *Syringa vulgaris* a des feuilles opposées d'ordinaire, quelquefois verticillées, et le nœud présente une sorte de résistance à la cassure ; mais comme on rencontre assez fréquemment des axes où les feuilles ne sont plus opposées, on peut s'assurer que, toutes choses égales d'ailleurs, la difficulté que l'on éprouve à casser la tige aux nœuds est bien augmentée par le fait de la diastasie, c'est-à-dire de l'éloignement des parties, et cela se conçoit sans peine, puisque deux exastosies viennent au même point de l'axe concourir au même effet. Il faut donc considérer comme un défaut d'exastosie transversale l'état dans lequel se trouve un nœud qui, au lieu d'avoir deux ou trois feuilles verticillées, n'en a plus qu'une par le déplacement des autres ; mais il faut remarquer alors que ce que l'on perd en intensité se trouve compensé par la quantité. Cet état de choses présente à notre esprit une assez grande différence pour que nous ayons cru devoir établir une certaine distinction à faire entre le mérithalle qui n'est limité à ses deux extrémités que par une feuille, et le mérithalle limité par deux ou trois feuilles à chacune de ses extrémités. Nous avons proposé de nommer *mérithalle* le premier et *entre-nœud* le second, puisqu'il n'y a, le plus souvent, un véritable nœud que dans ce dernier cas (1). Seulement, alors il ne faudrait pas confondre le nœud articulaire, qui signifierait renflement de la tige et entre-croisement des fibres à ce point, avec le *nœud vital,* qui se trouve au point même de l'axe où se forme la feuille ou quelquefois un peu au-dessus.

Feuilles. On sait que les feuilles composées sont très-souvent articulées à la base de chacun des éléments qui les composent, et c'est même la facilité plus ou moins grande avec laquelle se fait la désarticulation qui est l'indice de la perfection plus ou moins grande de l'exastosie transversale. Or il arrive souvent que des feuilles ou des folioles qui auraient dû se trouver composées sont complétement entières, et dans ce cas, bien évidemment, les parties qui sont restées unies ne sauraient offrir l'exastosie transversale, et si l'on est habitué à voir dans une espèce les feuilles composées, lorsque par hasard on les trouvera plus simples, ce ne sera que par défaut d'exastosie quelquefois circulaire et transversale. Ainsi, ce défaut se retrouve dans quelques feuilles de Fraisier et est l'état normal du *Fragaria vesca monophylla.* Dans les exemples de *Gleditschia ferox*, où nous avons signalé des portions de feuilles qui ne s'étaient pas transformées en folioles, ou des portions de folioles qui ne s'étaient pas transformées en foliolules, il faut bien reconnaître un défaut d'exastosie transversale, et ainsi de beaucoup d'autres espèces. Il est bien important de remarquer que ce défaut, quoique concomi-

(1) Études sur le développement des mérithalles ou entre-nœuds des tiges. (*Comptes rendus Ac. sc.*, 1854, juillet, septembre et novembre, et *Bull. Soc. bot. ranc* , septembre 1854 et janvier 1855.)

tant avec le défaut d'exastosie circulaire, ne doit cependant pas être confondu avec lui : le premier désarticule, le second divise seulement les feuilles ; le premier complète ce que le second commence.

SÉPALES. Les sépales, comme les feuilles, sont ordinairement articulés sur l'axe très-court qui les porte ; mais les uns le sont tellement qu'il suffit à la fleur de s'épanouir pour les faire tomber aussitôt : on les nomme *caducs* (Pavot). D'autres, au contraire, loin de tomber à la floraison, non-seulement sont *persistants* (Labiées), mais même s'accroissent à mesure que le fruit approche de la maturité, comme on le voit dans le *Physalis alkekengi* (calice accrescent).

On remarque que presque toujours, quand le calice est monosépale, il persiste après la fécondation, et très-souvent même il accompagne le fruit jusqu'à l'époque de sa maturité. On peut donc déjà regarder les calices monophylles comme offrant des défauts d'exastosie transversale relativement aux calices polyphylles, et à plus forte raison aux calices caducs. De sorte qu'on peut dire que le défaut d'exastosie circulaire dans les verticilles calicinaux a pour effet de déterminer un défaut d'exastosie transversale, et ce défaut est encore augmenté s'il y a aussi défaut d'exastosie centripète, car alors le calice peut être adhérent aux carpelles (Pommes, Poires, etc.), et dans ce cas on comprend qu'il ne doive tomber qu'avec le fruit, qu'il recouvre toujours plus ou moins.

PÉTALES. Ce que nous venons de dire des sépales ne s'applique que jusqu'à un certain point aux pétales, car le défaut d'exastosie circulaire n'est pas toujours une cause de défaut d'exastosie transversale. Cependant, on peut remarquer que si l'on rencontre des corolles persistantes, c'est-à-dire ne tombant pas après la floraison, c'est plutôt parmi les corolles monopétales, comme on peut le voir dans certaines espèces de la famille des Solanées, et surtout dans les corolles marcescentes des Campanulacées, quoique les corolles polypétales présentent aussi quelquefois ce phénomène *(Hypericum)*.

On rencontre assez fréquemment des corolles de *Sambucus nigra* qui persistent encore longtemps après la floraison, bien que la baie soit arrivée au volume qu'elle doit avoir à la maturité.

Quelques-unes même persistent jusqu'à l'époque où la baie commence à noircir, alors que les autres corolles tombent avec la plus grande facilité. Des fleurs de Poirier nous ont offert des phénomènes analogues, que nous avons cru devoir regarder comme un défaut d'exastosie transversale.

Étamines. Les étamines sont en général peu susceptibles de défauts d'exastosie. Cependant les adhérences, soit entre elles, soit avec la corolle, ont toujours pour effet de retarder un peu leur chute. Ainsi, dans les *Hypericum*, de ce que les étamines sont libres de toute adhérence avec les corolles, elles tombent peu de temps après l'anthèse, tandis que les pétales persistent en se desséchant, comme on peut le remarquer surtout dans l'*Hypericum amplexicaule*; au contraire, dans les Malvacées, famille assez voisine des Hypéricinées, les étamines étant unies avec la base de la corolle, elles sont obligées d'attendre que la corolle se détache pour tomber avec elle en formant une seule pièce.

Carpelles. C'est surtout pour les carpelles que les adhérences deviennent une cause de défaut d'exastosie transversale. Par exemple, les carpelles des Spirées, libres, peuvent tomber chacun séparément, à la manière des gousses; mais dans les fruits où les carpelles, unis entre eux, sont enfermés dans le calice, adhérent lui-même aux carpelles, l'exastosie transversale de chaque carpelle fait défaut, et ce n'est plus que par une articulation unique que les carpelles se détachent, constituant dans leur ensemble le fruit désigné sous les noms de *Mélonide* et *Péponide* (Pommes, Poires, Melons, etc.).

Le même effet peut être produit par un développement exagéré du *torus*, qui, en enveloppant les carpelles, les tient unis entre eux, et au lieu d'avoir chacun son exastosie transversale, il n'y en a qu'une générale, qui permet à l'ensemble de se détacher de l'arbre. C'est dans le fruit désigné spécialement sous le nom d'*Hespéridie* (Orange) et dans les capsules de Pavots que ce dernier défaut se rencontre.

Enfin, quelquefois même au lieu où la séparation aurait dû se faire, on observe que l'articulation est des plus difficiles à se prononcer; qu'elle s'est en quelque sorte lignifiée, et que ce n'est que bien au-dessous de l'articulation normale que le fruit se détache. C'est ce qui arrive particulièrement à certaines Poires mal venues, mais qui néanmoins ont atteint à une maturité aussi complète que possible, et qui, en se détachant de l'arbre, emportent une certaine portion de l'axe, offrant même un ou plusieurs bourgeons déjà bien développés.

SECTION II. — DES EXCÈS D'EXASTOSIE.

De même que l'exastosie nous a offert des défauts ou des conditions dans lesquelles elle a disparu, de même il y a des conditions particulières où elle est en excès, où elle se multiplie. C'est donc une propriété exactement contraire à celle que nous venons d'étudier, et qu'il est important de passer en revue. M. Moquin-Tandon lui a donné le nom de *disjonction*. Comme pour l'étude des défauts d'exastosie, nous diviserons cette section en plusieurs paragraphes qui comprendront successivement : 1° les *excès d'exastosie circulaire* ou *plane*; 2° les *excès d'exastosie centripète*; 3° les *excès d'exastosie transversale*.

§ 1. — Des excès d'exastosie circulaire ou plane.

Bien souvent les organes appendiculaires qui ont une forme et une manière d'être à peu près toujours semblables présentent çà et là des anomalies qui appartiennent à la classe de phénomènes qui nous occupent; nous allons les examiner dans chaque série particulière d'organes appendiculaires.

COTYLÉDONS. Nous n'avons jamais eu l'occasion de voir le seul cotylédon des monocotylédones se diviser en 2 parties à la manière des dicotylédones, et nous ne sachions pas qu'une pareille observation ait été faite. Peut-être cela tient-il à ce que ces cotylédons, plutôt hypogés que les 2 cotylédons des autres phanérogames, ne sont pas si journellement observables. Quoi qu'il en soit, nous sommes disposé à croire qu'il doit y avoir des cas anomaux qui simulent, sous ce rapport, des embryons dicotylédonés. Peut-être le genre *Dioscorea*, qui offre des feuilles opposées, donnerait-il lieu à des observations de ce genre.

Quant aux dicotylédones, il n'est pas rare de leur trouver 3 cotylédons au lieu de 2. Quelquefois l'exastosie ne s'est prononcée que de façon à faire croire à un dédoublement; mais d'autres fois

I.   10

l'exastosie est telle que non-seulement les cotylédons sont véritablement verticillés par 3, mais même aussi par 4 (Acer). Voici quelques genres ou espèces où nous avons observé ce phénomène : *Daucus Carota*, *Angelica archangelica*, *Acer pseudo-platanus*, *Vitis*, *Ribes*, *Spinacia*, *Mercurialis*, *Escholtzia crocata*, *Brassica*, *Raphanus*, etc. Nous avons figuré deux de ces anomalies trouvées sur le *Calendula officinalis*, *fig.* 13. Dans l'un B, c, l'exastosie est complète ; dans l'autre A, c′ elle est incomplète ; mais un des cotylédons est fortement divisé en deux parties.

Pl. V.

C'est encore par excès d'exastosie circulaire ou plane que chacun de ces cotylédons peut offrir deux ou trois lobes plus ou moins prononcés, et ce phénomène s'est présenté à nous si fréquent que nous nous demandons si tous les cotylédons ne seraient pas susceptibles d'être parfois affectés de ce genre d'anomalie.

Ainsi, nous avons vu bien des fois les cotylédons de la carotte, simples d'ordinaire, offrir 2 et 3 lobes, souvent très-profonds. Nous avons pareillement observé les mêmes anomalies sur les cotylédons du Persil, du Cerfeuil, des Épinards, des Soucis, de la Tomate, etc., quoique moins fréquemment que sur les cotylédons de la première plante. On sait que ces cotylédons trilobés anomaux sont normaux dans le *Lepidium sativum*, *l'Erodium pimpinellæfolium*, etc. (1).

Feuilles. Quand une feuille a l'habitude de se présenter dans un grand état de simplicité, et que cependant elle offre de temps à autre des lobes ou des folioles, on est en droit de regarder le phénomène comme une anomalie produite par excès d'exastosie. Il y a des plantes dont les feuilles offrent presque en égales proportions les anomalies que nous venons de signaler et les feuilles parfaitement simples. Déjà, dans ce cas, on ne regarde plus les feuilles plus ou moins modifiées par des lobes ou des laciniures comme des anomalies, et l'on se contente quelquefois de désigner les plantes sous le nom spécifique d'*hétérophylles*. Par exemple, que dans le *Syringa persica* on aperçoive quelques feuilles trilobées ou même laciniées, on les classera dans la catégorie des feuilles anomales par excès d'exastosie et l'on aura raison ; mais

(1) D. C. *Org. vég.* Pl. 49, fig. 3.

si, au contraire, dans le *Syringa laciniata*, dont les feuilles sont
d'ordinaire plus ou moins lobées, on rencontre des feuilles entières, ce seront ces dernières qui constitueront les anomalies produites par défaut d'exastosie.

Enfin, il y a des plantes qui sont véritablement trilobées ou
quintilobées, et chez lesquelles assez fréquemment on retrouve la
feuille dans un grand état de simplicité. (*Vitis, Acer, Cucurbita,
Ribes, Hedera helix*, etc.)

Ce serait donc un sujet d'études intéressantes que de rechercher la proportionnalité des anomalies de l'une ou de l'autre
cause, afin de pouvoir les classer suivant une courbe dont les diverses ordonnées représenteraient la proportion de ces défauts ou
de ces excès d'exastosie, comme nous l'avons fait autre part pour
établir le passage de l'opposition des feuilles à la disposition
hélicoïdale, et le passage du verticillisme par 3 au verticillisme
par 2, etc.

Une observation semblable à celle que nous venons de présenter sur les cotylédons peut être faite sur des feuilles très-simples
et chez lesquelles cependant l'excès d'exastosie est réellement rare à
observer. De ce nombre sont les feuilles de Prunier, de Poirier,
de Pommier, de Cerisier, de Pêcher, de Tabac, de Topinambour,
de Tilleul, etc. Chez les 4 premiers genres, le phénomène est des
plus rares; chez le Pêcher et le Tabac il l'est moins ; dans le Topinambour il est fréquent, mais moins que dans le Tilleul. Nous
ne saurions dire certainement s'il existe une feuille simple qui ne
soit point exposée à cet excès d'exastosie, quoique nous n'ayons
jamais pu trouver de feuilles simples de *Dianthus* offrant la
moindre tendance à la division exastosique.

En 1719, Marchand a fait connaître un exemple, fort rare assurément, de Mercuriale à feuilles laciniées, tandis que la feuille
normale est très-simple (1). Gouan a décrit des feuilles de Gincko
à deux feuilles (*Salisburia andiantifolia*, Sm) qui, indépendamment de la fente moyenne qui les divise naturellement en 2 parties, portaient des fissures accidentelles dans les portions non
fendues du limbe, ce qui en faisait des feuilles à 3 ou 4 lobes (2),

____

(1) *Mém. acad.*, 1719, p. 56.
(2) *Descript. Gincko*, Montp., 1812, p. 5.

et nous-même avons sous les yeux plusieurs exemplaires de ces feuilles anomales. L'une d'elles présente même six grands lobes, chacun d'eux étant lui-même crénelé à son sommet, *fig.* 14. Ces feuilles ont au moins deux fois les dimensions des feuilles ordinaires.

Nous avons aussi conservé quelques exemplaires de tiges de Pommier ayant plusieurs de leurs feuilles laciniées et une feuille de *Linaria Cymbalaria* véritablement composée de 5 folioles, *fig.* 15, a. Or on sait que les feuilles ordinaires de cette espèce sont réniformes et seulement quintilobées, *fig.* 15, b. Contrairement à celle du Gincko, cette feuille composée est restée beaucoup plus petite que la feuille normale.

Nous avons sous les yeux un grand nombre de feuilles de *Phaseolus* qui offrent la diversité la plus grande d'anomalies passant à la feuille quintifoliolée. Ici c'est une foliole qui se surajoute seule; là, cette foliole n'est qu'en partie détachée de la feuille de laquelle elle procède. Dans cette autre, nous voyons les 2 anomalies précédentes réunies; maintenant, nous trouvons une feuille à 5 folioles, mais les 2 folioles supérieures de droite sont restées unies jusqu'aux 3/4 de leur hauteur. Cette autre anomalie nous montre 2 folioles libres au-dessous d'une troisième, grande, irrégulièrement trilobée. Celle-ci porte 4 folioles très-irrégulières : 2 très-petites opposées, falciformes, toutes deux en sens contraire et ne paraissant formées l'une et l'autre que par une demi-foliole; au-dessus une seule foliole gauche, petite, mais entière; son opposée manque; tout le système est terminé par une grande foliole normale. Dans cette autre, nous trouvons deux paires de folioles parfaitement opposées, mais la terminale manque. Enfin cette dernière conduit à une feuille quintifoliolée, car les 5 folioles existent parfaitement formées; mais l'une des dernières formées, c'est-à-dire des plus bas posées sur le rachis, est beaucoup plus petite que son opposée de droite.

Certains *Rubus* sont sujets à des combinaisons aussi variées, que nous ne rappellerons même pas tant elles sont communes. Il en est de même de celles des *Fragaria*, quoique infiniment plus rares. Les Trèfles et un grand nombre de plantes trifoliolées sont plus ou moins dans les mêmes conditions et peuvent, par un excès d'exastosie, passer facilement aux divers états tératologiques que nous venons d'indiquer. G. Bauhin cite un exemple de *Trifolium repens* qui a fourni quatre, cinq, et même sept folioles (1).

Nous avons fait connaître dans une série de mémoires lus à l'Académie des sciences (2) une foule de modifications que nous avons observées sur les feuilles des *Morus, Ficus, Broussonnetia*, etc., parmi les feuilles simples ; et sur les feuilles d'*Heracleum sphondilium*, d'*Angelica archangelica*, de *Clematis vitalba*, etc., parmi les feuilles plus ou moins composées, et nous avons reconnu qu'en principe : *Une feuille est toujours d'autant plus sujette à des défauts ou à des excès d'exastosie qu'elle est plus composée, et réciproquement*. Il serait en effet impossible d'analyser toutes les anomalies que pourrait présenter une seule des feuilles du *Ferula tingitana* ou du *Ligusticum pyrenœum*, dont la composition s'élève à la cinquième, sixième et septième puissance, s'il fallait tenir compte des modifications de chacun des éléments foliolaires. N'est-il pas évident que la nature du terrain, l'état atmosphérique au point de vue de la chaleur et de l'humidité, l'exposition de la plante dans un lieu fortement ou au contraire fort peu insolé, sont autant de causes qui pourront faire varier l'excès ou le défaut d'exastosie ? Il serait donc en quelque sorte impossible de dire, en voyant une de ces feuilles composées, s'il y a excès ou défaut d'exastosie. Il n'y a à cet égard aucun *criterium* certain ; car si l'on considère la feuille au moment de la germination d'une graine, c'est-à-dire la feuille cotylédonaire simple, il est évident que dans toutes les autres on reconnaîtra un excès d'exastosie ; mais si au contraire on la prend dans son plus grand état de composition, on sera tenté de regarder toutes les autres comme ayant subi un défaut d'exastosie.

Cependant, comme la marche générale des actes de la nature paraît être de procéder du simple au composé ; comme d'ailleurs l'organogénie des feuilles nous a démontré que la composition des feuilles suivait cette marche, nous devons regarder la feuille simple comme type de la feuille en général, que des excès d'exas-

---

(1) « Foliis quaternis, quinis, aliquandò septenis donatur. » (G. Bauhin, *Pinax.*)

(2) *Etudes comparées des feuilles dans les trois grands embranchements végétaux. Compt. rend.*, déc. 1860.

tosie de plus en plus prononcés transformeraient en feuilles plus ou moins divisées ou composées. Voilà pourquoi nous avons dû traiter ce sujet avec les excès d'exastosie. On comprend, dans ce cas, qu'il ne peut plus être question de défaut d'exastosie plane quand il s'agit des feuilles prises chacune en particulier.

Essayons quelques applications de ces vues à la constitution de certaines feuilles ; mais établissons d'abord que les feuilles simples peuvent être regardées comme se composant d'après trois systèmes bien distincts, ainsi que nous l'avons établi dans notre travail cité tout à l'heure, savoir : 1° d'après un excès *d'exastosie longitudinale;* 2° d'après un excès *d'exastosie latérale;* 3° et d'après les deux systèmes réunis.

1° *Excès d'exastosie plane latérale.*

A. Nous avons déjà dit, pag. 112, que le *Fragaria vesca monophylla* a presque toutes ses feuilles parfaitement simples. Or cette feuille subit l'influence de l'exastosie, et en vertu du principe de la trisection ou *triplasie* (de τριπλασιος, triple), devient la feuille trifoliolée du *Fragaria vesca* ordinaire et de la plupart de ses variétés. Si l'on cherche avec quelque attention quelles sont de ces trois folioles celles qui ont de la tendance à subir la loi de la triplasie, on reconnaît que ce sont les deux folioles latérales, et cette tendance est indiquée par la formation d'un lobe ou même d'une foliole plus voisine du pétiole, suivant la règle que nous avons indiquée (*loc. cit.*) sur la formation successive des lobes des feuilles du système L < l. Eh bien ! ce qui n'est que tératologiquement indiqué dans le *Fragaria vesca*, est réalisé dans le *Fragaria viridis*, qui est, lui, presque toujours muni de feuilles à 5 folioles. Nous constatons donc ici, latéralement, une véritable exastosie en excès; et, voilà comment en vertu du principe de la triplasie combinée avec un excès d'exastosie latérale, nous arrivons à concevoir le passage successif d'une feuille simple de fraisier aux feuilles trifoliolées des fraisiers ordinaires et aux feuilles *quintifoliolées, latéralement,* des Potentilles, lesquelles continuent cette exagération d'exastosie latérale dans les *Potentilla reptans* et *verna,* où l'on trouve des feuilles *septem* et même *novemfoliolées* dans le *Potentilla intermedia.*

B. Chez les *Alchemilla* on observe à peu près les mêmes phénomènes. L'*Alchemilla vulgaris* offre une feuille simplement lobée ; dans l'*Alchemilla pentaphyllea*, les divisions sont presque à l'état de folioles au nombre de 5, et dans l'*Alchemilla alpina* on en trouve 5, 7, 8 ou 9 soudées à la base, mais dont le mode de génération, semblable à celui des Potentilles, est souvent indiqué par des folioles plus extérieures en voie de formation.

C. Le genre *Helleborus* est capable de fournir de semblables observations en partant de la feuille trilobée de l'*Helleborus trilobus* de Lamarck (*trifolius* de Linné), qui est trifoliolée dans l'*Helleborus triphyllus* (Lamk), et passant par la feuille digitée de l'*Helleborus viridis* et arrivant aux feuilles septem et novemfoliolées des *Helleborus niger* et *fœtidus*, chez lesquelles le mode de formation est évidemment latéral.

Nous pourrions presque indéfiniment multiplier ces exemples, mais ils suffisent pour faire comprendre comment la nature a dû procéder pour passer de la feuille simple à la feuille composée de ce système.

2° *Excès d'exastosie plane longitudinale.*

A. On trouve des feuilles de Framboisier (*Rubus idæus*) qui sont entières, d'autres qui sont trilobées, d'autres trifoliolées ; c'est le premier degré de composition. En continuant les observations on trouve des feuilles trifoliolées dont la foliole terminale se trouve trilobée ; c'est un passage à la feuille *quintifoliolée longitudinalement*, qui est l'état le plus ordinaire de cette espèce et qu'il ne faut pas confondre avec la feuille quintifoliolée de la génération précédente. Enfin, en poursuivant cette sorte de recherches, on rencontre assez souvent des feuilles quintifoliolées avec la terminale trilobée conduisant évidemment à la feuille septemfoliolée que la nature offre quelquefois. Mais puisque c'est toujours la foliole supérieure qui se triple, l'exastosie est donc longitudinale et différente de la précédente. Conséquemment, c'est par excès d'exastosie longitudinale que certaines feuilles simples deviennent successivement tri, quinti, septemfoliolées, etc.

B. Dans le genre *Rosa*, les excès d'exastosie longitudinale peuvent être admis d'après les considérations suivantes. On trouve

dans ce genre tous les nombres impairs intermédiaires entre 3 et
13. Ainsi les feuilles du *Rosa trifolia* sont de 3, 5 folioles; celles
du *Rosa diversifolia, acuminata, miniata,* etc., sont de 3, 5, 7;
celles du *Rosa lucida,* de 3, 5, 7, 9; celles du *Rosa Woodsii,* de
7, 9; celles du *Rosa microphylla,* de 11, 13. Ainsi il y a exagération d'exastosie longitudinale dans les Rosiers à folioles nombreuses, et cette exagération d'exastosie est bien plus marquée
dans les *Poterium* et surtout dans certaines feuilles de Légumineuses.

3° *Excès d'exastosie plane longitudinale combinée aux excès d'exastosie latérale.*

A. Le genre *Spirea* peut nous offrir une excellente série de
modifications propres à démontrer l'exastosie latérale combinée
à la longitudinale. On y trouve en effet presque toutes les compositions. Ainsi le *Spirea prunifolia* porte des feuilles simples
qui commencent à se diviser en 3 ou 5 lobes dans les *Spirea pubescens* et *opulifolia*; déjà composées dans le *Spirea Lindleyana,*
elles commencent à se bicomposer dans le *Spirea aruncus,* et
sont bicomposées et même tricomposées dans le *Spirea acuminata.* Or, en suivant la marche de cette composition, il est impossible que l'on n'y découvre point et l'influence du principe
de la triplasie et l'action des excès d'exastosie longitudinale et
latérale.

B. Les espèces du genre *Bidens* nous offrent aussi dans leurs
feuilles des modifications analogues, desquelles on peut tirer
d'utiles enseignements. Ainsi elles sont simples dans le *Bidens
bullosa.* L'excès d'exastosie commence par les 3 folioles des
feuilles des *Bidens frondosa, pilosa, fastigiata,* etc.; il se continue dans le *Bidens leucantha,* et ces 3 sortes de feuilles se
trouvent réunies dans le *Bidens heterophylla.* Dans le *Bidens
bipinnata,* elles sont bicomposées et établissent un passage à
celles du *Bidens ferulæfolia* qui sont, évidemment, tricomposées.

De ce qui précède on peut établir deux règles assez générales :
1° *Une feuille simple est une feuille plusieurs fois décomposée,*

mais dans laquelle la tendance à l'exastosie ne s'est pas mani-
festée.

2° *Une série de feuilles du même genre étant donnée on peut,*
jusqu'à un certain point, *déterminer la forme de celles qui man-*
quent dans la série.

Par exemple, les feuilles de *Cercis siliquastrum* et *Canadense*
appartiennent au système de génération latérale, à cause de leur
limbe beaucoup plus large que haut et de figure réniforme dus à
une nervation latérale plus prononcée que la longitudinale. S'il
devait se former ou si l'on devait découvrir une espèce à feuilles
composées, nous pourrions presque affirmer que sa composition
serait latérale, dans le genre de celle des Potentilles ou des Lu-
pins, ou tout au moins composée dans le même système que les
Spirea aruncus et *acuminata,* et nullement dans celui des *Rosa*
et *Poterium.*

Pareillement, de ce que les Hellébores ont des feuilles à peu
près latéricomposées, nous pouvons presque prédire que si l'on
trouvait un *Helleborus integrifolius* ou *heterophyllus,* sa feuille
simple serait essentiellement réniforme ou tout au plus cordiforme. On peut encore jusqu'à un certain point prévoir que si la
feuille des *Amygdalus* et des *Persica* venait à se composer dans
une espèce, ce serait plutôt à la manière des *Poterium* qu'à celle
des *Potentilles,* à cause de leur forme elliptique, allongée, due à
une nervation longitudinale.

Il ne faudrait pas cependant regarder ces règles comme très-
absolues ; car, ainsi que nous l'avons vu, il y a des séries de
feuilles chez lesquelles les deux générations peuvent se combiner.
Ainsi les feuilles mêmes des Potentilles appartiennent aux deux
systèmes, puisque nous les avons citées tout à l'heure comme
étant de génération latérale et que certaines Potentilles (*rupes-
tris, stolonifera, glandulosa,* etc.) sont plutôt de génération longitudinale. Mais ces deux systèmes sont tellement différents qu'il
nous paraissent constituer deux caractères assez tranchés pour
former, dans les genres où ils se rencontrent simultanément,
deux sections bien distinctes. Ainsi le genre *Potentilla* peut rationnellement avoir une section à feuilles longicomposées et une à
feuilles latéricomposées.

Quelquefois une seule feuille peut indiquer de suite si dans la série l'on pourra rencontrer les deux systèmes et, partant, indiquer si dans le genre il y aura deux sections à établir sous ce point de vue.

Ainsi, l'inspection de la feuille du *Rubus spectabilis, fig.* 16, nous dévoile 2 ordres de générations : en a et a' la longitudinale à laquelle b et b' appartiennent et qui indique qu'il peut y avoir des espèces *quintifoliolées longitudinalement*, et le *Rubus biflorus* donne raison à cette supposition ainsi que le *Rubus idæus;* mais en b et b' on reconnaît la génération latérale, qui indique qu'il peut y avoir aussi des espèces *quintifoliolées latéralement*, et le *Rubus glandulosa* se charge de démontrer que cette manière de voir est juste.

Maintenant, de ce que la *fig.* 16 réunit les deux systèmes de composition, nous pouvons prévoir jusqu'à un certain point qu'une composition plus élevée, si elle se présente, pourra être à la fois latérale et longitudinale. Or, dans le *Rubus laciniatus,* nous reconnaissons la composition latérale dans ses 5 folioles digitées à la manière des Potentilles, et la composition longitudinale, ou plutôt sa tendance, aux lobes profondément découpés longitudinalement de chacune de ses folioles. Enfin, on peut ne voir, si l'on veut, dans la feuille quintilobée du *Rubus odoratus* qu'une feuille latéralement quintifoliolée dont chaque foliole serait longitudinalement composée comme dans le *Rubus laciniatus*, mais chez laquelle il y aurait défaut d'exastosie de toutes les laciniures, et à une assez grande hauteur, de toutes les folioles. De sorte que, de cette façon, nous arrivons à reconnaître dans la feuille simple du *Rubus odoratus* les 2 systèmes de génération, résultat qui confirme la supposition que nous avons faite sur la manière de comprendre la feuille simple.

Il y a des feuilles chez lesquelles l'intensité de l'exastosie plane est en quelque sorte facile à mesurer. Pour cela il suffit d'observer ce qui se passe sur une feuille composée du système L = 1 pour avoir une idée de la manière de mesurer l'intensité de l'exastosie. Examinons une feuille de *Diclytra spectabilis* ou d'Angélique, et nous trouverons qu'à partir de la base du pétiole et marchant vers le sommet, tous les éléments foliolaires vont se pétiolant de moins en moins, et par conséquent, sont de moins en moins distants ; que les éléments sont d'autant plus décurrents qu'ils sont plus près de l'extrémité ; et que les découpures elles-mêmes sont d'autant plus profondes qu'elles sont observées plus près de la base de la foliole. Il est donc bien clair que, *dans les feuilles composées de ce système, plus les distances sont grandes entre les éléments foliolaires, plus l'exastosie a été prononcée, et réciproquement, plus il y a d'union entre les éléments foliolaires, et moins l'exastosie est prononcée.*

Mais dans les feuilles composées du système L > 1 les choses ne se passent point ainsi et les folioles sont toutes très-sensiblement espacées de la même quantité ; c'est qu'ici l'exastosie est de bonne heure aussi complète que possible, ainsi que l'accuse une articulation bien marquée, qui est souvent accompagnée de la formation d'un bourrelet, de sorte qu'alors il n'est plus possible de prendre pour mesure de l'intensité exastosique ni la longueur des parties du rachis qui séparent chaque paire de folioles, ni leurs pétiolules mêmes, car l'exastosie y est aussi intense que possible, et s'il y a des distances quelquefois variables, cela est dû aux deux phénomènes de diastasie ou de plésiasmie dont nous parlerons plus tard. Quoi qu'il en soit, ce qui se passe ici est tout à fait l'analogue de ce qui a lieu dans les tiges articulées : le nombre des articulations mesure la quantité de ces exastosies parfaites et non l'intensité de l'exastosie partielle ; aussi, de même que pour les tiges, nous avons dit que là où il y a articulation et feuilles verticillées, l'exastosie est plus parfaite que dans les axes sans articulations ou à feuilles hélicoïdées ; de même pour les feuilles du système qui nous occupe, nous pouvons dire que chez les feuilles composées munies d'un bourrelet, l'exastosie est plus parfaite que chez celles qui n'en sont pas pourvues (Rosa), et dans ce cas, plus parfaites que dans les feuilles qui présentent quelques décurrences dans les divisions supérieures (*Jasminum officinale*). Voilà pourquoi nous avons indiqué pour les tiges une méthode pour connaître approximativement le degré de l'exastosie transversale et pour les feuilles composées du système L = 1 une méthode qui paraît bien différente. C'est qu'il faut reconnaître que s'il y a des points nombreux de comparaison à établir entre les feuilles et les axes, ainsi que nous le démontrerons, il y a aussi certaines particularités des feuilles qui les différencient beaucoup des axes.

Il y a un grand nombre de tiges qui ne portent que des feuilles opposées. Lorsque par hasard on rencontre dans le verticille une feuille de plus, comme cela arrive encore assez fréquemment (1), on peut dire qu'il y a excès d'exastosie plane. L'exemple du *Paris quadrifolia,* dont nous avons parlé plus haut, est à coup sûr un des exemples les plus beaux de cette espèce d'exastosie. Comme il importe de revenir sur cette question quand nous traiterons du nombre des parties qui composent les divers cycles hélicoïdaux, nous nous en tiendrons ici à ces quelques idées générales.

Il y a encore excès d'exastosie dans les feuilles que l'on trouve doubles à la place où l'on aurait dû n'en trouver qu'une seule ; mais comme ce cas rentre dans le phénomène tératologique nommé *dédoublement,* nous n'en parlerons qu'un peu plus haut.

Enfin nous devons signaler un des cas les plus curieux d'excès d'exastosie qui se soient offerts à notre observation. Il s'est pré-

Pl. VI. senté sur un jeune pied de *Syringa vulgaris, fig.* 17. Les feuilles parfaitement opposées au sommet de la tige, comme à l'ordinaire, offraient à la base de celle-ci un déplacement des deux feuilles opposées, ce qui est assez fréquent dans cette espèce ; mais l'une des deux feuilles s'était complétement divisée en deux dans le sens de la nervure médiane, de sorte que nous n'avions point un dédoublement de la feuille, mais deux moitiés parfaitement développées l'une et l'autre, de telle façon qu'en rapprochant ces deux moitiés il eût été facile de reconstituer la feuille, et ce qu'il y avait de plus extraordinaire dans ce fait, c'est que chacune de ces deux moitiés avait obéi à la diastasie qui les avait séparées et avait mis entre elles une distance telle qu'à partir de la feuille solitaire, au bas de l'axe, jusqu'aux deux feuilles opposées supérieures, il y avait trois intervalles à peu près égaux. Comme d'ailleurs ces deux moitiés occupaient le côté de l'axe opposé à la feuille solitaire, il ne nous est resté aucun doute sur la nature du phénomène.

Au reste, un pareil excès d'exastosie s'est aussi présenté sur

---

(1) Voir notre mémoire intitulé : *Recherches sur le nombre des parties composant les divers cycles hélicoïdaux,* etc. *Compt. rend.* Inst., sept. 1855.

une feuille du *Convolvulus Batatas;* seulement l'exastosie ne s'était prononcée que jusqu'à la base du limbe de la feuille.

Un phénomène de ce genre, peut-être plus curieux encore, c'est celui que nous avons observé sur une feuille de Vigne. Celle-ci était formée d'un lobe médian et des deux lobes latéraux droits; les deux lobes latéraux gauches manquaient, mais à leur place on trouvait 2 cornets accolés : l'un plus petit que l'autre, *fig*. 23, et qui étaient évidemment les 2 lobes transformés. Les 2 nervures principales de ces 2 lobes étaient restées unies et formaient comme une sorte de pétiolule aplati, surtout vers le sommet, lequel s'était contourné de façon à porter le petit cornet représentant le petit lobe à la place du plus grand, qui était représenté par le grand cornet.

Quelquefois le défaut et l'excès d'exastosie plane peuvent se rencontrer simultanément. Ainsi l'on trouve quelquefois des feuilles chez lesquelles l'excès d'exastosie a augmenté le nombre des parties que le défaut d'exastosie a empêché d'être séparées les unes des autres. Les exemples du *Calendula officinalis* que nous avons représentés *fig*. 13, A et B, sont de nature à démontrer dans les cotylédons c, un excès d'exastosie, *fig*. B ; un excès d'exastosie en c et c', *fig*. A, puisqu'il y a un élément de plus, et défaut en c' puisque l'exastosie n'est que partielle. De même pour les feuilles excès quant au nombre, mais défaut quant à leur séparation f f f, B ; ou f', A. Enfin excès dans les autres feuilles qui sont verticillées par trois ; exemple remarquable dans une espèce où les feuilles sont d'ordinaire alternes.

Sépales. Lorsque dans un calice ayant d'ordinaire un certain nombre de sépales, 4, par exemple, on en voit apparaître un ou deux surnuméraires, on a l'habitude de les attribuer à une chorise ou dédoublement ; mais nous avons déjà dit combien il était difficile de savoir s'il y avait véritablement chorise. On est bien plus certain de son fait en avançant qu'il y a alors exastosie exagérée ; ce qui veut dire que dès le principe la petite masse de tissu cellulaire ou phytogène général s'est, par la force exastosique, divisée en 5 ou 6 parties au lieu de 4, ce qui n'est pas la même chose que supposer 4 parties dont 2 se sont ultérieurement dédoublées pour porter le nombre à 6.

Les Liliacées sont ordinairement constituées de façon à avoir un périanthe formé par 2 verticilles de 3 parties chacun. Or il n'est pas rare de rencontrer des fleurs présentant 7, 8, 9, 10 et même 12 sépales (1).

Pour fortifier dans l'opinion qu'il est peut-être très-hasardeux d'attribuer un semblable phénomène à un ou plusieurs dédoublements de sépales, c'est que plusieurs opinions peuvent être émises pour l'explication de ces monstruosités, opinions toutes aussi vraisemblables les unes que les autres, savoir :

1° Exastosie circulaire exagérée dans la petite masse de tissu cellulaire qui a porté le nombre des exastoses ou sépales de 6 à 12 ;

2° Chaque exastose ou sépale a pu se dédoubler et porter aussi le nombre à 12 ;

3° Deux fleurs résultant du dédoublement incomplet d'une seule à 6 parties ont pu n'en former qu'une seule à 12 parties ;

4° Le bourgeon floral à sa naissance a pu se tripler d'abord, puis les 3 fleurs se fondre en une seule et donner lieu aux 12 sépales, absolument comme nous avons vu les trois fleurs du Prunier, *fig.* 2, se fondre en une seule et donner les parties que nous avons décrites page 111.

La première des hypothèses seule dit le fait pur et simple et ne préjuge rien des dispositions antérieures à l'apparition des parties : voilà pourquoi nous la préférons. Les 3 autres peuvent prendre naissance dans des conditions différentes et donner lieu au même phénomène, et alors on peut attribuer le fait à un phénomène qui ne l'a pas causé.

M. Gay a observé un *Colchicum autumnale* qui avait le calice fendu en 4 parties, presque jusqu'à la base ; 3 de ces parties étaient simples, formées d'un onglet long et filiforme et d'un limbe lancéolé, avec ou sans étamine à sa base ; la 4e partie était formée des trois autres éléments calicinaux, avec un seul onglet pour les 3 limbes et 3 étamines. C'était presque l'état normal du calice à 6 divisions profondes rétrécies en onglet des *Merendera* et des *Bulbocodium*, de la même famille que le Colchique.

On a fait plusieurs hypothèses tendant à expliquer organiquement la formation de la couronne des Narcisses. L'étude des

(1) Engelmann, *De Antholysi prodromus*, p. 20.

excès d'exastosie circulaire nous a fourni l'occasion de faire, sur cette couronne, une hypothèse qui exprimerait assez bien le fait naturel. Dans l'exemple que nous avons sous les yeux d'une fleur de *Narcissus poeticus* qui s'est doublé, *tout en conservant sa double couronne*, mais avec quelques modifications, nous trouvons les 6 divisions internes libres jusqu'à leur base, qui se termine en un onglet verdâtre. Chaque division est formée par un cornet déprimé, ayant en petit la forme d'une hotte (*fig*. 9, c), dont le grand bord ou languette blanche formait la partie externe du nouveau cercle de sépales, alors que le petit bord était crénelé de pourpre, absolument comme la couronne naturelle, et formait la partie interne qui, au premier abord, simulait une seconde couronne interne; ce n'est qu'en les examinant de plus près que nous nous sommes aperçu que les sépales étaient libres et rappelaient un peu, moins les organes sexuels, certaines fleurs ligulées des Synanthérées. Si l'on suppose un défaut d'exastosie circulaire entre toutes ces parties, on aura reconstruit par la pensée la couronne ordinaire des Narcisses. Pour nous donc, une fleur de narcisse résulte de l'union, par la base et par les côtés, de 6 cornets pétaloïdes; mais en même temps que l'adhérence se produirait par les côtés, il y aurait exastosie entre les parties internes et les parties externes. En un mot, dans notre anomalie, l'exastosie a changé de nature : elle a cessé d'être centripète et est devenue circulaire; tandis que, dans l'état normal, l'exastosie est centripète et non circulaire. — Mais si chaque sépale est un cornet que le défaut d'exastosie détruit et transforme en sépales et en couronne, il arrivera que, lorsque la fleur doublera, souvent aussi la couronne doublera, et c'est ce qui a lieu dans la variété double du *Narcissus pseudo-Narcissus*. Enfin ce qui semble confirmer cette manière de voir, c'est que dans le même exemple l'un des sépales externes était libre et était constitué exactement comme les sépales internes; et que d'après la fig. 9, a et b, pl. V, on peut voir que les parties pétaloïdes de cette fleur ont une grande tendance à se transformer en cornet. Du reste, la fleur était munie d'étamines et d'un pistil comme la fleur normale.

Les excès d'exastosie circulaire affectant les calices sont assez fréquents : Weinmann a cité un *Primula elatior* dont les divisions calicinales descendaient jusqu'à la base (1). Engelmann a signalé le *Symphytum officinale* et le *Gentiana campestris* comme ayant offert la même exastosie (2).

Il n'est pas rare de trouver des calices de *Syringa vulgaris* et *persica* à 5 dents ; des calices de *Fuchsia* à 5 parties ; des calices de Jasmin à 6 parties ; de Clématite, Renoncules, etc., à 6, 7 et 8 parties. Enfin nous avons dressé la liste d'un grand nombre de dicotylédones dans lesquelles les fleurs de 5 parties, dans la majorité des cas, étaient devenues à 6 parties ; mais dans notre opinion c'est plutôt un retour au type normal qu'un excès d'exastosie (3). Mais si l'on trouve 7, 8, 9 parties au calice, il y a véritablement excès d'exastosie, à moins qu'il n'y ait fusion de plusieurs fleurs ou dédoublement, comme cela peut avoir lieu par exemple dans la fleur des *Lycopersicum*. Chez les Fraisiers, où le nombre sept se rencontre quelquefois dans les parties calicinales, il n'y a le plus souvent qu'excès d'exastosie ou chorise. Les Campanules, les Abricotiers, Amandiers, Pêchers, *Berberis*, *Lythrum*, etc., nous ont offert des exemples de 7 parties au calice, et par conséquent, d'excès d'exastosie. Le nombre de ces exemples pourrait être considérablement augmenté, mais nous nous bornons à ceux que nous venons de signaler.

Disons seulement que l'addition d'une partie aux 5 divisions du calice des dicotylédones ordinaires constitue le nombre normal des Polygonées, Magnoliacées, Ébénacées, Berberidées, Lythrariées, et que dans ces familles, s'il y a défaut d'exastosie d'une partie calicinale, nous nous retrouvons dans l'état normal des autres dicotylédones.

Si nous examinons les sépales des Rosiers, nous en trouvons qui affectent un état de simplicité extrême, particulièrement dans les *Rosa canina*, *Bengalensis*, etc., et d'autres qui sont réellement composées à la manière des feuilles : il y a donc ici excès d'exastosie plane, laquelle s'est présentée plusieurs fois composée de façon à former une *bicomposition* que nous n'avons cepen-

(1) *Phylanth.*, 832, e.
(2) *De Antholysi*, p. 41, t. I, fig. 1.
(3) *Recherches sur le nombre type des parties de la fleur des dicotylédones.* (*Compt. rend. Ac. sciences.* Juillet 1855, et *Bull. Soc. bot. France*, juin 1855.)

dant jamais rencontrée dans les feuilles de la même espèce (*Rosa gallica, fig.* 18).

M. Engelmann fait justement observer que lorsque l'excès d'exastosie se prononce dans les fleurs à calice supère, celui-ci devient infère (*Campanula persicæfolia, Torilis anthriscus, Athamantha cervaria, Daucus carota*). Le caractère de la fleur est donc souvent changé. M. Moquin-Tandon dit avec raison que, dans certaines circonstances, l'anomalie est assez grave pour en imposer aux botanistes, au point de leur faire méconnaître les espèces. C'est ainsi qu'un *Primula officinalis*, à calices divisés jusqu'à la base, a été considéré par un savant botaniste comme une nouvelle Primevère (*Primula Perreiniana*). M. Moretti a fait connaître cette monstruosité et cette erreur. (Moq. Tand.)

PÉTALES. Ce que nous venons de dire sur les sépales peut s'appliquer généralement aux pétales, et les deux phénomènes semblent d'ordinaire ne pas marcher l'un sans l'autre. Cependant on peut compter d'assez nombreuses exceptions à cette règle : telles que des corolles de Fraisiers, d'Abricotiers, de Pruniers, de *Sambucus*, de Renoncules, de *Primula elatior*, surtout dans ses variétés cultivées, et de *Primula auricula*, etc., chez lesquelles on rencontre fréquemment un élément de plus, sans pour cela que le calice participe à cet excès d'exastosie.

Les Anémones, les Œillets, le *Plumbago Europœa*, le *Jasminum grandiflorum*, le *Pelargonium zonale*, le *Saponaria officinalis*, l'*Hibiscus Syriacus*, ont offert à M. Moquin-Tandon des corolles ayant un pétale surnuméraire.

Dans le mémoire précédemment cité, nous avons indiqué un grand nombre de corolles ordinairement à 5 pétales, qui étaient arrivées au nombre 6. L'addition d'une partie surnuméraire aux corolles normales qui ont 5 pétales constitue le nombre type et habituel des Anonacées, des Ébénacées, des Berberidées et des Lythrariées; par contre, le défaut d'exastosie d'une partie de la corolle, dans les espèces de ces familles, nous fait retomber dans le nombre normal des dicotylédones, nombre que nous distinguons du nombre *type* qui, pour nous, est de 6 parties.

Quelquefois l'excès d'exastosie se fait de façon à prendre une forme fasciculaire, c'est-à-dire qu'un faisceau ou une houppe de pétales tient la place d'un pétale normal. Nous regrettons que le savant auteur des *Éléments de tératologie végétale*, qui a reproduit cette idée de De Candolle, ne nous ait pas donné d'exemples à l'appui de ce fait. Car celui que cite De Candolle, de Primevères dont les étamines, au lieu de se changer en doublant en un pétale unique, se transforment en une houppe de pétales réunis par la base, quoique appartenant aux excès d'exastosie, est un phénomène plus complexe que celui que nous étudions ici. (D. C. *Mém. Soc. d'Arcueil*, vol. 3, p. 397.) Pour nous, nous n'en connaissons pas un seul fait bien avéré, et pourtant il eût eu son importance (1); car il aurait pu faire considérer les Labiées et les Scrophularinées, par exemple, autrement qu'on ne les considère. Ainsi s'il était prouvé que des pétales naquissent plusieurs ensemble en formant un groupe fascié, on pourrait dire que, dans les familles sus-énoncées, l'état normal de la fleur est d'être à 2 pétales, l'un porté à 2 divisions fasciées par dédoublement ou diplasie, l'autre porté à 3 divisions fasciées par triplasie, ce qui simplifierait le rapport du nombre des parties de la fleur avec celui des feuilles. Alors on dirait que les feuilles qui sont opposées en croix se modifient sans changer de nombre dans les parties de la fleur ; que le calice est formé de deux sépales fasciés par dédoublement et triplasie comme la corolle ; celle-ci de 2 pétales modifiés comme nous l'avons dit, et les 4 étamines didynames recevraient à leur tour une explication satisfaisante de leur manière d'être en les considérant comme un verticille interne ayant subi, jusqu'à un certain point, l'influence qui a déterminé la formation des 2 parties de la corolle, c'est-à-dire qu'il n'y aurait aussi que deux étamines alternant avec les 2 pétales ; mais chaque étamine se serait dédoublée pour constituer 4 étamines qui ne seraient devenues didynames que parce que 2 appartiennent à la plus grande évolution, c'est-à-dire au grand pétale, et 2 à la plus petite évolution ou au petit pétale, et cette hypothèse se trouverait en quelque sorte justifiée par leur position alternante avec les 2 pétales. Enfin s'il survenait une 5ᵉ étamine, comme on en a des exemples dans les pélories d'*Antirrhinum*, de *Digitalis* ou de *Linaria*, rien n'empêcherait d'ad-

(1) Peut-être l'exemple du *Calystegia pubescens*, que nous donnons plus haut, rentrerait-il dans ce genre de multiplication ; mais nous n'en sommes pas suffisamment sûr pour l'affirmer.

mettre qu'il y a un élément staminal surnuméraire par excès d'exastosie, comme cela arrive aux autres verticilles.

Hâtons-nous de dire pourtant qu'avec les idées reçues, rien n'autorise une semblable manière de voir, du moins jusqu'à présent, si ce n'est que nous n'avons pas d'exemples qui aient pu nous démontrer que dans ces plantes la corolle se soit trouvée être à 6 parties, et que par conséquent le nombre 5 n'est plus en rapport ni avec le nombre 2 des feuilles opposées, ni avec le nombre 3 qui se rencontre quelquefois dans le verticille anomal de quelques Labiées telles que le *Salvia splendens* et le *Teucrium pyrenaicum*. Au reste, nous reviendrons sur cette discussion à propos des chorises.

C'est surtout dans les corolles monopétales que l'excès d'exastosie circulaire peut être facilement observé, car on rencontre quelquefois ces corolles avec le caractère des fleurs polypétales, ou quelquefois présentant un seulement ou deux pétales libres.

De Candolle a représenté diverses fleurs de *Rhodora canadensis* (1) qu'il a observées, dans le jardin de Genève, sur le même pied, à différents degrés d'exastosie : par exemple, 4 pétales unis ensemble et un libre, ou 3 adhérant ensemble et 2 libres, ou 5 pétales réunies en une lèvre unilatérale. A part le nombre des étamines et la longueur du tube, on peut dire que ces trois faits tératologiques rappellent 3 états naturels que l'on retrouve : le premier, dans quelques *Lonicera* ; le second, dans les *Lobelia*, et le troisième dans les fleurs ligulées des Synanthérées.

La même planche 42 porte aussi les figures de deux fleurs de *Campanula medium* observées par Duby, où l'excès d'exastosie circulaire existe à des degrés divers et même aussi complet que possible (2) : l'une indiquant des excès d'exastosie assez variables, quoique laissant la corolle monopétale ; l'autre où l'exastosie en a fait un corolle pentapétale.

Enfin on voit encore sur la même planche (3) une série de fleurs de *Phlox amœna* passant successivement de la corolle monopétale à une corolle formée par 4 pétales unis 2 à 2 et un cinquième presque libre ; puis à une corolle composée de 3 pétales

(1) *Org. vég.*, pl. 42, fig. 2, a, b, c, etc., t. II, p. 281.
(2) De Candolle, *Org. vég.*, pl. 42, fig. 1 et 1', t. II, p. 280.
(3) D. C., loc. cit., fig. 5.

adhérant entre eux et 2 presque libres ; enfin 5 pétales presque libres. Cette observation est due à M. Ph. Mercier.

M. Ch. Desmoulins a fait connaître (1) une curieuse anomalie d'*Orobanche rapum*. La corolle offrait une lèvre supérieure fendue jusqu'à la base, et les deux pétales libres s'étaient étalés et renversés sur les côtés, tellement que l'axe se montrait à découvert derrière le pistil et les étamines, ce qui donnait à la fleur quelque ressemblance avec celle des *Teucrium*. Une autre inflorescence présentait des fleurs ayant la lèvre fendue jusqu'à sa base ; d'autres qui ne l'étaient qu'aux deux tiers, au tiers ou au quart, ou qui avaient leur forme habituelle.

D'après M. Moquin-Tandon, les corolles des chèvrefeuilles sont sujettes à ces excès d'exastosie ; les lobes unis s'isolent et acquièrent la liberté du pétale solitaire. Certaines fleurs ne présentent ce phénomène qu'à un seul lobe ; chez d'autres il agit sur tous. En général, l'exastosie ne s'étend pas jusqu'à la base ; mais il s'est présenté des cas où la corolle n'était plus monopétale.

Il est remarquable que dans la plupart des cas où une seule exastosie se manifeste dans une fleur monopétale, c'est le plus souvent du côté de l'axe qui porte la fleur. (Moq. Tand.)

ÉTAMINES. L'excès d'exastosie circulaire du verticille staminal ne paraît pas en général avoir lieu sans qu'en même temps il y ait exastosie centripète ; aussi laisserons-nous, pour le moment, cette question, que nous traiterons plus particulièrement en parlant de cette espèce d'exastosie. Toutefois, il y a lieu de rapporter ici les exemples d'étamines qui s'ajoutent au nombre ordinaire de celles qui composent un verticille. Ainsi lorsque dans les Véroniques, les Sauges, le Jasmin, le Lilas, les Linaires, les Digitales, les *Antirrhinum*, etc., qui ont les uns deux, les autres quatre étamines normales par suite de la déviation du type numérique, lorsque, disons-nous, il arrive qu'une ou plusieurs étamines viennent compléter le nombre qui est habituel aux dicotylédones, on peut dire qu'il y a excès d'exastosie sur le nombre normal. Ici nous ne saurions admettre aucun dédoublement. Mais il est fort possible que ce phénomène appartienne aux excès d'exastosie centripète.

(1) *Essai sur les Orobanches. Ann. sc. nat.*, deuxième série, t. III, p. 69.

Il serait à coup sûr plus logique de regarder l'état normal comme un défaut d'exastosie; mais autant que possible nous partons de l'état normal pour reconnaître les défauts ou les excès de ce phénomène, à moins que des considérations d'un ordre assez élevé ne nous aient prescrit le contraire.

Lorsque les étamines surnuméraires placées sur la même ligne verticillaire se trouvent à une distance telle qu'elles sont toutes également espacées, il n'est guère probable qu'il y a dédoublement. Ainsi les 6 étamines que l'on rencontre anomalement dans les *Solanum, Nicotiana, Heliotropium, Borrago, Nolana, Primula, Lysimachia, Phlox, Ipomea, Campanula,* etc., ou les 12, anomales aussi, dans les *Dictamnus, Saxifraga, Saponaria, Dianthus, Cotyledon, Sedum,* etc., sont tout simplement le résultat d'un excès d'exastosie sur le nombre ordinaire.

Un des exemples les plus remarquables de l'excès d'exastosie circulaire se trouve dans l'anomalie qu'a offert à M. le baron de Jacquin le *Capsella bursa pastoris,* que nous avons reproduite d'après De Candolle, *fig.* 43, a, pl. VIII, en admettant, bien entendu, que toutes les étamines appartinssent bien au même verticille. Cette plante était dépourvue de corolle, mais à sa place il s'était développé 4 étamines qui en avaient porté le nombre à 10 (De Candolle). On sait en effet que la plus grande analogie existe entre les étamines et les pétales, et il n'y a aucune difficulté à admettre cette transformation. Ce n'est cependant pas l'opinion de M. Moquin-Tandon, qui, observant que toutes les étamines sont rangées sur une même ligne circulaire et que les étamines surnuméraires ont leur base très-rapprochée des étamines normales, est disposé à croire que l'excès d'exastosie est due, non à un dédoublement, mais à une triplasie, c'est-à-dire que chaque étamine normale a formé de chaque côté une étamine surnuméraire. Ce savant s'appuie sur cette considération que les étamines géminées des crucifères sont dans une position constante analogue à une chorise. D'où il suit qu'il faut bien admettre triplasie pour deux des étamines et dédoublement pour deux autres; c'est en effet notre opinion, et nous la fondons sur la grandeur respective des étamines représentées dans la figure citée. Ainsi, de chaque côté des deux petites étamines latérales se trouve une plus petite étamine, comme de chaque côté du lobe moyen d'une feuille se trouve un lobe plus petit. Sous ce rapport, il y a identité dans le phénomène ; mais il faut admettre alors que les 2 paires d'étamines du milieu de la figure (devant et derrière la capsule) sont le résultat d'un dédoublement. Or dans les dédoublements, les parties sont le plus souvent de même grandeur, et sous ce rapport encore pas de difficulté. La seule que nous trouvions en présence de la figure de De Candolle (1), c'est que les deux étamines provenant du dédoublement n'ont pas un même point pour origine. Toutefois, cette considération ne nous semble pas aussi importante qu'on pourrait le croire, puisque nous avons cité des exemples de feuilles divisées par moitié, et dont chacune de ces moitiés occupait sur la tige deux points très-distants. (*Syringa vulgaris*, *fig.* 17, pl. VI.)

M. Moquin a désigné le *Mathiola incana* et le *Silene conica* comme ayant présenté des étamines fendues dans toute leur longueur. Chaque demi-filet portait une demi-anthère, ce qui réalisait parfaitement l'état normal de ces organes dans les Polygalées. (Moq. Tand.)

Le même auteur cite aussi les fleurs du *Tulipa oculus-solis* et du *Lilium pyrenaicum* chez lesquels le phénomène s'est présenté moins complet, car l'exastosie ne s'est opérée que dans l'anthère ou dans une partie de cet organe. C'est l'état normal des étamines du *Vaccinium Myrtillus*. (Moq. Tand.) Ce qui est remarquable, car ces espèces n'ont aucune analogie de structure les unes avec les autres.

Un *Mimulus moschatus* nous a offert le rudiment d'une 5e étamine qui se trouve être normalement un des éléments du verticille staminal des *Chelone*, des *Pentstemon*, des *Bignonia*, des *Martynia*, en un mot, de la plupart des Bignoniacées et des Sésamées, lesquelles conduisent aux 5 étamines anomales des fleurs péloriées qui, elles, à leur tour, deviennent normales dans les Solanées, les Borraginées, etc.

Dans un corymbe de *Calceolaria integrifolia*, nous avons observé plusieurs fleurs qui avaient les anthères de leurs deux étamines ainsi que le haut des filets séparés en 2 parties déjetées un peu sur le côté, tout à fait à la manière des Sauges.

(1) *Org. vég.*, pl. 42, fig. 3.

Une fleur de Carmantine écarlate (*Pachystachys coccinea,* Nees) nous a présenté ses deux étamines dédoublées jusqu'à la base ; mais, chose remarquable, les anthères étaient restées intactes portées sur l'un des deux demi-filets, de sorte que les 2 autres demi-filets, stériles, nous ont rappelé un des principaux caractères des Gratioles. C'est sans doute une monstruosité de ce genre, mais dans laquelle les demi-filets dédoublés portaient chacun une anthère, qui a fait dire à Jacquin que cette plante était à 4 étamines.

En abordant un autre ordre de considérations générales, nous trouvons que la plupart des anthères présentent des excès d'exastosie circulaire. En effet, il y a des espèces chez lesquelles l'anthère tout entière est constituée par une seule loge, et rien ne peut faire supposer que cette seule loge provienne de la division d'une anthère à 2 loges ; telles sont les étamines des *Gomphrena* et des *Polygala.* Dans la majeure partie des autres espèces, ces anthères se divisent en deux loges distinctes, mais unies dans leur longueur, constituant alors, par rapport aux anthères à une loge, un excès d'exastosie qui cependant n'a pas été assez prononcée pour séparer les deux loges, comme l'étaient celles des anthères du *Calceolaria integrifolia* cité plus haut. Enfin, c'est par un excès d'exastosie circulaire *exagérée* que les étamines pentadelphes du *Melaleuca hypericifolia* arrivent à porter au sommet d'un filament principal un grand nombre de filets terminés par des anthères.

Nous trouvons parmi nos notes la suivante, que nos souvenirs ne nous rappellent plus : Le *Salvia Hablitziana* (Crimée), nous a offert 4 étamines au lieu de 2, et souvent les vestiges de 2 autres.

C'est encore par un excès d'exastosie que dans certaines fleurs les étamines se transforment en fleurs complètes, ainsi que nous l'avons fait connaître autre part (1) (*Nolana prostrata, Lythrum salicaria, Brassica Napus*); mais cet excès d'exastosie constitue un phénomène à part que nous examinerons plus tard.

Carpelles. Les carpelles ou pistils constituent dans leur ensemble ce que les botanistes modernes nomment *Gynécée.* Les

(1) *Monog. du tabac.* Paris, 1857, p. 126 et 127, et Note sur diverses transformations offertes par les verticilles floraux du Navet ordinaire. (*Compt. rend. Acad. des sciences*, t. XXXIII, p. 387.)

carpelles doivent être regardés comme les derniers verticilles floraux, et comme tels il semblerait qu'ils dussent, moins que les autres verticilles, être sujets à des augmentations de nombre. Cependant, soit par excès d'exastosie circulaire, soit par métamorphose ascendante, soit par excès d'exastosie centripète, ils peuvent encore quelquefois présenter des augmentations de nombre. Ce sont les augmentations de nombre par le premier de ces trois moyens que nous devons examiner ici.

Ainsi, par exemple, nous pouvons citer les *Cneorum tricoccum* et *pulverulentum* qui, ayant d'ordinaire 3 carpelles, ont quelquefois, par excès d'exastosie circulaire, des fruits à 4 coques. (Moq. Tand. et Webb.)

Meisner a vu, dans des conditions variables, les fruits des Renouées posséder des carpelles surnuméraires.

Il n'est pas rare de trouver des carpelles surnuméraires dans les *Aquilegia* (5—7, 8, 9); les *Delphinium* (3—4, 5); les *Aconitum* (5—6, 7); *Pœonia* (5—6, 7); *Papaver Somniferum* (10—11, 12, 13 à 18); le premier chiffre représentant le nombre normal; les autres l'exastosie circulaire en excès.

Les Haricots nous ont présenté quelquefois 2 et 3 carpelles unis dans presque toute leur longueur, particulièrement la variété que les jardiniers désignent sous le nom de *Haricot du Saint-Esprit*. Les modifications que présente la forme de cette union nous ont paru dignes de remarque:

1° Lorsqu'il n'y a que 2 carpelles, dans le principe ils sont unis de telle façon que les placenta ou trophospermes sont internes; le fruit est à 2 loges, et sa coupe transversale donne une forme représentée fig. 19, f;

2° Mais peu à peu en grossissant le fruit se modifie, les 2 placenta sont obliquement coupés par l'exastosie, de telle façon que l'un se porte d'un côté et le second de l'autre; de sorte qu'il n'y a plus qu'une seule loge (*fig.* 19, f');

3° Enfin, il arrive fréquemment que les 2 côtés d'un carpelle (celui qui croît proportionnellement moins que l'autre) sont considérablement écartés, à ce point que bientôt ils se trouvent sur un même plan formant avec les 2 côtés de l'autre carpelle un fruit à 3 angles et à une seule loge, et dont la coupe transversale donne la forme représentée *fig.* 19, c. Dans ce cas, les trophospermes sont placés aux 2 angles contigus aux 2 faces du carpelle qui se sont placés dans un même plan; le 3e angle ne porte point de placenta.

Quand le gynécée est formé de 3 carpelles, au début ils affectent la position que nous avons indiquée *fig.* 19, d; c'est-à-dire que les placenta sont unis à l'intérieur, et l'ovaire est à 3 loges. Un peu plus tard, on les voit se séparer comme le représente la *fig.* 19, d'; enfin le fruit se modifie de manière à n'avoir plus qu'une seule loge et à prendre la forme triangulaire que nous avons donnée *fig.* 19, c, avec cette différence que chaque angle est pourvue d'un trophosperme; mais il est rare que les 3 placenta soient pourvus de graines.

Les fleurs de Pêcher nous ont aussi offert 3 et 4 carpelles sans aucune adhérence entre eux; les fleurs d'Amandier, 3 à 5. On sait que pour ces 2 derniers végétaux le nombre 2 est fréquent, mais qu'il y a un des 2 carpelles qui avorte le plus souvent. Les Pruniers, les Cerisiers, les Abricotiers, nous ont aussi offert 2 et 3 carpelles, quoique bien plus rarement que les espèces précédentes.

Nous avons trouvé une fleur de *Brassica oleracea* présentant 2 siliques accolées dans toute leur longueur sur le côté, de sorte que la coupe transversale laissait voir 4 cavités ovariennes, à peu près comme dans la *fig.* 19, b. Rien n'était changé dans la constitution des autres parties de la fleur. Les graines semblaient partir alternativement de chaque côté de la fausse cloison et de chaque bord; voilà pourquoi, dans la figure, nous avons représenté une graine à chacun des angles internes, quoique ces graines dussent être superposées de façon à ne faire qu'une seule série dans chaque loge.

Nous rappellerons la fleur du Prunier que nous avons déjà décrite et figurée (*fig.* 2), dans laquelle nous avons signalé l'existence de 5 carpelles; mais nous avons dit qu'il fallait regarder cette fleur comme le résultat de la fusion intime de 3 fleurs primitives.

Parmi les monocotylédones, dont le nombre des carpelles est ordinairement de 3, on trouve des fruits qui ont 4, 5 et jusqu'à 10 carpelles, comme les Tulipes et les Ornithogales (1).

(1) Linnæa, pl. 1, p. 595, et pl. 4, p. 83.

Nous avons conservé : 1° des pistils de *Fritillaria meleagris*, qui nous paraissent être le résultat d'un dédoublement ;

2° Des fruits d'*Hemerocallis fulva* et *lutea* qui, dans leur coupe transversale, présentaient la disposition indiquée *fig*. 19, e ;

3° Un ovaire de *Lilium candidum* qui nous a offert une forme quadrangulaire et sa coupe transversale, 6 loges disposées à peu près comme dans la *fig*. 19, a. Cette disposition s'explique très-bien par le dédoublement de l'ovaire, après lequel les 2 ovaires sont restés unis suivant un de leurs côtés e, e'.

L'excès d'exastosie est un cas si fréquent dans les dicotylédones, que le nombre 5, considéré comme leur nombre normal, nous a offert des déviations qui nous ont paru très-importantes. Ainsi, sur 1,000 genres que nous avons observé avec soin, 119 ont le nombre 6 ou son multiple à l'un au moins de leurs verticilles floraux, et cela d'une manière assez constante pour avoir une certaine valeur caractéristique (1). En combinant ces observations : 1° avec celles qui démontrent qu'il y a un grand nombre de genres dans lesquels l'augmentation de nombre porte le chiffre de 5 à 6 ; 2° avec celles qui prouvent que beaucoup de genres présentent le nombre 3 sous-multiple de 6 ; 3° et avec ce fait irrécusable : qu'il y a un rapport de nombre entre 2, 3 et 6, 2 et 3 étant le nombre normal des verticilles foliaux, nous en avons conclu que le nombre 6 était le *type* des parties florales des dicotylédones ; que le plus souvent, soit par avortement, soit par défaut d'exastosie, le nombre 6 se trouve réduit à 5, ou à 4 (*Rubia*), ou à 3 (*Cneorum*), ou à 2 (*Circea*), de sorte qu'il n'y a réellement aucune raison suffisamment sérieuse pour dire que le nombre 5 est le nombre type des dicotylédones.

Au contraire, en regardant le nombre 6 comme le nombre type des parties florales de cette grande division des végétaux, on y trouve des avantages marqués au point de vue de la théorie phytogénique que nous exposerons plus tard ; d'ailleurs :

1° Il est en rapport de nombre avec celui des monocotylédones ;

2° Il a pour sous-multiple le nombre 3, qui est fréquent dans les dicotylédones, et qui n'a aucun rapport avec le nombre 5 ;

(1) *Recherches sur le nombre type des parties de la fleur des dicotylédones.* (*Compt. rend. Ac. sciences.* Juillet 1855. — *Bull.* Soc. *bot. France.* Juin 1855.)

3° Il satisfait mieux à la loi d'alternance, quand ce nombre 3 se présente dans l'un des verticilles floraux : le gynécée par exemple;

4° Il a un rapport plus ou moins direct avec les nombres 2 et 4;

5° Il a un rapport important avec les verticilles foliaux de 2 et 3 feuilles;

6° Enfin, il a en sa faveur cette raison géométrique qui veut que 6 sphères, cercles ou cellules de même grandeur en environnent, circulairement et en se touchant, une 7e, qu'elles touchent toutes également.

Nous verrons en parlant de la constitution des phytogènes qu'ils sont formés d'après ce principe de géométrie que nous appliquerons plus tard à la théorie organogénique des végétaux.

Il résulte de cette petite discussion que, lorsque le nombre des parties qui constituent les verticilles floraux passent du nombre 5 au nombre 6, il ne fait que retourner au *type* des dicotylédones par excès d'exastosie, ou plutôt le nombre 5 n'est véritablement normal que par défaut d'exastosie sur le nombre 6.

Voilà pourquoi divers botanistes ont signalé des augmentations de nombre dans les verticilles floraux des *Symphytum*, *Fuchsia*, *Rosa*, *Rubus*, *Clematis*, etc. (Engelmann); du *Linaria pilosa* (Decaisne); du *Lycium barbarum* (Schlechtendal); des *Chenopodium*, des *Ænothera*, des *Campanules*, etc.

Mais lorsque le nombre dépasse 6 parties, il y a réellement excès d'exastosie, quelle que soit la cause qui ait produit ce nombre.

Terminons ce long article en faisant observer que ces excès d'exastosie sont connus depuis longtemps dans la science; qu'on leur a donné différentes dénominations que nous avons déjà fait connaître. Quelques auteurs, avec M. Ré, ont cherché à donner une sorte de nomenclature de ce genre de phénomènes : ainsi ils nomment *Phyllomanie* l'excès d'exastosie qui se rapporte aux feuilles; *Périanthomanie* celui des sépales; *Pétalomanie* celui des pétales; *Anthéromanie* celui des étamines; *Carpomanie* celui qui affecte les carpelles. Il faut seulement faire observer que ces expressions confondent des phénomènes pour nous fort distincts : ainsi, la *Pétalomanie* s'appliquera tout aussi bien à l'augmentation de nombre des pétales par excès d'exastosie circulaire, qu'à l'augmentation de nombre par excès d'exastosie centripète. Cet exemple seul suffit pour faire comprendre toute la différence qui existe entre nos expressions et celles qui sont actuellement employées.

§ 2. — Des excès d'exastosie centripète.

Il y a des plantes chez lesquelles cette espèce d'exastosie est manifeste. Ainsi les prolifications en général semblent appartenir à ce groupe ; mais comme il y a en même temps excès d'exastosie transversale, et que d'ailleurs on est habitué à les étudier ensemble, nous nous bornons à les rappeler ici. Mais sans parler de ces phénomènes, il y en a une foule d'autres que nous devons faire connaître.

Axes. C'est par excès d'exastosie centripète que des axes floraux opposés aux feuilles, comme on en voit dans le *Solanum dulcamara*, les *Phytolacca*, le *Vitis vinifera*, etc., restent bien au-dessous des feuilles qui doivent leur être opposées. Cet exemple, qui n'est pas rare dans la Douce-amère et la Vigne (*fig.* 24), s'explique très-bien dans l'idée de l'opposition naturelle des axes à la feuille, et ne s'explique plus aussi bien si l'on admet que le bourgeon axillaire, en se développant, déjette sur le côté le bourgeon terminal. Nous reviendrons plus tard sur ce sujet en parlant de la similitude originelle des organes.

Nous avons déjà vu que les axes pouvaient encore présenter des excès d'exastosie centripète en multipliant le nombre des phytogènes d'une manière quelquefois considérable. Nous avons également fait voir que l'exastosie, puissante dans un sens, anéantissait pour ainsi dire l'exastosie d'un autre sens, si bien que des axes au début de leur formation s'ajoutent latéralement aux autres, en ayant les plus grandes peines à se séparer. Quoique ce phénomène rentre évidemment dans ceux compris dans cette section, cependant, comme il est plus connu sous le nom de *Fascie*, ou *Tige, expansion*, ou *Axes fasciés*, nous en ferons le sujet d'un article à part. Il en est de même du dédoublement des axes qui n'est, pour nous, que le même phénomène arrêté à la production de 2 axes avec certaines modifications qui tiennent à l'exastosie générale, ainsi que nous l'avons dit au début de ce chapitre.

En considérant, comme l'a fait A. Richard, les tubercules des Orchidées comme des Rameaux, il faudrait regarder les tubercules palmés des *Orchis*, des *Ophrys*, des *Satyrium* (*Loroglossum* et *Gymnodena*, C. Richard), etc., comme de véritables *fascies* ou axes *fasciés*.

Feuilles. Les feuilles peuvent quelquefois subir des phénomènes d'exastosie, non plus parallèlement à l'axe, mais plutôt suivant un plan parallèle à celui de la feuille. Certains auteurs rapportent toutes les anomalies de ce genre à des dédoublements ; mais nous pensons qu'il y a lieu de distinguer les excès d'exastosie centripète *par répétition d'organismes* des excès d'exastosie centripète *par dédoublement;* toutes les fois qu'il y a dédoublement, les parties dédoublées sont superposées, comme c'est le cas du calice double d'un fruit monstrueux du *Mespilus germanica,* que nous avons observé et décrit ; au contraire, quand les parties sont disposées selon la loi d'alternance, il y a lieu de supposer qu'il y a eu répétition de verticilles ou d'organismes.

Nous pensons avoir été le premier qui ayons signalé cette sorte de dédoublement que nous avons nommé horizontal. Nous l'avons observé la première fois sur les feuilles du *Mahonia tenuifolia* : 1 des folioles s'était tellement dédoublée qu'elle se trouvait littéralement recouverte par 1 autre foliole surnuméraire. On peut, à la vérité, admettre qu'il y a eu plésiasmie de deux paires de folioles consécutives par l'avortement du *Mérithalle rachidien* qui devait les séparer, absolument comme il se fait que par l'avortement de l'entre-nœud de la Vigne, 2 feuilles consécutives arrivent à être opposées. Mais comme le nombre normal des folioles de la feuille anomale se retrouvait, il est probable qu'il y avait là un véritable dédoublement.

Nous avons aussi constaté une pareille exastosie dans une feuille de Vigne : les 2 feuilles superposées étaient unies par le pétiole, et même un peu par leur nervure médiane. Elles étaient à peu près de même grandeur, et la face supérieure de la feuille inférieure regardait le dos de la feuille supérieure ; de plus, il n'y avait aucune feuille opposée aux deux dédoublées ; ce qui est important, parce que cela indique qu'il y avait là un véritable dédoublement.

En effet, il aurait pu se faire que par suite de double plésiasmie qui aurait rapproché trois feuilles consécutives de façon à les rendre opposées, la première et la troisième fussent restées adhérentes l'une à l'autre par faute d'exastosie centripète ; or, ce cas s'est présenté une fois sur la Vigne ; mais alors on doit trouver une feuille opposée aux deux autres qui restent unies par défaut d'exastosie.

Peut-être faudrait-il rapporter ici les exemples de *Ptelea trifoliata*, de *Phaseolus*, de *Tamnus communis* et de *Robinia pseudoacacia* qui ont présenté : le premier, une seconde feuille 3 foliolée au-dessus de la première, mais portée sur un axe qui continuait le pétiole ; le second, une seule feuille au-dessus des 3 folioles, mais portée aussi·sur un petit axe continuant le pétiole ; le troisième, une très-petite feuille de même forme que la première, mais aussi soutenue par un prolongement du pétiole ; le quatrième enfin, qui présente souvent 1, quelquefois 2 folioles plus petites et pétiolulées aussi, mais placées au-dessus des 2 folioles inférieures de la feuille composée du *Robinia*. La petitesse des feuilles surnuméraires, le pétiolule qui les éloigne du limbe de la feuille normale, sont deux raisons qui nous obligent à ne pas regarder ce phénomène comme un simple dédoublement, mais bien comme la continuation d'un axe fort analogue à la tige elle-même. Nous reviendrons sur ce sujet en parlant de la similitude des organes.

Les excès d'exastosie agissant sur les feuilles sont bien souvent déterminés par l'exposition. Il y a des plantes qui ont besoin de plus de lumière solaire que d'autres pour arriver à l'inflorescence et par suite à la fructification ; on peut donc regarder comme un excès d'exastosie centripète affectant les feuilles, l'état d'une plante qui végète sans fleurir et fructifier. L'influence de la lumière solaire, abstraction faite de son calorique, est au moins aussi utile que la chaleur, et l'on a bien souvent rapporté à cette dernière des effets qui devaient être attribués à la lumière, ou pour mieux dire à l'intensité de la lumière. On sait parfaitement que lorsqu'une plante se trouve dans certains endroits où il n'arrive pas assez de soleil, elle ne porte ni fleurs ni fruits ; dans ce cas, elle pousse toujours *à bois*, comme on dit, et par conséquent il y a un excès d'exastosie centripète qui fait des feuilles. La plupart de nos arbres fruitiers pourraient en fournir d'excellentes preuves, et particulièrement la Vigne. Voici quelques observations qui pourront un jour trouver leur utilité. Nous possédons un petit jardin adossé au côté nord d'un bâtiment assez élevé. Le soleil n'y arrive qu'à 1 ou 3 heures en été, à 4 heures en automne et au printemps, et jamais en hiver. Là, se trouve une Vigne qui ne fleurit même pas. Les Rosiers, les Lilas et les Sureaux ne donnent aucune apparence de fleurs, tandis que l'Angélique, les Capucines, les Juliennes y viennent plantureuses et fleuries. Or, nous avons été surpris une année de voir fleurir la Vigne, les Lilas et les Rosiers, et en cherchant la cause de cette floraison extraordinaire, nous l'avons trouvée dans ce fait que l'hiver, pour abriter des Pêchers placés au midi, nous avions mis au-devant des châssis vitrés que nous avions laissé là jusque vers le mois de mai, époque où déjà le soleil frappe de ses rayons les plantes placées au nord. Mais pendant l'hiver et tout le printemps, le soleil en frappant sur ces châssis avait été réfléchi et projeté sur les Rosiers, les Lilas et la Vigne, qui ont dû à cette circonstance leur floraison inhabituelle. Faisons observer que dans ce cas l'exastosie centripète est toujours accompagnée des exastosies transversale et plane ou circulaire.

Involucres et involucelles. Ces verticilles foliacés offrent quelquefois des phénomènes d'exastosie exagérée. Ainsi, on trouve dans certaines fleurs du *Cornus suecica* des involucres qui ont doublé (Linné). On rencontre souvent cette anomalie dans le calicule de certaines Malvacées. Dans quelques œillets monstrueux, le *Dianthus caryophyllus imbricatus* (1), par exemple, le phénomène est bien autrement exagéré ; car les quatre petites bractées de la base se multiplient de façon à donner jusqu'à 20 paires de ces organes alternant entre eux à angle droit. On a comparé l'espèce d'épi grêle et allongé qui en résulte aux écailles de certains animaux, à cause de la disposition imbricative qu'ils affectent, ou bien encore à un épi de Froment « *Caryophyllus spicam frumenti referens* (2). » Ce phénomène est d'ordinaire accompa-

(1) *Botan. Magaz.*, pl. 1622.
(2) *Ephém. cur. nat.*, t. XIX, cent. 3, p. 368.

gné de l'atrophie ou de l'avortement des enveloppes et des organes sexuels. Dans quelques circonstances il y aussi transformation d'une partie des pièces florales en bractées squammiformes. (Moq. Tand.)

Sépales. C'est à une véritable exastosie centripète qu'il convient de rapporter les monstruosités du *Lilium candidum* que nous avons plusieurs fois observées. Quelquefois la fleur est complétement transformée en une sorte d'épi de 6 à 10 centimètres de hauteur uniquement formé par un axe autour duquel étaient hélicoïdalement rangés des sépales d'un vert très-pâle, très-rapchés les uns des autres, et allant en diminuant de grandeur de la base au sommet où se trouvaient des filets staminaux élargis en sépales et portant sur les bords des vestiges d'anthères. L'excès d'exastosie centripète avait donc produit une prodigieuse quantité d'éléments calicinaux. Est-ce bien là cette variété connue sous le nom de Lis à fleurs en épi? Nous en doutons fort, et parce que nous l'avons vu se produire sur des pieds authentiques de Lis blanc ordinaire, et parce que la couleur des sépales était celle des feuilles ordinaires jaunies plutôt que blanche. Peut-être cet exemple est-il un état intermédiaire entre le Lis blanc et le Lis à fleurs en épi.

Les Tulipes bien doubles ne doivent le plus souvent cet état qu'à une exastosie exagérée, car il y en a qui possèdent leurs 6 étamines et leurs 3 carpelles et qui pourtant ont au moins 12 parties à leur périanthe. Sur un *Narcissus pseudo-Narcissus* double nous avons compté 4 rangées de 6 sépales soudés avec les 4 couronnes intercalées et, au centre, d'autres sépales en assez grand nombre plus ou moins libres, les uns présentant des vestiges de couronne et provenant à n'en pas douter de la métamorphose des organes sexuels.

On sait que les fleurs du genre *Atriplex* sont caractérisées par un calice ou périgone à 2 divisions. Cependant les fleurs femelles de l'*Atriplex Hortensis* ont offert à M. Fenzl l'occasion d'observer le développement anomal de plusieurs petits organes foliacés qui se trouvaient intermédiaires entre les étamines et le calice. En conséquence, cet observateur a supposé que ces organes constituent un calice développé par accident, tandis que le calice des auteurs ne serait constitué que par 2 bractées. M. Moquin-

Tandon ajoute que cette opinion est confirmée par la découverte d'un nouveau genre de Chénopodées (*Exomis*), très-voisin des *Atriplex* (1), dans lequel on trouve les fleurs *normalement organisées*, comme celles de l'*Atriplex hortensis* monstrueux. (Moq. Tand.)

M. Rœper a observé un *Linaria vulgaris* ayant un calice normal, un second calice, plus grand et un peu jaunâtre, alternant avec le premier; une corolle offrant 2 éperons à la base des pétales latéraux de la lèvre inférieure et alternant aussi avec le deuxième calice; 5 étamines fertiles opposées aux lobes de la corolle. Fruit normal (2).

Le *Geranium Robertianum*, l'*Erodium Alpinum*, le *Rubus idæus*, le *Spirea ulmaria* et le Poirier nous ont offert 2 verticilles calicinaux au lieu d'un, et le *Mespilus germanica* 2 et 3 rangées de dents calicinales; mais il faut dire, dans ce dernier cas, qu'ils étaient dans un état d'avortement et d'adhérence manifestes. Quant aux autres genres, ils avaient leur calice parfaitement doublés, au point de rappeler le double calice de la plupart des Malvacées ou de quelques Rosacées (*Potentilla, Fragaria, Geum*, etc.).

Ce n'est, en effet, que par un effet d'excès d'exastosie centripète que les calices se doublent dans les espèces précédentes, absolument comme nous voyons les parties de la corolle doubler sans que l'on puisse être en droit de faire provenir le nouveau verticille de la transformation des étamines, puisque souvent elles existent encore. Toutefois, si l'on observe que dans les Rosacées les divisions du calice externe alternent avec les divisions du calice interne, tandis qu'en général les divisions du calice externe des Malvacées sont souvent opposées aux divisions du calice interne, on devra regarder la production de ce double calice comme le résultat d'un excès d'exastosie centripète ordinaire dans les Rosacées, tandis qu'elle serait un excès d'exastosie centripète, par dédoublement, dans les Malvacées; avec cette circonstance que dans cette famille, comme l'excès d'exastosie circulaire se joint le plus souvent à cet excès d'exastosie centripète et

(1) Moq. Tand. *Enum. monograph. des Chénopod.*, p. 49, 50.
(2) Linnæa, 1827, p. 85.

qu'elle n'est pas la même dans les 2 verticilles, il en résulte que cette opposition est bien souvent dissimulée (*Althœa*). Quelquefois cette exastosie est en excès dans le calice interne par rapport à l'externe, alors que dans quelques espèces c'est le contraire.

Les calices à folioles imbriquées sur plusieurs rangs sont évidemment le résultat d'un excès d'exastosie centripète. C'est de cette façon qu'il faut considérer le calice imbriqué du *Nandina* de la famille des Berberidées, qui offre une trentaine de sépales, car les *Berberis* n'en offrent que 6, et les *Epimedium* et *Hamamelis* 4 seulement.

Pétales. Les excès d'exastosie centripète s'exercent d'une manière souvent bien remarquable sur les pétales, en multipliant exagérément le nombre des verticilles.

Adamson (1) dit avoir vu, dans les serres du duc d'Ayen, une Boccone (*Macleya Cordata*, R. Brown) munie d'une corolle, et l'on sait que cette plante, quoique appartenant à la famille des Papavéracées, est d'ordinaire dépourvue de corolle.

Dans les corolles polypétales à étamines indéfinies le phénomène de l'excès d'exastosie centripète est difficile à apprécier, par la raison que l'on ne peut avoir la certitude que l'addition d'un ou de plusieurs verticilles de pétales ne provient point de la transformation des étamines en pétales. Quand le nombre des étamines est indéfini, comme cela arrive aux Renonculacées, on peut quelquefois voir les verticilles pétaloïdes se multiplier et néanmoins reconnaître encore sensiblement le même nombre d'étamines. Il semblerait alors rationnel de dire qu'il y a eu excès d'exastosie dans les éléments verticillaires de la corolle. Cependant, comme l'excès d'exastosie peut avoir eu lieu pour les étamines seulement et que les premières rangées d'étamines peuvent avoir été transformées en pétales, on voit qu'il y aurait quelque témérité à assurer que le phénomène doit être rapporté à une multiplication de pétales. Il n'en serait pas de même si les verticilles pétaloïdes se trouvaient dans l'une des conditions suivantes, savoir :

1° Parties de la *première rangée* opposées *aux sépales et les autres rangées suivant la loi d'alternance ;* dans ce cas la pre-

<hr>

(1) *Familles des Plantes*, t. I, p. 112.

mière rangée devrait être regardée comme le résultat du dédoublement du calice, mais qui étant plus élevée sur l'axe floral, participerait souvent des propriétés de la corolle. Les botanistes qui admettraient, par exemple, un seul verticille pour le calice ou la corolle des *Berberis* et des *Epimedium*, pourraient regarder la corolle comme un dédoublement du calice suivant la manière que nous venons d'indiquer.

2° Parties *de la seconde rangée* opposées *aux parties de la première rangée de pétales, et les autres parties toutes alternes entre elles;* alors le phénomène serait dû à un excès d'exastosie centripète par dédoublement intérieur du premier verticille ou *invicem*.

3° Parties *de la seconde rangée* alternes *avec celles du premier verticille, mais alors* opposée *à une troisième rangée de pétales.* Dans ce cas, l'excès d'exastosie centripète se serait fait par pédoublement extérieur ou intérieur; ce qui en ferait une exastosie centrifuge ou *invicem*.

Pour rendre ces idées plus faciles à concevoir, nous allons graphiquement les reproduire ici :

1er MODE.	Cal.	} — — — — — — } dédoublement par exastosie *centripète*.
	Cor.	— — — — — —
	Étam.	— — — — —

∿∿∿∿∿∿

2e MODE.	Cal.	— — — — —
	Cor.	} — — — — — 1 } dédoublement par exastosie *centripète*.
		} — — — — — 2 }
	Étam.	— — — — —

Invicem.

	Cal.	— — — —
	Cor.	} — — — — — 2 } dédoublement par exastosie *centrifuge*.
		} — — — — — 1 }
	Étam.	— — — — —

∿∿∿∿∿∿

3e MODE.	Cal.	— — — — —
	1re Cor.	— — — — —
	2e Cor.	} — — — — — 2 } dédoublement par exastosie *centrifuge*.
		} — — — — — 1 }
	Étam.	— — — — —

Invicem.

	Cal.	— — — — —
	1re Cor.	— — — — —
	2e Cor.	} — — — — — 1 } dédoublement par exastosie *centripète*.
		} — — — — — 2 }
	Étam.	— — — — —

Les chiffres 1 et 2 placés sur la ligne des verticilles indiquent, le premier, le verticille supposé normal, et le second, le verticille supplémentaire.

Ces idées théoriques, que l'on pourrait varier encore, ont été établies dans le but d'expliquer des cas anomaux qui pourraient se présenter.

Malgré le raisonnement que nous venons de faire, comme il faut une base à toute hypothèse, nous pouvons sans inconvénient admettre, lorsque les verticilles pétaloïdes se multiplient, que c'est toujours par excès d'exastosie que ces pétales proviennent, soit d'un excès d'exastosie centripète simple, soit d'un dédoublement, soit de la métamorphose des premières rangées d'étamines.

C'est très-probablement par excès d'exastosie, et certainement aussi par transformation des étamines en pétales que les Anémones, les Renoncules, les Roses et autres polypétales à étamines nombreuses qui donnent des corolles simples dans l'état de nature, doublent par la culture avec la plus grande facilité.

Quand la fleur capable d'une multiplication facile possède seulement un verticille ou deux d'étamines, il devient plus facile d'y reconnaître un excès d'exastosie centripète dans les pétales, car alors on n'a plus qu'à compter le nombre des verticilles que donne la fleur normale et à le comparer à celui que donne l'anomalie.

Ainsi les espèces de la famille des Crucifères portent des fleurs formées normalement par 4 verticilles floraux, savoir : 1 calice à 4 sépales ; 1 corolle à 4 pétales ; 1 androcée de 6 étamines, dont 2 paraissent provenir d'un dédoublement ; 1 gynécée de 2 carpelles. Si donc nous trouvons des *Cheiranthus*, des *Hesperis*, des *Mathiola*, des *Barbarea* avec des fleurs doublées, tout en conservant leurs étamines et leurs carpelles, il y aura des probabilités pour que la corolle ait subi l'influence de l'excès d'exastosie centripète. Mais si la corolle ou plutôt la fleur ne présente plus ni étamines ni carpelles, et si les éléments de la corolle, au lieu d'être de 12, se trouvent portés beaucoup plus haut, la fleur aura doublé, non-seulement par suite des effets d'un excès d'exastosie centripète ayant agi sur la corolle, mais aussi par la transformation en pétales de tous les organes sexuels.

Les corolles des *Dianthus, Lychnis, Saponaria,* sont souvent aussi soumises à l'influence de l'excès d'exastosie centripète.

Il y a des œillets tellement doubles que l'on est bien forcé d'admettre un excès d'exastosie centripète non-seulement dans la corolle, mais aussi dans les étamines et les carpelles qui se seraient eux-mêmes transformés, pour expliquer la production d'un aussi grand nombre de pétales. Il est possible même que les excès d'exastosie circulaire viennent concourir, par leur influence, à cette abondante *multiplication.* Nous avons compté dans une fleur de *Mathiola incana* jusqu'à 82 pièces pétaloïdes, et dans un *Dianthus Caryophyllus,* prolifère et à carte, jusqu'à 165 pièces pétaloïdes ou sépaloïdes, sans y comprendre les sépales inférieurs, ce qui ferait une vingtaine de verticilles pétaloïdes dans le premier cas et 33 dans le second. Mais il faut avouer que le bouton central avait fleuri, et reconnaître que l'excès d'exastosie circulaire n'avait pas été sans influence sur la production de ce grand nombre de pièces.

Ce qui semble appuyer fort l'idée de cette influence de l'excès d'exastosie circulaire concurremment avec l'excès d'exastosie centripète dans la multiplication des parties des corolles polypétales, c'est que lorsque cette tendance à l'exastosie circulaire est pour ainsi dire anéantie, ou plutôt n'existe pas, comme cela arrive dans les monopétales, la multiplication est bien moins élevée. Linnée a dit depuis longtemps : « *Multiplicantur sæpius flores in corolla polypetala; duplicantur autem frequentius in monopetala. Flores tamen monopetalos esse simulque plenos contradictorium non est* (1). »

La dernière phrase se rapporte particulièrement aux périanthes des monocotylédones, qui sont à la fois, peut-être, calice et corolle et qui doublent facilement, comme les *Hyacinthus, Polyanthes, Colchicum,* etc. Mais on ne trouve en effet que 2 ou 3 corolles au plus dans les fleurs monopétales doubles. Cependant nous avons observé 5 corolles emboîtées les unes dans les autres et alternes entre elles dans le *Campanula persicifolia* L. var. à fl. blanches, indépendamment des étamines et des carpelles, dont

(1) *Phil. bot.,* edit. secunda, p. 83.

quelques-uns avaient subi quelque transformation, et du calice qui était resté intact.

On trouve dans cette variété toutes les modifications que nous avons annoncé plus haut, c'est-à-dire des dédoublements du calice en corolle et des corolles en d'autres corolles. On trouve aussi ce fait très-remarquable qu'après la première corolle, parfaitement blanche, on voit une corolle qui tient presque autant du calice que de la corolle, puis viennent 2 ou 3 autres corolles quelquefois opposées, mais plus souvent alternes. On peut donc, rien que sur cette fleur, étudier toutes les modifications que peuvent offrir les excès d'exastosie centripète auxquelles se joignent encore quelquefois des excès d'exastosie circulaire, qui font que l'on trouve parfois des pétales libres.

Une autre raison qui peut faire que les corolles monopétales doublent moins facilement, c'est qu'elles sont généralement incapables d'un aussi grand nombre d'étamines ; aussi la difficulté de reconnaître un excès d'exastosie centripète dans leur corolle est-elle moins grande à leur égard.

D'ailleurs, l'adhérence des étamines avec la corolle est déjà la preuve du peu de tendance à l'exastosie centripète des corolles monopétales.

Les *Syringa* et *Jasminum* doublent souvent leur corolle par excès d'exastosie centripète, conservant en même temps leurs 2 étamines et leurs 2 carpelles. Les *Datura fastuosa* présentent souvent 2 et même 3 corolles emboîtées les unes dans les autres, sans qu'on les puisse attribuer à une métamorphose des sépales ou des étamines (1).

Il est très-rare que les fleurs monopétales *irrégulières* doublent leur corolle, et nous ne connaissons peut-être que les quelques Labiées citées par De Candolle (2), mais sans aucun autre détails, qui soient dans ce cas. Nous avons bien vu aussi les *Dalhia* et l'*Helianthus annuus* doubler leur corolle ; mais cette duplication provenait surtout de la métamorphose des étamines en corolle intérieure. D'ailleurs les demi-fleurons des Synanthérées sont *relativement* des fleurs régulières, et, par conséquent, ne doivent pas nous occuper ici.

(1) De Cand. *Org. vég.*, pl. 31, fig. 3.
(2) *Loc. cit.* T. I, p. 508.

Il n'en est pas de même des corolles *régulières* des *Nerium,*
des *Primula*, des *Vinca*, etc., qui doublent véritablement, tout
en conservant leurs organes sexuels. Quant aux *Althea* (1), nous
ne saurions dire au juste s'il y a excès d'exastosie centripète
dans la formation de la fleur double. Nous croyons au contraire
que la fleur n'est doublée que par la transformation des étamines
en pétales, et la preuve semble nous en être donnée par le verticille pétaloïde extérieur, qui reste le plus souvent grand et comme
séparé des nombreux pétales réunis en masse plus ou moins globuleuse au centre de la fleur. Ce n'est que par exceptions rares
que nous avons trouvé le premier verticille doublé, et dans ce
cas il y a, ce nous semble, un excès d'exastosie centripète de la
corolle.

Le *Calystegia pubescens* présente une sorte d'exception aux
règles que nous venons d'établir relatives aux corolles monopétales et au grand nombre d'étamines. Cette Convolvulacée, qui
nous vient de la Chine, doit avoir sans doute sa variété simple
que nous ne connaissons pas, et dans ce cas, offrir comme les
autres Convolvulacées 1 calice à 5 ou 6 divisions, 1 corolle monopétale entière à 5 ou 6 lobes ; 5 ou 6 étamines et un gynécée
formé de 2, 3, 4, 5 ou 6 carpelles au plus : en tout, 20 pièces.
Or, en comptant les pièces de quelques fleurs de cette espèce où
étamines et carpelles sont transformés en pétales, nous en avons
trouvé jusqu'à 119, sans comprendre dans ce nombre les 2 feuilles
bractéales et les petites écailles pétaloïdes que l'on trouve entremêlées aux pétales. Il est impossible que l'on n'admette pas, pour
expliquer la multiplication exorbitante des parties de cette fleur :
1° l'excès d'exastosie centripète qui a multiplié le nombre des
verticilles pétaloïdes ; 2° l'excès d'exastosie circulaire qui a non-
seulement divisé chaque corolle qui devait être monopétale en
5 parties normales, mais encore qui doit avoir subdivisé chaque
pétale en pièces pétaloïdes plus petites, surtout si l'on considère
comme provenant de la corolle les petites écailles dont nous par-

______

(1) Nous comprenons ici ce genre à cause de ses pétales unis à leur base et
formant une corolle tombant d'une seule pièce ; mais ses nombreuses étamines et l'exastosie circulaire qui est presque parfaite et qui séparent entièrement les sépales de beaucoup de Malvacées, en font plutôt des polypétales
parmi lesquelles elles ont été rangées.

lions tout à l'heure et qui sont assez nombreuses. En effet, sans cet excès d'exastosie circulaire, il ne faudrait pas admettre moins de 23 verticilles de pièces florales, tandis qu'en admettant un excès d'exastosie circulaire, on arrive à pouvoir réduire de moitié, au moins, le nombre de ces verticilles. Dans tous les cas, il est évident par cet exemple que l'excès des deux exastosies ainsi que la transformation en organes pétaloïdes des étamines et des carpelles, viennent concourir à la multiplication des pièces florales, ce qui confirme ce que nous avons avancé plus haut. Il est au reste presque impossible de dire au juste le nombre des verticilles, pas plus qu'il n'est possible de compter les parties qui les composent et reconnaître leurs positions respectives. De sorte que ce seul exemple de fleur pourrait bien offrir pour causes réunies de la multiplication de ses parties toutes celles que nous avons passées en revue et que nous résumons de la manière suivante :

1° Excès d'exastosie centripète qui fait le nombre des corolles *alternes* entre elles ;

2° Excès d'exastosie circulaire qui divise en plusieurs parties chaque corolle en particulier ;

3° Dédoublement qui n'est qu'une forme de l'excès d'exastosie centripète puisque, comme elle, il augmente le nombre des corolles, mais en les faisant *opposées* ;

4° Transformations des étamines en pétales ;

5° Transformation des carpelles en pétales ;

6° Enfin, prolification ou répétition de tout le système floral à la manière des œillets prolifères.

Étamines. Selon M. Moquin-Tandon, les excès d'exastosie centripète de l'androcée seraient encore plus communs que ceux de la corolle. « On les observe surtout, dit-il, dans les fleurs qui portent beaucoup d'étamines, et dans lesquelles le nombre des organes primitifs s'est déjà dédoublé de manière à produire une ligne circulaire d'étamines plus ou moins serrée. Si cette multiplication devient plus grande, ne pouvant plus s'opérer latéralement, forcément elle aura lieu de dehors en dedans, et il se formera un nouvel androcée (1).

(1) *Élém. terat. vég.*, p. 359.

Il résulte de cette citation que, d'après nos idées sur l'exastosie, les excès d'exastosies centripète et circulaire sont possibles dans l'androcée. Seulement, bien que nous soyons disposé avec M. Moquin-Tandon à admettre une chorise latérale ou circulaire et une chorise centripète, nous ne sommes pas assez sûr qu'il y a toujours chorise, et il se pourrait fort que l'on attribuât à une chorise ce qui ne serait qu'un excès d'exastosie pure et simple.

Quoi qu'il en soit, on comprendra aisément que ce soit plutôt dans les plantes à étamines nombreuses que l'on rencontre ces excès d'exastosie, puisque le nombre normal des parties de la fleur des dicotylédones est de 3, 4, 5 ou 6, et que par conséquent, lorsqu'il y a plus de 3, 4, 5 ou 6 étamines dans les androcées, c'est déjà en vertu d'une tendance aux excès d'exastosie que cette augmentation de nombre a pu se produire, et l'excès d'exastosie centripète et peut-être circulaire est d'autant plus prononcé que le nombre des étamines est plus grand. Mais lorsque le nombre des étamines est très-grand, indéfini, comme on le dit quelquefois, il est très-difficile de savoir s'il y a eu augmentation de nombre sur le nombre normal de l'espèce que l'on considère. Il est de même bien difficile de savoir si l'excès d'exastosie circulaire s'est prononcé ; car les filets sont tellement serrés qu'il faut les plus grands soins pour déterminer exactement leur position respective.

L'observation de l'excès d'exastosie centripète est bien plus facile sur les fleurs à un petit nombre d'étamines. Ainsi, lorsque Seringe trouve dans un *Cheiranthus Cheiri* deux verticilles d'étamines au lieu d'un, il est certain qu'il y a eu excès d'exastosie centripète (1). Il en est tout à fait de même de l'exemple du *Diplotaxis tenuifolia* portant deux rangées d'étamines qu'il a fait connaître.

Nous avons observé sur le *Mercurialis annua* toute une inflorescence mâle où les étamines avaient augmenté de nombre au point de doubler le nombre normal. La plupart étaient parfaitement libres jusqu'à la base ; mais quelques-unes se trouvaient unies assez intimement par la base de leurs filets et représentaient assez bien les étamines ramifiées des *Ricinus*. Deux fleurs

(1) *Bull. bot.* T. I, p. 112

offraient leurs étamines liées en une seule colonne et rappelaient la disposition de celle des *Aleurites, Adelia, Acalypha*, etc.

De ce que nous avons dit un peu plus haut, on peut prévoir qu'il est des espèces chez lesquelles il ne faudra jamais chercher des excès d'exastosie centripète dans leur androcée ; c'est lorsque déjà les exastosies circulaire et centripète auront eu peine à produire le verticille staminal entier. Ainsi nous pourrions prédire que l'on ne trouvera que fort rarement, si tant est que l'on en trouve, des fleurs de Jasminées, de Verbenacées, d'Acanthacées, de Labiées ou de Scrophularinées, pourvues d'un double androcée ; car le premier effet de l'exastosie générale sera de compléter le nombre normal des étamines, comme cela a lieu dans les Linaires ou autres espèces *pélôriées*. Nous avons fait de vaines tentatives pour en trouver, et jamais nous n'y avons pu parvenir.

Quand les étamines se transforment en pétales, il est rare que ce phénomène ne soit pas accompagné d'un excès d'exastosie centripète, et selon M. Moquin-Tandon, tantôt il y a 2, 3, 4 verticilles surnuméraires d'étamines transformées ; tantôt 10, 20, 30 et même davantage. Il signale une fleur demi-pleine de *Lychnis Chalcedonica*, dans laquelle il a observé 150 pétales situés entre les pistils et les pétales ordinaires ; en soustrayant de ce nombre 10 pétales provenant des étamines normales on a 140 pièces pétaloïdes, ce qui ferait 28 verticilles surnuméraires.

Il cite encore une variété du *Rubus fruticosus* qui, ayant normalement conservé son calice et sa corolle, avait toutes ses étamines transformées en pièces pétaloïdes très-petites, très-étroites et en nombre extrêmement considérable. Une de ces fleurs, cueillies au hasard, a offert à ce savant le chiffre extraordinaire de 892 parties pétaloïdes. En admettant 25 à 30 étamines dans la fleur normale, il reste encore 862 pièces pétaloïdes, nombre qui, divisé par 5, donne 172 verticilles staminaux. Ainsi, en supposant que l'exastosie circulaire n'ait pris aucune part à la multiplication, il faudrait admettre que la centripète s'est répétée 172 fois en plus du nombre normal de fois qu'elle s'est déjà répétée pour porter le nombre 5 ou 6 des étamines, type des dicotylédones, au nombre 30. Si l'on admet le concours de l'excès d'exastosie circulaire dans la multiplication, comme nous l'avons fait pour l'exemple de la corolle du *Calystegia*, il ne faut plus concevoir que 86 verticilles, nombre qui est déjà considérable et qui prouve bien une fois de plus que les deux exastosies précitées concourent à la multiplication. Enfin, il est très-probable qu'il s'est produit des chorises triplasiques ou pollaplasiques qui peuvent de cette façon faire abaisser beaucoup le nombre des verticilles floraux. M. Moquin-Tandon considère toutes ces pièces pétaloïdes comme résultant de dédoublements ou chorises; mais nous aimons mieux croire que cette multiplication exagérée réunit les 5 causes que nous avons énumérées page 184, avec cette différence qu'il faut les faire agir, dans le cas qui nous occupe, en même temps et sur la corolle et sur l'androcée, et peut-être sur le gynécée; car il est peu probable qu'avec une tendance exagérée à ces excès d'exastosies, l'androcée seul obéit à leur influence.

Carpelles. Le gynécée est tout aussi capable de subir les excès d'exastosie centripète que les autres verticilles floraux.

Le premier exemple que nous avons à constater, c'est celui du *Gentiana purpurea* que De Candolle nous a fait connaître et qui offre deux rangs de carpelles ovulifères : 4 sur le rang extérieur et 2 sur le rang intérieur; mais ce qu'il faut observer aupara·· vant, c'est que d'ordinaire les Gentianes sont à 2 carpelles unis, de manière à ne faire qu'une seule loge s'ouvrant en deux valves. Or un premier point consiste dans ce fait de 4 carpelles pour le premier verticille; un second point, c'est que puisque l'ovaire normal est à une seule loge, il fallait que les deux carpelles fussent placés au centre de la loge, à la manière du placenta central de certaines Caryophyllées, et, dans ce cas, les carpelles circulaires adhérents par le sommet avec les carpelles internes et la figure qu'en donne De Candolle (1) semblent confirmer cette idée ; ou bien chaque carpelle circulaire était fermé et plus ou moins adhérent avec les deux carpelles internes et alors devait former au moins 5 loges, ce qui constituerait une anomalie des plus remarquables. Malheureusement nous n'avons que peu de données sur cette métamorphose, qui pourrait peut-être recevoir une autre explication que celles que nous rapportons ici ; par exemple, cet ovaire pourrait fort bien provenir soit du dédoublement d'un ovaire triplasié

(1) *Organ. vég.*, pl. 40, fig. 6, 7.

à la manière de celui du Lis que nous avons reproduit *fig.* 19, soit de la fusion de 3 fleurs ou d'une fleur triplasiée, exactement comme nous avons dit être la fleur anomale du Prunier que nous avons reproduite *fig.* 2, pl. IV (*voyez* p. 111). Dans ce cas, loin d'être le résultat d'un excès d'exastosie, ce serait plutôt celui d'un défaut d'exastosie.

Toutefois, le développement moindre des 2 carpelles intérieurs, parfaitement indiqué par la *fig.* 7 de De Candolle, conduit à l'idée que les 4 carpelles externes constituent un verticille de 1re formation, et les 2 centraux un verticille de 2e formation, ce qui constituerait bien un excès d'exastosie centripète ou répétition d'organisme. Telle est notre opinion sur ce phénomène.

Nous avons trouvé bien des fois des fruits du *Nigella damascena* formés par un verticille de 6 carpelles normaux et surmontés de 1, 2 et 3 carpelles plus petits, ayant parfois offert les traces d'ovules avortés (*fig.* 21). Il y avait véritablement ici excès d'exastosie centripète, car il a bien fallu que le verticille inférieur se détachât du verticille supérieur pour que celui-ci pût s'élever au-dessus de l'autre. D'ailleurs les carpelles surnuméraires étaient adhérents au sommet du placenta central de la capsule.

Nous regardons ce phénomène comme l'analogue de celui de la prolification des fruits que M. Moquin nomme *Fructipares* (1). En effet, dans tous les cas cités de fruits fructipares cités par le savant auteur des *Éléments de tératologie végétale,* il est impossible qu'on ne reconnaisse pas des excès d'exastosie à différents états d'intensité, et quoique la prolification soit aussi le résultat d'un excès d'exastosie, cependant nous ferons cette différence entre les deux phénomènes, c'est que l'excès d'exastosie centripète qui produit les phénomènes que nous étudions ici *donne pour résultat des parties homologues :* c'est une *répétition d'organismes simples,* tandis que l'exastosie centripète en excès, que nous étudierons bientôt sous le nom de *répétition d'organismes composés,* a toujours *pour résultat* de produire des *éléments de natures différentes,* et puisque les excès d'exastosie centripète que nous examinons ici sur les carpelles donnent d'autres carpelles, nous sommes dans le même ordre d'idées que celui

(1) *Élém. térat. vég.,* p. 382.

qui nous fait examiner les excès d'exastosie centripète des sépales, des pétales, des étamines produisant respectivement des sépales, des pétales, des étamines, en un mot des parties homologues et qui sont, par conséquent, aussi des prolifications ou répétitions d'organismes simples.

Nous reviendrons au reste sur ce sujet à l'article *Répétition
des organismes végétaux* ou *Prolification*.

Ceci posé, les cas de carpelles ayant présenté des excès d'exastosie centripète sont assez nombreux.

Les poires offrent souvent des cas d'excès d'exastosie centripète.
Ainsi Duhamel, dans sa *Physique des arbres* (1), signale des
poires de l'œil desquelles sortait une branche, une fleur ou un
fruit qui faisait une poire double. Dans le premier cas, on avait
affaire à une prolification d'organismes simples de l'appareil nutritif; dans le second, à une prolification d'organismes composés de
l'appareil reproductif, et dans le dernier il n'y a qu'excès d'exastosie centripète sur les carpelles, c'est-à-dire prolification d'organismes simples de l'appareil reproductif.

En 1675, Perrault et Sedileau ont présenté à l'Académie
royale des sciences des poires dont l'une d'elles laissait passer un
autre fruit par sa tête; l'autre était ce que l'on désigne sous le
nom de prolification.

De Candolle a aussi figuré 3 poires (2) où des excès d'exastosie
centripète sont évidents. La *fig.* b, semble indiquer, avec un excès
d'exastosie centripète, un commencement d'excès d'exastosie circulaire aux sépales et au fruit supérieur; la *fig.* c, semble représenter une poire dédoublée dans sa longueur et en même temps
surmontée d'une autre poire pareillement dédoublée; enfin, la
fig. d, laisse voir une poire où l'excès d'exastosie centripète s'est
produit deux fois avec un excès d'exastosie circulaire, indiqué par
une dizaine de sépales au sommet du premier fruit, et surtout par
un groupe de carpelles imparfaits qui couronnent le second fruit.

La poire paraît être un des fruits chez lesquels on rencontre
fréquemment le phénomène qui nous occupe; car non-seulement
on cite encore dans les *Registres de l'Académie des sciences*

______

(1) Liv. III, chap. III, p. 393, fig. 308.
(2) *Organ. vég.*, pl. 43, fig. 1.

qu'une poire *Rousseline* présentait à son sommet une seconde poire qui donnait elle-même naissance à une petite branche et à plusieurs feuilles, mais nous avons nous-même observé bien des fois un phénomène analogue, particulièrement sur les poires de *Bon-Chrétien* d'hiver.

Enfin, tout le monde connaît le fameux pommier de Saint-Valery (*Pyrus dioïca Willd.*), variété femelle du pommier commun et qui a besoin d'une fécondation artificielle pour fructifier. Les fruits qu'il donne alors sont tous étranglés vers les deux tiers de leur longueur et offrent à l'intérieur 14 loges sur deux étages superposés : 5 de ces loges sont comme dans la pomme ordinaire ; les 9 autres, plus petites, sont placées au-dessus.

Il se pourrait que l'androcée se fût transformé en une rangée de carpelles, lesquels naîtraient soudés aux carpelles ordinaires. Dans ce cas le phénomène rentrerait dans la classe des métamorphoses organiques (Moq. Tand.).

Quoi qu'il en soit, c'est toujours par suite d'un excès d'exastosie centripète, dans un état moins avancé que dans les exemples précédents, que se sont formées les loges supérieures ; la multiplication s'expliquerait par un dédoublement de 4 des 5 loges normales, ce qui indiquerait aussi un phénomène d'exastosie circulaire en excès.

Durande, cité par M. Moquin Tandon (1), a dit avoir vu un grain de raisin assez gros, du sommet duquel sortait un autre grain plus petit avec une branche chargée d'une feuille : c'est à la fois un excès d'exastosie centripète ou prolification d'organismes simples, et une *prolification frondipare,* comme l'appelle M. Moquin-Tandon.

Quand les verticilles surnuméraires de carpelles se forment, ils peuvent être montés sur des axes ou mérithalles plus ou moins longs, et par conséquent sortir plus ou moins du fruit qui les produit : il en résulte des apparences diverses dues à un même phénomène. Dans la poire double que Bonnet a fait connaître, la seconde poire était portée sur un pédoncule de 3 centimètres environ ; mais ici il y avait plutôt prolification, car ce pédoncule était garni de bourgeons (2).

(1) *Térat. vég.*, p. 384.
(2) *Rech. us. feuilles*, p. 217, pl. 26, fig. 1.

Dans celles de Duhamel et dans le *Nigella,* les 2 poires ou les 2 verticilles se touchent. Celles de De Candolle sont comme emboîtées en partie les unes dans les autres. Celles de Saint-Valery présentent une confusion évidente des fruits, qui ne sont plus indiqués que par un étranglement ; peut-être même y a-t-il confusion de 2 verticilles dans le verticille supérieur, ce qui semblerait appuyé par la présence des 9 loges supérieures. Dans le *Gentiana purpurea,* les 2 carpelles centraux du second verticille sont enfermés presque complétement dans le premier verticille de 4 carpelles.

On trouve des oranges qui offrent le même phénomène, c'est-à-dire qui sont formées de deux rangées de carpelles emboîtées l'une dans l'autre. Le plus souvent cet emboîtement est tel qu'au premier abord on ne se douterait pas de l'existence de l'anomalie. Cependant un œil exercé la reconnaît aussitôt à son ombilic, bien plus ouvert que dans les oranges ordinaires. Quelquefois une partie du fruit surnuméraire fait saillie, et dans ce cas on trouve des carpelles relativement très-petits et souvent enveloppés d'une écorce semblable à celle de l'orange-mère. En général l'orange surnuméraire, beaucoup plus petite, occupe le sommet de l'axe central de l'orange-mère. M. Ferrari leur a donné le nom de *fœtifères* (1). On a indiqué aussi des pommes et des melons offrant ce genre d'anomalie, et nous-même avons décrit autre part, sous le nom de *Fructiparité par dédoublement* et *Fructiparité avec répétition de verticilles calicinaux* (2), deux monstruosités de fruit du *Mespilus germanica,* que nous avons dû rapporter aujourd'hui à l'ordre d'idées qui nous occupe et que nous étudierons mieux à l'article *Prolification.* On cite encore le *Lychnis Githago* (Seringe) et plusieurs *Passiflora* présentant ce phénomène, et il paraît qu'on en a trouvé qui avaient jusqu'à 3 et 4 fruits ainsi emboîtés les uns dans les autres.

C'est surtout dans les gynécées à carpelles nombreux que l'excès d'exastosie centripète est sujet à des variations très-grandes. Si dans les Rosacées on prend le nombre 5 comme nombre normal des

---

(1) *Hespérid.,* pl. 271, 315, 405.
(2) *Recueil trav. Soc. émul. sc. pharmaceut.,* t. II, 1er fascicule, p. 35. — Et *Notice sur nos titres, mém. et ouvrages scientifiques.* Paris, 1861, p. 56 et 57.

carpelles, il faut admettre dans les carpelles qui composent le fruit des *Fragaria*, des *Rubus*, des *Geum*, etc., un excès d'exastosie qui porte le nombre à un chiffre beaucoup plus élevé. Ainsi, dans certaines fraises (anglaises), il y en a qui sont déprimées de façon à n'offrir que 4 ou 5 rangées de pistils, alors que d'autres beaucoup mieux développées ont la forme d'un cône très-allongé. Dans ce cas on peut compter jusqu'à une vingtaine de verticilles (1) et plus de carpelles enclavés dans les petites concavités que présente le gynophore, et encore le nombre de chaque verticille est-il quelquefois doublé et même triplé circulairement. Les framboises sont, proportion gardée moindres, dans le même cas. Ici les deux excès d'exastosie se combinent souvent pour multiplier le nombre des carpelles.

Dans un fruit du *Ranonculus sceleratus*, nous avons compté jusqu'à 24 verticilles carpellaires, et dans la Ratoncule (*Myosurus minimus*), jusqu'à 66 verticilles. Or, dans l'état ordinaire, chaque fruit compte beaucoup moins de ces verticilles. Il a donc fallu que dans les exemples que nous avons choisis, il y ait eu répétition de verticilles, en d'autres termes excès d'exastosie centripète.

Nous plaçons ici ces monstrosités de fraises que l'on observe fréquemment et qui montrent un excès d'exastosie dans tout le fruit, c'est-à-dire le gynophore et les carpelles.

1° Il n'est pas rare de rencontrer des fraises à 3 lobes parfaitement distincts alors que l'espèce ne donne que des fruits coniques. Dans ce cas, il faut concevoir que la fraise, qui doit être regardée comme un axe, subit l'influence du principe de la triplasie et prend ainsi la forme que nous lui trouvons. Ce phénomène peut ne pas paraître aussi simple que semble l'indiquer l'explication que nous venons de donner, car on peut y voir en même temps un phénomène de fasciation. Mais on comprendra que l'un est la conséquence de l'autre, si l'on observe qu'il est impossible que par le fait seul de la triplasie la fraise ne prenne pas un développement bilatéral qui la fait paraître aplatie. Il y a même des fraises qui ne sont qu'aplaties sans présenter aucune trace

(1) Nous avons déjà dit que les verticilles, par déplacement, pouvaient prendre la disposition hélicoïdale, et c'est le cas qui se présente dans le fruit en question.

de lobe ; mais le phénomène est le même ; seulement, dans ce dernier exemple, l'excès d'exastosie centripète est à son minimum d'intensité.

2° On trouve encore une monstruosité de la même variété de fraises, qui au lieu d'offrir 3 lobes situés sur le même plan, en présente 3, 4, 5 et 6 placés circulairement autour d'un 7e. Tous ces phénomènes appartiennent aux excès d'exastosie centripète ; seulement, ici, ils se compliquent d'un excès d'exastosie circulaire. Il ne faudrait pas croire que ces deux ordres de monstruosités provinssent de la réunion de deux ou plusieurs fleurs, car d'abord on ne trouve aucune trace de cette adhérence ni dans le pédoncule ni dans les parties de la fleur, et, d'un autre côté, bien souvent on voit se prononcer ces excès d'exastosie sur des gynophores parfaitement simples au moment de la floraison. En attendant que nous donnions la clef qui doit servir à expliquer ce phé_nomène, nous faisons remarquer que ces fraises, celles qui ont 5 ou 6 lobes placés circulairement autour d'un 7e, sont exactement dans le cas de certaines Spirées qui ont 5 ou 6 carpelles en entourant un 7e.

Tous ces phénomènes seront beaucoup mieux compris quand nous aurons étudié les chorises des axes et les répétitions d'organismes, car alors nous pourrons faire voir qu'ils se rapprochent beaucoup de certains autres phénomènes dont nous donnerons le mode de production, et de cette façon nous pourrons nettement les distinguer les uns des autres.

§ 3. — *Des excès d'exastosie transversale.*

Si nous n'étions pas encore parvenu à faire bien comprendre la nature de l'exastosie transversale, les quelques exemples que nous allons signaler seraient propres à en donner peut-être une idée plus nette en même temps que plus générale.

Si l'on observe que le plus souvent les 3 exastosies s'associent pour produire des effets que jusqu'à présent on n'a dû attribuer qu'à un seul et même phénomène, il tombera sous le sens que nous n'avons pas pu annoncer des excès complets d'exastosie centripète et circulaire sans que l'exastosie transversale ait aussitôt montré son influence. En effet, de ce que les divers organes :

feuilles, folioles, sépales, pétales, étamines, pistils, se sont montrés plus nombreux que d'ordinaire, il s'ensuit que les exastosies transversales ont dû se montrer proportionnellement plus nombreuses aussi, puisque chaque pièce se désarticulant à un moment donné, la multiplication n'a pu se faire sans sa participation.

Rameaux. Nous ne pouvons guère citer d'exemples de rameaux chez lesquels on remarque un excès d'exastosie transversale, à moins que considérant, à l'exemple de quelques botanistes, les organes appendiculaires comme disposés selon des cycles hélicoïdaux, l'on ne dise que leur opposition ne provient que d'une *plésiasmie* (rapprochement) qui affecte certaines espèces : dans ce cas nous aurions le contraire de ce que nous avons avancé p. 141, c'est-à-dire un excès d'exastosie transversale au lieu d'un défaut de ce phénomène. Mais nous avons dit les raisons qui nous faisaient préférer l'autre manière de voir. Il ne nous resterait plus alors à signaler, comme exemple d'excès d'exastosie transversale, que celui qu'indique De Candolle sur les vieux troncs de Jujubiers. Il s'y forme des espèces d'exostoses qui émettent plusieurs branches simples : celles qui ne fleurissent pas persistent, se développent et constituent des branches permanentes, tandis que celles qui portent un grand nombre de fleurs se désarticulent et tombent, après la floraison, absolument comme les pétioles communs des feuilles composées de certaines Légumineuses. Il y a donc, relativement aux faits normaux, un excès d'exastosie transversale.

Bourgeons. Nous devons regarder comme appartenant à cet ordre de phénomènes la transformation de certains bourgeons en bulbilles. Ainsi, lorsqu'à l'aisselle des feuilles d'une tige de *Lilium candidum*, détachée fraîche de son bulbe, il se forme au bout d'un certain temps des bourgeons qui prennent le caractère du bulbille et qui peuvent se détacher d'eux-mêmes et reproduire un autre individu, nous avons un phénomène accidentel d'excès d'exastosie transversale qui trouve son état normal dans les *Lilium bulbiferum, tigrinum, pensylvanicum*. Des phénomènes analogues se produisent dans les tiges du *Ficaria ranonculoïdes*. On en peut dire autant de tous les bulbilles qui se développent sur les feuilles d'un assez grand nombre de végétaux appartenant aux trois grands embranchements et que nous ferons connaître plus tard.

Feuilles. Les excès d'exastosie transversale étant en général concomitants avec les excès d'exastosie circulaire, nous n'aurons que peu de chose à ajouter à ce nous avons dit section II, § 1. Nous avons avancé, en parlant des défauts d'exastosie transversale, que l'on pouvait regarder cette dernière exastosie comme faisant défaut lorsque les feuilles habituellement composées devenaient simples. Mais comme la marche de la nature est au contraire de procéder du simple au composé, nous suivrons cette méthode et partirons de l'idée que toute feuille doit être simple, et que si elle devient composée ce n'est que par des excès d'exastosie circulaire, anormaux pour quelques végétaux et devenant ordinaires dans d'autres. Or ce que nous avons déjà dit à l'occasion de l'excès d'exastosie circulaire appliqué aux feuilles plus ou moins divisées, peut se redire de l'excès d'exastosie transversale appliqué aux feuilles composées de certains systèmes. Ainsi, par exemple, il est bien évident que lorsqu'une feuille de Fraxinelle (*Dictamnus albus*), de simple qu'elle peut être quelquefois, passe à la feuille plus ou moins foliolée que nous lui connaissons ; de ce que chaque foliole peut aisément se désarticuler du rachis, il s'ensuit qu'il faut bien reconnaître des articulations qui n'existent pas dans la feuille simple, et, par conséquent, un excès d'exastosie transversale.

Les feuilles sont susceptibles d'un excès d'exastosie transversale à laquelle on porte en général peu d'attention : c'est celui qui fait les feuilles composées longitudinalement dans lesquelles on trouve 2, 3 pièces articulées les unes au bout des autres ; on a donné à ce genre de feuilles le nom de *lomentacée* : les Ingas ptéropodes, le *Fagara pterota*, le *Bignonia articulata*, etc., en seraient des exemples. Peut-être est-ce à cet ordre de phénomènes qu'il faut rapporter la constitution de la feuille de plusieurs *Citrus*, du *Desmodium triquetrum*, etc., quoique l'on ait généralement admis que toutes ces feuilles devaient être regardées comme des pétioles dilatés qui auraient été privés de leurs folioles par avortement et qui seraient terminés par une foliole unique. Mais on peut tout aussi bien concevoir une série de limbes superposés en longueur que l'on en peut concevoir qui sont disposés en séries latérales, et les exemples de fruits lomentacés appuieraient cette manière de voir.

SÉPALES ET PÉTALES. Nos souvenirs ne nous rappellent point aucuns sépales ou pétales offrant l'excès d'exastosie transversale que nous venons de signaler dans les feuilles. Cependant, nous avons désigné les sépales des Rosiers qui offrent des excès d'exastosie circulaire assez prononcés pour avoir quelquefois déterminé la formation de petites folioles articulées. Hors ce cas d'exastosie transversale, nous n'en saurions signaler d'autres.

ÉTAMINES. L'exastosie transversale n'a aucune influence sur le développement des étamines des fleurs *gynandres* par exemple, chez lesquelles les anthères sont unies à l'ovaire. Mais il y a au contraire des étamines qui présentent des articulations marquées : 1° au point qui unit les anthères au filet : dans ce cas, l'anthère est facile à séparer du filet (*Lilium, Tulipa*) ; 2° au point qui lie la base du filet au réceptacle : alors, après la fécondation, l'étamine se désarticule ; tandis qu'il y en a où cette exastosie ne se produit point, et dans ce cas l'étamine se flétrit et se dessèche sans tomber, comme on le voit dans les Campanules ; 3° enfin, il y a des étamines qui paraissent être articulées dans la longueur de leurs filets, comme on peut le voir dans l'étamine des *Euphorbia*. Il est vrai que Rob. Brown a considéré la partie inférieure comme un pédoncule et la partie supérieure comme le vrai filet ; mais cette considération ne peut faire qu'ici nous ne constations bien une exastosie transversale. Or, en partant de la fleur gynandre, où nous ne trouvons pour ainsi dire qu'une exastosie à peine commençante dans l'androcée, il est clair que dans les autres cas que nous venons de signaler, nous pouvons regarder comme excès d'exastosie transversale ces articulations, qui après tout n'existent pas toujours.

Nous sommes assez disposé à ranger parmi les excès d'exastosie transversale le phénomène en vertu duquel les anthères du *Persea gratissima* (Gaertn. fils) s'ouvrent en 4 valves, ce qui semble indiquer 4 loges superposées 2 à 2, quoique quelques auteurs doutent encore de l'existence de ces 4 loges. Dans tous les cas, c'est bien un phénomène d'excès d'exastosie transversale qui détermine la superposition dont il vient d'être question, ne fût-elle même considérée que dans ses panneaux, car elle conduit à celle qui fait que les anthères s'ouvrent à la manière des pixides, comme on le voit dans celles du *Pixidanthera,* qui doit son nom à cette circonstance.

CARPELLES. Chaque carpelle n'étant physiologiquement qu'une feuille modifiée pliée dans le sens de sa nervure médiane, il s'ensuit qu'un carpelle ne doit offrir qu'une seule loge et une seule articulation à sa base. C'est en effet l'état le plus ordinaire des carpelles; mais il arrive assez fréquemment que les carpelles présentent un assez grand nombre d'articulations transversales qui y accusent un excès de l'exastosie qui nous occupe.

D'abord nous avons les capsules que l'on a nommées *pixides* ou en *boîte à savonnette,* à cause de leur déhiscence transversale : telles sont les capsules de la Jusquiame, du Pourpier, des *Anagallis,* de l'*Alsine media,* des Plantains du genre *Mitracarpum* (Rubiacées), etc. Puis se présentent les carpelles (gousses ou siliques) offrant des cloisons transversales (*cassia*) qui commencent les excès d'exastosie transversale et qui, passant par les fruits de certains *Mimosa,* connus sous les noms de *Bablahs,* arrivent à être véritablement articulées comme le sont toutes les gousses articulées dites *lomentacées (Scorpiurus, Ornithopus, Hedysarum, Æschynomene, Hippocrepis, Mimosa* de Tournefort, etc.).

Il y a une analogie évidente entre les feuilles composées des Légumineuses et les carpelles lomentacés, et il ne nous semble pas imprudent d'avancer que chaque article de la gousse représente assez fidèlement les deux folioles opposées de la feuille.

Peut-être devrions-nous placer ici l'exemple du Haricot que nous avons représenté *fig.* 71, et qui au lieu de bourgeon terminal, présente une sorte d'écusson aplati, a, assez large. Dans ce cas, on pourrait regarder le phénomène comme un défaut général des trois exastosies réunies; mais nous pensons qu'il trouvera plus philosophiquement sa place au chapitre des *Prolifications* ou *Répétitions d'organismes.*

RÉFLEXIONS GÉNÉRALES SUR LES TROIS FORMES DE L'EXASTOSIE.

Si nous sommes parvenu à nous faire bien comprendre, on doit reconnaître que les trois formes de l'exastosie n'existent pas au même degré, et leur importance est loin d'être la même dans les différents végétaux. Voici à cet égard ce que l'on peut remarquer :

1° *Les phénomènes de l'exastosie sont en général d'autant plus marqués, qu'on les observe chez les végétaux plus élevés dans les classifications méthodiques.*

En effet, l'exastosie se borne, dans les Acotylédones, à la production de cellules simples, qui, en se multipliant, arrivent à produire des feuilles (frondes) plus ou moins sinueuses et qui se composent de plus en plus dans les végétaux supérieurs de cette grande division. Chez les individus les plus simples, on ne parvient à découvrir que l'exastosie transversale, puisque le plus souvent ils ne sont formés que de cellules unies bout à bout et dont le mode de formation est dû à l'exastosie transversale. L'exastosie centripète est peu répandue dans les individus de cet embranchement, si ce n'est chez ceux qui sont plus élevés dans la division. Enfin, l'exastosie circulaire s'y prononce quelquefois assez pour élever la composition de leurs frondes jusqu'à la troisième puissance *(Diplazium filix fœmina; Polypodium dryopteris; Nephrodium dilatatum, cristatum,* etc.). Après eux viennent les Monocotylédones, chez lesquelles l'exastosie générale se prononce davantage en multipliant la forme des divers organes, surtout en ce qui concerne l'appareil de la reproduction ; car si nous ne voyons pas si souvent dans les feuilles la composition compliquée que nous retrouvons dans certaines Acotylédones, par contre nous avons un appareil floral déjà complexe et où les exastosies sont des plus évidentes. Dans cet embranchement l'exastosie centripète domine l'exastosie transversale et l'exastosie circulaire y est des moins prononcées, car les cotylédons sont uniques et les feuilles le plus souvent très-simples.

Enfin, dans les Dicotylédones on retrouve les trois exastosies dans un plus grand état de développement. L'exastosie centripète y est des plus prononcées, surtout dans les fleurs. L'exastosie cir-

culaire y est encore plus prononcée que dans les frondes des Acotylédones, car on trouve des feuilles dont la composition s'élève à
la huitième puissance et l'exastosie transversale y est plus prononcée en ce que les articulations que l'on y rencontre sont dans
un état de perfection tel que souvent elles sont accompagnées de
bourrelets organiques qui sont le siége de mouvements dont la
cause nous est réellement inconnue.

Puisque dans nos idées l'exastosie est un indice de complexité,
il s'ensuit naturellement que les espèces monoïques sont plus
élevées dans la classe, dans la famille, dans la tribu, ou même
dans le genre que les individus hermaphrodites, puisque l'exastosie générale va jusqu'à créer des appareils distincts pour les
deux sexes. Enfin, l'exastosie générale est encore plus prononcée
chez les plantes dioïques, puisqu'elle a créé deux individus distincts pour les deux sexes, et par conséquent on doit reconnaître
que les plantes, toutes choses égales d'ailleurs, sont plus élevées
dans les classes ou les familles qu'elles ont des sexes plus séparés.

L'illustre auteur de la *Méthode naturelle*, qui pourtant n'avait
aucune idée des exastosies, n'en avait pas moins senti l'importance extrême quand il a conçu sa *Méthode*, et la manière dont il
procède pour établir sa classification prouve que notre première
proposition est très-rigoureusement vraie. Il faut remarquer cependant que nous sommes loin de penser que les espèces di-
clines, monoïques ou polygames, doivent toutes ensemble constituer une classe plus élevée ; car nous n'avons jamais compris les
séries autrement que très-nombreuses et marchant plus ou moins
parallèlement. Dans notre opinion chaque série devrait être placée
de façon que chaque famille, chaque genre, chaque espèce for-
massent sur un plan des séries dans tous les sens d'après certains
points de vue, absolument comme on peut en voir dans une disposition quinconciale ou en échiquier ; ainsi l'on pourrait s'arran-
ger de telle manière que chaque famille fût tellement placée
qu'elle dût avoir des rapports très-importants avec les six familles
les plus voisines, circulairement disposées par rapport à elle et
des caractères de moins en moins importants à mesure que sur
chaque série linéaire il existerait plus d'espace entre les familles.
Nous avons représenté théoriquement, fig. 25, cette disposition,
dans laquelle on peut remarquer au centre C, un cercle représen-

tant une famille quelconque. Les cercles 1,1,1,1,1,1, qui sont les plus voisins, représentent des familles qui ont avec la famille C, des rapports plus intimes par des caractères communs aux sept familles ; les familles représentées par les cercles 2,2,2,2,2,2, ont avec C, des caractères communs, mais déjà d'une moindre valeur que ceux qui lient les premiers entre eux ; il en est des familles représentées par 3,3,3,3,3,3,3,3, etc., 4,4, etc., 5,5, etc., qui ont des rapports de moins en moins importants avec la famille principale C, que nous avons prise pour exemple.

Peut-être un jour reviendrons-nous sur cette méthode, mais, selon nous, c'est la seule qui satisfasse pleinement l'esprit. Cependant, il faut avouer qu'elle est hérissée de difficultés, car on ne connaît pas assez quels sont les caractères les plus essentiels de tel groupe, et parce que ce qui est essentiel pour ce groupe l'est moins pour celui-ci et ne l'est plus pour cet autre. D'un autre côté, avant de grouper ainsi les familles, il aura fallu de la même manière grouper les genres et grouper aussi les espèces. On voit que la question de groupement des végétaux n'est pas aussi facile que l'on pourrait se l'imaginer, et voilà bien pourquoi les botanistes varieront longtemps dans leur manière de classer les végétaux, puisque leurs classifications varient selon le point de vue où ils se placent. Mais si, bien assurés de la valeur des caractères botaniques, leurs efforts tendaient vers un groupement pareil à celui que nous indiquons ; si, par suite, on arrivait à réaliser cette forme de groupement, nous sommes persuadé que l'on aurait créé une méthode, nous ne dirons pas invariable, mais au moins plus stable que celle qui existe, quoique celle qui existe aujourd'hui puisse être conservée dans la plupart de ses grandes coupes presque sans aucune altération.

Dans tous les cas, cette exposition était nécessaire pour faire bien comprendre la sixième des propositions générales que nous croyons devoir poser à la fin de ce premier article.

2° *L'exastosie centripète est d'une importance plus grande que les deux autres formes de l'exastosie, et se retrouve d'autant plus développée qu'on l'observe chez les végétaux les plus élevés dans les différents groupes.*

a. Nous avons déjà dit qu'elle se rencontrait comme par exception chez les Acotylédones. Elle ne va pas jusqu'à déterminer la formation de vrais bourgeons, et si parfois on rencontre des ramifications dans certains exemples de Fougères, ou dans les Lycopodes, les Marsiléacées, etc., cela tient plutôt à un dédoublement de l'extrémité et non à l'exsertion d'un axe provenant d'un bourgeon analogue à ceux que nous trouvons chez les Dicotylédones. Chez les Monocotylédones, elle se borne souvent à la production de quelques feuilles et d'une ou plusieurs fleurs, formées en général d'un seul ordre d'organes enveloppants. L'exastosie centripète commence à produire quelques bourgeons foliaux dans les Graminées, les *Yucca*, les *Dracœna*, le Doum de la Thébaïde, etc.; et dans la plupart des autres Monocotylédones, ce n'est que rarement et tout à fait accidentellement qu'il s'en produit. Au contraire les bourgeons floraux se forment facilement, et c'est là surtout un caractère qui les distingue des Acotylédones.

Chez les Dicotylédones, les bourgeons foliaux se multiplient pour ainsi dire à l'infini, et, en général, on ne conçoit pas une feuille sans admettre en même temps l'existence d'un bourgeon *axillaire* au moins. L'exastosie centripète des bourgeons floraux est aussi tellement prononcée, que l'on trouve des inflorescences où les fleurs peuvent se compter par centaines, et dans quelques cas se produisent véritablement à l'infini (1). Ainsi, dans cet embranchement, non-seulement nous avons une exastosie centripète très-multipliée dans les bourgeons floraux, mais encore dans les bourgeons foliaux.

b. En abordant un autre ordre d'idées on est encore conduit aux mêmes conséquences.

Ainsi, chez les Acotylédones, les organes de la reproduction sont des plus simples. Sans parler des espèces tout à fait inférieures, nous voyons les organes de la reproduction ne consister qu'en une sorte de capsule (*thèque*) chez laquelle tout se borne à

(1) Pendant l'été de 1860, nous avons fait sur plusieurs Digitales (*Digitalis purpurea*) une expérience très-propre à justifier le nom d'inflorence indéfinie ou centripète, suivant la classification de M. Rœper. A mesure que les fleurs tombaient, nous avions grand soin d'enlever aussitôt les capsules ; de cette façon, la séve qui aurait été utilisée à nourrir et à mûrir le fruit s'est incessamment portée vers l'extrémité de l'inflorescence, qui a dû à cette circonstance de durer tout l'été et de former un axe de 2 mètres et demi environ de longueur, alors que des Digitales placées dans les mêmes conditions atteignaient à la hauteur d'un mètre à peu près.

la production de corps particuliers (spores) qui tiennent de la graine, ou plutôt des bulbilles, par la manière dont ils reproduisent le végétal, et du pollen par la manière dont ils se forment. Nous essayerons de démontrer que c'est plutôt l'analogue d'une anthère et qu'il n'est essentiellement qu'un organe mâle ; l'organe femelle, dans ces espèces inférieures, étant inutile pour recevoir et développer le corps qui doit reproduire l'espèce ; et si l'on rencontre dans les espèces supérieures deux sortes d'organes : les uns que l'on nomme *anthéridies,* parce que l'on a cru y reconnaître la nature des anthères; les autres, qui ne sont que les thèques, et que l'on a regardé comme l'organe femelle parce que l'on est habitué à considérer comme tel tout organe qui donne les germes ou graines capables de germination ; si, disons-nous, l'on rencontre ces deux organes, nous n'y voyons qu'un essai de la nature à diviser le travail de la reproduction, qui se complète dans les Naïadées par l'étamine nue et le pistil formé d'un ovaire nu ou enveloppé d'une spathe (Naias).

Évidemment l'exastosie centripète des organes de la reproduction des Acotylédones est réduit presque à l'état de simplicité, si ce n'est quelquefois dans les mousses à double *péristome,* ou dans quelques hépatiques à involucre enveloppant la capsule dans le premier âge (*Jungermannia tamarisci*).

Chez les Monocotylédones, les organes reproducteurs commencent à indiquer une exastosie centripète plus prononcée. A partir des Naïadées, où nous rencontrons des espèces à organes mâles et femelles enveloppés, nous arrivons bientôt à trouver des espèces où un seul verticille complet d'enveloppe ne suffit plus et où il est doublé. En effet, l'exastosie centripète forme dans les espèces un peu élevées non-seulement deux verticilles de pièces florales enveloppantes; non-seulement un verticille d'étamines ou organes mâles et un verticille de carpelles ou organes femelles, mais encore ces organes sont parfois capables de subir des excès d'exastosie, ainsi que nous l'avons indiqué plus haut.

Maintenant, si nous examinons l'exastosie centripète chez les végétaux dicotylédones, nous la voyons bien plus prononcée encore, mais toujours en procédant du simple au composé. D'abord simples comme dans les fleurs apétales des Cytinées et des *Aristolochia,* où l'on trouve même un défaut d'exastosie entre l'androcée et le gynécée, nous les voyons bientôt former deux sortes d'enveloppes (calice et corolle), en même temps que l'exastosie centripète sépare l'androcée du gynécée. Mais dans les monopétales on voit assez rarement les fleurs subir l'influence de l'exastosie centripète en excès; alors qu'au contraire les polypétales la subissent très-facilement et assez fréquemment. Enfin, tandis que dans les premières on rencontre peu d'espèces à étamines et à carpelles nombreux, au contraire, chez les polypétales, on trouve ces organes rendus quelquefois si nombreux par l'exastosie, que l'on a coutume de dire qu'ils sont indéfinis (fleurs de la *Polyandrie polygynie* de Linné).

3° L'exastosie circulaire est d'une importance moins grande que l'exastosie centripète, et se montre souvent d'autant plus développée dans les fleurs qu'on l'observe dans les espèces les plus élevées dans les différents groupes.

Pour avoir la preuve que l'exastosie circulaire offre moins d'importance que l'exastosie centripète, il suffit d'observer que la première ne peut exister qu'autant que la seconde s'est produite et que la réciproque n'a pas lieu. Ainsi un calice monosépale, une corolle monopétale peuvent n'offrir exactement que l'exastosie centripète et nullement l'exastosie circulaire.

C'est en vertu de la généralisation de l'idée qu'exprime le second membre de phrase de notre proposition que les polypétales sont regardées comme supérieures aux monopétales; et d'ailleurs nous avons reconnu que les excès d'exastosie circulaire coïncidaient avec les excès d'exastosie centripète, ce qui achève de confirmer la donnée générale que nous présentons ici.

D'ailleurs, en raison même de sa moindre importance, il s'ensuit qu'elle doit être soumise à de nombreuses exceptions et souvent se montrer là où il semblerait qu'elle ne dût pas exister. Par exemple si nous considérons l'exastosie circulaire dans les feuilles, nous observons qu'elle se prononce peu dans les Monocotylédones, quand au contraire elle est remarquablement développée dans certaines frondes. Il semble que la nature ait établi une sorte de compensation en donnant une exastosie centripète prépondérante dans les Monocotylédones, et, au contraire, en faisant l'exastosie circulaire ou plane plus puissante chez les Acotylédones.

4° L'exastosie transversale est d'une importance inférieure aux deux autres et peut indifféremment se rencontrer dans tous les groupes végétaux.

En effet, comment concevoir l'exastosie transversale, excepté quand il s'agit de la division d'une cellule en deux parties, sans qu'il y ait au préalable exastosie centripète et exastosie circulaire? Évidemment le premier effet de la végétation sur un bourgeon, c'est la séparation d'un tubercule plus ou moins conique de la petite masse cellulaire qui constitue le bourgeon. Or ce tubercule, libre à sa partie supérieure, a encore une adhérence marquée à sa base avec le bourgeon, et la réciproque ne saurait avoir lieu : donc ici l'exastosie transversale est subordonnée aux exastosies centripète et circulaire.

D'un autre côté elle existe aussi bien chez les végétaux les plus simples que chez les plus composés, et aucun moyen de mesurer son importance dans les différents groupes ne nous est offert. Cependant nous avons vu que certaines Dicotylédones offraient une exastosie transversale *maximum* accusée par des bourrelets particuliers où semblaient résider le siége de certains mouvements; mais bien que les espèces où se rencontre cette particularité appartiennent à des groupes élevés dans les classifications, cependant comme elle n'est ni générale, ni le partage de groupes plus élevés encore dans la classification naturelle, nous ne pouvons considérer l'exastosie transversale que comme inférieure en importance aux deux autres formes de cette force.

Relativement à ces trois modifications de l'exastosie, il peut y avoir deux manières de procéder pour caractériser les excès ou les défauts de cette propriété des végétaux.

a. Si l'on voulait être rigoureusement logique, il faudrait peut-être partir du végétal le plus simple, la cellule du *protococcus*, et regarder alors les modifications de l'exastosie qui surviennent dans les végétaux composés comme des excès d'exastosie ; mais comme ce sont précisément ces modifications qui constituent les formes si variées, formes que l'on peut rassembler sous divers types principaux, il est plus simple et plus philosophique de partir de la forme normale de chaque type pour en déduire ou les défauts ou les excès d'exastosie.

b. On pourrait encore partir de l'extrème excès d'exastosie, et, le considérant comme type, regarder comme appartenant à des défauts d'exastosie toutes les modifications dans lesquelles on constaterait une exastosie moindre ; mais le raisonnement que nous avons fait autre part concernant la marche de la nature doit interdire une pareille manière de procéder.

Ainsi donc, si nous voulons un exemple de la méthode qui nous semble la plus rationnelle à suivre dans ce genre d'observations, nous citerons les corolles monopétales et polypétales : les premières, suivant un certain point de vue, sont en défaut d'exastosie par rapport aux dernières, tandis que celles-ci sont en excès d'exastosie relativement aux corolles monopétales. Mais nous n'en concevrons pas moins la corolle polypétale type, à 6 pétales, comme normale et sujette à des défauts aussi bien qu'à des excès d'exastosie ; de même que nous regardons la corolle monopétale type, à six divisions, comme normale et pareillement capable d'excès et de défauts d'exastosie. Il n'y a réellement que les feuilles pour lesquelles nous ayons fait exception à la méthode que nous présentons ici à cause de la difficulté qui se présente de savoir au juste le nombre des parties, lobes, folioles, etc., qui, en général, constituent la feuille type d'un végétal à feuilles très-composées (1).

Les études que nous avons faites sur l'exastosie et les nombreux exemples d'anomalies que nous avons cités, nous ont permis d'établir quelques propositions qui ne nous semblent pas trop s'écarter d'une rigoureuse exactitude. Voilà comment il nous semble que ces propositions pourraient être exprimées :

1° *Il n'y a* absolument *aucune monstruosité dans la nature végétale ; car tout ce que l'on a nommé* monstruosité *trouve son état normal dans certaines parties d'autres végétaux* (2).

2° *Une monstruosité se reproduit dans d'autant plus de fa-*

(1) Dans un travail récent (*Essai sur la mesure du degré d'élévation ou de perfection organique des espèces végétales*), notre confrère et ami M. le professeur Chatin, partant d'un tout autre point de vue que nous, a été conduit à une manière de voir diamétralement opposée à celle que nous venons d'exposer dans ces réflexions générales.

(2) M. Moquin-Tandon a exprimé la même proposition, d'une manière un peu différente, lorsqu'il a dit : « *La structure accidentelle d'un végétal présente généralement la structure habituelle d'un autre végétal.* » (*Éléments de tératologie végétale*, p. 342.)

milles éparses et différentes qu'elle est observée sur des organes qui s'éloignent plus des parties essentielles de la fleur.

Ainsi, les monstruosités que l'on observe sur une feuille peuvent se rencontrer dans une foule de feuilles de familles très-différentes, tandis que les monstruosités des étamines ne se retrouvent que plus rarement dans les étamines des autres familles, surtout si ces familles sont très-éloignées.

3° *Les monstruosités qui affectent les axes sont les plus générales et peuvent se retrouver dans tous les végétaux.*

C'est en quelque sorte la conséquence de la loi précédente, puisque ce qui s'éloigne le plus d'une étamine c'est l'axe, et que les axes ont en général, dans chacun des 3 grands groupes, une assez grande conformité de composition et de structure.

4° *Les monstruosités qui affectent les feuilles peuvent se retrouver dans les parties florales* accessoires *d'un grand nombre de fleurs, et réciproquement,* car les feuilles, les sépales et les pétales ont une origine commune.

5° *Les monstruosités des parties florales* essentielles *de certaines espèces qui représentent les états normaux d'autres espèces se rencontrent plus particulièrement et plus fréquemment dans les genres ou les espèces les plus voisines.*

Ainsi, les anomalies des étamines dues à des défauts (1) ou à des excès d'exastosie, à des avortements ou bien encore à des augmentations de nombre, se feront observer de préférence chez des espèces plus ou moins voisines des espèces offrant l'anomalie à l'état normal. C'est ce que prouvent les exemples que nous avons cités p. 166 et 167 de *Mimulus moschatus*, avec sa 5ᵉ étamine rudimentaire; de *Calceolaria integrifolia*, avec ses étamines séparées en 2 parties déjetées sur le côté; de *Pachystachys coccinea*, avec ses 2 étamines dédoublées jusqu'à la base, et celui de l'avortement d'une étamine dans le *Nicotiana tabacum*, avec déformation de la corolle, ce qui en faisait une véritable fleur de Scrophularinée (2).

---

(1) Tout en ne nous servant, dans ce long article, que de l'expression *défaut d'exastosie*, notre intention n'a pas été de nier *absolument* le phénomène des soudures, comme nous le verrons plus tard.

(2) *Voir* p. 200, ce que nous disons pour justifier cette 5ᵉ proposition.

Art. II. — *Des phénomènes dépendant des excès d'exastosie ou des Multiplications.*

Après avoir passé en revue les principaux effets de l'exastosie, il convient de bien les distinguer entre eux ; car nous allons voir qu'il existe un certain nombre de phénomènes que l'on pourrait confondre sous le nom d'exastosie en excès, et qui pourtant sont parfaitement différents. Ils constituent quelquefois des états tératologiques particuliers, et souvent des états normaux assez constants pour fournir des caractères importants et utiles à la détermination des espèces et même à la classification. C'est la distinction de ces phénomènes qui doit nous occuper maintenant. Nous les réunirons néanmoins dans un même article sous le nom de *Multiplication*, parce qu'en effet ils ont tous pour résultat d'augmenter le nombre des organes. Nous les étudierons sous deux titres différents, savoir : les *chorises* et les *répétitions d'organismes* ou *prolifications*.

CLASSE I. — DES CHORISES.

Les chorises, ainsi nommées par Dunal (du grec χώρισις, séparation), sont connues depuis très-longtemps. On avait observé, en effet, que les parties végétales étaient sujettes à des augmentations de nombre que plus tard on a désignées sous le nom de *Multiplication*. Linné paraît être le premier qui en ait signalé des exemples, mais en les confondant avec certaines augmentations de nombre résultant de métamorphoses. Toutefois, il établit une certaine distinction entre la *multiplication*, la *plétion* et la *prolification* ; car il a dit : « Luxurians flos tegmenta fructificationis ita multiplicat, ut essentiales ejusdem partes destruantur ; estque vel *multiplicatus*, vel *plenus*, vel *prolifer* (1)... »

En 1817, De Candolle en fit une étude spéciale dans son travail sur les fleurs doubles (2), et distingua, plus tard, la multiplication par addition d'une ou plusieurs pièces à un même verticille,

____

(1) *Phil. bot.*, p. 119.
(2) *Mém. Soc. arc.*, t. III, p. 385.

de la multiplication par addition de verticilles surnuméraires semblables aux verticilles normaux (1).

Dans son *Essai sur les Vacciniées*, en 1819, Dunal chercha à démontrer que les multiplications sont tantôt accidentelles, tantôt habituelles, et que bien souvent, dans les fleurs dites simples, on trouve des organes ou des rangées d'organes surnuméraires uniquement dus à une multiplication.

Adoptant les idées de Dunal, M. Moquin-Tandon a étudié les lois des multiplications, particulièrement dans l'androcée, et leur influence sur la régularité de l'appareil floral (2). Dunal et avec lui M. Moquin-Tandon ont nommé *dédoublement* quelques-uns des phénomènes qui doivent nous occuper, nom que De Candolle avait adopté, mais auquel il a préféré celui de *multiplication* parce qu'il semble moins hypothétique que celui de dédoublement (*loc. cit.*).

Nous-même, en 1855 (3) et 1856 (4), avons adopté ces expressions, mais en les appliquant spécialement au phénomène tératologique dans lequel on reconnaît qu'un organe unique a été remplacé par deux organes ou un double organe. Alors nous avons établi qu'il y avait de faux dédoublements et des phénomènes de plésiasmie que l'on pouvait souvent confondre avec les véritables chorises.

Les nouvelles études que nous avons faites de ces questions nous conduisent à ranger sous le même titre général de *chorises* des phénomènes identiques, ne différant les uns des autres que par l'état plus ou moins complet du phénomène, ou par le nombre plus ou moins grand des éléments surajoutés, d'où nous avons tiré l'ordre suivant, que nous suivrons :

(1) *Organog. vég.*, t. I, p. 506.

(2) *Essai sur les dédoublements*, ou *Multiplication d'organes dans les végétaux*, in-4°. Montpel., 1826, et *Consid. irrég. corolle.* Ann. sc. nat., t. XXVII, p. 236.

(3) *Obs. dédoubl. règ. vég.* (*Comptes rendus, Acad. sciences*, mars 1855, et *Bull. Soc. bot. France*, avril 1855.)

(4) *Obs. végétat. de la vigne*, etc. (*Bull. Soc. bot. France*, 1856, t. III, p. 591.)

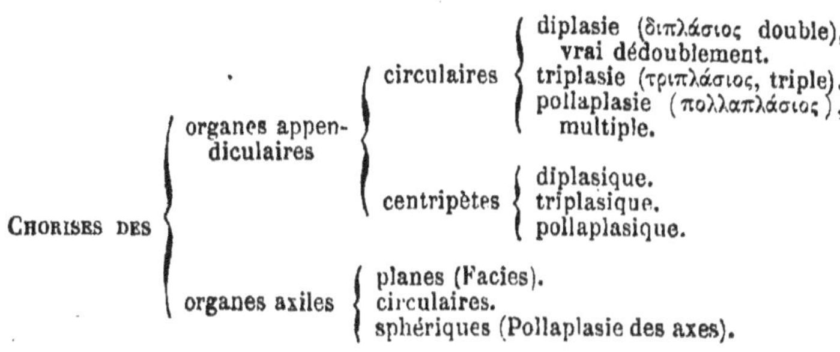

Pour bien distinguer les chorises des autres phénomènes organogéniques avec lesquels on pourrait les confondre, nous devons entrer dans quelques considérations indispensables. Ainsi, lorsque nous considérons dans sa section horizontale une petite masse de tissu cellulaire bien homogène, celle qui plus tard doit constituer un bourgeon, il est évident que, à part les cellules qui composent le tissu, rien de distinct ne se laisse apercevoir. Cette petite masse est alors douée d'une seule vie, et constitue un seul centre vital que nous nommerons *phytogène* ou *protophytogène*, relativement à tous ceux auxquels il donnera naissance ultérieurement. Plus ou moins tard, cependant, on reconnaît que cette masse de tissu cellulaire n'a plus la même homogénéité et qu'elle présente des parties séparées les unes des autres, et qui semblent vivre chacune d'une vie moins dépendante de l'ensemble. Or, entre le moment où ces parties se séparent réellement et celui où la masse de tissu cellulaire est douée d'une vie unique où elle n'est constituée que par un seul centre vital (phytogène). il y a un moment où, tout en n'apercevant au microscope que les cellules composant la masse, m,m,m, *fig.*26, que l'on considérera comme homogène dans toutes ses parties et ayant un seul centre vital en C, il y a un moment, disons-nous, où de nouveaux centres vitaux se forment et délimitent des actions ou des mouvements de façon à faire 6 centres vitaux, c, (phytogènes de nouvel ordre), entourant le centre vital C (phytogène central), en vertu du *principe de la communication des mouvements d'égales dimensions* que nous avons établi autre part (1). Mais peu à peu ces mouvements ou

(1) *Voir* le chapitre : *Théorie mécanique de l'évolution des phytogène,* (Phytogénie).

1.   14

ces vies agissantes continuant à fonctionner, il en résulte des organes plus ou moins distincts que l'on peut ranger sous deux dénominations générales, savoir : 1° les *organes appendiculaires*, et 2° les *organes axiles*.

Nous devons prévenir avant toutes choses que ceux qui, pour la première fois, étudieront cette théorie, pourront très-bien tendre à confondre les formations normales et les formations anormales ; par conséquent, ne voir dans toute la végétation que des phénomènes de *chorise complète* et *incomplète, diplasique, triplasique, pollaplasique,* etc., et il est certain qu'à certains points de vue, relativement, on serait dans la vérité. Mais comme il y a des phénomènes normaux que l'esprit est tellement habitué à regarder d'une certaine façon, qu'il y aurait quelque danger à chercher à les faire considérer autrement, il nous a paru plus sage de les présenter comme des faits sur le compte desquels il n'y a plus rien à redire, si ce n'est de donner autant que possible des noms significatifs ainsi que la raison de leur formation, et la cause de leur apparition à tous ces phénomènes, qui paraissent plus ou moins extraordinaires, et qui pourtant ne sont qu'une déviation de la forme normale ; enfin, de rapprocher certaines formes d'autres formes plus ou moins éloignées, mais qui sont normales aussi, dans d'autres individus. Ainsi, pour nous, un protophytogène, *fig.* 26, doit normalement toujours se diviser, *transversalement,* en 6 nouveaux phytogènes entourant un 7ᵉ. Ces 6 phytogènes pourront normalement vivre unis ou accolés ensemble d'une *vie solidaire,* ou vivre isolément, et pour ainsi dire d'une *vie individuelle,* en donnant naissance à 1, ou 2, ou 3, ou 6 organes appendiculaires. Tout ce qui sera en dehors de ces nombres pourra être considéré comme anormal, soit par avortement ou fusion d'un ou plusieurs phytogènes, soit par chorise d'un ou plusieurs de ces centres vitaux.

Pl. VII.　Quant au phytogène central, il est aisé de voir, *fig.* 26 et 35, qu'il va à son tour se diviser *transversalement* en 6 autres phytogènes circulaires qui donneront lieu aux mêmes parties ou à des parties plus ou moins modifiées, mais qui ne seront toujours, *en général,* que des organes appendiculaires répétés.

Comme il faut une base à tout principe, nous admettons qu'une fleur en général donne lieu à 2 verticilles d'enveloppes florales (calice et corolle) et à 2 verticilles floraux (androcée et gynécée). Une fleur *type* (1) *complète* doit donc, à notre point de vue, être formée au plus de 4 verticilles floraux de 3 parties dans les monocotylédones et de 6 parties dans les dicotylédones ; tout nombre au-dessus du nombre circulaire 3 ou 6 que nous venons d'indiquer, appartient aux chorises ; tout nombre au-dessous, à des avortements ou à des défauts d'exastosie.

A. Tout phytogène central, C, *fig.* 26, qui, au lieu de former circulairement 6 phytogènes secondaires, ne donnera lieu qu'à 2 phytogènes ou centres vitaux, C, c', *fig.* 37, B, ou 3 phytogènes, *fig.* 36, A, devra être considéré comme étant dans un état anormal, et dans ce cas nous aurons affaire à une *chorise diplasique* ou *triplasique*.

B. Pareillement, tout phytogène central, C, *fig.* 26, qui, au lieu de former 6 phytogènes disposés circulairement, en produira 3, 4, 5, etc., sur un même plan, sera regardé comme étant dans un état anormal, et produira une *chorise fasciée*.

C. Tout phytogène central qui donnera naissance à plus de 6 phytogènes circulaires *en action plus ou moins indépendante*, donnera lieu à un phénomène anormal, qui sera encore une *chorise pollaplasique circulaire*.

D. Enfin, tout phytogène central qui donnera naissance à un nombre pour ainsi dire infini de phytogènes *en action plus ou moins indépendante*, produira le phénomène anormal que nous désignerons sous le nom de *pollaplasie générale* ou *sphérique*, parce que de tous les points du phytogène général pourront, dans certaines circonstances, sortir épars des organes de diverses natures.

On verra plus tard qu'il est très-facile de reconnaître par les effets produits la formation de ces centres vitaux ou phytogènes.

Ceci posé, voici comment il faut concevoir la formation normale de toutes ces parties, pour arriver à comprendre les formations anormales dont nous nous occupons ici, c'est-à-dire les chorises.

____

(1) Il faut bien se garder de confondre le mot *type* avec le mot *normal*. Le premier s'applique à un état particulier des organes qui peut servir de modèle ; le second, à un état habituel des organes, état qui peut être bien différent du modèle ou type.

SECTION I. — CHORISES DES ORGANES APPENDICULAIRES.

Nous verrons par la suite ce qu'il convient de considérer comme des organes appendiculaires ainsi que les caractères qui servent à les distinguer des organes axiles. Pour le moment, nous allons nous occuper de la théorie des chorises.

1° Il peut arriver que les 6 centres vitaux ou phytogènes circulaires, c, entrent dans la composition d'une seule feuille, f, *fig.* 27 ; dans ce cas, il n'y aurait exastosie qu'au point *ex*, seulement, et nullement entre les phytogènes circulaires qui seraient tous liés intimement et vivraient et croîtraient d'une vie solidaire et d'une croissance commune, de manière à ne former qu'une seule feuille ; c'est le phénomène qui se passe dans la plupart des monocotylédones et quelques dicotylédones. Ici nous ne reconnaissons aucune chorise.

2° Le plus souvent, dans les dicotylédones, les 6 centres vitaux ou phytogènes circulaires vivent, croissent solidairement 3 à 3, *opposément*, pour former 2 feuilles opposées, f, f, f, *fig.* 28, et il n'y a exastosie qu'aux 2 points opposés, *ex*, *ex*. Relativement au premier cas, on pourrait regarder le phénomène comme résultant d'une chorise ; mais ce phénomène étant considéré comme l'état normal de la plupart des dicotylédones, on ne saurait y voir encore aucun phénomène de chorise.

3° Dans beaucoup de dicotylédones, l'exastosie circulaire, au lieu de ne se présenter qu'une seule fois, comme dans le premier cas cité, ou que deux fois, comme dans l'exemple précédent, se répète 3 fois, de façon à ne laisser unis que 2 à 2 les 6 phytogènes circulaires, qui, vivant et croissant solidairement, donnent lieu à 3 feuilles verticillées, f, f, f, *fig.* 29. Dans ce cas encore, on ne doit reconnaître aucune chorise.

4° Enfin, il y a un certain nombre de dicotylédones chez lesquelles l'exastosie circulaire se prononce entre chacun des centres vitaux ou phytogènes circulaires, c, *fig.* 30, de telle sorte que ces 6 phytogènes, en se développant, donnent lieu à un verticille de 6 feuilles, sans que l'on soit en droit de dire qu'il y a eu chorise.

Nous verrons, toutefois, en parlant des chorises fasciées, qu'une feuille, qu'un pétale, qu'un organe appendiculaire, en un mot, sous forme de lame aplatie, ne peut prendre cette forme que par un phénomène particulier très-voisin des chorises fasciées. Pour le moment, nous continuerons à considérer une feuille ou un pétale, etc., comme un organe unique, sauf à démontrer plus tard, nous le répétons, qu'il doit être le résultat d'une chorise fasciée.

Il résulte de ce que nous venons de dire, que lorsque les organes appendiculaires se trouvent opposés ou verticillés, leur nombre peut être 2, 3 ou 6, sans qu'il y ait la moindre apparence de chorise. Le nombre 6 des organes appendiculaires nous paraît être le nombre *maximum* des parties constituant les verticilles, et lorsque ce nombre est dépassé, ce ne peut être que par une chorise de l'un ou de plusieurs des éléments du verticille.

5° Bien souvent on trouve des feuilles verticillées au nombre de 6 (*Leptandra Siberica* et *Virginica*; *Lysimachia punctata* et *verticillata*; *Spergula pentendra* et *arvensis*; *Banksia verticillata*; *Allamanda verticillata*, etc.), qui présentent accidentellement un ou plusieurs éléments de plus à leur verticille, et le nombre de leurs feuilles se trouve alors porté à 7, 8 et 9. Dans ce cas, il est extrêmement probable que l'un ou plusieurs des phytogènes ou centres vitaux circulaires, après avoir reçu un mouvement vital particulier, s'est divisé *parallèlement à l'axe de la plante* en 2 nouveaux centres vitaux, c', c', *fig.* 31, qui, vivant d'une vie particulière, ont donné naissance aux feuilles surnuméraires que l'on observe, f', f', f''. Si la chorise se fait de très-bonne heure, il pourra en résulter des feuilles complétement séparées jusqu'à la base, f', f', et sensiblement égales en grandeur aux autres feuilles. Si, au contraire, la chorise ne se prononce que tard, elle pourra ne donner lieu qu'à une feuille, ne présentant plus à son extrémité que 2 lobes sensiblement égaux, f''. Entre ces 2 extrêmes, les dédoublements peuvent présenter tous les intermédiaires possibles. C'est à cet ordre de phénomènes que nous avons donné le nom de *chorise circulaire*, pour la distinguer de la *chorise centripète* dont nous allons indiquer le mode de formation.

6° Mais, de même qu'un phytogène peut, après sa délimitation, se subdiviser en deux nouveaux phytogènes par exastosie coupant la feuille *parallèlement à l'axe*, ce qui en fait une exastosie circulaire, de même les phytogènes qui doivent constituer la feuille peuvent se diviser en nouveaux phytogènes par exastosie.

coupant la feuille *perpendiculairement à l'axe*, ce qui en fait une modification de l'exastosie centripète, d'où le nom de *chorise centripète*.

7° Enfin, on peut encore admettre, mais sans certitude absolue, qu'il y a chorise toutes les fois que dans un verticille normal de 3 organes appendiculaires il s'en présente 4, à moins que des phénomènes de plésiasmie ne viennent à rapprocher assez 2 paires de feuilles opposées pour en faire des feuilles verticillées par 4, ce qui arrive quelquefois, particulièrement dans la petite Pervenche (*Vinca minor*). Mais alors, avec un peu d'attention, on reconnaît que 2 feuilles sont un peu au-dessus des deux autres, ou tout au moins on trouve toutes les distances intermédiaires entre le verticille observé et la distance normale des feuilles opposées.

Nous allons maintenant passer en revue les principales chorises des organes appendiculaires, que nous diviserons en 2 ordres, savoir : les chorises circulaires et les chorises centripètes.

§ 1. — *Des chorises circulaires.*

Les chorises circulaires comprennent 3 sortes de phénomènes que nous ne croyons pas devoir confondre. L'un de ces phénomènes agit sur l'organe de façon à le doubler ; le second a toujours pour effet de le tripler, et le troisième de le multiplier ; de là la distinction de ces phénomènes en *chorise diplasique, triplasique* et *pollaplasique*.

A. *Chorises circulaires diplasiques.*

Dans cette chorise, les parties végétales, comme nous venons de le dire, sont simplement doublées. Il en résulte 2 organes qui ont en général des caractères identiques ; ainsi, ils sont de *même forme*, de *même nervation*, souvent de *même grandeur, symétriques par rapport à une droite passant longitudinalement par le centre de leur limbe* et généralement doués des mêmes propriétés physiologiques, à ce point que l'un des deux organes peut être supprimé sans qu'il en résulte aucun dommage soit dans les fonctions du végétal, soit dans le nombre de ses parties hélicoïdées ou verticillées.

Cotylédons. On rencontre bien des fois des cotylédons bifides ou échancrés en cœur; c'est très-probablement un commencement de chorise diplasique qui se rencontre dans un grand nombre de crucifères (*Brassica, Raphanus,* etc.). Cette chorise se prononce tellement quelquefois qu'elle forme réellement 4 cotylédons dans le *Sinapis ramosa,* ainsi que l'a observé et dessiné M. Alph. De Candolle (1), et que nous l'avons vu nous-même se produire sur le *Raphanus sativus* et le *Brassica napus.*

De Candolle cite encore une germination d'*Euphorbia helioscopia,* observée et dessinée par son fils, qui a offert 4 cotylédons ; mais il paraît que la chorise diplasique s'est étendue à tout le système, car non-seulement on remarque des traces de la séparation des 2 tigelles, mais on voit aussi 2 gemmules parfaitement distinctes (2).

L'échancrure assez prononcée des 2 cotylédons du *Tithonia tagetiflora* représentés par De Candolle (3) paraît être aussi un commencement de chorise circulaire diplasique, car les cotylédons ordinaires sont parfaitement simples.

Ces états, qui sont accidentels dans les espèces que nous venons de citer, sont au contraire la manière d'être habituelle de certains *Pinus* (*Pinus inops,* Ait., *Larix americana,* Mich., etc.), et le *Ceratophyllum demersum* (4), qui ont bien véritablement 4 cotylédons, ou tout au moins 2 cotylédons complétement diplasiés.

Feuilles. Nous avons déjà dit que les chorises circulaires étaient celles qui se prononçaient *latéralement* dans les feuilles ; nous avons dit aussi qu'il fallait prendre garde de confondre deux feuilles résultant d'une *plésiasmie* avec celles qui résultent d'un véritable dédoublement. En effet, nous avons démontré qu'il peut arriver que des feuilles hélicoïdées, par suite du raccourcissement du mérithalle qui les sépare, se rapprochent assez pour faire croiré

<hr>

(1) D. C. *Org. vég.*, pl. 53, *fig.* 1, et t. II, p. 284.
(2) D. C. *Org. vég.*, pl. 54, *fig.* 1, et t. II, p. 285.
(3) *Loc. cit.*, pl. 50, *fig.* 2, l'1'.
(4) Nous n'avons jamais vu la germination du *Ceratophyllum demersum,* ou Cornifle nageant, mais nous ne supposons pas, d'après la *fig.* de Turpin (*Icon. vég.*, pl. 36, *fig.* 15), que l'on puisse attribuer à une diplasie l'existence de 2 cotylédons supplémentaires, à cause de la différence de grandeur entre les 4 cotylédons. Cette différence s'expliquerait mieux par une répétition d'organismes. (*Voyez* cet article.)

à une chorise, surtout si l'angle de divergence des feuilles est petit (1). Dans notre Mémoire, nous établissons que ce n'est que par des considérations tirées de la position des organes que l'on peut arriver à reconnaître si le phénomène qui se présente doit être attribué à une plésiasmie ou à une chorise. Ainsi, par exemple, nous croyons posséder plusieurs échantillons de feuilles véritablement dédoublées de *Nerium oleander*, *Citrus aurantium*, *Lycium barbarum*, *Robinia pseudo-acacia*, *Mahonia tenuifolia*, *Rosa canina*, etc.

Dans le *Nerium*, en effet, le dédoublement ne se prononce qu'à partir des deux tiers du sommet de la feuille, et comme le verticille par 3 est complet, ainsi que celui qui le précède ou qui le suit, nous sommes fondé à croire que la *duplication* est due à une chorise. M. Moquin-Tandon a aussi décrit une feuille chorisée du Laurier-rose qu'il a trouvée dans l'herbier Poiret.

Chez le *Citrus aurantium*, les 2 feuilles, parfaitement développées et unies ensemble par la base du pétiole dans une longueur de 2 millimètres seulement, sont probablement aussi le résultat d'une chorise; car l'angle de divergence des feuilles est beaucoup plus grand que ne le comporte la position des 2 feuilles restées unies; d'ailleurs, les mérithalles supérieur et inférieur paraissent avoir une longueur normale au lieu d'être plus grands, comme ils l'auraient été dans le cas de plésiasmie.

Le *Lycium barbarum* nous montre 2 feuilles unies dans plus de la moitié de leur longueur; mais comme dessus et dessous la feuille la plus voisine existe à la place qu'elle doit occuper, nous devons croire à un dédoublement. Le *Robinia pseudo-acacia* nous présente 2 feuilles unies à la base dans une longueur de 58 millimètres; mais comme les mérithalles inférieur et supérieur sont de grandeur normale, et que d'ailleurs nous ne trouvons que 2 stipules transformés en piquants de chaque côté, nous sommes conduit à penser que nous avons affaire à une chorise.

Le *Mahonia tenuifolia* nous offre une double chorise de ses folioles qui nous semble mériter de fixer l'attention. L'exemplaire que nous possédons est une feuille qui porte extraordinairement à

____

(1) *Observations sur les dédoublements. Comptes rendus, Acad. sciences,* mars 1855, et *Bull. Soc. bot. France*, t. II, p. 235.

sa base 4 folioles, provenant sans aucun doute du dédoublement de la première paire, puisque le nombre de folioles normales se retrouvait sur le rachis; mais le limbe tout entier de l'une de ces folioles supplémentaires se trouve compris dans un plan qui passe-rait par les 2 folioles normales et le long du rachis; tandis que l'au-tre, supérieur à ce plan, semble former avec les 2 folioles normales une sorte de verticille par 3, dont le rachis serait l'axe. Dans le premier cas, le dédoublement s'est fait par le côté et se rapporte aux *chorises circulaires;* dans le second, il s'est fait supérieure-ment, c'est-à-dire suivant le plan du limbe, et se rapporte aux *chorises centripètes.* Nous avions désigné le premier sous le nom de dédoublement *horizontal* ou latéral, et le second sous celui de *vertical* ou longitudinal; mais nous préférons les deux dénomi-nations précédentes, parce qu'elles sont en rapport d'idées avec les noms des diverses exastosies que nous avons établies.

Enfin, le *Rosa canina* nous offre à la fois une double plésiasmie et une chorise dans les 4 feuilles rapprochées que nous avons ob-servées sur l'exemplaire que nous avons sous les yeux. Mais comme il faut entrer dans des considérations d'un autre ordre, nous y reviendrons au chapitre de la plésiasmie.

Les feuilles doubles des *Nerium,* celles du *Lippia citriodora,* celles du *Lysimachia vulgaris,* du *Bignonia catalpa,* de l'*Impa-tiens Royleana,* de l'*Helianthus tuberosus,* etc., doivent toujours être regardées comme le résultat d'un dédoublement toutes les fois que la feuille double est accompagnée de 2 autres feuilles constituant un verticille par 3.

Mais d'après nos idées sur la constitution du phytogène et de la feuille en général, nous ne croyons pas devoir considérer comme due à une chorise l'addition d'une feuille à deux feuilles opposées pour former le verticille par 3, alors même que cette troisième feuille serait encore unie avec une des 2 opposées. Ce serait un défaut d'exastosie et nullement un dédoublement (1). Par consé-quent, nous ne savons réellement pas comment considérer les feuilles doubles de *Justicia oxyphylla* et celles du *Laurus nobilis*

---

(1) C'est par erreur que nous avons dit, p. 75 et suivantes, que la symétrie était souvent dissimulée par dédoublement; c'est par excès d'exastosie qu'il eût fallu dire; car nous restions en rapport d'idées avec la dissimulation par défaut.

figurées par De Candolle. Sans doute il est plus simple, dans ces conditions, de dire qu'il y a dédoublement ; mais nous avons démontré combien on peut faire d'erreurs en tranchant ainsi la question. En disant qu'il y a défaut d'exastosie de 2 feuilles, nous exprimons le fait purement et simplement.

Maintenant, si l'on observe que les Carmantines sont généralement à feuilles opposées, à moins que la feuille de De Candolle n'ait fait partie d'un verticille où se trouvaient 2 autres feuilles, on peut dire que la feuille double n'est que l'expression d'une tendance au retour vers le nombre 3, type des feuilles d'après notre manière de voir.

Quant à la feuille de *Laurus nobilis*, il est bien difficile de dire et de reconnaître au juste si elle résulte d'une chorise, attendu que le Laurier comme certaines autres plantes ont une disposition phyllotaxique des plus inconstantes. Ainsi, nous avons sous les yeux une feuille double de *Viola odorata*, son pétiole est large et ses feuilles unies dans les trois quarts de leur longueur présentent 2 pointes : évidemment les pointes de 2 feuilles unies. Mais comme la base du pétiole est complétement embrassant, nous ne voyons là qu'un phénomène de plésiasmie extrême qui a fait 2 feuilles avec les 6 phytogènes circulaires et un défaut d'exastosie qui a maintenu les 2 feuilles dans un état d'union intime. Pour expliquer la part que peut ici prendre la plésiasmie, il faut rappeler que les feuilles des Viola sont alternes d'ordinaire.

Steinheil a fait connaître une feuille double du *Scabiosa atropurpurea* et une feuille de Céraiste pourvue de 2 nervures médianes qu'il a cru devoir attribuer à une chorise ; mais sans nier absolument la présence d'une chorise dans ce fait, nous pensons qu'elle pourrait être aussi bien le résultat d'un défaut d'exastosie de 2 des feuilles d'un verticille par 3. Nous avons fait voir comment le verticillisme par 3 prenait naissance, *fig.* 29, et ce qui semblerait confirmer cette manière de voir, c'est que dans l'exemple du *Cerastium* on constatait un verticille de 3 feuilles au-dessus de la paire de feuilles dont l'une était double, et dans le *Scabiosa* on trouvait aussi à l'aisselle de la feuille double une branche à feuilles verticillées par 3. Cependant M. Moquin n'en persiste pas moins à regarder l'organe surnuméraire comme le produit d'un dédoublement, car il dit que « d'après ces faits, on peut conclure

que la plupart des feuilles opposées qui se transforment accidentellement en verticilles ternés, doivent cette augmentation au phénomène de la chorise (1). » Nous n'avons rien à ajouter à ce que
nous avons dit p. 212 et 217, où nous avons exposé une manière
de voir différente de celle du savant auteur que nous venons de
citer, si ce n'est qu'en admettant cette manière de penser, tous les
exemples de feuilles verticillées par 3, et dont nous avons autre
part donné une longue liste, seraient tous le résultat d'une chorise, opinion qui nous paraît être au moins discutable.

Il en est de même de l'exemple de la Parisette, qui se présente
quelquefois avec 5 ou 6 feuilles, tandis qu'habituellement elle
n'est formée que de 4 feuilles verticillées : « *Folia habiter com-
muniter quatuor, aliquandò quinque et sex,* » a dit G. Bauhin
(*Pinax*, 167). Ici il semble plus difficile de dire s'il y a ou non
dédoublement. En effet, 1° il se pourrait qu'il y eût 6 centres
vitaux circulaires capables, dans des circonstances spéciales, de
se développer en 6 feuilles (*fig.* 30), qui seraient le nombre *type*,
et dans ce cas il y aurait avortement de 2 phytogènes qui rédui-
raient les feuilles au nombre *normal* de 4 ou à un autre nombre
type de 3, ainsi que nous en avons eu des exemples; 2° il se pourrait aussi que les 6 phytogènes circulaires s'associassent 2 à 2 pour
former le nombre *type* de 3 feuilles, et qu'alors le nombre *normal* 4 ou les nombres 5, 6, etc., fussent le résultat de dédoublements de 2 ou 3 feuilles; 3° il se pourrait encore, bien que contraire à la *théorie mécanique* que nous essayons d'établir, il y
eût 4 ou 8 centres vitaux circulaires qui donneraient lieu aux
4 feuilles normales, et que la 5ᵉ et la 6ᵉ fussent le résultat d'une
chorise; 4° enfin, on pourrait admettre que les verticilles des organes appendiculaires de cette plante fussent le résultat d'une
plésiasmie complète, qui rapprocherait les éléments opposés 2 à 2
dans l'origine, tellement qu'ils pussent paraître verticillés par 4.
Ajoutons que s'il est difficile de décider quelle est la meilleure
manière d'interpréter le phénomène, il est plus que probable que
la dernière présentée est la moins vraisemblable.

Il est beaucoup plus facile de reconnaître un dédoublement
quand les feuilles sont alternes distiques, comme dans les Vignes,

(1) *Élém. térat. vég.*, p. 349.

les Tilleuls, les Ormeaux, etc., car alors s'il existe 2 feuilles superposées sans qu'il y en ait une alterne placée dans l'intervalle qu'elles laissent entre elles, ou si elle ne paraît pas leur être opposée, il est certain qu'il y a dédoublement; mais c'est un phénomène qui semble rentrer dans l'ordre des chorises centripètes dont nous parlons plus loin.

Lorsqu'une feuille placée dans ces conditions donne lieu à un dédoublement latéral, la difficulté n'existe plus, car on reconnaît aussitôt la chorise, qui va même jusqu'à répéter les bourgeons à l'aisselle des 2 feuilles chorisées. Ainsi, nous avons mis sous les yeux de la Société botanique de France un exemplaire de Vigne portant sur le même axe et successivement 4 feuilles parfaitement dédoublées et donnant lieu à 8 feuilles bien développées et disposées 2 à 2 à chaque nœud de la tige. Les bourgeons axillaires avaient eux-mêmes subi l'influence de la chorise (1).

Devons-nous regarder comme une chorise latérale la singulière anomalie que nous avons décrite p. 156, *fig.* 17, d'une feuille de Lilas qui s'est divisée par moitié, et dont chaque moitié s'est séparée du point d'exsertion? Il faut avouer qu'elle ferait exception aux chorises ordinaires, puisque chaque partie de la chorise est restée à l'état de demi-feuille. Une feuille de *Convolvulus batatas* s'est pareillement divisée en 2; mais les 2 moitiés étant unies dans toute la longueur du pétiole, on doit se demander s'il convient de considérer le phénomène comme une chorise. Dans tous les cas, c'est un excès d'exastosie que l'on pourrait ranger dans un article à part sous le nom de *fissures naturelles*.

Comme on le voit, tout en reconnaissant qu'il y a réellement des dédoublements, partant de notre point de vue, nous avons dû en restreindre considérablement le nombre. C'est de ce point de vue, par exemple, que nous ne saurions voir un dédoublement de folioles dans les feuilles latéri-composées des Trèfles, qui, au lieu de 3 folioles, en présentent 4, 5 ou 7. Ce n'est tout simplement qu'un excès d'exastosie ordinaire qui, en vertu du principe de la trisection, augmente le nombre de ses folioles de 2 ou de 4, à moins que le principe de la trisection n'ait été dissimulé

(1) Voir *Bull. Soc. bot. France*, t. III, p. 591.

par défaut d'exastosie d'un côté (1), ce qui fait que d'un côté seulement il s'est développé une foliole surnuméraire.

La formation d'une ou deux folioles latérales surnuméraires n'est pas plus due, selon nous, à un dédoublement, que l'addition d'une paire ou deux paires de folioles à une feuille longi-composée de *Robinia pseudo-acacia*, par exemple.

Il y a mieux, c'est que là où il semblerait qu'il doive y avoir un vrai dédoublement latéral, on ne trouve qu'un développement de folioles d'après le principe de la trisection, mais alors avec défaut d'exastosie qui dissimule le principe. Par exemple, les feuilles du *Staphylea pinnata* sont des feuilles septemfoliolées longitudinalement; cependant, avec un peu d'attention, on ne tarde pas à voir l'une des folioles inférieures qui semble s'être dédoublée, car, en effet, on trouve 2 folioles à la place d'une seule; mais si l'on cherche suffisamment, on finit par trouver des feuilles chez lesquelles, précisément en face de la feuille dédoublée, on voit que la foliole s'est triplasiée en vertu du principe de la trisection. Donc, le prétendu dédoublement n'était qu'une trisection dissimulée, une multiplication poussée assez loin pour que la feuille, simplement composée d'ordinaire, ait pris les caractères de la feuille bi-composée. A la vérité, on peut toujours soutenir que dans le premier cas il y a dédoublement; mais alors nous ne serions plus dans les conditions d'un dédoublement ordinaire, puisque la foliole surnuméraire est un peu inférieure à la foliole normale et qu'elle est beaucoup plus petite. C'est absolument comme si l'on allait dire qu'une feuille de Mûrier qui, au lieu d'être simple ou à 3 lobes, porterait un seul lobe latéral, est une feuille dédoublée; et pourtant jamais il n'est venu à personne l'idée de soutenir cette thèse. Eh bien, de même qu'une feuille longi-composée peut admettre 1 ou 2 paires d'éléments de plus dans sa composition, de même une feuille simple peut admettre accidentellement un lobe, et la feuille latéri-composée une foliole de plus, sans que nous ayons là un phénomène analogue à une chorise. Ce n'est pas un phytogène qui se divise en 2 pour former 2 folioles; c'est un phytogène qui forme une foliole; sur le côté de ce phytogène il s'en développe un autre d'un ordre inférieur,

---

(1) *Voir* notre Mémoire déjà cité sur l'*Étude comparée des feuilles*.

qui forme la foliole latérale, et ainsi de suite, comme nous le verrons au chapitre *Feuilles*. Dans la chorise, le *départ* de tous les phytogènes formant les organes surnuméraires est simultané; dans le cas dont il s'agit, le départ des phytogènes ne se fait que successivement.

Il faut aussi, selon nous, prendre garde de confondre les chorises de folioles avec ces productions de petites folioles que l'on observe à la base de certaines feuilles composées, et telles que les *Poterium*, les *Sanguisorba*, le *Robinia pseudo-acacia*, etc. (*fig.* 8, a), en donnent; car ce ne sont réellement que des prolifications, et par conséquent nous ne devons les étudier qu'à cet article.

Nous ne voulons pas dire cependant que les dédoublements soient impossibles à observer dans les folioles, et l'exemple du *Mahonia tenuifolia* que nous avons déjà cité prouve le contraire. Nous avons sous les yeux une feuille d'*Helleborus viridis* qui présente 13 folioles qui, comme nous l'avons établi, peuvent être distinguées en 1 primaire, 2 secondaires, 2 tertiaires, 2 quaternaires, etc., représentant celles qui se forment de plus en plus latéralement. Or, les 2 secondaires se dédoublent d'une manière évidente et parfaitement symétrique, par rapport à la ligne qui, passant par le pétiole, suivrait la nervure médiane de la foliole primaire. Le dédoublement avait lieu à très-peu de chose près de la même quantité dans les 2 feuilles, et arrivait à peu près jusqu'aux 3/4 supérieurs de la foliole. C'était donc une chorise diplasique incomplète.

Ces chorises diplasiques anomales trouvent dans certaines feuilles un état habituel quelquefois remarquable : par exemple, dans celles du *Cerasophyllum demersum*, où la diplasie est souvent répétée une seconde fois sur chaque branche qu'a formée la première diplasie.

Sépales. Il est extrêmement probable que lorsqu'un calice à 3 sépales normaux arrive à présenter 4 parties, il y a alors dédoublement. Cependant, il n'y aurait rien d'impossible à admettre que le nombre type des parties étant 6, il puisse y avoir avortement de 1 et de 2 phytogènes, avortement qui ramènerait le type à 5 ou à 4 parties normales ou accidentelles. C'est, selon nous, ce qui arrive aux dicotylédones pour tous les verticilles floraux.

Lorsque le phénomène se produit sur une monocotylédone, il est présumable alors qu'il y a dédoublement. C'est ainsi que nous croyons devoir interpréter les anomalies qui ont été observées chez les *Allium*, les *Ornithogalum*, les *Tulipa*, lesquels ont présenté 7, 8, 10 et même 12 sépales (1). Les *Lilium*, les *Hemerocallis*, etc., nous ont souvent présenté des sépales surnuméraires qui provenaient sans doute du dédoublement d'un ou de plusieurs éléments.

Le dédoublement des sépales est facilement observable dans les *Lycopersicum*, les *Lycium*, les *Solanum*, les *Ficaria*, les *Fragaria*, etc., chez lesquels on observe fréquemment 7, 8 et même jusqu'à 10 sépales, surtout dans les *Lycopersicum esculentum* et le *Lycium barbarea*; mais il est fort possible qu'alors il y ait fusion de 2 fleurs en une seule, et ce fait est fortifié par l'observation facile de 2 fleurs unies ensemble à des degrés très-divers.

PÉTALES. Les pétales présentent à peu de chose près les mêmes anomalies que les sépales et subissent le plus souvent la même influence organogénique. Il est presque certain que lorsque le calice est formé de 6 ou de 7 parties, la corolle aura pareillement le même nombre de parties.

Cependant nous avons assez fréquemment trouvé des exceptions à cette règle, dans les genres et les espèces mêmes que nous venons de citer : ainsi, tantôt le nombre des parties du calice était normal quand le nombre des parties de la corolle se trouvait augmenté d'un ou de plusieurs éléments, et *vice versâ*. Ce fait se trouve normalement établi d'une manière générale dans certaines familles, telles que les Magnoliacées, les Anonacées, etc.

Il est très-probable qu'il se produit dans un grand nombre de pétales plus ou moins échancrées de certaines Rosacées (*Rosa, Potentilla*), des *Primula, Silene, Gypsophylla, Lychnis*, etc., un phénomène de chorise circulaire diplasique qui est bien plus prononcé dans les *Cerastium*, et presque complet dans les *Stellaria*. Comme nous discutons autre part cette question, nous nous contentons ici de signaler le fait purement et simplement, car nous verrons que la formation de tous ces pétales n'est facile à comprendre qu'en admettant des chorises portées quelquefois à l'ex-

______
(1) Engelm., *De antholysi prodromus*, p. 20.

cès. Il ne faudrait pas croire que tous les pétales bifides ou échancrés dussent être regardés comme des chorises semblables à celles des précédentes, car nous croyons qu'indépendamment de la chorise fasciée qui fait la plupart des pétales, il en est qui ne sont exactement que le résultat d'un défaut d'exastosie entre 2 phytogènes primitivement formés ; c'est-à-dire qui sont formés de 2 pétales unis. Ainsi, pour nous, l'étendard des Légumineuses papilionacées nous paraît être tout à fait dans ce cas. En effet, supposons 6 phytogènes circulaires, *fig.* 39, A, se développant ainsi qu'il suit : 2 opposés solitaires *ai*, pour constituer les ailes ; 2 contigus *ca, ca*, solitaires aussi, pour constituer la carène qui, souvent, reste d'une seule pièce, quoique formée par 2 phytogènes ; enfin, à l'opposé, l'étendard formé par 2 phytogènes contigus restant unis et formant un seul pétale, large, quelquefois entier, mais qui s'échancre plus ou moins en cœur dans les *Anagyris, Chorizema, Pullenæa, Spartium, Glycine*, *fig.* 39, B, que nous avons exprès largement étalé, afin de faire voir le rapport qu'il y a entre sa constitution et celle qu'indique la figure théorique A. Évidemment cette figure B conduit à la figure naturelle B′, qui est celle du *Lathyrus odoratus*. Or, ce mode de formation est tellement visible qu'il ne faut plus trouver étonnant de rencontrer dans le genre *Securidaca* établi par Tournefort (1), (*Securigera*, D. C.) toutes les espèces ayant un petit étendard formé de 2 pièces, comme nous l'avons indiqué dans la figure théorique 39, C. En comparant les 4 figures 39, A, B, B′, C, on ne tarde pas à être convaincu que les phénomènes organogéniques doivent se passer comme nous l'indiquons ici.

Pareillement, il nous semble que le grand pétale supérieur des *Viola*, que nous avons reproduit inférieur, *fig.* 40, B, pour le montrer dans sa position habituelle si connue dans les Pensées, et qui ne doit cette position qu'à la propriété que possède le pédoncule de se recourber un peu au-dessous de la fleur ; il nous semble, disons nous, que ce grand pétale doit être considéré comme constitué, de même que l'étendard des Papilionacées, par 2 phytogènes primitivement formés, et qui auraient vécu ensemble sans aucune séparation, *fig.* 40, A, p. di. Cette séparation

Pl. VIII.

(1) *Instit. Rei herb.*, t. II, tab. 224.

est quelquefois accusée par une échancrure assez marquée dans les *Viola hybanthus* et *hederacea*, qui se prononce au point de former deux découpures profondes dans le *Viola concolor*. Nous ne savons s'il existe une espèce offrant ce pétale complétement divisé en 2 parties, mais nous croyons qu'il n'est pas impossible que l'on rencontre un jour cette division, soit dans une espèce nouvelle, soit dans une variété, soit dans un cas anomal. Quoi qu'il en soit, nous pensons qu'il suffira de jeter un coup d'œil sur le dessin d'une fleur naturelle et le dessin théorique A et B, *fig.* 40, pour être convaincu que l'on en saisira aussitôt la similitude d'organisation.

Ainsi, ces deux exemples sont bien différents des chorises circulaires diplasiques que nous avons indiquées dans les Caryophyllées, etc. En effet, chez celles-ci, les 2 parties de chaque pétale se sont évidemment formées après que le phytogène qui devait produire l'organe appendiculaire (pétale) a eu pris naissance. En un mot, des 6 phytogènes circulaires c, *fig.* 30 et 31, 5 seulement ont grandi, tandis que le 6° a avorté. Mais un peu plus tard, une chorise diplasique s'est prononcée sur chaque phytogène, comme nous l'avons indiqué en c'c', *fig.* 31, et il en est résulté soit un pétale échancré, f″, ou un pétale bifide, f′, f′, *fig.* 31 ; car nous avons exactement le même phénomène que pour les feuilles : voilà pourquoi les mêmes figures peuvent servir pour tous les cas. On voit au contraire que c'est avec 2 des phytogènes primitifs que nous avons obtenu le pétale bidivisé des *Viola*, ou l'étendard des Papilionacées. Donc ces deux phénomènes ne sont pas complétement assimilables. C'est pourquoi nous devons ranger les premières (Caryophyllées, etc.) parmi les chorises qui nous occupent.

Étamines. Ce que nous avons dit du rapport de nombre entre le calice et la corolle peut, en général, s'appliquer à l'androcée. Ainsi, quand au lieu de 5 parties on en trouve 6 au calice, il est très-probable que le nombre 6 se retrouvera dans la corolle et l'androcée. Or ce cas, qui est regardé comme exceptionnel, se présente très-fréquemment dans les plantes à 5 parties à chaque verticille floral, et est normal dans les Berbéridées (1), les Lythra-

(1) Nous verrons cependant que l'on peut soutenir que le calice, la corolle

riées, les genres *Prinos, Blakea, Canarina*, etc. (1). Toutefois, on remarque dans quelques fleurs que le nombre 6 se trouve dans le verticille staminal, quand le nombre 5 affecte les parties de la corolle et du calice. La famille des Styracinées se trouve être l'état normal de l'exception que nous venons d'indiquer. On remarque même que la multiplication des étamines est un phénomène plus fréquent que la multiplication des sépales et des pétales. Il semble que la nature ait voulu, en multipliant les étamines, augmenter le nombre des germes végétaux, afin d'assurer d'une manière plus parfaite la conservation des espèces ; car non-seulement la multiplication des étamines a lieu par parties de verticilles, mais encore par verticilles.

Schmidt a cité le *Tulipa sylvestris* comme ayant parfois 7, 8 étamines. Les *Lilium candidum, lanceolatum, croceum*; l'*Ornithogalum umbellatum*; l'*Hemerocallis fulva*, etc., ont présenté des étamines surnuméraires (1, 2, 3 et 4) qui ne pouvaient provenir que d'un dédoublement.

M. Moquin a décrit un *Linaria triphylla*, observé par M. Fauconnet, dans lequel se trouvait une étamine surnuméraire à côté d'une des étamines ordinaires : cette étamine, à filet grêle et sinueux, au lieu d'une anthère à 2 loges, portait une sorte de godet, vide de pollen, entr'ouvert en avant et attaché par le dos à son support. La comparaison de cette fleur à 5 étamines avec d'autres de la même Linaire, a convaincu M. Moquin qu'il y avait une véritable chorise (2). La fleur anomale portait en effet, indépendamment de cette étamine chorisée, le rudiment de la 5e, que l'on retrouve dans la plupart des autres fleurs.

Il y a des cas où, dans l'état normal, le nombre des étamines est inférieur aux pétales et aux sépales (Jasminées, Labiées diandres, les *Verbena*, etc.). Or il arrive parfois que la fleur présente 1, 2 ou plus d'étamines supplémentaires : on doit alors les considérer plutôt comme un retour au nombre type que comme résultant d'une chorise.

et l'androcée de la plupart des genres de cette famille, sont formés de 2 verticilles d'organes appendiculaires.

(1) *Recherches sur le nombre type des parties de la fleur des dicotylédones. (Comptes rend., Inst.*, juillet 1855. *Bull. Soc. bot. France*, juin 1855.)

(2) *Élém. térat. vég.*, p. 351.

Il n'en est pas de même des *Pontederia cordata, Scilla maritima, Naudina domestica, Prinos verticillata, Mahonia, Berberis*, etc., chez lesquels nous avons rencontré accidentellement 7, 8 et 10 étamines au lieu de 6. Dans ce cas, il nous est impossible de ne pas admettre une augmentation de nombre par dédoublement de 1 ou plusieurs étamines; quelquefois même nous avons surpris ce dédoublement à l'état incomplet (*Mahonia, Scilla, Tulipa*, etc.).

Il est extrêmement probable que 2 des 6 étamines titradynames des Crucifères sont, comme l'a avancé M. Moquin-Tandon, le résultat d'une chorise diplasique. La présence ou l'absence d'une ou plusieurs étamines peuvent quelquefois causer des erreurs notables dans la détermination de certaines espèces, surtout lorsque l'on suit le système sexuel de Linné. Ainsi, nous avons quelquefois trouvé des fleurs de *Phytolacca decandra* et *octandra* portant des fleurs à 12 et 15 étamines, et d'autres qui n'en portaient que 8, tandis que des fleurs de *Phytolacca dodecandra* ne présentaient que 10 étamines.

Il n'est pas rare de trouver des *Galium* offrant 5 et beaucoup moins souvent 6 étamines, et l'on sait que la fleur terminale de la cime du *Ruta graveolens* porte toujours 5 étamines au lieu de 4, qu'offrent les autres fleurs; mais ici ce n'est pas par un dédoublement, mais bien par un retour au nombre normal des dicotylédones que s'est faite cette addition. M. Moquin a rappelé l'erreur commise par Fingerhuth, qui a décrit sous le nom d'*Ornithogalum octandrum* un pied d'Ornithogale offrant dans chaque fleur 2 étamines surnuméraires (1).

Il est très-probable que dans les fleurs polyandres, chez lesquelles les verticilles staminaux se multiplient, il y a en même temps multiplication par chorise circulaire diplasique, comme cela a certainement lieu dans les Malvacées, dont chaque étamine est dédoublée en 2 filets portant chacun une anthère uniloculaire.

CARPELLES. On regarde généralement comme plus rare l'augmentation de nombre des carpelles. Cependant, on peut encore assez souvent constater des augmentations de nombres par dédoublement.

____

(1) *Bot. zeit*, 1828, p. 592.

Nous devons à M. Duchartre une curieuse série d'observations sur le fruit du *Tulipa gesneriana*. Ce savant a trouvé des fruits à 4, 5 et 6 carpelles plus ou moins régulièrement dissociés. Nous ne saurions reconnaître, malgré la description très-claire et bien complète, mais qui n'a pas été faite en vue des idées qui nous occupent, s'il y avait réellement chorise d'un ou de deux carpelles. Ne serait-ce pas plutôt un commencement de prolification? Il semble que l'idée de M. Duchartre penche vers cette dernière supposition quand il dit, en parlant de son 6e exemple, que dans le fruit à 6 carpelles qu'il a observé, 3 étaient visiblement plus extérieurs (1); s'il y avait eu dédoublement dans ce dernier cas, il est probable que le fruit aurait eu la forme que nous avons trouvée à l'ovaire du *Lilium candidum*, fig. 19, a.

Nous avons aussi trouvé parmi les monocotylédones des fruits à 4 et 6 carpelles : à 4 dans les *Allium porrum, Hemerocallis fulva* et *lutea*, fig. 19, e; à 6 dans les *Fritillaria imperialis* et *meleagris*, et dans le *Lilium candidum*, fig. 19, a; mais les 2 ovaires étaient adossés et formaient une capsule anomale quadrangulaire à 6 loges, dont 4 disposées circulairement et 2 autres centrales.

A cette occasion, nous pouvons faire remarquer que la chorise diplasique des carpelles peut s'effectuer de trois manières différentes : 1° par dédoublement circulaire de chaque carpelle en particulier, ce qui donnerait 6 carpelles circulaires, comme dans les fruits des *Butomus;* 2° par dédoublement centripète : dans ce cas, 3 carpelles seraient intérieurement opposés aux 3 carpelles extérieurs; nous n'en connaissons pas d'exemples; 3° par dédoublement du fruit entier. Alors on a, soit 2 fruits séparés si l'exastosie s'est effectuée de e en e', fig. 19, a; ou bien au contraire 1 fruit unique à 6 loges, comme nous avons dit être celui du *Lilium candidum* ou celui du *Brassica* décrit pag. 169, qui rappelle un peu les 4 carpelles du genre *Tétrapoma*, que la culture, au Muséum, a modifié au point qu'il n'a plus offert que 2 carpelles (Brongniart).

On peut admettre que dans le *Papaver bracteatum* le nombre normal des pétales étant de 6, le fruit ne doit être formé que de 6 carpelles adhérents en une seule capsule. Or presque toujours

______

(1) *Bull. Soc. bot. France*, t. IV, p. 509.

on compte 10, 11, 12 et même jusqu'à 18 carpelles; la capsule du *Papaver somniferum* nous a offert jusqu'à 20 carpelles accusés par les 20 divisions de son stigmate rayonnant. Il a donc fallu que dans bien des cas des dédoublements se fussent effectués pour arriver à porter aussi haut le nombre des carpelles qui composent le fruit.

Les *Aquilegia* ont d'ordinaire un fruit composé de 5 ou 6 carpelles libres; cependant il n'est pas rare de trouver 7, 8 et 9 carpelles, dont 2 sont quelquefois unis entre eux d'une manière plus ou moins complète. Il est probable qu'il y a quelquefois chorise circulaire, mais il y a certainement aussi un commencement de chorise centripète, car on trouve bien souvent des carpelles qui occupent le centre d'un verticille carpellaire bien formé et réellement opposés à quelques-uns des carpelles extérieurs; les *Spirea* sont à peu près dans le même cas. Le plus souvent, c'est plutôt par un commencement de répétition d'organisme que se fait l'augmentation de nombre que l'on observe. « On a cité, dit M. Moquin-Tandon (1), beaucoup de fleurs affectées de cette anomalie; mais je dois faire observer que, dans la plupart des cas, le développement des nouveaux carpelles n'est pas produit aux dépens des carpelles normaux, et que le phénomène ne doit pas constituer alors une chorise véritable. »

Les fruits à 4 coques des *Cneorum tricoccum* et *pulverulentum* cités par cet auteur ne nous paraissent être qu'un retour vers le nombre normal des dicotylédones, et nullement une chorise.

En général, lorsque les monocotylédones présentent dans leurs verticilles floraux 1 ou 2 éléments de plus que le nombre 3, il y a lieu d'examiner si les parties sont sur une même ligne verticillaire; dans ce cas, il est probable qu'il y a chorise circulaire : s'il y en a 3 de plus, il est à peu près certain qu'il y a prolification, c'est-à-dire formation d'un verticille surnuméraire, à moins que les carpelles surnuméraires ne soient en opposition avec les carpelles externes, auquel cas on aurait affaire à une chorise centripète; à moins encore que le dédoublement ne porte sur le fruit entier, et dans ce cas on aurait une chorise latérale diplasique, comme c'est le cas du *Lilium candidum*, *fig.* 19, a. Il est cepen-

---

(1) *Élém. térat. vég.*, p. 355.

dant probable que les fruits de plusieurs espèces de la famille des Alismacées (*Alisma stellata, Butomus umbellatus*, etc.) doivent leur composition à une chorise circulaire *relative* (1).

Dans les dicotylédones, 1, 2, 3 parties surnuméraires à chaque verticille n'indiquent pas qu'il peut y avoir chorise.

1° Quand le verticille n'est formé que de 3 éléments (*Cneorum, Como cladia, Bursera*, etc.), on peut accidentellement rencontrer des fleurs à 4, 5 et 6 parties, se rapprochant ainsi du type des dicotylédones.

2° Si le verticille n'est que de 4 parties (*Brucea, Fagara*), 1 ou 2 nouvelles parties peuvent arriver à constituer le nombre *normal* (5) ou *type* (6) sans qu'il y ait dédoublement, et nous avons à dessein cité le genre *Fagara*, qui est aussi fréquemment à 4 qu'à 5 parties. Dans ce dernier cas, nous ne pensons pas que l'on puisse dire qu'il y a chorise.

3° Si le verticille est de 5 parties, l'addition d'une partie en plus ne nous semble pas devoir constituer une chorise, car le verticille *normal* passe au verticille *type*, exactement comme cela arrive dans le genre *Prinos*, qui porte aussi fréquemment des fleurs à 6 qu'à 5 parties verticillaires, et nous ne pensons pas qu'il soit logique de dire que dans le premier cas il y a eu dédoublement de l'une des parties.

Mais si ce nombre est dépassé de 1, 2, 3, 4, 5 et même 6, alors il nous semble que l'on peut regarder le phénomène comme résultant d'une chorise, après toutefois avoir constaté que les parties appartiennent bien toutes au même verticille.

(1) Nous disons *chorise relative*, parce que dans les monocotylédones les phytogènes circulaires partiels ont la plus grande tendance à rester unis : c'est pour cela que les 6 phytogènes circulaires C du protophytogène m, m, m, *fig*. 27, pl. VII, ne forment en général qu'un seul cotylédon et qu'une seule feuille. Mais comme l'exastosie circulaire se répète plus souvent dans les organes floraux, tandis que chaque phytogène forme un élément du verticille floral dans les dicotylédones, ce qui porte le nombre type à 6, *fig*. 30 ; au contraire, dans les monocotylédones, les 6 phytogènes circulaires restent unis 2 à 2, pour former les éléments du verticille floral, ce qui réduit le nombre à 3, *fig*. 29. Or, dans les *Alisma, Butomus, Triglochin*, quelques *Scheuchzeria*, etc., si le fruit est à 6 carpelles parfaitement disposés sur une seule ligne circulaire, c'est que chacun des phytogènes a produit son carpelle et qu'il a ainsi donné au fruit le nombre type des dicotylédones ; mais, par cela même, il s'est éloigné du nombre type des monocotylédones, qui est 3, et c'est la raison qui nous a fait employer l'expression de chorise relative.

Ainsi, par exemple, le genre *Sempervivum* présente des espèces chez lesquelles les verticilles pétaloïdes ont 6 à 7 parties (*Sempervivum sediforme*), ou 8 (*S. aizoides*), ou 9 (*S. arachnoideum*), ou 10 à 12 (*S. arboreum*), ou 12 à 15 (*S. tectorum*). En partant du type 6, on voit que les pétales, supposés toujours sur une même rangée, ont dû se *diplasier* ou peut-être même *se triplasier* pour arriver à former les nombres supplémentaires de 6 à 15. Ce que nous venons de dire des pétales peut tout aussi bien se dire des sépales, des étamines et des carpelles, et ressort nécessairement de la disposition des phytogènes circulaires dans le protophytogène représenté *fig*. 30, 31.

Si maintenant l'on observe que les monocotylédones sont en défaut d'exastosie par rapport aux dicotylédones, on comprendra pourquoi elles n'ont qu'un seul cotylédon, que des feuilles alternes (*Dioscorea* excepté), que des verticilles floraux de 3 parties, alors que dans les dicotylédones l'exastosie a produit 2 cotylédons, des feuilles en général opposées (la *diastasie* dissimulant l'opposition) et des verticilles floraux *types* de 6 parties, réduites fréquemment à 4 et à 5 dans l'état *normal*.

Enfin, un grand nombre de calices et de corolles irréguliers sont formés de 2 parties distinctes plus ou moins semblables à 2 lèvres : dans ce cas, l'une d'elles est ordinairement à 2 divisions de *même forme*, de *même nervation*, de *même grandeur* et *symétriques par rapport à une droite qui passerait longitudinalement par le centre de leur limbe*. Or, nous nous rappelons que ce sont bien là les caractères d'une véritable chorise circulaire diplasique. Il ne serait donc pas imprudent d'avancer que cette lèvre pourrait être le résultat d'un dédoublement. Nous avons déjà exprimé la même idée p. 162, en partant d'autres considérations, et nous y voilà revenu par un raisonnement différent, ce qui ajouterait à la probabilité que le phénomène doit être envisagé comme nous venons de le dire; d'autant que les mêmes raisonnements vont paraître donner l'explication, ou plutôt la raison d'être de la lèvre à 3 divisions par chorise circulaire triplasique dont nous allons nous occuper tout à l'heure.

Cependant, nous sommes plus en rapport avec nos idées phytogéniques en supposant qu'il n'y a pas ici chorise ; car nous savons que les 6 phytogènes circulaires ont pris naissance simultanément. Or nous avons fait voir comment chaque phytogène circulaire pouvait produire un organe appendiculaire. Mais il arrive fréquemment qu'en vertu d'une *prédisposition organique* dont l'essence nous est inconnue, deux ou trois de ces phytogènes vivent en commun pour faire un organe complexe. Dans ce cas, ce n'est plus une chorise mais bien un défaut d'exastosie, comme nous l'avons déjà dit, entre des parties qui dans certaines circonstances peuvent vivre séparément. Voici comment nous expliquons la formation phytogénique de la fleur d'une Labiée : les 6 phytogènes circulaires, *fig.* 41 A, se partagent en 2 systèmes opposés formés chacun de 3 phytogènes ; l'un de ces systèmes C forme la lèvre inférieure, qui reste composée de 3 phytogènes développés et qui ont accusé leur présence par 3 lobes, l, i ; le système opposé forme la lèvre supérieure ; mais les 2 phytogènes latéraux, c′, seuls se développent et font avorter le phytogène moyen, av, d'où résulte une lèvre supérieure souvent entière, mais souvent aussi à 2 lobes égaux, l, s. Au point de vue de chaque feuille simple, composée chacune de 3 phytogènes opposés, nous avons une diplasie dans un cas, une triplasie dans l'autre ; mais comme nous ne devons pas confondre tous ces phénomènes, il est mieux de les rapporter à des défauts d'exastosie.

Par exemple il est bien évident que la lèvre supérieure bifide des *Amethystea, Rosmarinus, Bystropogon, Hyptis, Glecoma, Thymbra, Horminum,* etc., que l'on suppose représenter deux pétales, ne saurait être assimilée au seul pétale bifide des Caryophyllées que nous avons indiquées p. 223.

Enfin, en comparant la figure théorique A avec une fleur de Labiée B, *fig.* 41, on sent aisément que sa formation a dû avoir lieu comme nous venons de le dire.

B. *Chorises circulaires triplasiques.*

Cette chorise se distingue essentiellement de la précédente, non-seulement à cause de la formation de 3 parties au lieu de 2, mais aussi à cause de l'*inégalité* des parties ; d'où il résulte que si les 3 organes unis sont toujours *symétriques par rapport à une droite qui passerait longitudinalement par le centre du limbe total ou médian,* cependant elles n'ont pas toujours la *même forme,* la *même nervation* et la *même grandeur.*

Dans cette chorise, rarement les parties triplasiées conservent la même grandeur, et presque toujours la partie moyenne acquiert un plus fort développement. Organogéniquement c'est cette partie moyenne qui se forme la première, et c'est d'elle que plus tard dérivent les deux parties latérales. Or c'est précisément là le mode de formation des feuilles d'après notre principe de la trisection ou de la triplasie, qui reçoit encore ici la sanction d'une nouvelle manière de l'interpréter.

Cotylédons. Les cotylédons d'un assez grand nombre de plantes se présentent accidentellement avec 3 lobes : tels sont ceux du persil, du cerfeuil, de la carotte, de la tomate, etc. Ces trois lobes sont normaux dans quelques espèces (*Lepidium sativum, Erodium pimpinellæfolium,* etc.); on peut les considérer si l'on veut comme le résultat d'une chorise circulaire triplasique dont l'exastosie n'aurait pas opéré la séparation jusqu'à la base, séparation qui serait complète dans certaines espèces de la famille des Conifères; par exemple : le Cyprès chauve (*Taxodium distichum*). Mais là encore nous n'avons qu'une apparence de chorise triplasique semblable à celle des pétales dont nous parlerons un peu plus loin.

Feuilles. Dans le chapitre sur l'exastosie en général, nous avons déjà parlé de la division des feuilles d'après le principe de la trisection ou de la triplasie. Comme nous devons d'ailleurs y revenir plus tard en établissant le principe lui-même et les lois qui en dérivent, nous ne ferons qu'avancer ici que lorsqu'une feuille simple d'ordinaire vient, en vertu du principe de la trisection, à se diviser en 3 parties, dont 2 latérales plus petites, que ces parties soient des lobes ou des folioles, on pourrait croire à un phénomène de chorise circulaire triplasique. On en peut dire autant de toutes les Bractées, qui se divisent d'après le principe de la trisection ou de la triplasie.

Cependant, en vertu de la constitution même des organes appendiculaires, on est conduit à regarder cette triplasie comme un phénomène normal qui ne doit pas être compris dans les phénomènes tératologiques; par conséquent ce ne serait plus une chorise. Nous discuterons cette question un peu plus loin.

Sépales. Pour comprendre nettement la nature du phénomène qui nous occupe, nous pourrions choisir certaines Labiées, la Sauge, par exemple, et raisonner sur le calice comme s'il n'était formé que de 2 feuilles opposées. Nous savons que, d'ordinaire, dans ces plantes les feuilles sont opposées décussées, c'est-à-dire en croix. Or toutes les feuilles étant opposées 2 à 2, on doit s'étonner, puisque les sépales, les pétales, les étamines ne sont que des feuilles modifiées, que les verticilles floraux soient tous composés de 4 ou 5 parties ; l'esprit ne s'explique pas aisément pourquoi il se formerait 4 ou 5 parties au lieu de 2. Mais si l'on vient à reconnaître qu'une des feuilles s'est diplasiée et que l'autre s'est triplasiée, alors on a une raison suffisante pour comprendre que la fleur n'est toujours que la répétition de 2 feuilles opposées, mais modifiées ainsi que nous venons de le dire.

Dans cette hypothèse que nous avons déjà émise p. 162, mais avec moins de force de logique, nous trouvons que le calice est constitué par 2 feuilles simulant 2 lèvres : l'une de ces lèvres, celle qui est à 3 divisions, est diplasiée et l'autre triplasiée ; que la corolle est composée de 2 feuilles formant 2 lèvres : l'une des lèvres est triplasiée et l'autre très-peu diplasiée ; que l'androcée est constitué par 2 feuilles modifiées en 2 étamines, et que chacune de ces 2 étamines se dédouble de façon à former 4 étamines, dont peut-être le curieux connectif particulier aux Sauges serait le passage ; qu'enfin le gynécée n'est lui-même formé que de 2 feuilles diplasiées constituant les 4 ovaires gynobasiques communs à toutes les Labiées.

Mais nous venons de voir que cette triplasie n'était pas réellement une chorise, puisque les phytogènes qui composent chacune des 2 pièces de la corolle se sont formés ensemble au moment où le protophytogène s'est subdivisé en phytogènes circulaires. Par conséquent l'exemple que nous venons de citer est bien une triplasie, mais qui a une cause originelle toujours prévue, tandis que la chorise triplasique ne pourrait se produire que par la division ultérieure d'un phytogène déjà formé. Nous serions actuellement en peine pour citer un seul exemple de sépales ayant subi une véritable chorise circulaire triplasique.

Pétales. Il est remarquable que dans ces cas de triplasie les parties prennent tous les caractères que nous avons assignés à la chorise circulaire triplasique. Ainsi la lèvre inférieure de la corolle des Labiées, qui est triplasiée, a 1 lobe moyen plus grand que les 2 lobes latéraux, ce qui n'empêche pas d'y reconnaître la symétrie dont nous avons parlé.

Nous avons signalé (1) un cas anomal de fleur de *Nicotiana Tabacum* dont la corolle, régulière habituellement, avait été déformée et avait pris la figure d'une corolle bilabiée, de sorte que la fleur rappelait assez bien la structure d'une fleur de Scrophularinée; comme celle-ci, la fleur anomale ne portait que 4 étamines. Dans ce cas la corolle était tout à fait assimilable à une corolle de Labiée; par conséquent on pourrait soutenir qu'elle n'était formée que de 2 feuilles : l'une triplasiée et l'autre diplasiée. Or, voici la conséquence à laquelle on serait conduit : puisque dans cette circonstance une fleur régulière se comporte exactement comme une fleur irrégulière de Labiée ou de Scrophularinée, il n'y aurait aucune impossibilité à admettre que les corolles régulières ne seraient également composées que de 2 feuilles, mais qui se seraient diplasiées ou triplasiées de façon à constituer les parties du verticille de la corolle. Quand celle-ci n'aurait que 5 parties, c'est qu'il y aurait diplasie d'une feuille seulement et triplasie de l'autre; lorsque la corolle serait de 6 parties, c'est qu'elle serait formée de 2 feuilles triplasiées; si au contraire elle n'était que de 4 parties, c'est parce que les 2 feuilles n'auraient fait que se dédoubler. Lorsque la corolle serait de 3 parties, c'est que les 6 phytogènes circulaires se seraient associés 2 à 2 pour constituer 3 feuilles simples, *fig.* 29 (pl. VII). Enfin si la corolle n'était plus que de 2 parties (*Circea*), elle serait exactement en rapport de nombre et de constitution phytogénique avec les feuilles ordinaires, *fig.* 28 (2). On conçoit au reste que la seule différence que l'on observerait entre les monopétales et les polypétales, c'est que dans les premières la chorise serait incomplète, c'est-à-dire qu'elle ne se serait pas prononcée dès l'origine du développement des parties, tandis que dans les corolles polypétales la chorise serait complète, c'est-à-dire originelle.

(1) *Monog. Tabac.* Paris, 1857, p. 126.
(2) Recherches sur le nombre des parties composant les divers cycles hélicoïdaux et rapport qui existe entre ce nombre et le nombre type des parties florales des Dicotylédones. (*Comp. rend. Ac. sciences*, septembre 1855. *Bull. Soc. bot. France*, t. 2, p. 568.)

Cependant, si l'on veut bien se donner la peine de réfléchir à la constitution du protophytogène et à la manière dont se forment les pétales des Labiées, p. 232, *fig.* 41, A et B, l, i, on verra que rationnellement nous ne devons pas considérer ce phénomène comme une chorise triplasique, attendu qu'originellement les éléments ou phytogènes existent dans la composition du pétale triplasié l, i, A, et que les 3 lobes ne sont que l'expression de l'existence primitive des 3 phytogènes composant cette lèvre inférieure. Ce ne serait donc, dans tous les cas, qu'une *triplasie relative* (p. 230, note). D'ailleurs, pour se faire une idée exacte de la différence qui existe entre cette lèvre considérée, si l'on veut, comme une feuille ayant subi le principe de la trisection et un pétale véritablement triplasié, il faut concevoir que dans un cas 3 phytogènes circulaires du protophytogène sont restés unis pour former le pétale triplasique, *fig.* 41, A, l, i; tandis que dans l'autre cas chaque phytogène circulaire du protophytogène a constitué à lui seul un pétale, f, (*fig.* 30, pl. VII) qui a pu subir la chorise triplasique. Dans le premier cas, chaque lobe représente 1 phytogène circulaire; dans le second, chaque lobe ne représente que le tiers d'un phytogène circulaire : c'est là une véritable *chorise circulaire triplasique*. Au premier exemple appartiennent les pétales des *Hypecoum* et la lèvre triplasiée des Labiées; au second appartiennent les pétales des *Byttneria*, du *Reseda bipinnata*, de quelques *Holosteum*, ceux, si visibles, du *Clarckia pulchella*, des *Eucharidium concinum* et *grandiflorum*, etc. Cette triplasie des pétales, qui est normale dans le *Clarckia pulchella*, se rencontre aussi quelquefois accidentellement, mais moins prononcée, dans le *Clarckia elegans;* mais aussi, par contre, on rencontre fréquemment des pétales simples dans les fleurs de la première espèce.

Les considérations que nous venons de présenter prouvent une fois de plus que les phénomènes de la végétation peuvent recevoir des explications très-diverses en même temps que vraisemblables, selon le point de vue où l'on se trouve placé.

ÉTAMINES. Les étamines sont quelquefois sujettes à se *triplasier* et à augmenter tout à coup considérablement le nombre des parties constituantes de l'androcée. Un pied de Parisette (*Paris quadrifolia*) portant 1 verticille de 3 feuilles, offrait 1 calice de

3 sépales lancéolés et 12 petites lanières, dont 3 alternes avec les 3 sépales (pétales ou sépales internes) et les 9 autres très-sensiblement disposées sur un même verticille : chacune de ces 9 lanières ou étamines était privée d'anthères ; l'ovaire était triloculaire et surmonté de 3 styles. Or en supposant tous les verticilles floraux réduits à 3 parties, il faut admettre que le verticille staminal, formé de 3 parties, s'est élevé à 9 par la triplasie de chacune d'elles. Dans cette hypothèse, les 8 étamines du *Paris quadri-folia* normal seraient le résultat d'un dédoublement, et, malgré la position respective des parties, dont 4 sont superposées aux pièces du calice et 4 superposées aux pièces de la corolle ou du calice interne, il est aisé de voir que les 8 étamines appartiennent bien au même verticille, tandis que l'on reconnaît parfaitement que les pétales sont sur un autre rang que le calice ou que les étamines, d'où il suit qu'il se pourrait que cette manière de voir fût voisine de la vérité. Toutefois ce n'est qu'avec doute que nous présentons ces idées, qui cependant trouvent leur justification dans les exemples suivants.

Nous avons déjà rapporté, p. 165, un exemple remarquable d'excès d'exastosie observé par le baron Jacquin sur les fleurs du *Capsella bursa-pastoris*. Cette plante, privée de corolle, présentait, au dire de De Candolle, 4 étamines en plus qui s'étaient développées à sa place. M. Moquin-Tandon, faisant justement observer que les étamines sont disposées sur une même rangée circulaire, il est probable qu'il y a 2 des étamines normales qui se dédoublent et 2 autres qui se triplasient. En effet, si l'on jette un coup d'œil sur la *fig.* 43, a, que nous empruntons à De Candolle (1), on voit que de chaque côté des 2 petites étamines que nous avons détachées et reproduites séparément *fig.* 43, b, il s'est produit une étamine plus petite, offrant dans ces conditions les caractères de la triplasie que nous avons donnés pour la définition de cette chorise (2).

<hr>

(1) *Org. vég.*, pl. 42, *fig.* 3.
(2) Cependant, quand on observe avec quelque soin une fleur de *Brassica*, de *Cheiranthus*, de *Raphanus*, d'*Hesperis*, etc., on ne peut s'empêcher de reconnaître que l'exsertion des parties florales doit faire interpréter la composition de la fleur autrement qu'on ne l'a fait jusqu'à ce jour. On trouve en effet (*Hesperis*) 4 sépales bien évidemment opposés 2 à 2 ; 4 pétales exsérés sur la même ligne circulaire que les 2 petites étamines. Il est possible que ces

Ces états tératologiques ont leur manière d'être habituelle dans les Laurinées, dont les étamines sont la plupart composées d'un long filet portant une anthère terminale s'ouvrant au moyen de 2 ou 4 valves. Souvent chaque filet présente à sa base 2 corps glanduliformes (*Laurus cinnamomum*) qui dans quelques espèces s'allongent en appendices pédicellés, lesquels, dans le *Laurus persea*, affectent véritablement la forme de 2 étamines stériles supplémentaires (*fig.* 43, c) tout à fait comparables aux étamines triplasiées du *Capsella bursa-pastoris* (*fig.* 43, b).

Dunal a vu dans le *Laurus nobilis* les 2 corps glanduliformes se développer en étamines parfaites (Moq.-Tand.). C'est à un phénomène analogue que l'étamine de l'*Allium sativum* doit la présence de chaque côté de 2 appendices dont l'un prend relativement un assez grand développement pour former une sorte de vrille, *fig.* 43, d, mais chez lesquels l'anthère a complétement fait défaut.

Peut-être conviendrait-il aussi de considérer chacun des 5 faisceaux d'étamines des *Monsonia* comme résultant d'une seule étamine triplasiée.

On sait que les étamines des Fumariacées sont au nombre de 6, mais formant 2 androphores, chacun d'eux portant à son sommet 3 anthères, dont une moyenne à 2 loges et les 2 latérales uniloculaires. Cette conformation anomale nous paraît être le résultat d'une triplasie circulaire analogue aux précédentes, et dans ce cas la fleur des Fumariacées devrait être comprise différemment qu'elle ne l'est d'ordinaire. Dans notre manière de voir, elle serait formée de 2 sépales opposés, caducs, de 4 pétales opposés 2 à 2, alternes entre eux et avec les sépales; de 2 étamines opposées, *triplasiées*, alternes avec les 2 pétales internes; et de 2 carpelles dont 1 avorterait ordinairement. Cette manière de

pétales et les 2 petites étamines soient formés par le même cercle phytogénique. Les 4 grandes étamines appartiennent évidemment à une autre exsertion, puisqu'elles sont (*Brassica*) placées au-dessus d'une glande, tandis que les petites sont placées au-dessous. Dans cette manière de voir, l'exemple si remarquable du *Capsella bursa-pastoris* n'a plus rien qui doive surprendre, puisque ce sont les mêmes phytogènes qui ont formé les 6 étamines, et l'on devrait être bien plus surpris de voir que de ces 6 phytogènes circulaires, placés dans les mêmes conditions, 4 deviennent pétales et 2 étamines. Il pourrait bien se faire qu'alors on dût regarder les pétales comme une *chorise fasciée*.

penser est puissamment justifiée par la singulière structure de la fleur des *Dielytra spectabilis* et *formosa.*

M. Moquin a cru remarquer que le développement de deux nouveaux organes (chorise circulaire triplasique) est peut-être une des moins rares. « Les parties surnuméraires, dit-il, sont à droite et à gauche de l'organe normal. » Cette disposition lui rappelle deux phénomènes de triplasie qui se sont présentés dans le règne animal. Un insecte, le *Scarites pyracmon,* offre 3 pattes gauches bien distinctes au lieu d'une (Guérin, *Mag. entom,* pl. XL); un autre, l'*Helops cœruleus,* présente son antenne droite trifurquée au-dessus du quatrième article (J. C. Seringe, *Ann. Soc. Linn.* Lyon, p. 12, *fig.* 5, 6, 7).

CARPELLES. Nous ne savons réellement pas s'il y a des exemples de carpelles triplasiés appartenant à l'ordre de phénomènes qui nous occupe. Si ce phénomène se présentait, ce ne serait que parmi les fruits composés circulairement d'un certain nombre de carpelles, telles qu'on en trouve chez les Malvacées, Magnoliacées, Papavéracées, Aurantiacées, Euphorbiacées, Nympheacées, etc., car pour qu'il y ait chorise circulaire, il faut de toute nécessité que les carpelles aient la disposition que nous venons d'indiquer.

Il y a cependant des cas où il semble que l'on doive regarder la réunion de 3 carpelles triangulairement posés comme résultant d'une chorise triplasique : c'est lorsque normalement il n'y a qu'un seul carpelle au fond de la fleur, ainsi que cela a lieu chez les Pêchers, les Amandiers, les Cerisiers, Abricotiers, etc., et qu'à la place de ce seul carpelle on en trouve 3 placés respectivement comme le sont les 3 phytogènes formés dans la masse cellulaire que nous avons représentée *fig.* 36 A (pl. VII).

Mais de ce que l'on peut tout aussi bien concevoir que ces 3 carpelles résultent du développement de 3 des 6 phytogènes circulaires qui doivent normalement se développer d'après les principes de l'évolution du phytogène central du bourgeon, développement qui semble justifié par l'évolution en 1 carpelle du phytogène central, *fig.* 66, il en résulte qu'il nous serait difficile de décider si véritablement nous avons affaire à une chorise triplasique circulaire. Dans le doute nous aimons mieux nous abstenir.

C. *Chorise circulaire pollaplasique.*

Cette chorise a les plus grands rapports avec la chorise triplasique en ce que, comme elle, les parties surnuméraires produites sont *inégales :* les seules différences que l'on observe dans ces parties, c'est qu'elles ne vont pas toujours en décroissant de chaque côté de la ligne médiane, quoique *la symétrie par rapport à une droite passant par le centre du système* soit généralement toujours conservée et que le nombre des éléments qui peuvent se produire est en quelque sorte illimité et partant très-variable.

Cotylédons. Il y a quelques espèces végétales chez lesquelles, comme dans le *Tilia europœa,* les cotylédons sont à 5 lobes. On peut les considérer comme le résultat d'une chorise circulaire pollaplasique. Dans ce cas, l'exastosie n'aurait agi qu'au sommet des cotylédons; mais dans quelques expèces, l'exastosie agirait complétement sur les cotylédons de façon à en faire 4, 5 ou 6, ce qui porterait le nombre apparent des cotylédons à 8, comme dans le *Pinus strobus,* ou à 10 et à 12, comme dans le *Pinus pinea.* D'après ce que nous avons dit des cotylédons triplasiés, on voit qu'ici nous n'aurions qu'une *chorise pollaplasique relative,* puisque les 6 phytogènes, au lieu de ne produire que 2 cotylédons, en produiraient 12, mais qui ne sont rigoureusement que le résultat du dédoublement des 6 phytogènes circulaires, rendu très-vraisemblable par l'égàlité de longueur des feuilles cotylédonaires.

Feuilles. Nous ne saurions dire au juste s'il existe des feuilles qui rentrent dans ce genre de chorises. Peut-être faudrait-il considérer les feuilles latéricomposées comme appartenant à ce genre de chorise, mais, ainsi que nous l'avons déjà dit, les folioles ne se formant que successivement, il ne nous semble pas que le mode de formation de ces feuilles rentre dans cet ordre de phénomènes. Au reste il est fort difficile de distinguer nettement ce qui appartient aux feuilles latéricomposées par suite de formations successives de folioles latérales, de feuilles pareilles qui résulteraient d'une pollaplasie circulaire simultanée d'un ou de plusieurs phytogènes produisant également une feuille latéricomposée, si tant est qu'il existe des feuilles formées d'après ce mode de génération.

Quoi qu'il en soit, c'est probablement à une chorise circulaire pollaplasique qu'il faut rapporter les feuilles si singulières du *Gincko biloba* et les folioles de l'*Adianthum pedatum,* dont la formation semble en effet échapper au principe de la trisection et qui semblent être le résultat de la fasciation d'un grand nombre d'éléments de feuilles plus ou moins analogues à celles des *Pinus* et de la plupart des Conifères. Les lobes quelquefois nombreux et les crénelures que présentent le bord supérieur large et étalé de ce genre de feuilles semblent appuyer cette manière de voir.

Mais si nous ne sommes pas sûr de la formation normale de certaines feuilles par chorise circulaire pollaplasique, nous ne voyons pas comment les feuilles dont nous allons parler auraient pu se former autrement que par cette chorise.

Dans le Haricot, les feuilles sont trifoliolées, alternes distiques, et portées par un pétiole à peu près cylindrique et assez uni. Cependant nous avons sous les yeux une feuille dont le pétiole est très-aplati et canaliculé longitudinalement à la manière des fascies, *fig.* 59. Des 2 folioles latérales, l'une est très-réduite, l'autre à peu près normale ; mais la foliole terminale résulte évidemment d'une chorise pollaplasique, car elle présente 8 ou 10 lobes plus ou moins distincts et autant de nervures se rendant aux extrémités de ces lobes ; et bien que la symétrie soit assez facile à saisir, cependant les parties ne vont nullement en décroissant du milieu vers les bords extrêmes.

Nous possédons une tige de Pommier qui présente un phénomène fort analogue, *fig.* 90, a, pl. XIII. Cette tige offre à la fois des feuilles qui paraissent diplasiées, une plésiasmie qui a formé un verticille par 3 et une chorise circulaire pollaplasique : de celle-ci est résulté un pétiole large, aplati, longitudinalement canaliculé à la manière des fascies et terminé par 5 nervures très-prononcées divisant le limbe en 5 parties, savoir : une première partie complétement séparée du système et constituant une sorte de foliole ayant la forme et les dimensions des feuilles ordinaires ; à côté de cette feuille on trouve une très-grande et très-large feuille à 4 lobes disposés dans l'ordre suivant : un très-grand, voisin de la feuille libre, puis un second beaucoup plus petit, puis un troisième un peu plus grand que le précédent, et enfin un quatrième plus petit. Les nervures, au lieu de partir d'un même point comme dans l'exemple du Haricot, se séparent à des hauteurs variables; c'est à proprement parler *une fascie de 5 axes qui se séparent à des hauteurs différentes, mais que du tissu cellulaire réunit en une seule feuille.*

SÉPALES. Il est probable que la chorise circulaire pollaplasique se rencontre dans les aigrettes de certaines composées dont le nombre de poils est souvent très-élevé : par exemple, dans le *Cinara humilis*, l'*Helmintia echioides*, le *Taraxacum dens-leonis*, chez lequel nous avons compté jusqu'à 122 soies, chiffre qui, divisé par 6, nombre type des dicotylédones, donne environ 20 parties pour chaque phytogène circulaire, et 24 en admettant le nombre normal 5.

Mais l'exemple le plus propre à démontrer cette chorise polla-plasique dans les sépales se trouve dans le calice du *Chamelau-cium plumosum* Desf. (1), dont chaque sépale s'est profondément subdivisé en 5 parties ovales unies latéralement à leur base. Nous avons reproduit un de ces sépales séparés, *fig. 42*, A.

Les faits de ce genre sont peu nombreux, surtout au point de vue tératologique, et il serait curieux de chercher à multiplier ces observations.

PÉTALES. Nous ne connaissons aucun exemple de cette chorise complète qui soit applicable aux parties de la corolle. Cependant en regardant les pétales des Résédacées (2) comme des pétales ordinaires, en considérant avec attention certains pétales, par exemple le pétale inférieur frangé des *Polygala*, on est conduit à penser qu'ils ne peuvent être que le résultat d'une pollaplasie qui se trahit au sommet. On pourrait toutefois assimiler certains pé-tales aux feuilles latéricomposées; mais comme il nous semble que la pollaplasie, dans la plupart des cas, ne procède pas, dans la formation de ses lobes, exactement de la même façon que dans la formation des lobes ou des folioles des feuilles à génération la-térale, nous sommes disposé à regarder la division des pétales

____

(1) Turpin, *Icon. vég.*, p. 129, tabl. XXI, *fig.* 8.
(2) On sait que quelques botanistes partagent l'opinion de Lindley, qui regarde chaque pétale comme une fleur stérile.

comme ayant une autre origine. Ainsi, quand nous considérons les pétales frangés et crénelés de certains *Dianthus*, il nous est difficile de croire que ces nombreuses divisions soient autre chose qu'une chorise circulaire pollaplasique, qui dans le *Dianthus capitatus* (1) commence dans ses pétales denticulés, se prononce beaucoup plus dans les pétales profondément découpés et multifides des *Dianthus plumarius* et *Monspessulanus*, *fig.* 42, B, ou dans ceux du *Dianthus superbus*, chez lequel le phénomène est bien plus prononcé encore. Les pétales des *Tropœolum Wagnerianum*, *Lobbianum*, *Deckerianum* et surtout les deux supérieurs découpés et frangés du *T. aduncum*, nous paraissent être tout à fait analogues à ceux du *Dianthus*. Il en est de même des pétales du *Trichosanthes colubrina*, Jacq., dont le limbe est découpé en lanières nombreuses, profondes, linéaires, de manière à former une frange élégante par sa légèreté.

Les pétales du *Lychnis flos cuculi* sont bien certainement dans le même cas, avec des caractères d'anomalie, car nous en avons rencontré qui avaient jusqu'à 7 et 8 parties très-distinctes, *fig.* 42, c. A la vérité, on pourrait admettre encore que le pétale, après s'être diplasié, chaque nouvelle partie s'est à son tour diplasiée plusieurs fois pour former les parties observées, et en effet la forme de chaque pétale ordinaire est celle représentée *fig.* 42, d, où l'on constate très-bien une première diplasie par la fissure médiane plus prononcée. Mais on remarque aussi que les parties ne se subdivisent plus également comme dans la diplasie.

Étamines. Les étamines sont les organes floraux les plus sujets à la chorise circulaire pollaplasique; aussi est-il probable que ce phénomène est plus fréquent qu'on ne l'a pensé jusqu'à ce jour.

Bien que l'on puisse très-souvent reconnaître que la chorise pollaplasique *circulaire* des étamine se rencontre simultanément avec la chorise pollaplasique *centripète*, cependant, comme les 2 phénomènes nous paraissent distincts, nous avons dû les séparer. Peut-être un jour parviendra-t-on à compléter, par des observations, les lacunes que nous serons nécessairement obligé de laisser dans la plupart de nos articles, et de celui-ci en particulier.

(1) Turp., *Icon. vég.*, p. 110, tabl. XV, *fig.* 5.

Quoi qu'il en soit, si nous examinons les étamines du *Rubus idœus*, nous les trouvons assez nombreuses et assez bien disposées sur une même rangée ou tout au plus sur 2 rangées pour donner à penser qu'elles pourraient bien être le résultat de 5 étamines pollaplasiées. Il en est de même de la plupart des autres *Rubus* et surtout du *Rubus odoratus* ainsi que des *Philadelphus*, qui ont bien évidemment leurs étamines en nombre variable, toutes rangées sur une même ligne circulaire, et il est très-probable que les fleurs hermaphrodites des *Inga* doivent à une pollaplasie leur grande quantité d'étamines monadelphes, dont la couleur, d'un beau rouge, et la hauteur, qui est de 2 pouces dans l'*Inga ornata*, en font une des plus belles espèces du genre. Celles des *Metrosideros*, des *Myrtus*, des *Leptospermum*, etc., sont bien évidemment dans le même cas. Les *Jambosa* présentent aussi la même chorise, mais compliquée de la chorise pollaplasique centripète. De sorte que les filaments peuvent présenter accidentellement des fascies circulaires et des fascies centripètes, ainsi que nous en avons rencontré dans le *Jambosa vulgaris*.

Certains *Vellosia*, ces plantes originaires du Brésil qui appartiennent à la famille des Hæmodoracées, ont leurs étamines rarement libres et au nombre de 6; plus souvent elles sont en nombre indéfini depuis 12 jusqu'à 30, mais le plus ordinairement on en compte 18, quelquefois formant 3 faisceaux, constituant alors une pollaplasie qui peut-être n'est pas simplement circulaire; cependant l'égalité des étamines et leur position apparente sur une même rangée dans le *Vellosia asperula* semblent prouver que nous n'avons affaire ici qu'à une pollaplasie circulaire.

Dans les Malvacées et les *Luhea*, il y a évidemment des chorises circulaires pollaplasiques dans leur androcée; mais comme elle y est accompagnée de pollaplasie centripète, nous n'en parlerons ici que comme indication.

Il en serait de même des étamines des Millepertuis et des *Ascyrum* (Hypericoïdes de Plumier); mais comme il est facile de reconnaître que la pollaplasie circulaire y domine, nous les présentons ici comme un des exemples capables de donner une idée de ce phénomène. Nous avons figuré, *fig. 44*, a, l'androcée du Millepertuis (*Hypericum perforatum*), formé d'un assez grand nombre d'étamines disposées en 3 faisceaux qui les laisse libres dans la plus grande partie de leur longueur. Dans l'*Hypericum Ægyptiacum*, les étamines sont aussi en grand nombre, formant 3 faisceaux et unies entre elles dans chaque faisceau jusqu'aux trois quarts environ de leur hauteur, *fig. 44*, b.

Les Cactées, et en particulier le genre *Cereus*, présentent des étamines dans lesquelles il est impossible de ne pas reconnaître une chorise circulaire pollaplasique dans la rangée appliquée d'une manière si nette sur la paroi interne de la corolle. Sur une fleur du *Cereus speciosissimus*, D. C. (*Cactus speciosissimus*, Desf.), nous avons compté 66 étamines, ce qui fait 11 fois le nombre 6 (type) ou 13 fois environ le nombre 5 (normal). Ainsi chaque étamine normale a dû se pollaplasier pour produire le nombre 11 ou 13. Il est probable que les étamines les plus internes ont subi pareillement une pollaplasie circulaire; mais il est alors très-difficile de s'en assurer.

Les filaments qui constituent la couronne simple ou multiple de la plupart des Passiflores, et qui pourraient bien n'être que des étamines privées d'anthères, n'ont pu se former que par voie de pollaplasie circulaire. Nous avons compté jusqu'à 200 environ de ces filaments sur la première couronne du *Passiflora cœrulea*, c'est-à-dire 40 fois le nombre 5 (normal) ou 34 fois le nombre 6 (type); mais comme ces 200 filaments formaient évidemment 2 rangées quoique appartenant à la première couronne, cela fait toujours 20 fois le nombre 5, ou 17 fois le nombre 6. Par conséquent il est évident que nous avons affaire ici à une pollaplasie circulaire bien caractérisée.

CARPELLES. La chorise circulaire pollaplasique doit nécessairement être assez rare, puisque, en général, c'est à peine si le verticille carpellien contient autant de parties que les autres verticilles de la fleur, et nous ne connaissons même pas d'anomalies où cette pollaplasie se soit rencontrée. Ce n'est pas qu'elle n'existe pas dans la nature, car si l'on cherche à s'expliquer comment les Malvacées à capsules disposées circulairement, qui ne devraient avoir que 5 ou 6 carpelles, autant que de sépales ou de pétales, arrivent cependant à en avoir jusqu'à 30, on est forcé d'admettre que chaque phytogène carpellien s'est pollaplasié pour porter le nombre type 6 à celui que nous venons d'indiquer, comme on peut le voir particulièrement dans les *Lavatera, Sida, Abutilon* (*fig.* 45, a), *Malva* et *Althœa.* Dans le fruit d'une Rose trémière (*Althœa rosea*), nous avons compté jusqu'à 63 carpelles sans que la fleur ait paru présenter la moindre trace d'union de 2 fleurs.

Le fruit des *Alisma* est bien certainement pollaplasié; car au lieu de 3 carpelles, il y en a 15, 18 et quelquefois jusqu'à 24, et ce qu'il y a de particulier, c'est que le fruit conserve la forme triangulaire, *fig.* 45, b, qu'il aurait pris s'il n'y avait eu que 3 carpelles dans sa constitution.

Les carpelles des Fraisiers sur leurs gynophores nous paraissent appartenir à cette espèce de chorise qui est quelquefois véritablement pollaplasique. Sur une fraise dite de *tous les mois,* nous sommes parvenus à compter 475 carpelles sur 18 hélicules, ce qui fait en moyenne 28 par hélicule; mais comme celles du sommet et de la base étaient très-réduites, il s'ensuit que celles du milieu pouvaient bien posséder de 35 à 40 carpelles. Il y avait donc réellement, ici, chorise circulaire pollaplasique, à moins que l'on ne veuille considérer l'ensemble des carpelles comme le résultat d'une *Sphœrochorise.* (Voir cet article.)

§ 2. — Des chorises centripètes.

Les multiplications ont été généralement peu étudiées comme chorises centripètes et ont toujours été confondues avec les chorises circulaires. Nous croyons pourtant qu'au point de vue physiologique, phytogénique et mécanique, ces deux phénomènes sont très-différents, quoique très-souvent concomitants. Nous pourrions établir, dans ce paragraphe, 3 divisions semblables à celles que nous avons présentées dans le paragraphe précédent et reconnaître des chorises centripètes diplasiques, triplasiques et pollaplasiques; mais dans l'état actuel de nos connaissances, il nous serait difficile de citer des exemples appartenant à chacune des divisions et subdivisions de cette classe de phénomènes. Nous nous bornerons donc à indiquer les cas où nous croirons reconnaître une chorise centripète, en indiquant toutefois autant que possible l'état ou le degré de cette chorise.

Feuilles. Il n'est pas rare de rencontrer des feuilles qui se sont dédoublées suivant un plan parallèle à leur limbe au lieu de

se dédoubler suivant un plan perpendiculaire à ce limbe. Ce phénomène constitue un dédoublement ou chorise centripète tout à
fait analogue à celui qui fait les corolles doubles par chorise.

Quand une feuille se dédouble latéralement, on conçoit bien
que les parties dédoublées dans l'une et l'autre feuille observent
la même position relative; c'est-à-dire que la face inférieure de
l'une soit dirigée dans le même sens que la face inférieure de
l'autre, et ceci ne soulève aucune difficulté ; mais il peut n'en être
pas de même quand la feuille se dédouble suivant le plan de son
limbe. En appelant A la face supérieure ordinaire d'une feuille, et B
sa face inférieure, A' la face supérieure de la feuille surnuméraire
et B' sa face inférieure, nous nous demandons, en cas de dédoublement, ce qui doit arriver *à priori*. Sera-ce B qui regardera A',
B qui regardera B', ou A' qui regardera A ?

En effet, dans un dédoublement de cette nature, au premier
abord rien n'indique absolument que le phénomène doive se
passer plutôt d'une façon que de l'autre. Cependant certaines considérations doivent nous conduire à des éclaircissements sur la
nature de ce curieux phénomène : analysons-le d'abord au point
de vue du possible.

Appelons F la feuille qui doit se dédoubler, et F' la feuille qui
résulte du dédoublement; alors on peut avoir les 3 formes suivantes tirées de ces 2 premiers modes de formation : ou bien la
feuille surnuméraire se forme en dessous ou bien elle se orme
en dessus, d'où l'on tire les 3 positions suivantes :

$$1^o \left. \begin{array}{c} F = \dfrac{A}{B} \\ \hline F' = \dfrac{A'}{B'} \end{array} \right\} = \text{B regarde A'} = \text{chorise directe, } \textit{dos à ventre.}$$

$$2^o \left. \begin{array}{c} F = \dfrac{A}{B} \\ \hline F' = \dfrac{B'}{A'} \end{array} \right\} = \text{B regarde B'} = \text{chorise inverse dorsale, } \textit{dos à dos.}$$

$$3^o \left. \begin{array}{c} F' = \dfrac{B'}{A'} \\ \hline F = \dfrac{A}{B} \end{array} \right\} = \text{A' regarde A} = \text{chorise inverse ventrale, } \textit{ventre à ventre.}$$

La première chose que l'on observera, c'est que si, en vertu de
la définition que nous avons donnée de la symétrie, cette puis-

sance préside à la formation de la chorise, il en résultera ces 2 positions, savoir : ou les 2 feuilles seront unies ou placées *dos à dos*, ou bien elles seront unies ou placées *ventre à ventre*. Les 2 feuilles de Laitue signalées par Bonnet (1) nous paraissent être l'expression de la première chorise, car l'adhérence avait lieu près de leurs bases par leur nervure médiane, et *dos à dos*, c'est-à-dire par les 2 faces inférieures. Au contraire, M. His a communiqué à Turpin 2 feuilles d'Oranger unies par leurs 2 nervures médianes, mais cette fois *ventre à ventre*, c'est-à-dire par les 2 faces supérieures, ce qui nous semble exprimer le second cas que nous avons indiqué. Voilà donc deux chorises bien différentes que l'on ne peut à coup sûr expliquer à la manière des défauts d'exastosie, car 2 feuilles qui se développeraient l'une au-dessus de l'autre ne devraient jamais rester unies *dos à dos* ou *ventre à ventre*, mais bien *dos à ventre*. Donc il n'y a que la chorise centripète qui puisse déterminer un semblable phénomène.

Mais puisque dans un cas nous avons une union dos à dos et dans l'autre une adhérence ventre à ventre, il nous semble impossible d'admettre une complète parité entre les 2 monstruosités, et quelle autre explication pourrait-on donner sinon que dans le premier cas le dédoublement s'est opéré par la partie inférieure et dans le second par la partie supérieure ? Évidemment, si l'on ne fait attention qu'au phénomène, on est tenté de dire que du moment qu'il y a dédoublement les deux parties se forment simultanément et que rien n'indique que la chorise soit inférieure ou supérieure. Cependant, si l'on entre dans le mécanisme organogénique de la production des deux feuilles, on arrive à comprendre comment ces différences peuvent prendre naissance.

1° En effet, commençons par représenter *fig.* 46, A, les 3 phytogènes superposés destinés à former la feuille : les 2 phytogènes inférieurs, c i, étant ceux que nous avons représentés dans la coupe transversale du bourgeon, cc, *fig.* 29 ; mais, verticalement nous en supposons un troisième, c s, supérieur, qui entre aussi dans la constitution de la feuille. Dans la *fig.* 46, A, nous les voyons par leur face externe ou inférieure. Si nous cherchons à les voir de profil comme en B, *fig.* 46, nous aurons, f s, qui de-

(1) *Rech. us. feuilles*, p. 309.

vra constituer la face supérieure ou interne, et, f i, la face inférieure ou externe de la feuille. Maintenant, supposons qu'au moment où les phytogènes circulaires qui doivent constituer la
feuille vont prendre leur évolution et avant que les influences
physiologiques, s s, ou, i i, B, n'aient eu le temps d'imprimer aux
deux faces les mouvements qui doivent faire la face supérieure
et la face inférieure, par conséquent de très-bonne heure ; supposons que la chorise agisse parallèlement au plan II de leur limbe
de façon à les partager en deux parties parfaitement égales ; il est
probable qu'alors les deux parties déjà séparées obéiront chacune
aux deux influences dont nous venons de parler, et dans ce cas
les deux feuilles se feront dans les conditions ordinaires ; par conséquent elles auront toutes deux leur face supérieure en haut et
seront placées l'une sur l'autre, de façon que le dos de la supérieure regardera le ventre de l'inférieure.

2° Si les phytogènes circulaires ont eu le temps de se développer assez pour que l'influence physiologique ait pu déterminer un
commencement d'exécution de la face inférieure et de la face supérieure (l'une étant la réaction du mouvement qui détermine la
formation de l'autre), et si en même temps la chorise se prononce
un peu inférieurement, c'est-à-dire au-dessous du plan II, *fig.* 46,
B, qui couperait les phytogènes juste au milieu ou suivant ii, il
en résultera que l'influence physiologique inférieure, celle qui
fait le dessous de la feuille, se partagera en deux et agira symétriquement de façon à faire que les caractères qui constituent la face
inférieure, f i, f i', *fig.* 46, c, de la feuille soient chez les deux feuilles
aussi voisines que possible de cette ligne, ii, par laquelle passe
l'influence ; par conséquent, pour réaliser cette condition, il faut
de toute nécessité que les deux faces inférieures, f i, se regardent,
et les deux feuilles seront dos à dos.

3° Mais si au contraire, toutes choses étant semblables à ce que
nous avons supposé précédemment, la chorise se prononce un
peu supérieurement, c'est-à-dire au-dessus du plan II, *fig.* 46, B,
qui couperait les phytogènes juste au milieu ou suivant s s, il en
résultera que l'influence physiologique qui fait le dessus de la
feuille se partagera en deux et agira symétriquement de part et
d'autre, de telle façon que les caractères propres à la face supérieure de la feuille, f s', f s, *fig.* 46, D, soient chez les deux feuilles

aussi voisine que possible de cette ligne par laquelle passe cette influence ; par conséquent les deux faces supérieures devront se regarder et les deux feuilles seront ventre à ventre, sans cela l'influence physiologique n'aurait pas été symétrique.

Les chorises centripètes diplasiques des feuilles ont été rarement signalées. Cependant nous avons rappelé les deux feuilles de Laitue unies près de leurs bases et indiquées par Bonnet. Si l'on observe que l'angle de divergence des feuilles de Laitue est assez grand pour faire que deux feuilles consécutives ne puissent rester unies par leur nervure médiane, et si de plus on constate que la feuille qui, dans le cycle hélicoïdal, devrait se placer sur une première, est déjà d'époque physiologique très-différente, on en conclura que l'adhérence entre deux feuilles si distantes ne saurait avoir lieu et que par conséquent nous avons bien affaire à une chorise centripète diplasique. Nous avons également indiqué celles de M. His communiquées à Turpin ; ce sont 2 feuilles d'Oranger différentes de grandeur qui étaient restées unies par les 2 nervures médianes, mais de telle sorte que les faces supérieures se regardaient. Les pétioles étaient aussi unis dans toute leur longueur et le bourgeon terminal avait avorté. Au premier abord on serait tenté de croire que cette anomalie est due à un défaut d'exastosie centripète par suite de l'avortement du bourgeon terminal ; mais nous avons déjà dit autre part qu'il y avait quelque impossibilité à admettre une pareille hypothèse en présence de la *vernation condupliquée* de la feuille d'Oranger. Donc il y a ici encore une véritable chorise centripète diplasique.

Turpin a cité 2 feuilles d'*Agave Americana* qui étaient unies dos à ventre, c'est-à-dire que la face supérieure de celle du bas était unie à la face inférieure de celle du haut (1).

Nous avons aussi observé une pareille anomalie dans la Vigne. Deux feuilles superposées étaient unies par le pétiole et même un peu par leur nervure moyenne ; leur grandeur était à peu près la même et la face supérieure de la feuille inférieure regardait le dos de la feuille supérieure, et comme nous n'avions aucune feuille opposée aux deux feuilles diplasiées, il est extrêmement probable que nous avions sous les yeux une véritable chorise centripète

---

(1) *Mém. gref. (Ann. sc. nat.,* t. XXIV, p. 836.)

diplasique. Le *Galega officinalis* nous a offert aussi une double feuille composée qui nous a paru unie dos à ventre (p. 131).

Nous avons rapporté plus haut, p. 216, l'exemple du *Mahonia tenuifolia*, qui nous a présenté une chorise centripète diplasique de l'une de ses folioles.

Involucres. Il n'est pas rare de trouver dans le Cornouiller herbacé (*Cornus suecica*) des involucres qui ont doublé, mais le plus souvent ce n'est pas par diplasie, du moins d'après ce que l'on observe sur le *Cornus mascula;* en effet, il est probable que dans les espèces à collerette, comme dans cette dernière, on trouve fréquemment les rudiments de 2 et même de 4 parties surnuméraires ajoutées aux involucres; mais un peu d'attention fait reconnaître que l'involucre ordinaire est formé de 2 paires de petites feuilles bractéales opposées qui ne sont évidemment pas sur une même ligne circulaire. Donc les parties surnuméraires résultent d'une paire ou de 2 paires de ces feuilles qui se surajoutent non par chorise, mais par répétition d'organismes ou prolification partielle.

Sépales. Il nous semble bien difficile de décider au juste si la multiplication des sépales qui paraissent doubler dans les monocotylédones se fait par chorise ou par répétition d'organismes; cependant il est probable que c'est plutôt par ce dernier moyen, car tous les verticilles doivent être considérés comme étant de 3 parties qui alternent entre elles, et comme le plus souvent cette loi de l'alternance est observée, nous ne saurions admettre une chorise, au moins dans la plupart des cas observés. La chorise centripète n'est possible que lorsque les parties sont superposées. Ainsi, s'il était prouvé que les écailles qui sont à la base des sépales des *Lomandra* ou à l'entrée du tube que forment les 6 sépales des *Amaryllis* fussent un même organe avorté, c'est-à-dire un sépale, il y aurait évidemment diplasie centripète ou dédoublement, et la couronne des Narcisses devrait être regardée comme le résultat d'un dédoublement des sépales; mais nous avons démontré, p. 159, que ce prétendu dédoublement devait ou pouvait recevoir une explication plus en harmonie avec les faits tératologiques que nous avons observés et décrits, et dont plus tard nous donnerons l'explication mécanique.

Il en est de même des calices doubles des *Pancratium* et des

Massonia, qui pourraient passer pour des dédoublements centripètes à la condition que l'on ne ferait du calice extérieur qu'un seul verticille de 6 parties. Dans les *Pancratium*, la chorise circulaire s'ajouterait à la centripète pour constituer les 12 divisions intérieures.

Le calice double observé par Rœper sur une des fleurs de la Linaire vulgaire n'est point le résultat d'une chorise mais d'une prolification partielle, puisque les divisions calicinales alternaient entre elles.

Le calice nous paraît se diplasier dans les Malvacées, et nous avons donné autre part, p. 177, les raisons qui nous ont fait regarder le calicule des fleurs de cette famille comme résultant d'un dédoublement centripète.

PÉTALES. Les corolles sont très-fréquemment sujettes à se dédoubler et à former ainsi une série de corolles emboîtées les unes dans les autres. Mais il est une foule de circonstances où l'on a confondu la diplasie ou la pollaplasie centripète avec la répétition des organismes ou prolification partielle. En effet, pour qu'il y ait diplasie ou pollaplasie centripète, c'est-à-dire chorise, il faut de toute nécessité que les parties surnuméraires soient très-sensiblement en face de celles desquelles elles dérivent. Mais lorsque ces parties surnuméraires alternent avec celles qui précèdent ou qui suivent, il n'y a réellement pas chorise, mais bien une répétition d'organismes ou prolification partielle. Ainsi les Œillets, les Renoncules, les Anémones, les Roses, les *Cheiranthus*, les *Hesperis*, les *Lychnis*, etc., qui présentent si fréquemment des fleurs doubles, font voir à l'observation que si, très-souvent, on peut y reconnaître la multiplication par chorise accusée par l'opposition des parties nouvelles aux parties normales, très-souvent aussi on constate que cette multiplication a lieu par répétition d'organismes facile à reconnaître par l'alternance des parties surnuméraires avec les parties normales. Toutefois la chorise diplasique est des plus faciles à constater dans les exemples que nous venons de citer.

Dans les corolles polypétales doubles ou multiples, on peut s'assurer que la chorise centripète va quelquefois jusqu'à la pollaplasie. Certains Œillets, *Lychnis* (Flos cuculi), *Cheiranthus*, *Hesperis,* etc., ont en effet une série de pétales assez exactement superposés pour faire croire à une chorise pollaplasique. Sur une fleur multiple de *Lychnis flos cuculi*, nous avons pu compter jusqu'à 14 pétales parfaitement superposés, ce qui en faisait une chorise centripète pollaplasique des plus prononcées.

Nous regardons comme une chorise pollaplasique centripète l'état dans lequel se trouve la fleur multiple d'*Aquilegia vulgaris*. C'est qu'en effet il semble difficile d'admettre que les choses se passent autrement que nous allons le dire : la fleur simple se compose d'ordinaire de 5 ou 6 sépales et de 5 ou 6 pétales en cornets (Nectaires de Linné) alternant avec les sépales. Quand la fleur commence à doubler, c'est toujours par suite de la formation d'un nouveau verticille de pétales alternant avec la première rangée de pétales ; mais la multiplication ne se prononce davantage que par suite de chorise centripète, car autrement on ne comprendrait pas que les pétales d'une troisième rangée, qui sont d'une troisième époque physiologique de formation, fussent si exactement emboîtées dans les pétales de la première rangée, dont la formation est antérieure de 2 époques ; et d'ailleurs on remarquera que parfois on rencontre 3, 4 et jusqu'à 5 pétales ainsi emboîtés les uns dans les autres, *fig.* 47. Nous avons donc là encore une chorise centripète pollaplasique ; ajoutons que rien ne fait croire à une métamorphose des étamines en pétales, puisque l'on retrouve souvent très-sensiblement le même nombre de ces organes.

Les corolles monopétales peuvent aussi quelquefois devenir doubles ou multiples par chorise centripète ou par répétition d'organismes. Ainsi De Candolle a figuré une fleur de *Datura fastuosa* formée d'une triple corolle dont les pétales, sur la figure, paraissent être opposés et seraient le résultat d'une chorise centripète ; cependant De Candolle dit que les lobes sont alternes : alors nous n'aurions affaire qu'à une répétition d'organismes. Nous avons observé jusqu'à 6 corolles emboîtées les unes dans les autres dans la fleur multiple du *Campanula persicæfolia*. Quelquefois les divisions étaient alternes entre elles et d'autres fois elles étaient toutes opposées. Il y avait donc dans ce dernier cas un phénomène de chorise pollaplasique circulaire.

Les *Campanula medium, Trachelium, glomerata, rotundifolia*, etc., donnent lieu à des observations analogues.

De Candolle cite les Labiées (1) comme susceptibles de présenter des corolles doubles ; malheureusement cet auteur ne nous apprend pas comment sont disposées les 2 corolles, et l'on ne saurait dire, d'après cela, s'il faut les regarder comme le résultat d'une chorise ou d'une répétition d'organismes. Néanmoins cet exemple est de nature à faire supposer que toutes les fleurs monopétales sont capables de donner des corolles multiples soit par chorise, soit par répétition d'organismes.

Il importe, ce nous semble, dans les études que l'on fera sur les multiplications en général, de bien constater la position respective des parties ; car c'est par elles que l'on pourra reconnaître la véritable nature de l'anomalie que l'on aura sous les yeux. C'est pour cette raison que nous ne saurions nous prononcer sur une foule de multiplications qui ont été consignées dans les ouvrages parmi les chorises et qui ne nous semblent pas leur appartenir ; par exemple les *Althœa* (*Alcea* Lin.) nous paraissent ne doubler que par la transformation des étamines en pétales, et nous nous fondons sur ce que le verticille extérieur est formé de pétales bien souvent plus grands et reste bien distinct des nombreux pétales réunis en masse plus ou moins globuleuse au centre de la fleur. Cependant nous avons parfois trouvé le premier verticille doublé, et même triplé, et, dans ce cas, les pétales intérieurs alternaient avec les pétales extérieurs. Il n'y avait donc pas chorise.

La fleur du Populage des marais (*Caltha palustris*) est absolument dans le même cas : cette plante double très-facilement, mais non par sa corolle, qui est nulle, ni par son calice coloré pétaloïde, qui reste constamment plus large que le bouquet sphérique de pièces pétaloïdes qui occupe le centre de la fleur, et qui ne nous paraît être dû qu'à une métamorphose des étamines en pétales.

Nous avons décrit autre part, p. 179, la manière dont il fallait envisager les différents modes de chorises, et nous avons établi que ces chorises pouvaient être intérieures ou extérieures, absolument comme nous l'avons dit pour les feuilles ; et bien que ce sujet n'ait pas été suffisamment étudié, s'il fallait cependant donner des exemples de ces deux modes de chorises, nous citerions

(1) *Org. vég.*, t. I, p. 508.

la corolle multiple des *Aquilegia* comme étant produite par une chorise intérieure, c'est-à dire que les parties de plus en plus nouvelles sont de plus en plus internes, tandis que le calicule des Malvacées pourrait être regardé comme le résultat d'une chorise externe. Malheureusement les recherches organogéniques nous semblent impuissantes à dévoiler la vérité de ce que nous avançons, par la raison que la division se produit dans les phytogènes bien avant qu'il n'ait manifesté sa présence par le moindre tubercule sur la ligne circulaire qui doit comprendre le verticille capable de se choriser. Mais ce qui doit faire admettre ces deux modes de multiplication se trouvent suffisamment expliqué au paragraphe *Feuilles* de cette sorte de chorise, p. 247, et s'il est prouvé que ces deux modes existent pour les feuilles, aucune raison ne peut les faire rejeter pour les sépales, les pétales, etc. D'ailleurs nous verrons mieux encore, en parlant de la chorise des axes, que ces chorises extérieures ou intérieures existent réellement, et même nous verrons qu'il est possible d'indiquer exactement la manière de les reconnaître.

Il doit donc y avoir des cas où ce phénomène de dédoublement intérieur ou extérieur peut se rencontrer pour les pétales; et bien que nous n'ayons pas été assez heureux pour en observer aucun exemple, il est tellement possible, selon nous, que nous allons en indiquer certains cas : 1° un calice peut se dédoubler à l'intérieur et fournir des sépales ou des pétales opposés : sépales si l'influence physiologique qui fait les pétales n'a pas agi sur le verticille surnuméraire, pétales dans le cas contraire; 2° réciproquement, une corolle simple peut se dédoubler extérieurement et donner lieu à une rangée extérieure de pétales ou de sépales, mais opposés aux premières pièces pétaloïdes : pétales si l'influence physiologique qui fait les sépales n'a pas agi sur le verticille surnuméraire; sépales dans le cas contraire. (*V.* p. 179.)

Étamines. Il e est des étamines comme des pétales, il est extrêmement difficile de savoir quel est le phénomène qui préside à leur multiplication. Nous avons vu que les chorises circulaires pouvaient avoir une certaine part à leur augmentation de nombre; nous savons aussi que la répétition des verticilles vient très-souvent augmenter leur nombre normal, mais nous ne savons pas d'une manière exacte si la chorise centripète entre pour quelque chose dans leur multiplication ; la chose est possible, probable même ; mais enfin les observations n'ayant pas été faites dans ce sens, il nous est difficile d'en citer de nombreux exemples.

Ainsi, chez les *Luhea*, on trouve, alternant avec les 5 pétales, 5 faisceaux d'étamines toutes soudées par la base, mais se divisant supérieurement en un grand nombre de filaments dont les internes seuls portent des anthères. Chacun de ces faisceaux représente donc l'étamine de la fleur normale des Dicotylédones, et par conséquent on doit supposer qu'il y a eu chorise de l'étamine, et cette chorise s'est élevée non-seulement jusqu'à la pollaplasie circulaire, mais aussi et à la fois jusqu'à la pollaplasie centripète.

Les *Melaleuca* nous offrent également, au lieu de 5 étamines, 5 faisceaux d'étamines veritablement pollaplasiées remarquables dans le *Melaleuca hypericifolia, fig. 47 bis.*

Il est très-probable que chez les fleurs portant un très-grand nombre d'étamines comme le sont celles des Nymphéacées, des *Nelumbium*, des Pavots, des Pivoines, de la plupart des Renonculacées, des Malvacées, etc., ces étamines ne deviennent si nombreuses que parce qu'il y a à la fois chorise pollaplasique circulaire et centripète ainsi que répétition de verticilles pollaplasiés.

Dans la fleur de *Linaria* de Rœper (1), dont nous avons déjà parlé, les 5 étamines étaient opposés aux lobes de la corolle. Il y avait donc, selon nous, chorise interne de la corolle ; mais l'influence physiologique qui fait les étamines avait agi sur les éléments surnuméraires et en avait fait des étamines. Dans ce cas, le double calice devait être composé : l'extérieur, du calice ordinaire ; l'intérieur, des éléments de la corolle restés à l'état de calice ; la corolle apparente était l'androcée resté à l'état de corolle, car toutes ces pièces alternaient ; mais la nature, qui ne veut nullement perdre ses droits sur la production des germes, s'est servie de la chorise centripète pour reproduire l'androcée.

Les couronnes multiples de certaines Passiflores pourraient bien appartenir à une chorise pollaplasique centripète. Dans le *Passiflora cœrulea* on constate une première couronne plus extérieure formée de filaments plus grands et disposés sur 2 rangs, 1 ;

____

(1) Linnæa, 1827, p. 85.

puis une deuxième couronne de filaments très-courts, 2, qui nous ont paru être aussi disposés sur 2 rangs; une troisième couronne plus intérieure, 3, formée de filaments plus courts que ceux de la première couronne, mais plus grands que ceux de la seconde et comme épaissis et fasciés au sommet. En effet, vue dans la coupe longitudinale et en allant de dehors en dedans, on observe d'abord un long filament, puis, souvent, un autre plus court, et à la base 2, 3 ou 4 petits tubercules. Un peu plus au centre et au-dessous de cette 3e couronne, on observe encore une sorte de bourrelet circulaire, 4, recourbé intérieurement au sommet, de façon à former une demi-voûte circulaire; enfin, tout à fait au centre, est une dernière couronne constituant une sorte de collerette, courte, 5, terminée par une série circulaire de petits tubercules de couleur pourpre (pl. XIII, *fig*. 91). Nous pensons que les étamines du *Jambosa vulgaris* doivent leur multiplicité aux chorises pollaplasiques circulaires et centripètes; car nous avons rencontré de véritables fascies de filaments dont le plan était parallèle à l'axe de la fleur.

CARPELLES. Est-il possible de dire que les carpelles sont capables de subir l'influence de la chorise centripète? Nous ne saurions répondre véritablement à cette question, attendu que le nombre des carpelles est généralement très-limité dans une fleur, et que si par hasard ils atteignent à un chiffre assez élevé, ou ils se trouvent disposés circulairement, d'où la possibilité d'une chorise circulaire, ou bien ils sont verticillés ou hélicoïdés, et par conséquent placés les uns au-dessus des autres, d'où résulte une prolification plutôt qu'une chorise. Nous ne connaissons qu'un seul genre (peut-être y en a-t-il d'autres) qui pourrait jusqu'à un certain point se prêter à la supposition d'une chorise centripète: c'est le genre *Nelumbium*, dont les carpelles, enfermés à moitié dans un réceptacle commun alvéolé (*Phycostème*, Turp.), sont au nombre de 15 à 30, disposés sur plusieurs rangées circulaires *fig*. 48. Or le nombre normal étant 5, il y a d'abord chorise circulaire pour former les 10 ou 12 carpelles qui occupent la première rangée; mais pour que les autres rangées se soient formées, on pourrait dire qu'il y a eu chorise. Toutefois la constitution même de notre phytogène nous oblige à penser que la formation des carpelles intérieures pourrait bien n'être due qu'à une répétition de verticille carpellaire; ce serait une prolification partielle, ainsi que nous le verrons bientôt. D'ailleurs il est bien difficile de reconnaître une exacte opposition de parties dans des rangées composées de nombres différents.

Peut-être pourrait-on en dire autant des carpelles du *Pœonia Moutan,* qui sont au nombre de 12 à 20 placés sur le plateau que forme le sommet du pédoncule, et plusieurs sont parfaitement opposés à ceux du rang extérieur. Ce qui tendrait à faire croire à une chorise, c'est l'existence de plusieurs de ces carpelles qui paraissent être véritablement en voie de dédoublement. Nous discuterons d'ailleurs plus loin la question de savoir si ce n'est pas plutôt une prolification partielle qui prend l'apparence de verticilles concentriques par suite du raccourcissement de l'axe.

Réflexions sur les chorises centripètes.

L'étude des chorises centripètes donne lieu à quelques réflexions qu'il n'est peut-être pas sans intérêt de présenter ici.

Doit-on regarder comme le résultat d'un dédoublement tous les organes appendiculaires quels qu'ils soient qui seraient exactement opposés? Nous ne le croyons pas d'une manière générale; mais il y a des phénomènes qui résultent si visiblement d'une chorise, qu'il est impossible de ne pas les considérer comme tels.

A. SÉPALES ET PÉTALES. Il n'y a guère que la famille des Berbéridées qui présente un calice et une corolle à 6 parties dont les pièces soient toutes parfaitement opposées; et comme, de plus, les 6 étamines sont pareillement opposées aux divisions du calice et de la corolle, on doit se demander pourquoi cette exception si remarquable à la loi d'alternance qui préside à l'arrangement des verticilles floraux dans les autres dicotylédones? On est ainsi conduit à penser que le calice est double, que la corolle est double et que l'androcée est double, non pas par suite de chorise, mais par répétition d'organismes, qui est exagérée dans le calice du *Nandina domestica,* mais qui disparaît dans le calice du *Diphylleia.* Selon la plupart des botanistes modernes, la vraie manière d'interpréter la fleur des *Berberis, Mahonia,* etc., consiste à la regarder comme formée d'un double verticille par 3, au ca-

lice, à la corolle et à l'androcée, qui se trouveraient ainsi observer la loi d'alternance. Ici les 6 phytogènes circulaires seraient
restés unis 2 à 2, *fig.* 29, pour constituer chacune des pièces du
verticille. Dans le genre *Epimedium*, les phénomènes n'en diffèrent que parce que les 6 phytogènes circulaires restent unis 3
par 3, d'où résultent : 1 calice formé de 4 parties opposées 2 à 2 ;
une corolle de 4 pétales opposés 2 à 2 ; 4 pièces intermédiaires à
la corolle et à l'androcée, mais opposées 2 à 2 (*Nectaires* de
Lin.) ; 1 androcée de 4 étamines opposées 2 à 2 et d'une capsule
à 2 valves.

Comme on le voit, il n'est pas nécessaire de faire intervenir les
phénomènes de chorise centripète pour expliquer la position des
divers organes qui composent la fleur des Berbéridées ; une prolification qui se répéterait pour chaque organisme rendrait compte
de l'opposition apparente de toutes les parties. Toutefois il n'est
pas inutile de faire observer que ce qui tendrait cependant à faire
croire à une chorise centripète, c'est qu'à la base des pétales on
observe à peine, chez les *Mahonia*, une apparence de glande que
Nuttall admet cependant : ces glandes sont très-visibles dans les
Berberis ; elles font place à des petites écailles dans les *Leontice*,
écailles qui grandissent et forment les appendices (Nectaires) que
nous avons signalés dans l'*Epimedium alpinum*. Or il se pourrait que ces prétendues glandes ne fussent qu'un état rudimentaire des écailles dont nous venons de parler, et que dans ce cas,
si l'on arrivait à considérer ces écailles comme le résultat d'une
chorise (Ad. de Jussieu, *Cours élém. d'hist. nat.*, *Bot.*, p. 239),
la présence d'un dédoublement bien constaté dans ces fleurs ne
fît pencher vers l'opinion que toutes les pièces qui se super-
posent ne sont que des pièces chorisées; mais alors il faudrait
dire que la chorise, en se produisant, peut quelquefois donner lieu
à des produits très-différents, comme le sont les sépales, les pétales et les étamines. Cette difficulté n'est cependant pas absolue,
et nous avons fait voir que des influences physiologiques pouvaient
suffire à la transformation des phytogènes en organes différents.
Cependant il est probable que la loi d'alternance étant prépondérante en botanique et dans les cas précités, c'est plutôt par répétition d'organismes que l'opposition apparente des parties s'est
effectuée.

B. Sépales et étamines. Un certain nombre de familles présentent des fleurs dont les étamines sont exactement placées en face des parties sépaloïdes. Parmi ces familles, nous citerons les Hémodoracées, les Santalacées, les Proteacées, les Aquilarinées, les Chénopodées, etc. La première famille appartenant aux monocotylédones, ne se trouve pas exactement dans le même cas que les familles suivantes, car un certain nombre de botanistes regardent comme une corolle le verticille interne de ce que les autres regardent comme le calice. D'un autre côté, l'opposition des étamines avec les sépales ne se fait sentir que lorsqu'au lieu de 6 étamines il n'y en a que 3 ; alors on observe que celles-ci sont exactement opposées avec les divisions internes du calice, d'où l'un des caractères qui servent à les distinguer des Iridées. Or, pour que tout rentre dans la loi d'alternance, il suffit de supposer que le premier verticille des étamines a avorté, et dans ce cas les 3 étamines opposées aux sépales internes ne peuvent plus être regardées comme une chorise.

Quant aux autres familles, dont les fleurs présentent aussi des étamines opposées aux sépales, elles ne font pas plus exception à la loi d'alternance, puisque dans l'ordre naturel les étamines sont toujours opposées aux sépales. En effet, si nous cherchons parmi les plantes ayant des fleurs à corolle quelques genres chez lesquels cette corolle vient à manquer, comme le sont ceux de la petite famille des Samydées établie par Ventenat, nous trouvons alors que les étamines sont aussi opposées aux divisions calicinales. Ce n'est donc que par l'avortement de leur corolle que les apétales, en général, doivent l'opposition aux sépales de leurs étamines, et nous avons bien plus droit d'être surpris quand le contraire se présente, comme cela a lieu dans les Phytolaccacées dont les étamines alternent avec les sépales. Par conséquent, dans les espèces à corolles, les étamines sont opposées aux pétales et rentrent dans le cas que nous allons examiner.

C. Pétales et étamines. La question de l'opposition des étamines aux pétales offre beaucoup plus d'importance au point de vue qui nous occupe, car il s'agit autant que possible de déterminer la nature de leur production dans un assez grand nombre de familles faisant exception à la loi d'alternance : telles sont les Plombaginées, les Primulacées, les Sapotées, les Myrsinées, les

Loranthées, les Ampélidées, les Trémandrées avec leurs deux étamines opposées (diplasie circulaire), les Hygrobiées, les Vochysiées, les Rhamnées. Doit-on en effet, alors, regarder les étamines comme des organes résultant d'un dédoublement ou comme appartenant à un verticille anomalement disposé, c'est-à-dire échappant à la loi d'alternance, ou bien enfin comme un verticille normal qui n'est posé devant les pétales qu'à cause de l'avortement d'un second verticille pétaloïde ou staminal?

1° Contre la supposition d'une chorise, nous trouvons cette raison que la transformation d'une des parties chorisées en un organe différent de ce que peut être l'autre partie, est une idée dont l'esprit n'a pas encore pris l'habitude de se servir. Cependant si l'on observe que pétales et étamines ont une commune origine, que très-souvent ils se transforment les uns dans les autres, qu'il n'est pas rare d'ailleurs de trouver dans les fleurs très-doubles des séries de pétales, puis des étamines, puis des pétales, puis des étamines répétées plusieurs fois (*Pœonia Moutan*), ce qui constitue une prolification, on conviendra que l'on peut aisément admettre une chorise centripète dans la formation des étamines qui sont opposées aux pétales, et cette chorise est d'autant plus probable que l'on voit très-souvent l'étamine faire corps avec le pétale (*Bocagea viridis*, fig. 12, c) et même quelquefois se trouver complétement confondue avec lui, comme on le voit dans le *Castrea falcata*, fig. 12, d, et surtout dans le *Viscum album*, fig. 12, e, (pl. V).

2° L'idée d'un verticille anomalement disposé de façon à échapper à la loi d'alternance n'est pas aussi facile à établir qu'on pourrait bien le penser au premier abord. En effet, d'un côté il semble facile d'admettre, par cela même que la nature végétale est très-sujette à des anomalies fort variables, que l'anomalie de l'opposition des étamines aux pétales puisse tout aussi bien se présenter que les autres; d'un autre côté, la disposition des cellules dans le tissu cellulaire naissant paraît bien se prêter à une semblable interprétation; car, ainsi que nous le démontrerons, la loi d'alternance des parties est en quelque sorte contraire à cette disposition. Ceci exige une explication.

Sauf des exceptions peu importantes, le tissu cellulaire naissant est formé de cellules sphériques; celles-ci, peu à peu, en se pressant les unes contre les autres par leur multiplication, finissent par prendre une forme telle que leur section dans un sens longitudinal ou transversal nous les montre formées de 6 côtés. Ce sont donc des cellules approchant pour la forme du solide géométrique que l'on nomme *dodécaèdre*.

Or cette forme ne peut être obtenue que par suite de la pression de 12 cellules sphériquement placées autour d'une 13e. Il suit de cette observation que les cellules sont toutes placées les unes par rapport aux autres dans la même position que le sont les boulets dans leur pile ; par conséquent une coupe transversale ou longitudinale les montre disposées comme nous les avons figurées *fig.* 26. On y voit, en effet, que les cellules d'une rangée alternent avec les cellules qui composent la rangée de dessus ou de dessous ; c'est ce que nous appellerons une disposition en *échiquier*. Lorsque la division du centre vital général ou protophytogène en centres vitaux ou phytogènes secondaires, *fig.* 26, s'effectue, il est remarquable que cette division se fait toujours de façon que 13 phytogènes se groupent entre eux en observant toujours cette disposition en échiquier. Donc les phytogènes ou centres vitaux sont entre eux comme le sont entre elles les cellules simples. On pourrait concevoir la composition du phytogène dans un ordre aussi élevé qu'on le voudrait, ce serait toujours suivant la loi d'alternance, c'est-à-dire que les phytogènes composés seraient toujours disposés en échiquier.

Mais cette disposition entraîne précisément un ordre tel dans les parties, que les organes appendiculaires floraux en se développant normalement doivent être précisément opposés. En effet, supposons le phytogène composé comme dans la *fig.* 35 ; les 6 phytogènes circulaires, après s'être développés en organes appendiculaires (sépales et pétales), laisseront au centre du système un autre phytogène composé d'un autre ordre. On peut observer que tous les phytogènes circulaires de ce nouveau phytogène sont précisément en face des premiers phytogènes circulaires. Donc si ces parties se développent en étamines, elles devront produire des étamines opposées, *fig.* 49, et dans ce cas, on ne saurait reconnaître aucune chorise. Il semble donc plus naturel de trouver des fleurs à étamines opposées que des fleurs à étamines alternes, et pourtant c'est le contraire qui arrive. Comment donc

Pl. IX.

expliquer cette espèce de contradiction aux idées que nous émettons? De la manière la plus simple.

On peut remarquer que les phytogènes particuliers constituant le phytogène général, *fig*. 35, laissent entre les phytogènes circulaire et le phytogène central des espaces vides que nous avons nommés *méats interphytogéniques* et qui sont représentés par un petit triangle, *fig*. 35, ou par des points, *fig*. 49. Or nous avons dit que ces méats étaient pleins de tissu cellulaire qui, dans certaines circonstances, devenaient autant de centres vitaux ou phytogènes, qui pouvaient alors se développer à la manière des autres organes, tantôt en formant des bourgeons, tantôt en formant des organes appendiculaires (1). Si ces phytogènes se développent en étamines, il est de toute évidence qu'elle seront alternes avec les pétales, *fig*. 50, e. Les pétales appartenant à une première époque physiologique de formation, les étamines appartiennent à une seconde époque physiologique de formation; par conséquent ces deux époques étant très-voisines, 1° l'influence physiologique qui fait les uns pétales peut aussi agir sur les autres pour les transformer aussi en pétales ou même réciproquement, comme on en a des exemples (*Capsella bursa pastoris*, p. 237); 2° et de plus les défauts d'exastosie centripète entre le verticille de pétales et le verticille d'étamines peut fréquemment se rencontrer et constituer même certains caractères d'une grande constance.

Si, comme cela arrive assez souvent, les étamines sont en nombre double des pétales ou des divisions de la corolle, c'est qu'alors chaque phytogène circulaire du phytogène central s'est développé en étamines, et dans ce cas il se forme une seconde rangée d'étamines toutes opposées aux divisions de la corolle, *fig*. 50, et retombant dans le cas indiqué plus haut d'étamines opposées, *fig*. 49. D'où il suit que l'opposition aux pétales des étamines, dans certaines familles, pourrait tenir à ce que la rangée d'étamines alternes est restée sans aucun développement. Ce

---

(1) Nous prions nos lecteurs de ne pas trop s'attacher à la différence qui existe entre un organe axile et un organe appendiculaire; nous verrons mécaniquement comment se forment les uns et les autres, et l'on sera forcé de convenir qu'ils ont une similitude d'origine qui fait que selon les circonstances un même phytogène peut devenir un organe axile ou un organe appendiculaire. (Voir la partie intitulée *Phytogénie*.)

qui n'exclurait toutefois en aucune façon la possibilité d'une cho
rise ; mais dans l'état actuel de nos connaissances, nous ne sau
rions au juste assurer que l'opposition des étamines aux pétales
bien réellement lieu plutôt d'une façon que de l'autre. C'est u
point vers lequel peut-être devraient se diriger les recherches de
organogénistes.

Cependant si l'on observe que dans les Plombaginées, les Pr
mulacées, les Myrsinées et quelques autres genres, les étamine
sont plus ou moins intimement unies aux pétales, on sera peu
être tenté d'attribuer la formation des étamines à une chori
centripète diplasique ; mais on peut admettre aussi que, par de
faut d'exastosie, les phytogènes des méats qui sont ponctués dar
la *fig*. 50 ont fait corps avec les 6 phytogènes circulaires du pr
tophytogène et les 6 petits phytogènes circulaires du phytogèr
central, et que ceux-ci seuls ont fini par se distinguer des pétal
par la formation soit d'une anthère distincte, soit d'un filet se
paré du pétale et terminé par l'anthère.

3° Il est évident que si l'on admet l'avortement ou plutôt le de
faut de développement des phytogènes ponctués, *fig*. 50, qui for
les étamines alternes, on peut tout aussi bien dire qu'il y a ur
rangée de pétales qui manque dans la fleur, et peut-être a-t-c
vu ou verra-t-on qu'en effet il y a des espèces à corolle doubl
C'est cette nature de considérations, plutôt que des hypothèse
qui apprendra la vérité à l'égard des étamines opposées aux p
tales.

D. Il est beaucoup plus difficile de décider comment on de
envisager les écailles plus ou moins développées que l'on trou
à la base des organes appendiculaires. Telles sont les écailles qu
les pétales des *Ranunculus* portent à leur base, *fig*. 52 *bis*, A,
celles des *Agrostemma*, des *Silene*, des *Lychnis*, *fig*. 52 *bi*
B, etc.

Ces écailles, qui sont très-petites dans certains genres, comm
dans les *Ranunculus*, sont au contraire quelquefois si dévelo
pées qu'elles simulent véritablement une seconde corolle, comm
on le voit dans le genre *Achras*. Elles ont une constance telle qu
non-seulement elles servent à caractériser des genres, mais aus
à caractériser des familles entières; depuis la famille des Ascl
piadées, où ces écailles offrent parfois l'apparence d'une peti

pointe, jusqu'au genre *Achras,* où elles forment une sorte de pétale, en passant par les Borraginées, les Droséracées et les Ery-
throxylées, où ces écailles affectent des grandeurs et des formes
assez diverses.

Dans nos idées phytogéniques, rien n'est plus simple à concevoir que la formation de ces appendices opposés aux pétales. En
effet, supposons toujours un protophytogène considéré dans sa
coupe horizontale, nous le trouverons formé d'autres phytogènes
composés eux-mêmes d'autres phytogènes, et ainsi de suite. Les
3 phytogènes extérieurs ponctués des 6 phytogènes circulaires,
fig. 51, concourent à la formation du pétale, comme nous avons
vu les 3 phytogènes circulaires concourir ensemble à la formation
des feuilles, *fig.* 28. Or il peut arriver 2 cas, savoir :

1° Le phytogène central, c, des phytogènes circulaires, figure
théorique 51, peut être celui qui fournira l'élément de la chorise
centripète, et alors il pourra avoir la forme d'une pointe comme
dans le cornet pétaloïde de l'*Asclepias Syriaca,* figure théorique 52, a, ou celle d'une petite écaille pétaloïde comme celle
que l'on trouve à la base des pétales des *Ranunculus, fig.* 52 *bis,*
A, a, ou figure théorique 52, r, ou bien encore une véritable étamine opposée, figure théorique 52, e, ou bien enfin un appendice
lui-même diplasié circulairement comme dans les *Lychnis,*
fig. 52 *bis,* B, et figure théorique 52, l.

2° La chorise centripète peut avoir pour cause le développement des 3 autres petits phytogènes intérieurs ponctués, figure
théorique 52, qui, en restant unis comme les 3 extérieurs qui ont
formé le pétale, doivent alors former un second pétale plus petit,
souvent modifié, constituant un des éléments de l'écaille ciliée
des *Parnassia,* ou de la couronne des Narcisses, *fig.* 9, c, (pl. V),
et dont le mode de formation se trouve reproduit figure théorique 52, n. Quelquefois cet organe surnuméraire peut prendre un
plus grand développement, et dans ce cas former comme une véritable corolle interne à divisions opposées à celles de la première,
ainsi que l'on dit être les écailles des *Achras,* figure théorique 52, s, qui font paraître la corolle double.

On comprendra aisément que s'il n'y a circulairement aucune
solution de continuité, c'est-à-dire défaut d'exastosie circulaire
entre les 3 phytogènes extérieurs qui forment les pétales ou les

sépales et les 3 phytogènes intérieurs qui forment les écailles plus ou moins développées, l'organe entier prendra la forme d'un entonnoir ou d'un cornet, *fig.* 9 a et b (pl. V), comme nous avons dit être certains sépales du *Narcissus poeticus.* Dans cette condition le phytogène, dans son développement, a pris plus ou moins les caractères d'une petite corolle monopétale, et c'est ainsi que l'élément d'un organe appendiculaire devient élément d'un organe axile. En effet, s'il arrivait, comme cela a lieu quelquefois, que le phytogène central, c, *fig.* 51, de chacun des 6 phytogènes circulaires, après la formation de ce petit entonnoir ou cornet, vînt à prendre assez de nourriture pour se développer, il pourrait donner naissance à de nouveaux organes appendiculaires (pétales, étamines, etc., et c'est certainement ainsi que se forment les fleurons et demi-fleurons des calathides), ou à des feuilles mêmes et à des méritballes, ce qui en ferait véritablement un petit axe. Or c'est ce que nous avons observé dans une monstruosité du *Brassica Napus* et du *Lythrum salicaria* (1), sur le compte desquels nous devons d'ailleurs revenir en parlant des répétitions d'organismes.

SECTION II. — CHORISE DES ORGANES AXILES.

Les centres vitaux ou phytogènes étant sphériques, comme nous l'avons vu *fig.* 26-34, ne se touchent que par des points, d'où il résulte qu'il y aurait entre eux des espaces vides, si ces espaces n'étaient comblés par la présence d'autres masses cellulaires plus petites, qui deviennent plus tard, à leur tour, le siége de mouvements particuliers ou centres vitaux, par conséquent, de phytogènes, *fig.* 32, a. Ce sont ces petites masses de cellules qui se transforment peu à peu en *phytogène, œil, bourgeon, scion, tige* ou *branche,* pour des raisons que nous examinerons ultérieurement. Mais comme les feuilles sont constituées par un nombre variable de phytogènes, il en résulte que les bourgeons axillaires pourront être uniques, doubles ou multiples, et, dans ce dernier cas, il faudrait bien se garder de considérer comme une chorise ce

(1) *Monographie du Tabac,* p. 127. In-8. Paris, 1857.

qui ne serait qu'un phénomène ordinaire. Nous allons citer quelques cas comme exemples :

1° Si la feuille est constituée par 6 phytogènes, comme nous l'avons supposé pour la plupart des monocotylédones, *fig.* 27, pl. VII, on voit qu'il existe 6 *méats interphytogéniques* autour du centre vital central, C. Chacun de ces méats étant rempli de tissu cellulaire, donne lieu à un phytogène semblable à celui représenté en a, *fig.* 32. Mais l'un de ces 6 phytogènes, celui qui se trouve en face du point où se fait l'exastosie circulaire, ex, *fig.* 27, ne prend presque jamais aucun développement, s'atrophie, si bien que l'on ne saurait soupçonner aucunement son existence. Au contraire, le phytogène diamétralement opposé, celui qui se trouve au centre même de la base de la feuille, f, mieux protégé et mieux nourri, est d'ordinaire celui qui se développe souvent seul et donne lieu au bourgeon, qui prendra plus tard son essor pour constituer un axe de nouvelle formation. Quelquefois les deux phytogènes interphytogéniques immédiatement latéraux au phytogène dont nous venons de parler continuent à croître, mais proportionnellement moins, et dans ce cas on peut constater à l'aisselle d'une feuille la présence de 2 ou 3 bourgeons latéraux et axillaires : un, si le bourgeon du milieu se développe seul, ou si en avortant un seul des deux latéraux vient à se développer; dans ce cas, le bourgeon ne se trouve plus exactement en face de la nervure médiane de la feuille; deux, si le bourgeon du milieu, venant à avorter, les deux latéraux prennent de l'accroissement, ou bien encore si le bourgeon du milieu se développant, l'un des deux latéraux se développait aussi, auquel cas l'un des deux serait un peu excentrique; trois, si les trois bourgeons viennent à se développer. Dans ces cas divers, il ne faudrait pas regarder comme résultant d'une chorise l'apparition de 2 ou 3 bourgeons à l'aisselle d'une feuille. Enfin, les 2 bourgeons plus extérieurement latéraux par rapport au premier bourgeon axillaire pourraient peut-être, dans quelques circonstances, se développer aussi; mais nous avouons ne pouvoir citer aucun fait capable d'appuyer cette manière de penser. Quant à l'existence de 2 ou 3 bourgeons axillaires, nous pouvons la constater avec la plus grande facilité dans certaines graminées (*Bambusa*, etc.), mais bien souvent il ne s'en développe qu'un seul très-apparent. Dans ce cas, c'est presque toujours le phytogène le plus médian, et encore chez les monocotylédones trouvons-nous un grand nombre d'espèces chez lesquelles le bourgeon médian axillaire ne se développe même pas. En général, on peut dire que *la tendance au développement des phytogènes interphytogéniques décroît à mesure que l'on s'éloigne du centre axillaire de la feuille.*

2° Lorsque la feuille n'admet que 3 phytogènes *circulaires* dans sa constitution (1), il est aisé de voir qu'il y a 2 méats interphytogéniques, et que par conséquent il devrait naître 2 bourgeons à l'aisselle de chaque feuille, et c'est en effet ce qui a lieu bien des fois. Cependant, le plus souvent un seul se développe, et comme son accroissement solitaire commence de très-bonne heure, il arrive à paraître occuper très-souvent le centre de l'aisselle de la feuille, quoique parfois on puisse constater que le bourgeon est réellement un peu extra-axillaire, c'est pourquoi généralement on le regarde comme axillaire; par conséquent on ne saurait le confondre avec les bourgeons *extra-axillaires* de certaines plantes, lesquels sont très-manifestement en dehors de l'aisselle de la feuille (Solanées). Il y a donc lieu de ne voir dans le cas où 2 bourgeons viendraient à se développer, aucun phénomène de chorise ; car, dans le principe, 2 phytogènes ont pris naissance en même temps, et ce n'est pas le même phytogène qui vient plus tard à se dédoubler pour donner lieu à 2 bourgeons.

Avant d'entreprendre la publication de notre ouvrage, nous avons dû faire quelques recherches dans le but d'étudier le développement des bourgeons, et voir s'il venait confirmer les idées que nous cherchons à faire comprendre, et nous sommes arrivé à reconnaître que le nombre des végétaux portant plusieurs bourgeons à l'aisselle de leurs feuilles est infiniment plus grand qu'on ne l'avait supposé jusqu'à ce jour, et qu'en cela notre théorie est complétement d'accord avec les faits. Seulement, nous devons faire observer que les bourgeons restent rarement sur le même plan ; ils se déplacent ou ne se développent pas. Quand ils se dé-

---

(1) En parlant de la théorie mécanique de l'évolution des phytogènes pour constituer les organes végétaux, nous verrons qu'il n'y a pas seulement que 6, 3 ou 2 phytogènes transversaux qui entrent dans la composition de la feuille, mais qu'il y a encore ceux qui leur sont superposés dans le sens longitudinal.

placent, c'est tout à fait au commencement de l'évolution de l'axe et de la feuille qui les porte, et alors qu'ils sont naissants, si bien que, fort souvent, ils se trouvent superposés. Nous sommes d'autant mieux fondé à soutenir cette thèse que nous l'appuyons des observations suivantes : les *Petunia* et *Galega officinalis* offrent à l'aisselle de leurs jeunes feuilles 2 bourgeons latéraux ; mais plus tard, l'un d'eux formant un axe plus fort que l'autre, déplace ce dernier tellement, qu'alors les 2 bourgeons paraissent superposés. Malheureusement ces observations ne sont pas assez multipliées. Souvent aussi cette formation de bourgeons superposés peut provenir d'une chorise ou d'un autre phénomène que nous aurons à examiner plus tard. Quoi qu'il en soit, on doit très-souvent trouver 2 ou 3 bourgeons axillaires latéraux, comme il y a 2 ou 3 méats interphytogéniques ; ainsi, nous avons constaté la présence de 2 bourgeons placés sur une même ligne transversale dans plusieurs Légumineuses (*Phaseolus lunatus ; Galega officinalis ; Vicia faba ; Cicer arietinum ; Lotus suaveolens, peregrinus*, etc.; *Medicago falcata, sativa*, etc.); dans quelques Passiflores (*Passiflora holosericea* et *incarnata*); dans le *Zizyphus sativa* (un troisième bourgeon mieux développé surmontait les 2 autres); un grand nombre de Cucurbitacées (*Bryonia dioica; Luffa acutangula*, etc.; *Cucurbita pepo, maxima*, etc.; *Lagenaria vulgaris; Cucumis melo*, etc.); dans les Ampelidées (*Vitis* et *Cissus quinquefolia*), etc. Quelquefois l'un des deux bourgeons est florifère, et parfois anomalement tous les deux : Cucurbitacées, *Petunia ; Lochnera rosea ; Cuphea ; Lathyrus odoratus ; Phaseolus ; Althæa rosea*, etc. Quelques espèces présentent quelquefois 3 bourgeons placés latéralement à l'aisselle de la feuille, comme dans l'*Impatiens Balsamina*. Les Pêchers présentent souvent cette particularité, mais avec cette circonstance très-favorable à l'explication des phénomènes phytogéniques que tantôt ces 3 bourgeons sont tous floraux ; tantôt 2 sont florifères et placés de chaque côté du seul foliifère ; tantôt un seul est florifère et placé entre deux foliifères ; enfin quelquefois les 2 foliifères ou les 2 florifères sont contigus. Les Mercuriales offrent aussi 2, 3 et quelquefois 4 bourgeons florifères ou foliifères présentant dans leurs positions respectives des phénomènes analogues à ceux que présentent les Pêchers.

Bien souvent il existe 3 bourgeons placés transversalement et côte à côte à l'aisselle de la feuille ; mais dans la majeure partie des cas, il n'y a que celui du milieu qui se développe et qui devienne ainsi très-apparent ; les 2 autres restent dans un état d'arrêt provisoire d'accroissement jusqu'à ce qu'une cause vienne à déterminer leur évolution. Il suffit, le plus souvent, d'enlever avec soin le premier bourgeon pour voir, peu de temps après, se développer les deux autres.

Nous avons dit que parfois le bourgeon devait être un peu extra-axillaire, quoiqu'il parût sensiblement occuper le centre de l'aisselle de la feuille ; cependant, avec quelques recherches, on ne tarde pas à se convaincre qu'en effet il y a un assez grand nombre de bourgeons qui sont un peu extra-axillaires, particulièrement dans le Figuier et le Noisetier. Dans la Vigne, le bourgeon qui se développe le premier est toujours extra-axillaire ; le bourgeon véritablement axillaire ne prend de développement que lorsque le premier a été enlevé (1).

Ainsi, sous ce rapport, les faits sont complétement d'accord avec la théorie (2).

3° Lorsque les feuilles sont formées par le développement de 2 phytogènes circulaires, *fig.* 29, il n'y a réellement qu'un seul méat interphytogénique, et conséquemment qu'un seul phytogène axillaire. Donc, dans cette circonstance, il ne saurait se développer 2 bourgeons axillaires ; mais si l'on observe que dans certaines conditions les méats interphytogéniques qui se trouvent au point où l'exastosie se produit peuvent aussi recevoir une impulsion vitale, il en résultera de chaque côté ou d'un seul côté seulement, si l'un des 2 phytogènes vient à ne pas se développer,

(1) Voyez notre Mémoire sur les *lois qui président à l'évolution des bourgeons de la Vigne* (*Bull. Soc. bot. France*, 1856, t. III, p. 591).

(2) Depuis que nous avons fait nos observations, la Société botanique de France a reçu des communications importantes, savoir : 1° d'un Mémoire de M. Guillard sur la position des groupes floraux, et où l'auteur fait connaître un grand nombre d'espèces à bourgeons axillaires multiples (*Bull. Soc. bot. France*, t. IV, p. 937); 2° d'un Mémoire de MM. Damaskinos et Bourgeois, où ces deux botanistes donnent une longue liste des espèces chez lesquelles ils ont observé la multiplicité des bourgeons d'une manière bien plus complète qu'on ne l'avait fait jusqu'à ce jour. Ces observations, d'accord avec les nôtres, viennent confirmer encore mieux les idées que nous émettons ici (*Bull. Soc. bot. France*, t. V, p. 598).

un bourgeon qui sera bien évidemment extra-axillaire. Or ces sortes de bourgeons sont encore assez communs pour qu'il soit facile d'en citer des exemples. Ainsi, la Mercuriale mâle (*Mercurialis annua*), pl. I, *fig.* 17, et pl. XI, *fig.* 79, en offre des exemples remarquables en ce que l'un des bourgeons est le plus souvent *florifère,* f f, tandis que l'autre est *foliifère,* b b. Toutefois, nous pensons que les feuilles de cette Mercuriale sont réellement constituées par 3 phytogènes, car il n'y a que 2 feuilles opposées, et très-souvent 2 bourgeons provenant des 2 méats interphytogéniques indiqués *fig.* 28 par des petits triangles vides compris entre les 3 phytogènes circulaires et le phytogène central. Quand il y a 3 ou 4 bourgeons, il est fort possible que les bourgeons surnuméraires soient dus à une chorise.

Il est extrêmement probable que dans beaucoup de plantes les feuilles opposées ne sont constituées que par 2 des phytogènes circulaires. Dans ce cas, ou 2 phytogènes opposés, c′ c′, *fig.* 33, avortent ou restent stationnaires, ou bien ils se transforment en axes aphylles ou vrilles, comme dans les Cucurbitacées, pl. III, *fig.* 35 et 36. Quelquefois même les 2 axes et les 2 feuilles sont contiguës, par suite d'un état tératologique particulier dissimulant la symétrie, et dont nous avons déjà parlé p. 85. Cette modification dans la constitution des feuilles opposées doit nécessairement avoir pour effet de placer le bourgeon exactement au centre de l'axe, comme l'était le phytogène placé dans le méat, p, *fig.* 33.

4° Enfin, lorsque les organes appendiculaires ne sont plus formés que par un seul des 6 phytogènes circulaires, donnant, dans ce cas, 6 feuilles verticillées ou hélicoïdées, c'est alors que les phytogènes des 6 méats circulaires sont réellement extra-axillaires, mais, peu à peu, pendant le développement de la tige et des feuilles, il se produit une sorte de compensation organique pendant laquelle le bourgeon, d'une part, grossit plus du côté où se trouve la nervure médiane de la feuille, et de l'autre, la feuille a de la tendance à mieux se développer du côté où se trouve le bourgeon ; car il y a échange d'éléments nutritifs entre la feuille et le bourgeon, et cette différence de croissance des deux côtés de la feuille et du bourgeon est telle que bientôt le dernier finit par paraître véritablement axillaire (1). Dans ce cas, quelquefois les phytogènes-bourgeons se développent 2 opposés, p p, *fig*. 33, ou 3 alternant entre eux, p p p, *fig*. 31 (*Rubiacées*). On pourrait croire alors que parce qu'il n'y a que 3 bourgeons il y a chorise de 3 feuilles, et cette opinion pourrait être appuyée par la position extra-axillaire ou bourgeon ; mais ce que nous avons déjà dit et ce que nous dirons autre part du *principe de la communication des mouvements d'égales dimensions*, feront suffisamment voir qu'il n'y a aucune chorise, pas plus qu'il n'y en a dans le cas où les 6 phytogènes-bourgeons viennent à se développer.

5° Mais si, à l'extrémité d'un axe, au lieu d'un seul bourgeon nous reconnaissons qu'il y en a 2, indépendamment de 2 ou 3 bourgeons latéraux, nous serons bien forcé d'admettre que le bourgeon terminal s'est *diplasié* ou dédoublé. Si au lieu d'un seul bourgeon placé bien au centre de l'aisselle d'une feuille, a, *fig*. 32, et devant produire un seul axe, nous voyons 2 bourgeons produisant 2 axes, nous serons bien encore obligé de convenir qu'il y a eu diplasie. C'est qu'alors le phytogène, a, A, *fig*. 34, s'est divisé en 2 centres vitaux, a′a′, B, qui, finissant par vivre chacun séparément, donnent lieu aux 2 axes. Donc les diplasies sont une vérité physiologique que l'on ne peut nier ; mais il est très-probable que l'on a regardé comme des diplasies des phénomènes pouvant rentrer dans la classe des faits normaux que nous venons d'analyser.

6° Comme nous venons de le voir, le mot *diplasie* est particulièrement appliqué au dédoublement, c'est-à-dire à la transformation d'un axe en 2 autres axes. Mais il peut arriver que la multiplication se continue et qu'alors on ait affaire à une anomalie dans laquelle on reconnaît 3 axes au lieu de 2 ; alors on a le phénomène que nous désignons sous le nom de *triplasie*. Voici comment on peut concevoir la formation de ce phénomène : il peut arriver que le *protocentre vital*, C, *fig*. 36, A, au lieu d'être au centre de la masse cellulaire, m, m, m, se trouve excentriquement placé ; alors, toujours en vertu du principe de la com-

(1) Cette idée paraîtra raisonnable si l'on observe que le phytogène circulaire qui fait la feuille et celui qui fait le bourgeon, pris à leur naissance, sont infiniment petits, et n'occupent ensemble qu'un point imperceptible par rapport à l'axe et la feuille développés.

munication des mouvements d'égales dimensions, le système s'arrange pour avoir 3 principaux centres vitaux, C, c c, *fig.* 36, A. Dans ce cas, les 3 centres vitaux croissent isolément et donnent lieu à 3 axes au lieu d'un seul que la plante aurait dû avoir; nous en donnerons plus loin des exemples.

7° Enfin la division de cette petite masse cellulaire en phytogènes-bourgeons peut être poussée beaucoup plus loin et presque à l'infini, de telle sorte que la plupart des petits phytogènes que nous avons désignés par un point dans le protophytogène, *fig.* 35, A, se transforment eux-mêmes en un petit axe, auquel cas nous avons affaire à une multiplication que nous nommerons *pollaplasie,* dans laquelle nous distinguerons les trois formes suivantes :

A. Il peut arriver que la division des phytogènes particuliers dans le protophytogène se fasse de façon à ce qu'il se produise 3, 4, 5 ou plus de centres vitaux rangés dans un même plan, *fig.* 37, D, ou que les phytogènes se diplasient ou se triplasient successivement en restant toujours dans un même plan. Dans ce cas, nous avons affaire à une *chorise plane* qui, le plus souvent, reste sous forme d'axe plus ou moins aplati, et ne se résout que très-rarement en une multitude d'axes distincts et cylindriques.

B. S'il arrive que la vitalité de chacun des phytogènes particuliers marqués d'un point qui constituent le phytogène général, *fig.* 35, A, soit sensiblement la même, alors chacun de ces petits phytogènes tendront à grossir et à végéter. Si en végétant ainsi ils restent unis, ils formeront une masse souvent volumineuse qui fera hernie sur l'axe principal et constitueront une *chorise sphérique.*

C. Il se peut encore que la division des phytogènes particuliers dans le phytogène général se fasse de telle manière qu'au lieu de produire simplement un axe entouré de ses feuilles, dont le nombre est en général prévu, donne au contraire un axe relativement plus volumineux et surchargé de feuilles disposées dans un ordre souvent difficile à établir. C'est ce phénomène que nous nommerons *chorise circulaire,* parce qu'en effet cette chorise affecte tout le tour de l'axe. Elle peut avoir plusieurs causes différentes, difficiles à reconnaître sur l'anomalie même.

a. Il se peut que chaque phytogène circulaire, au lieu de

s'unir pour former des organes appendiculaires, donne lieu à des axes qui, restant unis ensemble, constitueraient l'anomalie. Dans ce cas, les 3 phytogènes extérieurs, plus petits, ponctués de chaque phytogène circulaire, *fig.* 51, fourniraient les éléments des feuilles de l'axe, et le petit phytogène central, c, de chaque phytogène circulaire fournirait les éléments d'un bourgeon bien assis au centre de l'aisselle de chaque feuille.

Pl. IX.

b. On peut admettre que chaque phytogène circulaire se diplasie, *fig.* 35, B, ou même se triplasie circulairement après une première division du protophytogène général, et qu'alors, au lieu de 6 phytogènes, il y en ait 12 ou même 18 circulaires, qui augmenteraient ainsi et le nombre des feuilles et le diamètre de la tige.

c. On peut supposer encore que les petits phytogènes extérieurs marqués d'une croix, *fig.* 35, A, lesquels d'ordinaire restent à l'état stationnaire, viennent, dans un cas donné, à se développer et à augmenter ainsi le nombre des phytogènes circulaires, ce qui conduirait à une explication analogue à la précédente.

Quoi qu'il en soit, ces sortes de chorises, dont nous donnerons quelques exemples à leur article, et auxquelles jusqu'à ce jour on n'a fait nulle attention, existent cependant, et viennent combler une lacune tératologique qui existait entre la chorise plane et la chorise sphérique.

8° Jusqu'à présent, nous avions supposé que le maximum d'action des centres vitaux partant du centre allait sphériquement en diminuant et arrivait à o. Or, si toutes ces actions arrivent à o avant de toucher la sphère d'action du phytogène voisin, o, *fig.* 36, B, il est clair qu'il y aura alors exastosie complète au point o, et que les phytogènes pourront vivre isolément. Mais si au contraire les *actions sphériques* arrivent à se rencontrer, c'est-à-dire si le o de l'action centrale du phytogène, c, tombe quelque part dans le phytogène, c', *fig.* 36, D, et réciproquement, si l'action centrale du phytogène, c', tombe quelque part dans le phytogène, c, il est de toute évidence qu'il n'y aura pas d'exastosie, et que les 2 phytogènes continueront à vivre d'une vie commune. C'est alors qu'apparaîtront les phénomènes de chorise incomplète que nous désignons sous les noms d'*épipédochorise* quand les multiplications se font toutes dans un même plan; de *cyclocho-*

rise quand la multiplication se fait circulairement, et de *sphœro-chorise* quand elle se produit d'une manière générale sur toute la surface de la masse cellulaire ; c'est-à-dire quand chacun des phytogènes particuliers marqués d'un point composant le protophytogène ou phytogène général, *fig.* 35, arrive à prendre un mouvement propre, qui fait que la masse cellulaire augmente de volume, de dureté, et finit quelquefois même par donner lieu à une multitude de branches partant de tous les points de la périphérie de la masse. La première de ces chorises peut être *diplasique, triplasique* et *pollaplasique ;* la seconde ne peut être que *triplasique* et *pollaplasique,* et la troisième uniquement *pollaplasique.* Tout naturellement cet article se divisera en trois parties, savoir :

1° L'Épipédochorise (de επιπεδος, plan) ;

2° La Cyclochorise (de κύκλος, cercle) ;

3° La Sphærochorise (de σφαιρα, sphère).

Nous croyons que les dénominations que nous donnons ici présenteront un avantage aux botanistes qui s'occuperont de ces questions, d'abord en ce qu'elles indiquent nettement la nature de la question, et ensuite parce qu'elles présentent un lien commun que n'ont pas entre elles les dénominations admises jusqu'à ce jour.

§ 1. — *De l'Épipédochorise.*

L'épipédochorise, comme l'indique son nom, est la multiplication des axes suivant un même plan. On lui a donné le nom de *Fasciation,* et l'organe ainsi modifié a été désigné sous les noms de *dédoublement, fascie, tige* ou *expansion fasciée,* du latin *fascia,* bandelette. Dans ce phénomène tératologique, l'axe, de cylindrique qu'il doit être ou qu'il était dans le principe, prend un tel développement dans un seul sens, qu'il s'aplatit et affecte une forme plus ou moins semi-foliacée. Quelquefois même ces fascies ont bien plutôt l'apparence de feuilles (*Ruscus*) que certaines feuilles véritables (*Rumia microcarpa*). Toutefois, on a établi entre l'axe fascié et la feuille les distinctions suivantes : 1° il est le plus souvent couvert de feuilles et de bourgeons singulièrement disposés et indiquant d'une manière évidente la fusion de plusieurs spires ;

2° les nervures, ou plutôt les fibres, sont à peu près parallèles, ou même convergentes, ou divergentes seulement au sommet, mais elles restent presque simples et ne s'épanouissent pas comme les nervures dans le limbe des feuilles (1).

On rencontre ce phénomène dans tous les axes, que les végétaux soient herbacés ou ligneux; mais on peut remarquer qu'il se produit plutôt dans l'axe principal et qu'il s'annonce dans le bourgeon bien avant qu'il n'ait acquis un certain développement; par conséquent, la cause de la fasciation remonte jusqu'au moment où les phénomènes vitaux tendent à délimiter les phytogènes, et comme la cause principale de ce phénomène tient à une abondance de matières nutritives, ce qui est prouvé par certains végétaux à l'état cultivé qui y sont ¡plus sujets que les mêmes végétaux à l'état sauvage, il va nous être possible de donner une explication de la fasciation.

Linné ne nous paraît pas avoir saisi la vraie nature de la fasciation, ou plutôt sa vraie cause, quand il a écrit : « *Fasciata dici solet planta, cum plures caules connascuntur, ut unus ex plurimis instar fasciæ evadat et compressus. Fit idem arte, si plures caules enascentes cogantur penetrare coarctatum spatium, et parturiri tanquam ex angusto utero* (2). » C'est que Linné avait observé que, lorsqu'on coupe une tige fasciée un peu au-dessous de la fasciation, on trouve souvent, dans cette section, la trace de plusieurs canaux médullaires, due probablement au défaut d'exastosie centripète des axes secondaires. Mais, comme nous le verrons, loin d'y avoir défaut d'exastosie entre les axes secondaires et l'axe principal, il y a plutôt excès d'exastosie dans un sens, c'est-à-dire multiplication plus ou moins répétée, avec cette différence, toutefois, que les axes sont restés intimement unis entre eux.

Cependant, si la fascie ne résulte pas de la greffe naturelle d'un certain nombre de jeunes branches qui naîtraient en un seul point les unes à côté des autres, il faut pourtant reconnaître que la fascie résulte de l'union intime de plusieurs éléments caulinaires, ou phytogènes, qui vivraient dans un état d'union analogue à ceux qui font les feuilles.

(1) De Cand., *Org. vég.*, t. II, p. 195.
(2) *Phil. bot.*, 274.

Quoi qu'il en soit, les fascies planes, presque toujours striées ou cannelées longitudinalement, sont d'abord à peu près cylindriques; peu à peu elles s'aplatissent, s'élargissent de plus en plus jusqu'à un certain point, continuent à croître et finissent souvent par se diviser en une multitude de branches elles-mêmes fasciées ou tout à fait normales. Cet aplatissement s'opère sans que l'on puisse saisir la moindre compression artificielle. Cet état paraît susceptible d'une certaine conservation, car nous avons trouvé plusieurs années de suite, à la même place, des tubercules de Topinambour qui se sont constamment reproduits avec les caractères d'une vaste fasciation. Cette anomalie se manifeste dans les tiges qui sont d'ordinaire le moins ramifiées. Ainsi on a vu certains végétaux évidemment unicaules, tels que les *Narcissus*, les *Fritillaria*, l'*Androsace maxima*, etc., donner des tiges fasciées, et l'on a dû en conclure que la fasciation ne pouvait pas résulter de la greffe naturelle (défaut d'exastosie) de plusieurs rameaux qui naîtraient en un seul point les uns à côté des autres (Lindley, Moq. Tand). « Rien n'annonce, dit M. Moquin-Tandon, qu'il y ait dans le dernier cas précité plusieurs individus soudés ensemble. » Cet auteur ajoute (1) que « sur certaines tiges fasciées on remarque des branches en même nombre et avec la même disposition que dans l'état normal. Deux branches qui se soudent par hasard dans le sens de leur longueur forment un corps dont la coupe transversale présente une figure plus ou moins semblable à celle d'un 8 de chiffre si la cohérence est récente ou faible, et une figure elliptique ou arrondie quand elle est ancienne ou très-intime : on y trouve presque toujours les traces des deux canaux médullaires. Dans une tige fasciée, la coupe donne une figure allongée où l'on n'observe ordinairement qu'un seul canal comprimé. »

L'opinion qui s'appuie sur l'exemple de plantes unicaules fasciées pour repousser l'idée de greffe naturelle, ou plutôt de défaut d'exastosie entre plusieurs rameaux, serait en contradiction flagrante avec la théorie des dédoublements ou diplasie que personne ne peut aujourd'hui révoquer en doute; par conséquent, contrairement à l'opinion émise plus haut, nous admettons que

(1) *Élém. térat. vég.*, p. 151 et 152.

par voie de diplasies successives, toutes les plantes à tiges uniques peuvent produire des éléments caulinaires ou phytogènes et présenter le phénomène de la fasciation.

A. Épipédochorise diplasique. Comme il importe d'être parfaitement compris dans les idées que nous voulons faire connaître, nous devons ne pas craindre de multiplier les explications mécaniques du phénomène de la fascie. Supposons un protophytogène, ou petite masse de tissu cellulaire, m, m, m, *fig*. 37, B, en voie de croissance et tellement nourri pendant la première période de sa végétation que nous pourrions nommer sa *vie protophytogénique*, qu'au moment de la délimitation des autres phytogènes, il y ait déplacement du centre vital qui doit déterminer les autres mouvements partiels et qu'au lieu d'un seul centre vital, ordinairement placé au centre de la masse, il en existe 2 excentriquement mais symétriquement placés en c, c', *fig*. 37, B. Il est de toute évidence que les forces vitales qui sont centrifuges auront leur mouvement réduit à o, circulairement autour du centre c, c', sur toute la courbe pleine, mais que le o du mouvement tombera dans la sphère d'action du phytogène voisin, savoir : o' en c et o en c' sur les courbes ponctuées ; d'où il résulte qu'il y aura mouvement vital entre les 2 points o et o', ce qui met un obstacle à la séparation des 2 éléments de la tige. Dans ce cas, ces 2 axes vivent en commun, et, attirant à eux les sucs nutritifs, s'accroissent en affamant le tissu cellulaire BB' du protophytogène, d'où résultent bientôt un aplatissement de B en B', et, au contraire, un accroissement ou élargissement de c en c'.

Rappelons d'ailleurs : 1° que si les deux mouvements marchant l'un vers l'autre ont le temps d'arriver à o avant leur rencontre en o, *fig*. 36, B, il y aura exastosie, et les 2 phytogènes vivront séparément en donnant lieu à 2 tiges normales ; 2° si au contraire ces 2 mouvements se rencontrent de façon à faire que le o tombe en un point peu distant de la périphérie du phytogène voisin, o, o', *fig*. 37, A, il y aura défaut d'exastosie, mais tellement peu marqué que les 2 axes, quoique vivant d'une vie commune, auront 2 moelles séparées et la coupe transversale formera un 8 de chiffre ; 3° si les o o' se rapprochent davantage du centre du phytogène voisin, *fig*. 37, B, les 2 moelles, quoique distinctes encore, auront néanmoins un commencement d'union. 4° Enfin, si les o o'

dépassent le centre du phytogène voisin, *fig.* 37, C, alors les
2 moelles n'en feront plus qu'une présentant seulement 2 angles
rentrants qui pourront même disparaître si le phénomène est encore plus prononcé. A partir du moment où l'on reconnaîtra
l'existence de 2 axes ou éléments caulinaires (phytogènes), mais
plus ou moins unis, on aura une fascie limitée à la production de
2 axes. Ce sera la fascie réduite à son plus grand état de simplicité (*fascie diplasique*), et sa *tendance à la fasciation étant peu
prononcée*, il arrivera fréquemment que les 2 axes se diviseront
complétement ou se fondront complétement en un seul.

B. ÉPIPÉDOCHORISE TRIPLASIQUE. Il se peut encore que les
2 centres vitaux, c, c', *fig.* 37, A, B, C, au lieu d'être plus ou
moins voisins l'un de l'autre, soient au contraire assez distants
pour laisser entre leurs mouvements arrivés à o un espace de
tissu cellulaire assez grand pour qu'un troisième centre vital,
c'', *fig.* 37, D, puisse y être déterminé. Alors nous aurons 3 centres vitaux ou phytogènes dont les mouvements centrifuges
se rencontreront avant d'être réduits à o, et par conséquent ces
3 phytogènes vivront d'une vie commune et constitueront une
fascie triplasique, plus large nécessairement, et dont la tendance
à la fasciation est assez prononcée pour que le phénomène augmente
encore et en fasse bientôt une *fascie pollaplasique* en vertu du
développement progressif des forces que nous allons faire connaître.

Cette fasciation triplasique n'est donc qu'un état intermédiaire
entre les fascies diplasique et pollaplasique, les seules que nous
distinguerons ici, car il n'y aurait pas de raison pour ne pas créer
autant de divisions qu'il y a d'éléments dans la fascie; cependant il était utile de signaler cette chorise triplasique pour la distinguer d'une autre chorise triplasique dont nous parlerons plus
loin, et dont la raison d'être réside surtout essentiellement dans
la position respective des phytogènes. En effet, de même que
nous avons vu que 3 centres vitaux pouvaient, sur un même plan,
se développer dans un protophytogène, de même 3 centres vitaux, C, c, c, peuvent prendre simultanément naissance dans la
masse cellulaire protophytogénique, m, m, m, *fig.* 36, A, en se
disposant triangulairement. Ce point admis, on comprend que les
distances plus ou moins grandes des centres de mouvements entre

eux doivent déterminer des exastosies ou des défauts de ce phénomène. Dès lors il pourra arriver : 1° que des plantes unicaules comme les *Hyacinthus*, par exemple, qui ne donnent ordinairement qu'un seule hampe, arrivent à en donner 3 lorsque la plante se trouvera dans des conditions convenables ; 2° que ces 3 hampes pourront vivre isolément ou bien rester unies ou fondues ensemble de manière à ne donner qu'une seule hampe qui alors sera chargée d'une quantité considérable de fleurs. Dans ce cas nous avons un commencement de *cyclochorise*, absolument comme la fascie diplasique dont nous avons parlé est le commencement de l'*épipédochorise*.

C. ÉPIPÉDOCHORISE POLLAPLASIQUE. Quand un protophytogène a une tendance prononcée à la fasciation, il est rare qu'il se borne à produire une fascie diplasique et même triplasique, car le plus souvent il s'ajoute une série d'éléments caulinaires qui va sans cesse en augmentant et dont le nombre est véritablement considérable. Qui pourrait jamais dire celui qui entre dans la composition de certaines crêtes de coq (*Celosia cristata*)?

Dans nos réflexions sur les 3 symétries, p. 91, déjà nous avons donné un aperçu de ce que nous nommions *forces périphériques* du centre par rapport auquel les parties diverses sont ordonnées, et qu'il ne faut pas confondre avec la force centrifuge phytogénique dont nous venons de parler. Nous allons donner ici quelque développement à cette idée qui se rapporte à la fasciation, parce que ce sera celle qui servira en même temps à la théorie de la formation des feuilles et autres organes appendiculaires. La cellule végétale ou le phytogène *seul* est un centre vital autour duquel d'ordinaire se manifestent les actions qui constituent le phénomène de la végétation. S'il restait seul, les actions périphériques se feraient sentir partout et le végétal aurait une forme plus ou moins sphérique. C'est très-probablement le cas des Algues les plus simples qui ne consistent qu'en une seule vésicule (*Protococcus*, etc.), ou de quelques autres végétaux qui affectent une forme arrondie (*Lycoperdon*).

Mais ordinairement, pendant la végétation, du centre de ce phytogène il s'en élève un autre qui s'ajoute au premier, puis un troisième qui s'ajoute au second, et ainsi de suite ; de sorte que la végétation ne reste plus aussi simple, et l'on peut remarquer que la complication se fait sentir en général dans le sens de cette addition : d'où l'on tire la conséquence que la *symétrie végétale est généralement ordonnée par rapport à une ligne*.

Nous avons vu cependant que la vie qui appartenait à un protophytogène se divise et se partage en deux de manière à produire le phénomène de diplasie. Dans ce cas 2 phytogènes se forment ensemble, se développent ensemble, et souvent restent unis en même temps qu'ils se forment et se développent. Dès lors l'axe qui se produit ne peut plus avoir la forme cylindrique, mais doit paraître plus ou moins aplatie. Du moment que cet état de choses existe, l'équilibre des actions périphériques est rompue et les phénomènes peuvent aller toujours croissant jusqu'au moment où la saison force la végétation à s'arrêter, ou bien jusqu'à ce que des causes viennent déterminer la séparation des axes qui s'étaient associés pour constituer la fascie ou même forcer les axes naissants ou phytogènes à converger et à se fondre peu à peu au point de n'être plus réduit qu'à un seul qui termine la fascie en une pointe plus ou moins analogue à celle qui termine d'ordinaire une feuille simple.

Pour bien concevoir notre idée, il faut empiéter un peu sur le domaine de la mécanique rationnelle. En effet représentons par 1 la force qui rayonne du centre à la circonférence d'un point a, ou d'un phytogène b, *fig.* 38. Il est évident, si nous concevons une seule série de points ou de phytogènes superposés, C, *fig.* 38, que nous n'aurons jamais dans le sens des petites flèches qu'une force périphérique égale à 1, tandis que dans le sens de la grande flèche la force sera égale à $1 + 1 + 1 + 1$, etc., c'est-à-dire à autant de fois 1 qu'il y a de points ou de phytogènes superposés, et c'est sans doute cet ensemble de forces qui porte le végétal à grandir en hauteur, tant que des conditions nouvelles ne viennent pas s'opposer à cette élongation.

Mais si au lieu d'une série de phytogènes uniques nous supposons 2 séries de phytogènes agissant ensemble, comme en d, *fig.* 38, alors, au lieu d'avoir une force périphérique égale à 1 dans le sens des flèches a a, la force est égale à $1 + 1$, c'est-à-dire à 2, et dans ce cas et en vertu même de cette force doublée, la tendance à la production latérale étant augmentée, la croissance pourra donner lieu à de nouvelles formations dans ce sens ;

d'où il résulte qu'à mesure que l'on s'élèvera, le nombre des phytogènes augmentera par voie de production latérale et deviendra peu à peu assez grand pour donner à l'ensemble une forme approchée de celle que représente la *fig.* 38, e. Il est aisé de comprendre que dans le cas représenté par cette *fig.* 38, e, les forces latérales a, a, seraient égales aux forces ascensionnelles bb, d'où résulterait un égal accroissement des parties dans les deux sens et la figure triangulaire ou flabelliforme qu'on observe sur certaines fascies. Il peut même arriver que la force latérale, a, a, l'emporte sur la force ascensionnelle, b, b, et qu'alors il se produise en largeur plus d'éléments ou phytogènes qu'il ne s'en superpose en hauteur, et alors on a une fascie flabelliforme souvent exagérément plissée, comme l'est celle du *Celosia cristata*, *fig.* 57 (pl. IX).

Mais, dans le plus grand nombre des cas, c'est la force ascensionnelle qui l'emporte sur la force latérale, à ce point que cette dernière force est souvent bientôt réduite à l'impuissance de produire de nouvelles parties. Dans ce cas, la fascie croît seulement en hauteur, tout en conservant quelque temps sa largeur *maximum*, après quoi ses éléments divergent et se subdivisent en rameaux simples ou fasciés eux-mêmes, ou bien ils convergent en une pointe qui fait plus ou moins ressembler la fascie à une feuille (*Ruscus*).

D'après ce que nous venons de dire, il s'ensuit que l'on a, selon nous, établi une distinction entre deux choses tout à fait identiques ; savoir, la *soudure* (1) parallèle ou plutôt le défaut d'exastosie de 2 ou plusieurs axes et la fascie. Mais, comme nous venons de le voir, la fascie est une *soudure* qui se prononce entre des phytogènes à l'état naissant qui n'ont pas eu le temps de s'individualiser profondément, à peu près comme dans la *fig.* 37, C, tandis que dans le premier cas les 2 phytogènes ont été moins fondus et ont eu le temps de mieux s'individualiser, d'où résulte une séparation plus grande, comme on le voit *fig.* 37, A. D'un autre côté le phénomène de la fasciation ne saurait avoir lieu sur un phytogène restant unique : car pour quelle raison ne se développerait-il pas comme tous les autres en un axe cylindrique? Au contraire, on comprend que ce phénomène puisse avoir lieu dès

---

(1) Nous ne saurions trop rappeler que dans tous ces cas il ne peut y avoir soudure, puisque les éléments n'ont jamais été séparés.

que plusieurs phytogènes se trouvent en contact sur un même plan, surtout si les forces exastosiques sont incapables de les laisser s'individualiser profondément. Enfin s'il y a fasciation lorsque plusieurs de ces phytogènes se développent ensemble, il est évident que l'on ne saurait refuser le nom de fascie à l'axe qui résulte de l'union de 2 phytogènes qui se sont développés parallèlement ensemble : autrement, qui pourrait dire où la *soudure* commence et où la fasciation finit?

Pendant les étés de 1853 et 1858 nous avons été en mesure d'observer la marche de la fasciation sur une dizaine de pieds de Topinambours (*Helianthus tuberosus*), et nous avons reconnu qu'aucun d'eux, bien que portant des feuilles nombreuses sur leurs 2 faces aplaties, n'y a présenté de bourgeons axillaires en voie de développement. Il en a été de même de plusieurs autres fascies dont une gigantesque de Frêne (*Fraxinus excelsior*), ayant plusieurs mètres de développement et que nous avons sous les yeux ; cette fascie présente sur ses faces aplaties les cicatrices des feuilles et à peine des bourgeons ébauchés. Ce n'est pas que les bourgeons manquent dans quelques cas, puisque nous conservons une fascie de Peuplier où les bourgeons sont parfaitement formés sur ses deux faces ; mais en général on peut dire que le développement anomal des éléments caulinaires dans un sens semblent faire avorter ou empêcher le développement des bourgeons dans l'autre sens. Cependant M. Moquin-Tandon dit que sur certaines tiges fasciées on remarque des branches en même nombre et avec la même disposition que dans l'état normal. Quoique nous n'ayons jamais rencontré de fascies dans ces conditions, si ce n'est à la base de la fascie du *Celosia cristata*, néanmoins la chose est possible et prouve que les bourgeons de la face n'avortent pas ou ne restent pas constamment stationnaires.

Quoi qu'il en soit, les bourgeons qui terminent la fascie sont tellement serrés qu'ils représentent assez bien une crète de coq plus ou moins sinueuse, plus ou moins gondolée, quelquefois ondulée, concave ou convexe supérieurement, d'autrefois très-obliques et donnant lieu en général à des figures les plus bizarres et les plus dépourvues de toute symétrie (1). Dans tous les cas les

(1) *Voy.* pl. IX, *fig.* 54, 55, 55 *bis*, 56, 57, et pl. X, 58.

fascies sont fréquemment contournées de diverses manières, et d'ordinaire elles n'arrivent pas à beaucoup près à la même hauteur que les pieds à tiges cylindriques. Ainsi, tandis que le Topinambour peut dans les terrains cultivés atteindre à la hauteur de 3 mètres, les fascies que nous avons observées avaient à peine 1 mètre 50 cent., quoique venues dans les mêmes conditions.

Maintenant que nous avons donné l'explication des causes qui président à la formation des chorises des axes, nous allons passer en revue les plus importantes ou celles qui n'auraient pas encore été consignées dans les ouvrages spéciaux.

A. *Épipédochorise diplasique.*

Nous donnons cette dénomination à la fascie initiale, celle qui n'est formée que par l'union intime de 2 axes. C'est celle qui conduit au dédoublement des axes et en fait souvent 2 axes distincts. Or, quand ce dédoublement se produit, il est rare qu'il se prononce tout à coup, et le plus souvent il forme une base qui n'est réellement autre qu'une fascie diplasique. Cependant un caractère de cette chorise nous paraît résider dans ce fait que presque toujours la fascie se résout en 2 branches, sans doute parce que la tendance à la production latérale d'éléments nouveaux est très-peu marquée. Aussi remarque-t-on très-peu de fascie diplasique dans toute l'acception du mot, et c'est sans doute pour cela que les auteurs y ont en général peu fait attention. Quoi qu'il en soit, tous les végétaux herbacés ou ligneux peuvent offrir de ces anomalies, mais particulièrement ceux qui sont doués d'une luxuriante végétation, comme la Vigne par exemple. C'est elle qui va nous servir de base aux observations que l'on peut faire sur ces dédoublements.

Dans ce végétal, il n'est pas rare de voir à l'extrémité de l'axe, au-dessus d'un mérithalle cylindrique, un bourgeon un peu aplati dans un sens; ce bourgeon en végétant ne tarde pas à donner lieu à un ou plusieurs mérithalles aplatis, jusqu'à ce que, arrivés à une certaine hauteur, les 2 bourgeons se séparent totalement et finissent par croître en divergeant. Ces mérithalles aplatis présentent quelquefois au milieu de chacune de leurs faces un sillon plus ou moins prononcé. Chaque mérithalle porte 2 feuilles dont la position n'est pas toujours symétrique par rapport à une droite qui passerait par le centre de l'axe. Lorsque la diplasie commence, et si elle se présente incomplète sur plusieurs méri-thalles, il peut arriver que les 2 feuilles de la base soient encore adhérentes entre elles par leur côté. En même temps on remarque que la chorise n'a pas encore suffisamment affecté les 2 bour-geons axillaires de cette double feuille ; mais au-dessus, et surtout quand la chorise des feuilles est complète, quoique celle de l'axe ne le soit pas, les 2 bourgeons axillaires se sont aussi dédoublés et chaque feuille est munie de 2 bourgeons.

En général les 2 axes qui résultent de la chorise végètent d'une manière uniformément égale, c'est-à-dire que les 2 axes jumeaux se ressemblent de tous points ; les mérithalles sont de même lon-gueur chacun à chacun et présentent, sauf quelques rares excep-tions, des vrilles situées aux mêmes hauteurs.

Ce qu'il y a de remarquable dans cette chorise, c'est qu'elle est soumise aux-mêmes influences physiologiques que les feuilles dont nous avons parlé p. 247 ; c'est-à-dire que de même que nous avons vu les feuilles paraître se dédoubler, tantôt par leur partie supérieure, tantôt par leur partie inférieure, de même, pour la Vigne, nous avons constaté des rapports fort différents de po-sition entre les parties des 2 axes chorisés. Pour faire comprendre aisément ces différences, nous supposerons l'observateur placé en face d'une chorise de Vigne, mais de manière qu'il ait à droite et à gauche les organes appendiculaires ou les vrilles ; alors il peut arriver l'un des 4 cas suivants :

A. 1° Les 2 axes peuvent présenter leurs premières feuilles, f', f', A (fig. théorique 53), tournées à droite, et par conséquent toutes les autres parties toujours dirigées respectivement d'après les lois de l'évolution des organes de la Vigne. Comme cette dis-position permet d'enlever l'un ou l'autre axe sans déranger l'ordre de la position des organes appendiculaires, nous avons proposé pour cette chorise le nom de *chorise directe* (1). Elle est tout à fait dans le même cas des chorises directes des feuilles (p. 247).

2° Les 2 axes peuvent avoir leurs 2 feuilles tournées l'une à

---

(1) *Obs. dédoubl. végét.* (*Compt. rend. Ac. sc.*, mars 1855, et *Bull. Soc. bot. France*, avril 1855.)

droite, l'autre à gauche, mais toutes deux étant internes, f′, f″, B, par rapport aux 2 axes. Si l'on suppose les 2 feuilles en état de vernation, on voit qu'elles se tournent le dos et qu'elles sont dans le cas des feuilles dédoublées *dos à dos;* nous lui avons donné, ainsi qu'à la modification suivante, le nom de *chorise inverse;* mais pour les distinguer l'une de l'autre, nous lui donnerons la même dénomination que pour les feuilles qui sont dans le même cas; en conséquence nous la nommerons *chorise inverse dorsale.*

3° Enfin les 2 axes se forment quelquefois de telle façon que leurs premières feuilles sont tournées l'une à droite, l'autre à gauche, mais toutes sont externes, f″, f′, C, par rapport aux 2 axes. Si l'on suppose les 2 feuilles en état de vernation, on voit qu'elles se tournent le ventre et qu'elles sont dans le même cas que les feuilles dédoublées *ventre à ventre;* c'est pourquoi nous nommerons ce phénomène *chorise inverse ventrale.*

Comme on le voit, il y a une relation intime et complète entre la chorise diplasique des feuilles et la chorise diplasique des axes, tellement que celle des deux qui pourrait paraître douteuse à quelques esprits serait confirmée par l'existence même de l'autre (1).

Malheureusement les exemples de ces 3 modifications de l'épipédochorise diplasique se bornent à ceux que nous avons signalés nous-même dans la Vigne; mais il est probable que les autres végétaux pourraient accidentellement les présenter. Il faut seulement, dans les observations de ce genre, tenir bien compte de la position respective de toutes les parties de la chorise et de l'axe qui l'a produite.

Maintenant si nous cherchons à reconnaître quels peuvent être l'axe normal et l'axe surajouté, nous voyons qu'il est facile de le savoir sur les *fig.* 53, B et C. En effet, en B, puisque la disposi-

---

(1) M. Decaisne a présenté à la Société botanique de France des fleurs de *Ligeria speciosa,* variété *Fyfiana,* qui s'étaient modifiées au point de former 5 grands appendices pétaloïdes, en forme de capuchon et occupant la base de la corolle aux lobes de laquelle ils étaient opposés. Dans cette modification, que nous aurions dû placer parmi les chorises diplasiques centripètes (p. 246), nous trouvons une preuve de ce que nous avançons; car M. Decaisne n'hésite pas à y voir un dédoublement extérieur. (*Bull. Soc. bot. France,* t. VII, p. 360.)

ion phyllotaxique des feuilles est l'alterne distique, la feuille, f, de l'axe normal étant à gauche, la feuille supérieure devra être à droite ; donc c'est l'axe *gauche* qui porte la feuille, f', qui sera la continuation de l'axe ou l'axe normal et non celui qui porte la feuille, f''. Pareillement, en C, puisque la feuille, f, de l'axe normal est à gauche, la feuille supérieure doit être à droite ; par conséquent c'est l'axe *droit* qui porte la feuille, f', qui sera la continuation de l'axe et nullement celui qui porte la feuille, f''. De tout ceci, il résulte que le dédoublement du premier s'est fait à droite et que le dédoublement du second s'est fait à gauche. En faisant intervenir les influences physiologiques dont nous avons parlé p. 249, on a la théorie de la formation de ces chorises. Enfin, si nous appliquons le raisonnement que nous venons de faire à la *fig.* 53, A, on voit que l'on est embarrassé pour reconnaître l'axe normal, car l'alterne distique de la feuille, f, est aussi bien celle d'un axe que celle de l'autre ; par conséquent il est impossible de dire que l'axe de droite est celui qui a fourni l'autre ou réciproquement ; par conséquent ils se sont formés ensemble, et l'influence physiologique qui a déterminé la séparation a dû passer dès le principe au centre du phytogène qui a produit l'axe.

B. Dans les 3 exemples que nous venons de signaler, on peut observer que la chorise s'est faite suivant un *plan perpendiculaire* à la direction de la nervure des feuilles, c'est-à-dire *latéralement*, et nous avons donné à cette sorte de chorise le nom de *chorise latérale* pour la distinguer de la suivante, qui est bien différente.

4° Si nous supposons, en effet, l'observateur placé en face de la chorise et ayant ses organes appendiculaires soit à droite, soit à gauche, on reconnaît que la chorise s'est faite suivant un *plan parallèle* à la direction de la nervure des feuilles ; d'où il résulte que les 2 feuilles et les 2 vrilles sont placées côte à côte ; nous avons désigné ce dédoublement sous le nom de *chorise antéro-postérieure*. Elle correspond aux chorises circulaires, tandis que l'autre a plutôt le caractère des chorises centripètes. Nous avons signalé (*loc. cit.*) une anomalie de la Vigne offrant en effet 2 feuilles et une vrille double, ou 2 vrilles simples à chaque nœud où commençait la chorise, en même temps qu'il y avait dédoublement d'un même bourgeon et évolution de 2 axes placés sur une même ligne et au même nœud.

Lorsque la chorise diplasique des axes se termine brusquement en 2 branches, il est possible de la confondre avec des phénomènes normaux qui prennent l'apparence de cette chorise; c'est ce que nous avons nommé autre part *faux dédoublements* (1). Nous avons remarqué qu'ils pouvaient constituer 3 variétés différentes.

A. Ainsi la transformation de la vrille en tige ordinaire donne lieu à un axe analogue à celui qui continue la tige et pourrait faire croire à un dédoublement qui n'existe réellement pas. D'un autre côté, de même qu'il arrive très-fréquemment que la vrille avorte, et qu'ainsi la feuille reste seule attachée au nœud, de même il se peut que la vrille vienne à avorter et qu'alors on attribue au développement de la vrille ce qui doit être regardé comme le résultat d'une chorise. Est-il possible de distinguer ces deux cas? C'est ce que nous croyons.

1° Si les 2 axes proviennent d'un dédoublement, il est à présumer que tous deux, nés ensemble au milieu de circonstances aussi semblables que possible, pour l'une et pour l'autre, ils prendront la même quantité de nourriture et croîtront de la même manière. C'est en effet ce qui a lieu, et quelquefois la croissance est telle, que non-seulement les 2 axes ont même hauteur et même grosseur, mais encore le même nombre de feuilles développées de la même manière (directe ou inverse), et par conséquent un nombre égal de mérithalles le plus souvent égaux chacun à chacun.

Si au contraire l'un des 2 axes provient d'un développement anomal de la vrille, comme celle-ci est née avant le bourgeon, comme de plus elle se trouve dans d'autres conditions de développement que ce bourgeon, la tige qui en résultera pourra être, selon certaines circonstances, ou plus développée ou moins bien venue que la tige formée par ce dernier. L'observation prouve que le plus souvent, affamée par le bourgeon en voie d'évolution, elle se développe moins bien (2).

2° Un moyen plus certain, à notre sens, de reconnaître ce faux dé-

---

(1) *Bull. Soc. bot. France*, t. III, p. 591.

(2) A la vérité M. Ed. Prilleux a cherché à établir que la vrille n'était qu'un dédoublement de l'axe; mais nous ne pensons pas que les raisons sur lesquelles il s'appuie soient de nature à faire partager son opinion. (*Bull. Soc. bot. France*, t. III, p. 598.)

doublement consiste à observer le degré d'ouverture de l'angle que forment les 2 axes en se séparant. Ainsi, tandis que dans la fausse chorise l'angle peut être ouvert du 8ᵉ au moins d'une circonférence $= \dfrac{\text{circ.}}{8}$, dans le vrai dédoublement l'angle s'est toujours trouvé n'être que d'un 32ᵉ au plus de circonférence $= \dfrac{\text{circ.}}{32}$.

3° Enfin un caractère qui paraît offrir une certaine constance, consiste en ce qu'à l'origine de la vraie chorise complète on constate toujours *l'existence de 2 feuilles ou 2 vrilles*, opposées dans le cas de chorise inverse ou dirigées d'un même côté dans le cas de chorise directe.

B. Il est un autre faux dédoublement qui provient de ce que l'un des 2 bourgeons qui se prononcent à l'aisselle d'une feuille vient à partager la nourriture du bourgeon terminal ; alors il s'allonge assez pour simuler un dédoublement de cet axe. Ce phénomène est des plus faciles à reconnaître à l'existence d'un bourgeon latéral qui ne se trouve pas compris dans un plan passant par le centre de la feuille et le centre des 2 axes ; tandis que s'il y a réellement chorise de l'axe principal, le bourgeon axillaire fermé est repoussé au-devant de la tige surajoutée par la chorise, et l'un des 2 bourgeons se trouve à peu près compris dans le plan qui passe par le centre des 2 axes de la feuille.

C. Il y a encore faux dédoublement quand l'axe regardé comme secondaire a été supprimé à l'origine par une cause quelconque, mais cependant pas assez bas pour qu'il ne pût rester à l'aisselle de la feuille mère 2 mérithalles très-courts, portant eux-mêmes chacun un bourgeon qui viendrait à se développer. Alors, en vertu d'une disposition que présente quelquefois la Vigne, 2 axes peuvent être sensiblement placés l'un au-devant de l'autre et compris tous les deux dans un plan qui passerait par le centre de la feuille et le centre de l'axe primaire, sans que pour cela il y ait chorise. C'est précisément ce qui avait lieu dans plusieurs exemplaires que nous avons mis sous les yeux de la Société botanique de France. On pouvait voir que les 2 bourgeons développés ne pouvaient être le résultat d'une chorise, car sur un des échantillons on voyait encore au milieu des 2 axes les restes de l'axe secondaire qui leur avait donné naissance.

On peut, ce nous semble, classer les phénomènes que nous venons d'examiner ainsi qu'il suit :

<table>
<tr><td rowspan="2">ÉPIPÉDOCHORISE DIPLASIQUE</td><td>vraie</td><td>latérale { directe. / inverse } dorsale. / ventrale.
antéro-postérieure.</td></tr>
<tr><td>fausse</td><td>1° par développement d'une vrille ;
2° par développement de l'un des bourgeons latéraux ;
3° par développement de 2 des bourgeons de l'extrême base d'un axe postérieur.</td></tr>
</table>

La chorise diplasique des axes peut s'exercer sur des *phytogènes-fleurs* aussi bien que sur les *phytogènes-scions,* et il peut en résulter des phénomènes analogues quoique en apparence bien différents et que nous devrions étudier à part. Mais comme les études n'ont pas été jusqu'à ce jour dirigées dans ce sens, il est certain que l'on a confondu de véritables chorises avec des défauts d'exastosie (soudures des auteurs). Voilà pourquoi nous ne devons nous borner qu'à en indiquer quelques cas sans les distinguer des autres chorises diplasiques.

De la chorise diplasique d'un phytogène-fleur il peut arriver bien des modifications intermédiaires que l'on saisira facilement quand on connaîtra les extrêmes.

Quand, par exemple, au sommet d'un axe il n'y a d'ordinaire qu'une seule fleur et que l'examen nous en fait reconnaître 2, il y a chorise ; à moins que l'on ne constate que la seconde fleur provient d'un défaut d'exastosie entre le pédoncule terminal et l'axe secondaire qui se forme immédiatement au-dessous de la fleur. Dans ce cas il y a *synanthie,* suivant l'expression de M. Moquin-Tandon.

La chorise peut être complète ou incomplète, c'est-à-dire que les 2 fleurs peuvent en faire 2 séparées ou n'en faire qu'une seule. Dans le premier cas les 2 fleurs qui en résultent affectent tous les caractères d'une fleur normale et l'exastosie est complète. Au contraire, quand il n'y a que défaut d'exastosie dans toutes les parties des 2 fleurs, alors la fleur a sensiblement doublé de volume et les parties constituantes ont pareillement doublé. Mais entre ces deux cas extrêmes il peut y avoir des états très-variables, non-seulement dans les degrés d'adhérence, mais aussi dans le nombre des parties qui restent distinctes.

Ainsi quelquefois les 2 pédoncules sont plus ou moins complétement unis et présentent alors un commencement de fascie, tandis que les 2 fleurs sont distinctes. D'autres fois elles sont plus ou moins adhérentes par la base et, enfin, souvent les 2 fleurs n'en font qu'une offrant le double des parties constituantes. Mais très-souvent aussi l'exastosie est de moins en moins prononcée, et il en résulte une altération dans le nombre des parties, qui peuvent diminuer progressivement jusqu'à ce qu'enfin la fleur soit retournée à la simple fleur normale, auquel cas la chorise disparaît.

Il n'est pas sans intérêt de remarquer que dans sa formation la chorise diplasique offre un mouvement exactement *inverse* ou *contraire* à celui que présente la fusion de 2 fleurs normales. En effet, supposons une fleur de Capucine (*Tropæolum majus*) qui naît *solitaire* à l'aisselle d'une feuille (état normal) et que l'on trouve doublée avec ou sans les adhérences dont nous avons parlé, et supposons maintenant 2 fleurs de l'*Althæa rosea* qui naissent normalement à l'aisselle d'une fleur (l'une extra-axillaire) et que l'on trouve devenues *solitaires* par suite d'adhérences variées; il est évident que pour la première fleur nous nous trouvons dans le cas du protophytogène, m, m, m, *fig.* 35, A, pl. VII, qui passerait à l'état de double protophytogène, en devenant successivement C ou B, ou A, *fig.* 37, ou B, *fig.* 36, et réciproquement pour les 2 fleurs de Rose trémière, nous nous trouvons dans le cas de 2 protophytogènes B, *fig.* 36, qui passeraient à l'état de simples protophytogènes en devenant successivement A, ou B, ou C, *fig.* 37, ou enfin A, *fig.* 35. C'est la première succession qui fait la chorise diplasique conduisant au *dédoublement;* et c'est la seconde succession qui fait la *synanthie* conduisant à la *fusion complète.*

Ce n'est donc que par une minutieuse attention et surtout que par une grande habitude de l'examen de ces sortes de phénomènes que l'on peut arriver à distinguer l'un de l'autre ceux qui nous occupent, et l'on peut voir que, dans ces deux exemples, le phénomène phytogénique est exactement le même, si ce n'est que la fleur simple est normale dans la Capucine et anormale dans la Rose trémière, tandis que les 2 fleurs sont normales dans cette dernière plante et anormales dans la première.

1° Les doubles calathides terminales des Centaurées (1) et celles que nous avons observées sur les *Zinnia*, les *Dahlia* et le *Calendula officinalis*, nous paraissent ne devoir leur existence qu'à une chorise diplasique, et nous nous fondons sur ce que, dans les *Zinnia*, le premier bourgeon secondaire ne se développe, au-dessous de la fleur, qu'à la troisième ou la quatrième paire de feuilles. L'époque physiologique de formation de la calathide terminale et celle de la calathide secondaire sont trop éloignées l'une de l'autre pour que l'on puisse admettre un simple défaut d'exastosie. Il en est de même du *Calendula officinalis*, des *Dahlia* et très-probablement des *Centaurea*.

2° Il y a des plantes qui, comme chez les Courges, émettent à l'aisselle de leurs feuilles 2 bourgeons latéraux, l'un à peu près axillaire et l'autre extra-axillaire. Dans l'état normal un de ces bourgeons donne une fleur et l'autre une branche. Or il arrive quelquefois que les fleurs sont doubles, libres ou adhérentes entre elles à l'aisselle de la feuille alors que l'on aurait dû n'en trouver qu'une. Il se peut cependant que dans ce cas il n'y ait pas diplasie, et si l'on cherche avec attention, on trouve que le bourgeon-scion, au lieu de donner une branche, a subi l'influence *florifiante* qui a présidé à la formation de l'autre fleur ; de là l'apparition de 2 fleurs au lieu d'une. Ce phénomène arrive quelquefois aux *Petunia*, *Cuphea*, Courges (Sucrière du Brésil), etc., mais il arrive aussi parfois que l'un des bourgeons se dédouble, et dans ce cas on obtient : 1° une fleur et 2 bourgeons-scions ; 2° ou 2 fleurs et un bourgeon-scion ; 3° ou 3 fleurs ; 4° ou, rarement, 3 bourgeons-scions. La cause de ces transformations sera facile à connaître dès que nous aurons expliqué comment, à l'aide du protophytogène, la nature peut si facilement faire une fleur, une inflorescence, une phytonie ou une infrondescence (2).

Le *Galega officinalis* présente quelque chose d'analogue. De ses 2 bourgeons axillaires latéraux, l'un fait l'inflorescence, l'autre une branche ; mais quelquefois la branche devient inflorescence, et il y a alors 2 inflorescences à l'aisselle de la même feuille.

Les fleurs de quelques Solanées, particulièrement celle des *Ly-*

(1) De Cand., *Org. vég.*, pl. 15, *fig.* 1, et Sched, *De Monst. plant.* (*Act. helv.*, tabl. 1, *fig.* 3.)
(2) Voir l'article des *Répétitions des organismes végétaux*.

cium et *Lycopersicum*, sont sujettes à présenter 2 fleurs unies dans toutes leurs parties, de façon à n'en former qu'une plus grande et composée de plus de pièces. Il est fort possible, comme le pense Dunal (*Monog. des Solanum*, p. 3), à propos de la multiplicité des ovaires des *Lycopersicum* à fruits toruleux, qu'il y ait défaut d'exastosie entre 2 phytogènes-fleurs et qu'alors il y ait là une vraie synanthie.

Il n'en est pas de même des fleurs doubles du *Vinca minor* observées par A. de Jussieu, et qui, solitaires à l'aisselle des feuilles, se sont montrées 2 libres ou adhérentes et plus ou moins fondues ensemble, ainsi que nous en avons observé plusieurs, et qui étaient bien véritablement dans un état de chorise analogue à celle de la Capucine citée tout à l'heure.

Un des phénomènes les plus remarquables de la chorise diplasique des fleurs, c'est qu'elle s'accomplit sous l'influence de la symétrie la plus rigoureuse, qui fait que *les parties homologues exercent les unes sur les autres une sorte d'affinité élective*. Voilà pourquoi, par exemple, 2 fleurs mâles de Cucurbitacées réduites à une seule deviennent une fleur à 5 étamines doubles et égales. Or on sait que dans la fleur normale les étamines sont au nombre de 5, dont 4 sont unies 2 à 2 ; tandis que la cinquième est libre. Il a donc fallu, dans l'anomalie, que l'union se fît de façon que les 2 étamines libres s'unissent à la manière des autres doubles étamines. Ce n'est pas tout : on peut remarquer encore que les verticilles coïncident tellement que le calice de l'une est exactement ajusté avec le calice de l'autre, et qu'il en est ainsi des 2 corolles, si bien qu'à première vue l'on ne se douterait guère que la fleur unique résulte de l'union de 2 fleurs. Ces résultats sont faciles à concevoir et sont la conséquence des lois de la symétrie par rapport à une ligne, ainsi que nous l'avons exposé p. 66 et suivantes (1).

Par exemple supposons qu'une fleur d'*Antirrhinum majus* vienne à se dédoubler, il est probable qu'elle le fera du côté de l'axe par lequel arrive les sucs nourriciers de la fleur. Or cet axe,

____

(1) Nous rappellerons que la symétrie, telle que nous l'avons établie, est très-différente de celle de De Candolle, de celle d'Ad. de Jussieu et de celle d'Aug. Saint-Hilaire, lesquelles sont elles-mêmes bien différentes entre elles et ne reposent sur aucune base mathématique.

qui n'est que le pédicelle de la fleur solitaire, sera aussitôt un axe commun aux 2 fleurs diplasiées, et dès lors il sera dans les conditions de l'axe A, *fig.* 24, pl. II, de chaque côté duquel les parties homologues sont placées et qui contient la ligne par rapport à laquelle toutes les parties seront ordonnées. Il en résulte que les parties les plus voisines, qui sont précisément celles où se trouve l'étamine avortée, rentreront dans la composition de l'axe, et il pourra rester à la fleur 8 divisions au calice, une corolle monopétale, probablement à 6 parties, mais surtout 8 étamines et peut-être une capsule double.

Ce que nous venons de dire se rapporte surtout aux fleurs chorisées.

M. Elmiger (1) a figuré 2 fleurs de Digitale du Levant (*Digitalis orientalis*) unies entre elles par les petits lobes de la corolle et qui confirme cette manière de penser ; les 2 grands lobes étaient alors placés en dehors de l'axe de symétrie des 2 fleurs. Ce fait nous paraît être l'expression d'une chorise diplasique.

Cependant il est fort possible que la chorise des fleurs puisse se produire, ainsi que nous l'avons dit pour les feuilles et pour les axes p. 247 et 285. Malheureusement les observations de cette nature sont trop peu nombreuses pour que l'on puisse être en droit de certifier le fait. A la vérité M. Moquin-Tandon a décrit 2 exemples de synanthie recueillis sur un *Justicia* que M. Delille lui a montré et qui pourraient faire supposer jusqu'à un certain point que les diplasies des fleurs pourraient se faire de plusieurs côtés. Mais comme le savant auteur que nous venons de citer ne dit pas à quelle espèce de *Justicia* appartenaient les fleurs, il nous est impossible d'assurer rien concernant ces deux exemples que nous devons rapporter ici. « Dans le premier, les 2 lèvres supérieures des corolles étaient greffées côte à côte et formaient comme 2 casques accolés ; dans le second, on voyait une seule lèvre plus grande que de coutume et terminée par 4 lobes (2). Parmi les Carmentines, il y en a dont les fleurs sont solitaires à l'aisselle des feuilles (*Justicia odora, sessilis, hyssopifolia, passiflora*, etc.). Si le *Justicia* décrit par M. Moquin appartenait à

(1) *Hist. des Digitales*, p. 16, tabl. 1.
(2) Moquin, *Irrég. coroll.* (*Ann. sc. nat.*, t. XXVII, p. 235.)

l'une de ces espèces, il est certain que l'on avait affaire à une chorise conduisant presque à l'état normal du *Justicia biflora*. Dans le cas où elles auraient appartenu à une inflorescence en épi, comme le sont la plupart des autres espèces, le premier exemple indique bien un défaut d'exastosie ou de séparation de 2 fleurs et il devait y avoir synanthie; mais le second exemple ne nous paraît pas être aussi certainement le résultat d'une synanthie : la description, suffisante pour le but que se proposait l'auteur, ne suffit plus pour savoir au juste s'il faut y voir une synanthie ou une chorise; il est probable, toutefois, que c'est aussi une synanthie, mais dans un état de fusion plus complet que dans le premier cas.

On voit donc qu'il importe beaucoup de bien décrire tous les caractères de l'anomalie si l'on veut qu'un jour on puisse exactement déterminer sa vraie nature, et l'on peut reconnaître qu'il existe 2 phénomènes bien distincts dans l'union apparente de 2 fleurs : l'un, que l'on peut désigner sous le nom de *synanthie*, qui n'est autre qu'un défaut d'exastosie entre 2 fleurs ou 2 protophytogènes-fleurs; l'autre qui est une véritable *chorise des axes* et qui, au contraire, est un excès d'exastosie dans un protophytogène-fleur, qui devient ainsi propre à former 2 fleurs ou les éléments de 2 fleurs.

M. Duchartre nous a fait connaître une fleur monstrueuse de *Lilium Brownii* qui nous paraît être une chorise diplasique. En effet, le périanthe, au lieu de 6, offrait 9 divisions disposées sur 2 rangs incomplets, d'où résultait une large fente sur toute la longueur d'un de ses côtés. Elle était en outre déprimée en dessus et son diamètre transversal était notablement le plus long. L'androcée était constitué par 9 étamines et 10 anthères, l'une des étamines ayant elle-même subi l'influence de la diplasie. Enfin, au centre de la fleur, on trouvait 2 pistils semblables en tout au pistil normal de cette espèce, tant par la forme que par les dimensions. Ils étaient libres, séparés l'un de l'autre, et situés à la même hauteur. Chacun d'eux avait ses 3 loges multi-ovulées et son style allongé; seulement le stigmate de l'un deux était légèrement aplati et non trilobé.

Évidemment le phénomène est de la nature des chorises; mais la fleur étant un axe, la diplasie s'est produite *très-probablement* d'abord légèrement dans le pédoncule, puis s'est prononcée davantage dans les enveloppes florales, davantage dans les étamines, dont les anthères avaient presque doublé, enfin le dédoublement était complet dans le pistil, mais le stigmate de l'un des deux offrait encore la trace de l'influence de la fascie par son léger aplatissement. Ce sont bien là tous les phénomènes d'une épipédochorise diplasique, avec cette différence que les organes appendiculaires nombreux et variables ont pu en masquer la nature.

Dans les Solanées (*Solanum esculentum, Lycopersicum esculentum*), les diverses parties de la fleur offrent souvent une augmentation de nombre que l'on peut attribuer à une synanthie (Dunal) ou à une chorise diplasique incomplète, de sorte que dans cette dernière hypothèse, selon M. Clos, et en observant que, dans ces plantes, les feuilles, les axes et même les racines (*Solanum nigrum, dulcamara*) présentent le phénomène de dédoublement ; on est conduit à la conclusion suivante : dans la famille des Solanées, tous les organes sont sujets au dédoublement ou à la partition (1).

Les fleurs offrent assez souvent le phénomène de la chorise diplasique ; en voici quelques autres exemples : *Anemone nemerosa*, avec une quatrième feuille au verticille (de Schænefeld) ; *Cymbidium sinense* (Ménière) ; *Cypripedium insigne* (Leclère) ; *Fuchsia*, très-fréquent ; *Viola tricolor ; Lilium candidum ; Hepatica triloba ; Petunia ;* etc.

M. Kirschleger, n'osant pas rejeter l'opinion de Linné sur la fasciation (2), a décrit une fascie de Véronique de Sibérie (*Veronica Siberica fasciata*, Kirsch.) qu'il est disposé à regarder comme résultant de la coalition de 2 axes, parce qu'elle se bifurquait au sommet.

Chaque jour on rencontre de ces chorises diplasiques des axes, et on peut les observer sur presque tous les végétaux, même chez ceux qui devraient le moins les présenter. Ainsi, parmi les monocotylédones, nous signalerons : l'*Asparagus officinalis*, le *Fritillaria Meleagris*, les *Hyacinthus* (3), le *Tulipa gesneriana*,

---

(1) *Bull. Soc. bot. France*, t. III, p. 611.
(2) *Notice sur quelques faits de tératologie végétale*, p. 10 et 11.
(3) **D. C.** *Org. vég.*, pl. 14, *fig.* 1. *Voy.* aussi *Florilegium novum* de De Bry, pl. 57.

l'*Ornithogallum umbellatum*, etc., qui au lieu d'un axe floral nous en ont offert 2 plus ou moins unis à la base et même jusqu'au sommet (*Asparagus*). Parmi les dicotylédones, nous avons encore observé des capitules de *Taraxacum dens leonis*, de *Bellis perennis*, d'*Helianthus annuus* et *tuberosus*, de *Trifolium pratense*, d'Artichauts ainsi que des ombelles d'Angélique et de Carotte.

M. Germain de Saint-Pierre a aussi trouvé des cas de *Bellis perennis*, de *Dahlia*, de *Scabiosa atro-purpurea* et de *Dipsacus fullonum* qui ne paraissent différer en rien des autres chorises diplasiques plus ou moins complètes, mais qu'il a cru devoir distinguer sous le nom d'*expansivité* (1).

. Est-ce bien à une fascie diplasique que se rapporte celle du *Fritillaria imperialis* qu'a observée M. Alb. Wigand et qu'il a décrite « dichotome et en vis, à feuilles vigoureuses, mais sans ordre et à fleurs mal développées» ? Le même auteur cite le *Crepis virens*, chez lequel il a rencontré plusieurs tiges fasciées, ramifiées par dichotomie ; l'une d'elles contournée en vis, toute chargée de feuilles sans ordre (2).

La chorise diplasique des axes s'est encore présentée à nous dans le *Lycium barbara*, le Lilas, le Troène, le *Pæonia corallina*, le Pêcher, le Cerisier, le *Robinia pseudo-acacia*, etc.

Mais la plus curieuse de cette épipédochorise diplasique est sans contredit celle du tubercule de pomme de terre que nous avons sous les yeux et qui est reproduite *fig.* 54. Cette chorise, parfaitement symétrique sous tous les rapports, avait exactement la forme d'un cœur très-régulier. Les œils mêmes sont symétriques par rapport à une droite qui partant de l'extrémité inférieure arriverait au centre même de l'échancrure.

Ces anomalies, qui se présentent accidentellement dans les végétaux mono et dicotylédonés, sont normales dans les acotylédones. On sait en effet que certaines Fougères, les Lycopodes, les Marsiléacées, etc., présentent des ramifications qui ne sont réellement pas dues à la formation des bourgeons analogues à ceux des plantes phanérogames, puisque M. Brongniart a fait voir que ces végétaux étaient en général dépourvus de bourgeons axil-

(1) *Bull. Soc. bot. France*, t. IV, p. 621.
(2) *Flora*, 7 décembre 1856, numéro 45, p. 705-719, Pl. VIII.

laires et que, d'après M. Hofmeister, dans les Lycopodiacées, la dichotomie tient à ce que la cellule terminale de l'axe se divise en 2 cellules égales par la formation d'une cloison verticale.

M. Le Dien a observé dans les Mousses, surtout dans le *Trichostomum rigidulum*, des pédicelles portant 2 capsules que l'on peut attribuer à une chorise diplasique, soit que l'on fasse naître la capsule d'un seul pédicelle, soit qu'on les fasse naître toutes deux d'un même archégone. Cependant, selon M. Schimper, ce phénomène, qui n'est pas très-rare, doit être attribué à la soudure de 2 germes appartenant à 2 archégones différents qui se sont rencontrés dans le réceptacle; c'est-à-dire dans l'intérieur du sommet de la tige que les cellules germinatives perforent pour s'y fixer et continuer ensuite l'évolution du fruit dans le sens opposé (*Synops. Musc. europœorum;* introd. p. 19, caput iv, § 1).

Tout le monde sait que les racines fusiformes ou pivotantes sont simples et sans aucune division habituelle. Il n'est cependant pas rare de rencontrer des racines de Navet, de Fenouil, de Salsifis, de Carotte, etc., constituant une véritable diplasie qui paraît être habituelle dans la racine du Ginseng (*Panax quinquefolium* L.).

Enfin nous rappellerons les radicelles du Saule, du Coignassier, du Sureau, du Haricot (*Phaseolus coccineus*), du *Solanum dulcamara* et du *Symphoricarpos racemosa*, qui ont offert des exemples d'épipédochorise diplasique. Deux radicelles étaient unies ensemble dans une longueur plus ou moins grande, mais semblaient avoir une origine commune.

B. — Épipédochorise pollaplasique (Fascie).

Nous donnons cette dénomination à ces anomalies singulières que les botanistes ont désigné sous les noms de *fascies, expansions, tiges* ou *axes fasciés*. Nous avons déjà dit pourquoi nous préférions ce nom, quoique un peu long, à ceux que nous venons de citer; d'ailleurs on peut ne le regarder, si l'on veut, que comme un nom méthodique qui n'empêchera nullement de se servir de ceux déjà si connus.

Du moment que la chorise diplasique suivant un plan dépasse le nombre 2, il y a beaucoup de chance pour qu'elle ne se borne pas à produire latéralement un seul axe ; le plus souvent il se forme un assez grand nombre d'éléments caulinaires, qui restent alors presque toujours plus ou moins unis entre eux ; c'est pourquoi nous n'avons pas cru devoir distinguer les épipédochorises triplasiques des épipédochorises pollaplasiques. D'ailleurs il eût fallu créer autant de noms qu'il entre d'éléments dans la fascie, ce qui eût été inutile et surtout difficile à déterminer avec exactitude. Il suffisait d'établir qu'en général la chorise diplasique se résout d'ordinaire en 2 axes normaux ; tandis que la chorise pollaplasique, tout en se divisant à son sommet, laisse toujours paraître des traces de l'anomalie qui a affecté la tige.

Cependant il arrive quelquefois que l'on peut nettement déterminer une fascie formée par 3 éléments caulinaires ; c'est ce qu'il nous a été facile de faire sur les *Tropæolum majus*, *Vinca herbacea*, *Lycium barbara*, *Prunus cerasus*, etc., et M. Schlechtendal a observé une fleur triple de *Robinia pseudo-acacia* qui pourrait peut-être bien appartenir à cette chorise (1).

Il n'est pas rare de trouver, dans les loupes ou chorises sphériques pollaplasiques, des axes fasciés offrant tous les degrés de composition, depuis la diplasique jusqu'à la pollaplasique la plus avancée ; c'est ainsi qu'une loupe de Cerisier et une loupe de *Lycium barbara* nous ont offert 2, 3, 8, et jusqu'à 21 axes parfaitement appréciables. Voici quelques exemples de fascies pollaplasiques que nous avons observées et dont nous avons pu calculer à peu près le nombre des bourgeons terminaux ou des axes unis :

4 à 5 *Pæonia officinalis*, *Prunus cerasus*, *Lycium barbara* ;

5 à 8 *Lycium barbara*, *Robinia pseudo-acacia*, *Veronica incana*, *Delphinium ornatum*, *OEnothera biennis*, *Aconitum barbatum* ;

12 à 20 *Beta vulgaris*, *Lactuca sativa*, *Cucumis Melo*, *Althæa rosea*, *Lycium barbara* ;

25 à 60 *Populus nigra*, *Convolvulus batatas*, *Cucurbita pepo*, *Asparagus officinalis*, *Prunus cerasus* ;

60 à 120 *Helianthus tuberosus*, *Lactuca sativa*, *Linaria vulgaris* ;

(1) *Botan. Zeitung*, fév. 1856 ; numéro 5, col. 69-74.

Indéfini, *Fraxinus excelsior*, *Lactuca sativa*.

La plupart des fascies que nous venons de mentionner n'offraient rien de particulier aux fascies ordinaires; aussi ne parlerons-nous que de celles qui méritent une mention particulière.

Veronica incana. Cette belle fascie ressemble beaucoup à celle qu'a décrite M. Kirschleger (*Notices sur quelques faits de tératologie végétale*, p. 10); elle a 25 centim. de longueur, et encore la floraison commençait-elle à peine, ce qui laisse supposer qu'elle aurait pu parvenir à une longueur plus grande. Sa largeur égale à peu près 3 fois le diamètre de l'axe pris à sa base, c'est-à-dire qu'elle a 10 millim. environ de largeur. Elle se bifurque à son sommet, mais chacune de ces bifurcations est évidemment fasciée ; c'est pourquoi nous la plaçons parmi les épipédochorises pollaplasiques. En effet, 1° pour que la fascie pût avoir une largeur triple du diamètre de l'axe, il faut concevoir que cela laisse supposer au moins 4 ou 5 phytogènes vivant ensemble, car s'il n'y en avait eu que 3, on aurait eu 3 tiges unies entre elles, mais avec 3 canaux médullaires. Or il n'y en avait qu'un de forme elliptique, creux, ce qui indiquait bien une fusion assez intime pour admettre au moins 4 ou 5 éléments caulinaires. Au reste, les 2 extrémités de la bifurcation terminale, au lieu d'être amincies en pointes, étaient assez fortement obtuses pour ne laisser aucun doute sur la pluralité des phytogènes caulinaires. Enfin, les fleurs, extrêmement nombreuses et très-rapprochées les unes des autres, conduisaient à une pareille interprétation.

Delphinium ornatum. Fascie de 78 à 80 centim. de hauteur sur 30 à 35 millim. de largeur, divisée au sommet en 4 parties fasciées, très-couverte de fleurs et contournée en différents sens.

Aconitum barbatum. Nous avons observé cette fascie à l'École botanique du Muséum (1862); elle n'avait pas moins de 1 mètre de hauteur sur 25 à 30 millim. de largeur; elle était quadrifurquée à son sommet, mais 2 de ses divisions étaient encore fasciées. Contrairement à la plupart des fascies que nous avons observées, ses feuilles ainsi que ses fleurs étaient relativement rares.

OEnothera biennis. Cette fascie, qui a 80 à 90 centim. de hauteur sur 30 à 35 millim. de largeur, est remarquable par la quantité prodigieuse de ses fleurs, surtout vers le sommet, qui se divise en 6 branches, une de chaque côté devenue normale, et 4 autres sensiblement de même hauteur, mais fasciées elles-mêmes. Cette épipédochorise s'est rencontrée dans une même touffe de cet *OEnothera* avec plusieurs cyclochorises dont nous parlerons plus tard.

Beta vulgaris. Cette fascie n'avait pas moins de 1 mètre de hauteur et 9 centimètres de largeur ; elle avait commencé par un axe cylindrique et se terminait par une multitude de petits axes chargés de fleurs ; les faces de la fascie étaient elles-mêmes chargées de fleurs. M. C. H. Schultz-Bipontino en a décrit une qui se rapproche de la nôtre ; elle avait 8 centimètres de largeur, 3 d'épaisseur et seulement 28 de hauteur (1).

Populus nigra. Cette jolie fascie, *fig.* 56, que nous devons à l'obligeance de M. Arthur Dinaux, propriétaire à Montataire, est formée d'une base aplatie dans la longueur, de 60 centimètres environ à partir de la partie cylindrique jusqu'au point où se fait la trifurcation. De ce point jusqu'au sommet de la plus grande branche, nous comptons au moins 50 centimètres. Les 2 branches latérales sont largement fasciées (3 à 4 centimètres), celle du milieu est presque réduite à son état normal. Les bourgeons extrêmes des bourgeons latéraux sont tellement serrés qu'ils forment une *crête* quelque peu plissée ou ondulée.

Convolvulus batatas. Cette fascie n'avait pas moins de 1 mètre de longueur sur une largeur de 10 à 12 centimètres. Il nous a été impossible de compter les bourgeons terminaux tant ils étaient serrés, et surtout recouverts de feuilles en état de vernation. Les 2 faces étaient couvertes d'une multitude de feuilles portant à leur aisselle un bourgeon bien caractérisé.

Cucurbita pepo. Cette monstruosité avait une longueur de 1 mètre 85 sur une largeur atteignant quelquefois jusqu'à 10 centimètres. Sa base cylindrique, comme presque toutes les fascies, s'élargissait peu à peu en offrant des vrilles et des feuilles, puis des fleurs mâles ou femelles de plus en plus nombreuses ; sur une seule ligne circulaire nous avons compté 11 petits potirons bien constitués. Enfin l'extrémité supérieure était couronnée par une

(1) *Bonplandia*, août 1856, p. 237-239.

multitude de bourgeons terminaux tous intimement liés et formant une seule et même crête.

Asparagus officinalis. Nous n'avons vu cette fascie que chez un marchand de comestibles qui y tenait pour l'exposer en montre. Elle avait au moins un pied de longueur sur une largeur de 12 à 15 centimètres ; au premier abord et à une certaine distance elle simulait assez bien une vaste semelle de soulier ; quelques bourgeons de sa crête, plus distincts des autres, semblaient disposés à se séparer pour former un axe normal.

Helianthus tuberosus, fig. 55 *bis.* L'anomalie que nous représentons avait presque 2 mètres de hauteur et 16 à 18 centimètres de largeur dans certains points de son étendue. Elle présentait sur les côtés quelques branches et sur ses faces une multitude de feuilles, mais avec des bourgeons peu développés ; sa crête s'était divisée en 16 branches inégales, dont les 3 latérales gauche et la latérale droite avaient revêtu les caractères d'un axe normal ; les autres étaient tous restés plus ou moins fasciés et offraient tous les intermédiaires, depuis l'épipédochorise diplasique jusqu'à la pollaplasique. Cette fascie était venue à l'endroit même où en étaient venues d'autres les deux années précédentes et où il en est encore venu les deux années suivantes (1853 à 1858). Nous avions laissé avec intention de les reproduire les tubercules au même endroit ; mais ils ont fini par envahir tant d'espace et surtout par épuiser tellement la terre, qu'ils ont fait périr un Cerisier qui était planté dans leur voisinage. Voilà pourquoi nous avons dû fouiller la terre, qui nous a donné plusieurs brouettées de tubercules.

Linaria vulgaris. Sur un même pied très-vivace, nous avons trouvé 2 fascies très-amplement développées et ayant en tout environ 1 mètre de hauteur. Contrairement à l'*Helianthus tuberosus*, ces fascies étaient au moins aussi élevées que les axes ordinaires. Sur la plus courte, qui à partir du commencement de l'aplatissement n'a pas moins d'un demi-mètre, on remarque une quantité de petits axes normaux qui se sont développés longitudinalement sur un seul côté. Ces axes portent des fleurs normales et quelques-uns, des fleurs à deux éperons situés du même côté, comme si les fleurs provenaient d'un défaut d'exastosie entre deux fleurs ; l'autre côté porte un seul axe normal et un axe fascié qui s'est détaché de la fascie générale. Celle-ci, large de 28 à 30 millimètres, à peine d'un 1/2 millimètre d'épaisseur, est terminée par 6 divisions fasciées chargées de feuilles très-déliées subuliformes et de fleurs normales qui se remarquent surtout au-dessous de la crête. Cette dernière est complétement formée par des feuilles si ténues qu'elles ressemblent à des soies du plus beau vert. Toutes les feuilles de cette fascie sont très-déliées et en quantité innombrable.

L'autre fascie, plus haute, diffère de la précédente par ses feuilles et ses fleurs plus amples. Elle est plus contournée; sa crête, qui est plus large et qui ne s'est divisée que par déchirure, est aussi formée de feuilles sétacées au-dessous desquelles se trouvent un grand nombre de fleurs normales. La fascie est plus large et plus épaisse et ses stries plus espacées que dans la précédente. Enfin, tandis que la première n'offre que des ondulations, celle-ci présente, avec les ondulations, un recroquevillement très-prononcé vers son sommet, qui lui-même est complétement roulé en crosse, sur son plan, à la manière des Fougères.

Fraxinus excelsior. Cette gigantesque fascie, *fig.* 55, que nous devons à l'obligeance de M. Houbigant, propriétaire à Nogent-les-Vierges, avait environ 2 mètres de développement. Sa crête s'était divisée en une infinité de fascies secondaires après avoir plusieurs fois pris les caractères à peu près normaux des axes ordinaires, et quelquefois s'être contourné dans tous les sens de façon à offrir les dispositions les plus bizarres. On peut voir que les bourgeons sont à peu près innombrables.

Enfin le *Lactuca sativa* nous a présenté des fascies que l'on pourrait appeler *pollaplasiques*, car sa tige s'était fasciée une première fois, et cette fascie s'était divisée en 2, 3, 4, 5, 6 et 7 autres fascies secondaires qui étaient elles-mêmes d'une assez grande composition. Nous avons cherché à reproduire cette curieuse anomalie privée de ses feuilles, en ne laissant que les bourgeons des axes et de la crête, *fig.* 58, car cette année (1862) elle s'est abondamment reproduite dans le jardin potager de notre beau-père, M. Arthur Dinaux, mais avec des variantes à l'infini; ainsi les unes étaient porteuses de bourgeons réduits à un petit tubercule, quelques-uns même étaient complétement absents. Dans quelques-unes les divisions de la fascie étaient nulles, quand chez les autres elles formaient 2, 3, 4, 5, 6 et jusqu'à 7 fascies secondaires, *fig*. 58. La régularité avec laquelle se sont développées les subdivisions est remarquable, et l'ensemble représente assez bien l'inflorescence de la Crète de coq (*Celosia cristata*), et, à part les bourgeons, cette fascie rappelle assez bien aussi la feuille du *Gincko biloba* anomale que nous avons reproduite *fig*. 14 (pl. V), conduisant à la feuille normale, *fig*. 60. M. Alb. Wigand a aussi observé ce phénomène sur la même plante, mais seulement dichotome au sommet.

Le même auteur a encore indiqué une fascie d'*Hesperis matronalis*, haute de 2 pieds et demi, épaisse d'une ligne, large de 5 pouces, contournée en vis, à tours serrés dans le haut et abondamment florifère au sommet (*Bull. Soc. bot. France*, t. IV, p. 225). Un *Dianthus barbatus* fascié, avec torsion, a été trouvé par M. Durieu de Maisonneuve, et M. Duchartre a indiqué un phénomène analogue qu'il a observé sur un pied de *Gallium Mollugo* (*Bull. Soc. bot. France*, t. III, p. 406). M. Clos a fait connaître un *Dracocephalum Moldavica* dont la tige était tordue sur une longueur de 3 centimètres, après quoi la sommité devenait fasciée. Enfin, le même botaniste signale encore la description d'une fascie claviforme d'*Euphorbia characias* trouvée dans les manuscrits de Delile (1).

Les fascies sont connues depuis un temps immémorial; certains auteurs antérieurs à Linné ont décrit et figuré cette curieuse anomalie. C'est ainsi que Borrich, en 1673, faisait connaître des fascies de *Geranium*, de *Ranunculus*, d'Hysope, de Lis martagon et de Couronne impériale (2); que Vollgnad a signalé cette anomalie dans l'*Hieracium pilosella*, l'*Euphorbia Cyparissias* et le *Primula Veris* (3); que Jænish l'a trouvée dans la Buglosse; Wedel, sur un Saule; Fribe, sur une Camomille; Fehr, sur un Chrysanthème; Wagner, sur un Narcisse; Hoffmann, sur une Asperge; Gahrlien, sur une Conyze, etc.

Dans sa *Philosophie botanique*, Linné indique cette anomalie chez la Renoncule, la Bette, l'Asperge, la Julienne, le Pin, le

<hr>

(1) *Mém. Acad. imp. sc. de Toulouse*, 5ᵉ série, t. III, p. 99-113; tirage à part en broch. in-8.

(2) *Act. hafm.*, 1673, p. 162.

(3) *Ephem. nat. cur.*, déc. 1; *Ann.*, 6 et 7, 344, *fig*. 1, 2, et p. 345, *fig*. 3.

Celosia, le Salsifis, la Scorzonère et la Camomille puante (1). Presque toutes ces anomalies ont été retrouvées depuis par différents botanistes, qui en ont fait connaître un grand nombre d'autres.

Nous donnons ici une liste de quelques fascies qui ont été le mieux observées :

MONOCOTYLÉDONES

Fougères (De Candolle),		Lis blanc	
Asperge (Hoffmann),		Glayeul	
Narcisse (Wagner),		Maïs	(Moq. Tand).
Lis martagon	(Borrich),	Fragon	
Couronne impériale			

DICOTYLÉDONES

Buplevrum falcatum		Sterculia platanifolia	
Dodonæa viscosa	(A. de Jussieu),	Grenadier	
Daphne indica		Ormeau	(Moq. Tand.),
Prunus sylvestris		Févier	
Sambucus nigra		Mûrier blanc	
Cytisus laburnum	(Schlectendal),	Carlina vulgaris (5),	
Apargia autumnalis		Suæda maritima	
Euphorbia cyparissias (2)		Centaurea scabiosa	
Chicorée		Saxifraga mutata	(6),
Jasione montana		Campanula rapunculoïdes	
Stapelies	(De Candolle),	Campanula medium	
Spartium junceum (3)		Antirrhinum majus	(7),
Daphne mezereum		Saxifraga irrigua	
Frêne		Trifolium resupinatum (Decaisne),	
Jasmin		Barkausia taraxacifolia	(Boivin),
Delphinium elatum		Genista scoparia	
Ajuga pyramidalis	(Jœger),	Ranunculus tripartitus (Seringe),	
Myosotis scorpioides		Ranunculus bulbosus (Viala),	
Cichorium intybus		Euphorbia characias (Delille),	
Chrysanthemum leucanthemum		Tuya orientalis (Germain),	
Euphorbia exigua		Fraisier (Duchesne),	
Linum usitatissimum		Linaria purpurea (Chavanne).	
Androsace maxima		Caprier (Planchon),	
Echium pyrenaicum (4)	(Moq. Tand.),	Ervum lens (Clos),	
Echium simplex (Berthelot),		Solanum tuberosum	
Suæda fruticosa		Olea Europea	(Germain
Melia azedarach		Valeriana	de S.-Pierre),
		Lonicera	
		Phytolacca dioica	

(1) *Philosoph. bot.*, 274.
(2) *D. C. Org. vég.*, pl. 36, *fig.* 1.
(3) *Ibid.*, pl. 3, *fig.* 1.
(4) Observée dans le cabinet de Philippe de Lapeyrouse.
(5) Moq. Tand., *In herb. Poiret.*
(6) Moq. Tand., *In herb. D. C.*
(7) Moq. Tand., *In herb. A. de Juss.*

Auxquelles nous ajoutons les suivantes que nous avons observées, indépendamment de celles déjà citées :

Sedum telephium,
— Rupestre (fréquentes),
Citrus aurantium,
Tamarix gallica,

Solanum dulcamara (radicelles),
Saule (radicelles),
Phaseolus multiflorus (radicelles).

Quelques-unes de ces fascies méritent de fixer un instant notre attention. Ainsi l'exemplaire d'*Euphorbia characias* avait tous ses organes appendiculaires d'une vive couleur rouge. Celui de *Carlina vulgaris* présentait une largeur de 1 décimètre au moins. Il en est de même de la fascie de l'*Apargia autumnalis*. L'*Echium pyrenaicum* était encore plus remarquable : « Qu'on se figure, dit M. Moquin-Tandon, une palette très-allongée, très-mince, large au sommet comme les deux mains, couverte surtout vers le sommet d'une quantité innombrable de rameaux courts chargés de fleurs. » L'*Echium simplex*, lui, était fascié depuis la base et présentait aussi une dilatation florifère de 1 décimètre 1/2 environ de largeur.

La fascie du *Buplevrum falcatum* présentait cette particularité que les spirales de feuilles étaient transformées en verticilles parfaitement réguliers, offrant 5, 6, 7 et 8 éléments. Un rameau florifère s'était développé à l'aisselle de chaque feuille (Moq. Tand.).

Quant aux fascies radicellaires que nous avons observées, l'une d'elles (*Phaseolus multiflorus*) était blanche, aplatie, large de 7 à 8 millimètres, longue de 24, et se terminait par 4 radicelles variables de longueur; elle avait son plan parallèle à l'axe qui avait fourni les radicelles.

Celle de Saule était tout simplement le résultat d'une union intime entre les 3 radicelles sortant d'une même lenticelle. On sait en effet que dans le Saule il sort souvent d'un même point de l'axe 2 et même 3 radicelles; mais celles-ci sont ordinairement obliques, de sorte que la fascie n'était réellement ni parallèle, ni perpendiculaire à l'axe, mais oblique et comme formant un commencement d'hélice (1).

---

(1) Nous emploierons toujours le mot *hélice* au lieu du mot *spirale*, si souvent usité par les auteurs, parce que le mot spirale exprime tout autre chose que ce qu'ils veulent dire. L'hélice est une courbe tracée en forme de vis autour d'un cylindre et dont *les tours ne sont jamais dans un même plan*. C'est la dis-

Enfin, nous avons dit autre part que les tubercules palmés des *Orchis* et des *Ophrys* devaient être regardés comme une fascie ou épipédochorise pollaplasique.

Il est remarquable que ce sont bien plutôt les bourgeons-fleurs qui, dans les fascies, ont le plus de tendance à se développer et arriver au terme de leur existence. On dirait que les bourgeons-fleurs pour se développer ont besoin d'une nourriture préparée par les feuilles et que partout où ils la trouvent ils se développent. Cette nourriture serait donc différente de celle qui sert aux feuilles, car les bourgeons-scions, au contraire, se forment souvent parfaitement, mais restent dans un état stationnaire qui ne se réveille que lorsque l'on coupe la crête de la fascie; c'est ce qui nous est arrivé plusieurs fois. Alors la plupart des bourgeons de la face se développent, mais en général moins bien que les bourgeons latéraux. Il semble que ceux-ci obéissent encore bien plus que les bourgeons de la face à cette force physiologique qui fait les productions latérales et dont nous avons parlé p. 281; aussi, lorsque l'on vient à enlever ces bourgeons latéraux, les bourgeons faciaux prennent-ils plus facilement leur essor.

Les fleurs que l'on observe sur ces tiges anomales subissent des défauts ou des excès dans leur évolution; quelquefois leur axe devient plus ou moins fascié, et les diverses rosettes qu'il supporte changent leur disposition circulaire contre un arrangement elliptique ou comprimé (Ad. Brongniart). Cette vérité est surtout remarquablement confirmée sur le *Celosia cristata* dont les fleurs, surtout celles de la base, se transforment quelquefois en un petit épi de fleurs se fasciant parfois à son sommet.

Les bourgeons-scions sont parfois réduits à un simple tubercule, et souvent même il a complétement avorté; c'est ce que nous avons observé sur l'Asperge et sur quelques fascies de Laitue.

Cet état contre nature des axes semble pourtant trouver des analogues dans l'état naturel de plusieurs végétaux (1). Ainsi l'on sait que les branches florifères de *Xylophylla*, *fig.* 63, a, sont Pl. X.

position des organes appendiculaires autour de l'axe. La spirale, au contraire, est une courbe tracée *dans un même plan*, mais qui s'écarte de plus en plus du point autour duquel elle fait plusieurs tours : c'est le ressort de montre. L'élément de l'hélice, c'est-à-dire un tour, se nomme *hélicule;* l'élément de la spirale, c'est-à-dire un tour, se nomme *spire.*

(1) M. Martius propose le nom de *cladodium* pour les fascies normales.

très-aplaties, crénelées et tout à fait analogues aux feuilles dont elles remplissent les fonctions, ce qui a conduit quelques phytographes à les regarder comme de véritables feuilles, et pour cette raison, leur inflorescence a reçu le nom d'*Épiphylles* (1). Le *Pachynema complanatum* porte de jeunes rameaux comprimés, munis sur leurs deux bords de dents aiguës, courtes et distantes, à l'aisselle desquelles naissent les fleurs et que l'on a considérées comme des vestiges de feuilles; mais il paraît que les vraies feuilles sont réduites à des écailles fort petites, un peu embrassantes et caduques (Link).

Les *Ruscus* (*Aculeatus*, etc.) portent aussi des rameaux fasciés qui ont bien plus encore l'apparence d'une feuille (2); mais d'une part, ils se développent à l'aisselle d'une écaille qui doit être considérée comme la vraie feuille, et de l'autre, c'est sur l'une des faces de cette fascie que se développe la fleur, deux raisons qui ont conduit les botanistes à considérer ces organes comme des axes fasciés, *fig.* 63, b.

Les tiges de quelques *Bauhinia* (*scandens*, *guyanensis*) se présentent sous une forme plus ou moins comprimée. Il est probable qu'il s'est produit, là aussi, un phénomène analogue aux fascies, et selon M. Guillemin, il en pourrait être ainsi de quelques *Cissampelos*. Quant aux tiges de certains *Cactus*, on peut aussi les regarder comme des rameaux fasciés, mais différant des fascies ordinaires par la disposition de leurs faisceaux vasculaires. Toutes ces analogies des rameaux fasciés avec les feuilles ont conduit avec quelque raison quelques phytologues à regarder les feuilles comme des organes analogues aux fascies, et comme cette manière de voir se trouve fortement appuyée par notre théorie des phytogènes, nous nous réservons de la présenter quand nous parlerons des feuilles.

Enfin le *Sedum cristatum* et surtout la Crête de coq des jardins (*Celosia cristata*) sont considérés comme des fascies normales qui présentent parfois des divisions indiquant bien leur analogie avec les phénomènes que nous venons de décrire.

Comment doit-on considérer les hampes aplaties de certains

---

(1) Hayn., *Term.*, pl. 25, *fig.* 5.
(2) *D. C. Org. vég.*, pl. 49, *fig.* 1.

Crinum (zeylanicum, longiflorum, etc.)? Sont-ce des hampes ordinaires? Mais la disposition des rayons des sertules semble indiquer, surtout dans le *Crinum longiflorum,* que la hampe peut être formée de plusieurs hampes réunies à la manière des *Hyacinthus* dont nous parlerons plus loin. Mais alors est-ce une épipédochorise ou une sphærochorise? Si nous considérons la manière dont la hampe se divise au sommet pour donner naissance aux fleurs, nous reconnaissons que les fleurs occupent en général 3 lignes à peu près disposées comme le sont les centres vitaux ou phytogènes dans la *fig.* 57 *bis,* a. Dans ce cas il y a deux manières d'interpréter le phénomène :

1° Ou bien 2 phytogènes généraux résultant d'une diplasie, *fig.* 57 *bis,* b, ont végété ensemble, et au sommet de l'axe ont donné naissance aux phytogènes particuliers devant former autant de fleurs : ce serait alors une épipédochorise diplasique ;

2° Ou bien encore ce sont autant de phytogènes qui, vivant ensemble à la manière des phytogènes d'une sphærochorise, ont fait une hampe commune, et au sommet se sont terminés en autant de fleurs. Nous verrons que l'on peut en effet regarder les sertules, les ombelles et les capitules comme des sphærochorises avec exastosie des phytogènes qui les composent.

Certaines Fraises, mais particulièrement la variété dite *anglaise,* se présentent souvent avec l'apparence de 3, 4, 5, 6 ou 7 fraises unies entre elles suivant un même plan. Elles sont alors aplaties et présentent une série de lobes plus ou moins séparés les uns des autres et constituent véritablement une épipédochorise pollaplasique ou fascie, puisque le gynophore n'est autre chose qu'un axe.

Enfin nous devons regarder comme une épipédochorise l'anomalie qui affecte les pétioles de certaines feuilles. C'est ainsi que nous avons observé dans la feuille d'un Haricot, var. dite *Flageolet,* une dilatation du pétiole avec plusieurs cannelures qui indiquaient que cette anomalie appartenait bien à l'ordre de phénomènes qui nous occupe. Cette feuille toute difforme et pourtant symétrique, *fig.* 59, était évidemment formée par l'assemblage de plusieurs folioles résultant de la fusion de 3 ou 4 feuilles, du moins à en croire les cannelures du pétiole. De chaque côté du pétiole fascié se trouvait : d'un côté, une petite foliole ; de l'autre, et non en opposition, une autre foliole plus grande et plus normalement conformée. Cette feuille entière était portée par un pétiole long de 10 centimètres, large de 10 à 11 millimètres, *non embrassant à sa base*, et rappelant un peu, moins la direction de son plan qui était perpendiculaire à l'axe, les phyllodes des Acacias de la Nouvelle-Hollande. Si l'on remarque que la base du pétiole n'était pas embrassant comme dans le cas de la Violette diplasiée dont nous avons parlé p. 218, on comprendra que cette feuille ne pouvait être le résultat d'un défaut d'exastosie entre des feuilles qui auraient été produites par les 6 phytogènes circulaires d'un phytogène général. Par conséquent elle est le résultat d'une chorise pollaplasique dont les éléments sont placés dans un même plan. En un mot c'est une épipédochorise.

Nous avons observé une feuille de Pommier qui présentait une composition tout à fait analogue à celle du Haricot. Son pétiole, également dilaté et cannelé, offrait un limbe où l'on reconnaissait l'union par le côté de plusieurs feuilles (*fig.* 90, a, pl. XIII). Nous donnerons un peu plus loin la description de l'axe qui a présenté cette anomalie.

M. Julien Jeannel parait également avoir observé une fascie de feuille chez le Grenadier et l'Olivier (1); mais comme il ne donne aucuns détails sur ces deux fascies, il se pourrait qu'il n'eût eu affaire qu'à des feuilles chez lesquelles le principe de la trisection a montré un commencement d'influence.

PÉTALES. M. Moquin dit avec raison « que la dilatation des filets staminaux en corps pétaloïdes constitue aussi une sorte d'expansion qu'on pourrait rapprocher de la fasciation, si l'on voulait étendre le sens de ce mot (2). » Quand nous aurons largement tracé les caractères et les propriétés du phytogène (3), on verra que cette opinion est extrêmement voisine de la vérité sinon la vérité elle-même, et que les pétales eux-mêmes ainsi que les feuilles peuvent être regardés comme des épipédochorises pollaplasiques.

Comme nous nous sommes assez longuement entretenu de

---

(1) *Bull. Soc. bot. Fr.*, t. IV, p. 623.
(2) *Élém. térat. vég.*, p. 154.
(3) *Voir* l'article intitulé : *Formes, structure et propriétés du phytogène* (*Phytogénie*).

ces sortes de transformations en parlant de l'exastosie en général (1), nous ne croyons pas devoir y revenir ici. Il était bon de signaler le rapprochement qu'il y avait à faire entre les filets staminaux qui se transforment en pétales et les phénomènes d'épipédochorise que nous traitons ici.

ÉTAMINES. Les filets des étamines ne sont pas exempts de ces sortes d'anomalies. Ainsi sur les étamines du *Rubus odoratus* nous avons constaté une vraie fascie des filets, et chose remarquable, c'est que dans un cas la fascie constituait une *Épipédochorise circulaire* comme le serait un pétale; tandis que dans l'autre, ce serait une *Épipédochorise centripète*, comme le serait un *Phyllodium*. Le *Jambosa vulgaris* nous a offert un phénomène d'épipédochorise pollaplasique circulaire et centripète tout à fait analogue, avec cette seule différence que les extrémités étaient un peu roulées en crosse et ne portaient pas d'anthères; tandis que dans le *Rubus odoratus*, l'épipédochorise était terminée par 4 anthères libres.

CARPELLES. Enfin l'épipédochorise peut s'observer à des degrés plus ou moins complets dans la production des carpelles. Par exemple, nous avons observé et reproduit *fig.* 61, un fruit d'*Amygdalus communis* formé de 5 carpelles, disposés suivant un même plan, plus ou moins intimement unis à leur base et tous 5 parfaitement conformés. Ces 5 carpelles appartenaient à la même fleur qui ne portait qu'un nombre normal de sépales, s, de pétales, p, et d'étamines.

Peut-être que les observations des botanistes viendront un jour grossir le nombre des épipédochorises des pétioles et des carpelles, dont nous ne pouvons aujourd'hui donner que les 3 exemples précités.

Quelques botanistes s'étonneront sans doute de nous voir placer ces anomalies à la suite des épipédochorises, attendu que nous donnons cette dénomination à la chorise pollaplasique des axes, et que dans les idées reçues aujourd'hui les pétioles et les carpelles ne peuvent être considérés comme des axes. Mais cet étonnement cessera aussitôt que l'on se sera rendu compte de la manière dont, au moyen des phytogènes, toutes les parties

_____

(1) Voir *Excès d'exastosie centripète*, p. 93.

végétales se forment, et c'est ce que nous exposerons en détail dans plusieurs des chapitres qui suivront.

§ 2. — *De la cyclochorise.*

La cyclochorise est un phénomène qui, comme l'épipédochorise, se présente d'une manière anomale et d'une manière normale, et que l'on a jusqu'à ce jour confondu avec les autres chorises sous le nom de Multiplication. Quelquefois même on s'est contenté de la regarder comme une sorte d'hypertrophie qui ne pouvait à ce point de vue avoir aucun rapport avec les chorises. Mais la composition du phytogène étant déterminée et admise, si l'on invoque ce raisonnement que la chorise des axes pouvant se faire suivant un plan, il n'y a pas de raison pour qu'elle ne se fasse pas selon une courbe circulaire, et par suite selon une calotte sphérique; on voit dès lors que l'on se trouve placé dans un champ de nouvelles idées, et que dans ce cas l'admission de la cyclochorise et de la sphærochorise est une des conséquences de l'existence de la première chorise.

Malheureusement, pour comprendre parfaitement cette nouvelle manière d'envisager les phénomènes, il faudrait être parfaitement au courant de nos vues concernant la constitution et les propriétés du phytogène, et nous ne pouvons cependant faire connaître cette constitution et ces propriétés qu'après avoir passé en revue les principales anomalies végétales, qui ne peuvent recevoir d'explication que de la constitution et des propriétés mêmes de notre phytogène. Nous sommes donc placé dans une pétition de principe dont nous ne pouvons nous échapper qu'en donnant comme axiomes les 3 propositions suivantes, que la suite se chargera de justifier :

1° *Un phytogène général ou protophytogène est composé de phytogènes particuliers dont chacun à son tour est relativement général ou protophytogène par rapport à d'autres phytogènes particuliers et ainsi à l'infini;*

2° *Quand un protophytogène se développe normalement seul, il donne toujours lieu à un tube allongé cylindrique ou prismatique pourvu ou dépourvu d'organes appendiculaires et que l'on nomme* organe axile (tige ou axe).

Corollaire. En renversant la proposition, on peut dire que tout organe cylindrique ou prismatique (axile) résulte du développement normal d'un *seul* phytogène général ou particulier.

3° *Quand 2 ou plusieurs phytogènes disposés latéralement se développent ensemble dans un état d'union plus ou moins grand, ils donnent toujours lieu à des organes plans que nous désignons sous le nom général* d'organes appendiculaires (stipules, feuilles, folioles, bractées, sépales, etc.).

Coroll. En renversant la proposition, on peut dire que tout organe plan (appendiculaire) résulte dudéveloppement de *plusieurs* phytogènes généraux ou particuliers unis intimement entre eux.

Or voici une conséquence importante qui résulte des propositions que nous venons d'énoncer : c'est que les phytogènes destinés à former les organes cylindriques ou prismatiques, c'est-à-dire les axes, peuvent quelquefois en s'unissant donner lieu à un organe plan ou axe composé ou fascié qui a la plus grande analogie avec les feuilles (Ruscus), et réciproquement les phytogènes circulaires destinés à la formation des organes plans (appendiculaires), en s'unissant intimement entre eux peuvent, en se développant, former un organe cylindrique ou prismatique (axile), qui n'est autre qu'une cyclochorise dont nous allons maintenant faire comprendre le mode de formation.

Supposons le phytogène général ou protophytogène, *fig.* 65. Dans l'état ordinaire des choses, les 6 phytogènes particuliers circulaires c, s'unissent 2 à 2 pour former les organes appendiculaires verticillés, v, v, v, ou 3 à 3 pour former les organes appendiculaires opposés, o, o. Dans ce cas, la totalité des phytogènes circulaires, eux-mêmes phytogènes composés, et dont le centre est en c, entrent dans la composition des organes appendiculaires. Mais il peut arriver qu'au lieu de s'unir pour former les organes appendiculaires, chacun de ces 6 phytogènes se développe à la manière d'un axe, avec cette différence que chacun de ces phytogènes, par défaut d'exastosie circulaire, restera uni avec son voisin de droite et de gauche, lesquels constitueront par leur union une *fascie circulaire* qui, plane par son mode de producduction, aura dans son ensemble une forme cylindrique ou prismatique. Il en résultera un axe qui, au lieu d'être simple, sera composé de 6 axes circulaires unis intimement ensemble et formant alors un axe dont les dimensions dépasseront les dimensions normales. Mais en même temps que ces axes *fasciés circulairement* se développent, il est évident que les parties extérieures seules seront capables d'émettre des productions appendiculaires, et celles-ci résultant de l'union de plusieurs phytogènes les trouveront dans les 2 ou 3 phytogènes secondaires extérieurs, ponctués, qui composent chacun des 6 phytogènes circulaires dont le centre est en c. Par conséquent, nous devrons trouver 6 feuilles là où l'on n'en aurait trouvé que 2, ou au plus que trois. Cette augmentation de nombre sera donc une preuve de la transformation des phytogènes circulaires en axes plutôt qu'en feuilles.

Enfin supposons que ces 6 phytogènes, avec cette tendance à leur transformation en axe que nous venons de signaler, arrivent à subir chacun en particulier une chorise circulaire incomplète diplasique ou pollaplasique, il pourra se produire un grand nombre d'axes circulairement fasciés, et alors les feuilles qui prendront naissance pourront être très-nombreuses et ne présenter aucune régularité dans leur disposition phyllotaxique. C'est à ce phénomène, que nous avons rencontré quelquefois, que nous avons donné le nom de *Cyclochorise*.

A. *Cyclochorise triplasique.*

La plus simple des cyclochorises est la *Cyclochorise triplasique*, qui résulte de la chorise d'un seul phytogène, m, m, m, en 3 centres vitaux, *fig.* 36, A. On conçoit en effet que l'union de deux seuls phytogènes ne pourrait former au plus qu'un organe aplati qui ne serait autre qu'une fascie.

Malheureusement le nombre de ces chorises est extrêmement limité et se borne à celles que nous allons faire connaître; car nous ne sachions pas qu'il en ait été fait mention dans aucun ouvrage; ce qui tient sans doute à ce qu'elles ont été confondues avec d'autres chorises ou avec d'autres phénomènes végétaux, tels par exemple que les hypertrophies.

1° La plante où l'on peut le mieux observer cette cyclochorise triplasique est sans contredit le *Hyacinthus orientalis* cultivé. On sait que cette espèce, dans l'état de nature, se compose d'un oignon à tuniques concentriques, donnant quelques feuilles longues, planes, canaliculées, du milieu desquelles s'élève une hampe nue qui porte de 2 à 10 fleurs blanches, bleues ou rouges, quelquefois jaune soufre. Voilà le type de la Jacinthe, si connue de tout le monde. Cependant lorsque cette plante est cultivée dans un sol très-meuble, très-riche en humus, comme la terre que l'on forme avec du terreau de feuilles et de la terre de bruyère, on obtient des oignons volumineux et qui, au lieu d'une hampe grêle, portant 10 fleurs au plus, produit une hampe épaisse qui présente dans le sens de sa longueur des sortes de nervures analogues à celles que l'on observe dans les fascies ordinaires, et qui au lieu de 10 fleurs en présentent un nombre considérable : ordinairement de 40 à 60. Nous en avons compté jusqu'à 71, nombre, comme on le voit, bien supérieur à celui qui se rencontre dans la nature.

Or pour peu que l'on ait cultivé des Jacinthes, particulièrement celles dites *de Hollande,* on a pu s'apercevoir que les fleurs sont très-rapprochées, souvent unies 2 à 2 et toujours formant des verticilles incomplets, irréguliers, mais dans lesquels on trouve un nombre variable de fleurs, et dans tous les cas beaucoup plus nombreuses que ne le comporterait une hampe qui ne se serait pas chorisée. De plus, quelquefois on trouve des inflorescences terminées par 3 fleurs paraissant de même époque physiologique de formation, c'est-à-dire se trouvant sur le même plan ou plutôt sur une même ligne circulaire et fleurissant ensemble. Dans quelques cas ces trois fleurs se séparent, portées sur un prolongement de l'axe qui s'est triplasié au sommet, et cette triplasie s'étend parfois de plus en plus, jusqu'à ce qu'enfin, au lieu d'une hampe sortant du petit bouquet de feuilles, on en trouve 3 disposées en triangle et portant chacune un beaucoup plus petit nombre de fleurs.

M. Duchartre nous paraît avoir eu affaire à une cyclochorise analogue dans la Tulipe à tige tripartie, à 3 fleurs parfaitement développées et à peu près d'égales dimensions, qu'il a décrite dans le tome VII du *Bulletin de la Société botanique de France,* p. 462.

Pour nous donc, une Jacinthe de Hollande n'est autre qu'une Jacinthe ordinaire, chez laquelle une abondante nourriture a déterminé une division du protophytogène qui devait fournir la hampe, et par suite les fleurs, en 3 phytogènes disposés circulairement, c'est-à-dire en triangle. C'est en un mot une *Cyclochorise triplasique*.

Si maintenant on rapproche ce phénomène de celui de la fleur du Prunier, dont nous avons si souvent parlé déjà, *fig.* 2, pl. IV, et p. 111, on trouvera qu'il y a une telle analogie entre les deux phénomènes que l'on sera tenté de nous accuser d'avoir placé deux phénomènes identiques dans des sections différentes. A cela nous répondrons que dans le Prunier l'exastosie naturelle produit le plus souvent 3 fleurs dans un même bouton normal, et que c'est par *défaut d'exastosie* que ces 3 fleurs se sont fondues en une seule. Au contraire, dans la Jacinthe, le bouton-fleur normal ne doit donner qu'une seule hampe, et ce n'est que par cyclochorise qu'il arrive à en produire 3, qui sont rendues évidentes par *excès d'exastosie*.

2° Un autre exemple que l'on pourrait rapporter à une cyclochorise triplasique complète, nous est donné par une fleur anomale du *Nolana prostrata*, laquelle, dans un calice commun, présentait 3 fleurs disposées en triangles, et toutes trois portant corolle, androcée et gynécée. Après avoir produit le calice, le protophytogène-fleur avait donc subi l'action de la chorise circulaire, *fig.* 36, A, et trois centres vitaux ou phytogènes ont pu à la fois devenir protophytogènes et donner lieu aux 3 fleurs dont nous avons parlé ; mais il faut observer qu'ici l'exastosie a complétement séparé ce que la cyclochorise a commencé.

3° Les *Amygdalus* et les *Persica* présentent un état inverse du Prunier, mais cet état s'effectuant dans la fleur même. En effet, ces genres sont caractérisés par un calice à 5-6 divisions ; une corolle à 5-6 pétales ; un androcée de 20-30 étamines, et un gynécée, composé d'ordinaire d'un drupe ou carpelle, contenant un noyau ligneux. Il n'est pas rare cependant de rencontrer 3 carpelles au fond de la fleur, et ces trois carpelles constituent une véritable cyclochorise triplasique. La *fig.* 66 représente un ovaire triplasié avec prolification de l'*Amygdalus communis*. Les 3 carpelles circulaires sont unis entre eux par leur base seulement, et au milieu d'eux il s'en est formé un quatrième par répétition d'organisme. M. Alf. Wesmael a fait sur le *Draba verna* une observation qui se rapproche de la précédente. Il y a constaté l'existence d'un ovaire triloculaire, muni de 3 placentas et de 3 cloisons qui, partant de ceux-ci, venaient se réunir au centre du fruit. C'est une organisation intermédiaire entre celle de l'ovaire du *Tetrapoma* et celle des ovaires normaux des autres crucifères (1). Peut-être faut-il rapporter à une cyclochorise analogue le fait de fruits triloculaires des *Datura stramonium* et *tatula*, indiqué par M. Schlectendal, car cet auteur ne pense pas que, dans les cas où il a observé ce fait, les autres parties de la fleur qu'il n'a pas vues aient subi une augmentation de nombre. Dans tous les cas, les vraies et les fausses cloisons s'y étaient développées comme dans le fruit normal, et conséquemment formaient 6 loges à la base du fruit (2).

4° Il n'est pas rare non plus de rencontrer des racines simples d'ordinaire, comme celles de la carotte, du navet, de la betterave, etc., divisées en 3 racines disposées en triangle, et par conséquent offrant aussi une sorte de cyclochorise triplasique.

Les phénomènes de cyclochorises conduisent à donner une autre interprétation à certains faits naturels très-fréquents et particuliers aux carpelles. Evidemment le verticille carpellaire est le produit du dernier phytogène central. Si l'exastosie ne se prononce pas sur ce phytogène central, il pourra se développer en un seul carpelle (*Ceratophyllum*). Si l'exastosie *naturelle* se prononce, il devra se former circulairement 6 carpelles, comme on le voit dans les *Butomus*, *Damasonium*, etc. Or, entre ces deux extrêmes, il y a des nombres intermédiaires que l'on rencontre fréquemment, et voici, en peu de mots, comment on pourrait concevoir ces formations diverses :

A. 2 *Carpelles*. Ce nombre peut résulter : 1° d'une chorise diplasique normale du nombre 1 ; 2° du développement de 2 feuilles carpellaires opposées de chaque côté d'un axe atrophié comme le sont 2 feuilles opposées sur un axe normal. Dans ce cas, 3 des 6 phytogènes circulaires ou 2 seulement, avec avortement du 3°, entreraient dans la composition du carpelle. C'est cette dernière supposition que nous croyons la plus voisine de la vérité.

B. 3 *Carpelles*. On peut admettre que ce nombre résulte : 1° d'une cyclochorise triplasique semblable à celles dont nous ve-

(1) *Acad. roy. de Belg.*, *class. sciences*, séance du 4 juin 1861. *L'Institut*, 29ᵉ année, p. 342.

(2) *Abnorme Pflanzenbildungen Botan. zeit.* du 30 janvier 1857, n° 5.

nons de donner quelques exemples ; 2° de l'évolution de 3 feuilles carpellaires verticillées autour d'un axe atrophié, à la manière de 3 feuilles verticillées autour d'un axe ordinaire. Alors il y aurait association deux à deux des 6 phytogènes circulaires. La première manière de voir nous semble être celle qui doit être attribuée aux carpelles libres ou à 3 loges bien closes intérieurement, et disposés en triangle comme le sont ceux des *Delphinium ;* tandis que ceux qui sont plus ou moins adhérents, et qui ne forment qu'une seule loge, peuvent être le résultat de la seconde théorie.

C. 4 *Carpelles.* Ce nombre peut résulter : 1° soit d'une cyclochorise dans laquelle 4 centres vitaux ou phytogènes se sont formés dans le dernier phytogène central ; 2° soit par diplasie de l'un des carpelles d'un fruit tricarpellaire considéré comme formé par l'une ou l'autre des suppositions précédentes ; 3° par diplasie d'un fruit bicarpellaire comme l'exemple du *Brassica, fig.* 19, b, pl. VI, analogue à celui du *Tetrapoma ;* 4° soit enfin par avortement de 2 des 6 phytogènes circulaires du dernier protophytogène central. Ces quatre manières de voir peuvent être, dans des cas donnés, toutes les quatre l'expression de la vérité, et ce n'est que par des études faites dans cette direction et par des considérations tirées du développement du fruit ou des fruits de genres voisins que l'on peut arriver à se former une idée exacte de la manière dont les phénomènes se sont effectués. Ainsi, s'il est prouvé que le fruit du *Tetrapoma* est analogue à notre fruit quadriloculaire du *Brassica,* il est logique de penser que tous deux sont le résultat d'une chorise diplasique qui ne s'est prononcée que dans le fruit ; mais tandis que ce dédoublement n'est qu'anormal dans le dernier genre, il est devenu normal dans le premier.

D. 5 *Carpelles.* On peut concevoir ce nombre formé : 1° par cyclochorise, comme les nombres 3 et 4 ; 2° par avortement de l'un des 6 phytogènes circulaires du dernier protophytogène central de la fleur. C'est cette dernière manière de voir qui nous paraît être la plus générale ou la plus voisine de la vérité. Elle est d'ailleurs plus naturellement en rapport avec les idées générales de notre théorie phytogénique.

B. *Cyclochorise pollaplasique.*

Dans cette chorise, les axes ont augmenté considérablement de volume, et jusqu'à présent nous les avons toujours trouvés creux à l'intérieur, alors même que les observations ont été faites sur des espèces dont les axes sont pleins dans leur état normal. Les feuilles et les fleurs sont disposées suivant des portions d'hélicules, souvent interrompues, et les bourgeons qui naissent à l'aisselle des feuilles se développent quelquefois à l'état de liberté, mais souvent aussi 2 ou 3 unis ensemble et formant une épipédochorise qui le plus souvent se divise à son sommet en axes normaux.

Au reste l'axe est sillonné sur son pourtour absolument comme cela a lieu pour les épipédochorises ordinaires. Si le mot *fascie* n'avait pas une signification si absolue, on pourrait dire que la cyclochorise n'est autre qu'une *fascie circulaire;* mais précisément à cause de cela, nous préférons les dénominations que nous avons donné à ces phénomènes.

1° *Pisum Sativum.* Le premier exemple de cette cyclochorise nous a été offert par le Pois ridé de Knight. L'exemplaire que nous avons sous les yeux, et dont nous reproduisons un fragment *fig.* 67, est une tige qui, d'abord de grosseur normale à sa base, s'est peu à peu renflée au point d'acquérir un volume considérable. Nous comptons dans sa plus grande largeur 18 à 20 sillons, eux-mêmes parcourus par des fibres longitudinales qui donnent à chaque sillon un aspect strié. L'axe est complétement creux. Les feuilles, fort peu modifiées, partent 2, 3 ou 4 ensemble d'un même point de la tige au milieu de 2 seules stipules st, st, très-obliquement exsérées sur l'axe, et leurs pétioles amplifiés et souvent unis entre eux, forment une fascie dont les éléments se séparent au sommet f, f, f. Ainsi que dans les autres feuilles normales, les rachis portent 2 ou 3 paires de folioles et se terminent par une vrille ordinaire. Les 3 ou 4 pétioles sont solidement reliés à l'axe principal par les fortes nervures qui séparent les sillons de la tige dont nous avons parlé. Les mérithalles sont très-courts, tandis qu'à l'état normal ils sont très-longs. A l'aisselle de ces pétioles fasciés se trouvent 2 ou 3 bourgeons floraux p, p, quelquefois fasciés eux-mêmes, qui portent des fleurs et des légumes n'offrant rien d'extraordinaire dans leur conformation. Il est impossible de concevoir autrement que par une chorise circulaire des phytogènes circulaires le singulier phénomène dont nous avons cherché à donner une idée.

2° *Œnothera biennis.* Cette cyclochorise, que nous avons rencontrée dans une touffe de cette plante avec une belle fascie, avait une tige cylindrique d'un diamètre double ou triple des autres axes ; les feuilles étaient très-rapprochées et formaient comme des verticilles de 7-8 feuilles. Les fleurs très-nombreuses, bien développées, étaient rassemblées autour de l'axe par verticilles irréguliers au nombre de 10, 12 à 16. Les mérithalles étaient beaucoup plus courts que dans les axes normaux et présentaient des rides et des gibbosités attestant une hypertrophie de l'axe. Au reste la cyclochorise s'était peu à peu formée, car dans l'infrondescence l'axe est tout à fait normal, absolument comme il arrive à un axe de se transformer peu à peu en une épipédochorise.

3° Nous possédons une tige de *Lampsana communis*, évidemment douée de cyclochorise : l'axe présente des mérithalles fort courts, cannelés extérieurement, creux à l'intérieur, d'un très-grand diamètre relatif, et les feuilles, très-rapprochées et parfois plus ou moins unies entre elles, offrent des hélicules dans lesquelles on compte 6 à 7 feuilles.

4° L'*Althœa rosea* nous a présenté aussi un phénomène de cyclochorise très-remarquable. Les fleurs, plus pressées que de coutume sur l'axe, formaient aussi des hélicules composées de 8, 9 et 10 fleurs. L'axe, d'un diamètre relativement très-grand, s'est au sommet divisé en 7 axes surnuméraires disposés *circulairement*, chacun d'eux étant lui-même chargé de fleurs normales d'un volume ordinaire. Or on sait que l'épipédochorise ou fascie se résout lui-même en un plus ou moins grand nombre d'axes normaux très-souvent situés dans un même plan.

Il est extrêmement probable que la tige de *Digitalis lutea* divisée à son sommet en 6-7 épis, et indiquée par M. A. Wigand (1), n'était autre qu'une cyclochorise analogue à la précédente.

5° *Brassica oleracea.* Nous décrivons d'après nature une cyclochorise que nous avons observée sur une inflorescence de chou

―――――

(1) *Beitraege zur Pflanzenteralogie.* Flora du 7 décembre 1856.

de Bruxelles. Un des axes principaux de l'inflorescence grossit considérablement dans une certaine étendue et finit par un axe ordinaire très-aminci. Les fleurs sont d'abord très-distantes les unes des autres ; mais dans la partie renflée qui constitue la cyclochorise, les fleurs sont les unes sur les autres, disposées sans ordre et se présentant 3 ou 4 très-voisines et placées latéralement dans un point très-limité de la circonférence de la cyclochorise. On remarque même un assez grand nombre de petites fleurs avortées et souvent réduites au seul pédoncule. Au-dessus de la cyclochorise, l'axe en s'amincissant porte des fleurs beaucoup plus espacées et disposées d'une manière normale. Enfin, tandis que l'axe à la base et au sommet est plein d'une moelle parfaitement blanche, il est au contraire parfaitement creux à l'endroit même où s'est prononcée la cyclochorise. Du reste la fleur et les siliques ont conservé leur état normal.

6° Le *Campanula medium* nous a présenté un cas de cyclochorise bien prononcée. Au point où ce phénomène s'est produit la tige avait quadruplé son diamètre et présentait extérieurement un grand nombre de sillons. Les mérithalles, très-courts, portaient plusieurs feuilles disposées les unes à côté des autres ; quelques-unes même offraient des défauts d'exastosie plus ou moins complets. De l'aisselle des feuilles ainsi rapprochées sortaient des fleurs souvent solitaires, mais quelquefois aussi plus ou moins unies entre elles et parfois complétement fondues en une seule fleur à 7, 8, 9 ou 10 éléments au calice, à la corolle, à l'androcée et au gynécée. La cyclochorise était, comme les autres, complétement creuse à l'intérieur.

7° Le Pied d'alouette (*Delphinium ajacis*), dans ses variétés cultivées, présente souvent des inflorescences qui ont la plus grande analogie avec la cyclochorise pollaplasique. Ainsi nonseulement les mérithalles sont relativement très-courts ; non-seulement les feuilles et les fleurs sont disposées sans régularité sur l'axe, mais encore les feuilles naissent parfois plusieurs les unes à côté des autres, et les inflorescences doivent à cette circonstance la densité des épis qui les forment. Les fleurs sont parfois unies ensemble, et dans tous les cas elles sont tellement rapprochées, qu'elles sont quelquefois 3 ou 4 semblant sortir de points trèsvoisins les uns des autres. Il nous semble qu'il y a dans ce fait un phénomène très-voisin au moins de la cyclochorise, et ce qui nous ferait douter un peu de la parité complète entre les deux phénomènes, c'est que dans l'inflorescence normale de l'espèce venue sans soin et dont l'inflorescence est incomparablement plus lâche, l'axe est creux comme il l'est dans l'inflorescence des individus cultivés : peut-être la cyclochorise n'est-elle que triplasique, comme dans la Jacinthe de Hollande. Ce qui nous le ferait penser, c'est que nous avons observé des Pieds d'alouette dont l'inflorescence se trifurquait à son sommet.

8° *Fragaria vesca.* C'est certainement à une cyclochorise pollaplasique qu'il faut rapporter le phénomène physiologique qui produit ces fraises monstrueuses qui sont à 5 ou 6 lobes circulaires et représentent assez bien 5 ou 6 fraises qui auraient été intimement collées, suivant un cercle autour d'une fraise centrale. Cependant on ne peut admettre la fusion de 2 fleurs, et à plus forte raison de 7 ; car ces fraises sont le plus souvent enfermées dans un calice normal.

M. Moquin-Tandon signale un pied de Valériane officinale que renferme l'Herbier Poiret, dont la tige est courte, dilatée, presque globuleuse, absolument semblable à une grosse rave. Le système appendiculaire, en partie atrophié, se trouve réduit à quelques feuilles irrégulièrement disposées en spirale et à quelques fleurs stériles que portent des rameaux très-raccourcis. Est-ce là une cyclochorise ?

Enfin, peut-être doit-on rapporter à une cyclochorise pollaplasique le phénomène que présentent les Carottes, les Betteraves cultivées, les Navets, les Radis, etc. On sait que la graine de ces plantes, par la germination, donne d'abord 2 cotylédons, une plumule et une radicule. Quelque temps après, la radicule se renfle au-dessous des cotylédons et acquiert quelquefois une grosseur considérable. Toute la partie axile se trouve donc comprise entre les 2 cotylédons. Or, il arrive un moment où tout autour du sommet du renflement on voit surgir une multitude de petits bourgeons qui ne tardent pas à se développer en axes normaux, c'est-à-dire portant feuilles et fleurs comme à l'ordinaire. Il nous semble que puisque toutes ces tiges, qui sortent circulairement et qui ne paraissent pas appartenir à l'axe principal, appartiennent à une même rangée circulaire et sont sensiblement de même époque physiologique de formation, sont le résultat d'un phénomène analogue à ceux que nous venons de faire connaître dans ce paragraphe.

Mais si la cyclochorise est un phénomène dans lequel on constate la production d'axes circulaires qui, dans la plupart des cas, restent unis en formant une sorte de cavité plus ou moins allongée, on doit considérer comme tels certains phénomènes qui ont une génération analogue : telles sont les inflorescences des *Ficus* et des *Ambora* ou *Mithridatea*. Mais pour bien comprendre la comparaison de ces organes avec les cyclochorises, il faut d'abord faire observer ce qui se passe dans une inflorescence en *cyme scorpioïde*, comme l'est celle des *Myosotis*, *Heliotropium*, etc. Pour peu que l'on fasse attention à l'ensemble des fleurs de l'Héliotrope, on voit qu'elles sont portées par un axe enroulé en crosse à son extrémité et portant sur un côté seulement toutes les fleurs, pl. XII, *fig.* 86 *bis*. On trouve ainsi 3, 4, 5 ou 6 axes floraux qui s'écartent, et comme la disposition des fleurs est *latérale* et *interne*, il en résulte que toutes les fleurs sont internes par rapport à l'axe principal, et par conséquent se regardent. Si l'on vient à supposer un défaut d'exastosie circulaire entre tous ces axes, tout en admettant l'évolution des fleurs, on aura une cyclochorise ou fascie circulaire des 5 ou 6 axes. Or c'est précisément ce qui arrive aux inflorescences des *Ficus*, *fig.* 86, ou des *Ambora*, qui ne sont que des axes unilatéralement floraux, mais qui sont restés unis par les côtés. Dans ce cas, le phytogène central du protophytogène avorte; les phytogènes circulaires se développent en axes qui restent unis, et l'ensemble constitue une cyclochorise qui ne se borne pas à la production des 6 axes provenant des 6 phytogènes circulaires; mais chacun de ces phytogènes subit l'influence de la chorise, et l'on trouve alors sur la Figue jeune 12, 15, 18, 20 et jusqu'à 24 petites côtes indiquant que la cyclochorise est constituée d'autant d'axes unis ensemble.

On pourrait sans doute aussi regarder l'urcéole des *Rosa* comme le résultat d'une cyclochorise, car non-seulement le phytogène central du protophytogène-fleur avorte le plus souvent, mais aussi parce que cet urcéole est véritablement formé par les phytogènes circulaires qui sont restés unis et qui ont produit à l'intérieur non plus des fleurs, comme dans les *Figuiers*, mais seu-

lement des ovaires; cependant, on reconnaîtra que les phénomènes sont tout à fait assimilables, si l'on dit que dans un cas il
se produit des *bourgeons* ou *phytogènes-fleurs*, et dans l'autre
des *bourgeons* ou *phytogènes-ovaires;* car organogéniquement
c'est absolument le même ordre de phénomènes.

§ 3. — *De la Sphærochorise.*

La logique nous ayant enseigné que, puisqu'il y avait des chorises suivant un plan (épipédochorise), il devait y en avoir une
suivant un cercle (cyclochorise), elle nous indique aussi qu'il doit
y en avoir une suivant une sphère ou une portion de sphère. Nous
avons démontré que les deux premières existaient véritablement ;
il s'agit de retrouver la troisième, que nous appellerons *sphæro-*
chorise, pour lui donner un nom en rapport avec ceux que nous
avons déjà employés pour les autres formes de chorise.

Cette chorise est déjà bien connue dans la science sous les noms
d'*exostoses, loupes, madrures.* Il ne nous reste plus qu'à faire
comprendre comment ces anomalies végétales se relient aux autres phénomènes que nous venons d'étudier.

Si l'on nous a bien compris lorsque nous avons cherché à
donner une idée générale du phytogène, on a dû voir que le protophytogène était une masse cellulaire composée de centres vitaux ou phytogènes secondaires, lesquels à leur tour se compo-
saient de centres vitaux ou phytogènes d'un autre ordre, *et ainsi*
de suite à l'infini, mais *successivement.* Or il peut arriver que ce
protophytogène grossisse peu à peu et s'organise; que chacun de
ses centres vitaux ou phytogènes secondaires s'organise à son tour
chacun à part, quoique toujours lié par les côtés comme le seraient deux jumeaux liés ensemble par une faible portion de tissu
cellulaire; puis que chaque phytogène tertiaire se développe à son
tour dans les mêmes conditions, et ainsi de suite presque à l'infini; et toutes ces parties formées restant intimement liées entre
elles comme le sont les parties formant la fascie ou la cyclochorise, il en résulte un phénomène analogue dans lequel il est difficile de dire s'il y a chorise au même titre que dans les deux autres phénomènes, mais à coup sûr il est identique dans ses résultats,
quoique affectant d'autres formes. Il doit donc résulter de cet état

de choses un amas de tissu organisé qui tend à distendre l'écorce de la tige sous ou dans laquelle ce tissu s'organise ainsi, et qui forme à la longue une exubérance de tissu qui s'annonce sous la forme d'une masse plus ou moins sphérique, plus ou moins ligneuse, variable de grosseur et à laquelle les noms de *loupes*, *exostoses* ou *madrures* ont été donnés.

Les exostoses sont le plus souvent hémisphériques ou arrondies. Quand elles sont anciennes, elles peuvent s'allonger un peu et prendre la forme d'un cône représentant un énorme et monstrueux bourgeon. Il n'est pas rare en effet de voir sortir de toute la périphérie des exostoses un nombre considérable de rameaux menus et pressés les uns contre les autres, et parmi lesquels on reconnaît très-souvent des épipédochorises diplasiques, triplasiques et pollaplasiques, et même des cyclochorises. C'est à ce développement de petites branches si nombreuses sur des exostoses plus ou moins développées que les botanistes ont donné les noms de *Broussins* et de *Polycladie* (du grec πολὺ, beaucoup; κλάδος, rameaux). Les Allemands nomment *Zauberknote* (nœud de sorcier) la loupe qui s'est ainsi développée en branches.

On doit à Dutrochet des observations intéressantes sur le développement des loupes ou des broussins. Il résulte de ces observations : 1° qu'il y a des loupes qui paraissent destinées à donner des branches (broussins), et d'autres dont la surface arrondie ne produit pas un seul bourgeon (loupes); 2° parmi ces loupes, il en est qui se font remarquer par ce fait que, dans le principe, elles consistent en des *nodules ligneux* isolés dans l'intérieur de l'écorce, et parfaitement exempts de rapports immédiats avec le corps ligneux de l'arbre auquel ils adhèrent plus tard (*Fagus Sylvatica*). M. Dutrochet a pu suivre, sur deux Cèdres du Liban, l'origine et le développement de ces *nodules ligneux* (phytogènes). « On les trouve, dit-il, d'abord fort petits et globuleux, dans le tissu de l'écorce et vers sa partie superficielle ; j'en ai trouvé qui n'étaient pas plus gros que des têtes d'épingle. Il me paraît qu'ils naissent dans la partie parenchymateuse de l'écorce, partie que j'ai désignée par le nom de *médule corticale*. Ces nodules ligneux sont toujours primitivement libres et complétement isolés dans l'épaisseur de l'écorce de l'arbre ; ils y possèdent une écorce particulière confondue par adhérence avec l'écorce de l'arbre qui les

enveloppe de toutes parts, mais qui, chez le Cèdre, est facile à distinguer par la direction de ses fibres, direction très-différente de
celle des fibres de l'écorce de l'arbre (1). »

M. Aug. Trécul a aussi dirigé son attention sur ces sortes
d'excroissances, et il a fait cette distinction importante que, dans
un cas, l'exostose peut être une production ligneuse propre au
tronc ou au rameau qui les porte, formée par une exubérance de
sa végétation dont la cause est variable ; tandis que, dans l'autre,
elle peut être le résultat du développement anomal d'un ou de
plusieurs nodules ligneux ou bourgeons, qu'il a reconnus dans le
Hêtre, le Charme, etc., être en communication vasculaire directe
avec le corps ligneux de l'arbre qui le porte. A la première, il
conserve le nom d'*exostose* donnée par Duhamel (2), tout en pensant que celui d'*hypertrophie ligneuse* lui conviendrait mieux,
et il réserve le nom de *loupe* à la seconde. « Il est évident,
ajoute-t-il, que ces deux sortes d'actions, et par conséquent d'excroissances, doivent de temps en temps se trouver réunies, car l'obstacle créé par la naissance des loupes proprement dites rassemblées en grand nombre, doit quelquefois occasionner les mêmes
accidents que les bourgeons dont nous avons parlé, et déterminer
les mêmes irrégularités dans l'accroissement du corps ligneux.
C'est à ces dernières productions anomales que l'on pourrait donner le nom de *broussins*. Mais comme cette distinction n'est possible que par un examen très-attentif ou seulement par une dis-
section de l'excroissance, il sera bon peut-être de continuer à
désigner, sous le nom générique de *broussins*, les 3 espèces que
je viens de caractériser (3). »

Il y a des loupes qui paraissent s'éloigner des sphærochorises
parce qu'elles ne semblent formées que par un seul phytogène ne
produisant qu'une seule branche ; mais si l'on jette un coup d'œil
sur une coupe verticale, a, ou transversale, b, de ces excroissances, *fig.* 64, on reconnaîtra que ces loupes sont composées de
couches concentriques toutes constituées par des séries *successives*
et *sphériques* de phytogènes qui ne se sont engendrés *extérieure-*

<hr>

(1) *Mémoires*, 1837, t. I, p. 299 et suivantes.
(2) *Phys. des arbres*, liv. V, chap. III.
(3) *Mém. dévelop. loupes et broussins*, etc., *Ann. Soc. nat. bot.*, t. XX,
1853, p. 65.

ment et *simultanément*, mais qui n'ont pris qu'un développement très-limité ; en un mot ,qui ne se sont pas individualisés. Or, tous ces caractères sont ceux que nous avons assignés aux sphærochorises, et, dans le cas particulier qui nous occupe, il faut reconnaître que l'exastosie est réduite à sa plus simple expression, puisqu'elle n'a produit qu'un seul axe provenant probablement du phytogène central, qui s'est peu à peu élevé et est venu s'exastosier en une seule branche sur un point de la sphærochorise qui offrait une plus faible résistance. Mais souvent plusieurs de ces phytogènes, sinon tous, arrivent à une individualisation plus ou moins complète, par suite d'une exastosie plus ou moins prononcée, et c'est alors que la sphærochorise peut présenter les modifications que nous avons indiquées plus haut.

Cependant il résulte des observations de Dutrochet et de M. Trécul, qu'il faut reconnaître deux sortes de centres vitaux ou phytogènes concourant à la production des sphærochorises, savoir :

1° Celles qui se forment à la surface de l'aubier, et qui sont dues au développement anomal d'un ou de plusieurs phytogènes normaux (bourgeons axillaires) qui se produisent à l'aisselle d'une feuille par l'individualisation des petites masses cellulaires des méats interphytogéniques, p p, *fig.* 33, pl. VII, et p. 268 et suivantes, mais qui demeurant un certain temps sans accroissement, finissent cependant, plus tard, par reprendre leurs mouvements vitaux, sans pourtant pouvoir suffisamment s'individualiser. Il en résulte une multiplication de tissus qui fait grossir et multiplier les phytogènes et leur donne la forme de loupe que nous connaissons, lesquelles ont des communications vasculaires directes avec le corps ligneux. Quand le phénomène s'arrête à cette production, on a une loupe ou *sphærochorise subcorticale,* parce qu'en effet elle se développe sous l'écorce des axes. C'est à cette sphærochorise que M. Trécul paraît assigner le nom d'*exostose.*

2° Celles qui prennent réellement naissance dans le tissu propre de l'écorce, y sont isolées, et qui très-probablement résultent du développement anomal d'un ou de plusieurs des phytogènes de l'écorce, dont quelques-uns sont représentés par un petit cercle extérieur marqué d'une croix, *fig.* 35, A. C'est à ces sortes de loupes, si bien décrites et figurées par Dutrochet, et qui, parfaitement exemptes de rapports immédiats avec le corps ligneux, finissent cependant plus tard par y adhérer, c'est à cette production, disons-nous, que M. Trécul propose de conserver le nom de *loupe*, et c'est elle que nous désignerons sous le nom de *sphærochorise corticale*.

3° Enfin, bien que nous n'ayons pas eu l'occasion de rencontrer des loupes composées à la fois de sphærochorises corticales et subcorticales, nous n'en concevons pas moins leur existence, et à celles-ci on pourrait donner le nom de *sphærochorises mixtes* ou *composées*.

On a longtemps pensé que les loupes étaient dues à des piqûres d'insectes et à des influences atmosphériques particulières. Mais les botanistes modernes ont abandonné cette manière de voir pour ne plus considérer l'exostose que comme le résultat de petites branches trop faibles pour pouvoir se développer au dehors : elles restent alors sous l'écorce et sont successivement recouvertes par des couches de nouveaux bois. Cette manière de voir est, comme on le voit, très-voisine de la nôtre ; mais nous persistons à penser qu'une cause déterminante a dû présider à la formation des loupes ; car, ainsi que nous allons le voir, nous sommes en quelque sorte maîtres de les produire à volonté. La cause nous paraît être la suppression du phytogène terminal d'un ou de plusieurs bourgeons tendant à se développer en axe, et cette suppression peut être déterminée soit par un choc ou un froissement opéré par un corps dur, soit par des insectes qui ont dévoré la partie centrale la plus tendre du bourgeon, soit enfin un avortement naturel du phytogène qui doit continuer l'élongation de l'axe. Partant de cette idée, et aussi pour faire nos expériences sur le développement des bourgeons, nous avons réussi à constituer de véritables loupes en enlevant, à mesure qu'ils se formaient, tous les bourgeons d'une tige ligneuse très-vigoureuse, après lui avoir enlevé ses feuilles et son sommet. Peu à peu les bourgeons latéraux ont formé une sorte d'hypertrophie cellulaire qui a fait saillie, et qui a donné des bourgeons d'autant plus nombreux que nous avions eu soin de les enlever plus souvent et dès qu'ils se manifestaient. C'est surtout sur les Cerisiers, les Coignassiers, les Tilleuls et les Poiriers que nous avons fait ces expériences qui ne

nous laissent aucun doute dans l'esprit sur l'origine des sphærochorises.

D'ailleurs les Saules (*Salix alba, purpurea, vitellina, vimina-
lis*, etc.), que l'on étête souvent dans le but d'utiliser leurs branches, donnent quelquefois des renflements analogues considérables qui, dans le Saule blanc, peuvent acquérir un diamètre 2 ou
3 fois plus grand que celui de l'axe qui les produit (Moq. Tand.).

Ainsi comprise, la loupe ou exostose peut se montrer sur tous
les végétaux ligneux, et sans doute aussi sur quelques végétaux
herbacés. Voilà pourquoi il est rare de ne pas rencontrer ces excroissances sur les arbres qui bordent les grandes routes, ou sur
les arbres qui sont exposés à des chocs ou meurtrissures par suite
des grands vents ou de froissements déterminés par certains travaux faits dans leur voisinage. Sous ce rapport, les Ormes, les
Marronniers d'Inde, les Pins, les Sycomores, les Noyers, les Hê-
tres, les Tilleuls, etc., sont le plus fréquemment exposés à ces
sortes d'anomalies. Les ouvrages didactiques citent fréquemment,
et à l'exclusion de toute autre, la sphærochorise ou exostose du
Cyprès chauve (*Taxodium diotichum*), dont Turpin a donné une
figure dans son *Iconographie végétale* (1); M. J. D. Hooker a
observé des sphærochorises analogues ou exostoses sur les racines
d'échantillons de *Podocarpus dacrydioides* envoyés de la Nou-
velle-Zélande par M. Colenso. Depuis, il les a retrouvées en grand
nombre chez d'autres conifères, principalement dans plusieurs
espèces d'*Araucaria, Cunninghania, Cupressus, Dacrydium,
Phyllocladus, Podocarpus, Taxodium* et *Thuja*. M. Hooker, qui
a particulièrement étudié celles du *Podocarpus dacrydioides*, les
regarde comme n'étant que des fibrilles radicellaires transformées, sur les fonctions desquelles il n'est pas fixé (2). Il serait
curieux de voir si elles ne se diviseraient pas en branches, comme
les exostoses des tiges, ou bien en radicelles, auquel cas on aurait
affaire à des sphærochorises de radicelles analogues aux épipédochorises de radicelles que nous avons fait connaître.

Nous avons cherché à reproduire une sphærochorise du *Tilia
europœa*, *fig.* 68, a, qui était littéralement recouverte de bour-

(1) Tabl. 5, *fig.* 18.
(2) *On some remarkable exostoses developed on the roots of various spe-
cies of coniferæ.* Communiqué à la Société linnéenne de Londres, 20 juin 1854.

geons, tous plus ou moins unis entre eux et formant une sorte de crête hémisphérique. Si l'on compare cette sphærochorise avec une Calathide, *fig*. 68, B, on est frappé de la ressemblance qui existe entre ces deux phénomènes végétaux, dont l'un peut être considéré comme une anomalie se produisant d'une manière normale chez les Synanthérées. Sous ce point de vue, une fleur de Synanthérée serait donc le résultat d'une sphærochorise. On voit en même temps que ces idées pourraient s'étendre aux sertules ou ombelles simples des Aulx, aux ombelles composées ou aux inflorescences des Ombellifères, aux fruits de certaines Rosacées, telles que la Fraise et la Framboise; de certaines Renonculacées (*Ranunculus*), etc., avec cette particularité, toutefois, que dans la sphærochorise les bourgeons sont sensiblement, tous, de même époque physiologique de formation. Dans les sertules, les ombelles composées et les capitules, le phénomène est à peu près le même (avec exastosie de tous les phytogènes) que dans la sphærochorise (1); mais il n'en est pas de même du fruit des Renonculacées, dont les éléments se sont formés successivement, quoique à des époques physiologiques très-peu distantes (*Myosurus*).

Enfin nous regardons comme une sphærochorise certaines productions de fibres radicellaires qui se développent en masse dans le bouturage de certaines plantes. Sous ce rapport, le Sureau (*Sambucus nigra*) se prête parfaitement à l'étude de ce genre de phénomène : à certains points de sa tige, particulièrement aux lenticelles, il se forme une tumeur blanchâtre, sorte de bourrelet relativement énorme et qui bientôt se divise en un assez grand nombre de radicelles qui ne sont disposées ni suivant un plan, ni suivant un cercle ; voilà pourquoi nous rapprochons cette formation des sphærochorises.

Réflexions générales sur les chorises des axes.

Dans l'étude de la chorise des axes, nous avons vu que ce phénomène commence toujours par une exastosie incomplète qui laisse le plus souvent les axes unis entre eux, et c'est particulièrement à ce

---

(1) C'est, selon nous, bien à tort que l'on place les ombelles et les capitules parmi les inflorescences indéfinies. (Voir l'article *Répétition des organismes végétaux*, sect. I.)

premier état d'exastosié que nous avons donné les noms par lesquels nous avons désigné ces chorises. Cependant le phénomène
n'en est pas moins le même, parce qu'une exastosie plus puissante
aura séparé des parties qui ont commencé par vivre en commun.
Néanmoins, s'il était utile de donner un nom à toutes ces tiges qui
se détachent des chorises des axes, peut-être pourrait-on leur
conserver le nom de *partitions*, déjà employé par Linné, mais en
désignant l'espèce ; car nous ne saurions voir la même chose dans
les partitions suivant un plan, suivant un cercle ou suivant une
sphère. Ainsi l'on aurait les partitions des épipédochorises ou fascies, celles des cyclochorises et celles des sphærochorises.

Quelques auteurs ont prétendu qu'il pouvait y avoir partition
sans qu'il y ait eu épipédochorise préalable, parce que l'on n'a-
percevait pas d'aplatissement à la base de l'axe. C'est, ce nous
semble, une erreur qu'il est bon de relever. En effet, du moment
que la diplasie se prononce dans un axe, il y a eu un instant, si
court qu'il soit, où les 2 axes ont été fondus en un seul et ont
alors constitué une fascie diplasique, et c'est ce qui paraît arriver
aux acotylédones, chez lesquelles on ne constate pas de bourgeons
analogues à ceux des 2 autres grandes divisions végétales. La
seule différence qu'il y ait entre cette prétendue partition sans
fascie préalable, c'est que la direction des parties axiles nouvelles
se sont brusquement séparées. On en trouve des cas, quoique rarement, dans la Vigne, le Cerisier, les *Lycium*, et l'on peut s'assurer qu'il est impossible qu'il n'existe pas un commencement
d'aplatissement à la base de la *bipartition*, à plus forte raison si
la fascie est triplasique ou pollaplasique.

Les idées que nous émettons ici sur la chorise des axes conduisent à des interprétations très-différentes sur la manière de considérer les différentes parties végétales. Nous allons en rechercher
quelques exemples applicables aux 3 chorises des axes, et peut-
être, de cette façon, serons-nous assez heureux pour jeter quelque
lumière sur la question encore bien obscure de certaines parties
végétales que quelques botanistes regardent comme de nature
axile, tandis que d'autres les regardent comme de nature appendiculaire ; question sur laquelle nous reviendrons un peu plus
loin, au chapitre des *Organes axiles et appendiculaires*.

ÉPIPÉDOCHORISE. Puisque nous avons dit que l'épipédochorise

résultait du développement, suivant un plan, de plusieurs phytogènes avec ou sans partitions, il suffit, d'après nos idées, de jeter
un coup d'œil sur la manière dont se forment les feuilles pour
reconnaître qu'il y a là l'analogue d'une épipédochorise, et que
logiquement on peut soutenir que la feuille est une fascie tout
aussi bien que certains axes fasciés qui ont reçu ce nom, avec des
différences toutefois assez tranchées pour distinguer nettement les
extrêmes des fascies et des feuilles, mais non plus assez prononcées
pour ne pas confondre, dans certains cas, les deux ordres d'organes,
et même pour ne pas prendre quelquefois l'un pour l'autre. A
première vue, à coup sûr, une feuille du *Gincko biloba* passera
plutôt pour une fascie que certaines fascies de *Ruscus*.

La différence la plus importante à signaler entre les fascies et
les feuilles, c'est que dans la fascie non divisée les nervures sont
en général parallèles, et que dans les feuilles les nervures sont
divergentes et finissent par se rencontrer et souvent s'anostomo-
ser de façon à former une sorte de treillage rempli de tissu cellulaire, lequel fait parfois défaut, comme on le voit dans l'*Hydro-
geton fenestralis*, le *Claudea elegans*, etc. Mais une foule de
feuilles sont précisément aussi à nervures parallèles, et, sous ce
rapport, tout à fait constituées comme les fascies, et les feuilles des
Monocotylédones nous en offrent de nombreux exemples. Cependant comme la fascie anomale a ses deux faces sensiblement pareilles, tandis que la feuille, en raison même de son mode de
production, qui fait que l'une de ses faces reçoit l'influence de
l'air et de la lumière beaucoup plus tôt que l'autre, la feuille ou
la *fascie foliaire* a deux faces qui sont généralement dissemblables d'aspect et de structure. Mais le mode de formation phytogénique est absolument le même, et il ne faut plus s'étonner si un
phytogène de la feuille venant à vivre seul, dans certaines conditions, comme dans les vrilles des *Lathyrus*, des *Pisum*, des
Smilax, des Cucurbitacées, pl. III, *fig.* 35, 36, 37, etc., se transforment en organes cylindriques qui tiennent bien plus de l'axe
que de la feuille; car, évidemment, la vrille n'est plus une épipédochorise (1).

---

(1) M. Decaisne a observé le fait remarquable de fleurs mâles d'une variété
de melon dite *sucrin-blanc*, dont une ou plusieurs folioles calicinales se pro-

Pareillement, il y a des feuilles qui n'ont absolument rien de semblable aux épipédochorises et qui ressemblent beaucoup plus à une ramification d'axes qu'à une feuille. En effet, à part la base engainante de l'organe et l'absence de bourgeons, il serait au premier abord difficile de dire ce qu'est la feuille du *Rumia microcarpa* et celle du *Fœniculum vulgare*, dont les nervures cylindriques et dépourvues du moindre aplatissement *ne sont même pas développées dans un même plan*. Ainsi, tandis que nous voyons certains organes, comme ceux des *Ruscus*, des *Xylophylla*, les Phyllodes, etc., être regardés comme de nature axile et ressembler tant à des feuilles, voilà des organes de nature appendiculaire qui n'ont plus rien de la feuille et qui ressemblent à s'y méprendre à un axe plusieurs fois ramifié.

C'est qu'en réalité, selon que le phytogène se développe seul, produisant ou non des organes appendiculaires, il forme des axes, et qu'au contraire, toutes les fois que plusieurs phytogènes se développent en commun sur une même ligne courbe ou plane, *pourvu que les bords ne soient pas adhérents*, ils forment une épipédochorise. Les vrilles des végétaux que nous venons de citer, les feuilles du *Rumia* et du *Fœniculum* sont, dans cet ordre d'idées, des *axes*, mais *de nature foliaire*; tandis que les rameaux fasciés des *Ruscus, Xylophylla*, etc., sont des *feuilles*, mais *de nature axile*.

Ce point de phytogénie démontré, il est de toute évidence que les sépales et les pétales libres sont aussi des épipédochorises, et qu'en conséquence la supposition faite par M. Moquin-Tandon se trouve justifiée.

Nous avons déjà signalé des exemples de filets fasciés, et nous avons même indiqué le *Jambosa vulgaris*, p. 244, comme ayant présenté accidentellement ces sortes de chorises; mais il est des familles entières où ces exemples deviennent normaux et qui servent à caractériser des genres entiers. Linné s'en était même servi pour poser les bases de ses 17e et et 18e classes. Ainsi toutes les plantes à étamines *diadelphes* ou *polyadelphes*, telles que les Légumineuses, les *Citrus*, les *Hypericum*, les *Malaleuca*, les

longeaient à leur sommet en une vrille ordinairement enroulée, ou étaient elles-mêmes totalement transformées en vrilles. (Voir le chap. *Organes axiles et appendiculaires*.)

Ascyrum, etc., présentent des filets fasciés, par conséquent appartenant à l'ordre des épipédochorises.

Ce ne sont pas seulement les filets qui sont capables de produire de ces phénomènes, et l'on peut admettre, en effet, que les anthères peuvent constituer aussi des épipédochorises diplasiques, puisqu'elles sont le plus souvent formées par deux loges accolées, alors que dans quelques cas elles ne sont formées que d'une seule loge.

Enfin nous **avons** signalé quelques cas de carpelles offrant une épipédochorise : diplasique dans le *Fritillaria meleagris*, les *Lilium*, les *Amygdalus* et *Persica*, le *Brassica oleracea*, rappelant un peu le fruit du *Tetrapoma*, etc.; triplasique dans les *Amygdalus* et *Persica*; et pollaplasique dans l'*Amygdalus communis, fig.* 61.

Cyclochorises. Nous avons dit, p. 313, que les phytogènes circulaires pouvaient se développer à la manière des axes en se tenant tous latéralement unis par défaut d'exastosie circulaire, et dans ce cas, au lieu de former une épipédochorise, c'est-à-dire une chorise plane ou fascie, ils forment une cyclochorise ; c'est-à-dire une chorise circulaire ou *fascie tubulaire.* D'où il résulte que la différence phytogénique qui existe entre ce phénomène et le précédent consiste uniquement dans un défaut d'exastosie qui fait que *les bords* de la fascie précédente *sont adhérents.*

Quand on aborde un ordre d'idées nouvelles, il est rare que les conséquences auxquelles on arrive par déductions logiques ne vous effrayent pas au premier abord ; mais peu à peu on se familiarise avec les nouvelles manières de voir qui découlent de ces conséquences, et l'on finit toujours par reconnaître que ce n'est que par un effet de pusillanimité que l'on a été si timide à adopter les nouvelles vues. Ainsi va-t-il en être des points de vue sous lesquels nous allons présenter certains organes. Quand on cherche à faire prévaloir une doctrine, il faut être conséquent jusqu'au bout, au risque même de faire crier à l'absurde.

Cela dit, pour en revenir à la cyclochorise, nous remarquerons que de même que nous avons vu les organes appendiculaires (feuilles, pétales, etc.) libres par leurs bords constituer une épipédochorise, de même il faudrait considérer les organes appendiculaires qui ne sont plus libres par leurs bords comme des cyclochorises. Ainsi, à ce compte, les corolles en cloche, en entonnoir, en cornet, en tube, etc., ne seraient que des cyclochorises ouvertes par le sommet, car elles résultent du développement des 6 phytogènes circulaires vivant en commun et chez lesquels on ne reconnaît aucune exastosie circulaire complète, et, en effet, on voit que ces corolles seraient à la cyclochorise que nous avons décrite au commencement de la section qui la concerne, ce que sont les feuilles et les pétales à l'épipédochorise.

D'après ces idées, la cyclochorise peut se faire reconnaître dans presque tous les organes. Nous allons en citer quelques exemples.

Axes. Indépendamment des axes anomaux que nous avons cité, nous mentionnerons d'une manière particulière la hampe de l'*Allium cepa*, qui nous semble être un type parfait de la cyclochorise. Elle nous paraît faite d'une façon toute particulière. En effet, les 6 phytogènes circulaires et ceux qui les surmontent grandissent et s'allongent en une fascie circulaire qui reste creuse. Le phytogène central est comme entraîné par adhérence au sommet du tube qui en résulte, et ce n'est que peu à peu qu'il se développe et s'épanouit en une sphærochorise constituant une ombelle simple. Il est très-probable que la hampe creuse de certaines Liliacées et de quelques Synanthérées (*Taraxacum dens leonis*) se comportent de la même façon. Mais cette manière de voir a besoin d'être vérifiée pour être admise à l'égal de la cyclochorise de l'*Allium cepa*.

Feuilles. Il y a des feuilles qui, résultant du développement en commun des 6 phytogènes circulaires, constituent une vraie cyclochorise. Ainsi dans certains *Allium* à feuilles creuses (*Allium sphærocephalum, vineale, virens, cepa,* etc.), les 6 phytogènes circulaires, plus ceux qui les surmontent, se développent tous *liés intimement*, en dehors du phytogène central, et avant que celui-ci n'ait commencé son évolution faisant autour de lui une grande chambre close de toutes parts. Mais bientôt le phytogène central se développe à son tour, presse sur les parois inférieures de la feuille enveloppante, d'ailleurs disposée à l'exastosie vers la partie interne, qui est aussi la plus molle, et laisse passer le sommet d'une seconde feuille cyclochorisée qui agit sur un autre phytogène central comme la première feuille. Il résulte de ce mode d'accroissement que la feuille doit de toute nécessité être creuse, bien que quelquefois elle soit gorgée de tissu cellulaire qui s'est développé à mesure que son élongation s'est effectuée. On trouve dans quelques feuilles la preuve que ce sont des cyclochorises analogues à celles du Pois, par exemple, aux sillons ou stries longitudinales que l'on remarque à leur extérieur, et ces stries pourraient même, peut-être jusqu'à un certain point, servir à compter les phytogènes circulaires qui entrent dans leur composition, car dans l'*Allium pallens* on compte 5, 6 et jusqu'à 9 stries longitudinales qui indiqueraient un dédoublement de plusieurs phytogènes.

On voit qu'il n'y a guère de différence dans le mode de formation de la *cyclochorise-axe* de l'Oignon et de la *cyclochorise-feuille* des *Allium*, si ce n'est que dans le premier cas le phytogène central s'est élevé pour s'épanouir au sommet de la cyclochorise ; tandis qu'il est resté adhérent au plateau de l'Oignon et qu'il s'est ultérieurement développé en une autre feuille. Or, il est très-probable que dans l'*Allium magicum* le phytogène central est emporté au sommet de la feuille bulbifère et que là, au lieu de s'épanouir en ombelle, il se développe en bulbe.

Les cyclochorises peuvent être *closes* ou *ouvertes* au sommet. La *cyclochorise-axe* et la *cyclochorise-foliaire* dont nous venons de parler appartiennent aux premières ; les corolles tubuleuses, en cloche, en entonnoir, appartiennent aux secondes.

C'est en conséquence parmi les cyclochorises ouvertes qu'il conviendrait de placer les feuilles supérieures du *Lonicera caprifolium*, lesquelles, arrondies, sont traversées par l'axe floral. Bien évidemment elles sont formées par les phytogènes circulaires et il n'y a pas eu, pour ainsi dire, exastosie, puisque les phytogènes en se développant sont restés toujours unis. C'est tout simplement une question de production plus ou moins abondante de tissu cellulaire entre les axes ou nervures représentant les phytogènes. Si la quantité de tissu cellulaire est suffisamment abondante, les extrémités des phytogènes développés en nervures seront le plus éloignés possible les uns des autres et la feuille perfoliée sera plane ; si le tissu cellulaire est, au contraire, peu abondant, les extrémités des nervures seront plus ou moins rapprochées et la feuille sera concave, et quelquefois formera comme une sorte de collier lâche autour de l'axe floral. C'est en effet ce

que nous avons observé plusieurs fois, et alors la feuille faisait
l'effet d'un entonnoir du fond duquel sortirait l'axe. Les feuilles
dites perfoliées, en particulier celles du *Claytonia perfoliata*,
sont donc d'une formation analogue aux cyclochorises ouvertes.

Pour comprendre le mode de formation de ces feuilles, il faut
concevoir 9 phytogènes superposés, dont 6 sont circulaires et
3 disposés sur les phytogènes circulaires assemblés par couples.
Avec le tissu cellulaire interphytogénique, il en résultera une
sorte de capuchon de tissu cellulaire qui en se développant constituera la cyclochorise. Cette cyclochorise se perce à son sommet
d'abord comme un point; mais peu à peu la quantité de tissu
cellulaire qui se forme au sommet est relativement beaucoup
plus grande que celle qui se forme à la base et de manière à
être proportionnelle au rayon, si bien que lorsque la croissance est finie, la cyclochorise est plane. Si la multiplication du
tissu cellulaire était égale à la base et au sommet, on aurait une
cyclochorise cylindrique, en admettant une égalité de production
de tissu cellulaire entre ces deux extrêmes. Si cette multiplication est plus grande au centre qu'aux extrémités, la cyclochorise
sera renflée au milieu, comme on le voit dans celle de l'*Allium
cepa*. On peut varier beaucoup ces combinaisons et avoir ainsi la
raison de la configuration de certaines feuilles de forme et de
structure si bizarres qui se rapportent aussi aux cyclochorises:
telles sont les feuilles du *Sarracenia purpurea* et celles du *Nepenthes distillatoria*. Nous donnerons le mode de formation de
ces feuilles quand nous nous occuperons du mécanisme de la végétation. (Voir notre *Phytogénie*.)

M. le docteur Puel a fait connaître une curieuse cyclochorise
de feuilles qu'il a observée sur le *Polygonatum multiflorum*.
Nous avons dit autre part que les feuilles de monocotylédones
étaient formées par les 6 phytogènes circulaires, plus ceux qui les
surmontent, environnant le phytogène central d'un protophytogène, et qu'il n'y avait exastosie que d'un seul côté, ex, *fig.* 27,
pl. VII. Or, dans l'anomalie de M. Puel, il y avait défaut d'exastosie, tellement que la feuille présentait l'aspect d'un sac ou d'un
utricule, et ne laissait au sommet qu'une petite ouverture circulaire à travers laquelle passaient les extrémités des feuilles terminales renfermées dans le sac. Sur cette feuille toutes les ner-

<table>
<tr><td>I.</td><td></td><td>22</td></tr>
</table>

vures étaient égales, la moyenne n'étant pas plus saillante que les autres. M. Germain de Saint-Pierre a reconnu dans l'intérieur de cette cyclochorise une autre cyclochorise tout à fait semblable qui s'était produite à la suite d'une feuille normale (1). Ce dernier botaniste a vu un phénomène analogue se produire dans la dernière feuille caulinaire du *Tulipa Gesneriana*, avec cette différence que là cyclochorise était entièrement close, et que la fleur, dans son développement, faisant effort sur le sommet interne de la cyclochorise, l'a forcée à se rompre transversalement. C'est un phénomène semblable à celui qui produit les feuilles creuses des Aulx ; seulement, dans ces derniers, le phytogène central émerge de la base de la cyclochorise, qui se fend pour laisser passer la nouvelle feuille cyclochorisée.

Mais de même que nous avons vu les épipédochorises se diviser à leur sommet en partitions plus ou moins nombreuses, de même il devait arriver que l'on dut rencontrer des cyclochorises divisées à leur sommet ; et en effet les exemples de ce genre ne sont pas rares à citer, et c'est ce que nous allons faire en parlant des cyclochorises des calices, des corolles, des androcées, des disques et des gynécées.

Involucres. Il y a certains involucres qui sont constitués par de véritables cyclochorises, les unes restant ouvertes, comme on le voit dans les Noisetiers, ou à peu près fermées dans le Châtaignier (*Fagus Castanea*, L.), le Hêtre (*Fagus Sylvatica*), etc. Mais ces cyclochorises sont divisées au sommet chez le Noisetier et extérieurement squammiformes dans le Hêtre et le Châtaignier, ce qui est dû au sommet persistant des organes foliacés qui constituent l'involucre cyclochorisé.

Calices. Il en est des calices comme des feuilles, et comme il y a des calices complétement d'une seule pièce et plus ou moins en cloche, en entonnoir, en grelot ou en tube, ils forment une cyclochorise ouverte remarquable dans plusieurs genres de plantes très-connues, telles que les genres *Molucella*, *Physalis*, etc., et surtout dans le genre *Saccocalix* de MM. Cosson et Durieu de Maisonneuve.

Dans les Rosiers il se forme aussi une cyclochorise calicinale,

____

(1) *Bull. soc. bot. France*, t. I, p. 62.

mais que nous ne croyons pas être de même nature. Il nous semble qu'il y a un défaut d'exastosie centripète entre les phytogènes circulaires qui doivent produire le calice, la corolle et les étamines, ou, si l'on aime mieux, ce n'est pas seulement une rangée de phytogènes, mais plusieurs rangées circulaires qui s'unissent pour former le calice urcéolé et assez épais des *Rosa* constituant la cyclochorise, rangées qui se séparent centripètement au sommet de l'urcéole pour former le verticille de sépales et les verticilles de pétales et d'étamines. Il faut même admettre une sorte de pollaplasie qui répète un certain nombre de fois les rangées d'étamines, puisque ces organes se forment en grand nombre au sommet du calice cyclochorisé. Quoi qu'il en soit, il est constant, à un autre point de vue, que le calice urcéolé des Roses est la continuation de l'axe; mais alors le phytogène central du protophytogène initial de la fleur aurait cessé de se développer au centre de l'axe, d'où la cavité que l'axe doit offrir. Par conséquent, il ne nous semble pas que l'on puisse se méprendre sur la nature du calice des Rosiers, qui est évidemment axile.

Il nous semble difficile de ne pas admettre un semblable état de choses dans les *ovaires infères,* qui ne sont réellement ainsi que parce que les phytogènes circulaires du protophytogène initial de la fleur ont grandi souvent considérablement de manière à faire un calice à tube très-allongé dans lequel sont enfermés les ovaires; mais de même que pour les *Rosa,* il nous semble qu'il y a plusieurs séries circulaires qui ont grandi ensemble et porté la corolle et les étamines bien au-dessus du phytogène central qui devait constituer le gynécée, lequel phytogène central est bien évidemment d'époque physiologique ultérieure à celle qui forme les sépales, les pétales et les étamines. Si donc il en est ainsi, on doit regarder la cyclochorise qui fait les ovaires infères comme de nature véritablement axile.

En continuant à regarder le périanthe des monocotylédones comme un calice, les exemples de cyclochorise ne manquent pas, depuis le tube très-allongé et évasé au sommet des fleurs du *Colchicum autumnale* et des *Crocus* jusqu'à la fleur en grelot presque fermé des *Muscari* et des *Convallaria,* et il y a même des calices si complétement fermés au sommet et sur les bords, qu'ils sont forcés par le développement de la corolle, et au moment de la floraison, de se détacher circulairement de leur base à la manière des *Calyptra* des Mousses; c'est ce que l'on voit très-bien dans les *Escholtzia*.

COROLLES. Les corolles formées par une série circulaire plus interne de phytogènes sont tout aussi sujettes à constituer des cyclochorises que les calices, et ce caractère est tellement constant qu'il a pu servir à établir des divisions importantes dans la méthode naturelle. Toutes les corolles dites monopétales appartiennent à cette classe de phénomènes, et le nombre en est considérable, puisque la plus vaste peut-être de toutes les familles naturelles, les Synanthérées, ont essentiellement les éléments de leurs corolles flosculeuses disposés en un tube relativement très-allongé et évasé au sommet. D'autres, au contraire, comme les *Arbutus*, les *Gaulthiera* et quelques *Andromeda* ou *Erica*, ont leur corolle formant une cyclochorise ventrue en grelot ou globuleuse, offrant à son sommet une ouverture à peine suffisante pour le passage du style et son stigmate. Bien évidemment, dans ces exemples, nous avons des corolles qui sont aux cyclochorises décrites précédemment ce que les pétales libres sont aux fascies : le parallèle est aussi exact que possible.

ÉTAMINES. Les étamines étant d'ordinaire formées de 2 pièces très-distinctes, le filament et l'anthère, nous allons pouvoir reconnaître des cyclochorises dans les uns et les autres. Nous dirons seulement ici qu'il y a un petit nombre de végétaux chez lesquels les étamines sont ce que l'on nomme *symphysandres*, c'est-à-dire qu'elles sont restées unies à la fois par les filets et les anthères. Les Cucurbitacées et les Lobéliacées sont dans ce cas; mais plus souvent l'union se fait par les filaments seuls, d'autres fois uniquement par les anthères.

1° *Filaments.* — Les filaments, que l'on peut regarder comme l'analogue du pétiole de la feuille ou de l'onglet du pétale, sont le plus souvent parfaitement cylindriques et très-déliés. Ils nous paraissent être le résultat d'un phytogène qui se serait développé seul à la manière des phytogènes qui font l'axe des *Cuscuta* ou les vrilles, et dont le phytogène terminal se *diplasie* le plus souvent, s'épanouit ou se développe en un corps plus volumineux d'où naîtront les 2 anthères. Or tous ces filaments restent souvent unis pendant l'évolution de la fleur, et constituent alors une sorte de tube plus ou moins long qui embrasse quelquefois très-exactement l'ovaire, comme on peut le voir chez l'*Adansiona digitata* (1), le *Lecythis bracteata*, etc., et constituent alors une véritable cyclochorise dont la fixité est telle qu'elle sert de caractère à des familles entières et que c'est absolument sur elle que repose la 16ᵉ classe du système sexuel de Linné, la *Monadelphie*. Il y a même des cas anomaux où nous avons vu des étamines poyadelphes contracter un état de cyclochorise qui en faisait les étamines véritablement monadelphes, dans les *Citrus* par exemple.

2º *Anthères.* — Nous avons avancé que la double anthère de la plupart des étamines devait être considérée comme une épipédochorise diplasique, laquelle, aussitôt qu'elle devient pollaplasique, prend la forme du pétale, qui n'est en effet, logiquement, qu'une épipédochorise pollaplasique ou fascie (p. 310), et dans ce cas l'anthère perd ses qualités axiles qui lui permettaient de produire une sorte de gemmation interne de laquelle résultait le pollen.

Dans la cyclochorise, et c'est là un fait que l'on doit noter en faveur de la conservation de la nature axile des cyclochorises, au contraire, nous voyons les anthères se réunir et conserver, malgré cela, la propriété de produire une gemmation interne par la formation du pollen (2). En effet, dans la vaste famille des Composées, les anthères sont toutes unies entre elles, formant un cylindre creux à travers lequel passent le style et les stigmates de la fleur. C'est une véritable cyclochorise des anthères, dans laquelle les loges anthériques, au nombre de 10, renferment du pollen parfaitement conformé et propre à la fécondation.

On peut dire que la famille des Composées est celle qui pré-

---

(1) Turpin, *Icon. vég.*, pl. XXII, *fig.* 9, et pl. XXIII, *fig.* 8.

(2) Bien des auteurs ont nié la formation du pollen par voie de *gemmation interne*, gemmation interne que quelques auteurs persistent à ne pas même admettre; mais Turpin, se basant sur la ressemblance de l'anthère, a admis un *trophopollen* auquel serait attaché le pollen (*Icon. vég.*, p. 131), et nous-même, en étudiant le pollen de certaines plantes, avons reconnu une sorte de candicule infiniment ténu attaché à des granules polliniques de la grande Absinthe, *Artemisia absinthium*. La gemmation interne est d'ailleurs un phénomène irrécusable, puisque l'on voit les ovules se former longtemps avant la fécondation.

sente au plus haut degré la tendance de ses verticilles floraux à former des cyclochorises, puisque son *ovaire infère,* ainsi que nous l'avons dit, sa corolle et ses anthères sont dans un état de cyclochorise manifeste.

La cyclochorise des étamines peut cependant présenter des cas où l'on observe l'absence de tout ce qui pourrait ressembler à une anthère ; mais c'est particulièrement lorsqu'elle se résout en une multitude de filaments qui indiquent une chorise pollaplasique que nous avons indiquée plus haut dans les pétales. Ainsi les couronnes des *Passiflora* ne sont pas seulement une cyclochorise provenant de l'union des 6 phytogènes circulaires, ni même une cyclochorise produite par 12 phytogènes résultant de la diplasie de chacun des 6 phytogènes circulaires, mais on peut constater qu'il y a réellement pollaplasie circulaire et que la cyclochorise est bien le résultat d'une pollaplasie circulaire survenue chez chacun des phytogènes, ce qui porte le nombre des éléments de la couronne à un chiffre très-élevé.

Disque. Il est une multitude de plantes dont les fleurs, après avoir donné un calice, une corolle et un androcée, donnent immédiatement un verticille de carpelle formant le gynécée. Mais il y en a un assez grand nombre chez lesquelles on rencontre des fleurs portant un organe intermédiaire, et dont Aug. Saint-Hilaire a fait l'étude et donné de sa constitution des idées assez nettes (1). Cet organe, de nature glanduleuse, désigné par Linné sous le nom de *nectaire,* a été nommé *disque* par Adanson, nom qui paraît avoir prévalu, puisqu'un grand nombre de botanistes avec Aug. Saint-Hilaire l'ont fréquemment employé. Cependant nous oserons faire observer que ce n'est que très-rarement que cet organe prend la forme de l'objet dont il emprunte le nom, et que, par conséquent, il eût peut-être mieux valu lui donner une autre dénomination (2). En effet, de même que pour les calices, les

____

(1) *Morpholog. végét.*, p. 455.

(2) Malgré l'inconvénient que présente le changement des noms, il faut pourtant convenir que la botanique aurait parfois besoin que l'on refît sa nomenclature, particulièrement celle des parties de la fleur, qui est des plus imparfaites. En effet, 1° il n'existe aucun rapport dans leurs désinences ; 2° leurs noms sont tantôt tirés du grec et tantôt du latin. Les botanistes modernes ont créé deux mots pour exprimer l'ensemble des organes mâles et des organes femelles : *Androcée* et *Gynécée*. Ces deux mots, tirés du grec, sont très-heureux, et mériteraient d'être conservés ; malheureusement ils ne cadrent plus

corolles, les androcées et les gynécées, le disque peut être plus
ou moins développé, plus ou moins divisé, formant un verticille
de pièces quelquefois libres, mais bien souvent aussi unis à la
base, constituant alors une cyclochorise quelquefois assez développée pour enfermer complétement le fruit dans la cavité qu'elle
forme.

Aug. Saint-Hilaire fait très-bien saisir le passage assez insensible des glandes des Crucifères ou des *Sedum*, etc., au disque
formé de 4 ou 5 glandes unies à leur base, mais couronné encore
par 4 lobes dans les *Cissus*, ou 5 lobes dans les *Cobœa*, ou seule-

avec le mot *calice* et le mot *corolle*, qui viennent, le premier, du grec Καλυξ,
bourse, et que Pline avait employé en histoire naturelle pour exprimer la
partie de la fleur où sont renfermées les semences ; le second, du latin *corolla*,
petite couronne, guirlande, et que Pline a appliqué à une petite couronne de
feuilles de corne colorée qu'on vendait en hiver. Enfin, le mot *disque*, qui
peut venir du latin *discus*, tiré lui-même du grec δίσκος, palet, n'a nul rapport de désinence avec les autres, et le plus souvent n'a pas même l'avantage
de caractériser ni la forme, ni la position de l'organe. La botanique est, ce
nous semble, assez avancée pour que l'on revise sa nomenclature, elle qui,
plus qu'aucune autre science, aurait besoin d'être rigoureusement établie,
à cause de la variabilité de formes que prennent les divers organes. Déjà
nous avons essayé de donner une nomenclature très-simple pour la désignation des feuilles (*Étude comparée des feuilles*, etc.). Si nous l'osions, nous
présenterions pour la fleur une nomenclature qui offrirait les avantages suivants :

1º Les dénominations auraient toutes une origine analogue ;

2º Elles auraient une désinence semblable, ce qui ne les empêcheraient pas
d'exprimer les mêmes idées ;

3º Elles représenteraient une idée philosophique généralement admise : la
métamorphose des feuilles ;

4º Elles indiqueraient la position exacte des verticilles floraux. Pour cela il
suffirait de dire : *exanthophylle, endonanthophylle* ou *énanthophylle, androphylle, gynéconophylle :* cette dernière dénomination vaudrait peut-être
mieux que le mot *gynécée*, lequel, à proprement dire, signifie appartement
des femmes.

Les prépositions πρίν, avant, et μετα, après, pourraient utilement servir à
désigner d'autres organes, en même temps qu'ils indiqueraient leur position
exacte : ainsi, en disant *prinexanthophylle*, on comprendrait que l'on veut
dire verticille placé avant le calice (calicule), et en disant *métandrophylle*,
on saurait que c'est le verticille qui se forme après les étamines (disque), mais
qui n'est pas le gynécée. Il faut avouer pourtant que ces mots sont un peu longs,
et qu'il vaut peut-être mieux dire *exanthophylle extérieur* quand il s'agit
de calicule. Quant au *disque* il faudrait le dénommer *métandrophylle*, car la
préposition πρίν s'adapterait mal au mot gynéconophylle. Cela devient d'autant plus nécessaire qu'il est de toute impossibilité de dénommer actuellement tous les verticilles constituant la fleur du *Passiflora cærulea*, que l'on
distingue dans la coupe verticale d'une fleur, *fig.* 91, p. 256. Les parties 1, 2,
3, 4 et 5 ne sont ni des pétales, ni des étamines, ni un disque, puisqu'elles
sont en dehors des étamines. Dans notre nomenclature, les parties 1, 2, 3, 4,

ment 5 dents dans le *Ticorea jasminiflora*, ou 10 dans le *Spiran-thera*. Chez les *Veronica*, les *Scrophularia*, les *Almeidea*, les glandes sont unies en un disque circulaire à peu près sans divisions au sommet, formant alors une cyclochorise très-ouverte, qui, dans certaines espèces, affecte la forme d'un bourrelet, d'un anneau, d'une cupule ou d'un tube plus ou moins élevé autour du fruit. Dans le *Veronica becabunga*, le disque arrive au quart de la hauteur de l'ovaire; il en atteint la moitié dans l'*Almeidea rubra*; il est à peine plus court dans le *Galipea pentagyna*; enfin il arrive à envelopper complétement les ovaires dans le *Pæonia Moutan*.

Turpin, avant Aug. Saint-Hilaire, mais sous le nom de *phycostème*, avait établi déjà une exacte relation entre des étamines unies à la base et le disque complétement cyclochorisé des *Carex* et du *Pæonia Moutan*, en partant de la glande unilatérale de l'*Orobranche uniflora*, passant successivement par le disque en anneau du *Gratiola officinalis*, puis par le disque à 5 lobes du *Cobœa scandens*; celui en anneau sinueux du *Thouinia pinnata*, conduisant à la cyclochorise ouverte en bourse du *Balanites Ægyptiaca*, qui est close dans le *Carex* et le *Pæonia Moutan*.

Il peut arriver même qu'il se produise une cyclochorise, mais qu'alors elle soit dissimulée par des défauts d'exastosie qui les fasse adhérer avec les carpelles, comme on le voit dans les *Papaver*, les *Citrus* et les *Nymphea*, etc., mais que De Candolle a parfaitement distinguée des carpelles. C'est qu'après avoir fourni les

seraient appelées des *métenanthophylles*, et la partie 5, très-distincte des 4 autres, deviendrait une *prinandrophylle*.

Ainsi, nous aurions la série suivante :

Exanthophylle	=	verticille de sépales	=	calice.
Énanthophylle	=	— de pétales	=	corolle.
Androphylle	=	— d'étamines	=	androcée.
Métandrophylle	=	— de lépales	=	disque.|
Gynéconophylle	=	— de carpelles	=	gynécée.

Nous avons cru devoir présenter ces considérations qui, malgré les quelques avantages qu'elles offrent sur l'ancienne nomenclature, n'auront, nous le craignons bien, l'approbation que d'un très-petit nombre de savants. Peut-être au moins appelleront-elles l'attention des organographes qui, un jour plus ou moins éloigné, en trouveront une autre mieux conçue, et alors nous nous estimerons heureux d'avoir, par ce seul fait, un peu contribué à une pareille amélioration.

phytogènes circulaires qui doivent constituer le calice, la corolle et l'androcée, l'axe se trouve encore terminé par un phytogène central, qui, en se développant, donnera lieu à un *ovaire supère*. Si les phytogènes circulaires de cet *ultime* protophytogène ne se séparant pas vivent d'une vie commune pendant leur développement, ils constitueront une cyclochorise qui sera la continuation de l'axe, et par conséquent, quoique supère, l'ovaire sera de nature axile absolument comme l'ovaire infère dont nous avons déjà parlé, car le mode de formation est absolument le même. Il y a toutefois cette différence que la cyclochorise pourra n'être formée que par les parois des carpelles, et les Caryophyllées nous semblent fournir un exemple de cette cyclochorise, tandis que dans l'ovaire infère, la cyclochorise est formée non-seulement par les parois des carpelles, mais encore par toute la substance du calice et des rangées circulaires de phytogènes appartenant à la corolle et à l'androcée, dont l'ensemble nous paraît constituer ce que De Candolle, avec Salisbury, a nommé *torus* (1), et dans lequel torus entre peut-être la rangée circulaire qui doit former la base du verticille que Aug. Saint-Hilaire a si bien étudié sous le nom de disque, et que Turpin avait proposé de nommer *phycostème*, à cause de l'idée qu'il se faisait que c'étaient des étamines transformées, idée qui s'est trouvée bien des fois justifiée par la formation d'anthères au sommet des phycostèmes (2).

Dans tous les cas, c'est ce disque qui, constitué par les phytogènes circulaires de l'avant-dernier protophytogène, se développe en une cyclochorise entourant plus ou moins les carpelles et qui, par défaut d'exastosie centripète, forment comme une enveloppe générale aux carpelles des Pavots, des *Citrus* et des *Nymphœa*, enveloppe facile à reconnaître dans les Pavots par le rebord circulaire saillant que l'on observe à la base des trous placés sous le stigmate rayonnant des espèces de ce genre. Mais si la cyclochorise se développe sans adhérer aux carpelles, il est alors beaucoup plus facile de la reconnaître, et c'est en effet ce qui a lieu dans le *Pœonia Moutan,* particulièrement dans la variété qu'Andrews a nommée *Papaveracea* et chez laquelle, selon la re-

(1) *Org. vég.*, t. I, p. 483.
(2) *Iconog. vég.*, p. 53 et 144. Tabl. 24, *fig.* 14.

marque de Rob. Brown, la cyclochorise recouvre les carpelles sans adhérer avec eux.

C'est encore à une cyclochorise qu'il faut rapporter l'urcéole membraneux persistant ou *utricule* de la fleur femelle des *Carex*, laquelle est enflée vers sa base, close de toutes parts, excepté vers son sommet, qui est terminé par une ouverture bidentée à travers laquelle passe le style.

C'est encore une cyclochorise épaisse, charnue, qui constitue le bourrelet circulaire que l'on trouve à la base de l'ovaire et des étamines des *Passiflora, fig.* 91, 4, et que nous avons décrit p. 256; mais son épaisseur laisse supposer que plusieurs éléments circulaires de plus en plus intérieurs entrent dans sa composition, et les petites glandes que l'on y observe, placées au sommet sur plusieurs cercles concentriques, en seraient une preuve suffisante. Au reste, dans cette fleur, presque toutes les parties comprises entre les pétales et l'ovaire sont dans un état manifeste de cyclochorise plus ou moins divisée au sommet.

CARPELLES. Nous avons parlé tout à l'heure de la cyclochorise résultant de l'union intime, de la fusion des 5 carpelles des Caryophyllées, et ce que nous avons dit des Pavots et des fruits du *Nymphœa* peut nous dispenser de revenir sur leur compte. Mais il est beaucoup d'autres végétaux qui semblent avoir leurs carpelles assez unis entre eux pour constituer une cyclochorise. Il y a d'abord les Primulacées, dont l'ovaire, à une seule loge et à placentation centrale, rentre tout à fait dans le cas des carpelles cyclochorisés des Caryophyllées.

Les fruits désignés sous le nom général de *Pyxides* nous paraissent rentrer dans cette catégorie.

En adoptant la manière de voir de Turpin relativement aux péponides des *Cucurbita*, ce qui en ferait un péricarpe uniloculaire, ou même en admettant que le fruit est formé de 3 carpelles intimement liés entre eux, ce qui est plus vraisemblable à notre sens, et c'est aussi la dernière opinion d'Aug. Saint-Hilaire (1), on aurait encore une vraie cyclochorise tout à fait analogue à celle des Passiflores, des Nymphéacées, des Hydrocharidées, etc. Mais, il faut bien le reconnaître, il est presque certain que le verticille

____

(1) *Morpholog. vég.*, p. 877.

des carpelles est entouré, comme dans les Mélonides des Rosacées, tout au moins de la cyclochorise calicinale, s'épanouissant au sommet en 5 ou 6 divisions, et constituaient ce que nous nommons un *calice supère*.

Devons-nous regarder comme une cyclochorise les carpelles disposés circulairement et qui sont déhiscents ou qui se séparent à la maturité? Pour répondre affirmativement à cette question et fournir des preuves suffisantes, il est indispensable d'entrer dans des considérations phytogéniques que, pour ne pas trop nous répéter, nous ne pouvons présenter qu'au chapitre des *Organes axiles et appendiculaires*.

Nous ne multiplierons pas ces exemples. Ils suffisent pour démontrer que si l'on veut considérer, ce qui est logique, les feuilles ou leurs modifications comme des épipédochorises, il est rationnel de nommer cyclochorises les mêmes organes chez lesquels l'exastosie circulaire fait complétement défaut, et observer surtout qu'il y a la même différence entre la cyclochorise des organes appendiculaires et celle que nous avons fait connaître dans le Pois et la Lampsane, qu'entre l'épipédochorise foliaire et l'épipédochorise des axes.

SPHÆROCHORISES. On peut très-bien concevoir une masse de tissu cellulaire ayant éprouvé un premier mouvement d'exastosie qui en a fait un protophytogène; mais l'exastosie n'étant pas assez puissante pour séparer tous les éléments, il arrive que le tissu cellulaire continue à se développer, grossissant et se subdivisant de nouveau en phytogènes incapables d'une plus grande séparation. C'est là, rigoureusement, le phénomène de la sphærochorise, comparable à l'épipédochorise, qui augmenterait de volume sans donner lieu à la séparation de ses axes, ou à la cyclochorise, qui grandirait sans se diviser autrement que par rupture ou par voie de décomposition (péponide). Mais il peut arriver que l'exastosie agisse sur la sphærochorise assez puissamment pour que chacun des phytogènes prenne une évolution particulière, et dans ce cas, la sphærochorise se recouvre d'une multitude de petits axes, qui sont à cette sphærochorise ce que sont toutes les branches qui s'échappent, en se développant, de la crête d'une épipédochorise. Ce que l'on nomme *exostose* nous paraît être le premier état de la sphærochorise, et ce que l'on désigne sous le nom de *Polycladie*, l'expression de son second état.

Quelques plantes de la famille des Cactées (*Melocactus, Echinocactus, Echinopsis*, etc.) ont une végétation qui se rapporte exactement à celle que nous venons d'indiquer, et à ce compte la plante entière serait une vraie sphærochorise, absolument comme certains axes de *Cactus* seraient des épipédochorises.

Il arrive souvent que les bourrelets qui se forment entre l'écorce et l'aubier, au sommet d'un tronc d'arbre coupé transversalement, se comportent exactement comme les sphærochorises. Ils grossissent peu à peu, s'arrondissent et finissent par donner une multitude d'axes qui croissent simultanément. Les exemples de ces sortes de sphærochorises ne sont pas rares, et l'on peut facilement en trouver sur les arbres coupés à fleur de sol sur les bords des chemins, particulièrement sur les vieux troncs de Peupliers. Nous en avons observé un grand nombre dans le parc de Montataire, sur les troncs des pommiers et poiriers que l'on avait coupés pour les greffer.

Enfin peut-être pourrait-on regarder certains tubercules, tels que ceux de la pomme de terre, du topinambour, etc., comme des sphærochorises. Il est évident que le développement de ces sortes de tiges est très-analogue à celui des sphærochorises, et ce développement est particulièrement très-remarquable dans la pomme de terre dite *Marjolin*. On doit à M. Duchartre la description du développement anomal de ce tubercule, qui se comporte absolument comme certaines loupes. En effet, ce savant a écrit qu'en 1860 une quantité considérable de ces pommes de terre mises en terre n'ont pas donné de tiges, si bien que les plantations présentaient de nombreuses lacunes ; ce qui n'a pas empêché, néanmoins, les tubercules-semences de se développer, et de donner de nouveaux tubercules d'un volume à peu près normal, et souvent même presque aussi nombreux que ceux que l'on trouve au pied des plantes venues normalement. Il semblerait, d'après ce fait, que les tiges et les feuilles concourent peu à l'accroissement des tubercules. M. Decaisne a émis l'idée que ce phénomène pourrait bien être causé par un défaut de chaleur et de lumière (1).

(1) *Bull. Soc. bot. France*, t. VII, p. 456.

Si pendant le développement de la sphærochorise l'exastosie se prononce puissamment autour de chaque phytogène constitué, il est évident que chacun d'eux donnera lieu à un axe en tout semblable aux branches du végétal porteur de la sphærochorise; mais si cette exastosie est favorisée dans certains sens plutôt que dans d'autres, il pourra arriver que plusieurs phytogènes s'allongeront ensemble, formant alors des épipédochorises ou fascies sur une sphærochorise.

La conséquence de ces deux démonstrations, c'est qu'avec les mêmes éléments on a dans un cas des axes, et dans l'autre des unions d'axes qui prennent un peu de la physionomie des organes appendiculaires.

Ce point établi, supposons un phytogène central porté à l'extrémité d'un axe et suffisamment nourri pour que ce phytogène, avant de s'exastosier de manière à laisser reconnaître sa composition, grossisse considérablement; puis admettons que l'exastosie arrive à être assez puissante et circulairement régulière pour déterminer l'élongation de chaque phytogène : si nous avons affaire à une *influence* suffisamment *florifiante*, chaque phytogène deviendra une fleur qui ne sera autre que l'un des nombreux axes de sphærochorise. Mais si au contraire l'exastosie, quoique assez puissante, n'est régulière que dans certains sens, plusieurs phytogènes vivant en commun formeront une fascie qui ne sera autre qu'un pétale, si l'influence florifiante est assez prononcée; d'où il résulte, d'après notre manière de voir, que de même qu'une sphærochorise peut s'épanouir en axes infrondescents, de même elle peut s'épanouir en axes inflorescents, et de cette modification à l'épanouissement en organes appendiculaires floraux il n'y a qu'un pas.

Or nous avons fait connaître un rapprochement logique entre certains capitules et la polycladie, d'où il résulterait que les sphærochorises seraient un état normal que l'on rencontrerait dans beaucoup d'Ombellifères, de Composées, de Dipsacées, etc., et en général dans toutes les inflorescences chez lesquelles il serait presque impossible de mesurer une distance quelconque dans les mérithalles floraux. C'est que les époques physiologiques de formation des phytogènes sont d'autant plus voisines que l'on constate moins de distance entre les éléments de l'inflorescence, et puisque dans une Ombelle, une Calathide, etc., on ne constate aucune distance appréciable, c'est que tous ces éléments sont sensiblement de même époque physiologique de formation, toutefois avec quelque légère différence dans leur complète évolution. Or dans une sphærochorise, telle que nous l'avons définie, nous reconnaissons un même mode de développement; conséquemment, si dans un cas nous disons qu'il y a sphærochorise, nous sommes bien obligé de reconnaître qu'il y a également sphærochorise dans l'autre.

Mais nous avons dit aussi que la sphærochorise pouvait, suivant les directions et la puissance de l'exastosie, donner naissance à des organes fasciés. Par conséquent si la sphærochorise se forme à l'extrémité d'un axe doué de l'influence florifiante suffisante, les phytogènes se disposeront en organes fasciés, qui prendront l'aspect pétaloïde et couvriront toute la surface de la sphærochorise, qui dans ce cas prend le nom de réceptacle. Or c'est précisément la marche des choses dans les fleurs dites *doubles-pleines;* par conséquent une fleur double-pleine, comme celle du *Calystegia pubescens,* du *Kerria japonica* ou de quelques *Rubus* à réceptacle plane ou hémisphérique, pourrait, jusqu'à un certain point, être assimilée à une sphærochorise. On pourrait encore ne voir, si l'on voulait, dans certains androcées qu'une sphærochorise d'étamines; par exemple dans la fleur mâle des *Ricinus;* seulement, on sait qu'il y a une ramification que l'on pourrait ramener à des défauts d'exastosie. Dans tous les cas, les étamines sont parfaitement réunies en tête. Enfin dans quelques capsules à placentation centrale, comme on en voit dans les Primulacées et les Caryophyllées, les semences placées autour d'un placenta sphérique constituent encore une sorte de sphærochorise.

Il résulte de ce que nous venons de dire que les sphærochorises se rencontreraient :

1° Dans les axes comme dans les exostoses ou loupes, les Cactées globuleuses;

2° Dans les inflorescences, comme les Sertules, les Ombelles, les Capitules, certains cônes (*Cupressus*), et dans les inflorescences en tête du Platane, du *Broussonnetia papyrifera,* etc.;

3° Dans les pétales de certaines fleurs multiples. Il est, en effet, fort souvent difficile, sinon impossible, dans certaines fleurs dou-

bles-pleines (*Calystegia pubescens, Kerria japonica, Rubus*, etc.),
de rapporter la multiplication, soit à une répétition de verticelles,
soit à des chorises ordinaires, puisque l'on ne peut constater ni
une alternance, ni une opposition régulières des pétales ;

4° Dans les étamines, comme dans les Ricins ;

5° Dans les carpelles, comme on le voit dans la Fraise et certains fruits de Renonculacées (p. 330) ;

6° Dans les semences, ainsi que cela a lieu dans les fruits globuleux et à placentation centrale, telles que certaines Caryophyllées, Primulacées, etc.

Ajoutons pour terminer que la simultanéité de développement des divers phytogènes qui composent la sphærochorise dépend surtout de la sphéricité du réceptacle sur lequel ils se développent, et qu'à mesure que ce réceptacle s'allonge, à mesure aussi les époques physiologiques de formation se distinguent, et de là le défaut de simultanéité dans l'évolution des parties qui composent la sphærochorise.

Pareillement, à mesure que le réceptacle perd sa forme sphérique pour prendre une forme discoïde aplatie, à mesure aussi les époques physiologiques de formation semblent se distinguer davantage, et alors on reconnaît une certaine différence entre le développement des phytogènes de la circonférence avec celui des phytogènes du centre, développement bien appréciable surtout pendant la floraison de certaines Calathides, particulièrement quand le réceptacle acquiert les dimensions d'un très-grand disque, comme l'est celui de l'*Helianthus annuus*.

Malgré cela, et à cause de la grande différence qui existe entre ces évolutions à mérithalles inappréciables et les évolutions des axes à très-longs mérithalles, nous regardons toutes ces évolutions comme sensiblement simultanées, et par conséquent très-différentes des évolutions indéfinies.

REMARQUE GÉNÉRALE. Enfin, comme il importe de ne pas confondre tous les phénomènes que nous cherchons à distinguer dans ce chapitre de l'exastosie en général, il faut concevoir :

1° Que l'exastosie, d'après le principe de la communication des mouvements d'égales dimensions, circonscrit d'abord (exastosie incomplète), puis divise, *individualise,* d'une manière normale (exastosie complète), les mouvements particuliers pour en faire autant de vies ou phytogènes plus ou moins indépendants (p. 110);

2° Que la chorise n'est qu'une forme de l'exastosie qui agit postérieurement sur les phytogènes *formés normalement* pour les doubler, tripler ou multiplier d'une manière *anomale*, et que cette forme de l'exastosie peut à son tour être incomplète ou complète de façon à donner des épipédochorises, cyclochorises ou sphærochorises indivises, dans le cas où cette nouvelle exastosie est incomplète ; ou bien plus ou moins divisées, selon que cette exastosie est plus ou moins complète.

CLASSE II. — DE LA RÉPÉTITION DES ORGANISMES VÉGÉTAUX
OU DES PROLIFICATIONS.

On a donné en histoire naturelle le nom d'*organes* à des instruments particuliers destinés à remplir une fonction quelconque dans les phénomènes plus ou moins nombreux de la *vie organique* (1). Ainsi, l'œil, l'oreille, le cœur, le poumon, le cerveau, la main, etc., sont des organes animaux; le cotylédon, la feuille, le pétale, l'étamine, le pistil, etc., sont des organes végétaux.

En botanique, on reconnaît des *organes simples* ou *élémentaires* et des *organes composés*. Les premiers sont ceux qui ne se prêtent à aucune division probable de fonction, qui ont une constitution analogue dans toutes leurs parties, mais qui pourtant sont doués de propriétés actives dans lesquelles on est forcé de reconnaître un mouvement vital. Telles sont les cellules du tissu cellulaire ou utriculaire, les fibres et les vaisseaux. L'union de ces organes élémentaires dans des proportions difficiles à déterminer, et d'ailleurs fort variables, selon les organes, constitue ce que les botanistes nomment *organes composés :* tels sont les feuilles, les sépales, les pétales, etc., pris chacun séparément.

Ceci bien établi, nous commençons par rappeler qu'il est tout à fait impossible, quand on veut exprimer des idées nouvelles, de ne pas être obligé de créer des mots nouveaux, le néologisme étant le *socius* obligé de toute nouvelle conception.

____

(1) Voir notre premier chapitre.

A. En conséquence, afin d'être bien compris dans cet article, nous donnerons, dans les végétaux, en procédant du simple au composé, le nom d'*organisme simple* à 1, 2, 3, 4, 5 ou 6 de ces organes composés ou *organes appendiculaires* disposés circulairement autour d'un axe, en y comprenant la partie de l'axe qui les supporte, mais abstraction faite des bourgeons qui viennent le plus souvent à l'aisselle de ces organes. Ainsi chez les monocotylédones, le cotylédon et sa radicule composent un premier organisme de nutrition qui, pour des raisons que nous avons indiquées autre part, se répètent dans chaque feuille se développant au-dessus du cotylédon, à l'exception cependant de quelques espèces à feuilles opposées (*Dioscorea*) dont l'organisme se compose de 2 feuilles.

De même les deux cotylédons d'une dicotylédone et sa radicule constituent un organisme simple de nutrition, abstraction faite du ou des bourgeons, car dans beaucoup de monocotylédones on ne constate aucune apparition de bourgeons axillaires, et cependant chez elles nous nommons organisme les mêmes parties. La feuille chez les monocotylédones, ou les 2, 3, 4, 5 ou 6 feuilles opposées ou verticillées des dicotylédones et le mérithalle inférieur qui surmonte les cotylédons, sont un autre organisme simple de la nutrition.

Enfin, nous donnons encore le nom d'organisme simple, chez les végétaux à feuilles alternes, à la portion de la tige avec ses feuilles, comprises entre les deux extrémités d'une hélicule (1) décrite par la disposition hélicoïdale des feuilles, parce que nous regardons les feuilles alternes comme résultant du déplacement des feuilles qui auraient dû être opposées ou verticillées, ainsi que cela a lieu dans la *disposition type* des feuilles sur la tige d'un grand nombre de végétaux. Par exemple, dans les feuilles *alternes distiques* (orme), l'organisme se compose de 2 feuilles et de 2 demi-mérithalles (2). Chez les végétaux dont les tiges sont à feuilles *alternes tristiques*, l'organisme se compose de 3 feuilles et de $\frac{2}{3}$ de mérithalles. Dans les tiges à feuilles quinconciales dont la notation est $\frac{5}{2}$, nous trouvons 2 organismes :

(1) Voir p. 306 (note), ce qu'il faut entendre par ce mot.
(2) Voir la note de la page 81.

I.   23

l'un de 2 feuilles et de 2 demi-mérithalles; l'autre de 3 feuilles et de $\frac{3}{5}$ de mérithalles, et ainsi de suite pour les autres cycles hélicoïdaux (1).

Nous reconnaîtrons: 1° des *organismes simples de la nutrition:* tels sont les cotylédons et les verticilles foliaux; mais il faut faire observer de suite qu'il n'y a pas rigoureusement d'organismes simples de la nutrition puisque, à l'aisselle de chaque feuille, il doit y avoir un bourgeon qui le plus souvent se développe en un axe secondaire. Ce n'est que dans les monocotylédones que l'on pourrait admettre des organismes simples, car très-souvent on ne reconnaît aucune évolution du bourgeon axillaire; 2° des *organismes simples de la reproduction,* comme les calices ou verticilles sépaloïdes, les corolles ou verticilles pétaloïdes, les androcées ou vertilles staminaux et les gynécées ou verticilles carpellaires. Ici encore, bien que d'ordinaire il ne se développe aucun bourgeon à l'aissel'e des parties de l'organisme simple, cependant la théorie indique que ces bourgeons ou phytogènes restent latents et ne se développent que dans des conditions particulières, et encore très-rarement, constituant des anomalies dont nous parlerons un peu plus loin.

B. Nous nommons *organisme composé* ou *appareil simple* un ensemble d'éléments organiques servant à accomplir une fonction actuelle et à préparer les matériaux d'une fonction ultérieure. Ainsi la feuille concourt actuellement à la fonction de nutrition; mais par son bourgeon axillaire, qui en est pour ainsi dire inséparable, elle prépare les matériaux d'une fonction de nutrition ultérieure. De même la bractée concourt actuellement à la fonction de nutrition; mais par son bourgeon axillaire elle prépare les éléments d'une fonction ultérieure : celle de la reproduction. En conséquence, nous reconnaîtrons les *organismes composés de la nutrition* dans les feuilles et les *bourgeons-scions* qui viennent à leur aisselle, ou bien encore dans les graines, et les *organismes composés de la reproduction,* dans les bractées et les *bourgeons-fleurs* qui naissent à leur aisselle ; ou même dans une fleur dont

(1) Voir notre mémoire intitulé : *Recherches sur le nombre type des parties constituant les divers cycles hélicoïdaux et rapport qui existe entre ce nombre et le nombre type des parties florales* (Feuilles alternes). *Compt. rend. Inst.,* janv. 1861.

les sépales et les pétales servent à nourrir et à protéger les organes essentiels de la reproduction : les étamines et les pistils.

C. L'ensemble des organismes de la nutrition (cotylédons, scions, feuilles et bourgeons) constitue *l'appareil composé de la nutrition*, auquel nous donnons le nom d'*infrondescence*, pour le distinguer de l'ensemble des organismes de la reproduction constituant *l'appareil composé de la reproduction*, que l'on a coutume de nommer *inflorescence*. Ce dernier appareil se compose des bractées, des involucres et des bourgeons-fleurs.

D. Enfin, nous donnerons le nom de *Phytonie* ou *système végétal* à l'ensemble des 2 appareils réunis de la nutrition et de la reproduction ; de l'infrondescence et de l'inflorescence, mais à l'état de développement tel que les 2 appareils soient visibles.

Dans les actes de la végétation le passage d'un organe dans un autre est quelquefois si insensible qu'il est à peu près impossible de créer des divisions méthodiques parfaitement exemptes de reproches. De quelque façon que l'on présente les classifications on sent qu'il y a toujours quelque chose qui laisse à désirer. Nous croyons néanmoins que la division de l'être très-complexe que l'on nomme *végétal*, telle que nous la présentons ici, est celle qui se prête le mieux à l'étude des phénomènes que nous avons à étudier.

Voici le tableau méthodique de cette nomenclature :

PHYTONIE OU SYSTÈME VÉGÉTAL.

INFRONDESCENCE ou appareil composé de la nutrition.		INFLORESCENCE ou appareil composé de la reproduction.	
ORGANISMES simples.	APPAREIL SIMPLE ou organismes composés.	ORGANISMES simples.	APPAREIL SIMPLE ou organismes composés.
Cotylédons et radicules. Feuilles et mérithalles.	Cotylédons et bourgeons. Feuilles et bourgeons. Graines.	verticilles sépaloïd. — pétaloïdes, — staminaux, — carpellaires.	Bractées et bourgeons. Fleur entière.

SECTION I. — RÉPÉTITION DES PHYTONIES.

Les phytonies, avons-nous dit, constituent des systèmes végétaux contenant à la fois des inflorescences et des infrondescences rendues visibles par leur développement.

Pour bien distinguer la phytonie de l'inflorescence, nous dirons que certaines plantes annuelles à tige simple terminée par une fleur ou une inflorescence, sont des phytonies, et que dans les plantes ligneuses les phytonies sont ces bourgeons développés dans lesquels on trouve une infrondescence ou une rosette de feuilles et des fleurs. Dans le Lilas, par exemple, il y a des *bourgeons-scions* et des *bourgeons-fleurs*. Les premiers ne produisent que des infrondescences, et les seconds, des infrondescences terminées par des inflorescences; dans ce cas nous avons une phytonie. Pareillement les Pommiers, Poiriers, etc., ont des bourgeons-scions qui ne donnent que des infrondescences et des bourgeons-fleurs qui donnent d'abord une rosette de feuilles terminée par une inflorescence. Pour plus de simplicité, nous dirons :

1° Le premier appareil de la végétation est l'infrondescence qui peut exister seule suivant l'âge du végétal ou son exposition. Les plantes annuelles et vivaces convenablement exposées passent dans la même année à l'état de phytonies. Les plantes bisannuelles donnent des infrondescences la première année et ne deviennent phytonies que la deuxième. Les plantes ligneuses sont plus ou moins longtemps à former des phytonies; mais le plus souvent, quand une plante ligneuse commence à donner des phytonies, elle continue à en donner tous les ans, à moins que des circonstances fâcheuses ne s'opposent à cette production.

2° De l'infrondescence naît l'inflorescence; car, à part quelques exceptions (*Cuscuta*), l'infrondescence précède toujours l'inflorescence (1), et encore ces exceptions ne sont-elles qu'apparentes,

(1) Il y a quelques plantes qui semblent faire exception à cette règle : telles que le *Cercis siliquastrum*, le *Colchicum autumnale*, le *Tussilago farfara*, etc., plantes que les anciens désignaient quelquefois sous la dénomination de *Filius ante patrem*. Ces plantes ne fleurissent réellement qu'aprè avoir donné une infrondescence, mais cette infrondescence a précédé l'inflorescence d'un temps plus long que d'ordinaire, tout l'hiver, de sorte que l'infrondescence appartient à l'année précédente et l'inflorescence à l'année suivante.

puisque l'on peut reconnaître des écailles, très-petites, à la vérité, à la base des bouquets de fleurs, mais qui ne sont autres que des rudiments de feuilles.

3° Enfin de l'inflorescence procède la fleur.

Ceci établi, cherchons s'il existe véritablement des répétitions de phytonies.

Il y a des phytonies *simples* : ce sont celles qui procèdent immédiatement du bourgeon-fleur *assis à l'aisselle d'une vraie feuille,* qu'il y ait une seule ou plusieurs fleurs (*Melissa calamintha, Lamium album, Epilobium, Fuchsia,* etc.). Il y en a de *composées* : ce sont celles qui produisent des inflorescences après avoir donné un nombre plus ou moins grand de feuilles indépendamment de la feuille caulinaire primaire (Lilas).

Les phytonies peuvent offrir deux modes généraux de répétitions. En effet, ou bien elles peuvent se répéter *dans une inflorescence* ou se répéter *en dehors de l'inflorescence*; mais s'il est parfois facile de reconnaître la répétition dans l'inflorescence (Scabieuses, *fig.* 76), il est aussi quelquefois très-difficile de la saisir (Poirier). En général, la phytonie répétée procède de l'inflorescence par métamorphose descendante; mais souvent aussi on la voit provenir immédiatement d'une fleur. Il y a donc des phytonies *provenant d'inflorescences partielles* et des phytonies qui *proviennent brusquement de fleurs.* Enfin, il y a des phytonies qui se répètent après que la fleur s'est épanouie ou plus ou moins manifestée, et dans ce cas, tantôt la phytonie continue l'axe principal et semble traverser la fleur, tantôt la phytonie prend naissance sur le côté, tandis que l'axe se trouve terminé par les produits ordinaires de la floraison et de la fructification. D'où nous tirons deux nouveaux modes de répétitions de phytonies, savoir : les *répétitions médianes* et les *répétitions latérales.* Mais ces répétitions médianes et latérales peuvent se retrouver, comme nous le verrons, sous une autre forme dans les inflorescences mêmes. Nous étudierons toutes ces répétitions d'après l'ordre suivant :

Pl. XI.

$$\text{RÉPÉTION DES PHYTONIES.} \begin{cases} 1^o \text{ dans l'inflorescence} & \begin{cases} \text{par métamorphose d'inflorescence partielle.} \\ \text{par métamorphose d'une fleur de l'inflorescence.} \end{cases} \\ 2^o \text{ dans la fleur épanouie} & \begin{cases} \text{latérale.} \\ \text{médiane.} \end{cases} \\ 3^o \text{ en dehors de l'inflorescence} & \begin{cases} \text{par métamorphose des inflorescences.} \\ \text{\textemdash \quad des fleurs.} \end{cases} \end{cases}$$

§ 1. — *Répétition des phytonies dans l'inflorescence.*

La formation d'une phytonie dans une inflorescence peut être regardée comme le retour d'un phytogène-fleur vers un phytogène-scion lequel, dans des circonstances favorables, devrait toujours finir par donner des fleurs et des graines. La présence d'une phytonie dans une inflorescence qui en est privée d'ordinaire est certainement déterminée par un excès de nourriture inhabituelle qui fait que le phytogène peut former encore une infrondescence avant l'inflorescence, constituant ainsi un premier degré de métamorphose descendante. Quoique ces transformations soient très-fréquentes, et sans doute à cause de cette fréquence même, on n'est pas habitué à regarder ce phénomène comme une anomalie, quoique pourtant il se produise souvent dans des conditions hors nature. Les exemples qui vont suivre en seront la preuve.

La répétition des phytonies dans l'inflorescence présente deux cas très-distincts, savoir : 1° celui où la répétition se fait *par métamorphose de l'inflorescence partielle;* 2° celui où la répétition se fait *brusquement par métamorphose de la fleur.*

1° *Répétition des phytonies par métamorphose des inflorescences partielles.*

Cette métamorphose établit le passage naturel de l'inflorescence à l'infrondescence; quoique parfois l'on observe, ainsi que nous le verrons bientôt, des infrondescences descendant subitement d'une inflorescence et même d'une fleur.

1° Quand on examine un certain nombre d'inflorescences thyrsoïdes des *Syringa vulgaris* ou *persica*, on trouve quelquefois des inflorescences partielles opposées à des infrondescences de 2, 4 ou 6 feuilles surmontées d'une inflorescence. Ce cas constitue une répétition anormale de phytonie; car ou l'inflorescence par-

tielle devait avoir pour opposée une pareille inflorescence partielle, ou bien être elle-même une infrondescence surmontée
d'une inflorescence. Mais l'observation de chaque jour sur des
thyrses des mêmes végétaux démontre que la première supposition est l'état normal; par conséquent l'opposition d'un axe
chargé de feuilles et de fleurs à un axe uniquement chargé de
fleurs constitue réellement un état anormal qui n'est autre
qu'une répétition de phytonie.

2° Dans les cymes corymbiformes des *Sambucus* et des *Cornus*
on peut, comme nous l'avons fait, rencontrer de ces sortes de
répétitions. On sait que l'inflorescence des *Sambucus* se compose
d'une cyme à quatre rayons circulaires ou verticillés et d'un cinquième terminal ou central. Or, très-peu au-dessous des quatre
rayons, nous avons parfois trouvé la double répétition opposée
d'une phytonie surmontée d'une nouvelle inflorescence composée
de 4 rayons et d'un 5ᵉ central. Cet état de choses, rare dans les
Cornus, moins rare dans le *Sambucus nigra,* est plus fréquent
dans le *Sambucus Ebulus.*

3° L'*Amaranthus caudatus* présence une inflorescence complexe qui, à partir d'un certain point, se compose de grappes
pendantes et nombreuses, qui n'admettent aucune feuille dans sa
constitution. Cependant quelquefois les grappes secondaires sont
pourvues de feuilles qui en font, pour nous, de véritables phytonies. Ce sont donc des inflorescences partielles qui se sont transformées en phytonies, et qui pourtant appartiennent essentiellement à l'inflorescence générale, celle qui n'admet aucune feuille.
Donc il y a ici répétition de phytonie dans une inflorescence.

Nous pourrions multiplier nos exemples en les prenant dans les
cymes corymbiformes des *Hydrangea,* dans les inflorescences des
Veronica, etc., et faire voir que bien souvent, là où il doit n'y
avoir qu'une inflorescence, on rencontre des phytonies. Par conséquent il faut reconnaître que, dans certains cas, il se produit
accidentellement des phytonies au milieu de certaines inflorescences, et que ces phytonies représentent une inflorescence partielle qui, mieux nourrie, s'est augmentée d'une infrondescence.

4° Nous avons observé une ombelle d'*Angelica archangelica,*
présentant *extérieurement,* quoique *dans la même collerette,* une
répétition d'infrondescence, et *intérieurement* une répétition d'in-

frondescences surmontées d'une inflorescence ordinaire, c'est-à-dire d'une ombelle composée ; par conséquent, d'une phytonie. Un *Daucus carota* nous a offert aussi 6 infrondescences extérieures, mais néanmoins comprises dans la collerette universelle, et dont 3 étaient terminées par une ombelle composée : donc nous avions affaire à une répétition de phytonies. Dans ces deux cas, il est évident que ce sont les inflorescences qui ont eu une végétation assez active pour reproduire une infrondescence surmontée d'une ombelle composée constituant la phytonie.

C'est à cet ordre de phénomènes qu'il faut rapporter la variété β *prolifera* de l'*Angelica Razoulsii* décrite par De Candolle (1). Cet illustre botaniste l'a trouvée mêlée avec l'espèce normale dans les prés qui environnent le village de Querigut (Pyrénées). La tige fasciée offrait des ombelles sans collerette générale ; mais chaque ombelle partielle, composée d'un petit nombre de fleurs très-longuement pédiculées, portait au lieu de collerettes partielles de véritables feuilles semblables à celles de la tige. C'était une sorte de répétition de phytonies dans une inflorescence.

M. Kirchleger a fait connaître un exemple de répétition de phytonie curieux en ce sens qu'il est contraire à ce que l'on observe d'ordinaire. Quelques pieds de *Peucedanum oreoselinum* Kock (*Athamanthe oreoselinum*, L.) offraient 30 à 40 rayons terminés par des ombellules et verticillés. L'involucre universel était formé par 7 à 9 véritables feuilles surdécomposées. Du centre de cette ombelle s'élève un axe continuant l'axe principal, et qui portait à une certaine hauteur une feuille bractéale, plurilobée, offrant à son aisselle une seule ombellule. L'axe se terminait par une véritable ombelle composée. Ici la répétition de la phytonie était centrale, tandis que d'ordinaire elle est circulaire ou latérale. Peut-être devrait-on classer cette répétition parmi les répétitions médianes, comme l'a fait M. Kirchleger. Mais comme il s'agit d'une inflorescence tellement caractéristique, et le cas est si rare, que nous avons cru devoir le placer parmi les faits tératologiques du même ordre offerts par les autres inflorescences d'ombellifères (2).

(1) *Flore française*, Suppl., p. 508.
(2) *Notice sur quelques faits de tératologie végétale*, p. 9.

Nous avons cherché à l'Ecole botanique du Muséum s'il n'y aurait pas parmi les ombellifères quelques espèces cultivées cette année (1862), qui offriraient plus fréquemment ces répétitions de phytonies, et nous avons constaté que ces répétitions sont beaucoup plus communes que l'on ne pense généralement ; en voici la liste :

Helosciadium heptophyllum. L'ombelle est de 3 à 6 rayons, mais un des rayons devient toujours une phytonie, qui s'élève et porte au-dessus des autres une nouvelle ombelle composée, et quelquefois même une phytonie composée de plusieurs autres phytonies (*normal*).

Buplevrum semicompositum. L'ombelle est très-petite : il s'en élève quelquefois 1 ou 2 phytonies provenant de 1 ou de 2 rayons de l'ombelle.

Silaus tenuifolia. L'ombelle est presque toujours accompagnée d'une ombellule qui s'est développée plus que les autres en un axe, qui porte une ou deux feuilles terminées par une ombelle.

Critmum maritimum. L'ombelle offre un phénomène analogue au précédent ; mais l'ombellule, qui devient ombelle, ne porte absolument qu'une petite collerette générale.

Opopanax chironium. Dans cette espèce, l'ombelle est assez fréquemment pourvue d'un rayon qui se transforme en une véritable ombelle ; par conséquent, il y a répétition d'inflorescence, mais rarement accompagnée d'une infrondescence.

Ferula Campestris et *Laserpitium hispidum.* Ces deux espèces sont tout à fait dans le cas de l'*Opopanax* cité. Cette répétition d'inflorescence est très-fréquente, et l'on peut dire qu'elle est presque normale dans le *Laserpitium*, au moins pour cette année (1862). On trouve aussi quelquefois des rayons qui se sont transformés en vraies phytonies.

Libanotis athamanthoïdes. C'est surtout cette espèce qui est curieuse par la facilité avec laquelle les rayons extérieurs de l'ombelle passent à l'état de phytonies. On peut donc dire que c'est l'état normal de l'espèce. Nous possédons un exemplaire de cette plante qui a donné 23 phytonies surnuméraires bien caractérisées. A la vérité, l'ombelle est un peu déformée, et du centre de l'inflorescence générale on voit une ombelle assez volumineuse s'élever sur un pédoncule de 4 centimètres environ, portant vers son milieu un petit pédoncule secondaire offrant deux petites feuilles, et terminé par une petite ombelle : c'est bien là encore une phytonie. Le *Libanotis vulgaris condensata* nous a aussi présenté une seule phytonie appartenant à l'inflorescence.

L'état anormal de la répétition des phytonies se retrouve naturellement dans les inflorescences du Céleri (*Apium graveolens* var. *dulce*). Dans cette espèce, en effet, les ombelles sont terminales ou latérales. De la première ombelle terminale, que l'on appelle aussi *ombelle universelle*, s'élève un certain nombre de rayons grêles et à peine longs de 30 à 35 millimètres; mais quelques-uns de ces rayons, les plus extérieurs, grossissent, s'allongent et s'élèvent bien au-dessus des autres rayons, et deviennent à leur tour des ombelles universelles composées de rayons internes plus petits, et de rayons qui grandissent à leur tour pour constituer une autre ombelle universelle, laquelle donnera à son tour des petits et des grands rayons. Cette répétition de phytonies, car l'ombelle pourvue d'une collerette bien développée peut être regardée comme une phytonie, cette répétition, disons-nous, s'effectue d'ordinaire 4 et 5 fois, et nous l'avons vue accidentellement se reproduire 8 fois sur une plante venue dans un endroit cultivé et un peu ombragé.

5° La Reine des prés (*Spirea Ulmaria*), quoique ayant une cyme au lieu d'une ombelle, offre très-fréquemment un phénomène semblable à celui du Céleri, et dans lequel la répétition de quelques phytonies s'observe 4 ou 5 fois.

2° *Répétition des phytonies par métamorphose de la fleur*
des inflorescences.

Nous venons de voir que des axes floraux pouvaient dans quelques circonstances admettre dans leur composition des infrondescences, et se transformer ainsi en véritables phytonies. C'est le fait le plus naturel; car la marche ascendante *normale* de la végétation est de produire une infrondescence, puis une inflorescence, puis les fleurs; par conséquent la marche descendante *anormale* est de produire des fleurs, qui se transforment en inflorescences d'abord, puis en infrondescences. Cependant, il y a des phytonies qui, au lieu de procéder des inflorescences, prennent brusquement naissance par suite de la métamorphose des fleurs, et nous verrons qu'il y a même des infrondescences seules qui proviennent directement des fleurs. Mais nous avons dit que l'on peut toujours supposer que l'infrondescence sera suivie d'une inflorescence, et que par conséquent ce n'est plus qu'une phytonie.

Quand on examine une série d'inflorescences de Pommier ou de Poirier, on ne tarde pas à faire les observations suivantes : l'inflorescence de ces végétaux se compose de 5 à 7 ou 8 fleurs chez les Pommiers, et de 6 à 15-20 chez les Poiriers ; ces fleurs, disposées en hélicules courtes, sont placées à l'aisselle de feuilles très-modifiées et bien différentes de celles de la tige, et que l'on retrouve à la base des 2 ou 3 fleurs inférieures. Or on peut remarquer que souvent à la place d'une fleur on trouve à l'aisselle d'une feuille un axe formé par une infrondescence surmontée quelquefois de 1 ou plusieurs fleurs. C'est alors la répétition d'une phytonie qui appartient véritablement à l'inflorescence, car non-seulement on trouve cette phytonie en opposition avec une fleur, mais même, quoique rarement, on en voit qui sont plus élevées que certaines fleurs sur l'axe principal. Toutefois, comme on pourrait douter de la valeur de cet exemple pour conclure à la transformation en phytonie des fleurs, puisque l'on peut soutenir que la phytonie n'appartient plus à l'inflorescence, attendu qu'il n'y a rien ici qui la sépare nettement de l'infrondescence, nous choisirons d'autres exemples moins douteux, par exemple, celui des calathides, des capitules ou des inflorescences qui s'en rapprochent.

1° La Pâquerette vivace et prolifère des jardins (*Bellis perennis hortensis prolifera*) nous présente habituellement des calathides répétées provenant de la végétation exagérée de certaines fleurs, ou plutôt de certains phytogènes-fleurs de la circonférence. Or nous avons quelquefois constaté la présence de plusieurs petites feuilles sur le pédicelle de plusieurs de ces calathides surnuméraires de la circonférence, ce qui constituait évidemment une répétition de phytonies.

2° M. le professeur Kirchleger a décrit une fleur de *Tragopogon pratensis*, dans laquelle il a observé une répétition de phytonies. La calathide, presque sphérique, laissait voir, en procédant de la base vers le sommet : 1° un calice à 5 sépales libres et distincts ; 2° une corolle monopétale à base embrassante, fendue jusqu'à la base du côté interne ; 3° cinq étamines libres, à peine cohérentes par les anthères, rabougries et comme étiolées ; 4° deux petites feuilles carpellaires plus longues que les sépales, entre lesquelles, au lieu d'ovules, on trouvait une petite calathide légèrement stipitée, et composée elle-même d'un involucre commun et d'une trentaine de très-petits fleurons semblables en tout aux fleurons de la 1ʳᵉ calathide. (*Loc. cit.*, p. 5.)

3° M. Steinheil a observé un capitule de Scabieuse formé par des fleurs entremêlées d'organes foliacés très-apparents. L'examen de ces fleurs lui a appris qu'elles étaient composées extérieurement de 2 folioles bien développées, trinerviées, tridentées, et unies inférieurement d'un seul côté. Chacune de ces feuilles portait axillairement un rameau à feuilles opposées, et dont la partie inférieure alternait avec la grande foliole. Au centre de ces feuilles on voyait un bouton, mais formé seulement du calice intérieur. Ce calice n'avait que 3 soies au lieu de 5, la corolle était tridentée, et il n'y avait que 3 étamines. Il y avait donc ici réduction de 2 des parties de chaque verticille floral. Ce phénomène est curieux en ce qu'il réduit la répétition de la phytonie à sa plus simple expression ; et en ce qu'elle prouve que chaque fleur du capitule peut être regardée comme une phytonie privée de son infrondescence (1).

Le *Scabiosa atropurpurea*, dans certains terrains et par certaines années chaudes et pluvieuses, est sujet à présenter des répétitions d'inflorescences dans ses capitules ou dans l'involucre commun. En observant une prolification affectant presque tous les capitules de cette espèce, nous avons rencontré plusieurs fois des petits rameaux plus extérieurs que les autres portant des petites feuilles, et terminés par de petits capitules, *fig.* 76, a. Il y a donc là encore répétition de phytonies.

4° Les *Dais* présentent une inflorescence en tête constituée par des fleurs terminales réunies dans une collerette commune, le plus souvent quadriphylle, et formant par conséquent un sertule ou ombelle simple. Or on rencontre quelquefois de ces sertules

(1) *Ann. sc. nat.*, t. XXVI, p. 65, *fig.* 1.

qui sont surmontés d'un axe portant des feuilles et terminés par un petit sertule, constituant une répétition de phytonie. C'est au moins ce que nous avons rencontré sur le *Dais Cotinifolia*.

5° Les *Pimelea*, genre qui, comme le précédent, appartient à la famille des Thymélées, offre aussi des inflorescences capitiformes, consistant en fleurs simples entourées d'un involucre. Dans le *Pimelea incana* nous avons trouvé un des sertules surmonté d'un petit axe portant 2 petites feuilles, et terminé par un autre sertule. Par conséquent, il y avait ici encore répétition de phytonie.

Si maintenant on observe que, dans ces 5 exemples, toutes les inflorescences sont constituées par des fleurs uniques réunies en grand nombre sur un réceptacle commun, et enveloppées dans une *collerette* ou *involucre commun*; que ce verticille de feuilles est en quelque sorte la barrière qui sépare l'infrondescence de l'inflorescence ; qu'en dehors sont les infrondescences, et en dedans les inflorescences, on comprendra que lorsqu'une phytonie vient à se substituer à la place d'une fleur, c'est que les éléments originels de cette fleur (phytogène-fleur), mieux nourris, se sont développés d'une manière anormale en une inflorescence qui, admettant un certain nombre de feuilles, a constitué la phytonie, et que, par conséquent, la phytonie résulte de la métamorphose d'une fleur.

Les répétitions de phytonies que nous venons de rapporter appartiennent presque toutes à ce que l'on pourrait appeler des *répétitions latérales,* pour les distinguer de certaines *répétitions médianes* que l'on peut observer dans les inflorescences. Ces répétitions, bien différentes de celles qui ont lieu dans les fleurs mêmes, n'ont pas été suffisamment étudiées ; c'est pourquoi nous n'en ferons point le sujet de 2 divisions distinctes. Cependant, comme nous pouvons déjà citer quelques exemples de ce que l'on doit entendre sous ces 2 dénominations, nous allons chercher à faire bien comprendre en quoi elles diffèrent.

Dans l'évolution d'un protophytogène, qui est toujours composé, il faut concevoir que les phytogènes périphériques entrent toujours dans la composition des organes appendiculaires : il n'y a que le phytogène central qui, devenu à son tour protophytogène, s'élève pour former un mérithalle et un autre cycle d'organes appendiculaires, du milieu desquels s'élèvera un autre phytogène central, qui deviendra à son tour protophytogène, et donnera naissance à de nouveaux organes appendiculaires, et ainsi de suite.

Mais nous savons qu'à l'aisselle de chaque feuille plus ou moins modifiée il y a des centres vitaux, autres phytogènes capables de devenir protophytogènes, donnant par conséquent des organes appendiculaires et des mérithalles qui se répètent exactement comme nous l'avons dit pour le phytogène central du premier protophytogène. Or il est évident que ces dernières productions sont *latérales* par rapport aux premières, qui sont, elles, véritablement *centrales* ou *médianes*.

Ceci posé, on voit que l'exemple du *Peucedanum oreoselinum* est une *répétition médiane*, quand les autres ne sont que des *répétitions latérales*.

Nous devons encore à M. Kirchleger l'observation d'une répétition de phytonie qui appartient à cet ordre de phénomènes. C'est un épi de *Veronica spicata* ayant donné un certain nombre de pédoncules fructifères ; il y avait eu un temps d'arrêt, puis l'axe s'était continué en donnant des feuilles bractéales sans fleurs ; enfin, vers le sommet de l'axe, les bractées portaient à leur aisselle des boutons floraux. « Dans ce cas, dit M. Kirchleger, nous avions affaire à un axe qui avait repris une nouvelle vigueur après avoir produit des fruits. Il y avait véritable discontinuité dans la production latérale des pédoncules uniflores. Ajoutons qu'il est de la dernière évidence que la production médiane se faisait par suite de la superposition successive des phytogènes centraux, devenus tour à tour protophytogènes composés.

Cet exemple nous remet en mémoire un pied de *Digitalis purpurea* qui, ayant donné un court épi de fleurs et de fruits, fut tout à coup remis en végétation par suite de pluies succédant à une grande sécheresse, végétation qui reproduisit au-dessus du premier épi quelques feuilles vertes assez amples surmontées d'un nouvel épi de fleurs, qui se sont longtemps répétées, et qui ont donné des capsules parfaitement développées.

§ 2. — *Répétition des phytonies dans la fleur épanouie.*

La répétition des phytonies dans la fleur est un fait tératologique des plus importants à constater en ce qu'elle indique d'une manière évidente, irrécusable, les analogies qui existent entre les éléments botaniques des organes de la nutrition et ceux des organes de la reproduction. En effet, tant que l'on ne faisait qu'observer que le centre vital qui termine un axe, après avoir donné des feuilles produisait des fleurs, puis des fruits, on pouvait dire que les éléments changeaient complétement de nature, par un pouvoir particulier de la végétation qui faisait que la floraison et la fructification avaient un caractère si différent de l'infrondesdescence, malgré cette observation si simple cependant que la graine reproduisait toujours l'infrondescence. Mais du moment que l'on a pu voir le passage de l'infrondescence à l'inflorescence, puis à la fructification, et le retour de l'inflorescence à l'infrondescence, on a dû comprendre que, puisque les éléments botaniques qui faisaient l'inflorescence se transformaient accidentellelement en infrondescence, c'est qu'ils avaient une analogie originelle remarquable qui rendait facile l'explication de tous les faits presque surnaturels que l'on observait.

Les répétitions des phytonies dans la fleur constituent un phénomène tératologique des plus rares, et cela tient à ce que l'influence physiologique qui fait la fleur, et que l'on pourrait nommer *florifiante*, est très-distincte de cette autre influence physiologique qui fait la feuille, et que l'on pourrait appeler *foliifiante* (1). En effet, la première est essentiellement du domaine des extrémités supérieures des axes ; tandis que l'autre est plus particulièrement du ressort des parties inférieures du végétal ; mais comme le végétal puise en grande partie sa nourriture dans le sol, on voit que cette question des 2 influences dont nous venons de parler peut se traduire par une quantité plus ou moins grande de nourriture. Des expériences, en effet, de bouturage et de marcottage semblent singulièrement appuyer cette manière de penser.

Quoi qu'il en soit, les répétitions de phytonies dans la fleur

(1) Voir le chapitre des *Influences physiologiques.*

peuvent offrir deux états très-distincts, savoir : les *répétitions
latérales* et les *répétitions médianes*. Mais pour comprendre ces
différences, il est bon de rappeler que les fleurs sont formées
d'organes appendiculaires qui ne sont autres que les analogues
des feuilles que les progrès de la végétation ont transformées en
sépales, pétales, étamines ou carpelles, en même temps que les
mérithalles qui séparent les différents verticilles se sont excessi-
ment raccourcis. Or, de même que les feuilles portent à leur aisselle les éléments qui doivent former un ou plusieurs bourgeons,
de même on peut admettre qu'il existe de pareils phytogènes à
l'aisselle des organes appendiculaires floraux, et ces éléments se
trouvant sous l'*influence physiologique florifiante* deviennent le
plus souvent des fleurs, absolument comme les phytogènes qui
subissent l'*influence physiologique foliifiante* commencent toujours par donner des feuilles (1). Cependant, même en appartenant au domaine de l'influence florifiante, le phytogène peut, par
un excès accidentel de nourriture, se retrouver dans les conditions de l'influence foliifiante, et donner une ou plusieurs fleurs
accompagnées d'une ou plusieurs feuilles, de façon à en faire une
vraie phytonie.

Mais tandis que l'axe principal d'une fleur peut être terminé
par un phytogène qui se transforme en carpelle ou même qui
avorte, il peut arriver que la nourriture lui arrive en suffisante
quantité, et qu'au lieu d'un carpelle ou d'un phytogène avorté,
ce dernier phytogène reprenne vigueur et reproduise une fleur
qui peut être accompagnée d'une ou de plusieurs feuilles. C'est
là la *répétition médiane* dont nous voulons parler. Si, au contraire, l'excès de nourriture se porte sur un des phytogènes axillaires des organismes floraux, lesquels avortent d'ordinaire, il
pourra arriver qu'il se développe en fleur et même en phytonie,
et qu'il forme alors sur le côté de l'axe une nouvelle fleur qui sera
une véritable *répétition latérale*.

(1) La constitution du phytogène (*fig.* 35, 51, 65) indique qu'il n'est même
pas nécessaire d'admettre la présence d'un phytogène axillaire, puisqu'un
des six phytogènes circulaires peut, selon les conditions, revêtir les caractères
du phytogène qui a produit la première fleur et la répéter sur le côté.

1° *Répétitions médianes.*

Cette sorte de répétitions est assez rare ; mais elle ne se serait pas encore présentée que néanmoins l'esprit aurait admis la possibilité de son existence. Dans ce phénomène, la métamorphose de la fleur en phytonie est toujours incomplète, c'est-à-dire qu'elle n'a pas porté sur tous les organes floraux. Ceux-ci se sont développés comme à l'ordinaire ; mais des circonstances particulières ont fait que l'axe de la fleur, soit avant, soit après la formation du fruit, a continué à végéter, et a formé ainsi une infrondescence ou une inflorescence, ou bien enfin ces deux appareils réunis, auquel cas nous avons une répétition de phytonie.

Ainsi les Roses présentent assez fréquemment le phénomène de la *prolification* pour avoir offert souvent des répétitions de fleurs, mais plus rarement de fleurs précédées de leurs feuilles. Cependant nous en avons observé un cas dans lequel la fleur était traversée par un axe portant 2 feuilles bien distinctes, vertes, composées de 3 folioles et surmontées d'une rose plus petite, mais ayant son calice, ses pétales, ses étamines et des carpelles dans un calice parfaitement urcéolé. M. Kirschleger a décrit une répétition de fleur du *Rosa centifolia,* qui semble rentrer dans le genre d'observations que nous étudions ici. (*Loc. cit.*, p. 12.)

Une pareille anomalie s'est présentée dans une fleur d'*Hesperis matronalis* multiple. La fleur avait été affectée de chloranthie, mais qui pourtant laissait parfaitement reconnaître les parties. Les 4 sépales avaient pris la forme et l'ampleur de petites feuilles ; les pétales avaient revêtu, avec leur position ordinaire, une couleur vert pâle et une dimension plus grande que dans l'état normal ; les étamines et les carpelles manquaient ; mais du centre de la fleur s'élevait une petite tige portant quelques feuilles et quelques boutons-fleurs, qui ont fini par se dessécher sans fleurir. Les *Brassica Napus* et *oleracea,* ainsi que le *Raphanus sativus,* nous ont offert un phénomène tout à fait analogue ; mais il faut dire que dans le dernier exemple, l'axe principal de l'inflorescence s'était considérablement renflé, et que toutes les fleurs se ressentaient plus ou moins d'hypertrophie et de chloranthie, laquelle s'était prononcée à ce point, sur quelques fleurs, qu'elles s'étaient entièrement transformées en infrondescences.

Il n'est pas rare, en effet, de rencontrer ce phénomène dans les fleurs facilement affectées de chloranthie, comme on peut le voir sur le *Scrophularia nodosa*. Du centre de la chloranthie s'élève très-souvent une petite infrondescence de 4, 6 ou 8 feuilles surmontée quelquefois de 1 à 3 fleurs très-petites ayant elles-mêmes subi l'influence de la chloranthie. Un autre exemple plus rare, et qui ne s'est présenté que dans les années pluvieuses et quand la plante était placée à l'ombre, s'est reproduit sur le *Campanula pyramidalis*. C'est au moins ce que nous avons plusieurs fois observé en 1860. Vers la fin de l'automne, un pied de Pyramidale, qui avait fleuri une grande partie de l'été, et qui pourtant végétait encore vigoureusement, nous a donné une grande quantité de chloranthies. Celles-ci étaient formées de sépales et de pétales verts très-développés, mais ayant toujours conservé leur nombre et leur verticillisme. Du centre de quelques-unes s'élevaient de petits axes portant 2 à 5 feuilles, et qui étaient terminés par des fleurs plus petites réduites à 2 verticilles de feuilles très-petites représentant sans doute le calice et la corolle.

2° *Répétitions latérales.*

Les répétitions latérales de phytonies dans la fleur sont plus rares encore que les précédentes. Pour notre compte, nous n'avons jamais été assez heureux pour en observer. Cependant tout porte à croire que ce phénomène peut exister dans un état plus ou moins parfait.

Un des deux seuls exemples que nous puissions fournir de ce mode de répétition nous a été fourni par Engelmann (1). Dans son troisième tableau, *fig.* 7, il a reproduit une de ces répétitions latérales qui ne laissent aucun doute sur la nature du phénomène. C'est un axe diplasié qui prend naissance sur la paroi interne de l'urcéole d'une fleur de Rosier, et qui provient sans aucun doute du ou des phytogènes qui devaient former un ou 2 carpelles. Cet axe, qui a une trentaine de millimètres de longueur, porte vers

_____

(1) *De Antholysi prodromus.* Francfort-sur-le-Mein, 1832.

le milieu deux feuilles allongées, et un peu plus haut une autre feuille allongée et évidemment incisée. Au sommet de cet axe se trouve une fleur terminale, et un peu au-dessous une autre fleur plus petite provenant soit d'un dédoublement, soit plutôt d'un autre carpelle transformé, comme semble l'indiquer le sillon qui parcourt l'axe dans toute sa longueur.

L'autre exemple est dû à l'observation de Seringe. Sur un *Diplotaxis tenuifolia*, ce savant botaniste a trouvé des fleurs dont le calice et la corolle étaient à peine reconnaissables. De leur aisselle naissaient des petits rameaux feuillés et à demi transformés en fleurs, alors que le gynécée stipité s'était métamorphosé en 2 feuilles, de l'aisselle desquelles partaient de petits rameaux. Du centre de l'axe s'élevait aussi un petit rameau. Tous ces petits rameaux étaient terminés par des fleurs déformées (1).

Mais si les exemples de répétitions latérales de phytonies dans la fleur sont rares, au contraire, ces mêmes répétitions de fleurs sont beaucoup plus communes, ainsi que nous aurons occasion de le dire un peu plus tard.

§ 3. — *Répétition des phytonies en dehors de l'inflorescence.*

L'étude de la répétition des phytonies en dehors des inflorescences est une de celles qui feront le mieux comprendre la similitude d'organisation des *phytogènes-fleurs* et des *phytogènes-scions*, car nous allons les voir facilement se transformer les uns dans les autres, ou plutôt, nous allons les voir former tantôt des fleurs, tantôt des inflorescences, tantôt des phytonies, et tantôt des infrondescences seulement. Ce sont donc des documents indispensables à l'établissement de notre théorie phytogénique.

Mais pour bien comprendre ce que nous avons à dire sur les répétitions naturelles des phytonies, il est utile d'en avoir une idée plus large que celle qu'on a pu se faire d'après ce que nous avons dit précédemment.

Si nous prenons un assemblage de plusieurs phytonies que nous pourrions appeler *symphytonie*, telle que la Carotte, par exemple, nous voyons la plante entière se composer d'abord d'une

(1) *Bull. bot.*, *fig.* 12.

phytonie générale terminée par une ombelle qui fleurit la première.
Mais peu à peu, de l'aisselle de toutes les feuilles caulinaires, on
voit grandir un bourgeon en un axe secondaire qui porte des
feuilles et qui se termine aussi par une ombelle qui fleurit après
l'ombelle primaire : c'est une phytonie secondaire. De l'aisselle
de toutes les feuilles de cette seconde phytonie sortent d'autres
bourgeons qui donnent lieu à d'autres axes n'ayant plus qu'une
feuille, et qui se termine aussi par une petite ombelle fleurissant
après la secondaire : c'est une phytonie tertiaire. Enfin, de l'aisselle de la seule feuille de cet axe tertiaire sort un axe quaternaire
n'ayant souvent pour feuille qu'une bractée, et terminé par une
plus petite ombelle qui fleurit après la tertiaire. C'est donc encore
une phytonie qui peut n'avoir d'autres feuilles que celle qui appartient à l'axe tertiaire.

Si nous prenons une autre symphytonie, comme le *Delphinium elatum* ou l'*Aconitum Napellus,* nous la trouvons composée d'une phytonie générale terminée par un long épi de fleurs.
A l'aisselle de la feuille supérieure se forme un axe secondaire
portant ou non des feuilles, mais terminé par un épi secondaire
fleurissant après le précédent; c'est, si l'on veut, une phytonie
secondaire. La feuille suivante, en descendant, donne aussi un
axe portant souvent une feuille et terminé par un épi de fleurs;
c'est donc encore une phytonie secondaire, mais s'épanouissant
après le précédent secondaire. La 3ᵉ feuille, en descendant, donne
encore un axe secondaire portant ordinairement 2 feuilles et terminé par un épi de fleur s'épanouissant après le second secondaire, et ainsi de suite en descendant.

Dans cet exemple on remarque, en général, que les axes secondaires les plus voisins de l'inflorescence primaire n'ont de
feuilles que celle à l'aisselle de laquelle ils se sont formés; mais
à mesure que l'on descend, les axes secondaires prennent peu à
peu des feuilles qui les constituent à l'état de véritables phytonies; car, abstraction faite de la feuille inférieure, ils sont pourvus d'une infrondescence évidente.

Si donc maintenant nous reprenons le 3ᵉ axe secondaire, par
exemple, nous y trouvons quelquefois 2 ou 3 feuilles à l'aisselle
desquelles se forment d'autres axes tertiaires terminés par un épi,
mais les épis de chaque axe observent encore, pour fleurir, la

marche descendante que nous venons d'indiquer. Ce sont donc encore autant de phytonies. A l'aisselle des feuilles de ces axes tertiaires il peut se développer d'autres axes terminés par des épis, mais le plus souvent sans feuilles ; cependant, comme le mode de génération est le même, il convient de regarder comme une phytonie l'inflorescence privée de feuilles, mais naissant à l'aisselle d'une vraie feuille, car alors cette feuille, par rapport à l'inflorescence, joue le rôle de l'appareil nutritif ou infrondescence.

Ainsi, bien que par des dégradations insensibles on arriverait ainsi à regarder une seule fleur comme une phytonie, cependant, comme il faut une base qui serve de règle en toute chose, le mot de phytonie s'étendra à tous les axes floraux portant ou ne portant pas feuilles, pourvu que ces axes naissent à l'aisselle d'une feuille ; au contraire, tout axe floral qui naîtra dans une *inflorescence générale* privée de feuilles bien caractérisée sera une *inflorescence partielle*. Seulement, pour les besoins du discours, il pourra être utile de distinguer la phytonie qui n'a de feuille que celle à l'aisselle de laquelle naît la fleur ou l'inflorescence, de la phytonie qui porte une ou plusieurs feuilles, indépendamment de la feuille caulinaire qui lui a donné naissance. C'est pourquoi nous avons appelé les premières, *phytonies simples*, et les autres, *phytonies composées*.

Une seule fleur à l'aisselle d'une feuille non réduite à l'état de bractée, telle que la fleur du *Veronica agrestis*, ou celle du *Lochnera rosea*, Reich. (*Vinca rosea*, L.), constitue une phytonie ; tandis que plusieurs fleurs réunies sur un axe, mais n'étant distinctes de l'inflorescence générale que parce que l'axe qui les porte naît à l'aisselle d'une bractée ou d'une écaille, ne sera pour nous qu'une inflorescence partielle, comme celles que l'on trouve composant les thyrses du Lilas ou la grappe de la Vigne. Nous ne nous dissimulons pas ce que cette division a d'arbitraire, et nous prévoyons tout d'abord plus d'une observation critique, ne fût-ce que celle qui aura pour objet la délimitation exacte d'une feuille ou d'une bractée. Mais, nous le répétons, nous croyons qu'il est indispensable, dans l'intérêt de nos études phytogéniques, d'établir ces distinctions, pour si imparfaites que l'on puisse les trouver. Si l'on en a de meilleures à présenter, nous nous empresserons de les accepter, à l'exclusion de celles qui précèdent.

Toutefois, il n'est pas un naturaliste philosophe qui n'ait été à même de voir combien nos divisions en histoire naturelle sont nécessairement imparfaites. C'est que ces divisions n'existent réellement pas dans la nature, et que nous sommes obligés de les créer pour rendre nos explications et nos théories plus faciles à comprendre. C'est que la nature procède, dans la création de ses êtres, par des transitions insensibles telles que souvent l'œil saisit les différences entre deux êtres sans qu'il soit possible d'assigner aucun caractère distinctif exact à chacun de ces êtres. D'un autre côté, quand un auteur établit des classifications, celles-ci ne peuvent être logiquement acceptées que par ceux qui se placent exactement au même point de vue que celui où s'est placé l'auteur de ces classifications. Dès que l'on est en dehors de ce point de vue, aussitôt certains points de la classification paraissent faux, et l'on est tenté de penser que l'auteur n'a pas suffisamment réfléchi avant d'établir ses divisions. Voilà pourquoi, en histoire naturelle, il y aura toujours des classifications nouvelles ou des modifications à ces classifications. Voilà pourquoi encore nous ne regardons les divisions que nous venons de présenter que comme transitoires, et tout au plus propres à rendre notre discours plus facile à comprendre.

La répétition des phytonies en dehors des inflorescences peut offrir 2 modes distincts, savoir : 1° celui où la phytonie *remplace une inflorescence*; 2° celui où la phytonie *remplace immédiatement une fleur*.

1° *Répétition des phytonies par métamorphose des inflorescences.*

Quand une symphytonie est formée par une inflorescence terminale composée, on peut remarquer que les *inflorescences partielles*, en se répétant plus ou moins, sont privées d'infrondescences; aussi avons-nous dit que nous les distinguerions des phytonies par l'appellation qui précède. Peu à peu, et à mesure que l'on descend sur l'axe, on reconnaît que les inflorescences partielles se développent à l'aisselle d'une vraie feuille, qui suffit pour en faire une phytonie *simple*. Nous avons donc ici un fait de la transformation d'une inflorescence en une phytonie qui prend une infrondescence de plus en plus *composée* à mesure que l'on descend au bas de l'axe principal.

1° Ainsi, lorsque nous analysons la symphytonie qui a nom *Aconitum Napellus* ou *Delphinium elatum*, nous reconnaissons que l'axe primaire se termine par un épi de fleurs. Au-dessous de cet épi se trouve une feuille bractéale à l'aisselle de laquelle se développe, après le 1er, un second épi privé de feuilles ; c'est une inflorescence partielle. La feuille inférieure donne naissance à un autre épi de fleur qui peut être regardé à volonté comme une inflorescence partielle ou comme une phytonie, parce que la feuille à l'aisselle de laquelle naît l'inflorescence est bien voisine, quant à sa forme et à sa composition, des feuilles ordinaires. En descendant encore d'une feuille, on trouve de nouveau un axe, lequel, terminé aussi par une inflorescence partielle, indépendamment de la feuille à l'aisselle de laquelle il naît, porte une autre feuille bractéale, qui, elle-même, donne ordinairement une autre inflorescence partielle.

Or il y a des individus de ces espèces qui se composent uniquement d'une infrondescence et d'un seul épi de fleurs. En les considérant comme type, on peut regarder les productions latérales des phytonies comme des répétitions en dehors de l'inflorescence, et comme, souvent, le premier épi surnuméraire est une inflorescence, on voit que ceux qui viennent après, en descendant, sont des inflorescences portant au moins une feuille et transformées par conséquent en phytonies. On peut donc dire que les inflorescences se transforment en phytonie, et quoique cette distinction semble puérile, tant elle est naturelle, cependant elle sert à bien faire comprendre le passage progressif des systèmes les uns dans les autres.

2° Les *Veronica* sont tout à fait dans le même cas : leur phytonie principale se termine par un épi de fleurs qui, dans quelques espèces, reste simple d'habitude ; tels sont les *Veronica speciosa, latifolia, fruticulosa, gentianoides, pallida*, etc. ; mais accidentellement un des *phytogènes-fleurs*, mieux nourri, se transforme en une inflorescence partielle constituant un second épi, commençant de cette façon la série de phytonies qui se développent dans certaines autres espèces. C'est ainsi qu'après quelques épis appartenant à une inflorescence générale, on voit peu à peu ces inflorescences descendre et prendre des infrondescences d'autant plus composées, le plus souvent, qu'on les observe plus bas, infrondescences qui les constituent phytonies. Quelquefois la production descendante de ces inflorescences ou de ces phytonics se borne à 2 ou 4 (*Veronica incisa*); d'autres fois, ces phytonies se répètent de 3 à 6 fois (*V. longifolia, maritima*, etc.); chez quelques-unes elles se répètent de 5 à 12 fois (*V. elegans*); enfin, dans le *Veronica anagallis*, elles se répètent autant de fois qu'il y a de feuilles sur l'axe primaire, ce qui porte le nombre des phytonies de 18 à 24, au moins d'après les individus sur lesquels nous avons compté les phytonies.

3° Le *Lythrum salicaria* a ses feuilles caulinaires opposées et à leur aisselle des petits groupes de fleurs constituant alors des phytonies, mais qui, abstraction faite des feuilles caulinaires et en raison de l'identité des phénomènes avec les précédents, peuvent être considérées comme des inflorescences axillaires. Or quelquefois on trouve des inflorescences opposées à des phytonies plus ou moins composées. Assez souvent on rencontre des tiges à feuilles verticillées par 3 : alors il n'est pas absolument rare de rencontrer tantôt une phytonie et 2 inflorescences, tantôt 2 phythonies et une inflorescence dans le verticille des inflorescences. Évidemment les éléments de l'inflorescence ont été ceux de la phytonie ou réciproquement.

4° Cette transformation de l'inflorescence axillaire en phytonies est surtout remarquable dans certains genres de la famille des Labiées dont les feuilles sont exactement opposées; par exemple, dans certains *Stachys*, chez lesquels assez souvent on rencontre des phytonies opposées à des inflorescences partielles et axillaires (1), et cet exemple est assez fréquent dans le *Stachys palustris*. Nous avons fréquemment rencontré ce phénomène dans le *Salvia sclarea;* plus fréquemment encore dans le *Melissa officinalis*. On a ainsi la preuve que les éléments phytogéniques qui devaient former une inflorescence, dans quelques circons-

____

(1) Comme pour le *Lythrum salicaria,* et pour les mêmes raisons, nous regarderons les petits groupes de fleurs axillaires comme des inflorescences partielles.

tances peu différentes, forment des phytonies ou réciproquement. En général, le développement d'une inflorescence partielle en phytonie nous a semblé être la preuve d'un défaut exact d'opposition des feuilles, et l'on pourrait même, jusqu'à un certain point, s'en servir pour mesurer le degré d'opposition des feuilles. Il y a en effet des espèces qui se prêtent peu à la rencontre des phytonies opposées aux inflorescences partielles; par exemple, le *Mentha piperita* et le *Leonurus cardiaca*; mais pour arriver à un résultat pareil, c'est-à-dire à s'en servir pour mesurer le degré d'opposition, il faudrait multiplier les recherches plus que nous n'avons pu le faire.

Quoi qu'il en soit, la répétition des phytonies dans les Labiées n'est pas moins exposée à des variations de nombre que les Véroniques.

5° Un des exemples le plus propres à faire saisir ce passage d'une inflorescence à une phytonie ou réciproquement peut être pris sur le *Mercurialis annua*, pl. I, *fig*. 17, parce que l'on est toujours sûr de le rencontrer, surtout dans les pieds mâles. On sait qu'à l'aisselle des feuilles qui sont opposées naissent 2 bourgeons : l'un donnant un petit épi de fleurs et l'autre une phytonie. Ici, comme dans le *Lythrum salicaria*, nous faisons abstraction de la feuille caulinaire à l'aisselle de laquelle ils naissent. Dans l'état ordinaire des choses, les 2 inflorescences, f f, et les 2 phytonies, b b, sont chacune à chacune exactement symétriques par rapport à une droite passant par le centre de la tige (p. 64), et sont par conséquent opposées. Mais 1° souvent, tout en conservant la symétrie dont nous venons de parler, la phytonie qui est à droite de l'inflorescence dans un individu passe à gauche dans un autre ou *invicem*; 2° souvent la phytonie est à droite d'un côté de la même tige et à gauche de l'autre côté, b b, *fig*. 79, b; 3° ou bien elle est à gauche et à droite de l'autre, b b, *fig*. 79, a, pl. XI (1) : d'où il suit qu'elles ne sont plus symétriques et qu'une droite CD ou EF qui passerait par le centre des 2 inflorescences ou des 2 phytonies ne passerait plus par le centre de l'axe, comme dans la *fig*. 17, et qu'elles seraient paral-

---

(1) N'oublions pas que l'on suppose toujours l'observateur placé au centre de l'axe ou tige.

lèles à la ligne A B, *fig.* 79, au lieu de la couper au centre de la tige. La conséquence à tirer de ce changement de position des inflorescences et des phytonies, c'est que selon les circonstances physiologiques dues particulièrement à la nutrition plus ou moins grande, le phytogène s'est transformé en phytonie ou en inflorescence, et l'on doit reconnaître que ce sont bien les mêmes éléments botaniques qui font l'un et l'autre de ces appareils végétaux.

Quel est le nombre normal de phytonies parmi tous ceux que nous venons de citer, pour le genre *Veronica*, par exemple? Évidemment il est très-difficile de le dire. Au contraire, d'après nos principes, qui sont en général de procéder du simple au composé, si nous disons que le *type* du genre se trouve parmi les espèces à épi simple, on reconnaîtra que par répétition des inflorescences ou des phytonies, les espèces se composent de plus en plus de façon à arriver à former les *Veronica elegans*, *anagallis*, etc., qui sont les plus complexes.

On a tellement pris l'habitude de tenir peu de compte soit de ces répétitions, soit de l'absence de plusieurs de ces phytonies, que l'on n'y voit aucun caractère anomal, alors que pourtant il faudrait reconnaître qu'il y a là des phénomènes de métamorphoses qui sont des plus indispensables pour conduire à l'explication des phénomènes phytogéniques, puisque, comme nous le démontrerons bientôt, nous allons voir les inflorescences provenir évidemment d'une fleur mieux nourrie. Ainsi, ce que l'on considère comme un cas normal dans les végétaux dont nous venons de parler, devient aussitôt un cas anomal dès qu'on les rencontre dans les espèces que nous allons signaler et où nous avons observé ce phénomène de répétitions.

Par exemple, dans les Orchidées et particulièrement dans les *Orchis*, les *Epipactis* et les *Aceras*, les épis floraux sont très-simples et aucun cas, que nous sachions, n'a été signalé qui offrait un double épi. C'est cependant ce que nous avons observé sur l'*Epipactis palustris*, l'*Orchis maculata* et l'*Aceras hircina*. Sur l'*Epipactis palustris* il s'était développé un épi secondaire à la base de l'épi terminal et absolument à la place d'une des fleurs inférieures. Cet épi était moins long et ne contenait que 13 fleurs, l'épi normal en contenant 34; et comme il était développé à l'aisselle d'une vraie feuille, il constituait une phytonie simple. Dans l'*Orchis maculata* un second épi portant 10 fleurs s'est développé à l'aisselle de la feuille caulinaire supérieure ; comme cette feuille conserve la physionomie et les propriétés physiologiques des autres feuilles, quoique plus petite, nous constatons une répétition anomale de phytonie simple.

Chez l'*Aceras hircina*, Lindl., le phénomène était moins brusque, en ce que c'était une inflorescence constituée par un épi de 7 fleurs qui avait pris la place d'une des fleurs inférieures de l'épi normal. Dans tous ces cas nous avons vainement cherché la trace de l'union de deux axes, et nous avons ainsi acquis la certitude que c'était réellement une répétition d'inflorescence.

Quoique ces 3 exemples rentrent dans le cas des études qui suivent, cependant ils ont quelque analogie avec ceux que nous venons d'étudier ; car pour nous les épis secondaires des *Veronica*, par exemple, ne sont absolument autre chose que des fleurs mieux nourries qui se sont transformées en inflorescences, et la preuve va en être donnée dans le paragraphe suivant.

Malheureusement nous n'avons que ces trois cas à présenter constituant aux yeux de tous une véritable anomalie ; mais n'est-il pas évident qu'elle représente un état qui se rencontre dans les espèces à épis répétés, et qui peut se retrouver soit dans d'autres espèces des genres que nous venons de citer, soit dans des espèces de genres différents ? Et nous pensons qu'en donnant l'éveil de pareilles idées les botanistes à venir nous feront connaître d'autres anomalies de ce genre.

2° *Répétition des phytonies par métamorphose des fleurs*.

Le passage d'une fleur à une inflorescence et le passage de cette inflorescence à une phytonie constitue une métamorphose descendante des plus naturelles, et dont on a de si fréquents exemples que l'on comprendrait jusqu'à un certain point que les botanistes n'aient pas cru devoir en tenir compte comme nous le faisons, nous, qui avons en vue l'établissement d'une théorie générale de la végétation. Cependant il est surprenant que les ouvrages les plus sérieux comme les plus élémentaires n'aient pas cherché à fixer l'attention des botanistes sur la nature des faits que nous allons rapporter et qui nous paraissent très-propres à faire saisir les idées que nous émettons ici. Faisons observer seulement qu'il s'agit de citer quelques exemples qui échappent à la marche dont nous parlions tout à l'heure, puisque la fleur, au lieu de passer par une inflorescence avant d'arriver à la phytonie, passe brusquement à l'état de phytonie.

1° Si nous observons une symphytonie d'*Epilobium spicatum*, nous trouvons un épi terminal constitué par des fleurs assez nombreuses. Celles du bas de l'épi sont assises à l'aisselle d'une feuille peu modifiée ; tout à coup, au-dessous de la feuille qui ne portait qu'une fleur, on trouve une phytonie constituée par la feuille caulinaire mère et deux autres feuilles surmontées par un nouvel épi de fleurs.

Le *Clarckia elegans* donne aussi l'exemple du passage brusque de la fleur à la phytonie.

2° L'*Hypericum amplexicaule* présente des phénomènes analogues : ses fleurs sont solitaires et axillaires comme dans l'exemple précédent. Tout à coup, plus bas, à la place et quelquefois à l'opposé d'une fleur, on rencontre une phytonie de 2 à 3 feuilles, lesquelles sont de plus en plus nombreuses à mesure qu'on les observe sur des phytonies placées plus bas sur l'axe principal. Enfin on arrive à une infrondescence qui sans doute plus tard donnera à son tour une inflorescence.

3° En examinant avec attention le Vélar ou Herbe aux chantres (*Erysimum officinale* L.), on voit à la base de ses longs épis terminaux une dernière fleur qui est quelquefois opposée à un axe secondaire, ou tout au moins qui le précède à peu de distance. C'est une phytonie qui s'est formée avec les éléments qui devaient former une seule fleur et dans des conditions sensiblement analogues à celles qui ont fait les fleurs.

4° Si nous considérons avec soin ce qui se passe sur un pied de Rose trémière (*Althœa rosea* L.), nous le voyons se terminer par une longue inflorescence constituant une sorte d'épi lâche dans lequel les fleurs sont solitaires à l'aisselle de petites feuilles qui prennent de plus en plus la forme de bractées à mesure que l'on s'élève sur l'axe. Or, à la base de cet épi, on voit toujours se former une phytonie qui se développe à l'aisselle d'une feuille et qui, indépendamment de cette feuille, en porte 2, 3 ou 4 autres constituant une infrondescence déjà complexe. Il y a mieux, non-seulement ces phytonies se trouvent souvent opposées à une fleur seule, mais parfois aussi elles se trouvent entremêlées avec des fleurs simples. On est donc ainsi conduit à faire le raisonnement suivant : ou c'est la fleur qui a formé la phytonie, ou c'est la phytonie qui a formé la fleur. Il faut donc nécessairement qu'à l'origine les éléments de la fleur soient les mêmes que ceux de la phytonie. On peut faire exactement la même observation sur l'*Althœa ficifolia*, l'*OEnothera biennis*, etc.

Nous pourrions considérablement multiplier ces exemples, et nous verrions que dans une infinité de cas la fleur passe brusquement à la phytonie, bien que d'ordinaire l'inflorescence partielle doive constituer le degré intermédiaire entre la fleur et la phytonie, ainsi que nous allons avoir l'occasion de le démontrer.

SECTION II. — RÉPÉTITION DES INFLORESCENCES PARTIELLES.

Ce que nous venons de dire relativement aux répétitions des phytonies peut se dire sans restriction de la répétition des inflorescences ; car on peut être sûr que là où il y a répétition des premières on rencontrera les répétitions des secondes. Il y a mieux, c'est que dans beaucoup de cas on trouvera des répétitions d'inflorescences là où l'on ne ne saurait rencontrer, ou du moins que très-rarement, des phytonies.

On pourrait diviser cette section en 2 paragraphes, savoir : 1° *Répétition des inflorescences partielles dans l'inflorescence générale ;* 2° *répétition des inflorescences en dehors de l'inflorescence.* Mais si l'on observe qu'une inflorescence qui se produit en dehors de l'inflorescence est nécessairement placée à l'aisselle d'une feuille au moins, on verra qu'elle constitue une phytonie et que nous avons précédemment traité ce sujet. Pareillement, de ce que nous avons vu les phytonies procéder directement de la fleur, il va sans dire qu'à plus forte raison des inflorescences doivent procéder de la fleur. C'est d'ailleurs ce que nous serons obligé de dire en établissant la preuve des répétitions des inflorescences partielles.

§ 1. — *Répétition des inflorescences partielles dans les inflorescences.*

Comme pour les répétitions des phytonies, nous reconnaîtrons deux états dans les répétitions des inflorescences, savoir : les *répétitions latérales* et les *répétitions médianes*, et nous ferons pour ces dernières tout à fait les mêmes remarques pour lesquelles nous renvoyons à la p. 365.

1° *Répétition latérale des inflorescences.*

Lorsque l'on cherche à se rendre compte des éléments qui composent les inflorescences, on commence par observer que toutes les inflorescences composées ne sont ni du même volume ni du même nombre d'axes secondaires, tertiaires, etc., quoique examinées sur un même individu, et que le volume des inflorescences tient essentiellement à des répétitions des axes secondaires, puis tertiaires, etc. Ainsi, tout le monde a observé qu'il pouvait y avoir une très-grande différence de grosseur et de composition entre deux thyrses de Lilas ou deux grappes de Raisin, par exemple, et cette différence tient uniquement à ce que les inflorescences secondaires, tertiaires, etc., se sont répétées plus ou moins ; et cela est si vrai, c'est qu'il est toujours possible de ramener les plus gros à l'état des plus petits, en supprimant les axes secondaires de la base des premiers jusqu'au moment où l'on se trouve arrivé à la grosseur des autres. Ces détails, puérils en apparence, ont pourtant leur utilité, car ils ont pour but d'indiquer un mode de formation des parties de l'inflorescence, qui serait toujours le même s'il n'en était empêché par des phénomènes particuliers dus à des excès de nourriture, tels que les chorises ou les répétitions des organismes, ou bien à des défauts de nourriture, tels que des avortements ou des défauts d'exastosie. Toutefois, il ne faudrait pas croire que le mode de multiplication des inflorescences secondaires, tertiaires, etc., eût lieu comme ce que nous venons de dire semble le faire supposer ; c'est-à-dire que ce ne sont pas les éléments phytogéniques inférieurs qui se transforment en inflorescences après les inflorescences supérieures. Nous verrons plus loin, en donnant l'idée de l'évolution du phytogène en inflorescence partielle, que c'est précisément le contraire.

Puisque la répétition de la phytonie est le retour des éléments d'une fleur ou du phytogène-fleur au phytogène-scion (p. 358), et que ce retour accuse un excès de nourriture dans le phytogène-fleur, il est évident qu'il pourra arriver que cette nourriture ne soit pas suffisante pour faire retourner la fleur à l'état de phytonie, et qu'alors la végétation se borne à reproduire une inflorescence. Le retour de la fleur à une inflorescence indique donc un retour moins prononcé qu'à une phytonie, et à plus forte raison qu'à une infrondescence seule. Ajoutons toutefois que le retour à l'infrondescence seule n'est pas absolu, puisque l'on peut toujours supposer que l'infrondescence se terminerait par une inflorescence si la végétation se continuait suffisamment.

Il résulte de ces observations que la répétition des inflorescences dans l'inflorescence générale se rencontrera toujours dans les inflorescences qui auront offert des répétitions de phytonies, et c'est en effet ce que prouvent les exemples que nous avons signalés. Ainsi la cyme corymbiforme des *Sambucus* et des *Cornus*, qui est à 5 rayons (1), se rencontre quelquefois avec 7 rayons : 2 inférieurs opposés qui sont surmontés d'une cyme ordinaire à 5 rayons. Il y a donc, dans ce cas, répétition de 2 rayons ou de 2 inflorescences partielles ().

Dans les capitules de *Scabiosa purpurea*, de ce que l'on trouve quelquefois des répétitions de phytonies, nous en concluons que les répétitions d'inflorescences sont à plus forte raison possibles, et l'observation donne raison à cette supposition, car les répétitions d'inflorescences, b b, *fig.* 76, sont très-fréquentes, et au contraire les répétitions de phytonies, a a, sont très-rares. Nous avons récolté un *Scabiosa arvensis* offrant pareillement une répétition d'inflorescence dans son capitule. Il en est absolument de même

(1) Nous parlons de l'inflorescence normale ; car il arrive quelquefois que deux rayons manquent, et alors la cyme corymbiforme se trouve réduite à trois rayons.

(2) Linné a dit : « *Umbellati dum prolificantur, augent umbellulum, ut ex umbellula simplici altera exeat.* Cornus : Periclymenum humile, flore floris innato. *Act. Haffn.* IV, p. 346. » (C'est le *Cornus suecica,* L.)

des calathides du *Bellis perennis*, var. *Hortensis prolifera*, que l'on cultive à cause de cette répétition de petites calathides.

Nous avons sous les yeux plusieurs calathides de *Calendula officinalis* qui présentent 6 calathides secondaires circulaires provenant de la métamorphose d'une fleur, et qui sont comprises dans l'involucre commun, i c ; par conséquent c'est une répétition d'inflorescence dans une inflorescence générale (*fig.* 80).

M. Moquin-Tandon cite un échantillon de *Knautia arvensis* offrant une calathide hérissée de 41 pédicelles filiformes terminés par 1, 2 ou plusieurs fleurs formant dans ce dernier cas de petits capitules semblables au capitule général.

Engelmann a figuré une calathide de *Senecio vulgaris* présentant circulairement plusieurs petites calathides secondaires pédicellées (*loc. cit.*, tab. V, *fig.* 22). La Camomille (*Chicken chamomile*) a été figuré aussi par Hill (John) avec 5 ou 6 calathides circulaires extérieures (1).

C'est bien à tort que l'on a désigné sous le nom général de *prolifères* certaines inflorescences réunies d'ordinaire en tête ou en pseudo-ombelles plus ou moins serrées, et dont certains pédicelles s'allongent plus que de coutume. Dans quelques espèces, cela constitue une anomalie comme dans le *Crepis biennis* (Rœper), le *Trifolium repens* (de Candolle), les Scabieuses, les Globulaires (Moq. Tand.) ; mais dans le *Cladanthus proliferus*, ainsi que dans beaucoup d'autres composées et dans le *Spirea ulmaria*, le phénomène est normal, et la qualification de prolifère, donnée par exemple au *Cladanthus*, peut donner une très-fausse idée sur la nature du phénomène.

L'inflorescence des ombellifères mérite de fixer un peu plus longtemps notre attention, car elle offre des caractères assez complexes. En effet, si nous cherchons à procéder du simple au composé, nous pouvons reconnaître qu'il y a des espèces qui ne portent absolument que des ombelles simples ; c'est-à-dire que l'inflorescence ne consiste qu'en une sphærochorise tout à fait analogue aux capitules, car ce sont uniquement des fleurs plus ou moins pédicellées, mais simplement attachées à un réceptacle

____

(1) *The origin and production of proliferous flowers*, etc., t. VII.

commun souvent entouré d'une collerette qui remplace l'involucre des capitules. Il est en effet difficile, à première vue, de distinguer une inflorescence d'*Eryngium* de celle d'un *Echinops* ou d'un *Dipsacus*.

Donc, dans certains genres (*Pritzelia*, *Didiscus*, *Dimetopia*, etc.), chaque phytogène de la sphærochorise ou de la cyclochorise (*Didiscus*) se transforme en une seule fleur, et les ombelles sont on ne peut plus simples; mais dans la plupart des autres ombellifères, chaque phytogène-fleur de la sphærochorise précédente forme à son tour une sphærochorise secondaire constituant alors l'ombellule dont l'ensemble forme l'ombelle, inflorescence si particulière à la famille qui en a pris le nom. Or ce passage de l'ombelle simple à l'ombelle composée se trouve indiqué d'une manière remarquable 1° par le genre *Scandix* (*S. pinnatifida*, *Brachycarpa*), dans lequel les rayons sont si courts qu'au premier abord on prendrait l'inflorescence pour une ombelle simple; 2° par le mode d'inflorescence des *Astrantia*, que les auteurs regardent comme ayant des ombelles composées, quoique l'on puisse tout aussi bien les regarder comme des ombelles simples ; car bien souvent les rayons de l'ombelle composée sont non-seulement très-longs, mais encore déplacés, et, partant de hauteurs différentes, n'ont plus l'apparence des ombelles de la plupart des autres genres. Or, ce qui est arrivé aux fleurs des ombelles simples qui se sont transformées en sphærochorises partielles ou ombellules, peut arriver aux fleurs des ombellules et constituer alors une 3ᵉ ombelle superposée, laquelle, à son tour, peut donner des fleurs qui deviennent aussi ombelles partielles, et nous avons vu que telle était en effet la manière dont pouvaient se comporter accidentellement quelques espèces des genres *Libanotis*, *Ferula*, *Opopanax*, *Laserpitium*, *Silaus*, *Critmum*, *Helosciadium*, *Buplevrum*, *Angelica*, *Daucus*, etc. (p. 361).

Mais tandis que chez les *Daucus*, *Angelica*, le phénomène est rare, il est beaucoup plus fréquent chez l'*Opopanax chironium*, l'*Angelica sylvestris* et le *Ferula campestris*, presque normal dans le *Laserpitium hispidum*, et plus normal encore dans le *Libanotis athamanthoides*. D'un autre côté, si dans ce dernier individu un certain nombre de fleurs se transforment en ombelles de troisième génération, dans quelques autres (*Libanotis vulgaris condensata*,

Silaus tenuifolia, etc.), ce n'est qu'un très-petit nombre de fleurs qui subissent la transformation en ombelle de troisième génération.

Enfin cette répétition peut même être poussée plus loin, puisque nous avons vu l'*Apium graveolens,* var. *dulce,* offrir ainsi jusqu'à 8 de ces répétitions. L'*Helosciadium tenuifolium* paraît être capable d'une pareille facilité à répéter ses inflorescences; mais tandis que dans le Céleri 3 ou ou 4 rayons extérieurs se développent, comme nous venons de le dire, dans l'*Helosciadium* il n'y en a ordinairement qu'un seul.

Dans l'inflorescence de l'*Hydrocotyle Bonariensis,* on remarque plusieurs de ces répétitions qui font de ces ombelles une véritable prolification florale. En effet, les ombelles sont composées de 6 à 9 rayons. Quelques-uns de ces rayons, les extérieurs, sont rameux et forment des ombellules qui se répètent une ou deux fois. Les rayons les plus simples simulent une sorte d'épi floral à anneaux ou verticilles de fleurs plus ou moins écartés. C'est que, dans ce cas, l'axe médian seul s'est 3 ou 4 fois répété, et il en est résulté 3 ou 4 ombelles simples superposées. Ainsi ce seul individu nous offrirait à la fois et des *répétitions latérales* et des *répétitions médianes.*

Comme on le voit, les répétitions d'inflorescence, qui sont une anomalie pour les uns, ne le sont pas pour les autres; mais une singulière anomalie est celle que nous avons rencontrée dans l'*Angelica sylvestris* : toute une moitié d'ombellule s'était transformée en ombelle, tandis que l'autre moitié était restée ombellule, et cela non pas circulairement, comme on aurait pu le croire, mais suivant une section qui serait passée par l'axe. Il faut admettre que, tandis que les vaisseaux nourriciers s'étaient à peu près oblitérés d'un côté du pédicule de l'ombellule d'où était résulté la transformation des phytogènes en fleurs, ceux de l'autre côté avaient permis aux sucs nourriciers d'arriver en plus grande abondance aux phytogènes-fleurs ; c'est pourquoi, mieux nourris, ils s'étaient développés et avaient chacun formé une petite sphærochorise de fleurs ou ombellule surnuméraire.

Pour ne pas trop nous répéter, nous dirons que toutes les plantes chez lesquelles nous avons observé des phytonies répétées, nous ont en même temps offert des inflorescences répétées (p. 356 et suiv.).

Un des plus curieux exemples de répétitions des inflorescences peut nous être donné par l'*Amarantus caudatus*. Quand on examine à sa naissance l'inflorescence de cette plante, on la voit composée d'une série de fleurs disposées en un petit cône ; peu à peu ce cône s'allonge, et il est déjà fort grand qu'il est impossible de dire si cette sorte d'épi, qui est cependant une grappe, sera simple ou composée. En effet, cette grappe est constituée par un axe général capable d'acquérir de très-grandes dimensions dans la variété d'Amarante dite *gigantesque*, et qui porte circulairement ou plutôt hélicoïdalement disposés de petits bouquets de fleurs plus ou moins rameux, mais dont les axes secondaires, tertiaires, etc., sont excessivement courts, tellement que les fleurs semblent à première vue être immédiatement attachées à l'axe général. Or, assez longtemps après avoir observé cette grappe, simple en apparence, on voit un certain nombre de ces petits bouquets qui s'allongent à leur tour, et qui forment une grappe secondaire tout à fait analogue à la première grappe, et le nombre de ces grappes secondaires qui se développent ainsi sur la première est quelquefois considérable, puique nous avons pu en compter jusqu'à 154, sans y comprendre les phytonies, c'est-à-dire les grappes pourvues de feuilles. Ce n'est pas tout : chacune de ces grappes secondaires, simples en apparence dans le principe, donne lieu à un développement de grappes tertiaires composées de la même façon, et cette répétition de grappes ou d'inflorescences peut encore se faire sentir sur les grappes tertiaires, et même jusque sur les grappes quaternaires qui en résultent. C'est, dans un autre sens, la même chose que ce que nous avons vu se produire dans les ombelles. Chez les Ombellifères on peut dire que les répétitions se font à peu près *sphériquement*, tandis que dans les Amarantes, elles se font plutôt *cylindriquement*. Il résulte de la formation de ces grappes une forme qui justifie le nom de *Queue de renard* donnée à cette plante, exactement comme la forme de l'ensemble des inflorescences dans les Ombellifères justifie le nom d'*ombelle* qui lui a été donnée, car si dans quelques cas la sphærochorise qui constitue l'inflorescence est complétement arrondie (*Eryngium, Angelica, fig.* 69, a et b), dans le plus grand nombre de cas l'ombelle ne présente qu'une demi-sphère, une sorte de parasol (*ombella*).

Enfin il nous reste à parler encore d'un phénomène un peu différent, quoique dans le même ordre d'idées, et qui s'est répété sur deux plantes très-éloignées par leur structure, puisque l'une est une phanérogame et l'autre une cryptogame : la première est la Ratoncule (*Myosurus minimus*), et la seconde l'Ophyoglosse vulgaire (*Ophyoglossum vulgare*). Ces deux plantes donnent pour fructification un épi dense assez allongé. Dans la première plante, nous avons constaté la répétition d'un second épi que l'on pourrait croire provenir d'un dédoublement, mais que l'on peut aussi rapporter à un développement exagéré du phytogène ovaire.

Pareillement nous avons vu l'*Ophyoglossum vulgare* pourvu de 2 épis au lieu d'un seul. On sait que cet Ophyoglosse ne porte d'ordinaire qu'une seule feuille et qu'un seul épi. Admettra-t-on ici une diplasie ou un développement exagéré d'un phytogène reproducteur ? L'une ou l'autre opinion peut être soutenue. Cependant nous penchons vers la première : 1° parce que les dédoublements d'axes sont le propre de la ramification des acotylédones ; 2° et parce qu'il faut admettre que c'est par chorise triplasique que s'est formée l'anomalie de l'Ophyoglosse cité par Lamarck, laquelle était constituée par une feuille divisée en 3 parties à son sommet et par autant d'épis (1).

M. de Schœnefeld a rencontré une répétition latérale d'inflorescence fort curieuse sur un *Plantago lanceolata*. M. Germain de Saint-Pierre, qui en a fait l'analyse, dit que dans cette prolification les bractées inférieures de l'épi, petites et scarieuses à l'état normal, sont devenues amples et foliacées, formant à la base de l'épi une rosette analogue à la rosette radicale. A l'aisselle de chacune de ces feuilles nouvelles, au lieu d'une fleur, il s'était développé un épi analogue à l'épi normal, lequel est d'autant moins développé que les épis latéraux le sont davantage, au point que souvent l'épi terminal ou normal avorte quelquefois presque complétement (2). Une observation analogue a été faite par M. Touchy sur un *Plantago major* trouvé dans l'herbier Delille (3).

(1) *Encycl. méth.* (botanique), t. IV, p. 561.
(2) *Bull. soc. bot. Fr.*, t. IV, p. 625.
(3) *Ibid.*, p. 226.

Certains horticulteurs, et en particulier M. Van Houtte, à Gand, obtiennent artificiellement ces monstruosités, et les cultivent comme variété (Planchon).

Une répétition qui se rapproche de la précédente avait été observée par M. Alb. Wigand sur le *Plantago major* ; l'auteur a fait connaître aussi un *Carex glauca*, dont les épis femelles portaient à la base quelques épis latéraux qui sortaient des utricules, et dont les uns étaient femelles et les autres mâles ; tandis qu'il y en avait qui étaient femelles au bas et mâles au sommet (1).

M. Irmisch a signalé un singulier cas de répétition latérale dans l'épi du seigle. Il a vu le chaume terminé par 2, 3 et même 5 épis qui ne prenaient pas naissance à l'aisselle des feuilles. Ces épis surnuméraires provenaient-ils d'une répétition latérale ou d'une cyclochorise (2) ?

Dans tous les exemples que nous venons de citer, on doit voir que la répétition latérale est *externe* comme toutes les parties produites autour de l'axe. Mais il est certains cas où l'axe se creuse et donne lieu à des formations internes qui sont de véritables gemmations, et dans ce cas on doit s'attendre à voir paraître des *répétitions latérale internes* tout aussi bien que des répétitions externes. En effet, les réceptacles creux des *Ambora* (*Mithridatea* Comm.), des *Ficus* ou des *Rosa*, donnent lieu à des gemmations internes dues à des *phytogènes-flcurs*, dans les *Ambora* et les *Ficus*, et à des *phytogènes-graines* dans les *Rosa*. Or nous savons que tout phytogène peut devenir protophytogène capable, selon les circonstances, de donner ou des fleurs ou des inflorescences ou des infrondescences.

Ceci posé, il est aisé de concevoir la formation du phénomène tératologique que nous allons décrire ici, et qui se rencontre quelquefois sur la Figue (*Ficus carica*). M. Moquin l'a placé parmi les fruits fructipares, car la figue est un fruit composé ; cependant nous avons cru devoir le placer parmi les répétitions d'inflorescence, puisque la figue constitue essentiellement une inflorescence. Le phénomène en question consistait en 2 fruits disposés de manière que l'un d'eux semblait sortir de l'œil du se-

(1) *Loc. cit.*
(2) *Flora,* 21 janvier 1858, n° 3, p. 33-42, pl. I.

cond : la moitié de la tête de la figue supérieure était dehors, et l'autre moitié était embrassée par la figue inférieure (Moq. Tand). Nous avons décrit aussi une anomalie semblable compliquée de diplasie, *fig*. 86, A (1). Le dédoublement était tel que les inflorescences diplasiées se tenaient par le côté, l'une restant plus petite que l'autre. La plus petite des deux donnait une figue surnuméraire analogue à celle décrite par M. Moquin. La section verticale de ces trois figues, *fig*. 86, B, laisse voir que la chorise a été assez prononcée pour séparer les 2 cavités florales ; mais en même temps on reconnaît que les 2 figues superposées n'ont qu'une seule cavité florale. Dans les *Ficus*, le *protophytogène-inflorescence* ne s'accroît que par les phytogènes circulaires qui se développent à la manière des axes aphylles ; mais ces axes restent unis entre eux et constituent une sorte de fascie *circulaire* : c'est ce que nous avons nommé *cyclochorise* (p. 323). Or, sur chacun de ces axes, quoique adhérant avec ses voisins latéraux, des *phytogènes-fleurs* se forment à l'intérieur, constituant une inflorescence absolument semblable à celle que l'on aurait si les cymes scorpioïdes de certaines Borraginées (*Heliotropium*) venaient à rester unies en une fascie circulaire ou cyclochorise. On voit donc que le phytogène central du protophytogène initial de l'inflorescence a avorté, et c'est cet avortement qui est cause de la cavité de l'inflorescence. On comprend alors qu'une répétition d'inflorescence ne peut être que *latérale* et *interne*.

Quant aux répétitions latérales externes des inflorescences, elles peuvent être étudiées sur la plupart des végétaux où le groupement des fleurs est suffisamment manifeste. Nous n'avons donc pas besoin de nous étendre plus longuement sur ce sujet.

2° *Répétition médiane des inflorescences.*

Bien que nous ayons cherché, p. 365, à faire comprendre la différence qu'il y a entre une répétition latérale et une répétition médiane de phytonie, cependant la crainte de n'être pas suffisamment compris nous oblige à revenir sur ce sujet à propos des inflorescences.

(1) *Recueil Trav. soc. émul. sciences pharmaceut.*, t. II, 1ᵉʳ fascic., p. 35.

Si l'on veut bien faire abstraction de la présence des organes foliacés dont nous avons d'ailleurs fait comprendre le mode de formation par les *fig.* 27, 28, 29, 30, pl. VII, et si d'ailleurs on veut bien observer que le phytogène central se trouve toujours dans les conditions les meilleures pour se développer et se composer comme le protophytogène qui sert de base à nos explications, il nous sera facile alors d'expliquer les répétitions d'inflorescences latérales et centrales ou médianes.

Mais, auparavant, il faut que nous fassions voir comment notre protophytogène peut former les éléments d'une fleur, de même qu'il a pu servir à la formation des éléments des feuilles. Si nous jetons un coup d'œil sur un protophytogène fort amplifié, *fig.* 81, pl. XII, nous le voyons, dans sa coupe transversale, successivement former 6 phytogènes circulaires qui, en se développant, constituent 6 sépales, s, formant le calice. Il reste le phytogène central, qui devient à son tour protophytogène, formé de 6 autres phytogènes circulaires se développant en 6 pétales, p, pour composer la corolle. Le phytogène central se constitue protophytogène, et les 6 phytogènes circulaires forment les 6 étamines, e, de l'androcée ; enfin le phytogène central devient protophytogène, et ses 6 phytogènes circulaires produisent les 6 carpelles, c, constituant le gynécée. Voilà le *type* d'une fleur de dicotylédone, et ce sera aussi le type d'une monocotylédone si l'on fait abstraction de l'un des verticilles floraux précédents, par exemple le plus inférieur ; et dans les idées actuelles les 6 pièces représenteront 2 verticilles alternants. Dans ce cas, ainsi que nous l'avons dit autre part, p. 212, il y aurait défaut d'exastosie entre 2 phytogènes, *fig.* 29, pl. VII, ce qui ferait des verticilles par 3 au lieu de verticilles par 6. *Ici le dernier phytogène central, privé de nourriture, avorte habituellement.*

Mais de même qu'un protophytogène peut successivement se transformer en feuilles ou en organes floraux, de même nous allons voir qu'il peut se décomposer pour donner lieu à des inflorescences.

1° En effet, supposons le phytogène central d'un protophytogène ayant formé un organe foliacé : bractée, par exemple, et transformée en protophytogène, a, *fig.* 83. Les 6 phytogènes circulaires se transforment en fleurs et constituent un verticille, *fig.* 82, A, ou un cycle, *fig.* 82, B, de première génération. Si le phytogène central se transforme lui-même en fleur, il occupera le sommet de l'inflorescence, c, et les autres phytogènes-fleurs seront respectivement placés en s'élevant, comme l'indiquent les chiffres des fleurs correspondants aux phytogènes fleurs, *fig*, 82, A, B. Dans ce premier cas, le nombre *type* de fleurs devrait être, non plus de 7, comme l'indiquent les 2 figures précédentes, mais de 10, et en voici la raison : Rappelons-nous qu'en vertu du *principe de la communication des mouvements d'égales dimensions,* dont nous avons dit un mot page 209, le mouvement central du phytogène, en passant à l'état de protophytogène, commande des mouvements d'égales dimensions tout autour de lui. Or, on sait que 12 sphères seulement peuvent en envelopper une treizième qui les toucherait toutes également, et par conséquent cette sphère centrale ne pourrait communiquer de mouvement direct qu'à ces 12 sphères. C'est précisément ce que nous supposons arriver à la petite masse de tissu cellulaire au moment où la délimitation des centres vitaux commence à avoir lieu. Il résulte de cette hypothèse qu'il y aurait 12 centres vitaux ou phytogènes qui en envelopperaient un treizième, *fig.* 81 *bis.* Mais nous avons dit qu'il y en avait 6, c, qui étaient disposés circulairement ; par conséquent les 6 autres sont placés 3 inférieurement, i, et 3 supérieurement, s, et comme les 3 inférieurs sont enclavés dans l'ensemble, ils peuvent bien croître, et les cellules qui les composent se multiplier pour former les mérithalles et élever de plus en plus les phytogènes qui les surmontent ; mais, pressés par les autres phytogènes supérieurs, jamais ils ne peuvent acquérir l'état d'indépendance, d'individualisation qu'arrivent à avoir les autres. Or les 6 circulaires, plus les 3 supérieurs et le central seuls s'exastosient et forment 10 fleurs qui devraient être le nombre type des fleurs de l'inflorescence de première génération, si l'exastosie n'était jamais en défaut ou en excès, auxquels cas il y a des avortements ou des chorises.

2° Mais puisque le phytogène central s'élève pour constituer une seule fleur dans l'inflorescence précédente, on peut très-bien admettre que, mieux nourri, il deviendrait à son tour protophytogène, et qu'alors il se décomposerait de nouveau en 10 autres fleurs de deuxième génération qui, avec les 9 autres, constitueraient une inflorescence de 19 fleurs. Dans le cas où le phytogène central de cette seconde génération se transformait en protophytogène recevant assez de nourriture pour subir cette transformation, il y aurait une troisième génération de fleurs qui formeraient un total de 28 fleurs, et ainsi de suite. Nous avons théoriquement représenté cette succession de générations de fleurs dans la *fig.* 83, où l'on voit en a, le premier protophytogène; en b, le second protophytogène provenant du premier phytogène central qui s'est élevé; en c, le troisième protophytogène provenant du second phytogène central; en d, le quatrième protophytogène résultant de l'évolution du troisième phytogène central; enfin, au-dessus, un phytogène pouvant lui-même devenir protophytogène, donner une autre génération de fleurs, et dont le phytogène central fournira une dernière fleur, représentée par un point au sommet de la figure théorique.

Comme on le voit, c'est toujours le phytogène central qui fournit les éléments des diverses générations de fleurs, et par conséquent la génération est *centrale* ou *médiane,* et comme le phytogène central peut être supposé se développer ainsi presque indéfiniment, on a donné à ce mode d'inflorescence le nom d'*inflorescence indéfinie.* Ajoutons que si les phytogènes circulaires se bornent à produire une seule fleur attachée directement à l'axe primaire, l'ensemble prend le nom d'*épi.* L'épi sera *dense* si les pédicelles sont courts, *Veronica spicata, Phleum, Phalaris,* etc., et *lâche* si les pédicelles sont assez longs (*Ribes rubrum, Berberis vulgaris*).

3° Supposons maintenant que les phytogènes circulaires, après avoir vécu unis 2 à 2 ou 3 à 3, se sont élevés de manière à porter les 2 ou 3 fleurs qu'ils forment au sommet d'un pédicelle ramifié, b, b', *fig.* 84, et qu'il y ait eu en même temps formation de plusieurs générations de ces inflorescences partielles, a, b, c, d, etc., il en résultera une inflorescence différente de l'épi, à laquelle on pourrait, avec quelques auteurs, donner le nom de *grappe* (1). On pourrait appeler *grappe dense* celle dont

(1) Les botanistes ne sont pas d'accord sur ce que l'on doit entendre par *grappe.* Les uns admettent un seul axe primaire sur lequel sont attachées des fleurs seules, mais longuement pédicellées; tandis que les autres donnent ce nom à des inflorescences dont les axes secondaires sont ramifiés. Au point de

les axes secondaires seraient très-courts (*Triticum, Spinacia oleracea, Mercurialis annua*, etc.), et *grappe lâche* celle dont les axes secondaires seraient assez allongés pour donner une certaine mobilité aux fleurs (*Sambucus racemosa, Avena, Dictamnus albus?* etc.).

4° Les productions latérales de fleurs n'en restent pas toujours là. Très-souvent chaque phytogène-fleur se transforme en une nouvelle génération de fleurs, *fig.* 84, b″, et il en résulte une inflorescence partielle qui se compose exactement comme le fait l'inflorescence générale, c'est-à-dire que le phytogène central du phytogène qui a formé chaque fleur, b′, s'élève pour former une fleur, tandis que chacun des 6 phytogènes circulaires de la fleur b′, se transforme en une nouvelle fleur b″. Il y a donc dans ces formations latérales d'inflorescences partielles une *répétition médiane* et une *répétition latérale*. Par conséquent, on voit que lorsque nous disons répétition latérale, ce n'est que relativement à la première de toutes les répétitions. Ainsi, a, b, c, d, etc., sont des répétitions médianes, tandis que nous appellerons répétitions latérales b′, b″, c′, d′, etc.

Quand cette succession de répétitions se fait d'une manière régulière et sans altération, comme l'est à peu près l'inflorescence de l'*Æsculus Hippocastanum*, on a une forme *conique*, car en faisant passer une surface courbe sur chacune des extrémités des axes, on aurait sensiblement la construction d'un cône ; c'est à cette forme que se rapportent les inflorescences en *panicules* et en *thyrses*, sur lesquelles nous reviendrons plus tard.

vue organogénique, il nous a semblé que la manière dont nous caractérisons la grappe et l'épi était beaucoup plus rationnelle, puisque dans le premier cas la limite entre l'épi et la grappe est impossible à saisir, attendu que les caractères de ces deux inflorescences ne reposeraient que sur une longueur plus ou moins grande du pédicelle. Cependant il faut avouer que cette manière d'interpréter la grappe, quoique logique, pourra contrarier bien des habitudes. Par exemple, ce que l'on est convenu d'appeler épi dans le blé, devient nécessairement une *grappe dense*, puisque chaque épillet est formé de 3 ou 4 fleurs, et réciproquement, ce que l'on est convenu d'appeler grappe dans la groseille devient un *épi lâche*. Toutefois, comme il est évident que la composition de l'inflorescence donnée par l'analyse doit l'emporter sur la forme seulement, nous ne balançons pas à adopter ces caractères pour la distinction de ces deux inflorescences, persuadé d'ailleurs que la question de plus ou de moins de longueur dans les pédicelles est bien moins importante que le phénomène physiologique en vertu duquel s'effectue la subdivision des phytogènes circulaires.

Dans la première partie de notre Mémoire sur la composition des feuilles (1), nous avons posé une loi (3ᵉ) qui nous paraît être d'une très-grande généralité, car elle nous semble présider à la formation des inflorescences, avec quelques différences dont nous tiendrons compte. En l'appliquant aux inflorescences, nous l'exprimerons ainsi :

Première loi. *Dans les inflorescences coniques* types, *chaque inflorescence partielle prise sur l'inflorescence générale ou sur l'une des inflorescences partielles est représentée par l'ensemble de tous les systèmes pris plus haut sur l'inflorescence générale ou sur l'une des inflorescences partielles.*

En effet, dans l'inflorescence générale, a, d, *fig.* 84, l'inflorescence partielle, a, d' = le système d'inflorescence supérieur, b, d, et l'inflorescence tertiaire b″ = le système supérieur c′ d′. Enfin, de ce que d = d', il s'ensuit que dans l'ordre, lorsque le phytogène fleur, d, tend à donner une nouvelle répétition d'inflorescence, d' se trouvant dans les mêmes conditions physiologiques, doit aussi avoir de la tendance à former une nouvelle répétition d'inflorescence, et il en est de même de tous les systèmes inférieurs.

Mais, de même que pour les feuilles, il s'en faut de beaucoup que la succession de ces répétitions marche d'une manière régulière, et c'est bien là une des causes qui font que les inflorescences varient considérablement. La véritable forme conique se trouve alors dissimulée par des excès ou des défauts d'exastosie ; mais quand on analyse avec soin une inflorescence de cette nature, il est toujours possible de reconnaître des axes complets à côté d'axes chez lesquels de nombreux avortements se font observer.

Terminons en faisant remarquer que si la loi est applicable aux feuilles et aux inflorescences, dans le premier cas, le principe de la trisection ou triplasie agit toujours dans le même plan, tandis que pour les axes, il agit circulairement, ou plutôt *typiquement*, suivant deux plans qui se couperaient à angle droit, comme dans la décussation ; car nous verrons plus tard que la disposition type des feuilles et des axes sur les tiges est l'opposition alternante décussée.

(1) *Etudes comparées des feuilles dans les trois grands embranchements végétaux.* (*Comptes rendus de l'Acad. sc.,* décembre 1860.)

Maintenant, on comprendra aisément que la répétition médiane des inflorescences soit un phénomène tellement naturel que jusqu'à ce jour on a dû n'y faire aucune attention ; mais lorsqu'en parlant des répétitions latérales des inflorescences partielles nous avons cité les cymes corymbiformes des *Cornus* et des *Sambucus*, nous avons fait pressentir que bien que ces inflorescences par-tielles pussent être regardées comme des productions latérales, cependant elles ne prennent naissance que parce qu'en même temps il y a une répétition médiane qui se produit. En effet, si nous analysons une semblable inflorescence, voilà les variations que nous observons :

1° Quelquefois toute l'inflorescence consiste en deux inflores-cences partielles ombelliformes et une 3ᶜ centrale (anormale) ;

2° le plus souvent, toute l'inflorescence est formée de 4 inflo-rescences partielles, ombelliformes, *verticillées*, et une 5ᵉ cen-trale (normale dans le *Sambucus nigra*, *Canadensis*, *Laci-niata*, etc.) ;

3° d'autres fois, toute l'inflorescence se compose de 7 inflo-rescences partielles : 2 inférieures et 5 supérieures, disposées comme nous venons de le dire (très-fréquent dans le *Sambucus Ebulus*) ;

4° une fois seulement nous avons trouvé ces 7 inflorescences disposées en un verticille de 6 rayons et un 7ᵉ central (*Sambucus Ebulus*), représentant exactement l'inflorescence des *Viburnum*.

5° Fréquemment encore, on trouve sur le *Sambucus Ebulus* une inflorescence de 7 ou même 9 rayons ou inflorescences par-tielles, mais opposées 2 à 2 et en croix, terminées par une inflo-rescence ombelliforme, où l'on peut remarquer encore les traces d'une répétition de cette disposition.

De cet examen on peut conclure que l'inflorescence normale des Sureaux (2°) est l'inflorescence (1°) répétée une fois, mais avec contraction en un verticille par 4 des 2 paires opposées d'inflores-cences partielles ; que quelquefois cette répétition se fait deux et trois fois (3° et 5°), et qu'enfin une fois il y a eu contraction en un verticille par 6 des 3 paires opposées des inflorescences par-tielles. Dans tous les cas, le rayon central indique suffisamment, dans les exemples qui précèdent, que c'est par lui que se font les répétitions.

D'après ce que nous avons dit des inflorescences, *fig*. 83 ou 84, il est presque inutile d'ajouter qu'il y a bien là une répétition médiane ; et comme ces répétitions se font incessamment et d'une manière presque uniforme, elle n'a jamais fixé l'attention des observateurs. Mais si, par des circonstances dues particulièrement à un défaut de nourriture par suite de sécheresse trop grande, une inflorescence indéfinie vient à s'arrêter, et qu'ensuite des pluies surviennent assez à temps, on voit pousser de nouveau les extrémités des inflorescences ; dans ce cas, on a une sorte de répétition qui est alors indiquée par une certaine quantité de boutons-fleurs avortés, séparant l'inflorescence de première formation de celle qui se forme après coup. Nous avons bien ici une véritable formation médiane surnuméraire, et les exemples sont encore faciles à observer.

C'est ainsi que l'on a vu quelquefois des épis de Plantain ou de Blé donner naissance à un autre épi qui se surajoutait au premier et en augmentait la longueur.

On doit à M. Buffet deux observations très-intéressantes sur l'épi du Typha, savoir :

1° Deux épis femelles étaient superposés. Il y avait alors 3 épis : 2 inférieurs femelles et le supérieur mâle. Cette anomalie est fréquente, car l'auteur l'a observée trois ou quatre fois sur une centaine de pieds.

2° Dans un autre exemple, analogue au précédent, l'épi femelle supérieur, c'est-à-dire l'intermédiaire, était diplasié et surmonté par un seul épi mâle et terminal. Les deux épis mâles s'étaient donc fondus en un seul, ou bien il y avait eu excès d'exastosie dans le seul épi femelle supérieur (1).

C'est encore ainsi que nous avons vu ce phénomène se produire parfaitemant sur les *Veronica spicata* et *Speciosa*, et sur le *Digitalis purpurea*. Il est même possible d'obtenir ce phénomène à volonté sur la Digitale. Pour cela, quand les derniers boutons-fleurs de l'inflorescence sont sur le point de se dessécher, ce que l'on reconnaît à ce qu'ils ne grossissent plus et que l'axe ne grandit plus, il suffit d'enlever toutes les capsules formées. Quelques jours après, on voit l'extrémité de l'épi se tuméfier et

---

(1) *Bull. soc. bot. France*, t. V, p. 758.

dès boutons-fleurs se prononcer, qui suivent alors leur évolution ordinaire ; mais les boutons-fleurs qui les précèdent ne prennent aucun accroissement et servent de ligne de démarcation entre l'inflorescence première et l'inflorescence médiane de seconde formation.

Nous avons aussi quelquefois rencontré des calathides de *Calendula officinalis,* du milieu desquelles sortaient 1 ou 2 calathides surnuméraires, tandis que d'ordinaire cette prolification se fait plutôt latéralement. Au contraire, c'est plus habituellement par répétition médiane que se fait la prolification dans la calathide du *Calendula stellata,* du moins d'après nos observations de cette année (1862). Parmi les calathides présentant cette répétition médiane, il y en avait qui offraient 2 et 3 calathides parfaitement centrales. Dans ce dernier cas, la prolification est plutôt latérale, à moins que l'on admette que le dernier phytogène, le plus central, n'ait subi l'influence de la cyclochorise triplasique analogue à celle que nous avons décrite pour la Jacinthe et la Tulipe, p. 315.

Les répétitions médianes doivent se produire accidentellement aussi dans les ombelles. Nous avons très-fréquemment observé des sertules d'*Allium* qui présentaient, au lieu de fleurs, des petits sertules de 3 à 12 fleurs, et ces petits sertules surnuméraires occupaient plus particulièrement le centre de l'inflorescence ; c'est pourquoi nous avons dû les placer parmi les répétitions médianes.

Ce qui est accidentel dans ces sertules devient, on peut dire, normal dans le *Primula sinensis,* qui doit à cette circonstance son nom de Primevère *Candélabre.* En effet, ses hampes axillaires sont terminées par des sertules de 8 à 12 fleurs qui se répètent deux ou trois fois et même jusqu'à cinq fois ; mais c'est toujours le phytogène central qui s'élève pour faire la répétition dont il s'agit.

Il semblerait que l'on ne doive pas reconnaître ici de répétition médiane, puisque l'évolution de l'inflorescence est indéfinie et que toutes les productions sont latérales ; mais si l'on se reporte à ce que nous avons dit (p. 368 et 374) de la manière dont se font les répétitions d'inflorescences, on verra que c'est toujours par le développement du phytogène central que se fait la répétition des verticilles ou des cycles, et qu'en conséquence, la répétition est réellement médiane, et que quelque indéfinie que l'on suppose une inflorescence, comme rigoureusement elle finit par s'arrêter, c'est ordinairement par une seule fleur due au développement du dernier phytogène central que se termine l'inflorescence.

Les inflorescences d'ombellifères ne sont pas exemptes d'une semblable répétition, mais il faut dire que ce n'est que rarement qu'elles se présentent, et nous en avons cependant trouvé des exemples dans l'*Angelica archangelica* : plusieurs ombellules du centre s'élevaient au-dessus des autres, formant des ombelles composées de plusieurs petites ombellules.

C'est à cet ordre de phénomènes qu'il faut rapporter les petites inflorescences partielles de l'*Hydrocotyle Bonariensis,* que nous avons rapportées p. 386.

Enfin, une curieuse répétition d'inflorescence médiane est celle que nous avons observée sur le *Celosia cristata.* Une Crête de coq couleur chamois qui avait accompli à peu près son évolution ordinaire se présentait sous la forme d'une fascie plane, très-peu ondulée vers le sommet et parfaitement simple. Elle est restée cinq à six semaines dans cet état, mûrissant alors les graines nombreuses qui tapissaient ses deux faces. Des pluies abondantes sont survenues (fin juillet et commencement d'août 1862) ; peu de jours après, une quarantaine de petites fascies, très-distinctes de forme, de couleur et de composition, s'élevaient sur le sommet de la crête, vieillie et changée de couleur. En même temps, quelques-uns des petits épis placés à la base de la fascie émettaient aussi des répétitions d'inflorescences surnuméraires, les unes en épis, les autres fasciées, qui, relativement à la fascie principale, étaient une répétition latérale ; mais par rapport aux fleurs de l'épi, elles étaient encore une répétition médiane.

Si maintenant nous cherchons à nous rendre compte du nombre des répétitions des phytonies ou des inflorescences, on voit qu'il y a des plantes qui ne sont uniquement formées que d'une seule phytonie ; que jusqu'à ce jour, ces phytonies n'ont jamais offert d'exemples de la moindre répétition ; telles sont les *Ophyoglossum vulgare* (1), *Maïanthemum bifolium, Eranthis hiemalis,* etc.

(1) Il faut en excepter les cas cités p. 388.

D'autres, simples le plus souvent, nous ont offert accidentellement une répétition de phytonies : ainsi, les *Epipactis*, les *Orchis* et les *Aceras*, qui sont des monophytonies d'ordinaire, nous ont offert, dans l'*Epipactis palustris*, dans l'*Orchis maculata* et dans l'*Aceras hircina*, un second épi qui s'était développé à l'aisselle d'une feuille. Il n'est pas rare de trouver des *Veronica spicata* qui sont habituellement aussi des monophytonies, avec une ou deux phytonies surnuméraires. Les *Veronica incisa, Speciosa latifolia, Pallida*, etc., sont dans le même cas. Voici, d'ailleurs, une petite liste qui servira d'exemple de la variabilité du nombre des phytonies qui peuvent se répéter sur une même plante :

DICOTYLÉDONES.

	Ligusticum alatum.........	de 2	à 5	phytonies.
	Astrantia major...........	3	12	
	Cicuta maculata..........	5	11	
OMBELLIFÈRES	Eryngium planum.........	5	29	
	Ferula communis.........	7	14	
	— glauca............	9	14	
	Levisticum officinale.......	12	19	

	Delphinium { elatum........	1	7	
	grandiflorum.	3	7	
RENONCULACÉES	revolutum....	12	22	
	Clematis { maritima.....	5	11	} sur axes
	angustifolia..	5	11	} secondaires.
	erecta.......	5	19	

	Veronica incisa...........	1	3	
	— longifolia.........	3	6	
SCROPHULARINÉES	— maritima.........	3	6	
	— elegans..........	5	12	
	— anagallis.........	18	24 (1)	

MONOCOTYLÉDONES.

COLCHICACÉES	Veratrum nigrum..........	de 21 à 40

	Asphodelus cretica........	2	4
LILIACÉES	— cerasiforme.....	3	6
	— racemosus......	3	8

Ces observations, faites à l'école de botanique du Muséum une seule année (1862), ne prouvent qu'une seule chose : c'est qu'il est difficile d'établir exactement un nombre type ou un nombre

(1) Cette espèce est remarquable en ce que toutes les infrondescences se terminent par une infloresoence, et que ces phytonies s'étendent jusqu'à la base de l'axe principal.

normal de phytonies constituant chaque espèce : il serait peut-être mieux de partir de la plante possédant le nombre inférieur, et de regarder comme répétitions de phytonies tous ceux qui excéderaient ce nombre. Toutefois, il se pourrait que nous n'eussions le plus souvent ni le nombre inférieur possible, ni le nombre supérieur ; par conséquent, c'est une étude particulière qu'il faudrait faire pour dresser une table exacte des écarts que, sous ce rapport, certaines plantes pourraient présenter.

Ces écarts paraîtront réellement énormes si l'on réfléchit qu'il y a certaines plantes qui peuvent se borner à une phytonie primaire et secondaire comme le *Daucus carota,* et qui, dans des conditions suffisamment convenables, devraient donner jusqu'à 14 phytonies secondaires ; chacune d'elles devrait à son tour donner 4 phytonies tertiaires, lesquelles donneraient habituellement 3 phytonies quaternaires ; celles-ci, 2 phytonies quinaires, qui fourniraient aussi chacune une phytonie senaire. De sorte que nous aurions pour une seule plante :

$$\overset{\text{1re}}{1} + \overset{\text{2re}}{14} + \overset{\text{3re}}{56} + \overset{\text{4re}}{168} + \overset{\text{5re}}{336} + \overset{\text{6re}}{336} = 911$$

Ainsi, tandis qu'un pied de Carotte venu dans de très-mauvaises circonstances peut théoriquement n'offrir que 3 phytonies dans sa composition, au contraire, venu dans les meilleures conditions il pourrait offrir théoriquement jusqu'à 900 phytonies au moins. (Voir *Théorie des formes végétales.*) Comme on le voit, c'est une répétition considérable qui se reproduit sous un autre point de vue bien plus considérable encore pour certains végétaux, qui sont annuels dans certain pays, et qui sont des arbres dans leur pays natal. Tel est le Ricin (*Ricinus communis*), qui sous nos climats ne vit qu'une saison ; tandis que dans les pays chauds il forme un arbre de 15 à 20 pieds de hauteur. Or, pendant que dans le premier cas la plante ne fournit que quelques phytonies, dans le second elle en produit indéfiniment, pour ainsi dire.

Hâtons-nous de dire que si la théorie indique souvent un nombre considérable de répétions de phytonies ou d'inflorescences, comme nous venons de le voir pour la Carotte, cependant, les meilleures conditions sont si difficiles à effectuer au point de vue du terrain, de l'exposition, de l'humidité ou de la sécheresse, de la chaleur ou de la lumière, etc., etc., qu'il s'en faut de beaucoup que ces systèmes soient aussi nombreux que nous venons de l'indiquer. Des avortements fréquents et des défauts d'exastosie s'opposent aux développements de tous les phytogènes que la théorie indique, et sur le seul exemple de la Carotte, nous pouvons dire que c'est tout au plus si le quart seulement de ce grand nombre arrive à une évolution suffisamment appréciable. C'est ainsi que sur un beau pied de Carotte venu isolément et loin de toute influence fâcheuse étrangère, nous n'avons réussi à compter que 238 ombelles plus ou moins parfaites, leur développement ayant en général décru en raison de l'élévation des ordres de génération.

On a pu remarquer, par ce que nous venons d'exposer dans cette section, que, puisque le protophytogène pouvait servir à constituer une fleur, *fig.* 81, et que chaque phytogène périphérique, *fig.* 81 *bis,* pouvait à son tour se transformer en protophytogène et constituer chacun une fleur, il est démontré que les éléments d'une seule fleur, par nourriture suffisante, peut se transformer en une inflorescence partielle, et l'exemple des *Allium,* des *Calendula, Scabiosa* et quelques ombellifères nous en ont donné des preuves suffisantes. Il n'y a donc pas lieu d'établir de section à part pour l'étude de la *répétition des inflorescences partielles par métamorphose des fleurs,* comme nous l'avons fait pour celle des phytonies.

Ainsi l'on peut dire que c'est par transformation d'une fleur en une inflorescence partielle que les épis, les panicules, les chatons, prennent souvent une physionomie à laquelle on n'est pas habitué, par exemple le Maïs, qui n'a qu'un seul épi pour inflorescence femelle, présente quelquefois à la base de cet épi 3, 4, 5 ou 6 épis surnuméraires entourant l'épi principal. L'épi du *Triticum turgidum,* etc., donne une variété dans laquelle l'épi se ramifie et constitue le *blé de miracle* ou *d'abondance* que Linné fils a nommé *Triticum compositum* ; mais son épi reste parfois très-simple, et le caractère distinctif de la variété disparaît. Mathiole a compté sur un seul épi de ce blé 24 épis secondaires.

L'orge a aussi présenté à Wincler des ramifications analogues (1).

____

(1) *Ephem. nat. cur.,* déc. 1, ann. 7 et 8, p. 151.

Enfin on a signalé un phénomène semblable dans les inflorescences des *Festuca, Lolium*, du *Dactylis Glomerata*, et de beaucoup d'autres graminées, ainsi que dans celles des *Plantago*, des *Dipsacus*, etc.

Chez quelques-uns des exemples que nous venons de citer (*Triticum, Lolium, Dactylis, Festuca*), on peut dire que c'est l'inflorescence partielle (épillet) qui s'est accrue et transformée en grappe dense, et que par conséquent cette grappe (1) surnuméraire ne provient pas d'une fleur. Mais chez le *Maïs* et l'*Hordeum* dont les glumes sont uniflores, il est difficile de ne pas attribuer la formation des épis surnuméraires à la transformation d'une seule fleur.

Un exemple très-propre à démontrer le passage de la fleur à une inflorescence partielle, peut être pris dans l'inflorescence générale des *Hedera*. Celle-ci se compose d'une sphærochorise terminale (p. 330) ou sertule au-dessous de laquelle se forment un certain nombre d'autres petites sphærochorises. Entre le sertule terminal, parfaitement délimité par une collerette de petites bractées, et les sertules secondaires ou inférieures, on en trouve souvent un ou deux qui, au lieu de former des sertules, ne forment qu'une seule fleur; or, dans d'autres inflorescences, ces fleurs sont parfaitement transformées en petits sertules. La transformation de la fleur en inflorescence partielle ou réciproquement est donc ici des plus évidentes. D'ailleurs nous avons démontré que la fleur pouvait brusquement se transformer en phytonie ; à plus forte raison pouvons-nous admettre qu'elle se transforme en inflorescence.

Observations simultanées sur l'évolution comparative des phytonies et des inflorescences.

Il y a de très-importantes observations à faire, au point de vue des formes végétales, sur la marche de l'évolution des phytonies comparée à la marche de l'évolution des inflorescences et que nous devons présenter ici.

A. On sait qu'il est des plantes dont les inflorescences sont

(1) Voir p. 393.

indéfinies, c'est-à-dire que dans chacune d'elles les fleurs semblent se succéder indéfiniment en s'élevant de plus en plus sur l'axe, comme on peut le voir sur l'épi du *Digitalis purpurea ;* tandis que chez d'autres les inflorescences sont parfaitement *définies*, c'est-à-dire que chaque phytonie est terminée par une fleur ; c'est ce que l'on voit très-bien dans les inflorescences dites en *Cymes* dont le *Lychnis coronaria* et l'*Erythræa centaurium* nous offrent des exemples.

B. Pareillement, dans certaines plantes la répétition des phytonies sur le même axe est pour ainsi dire *indéfinie*, et c'est ce dont on peut s'assurer sur une tige de *Phaseolus coccineus* ou de *Galega officinalis*. Chez d'autres, au contraire, cette répétition de phytonie est nécessairement définie puisque, commençant par le sommet de l'axe et allant en descendant, cette répétition doit fatalement s'arrêter au bas de l'axe. Le *Delphinium elatum* peut nous en fournir une preuve.

De la combinaison des inflorescences indéfinies et définies avec les répétitions définies ou indéfinies des phytonies résultent les 4 grands *systèmes types* suivants de toute végétation :

1° En examinant comparativement l'inflorescence et la répétition des phytonies dans le *Galega officinalis*, voici ce que l'on observe :

a. Dans l'inflorescence de l'épi *non terminal* la floraison marchant de la base au sommet est une inflorescence indéfinie ou centripète.

b. Dans la répétition des phytonies, on voit aisément que la première formée des phytonies occupe la base de l'axe, et la dernière le sommet.

Par conséquent l'inflorescence et la répétition des phytonies sont de même nom. Il y a donc ici inflorescence *indéfinie* ou *centripète*, et répétition de phytonie *indéfinie* ou *centripète*.

2° Si maintenant nous prenons le *Veronica spicata* ou le *Linaria vulgaris*, et si nous faisons la même série d'observations, nous trouvons :

a. Une inflorescence indéfinie ou centripète, puisque la floraison de l'épi qui est *terminal* va de la base au sommet, et cela *presque* indéfiniment.

b. Au contraire, la répétition des phytonies va du sommet à la base ; c'est-à-dire que la première phytonie produite, et qui par conséquent fleurira la première, est celle qui est immédiatement au-dessous de l'épi terminal ; tandis que la dernière phytonie produite sera la plus basse sur la tige. Cette répétition est donc centrifuge, et comme elle doit nécessairement s'arrêter au bas de l'axe, à la dernière feuille ou pour mieux dire à la première formée, on voit que la répétition est définie, et que par conséquent elle est de nom contraire avec l'inflorescence. Nous avons donc alors inflorescence *indéfinie* ou *centripète* avec répétition *définie* ou *centrifuge*.

3° Pour la troisième combinaison que nous appliquerons au *Fœniculum vulgare*, il est nécessaire d'appeler l'attention des botanistes sur la nature des ombelles et des capitules. On a, selon nous, bien à tort placé ces deux sortes d'inflorescences parmi les inflorescences indéfinies, car les rayons ou les fleurs sont tous très-sensiblement d'une même époque physiologique de formation, comme le sont les bourgeons des *sphærochorises* dont elles font partie. Ce qui a pu en imposer aux observateurs, c'est qu'en effet on voit quelquefois la floraison marcher de la circonférence au centre ; mais aussi parfois elle marche au contraire du centre à la circonférence, comme on peut le voir sur les *Echinops*, et souvent la floraison des fleurs se fait presque simultanément, comme on peut l'observer sur l'ombelle sphérique de l'Angélique, *fig.* 69. D'ailleurs on peut reconnaître sur l'inflorescence cyclochorisée du *Didiscus cœruleus* que l'ombelle est réellement une inflorescence définie, puisque le phytogène central a dû avorter pour constituer le vide intérieur qui détermine la formation de la cyclochorise.

En général, *la différence des époques physiologiques de formation peut se mesurer par la longueur des mérithalles qui séparent les verticilles ou les cycles.* Or dans une ombelle, une calathide ou capitule dont le réceptacle est plan, sphérique ou un peu conique, il est à peu près impossible de saisir la moindre distance entre les rayons ou les fleurs ; par conséquent la distance qui sépare les époques de formation est à peu près insignifiante. Il n'en est pas de même de l'inflorescence de la Digitale, qui laisse entre ses fleurs un intervalle très-appréciable. D'ailleurs, comment concevoir la formation indéfinie de fleurs placées sur un plan circulaire, en admettant que la formation des fleurs se fait de la circonférence au centre ? Évidemment il y a un moment où les dernières fleurs formées se touchent, et l'on ne saurait alors comprendre comment les formations pourraient être indéfinies. Au reste, il serait impossible de faire répéter les formations des fleurs dans les ombelles ou les capitules, comme on peut le faire dans l'épi de la Digitale (p. 397). Nous regarderons donc les capitules et les ombelles comme constituant une inflorescence *simultanée*, et par conséquent étant parfaitement définie.

Ceci compris, si l'on fait sur le *Fœniculum vulgare* le même raisonnement que pour les 2 premières comparaisons d'inflorescences et d'évolution de phytonie, nous reconnaissons :

a. Une première phytonie terminée par une ombelle, constituant une inflorescence définie ;

b. Une répétition des phytonies qui, elles aussi, sont sensiblement *simultanées*, car tous les axes secondaires semblent se développer ensemble. Toutefois, on peut saisir encore quelques différences entre l'axe secondaire du sommet et celui du bas de l'axe principal, et reconnaître que celui du bas est bien moins avancé, ce qui indique bien une répétition définie. Par conséquent, nous avons dans ce cas inflorescence *définie* avec répétition définie.

4° Enfin, si nous considérons la marche des inflorescences et des répétitions des phytonies dans l'*Erythræa centaurium*, le *Cerastium grandiflorum* ou le *Cladanthus proliferus*, nous reconnaissons aussitôt :

a. Une première phytonie terminée par une fleur ou une calathide ; par conséquent l'inflorescence est on ne peut plus terminée ou définie.

b. Mais de l'aisselle des 2 feuilles opposées supérieures (*Erythræa, Cerastium*), ou des feuilles qui avoisinent l'involucre (*Cladanthus*), s'élèvent des phytonies secondaires terminées par une fleur ou une calathide sous lesquelles, comme précédemment, s'élèveront d'autres phytonies qui en produiront d'autres encore, et ainsi presque indéfiniment (*fig. théorique* 74, Pl. XI).

On voit donc que dans ces exemples, tandis que l'inflorescence est *définie*, la répétition des phytonies est *indéfinie*.

Le tableau suivant résume les 4 grands *systèmes types* de la
végétation :

	Inflorescence.	Répétition des phytonies.	Figures.	Signes.
1er système.....	indéfinie.........	indéfinie..........	72	
2e système.....	indéfinie.........	définie...........	73	
3e système.....	définie..........	indéfinie..........	74	
4e système.....	définie..........	définie...........	75	

Comme ces systèmes types constituent des caractères importants, surtout pour l'étude de la physionomie que les végétaux leur
empruntent, nous avons pensé que par la suite ils pourraient être
employés à la diagnose des plantes ; c'est pourquoi nous avons cru
devoir, pour simplifier le discours, les représenter par les signes
qui sont en regard de chaque système. Ces signes sont 2 flèches,
dont la première représente l'inflorescence, et la seconde la génération des phytonies. La position dressée exprime la qualité indéfinie ; la position contraire est employée pour exprimer la qualité définie.

Nous avons donné une figure théorique de chacune de ces
quatre doubles évolutions, afin que l'on puisse se faire une idée
des formes types qui en résultent (*fig.* 72, 73, 74, 75).

Dans la figure 72, qui représente le premier système, on voit
que si l'on faisait passer une surface courbe sur toutes les extrémités des phytonies, on aurait sensiblement une forme *conique,*
en agissant, bien entendu, sur des axes simples à leur base,
comme le sont ceux que nous représentons dans ces figures
théoriques.

En opérant de la même façon sur les autres évolutions, on reconnaît aisément qu'une surface courbe qui les envelopperait de
toutes parts, en passant par les extrémités des phytonies, aurait très-sensiblement une forme *ellipsoïdique* pour le deuxième
système, *fig.* 73, une forme *sphérique* ou tendant à la sphéricité pour le quatrième système, *fig.* 74, et une forme *cylindrique*
pour le troisième système, *fig.* 75.

On pourrait donc simplifier les dénominations de ces évolutions en disant : *évolution conique, ellipsoïdique, cylindrique* et *sphérique.*

Or, ce qu'il y a de remarquable, c'est que précisément ces quatre formes sont les seules que la géométrie nous démontre être les formes régulières des solides à surfaces courbes, et, ce qui n'est pas moins surprenant, c'est que si l'on observe que l'évolution des axes sur les axes se faisant d'ordinaire suivant deux plans qui se coupent à angles droits ou plus ou moins aigus (p. 395), tandis que celle des feuilles ne se fait d'ordinaire que suivant un plan, nous trouvons cette concordance que l'évolution du premier système correspond aux feuilles *hastées* ou *triangulaires;* celle du deuxième système correspond à des feuilles *elliptiques;* celle du troisième système correspond aux feuilles *orbiculaires;* enfin, celle du quatrième système à des feuilles rubanées, qui sont celles qui représentent le mieux la forme d'un *rectangle* allongé, et l'on sait d'ailleurs qu'il y a des feuilles véritablement cylindriques (*Allium*). Par conséquent, nous croyons devoir considérer ces quatre formes comme représentant les *quatre systèmes* types *des formes végétales.*

<h3 style="text-align:center">§ 2. — Répétition des fleurs dans la fleur.</h3>

Il n'est pas très-rare de rencontrer des fleurs du milieu desquelles s'élève une autre fleur ou une petite tige chargée de feuilles, et il ne faut pas confondre ce phénomène avec celui de la calathide reproduisant une autre calathide (p. 398); car bien que Linné ait donné le même nom de *Prolification* à ces deux phénomènes (1), nous avons affaire, dans ce cas, à une répétition d'inflorescence. La répétition des fleurs dans la fleur ne sera bien comprise qu'en rappelant l'organophytogénie de la fleur (p. 391), et faisant observer : 1° qu'après la formation de toutes les parties de la fleur, il reste au centre un phytogène qui avorte d'ordinaire; 2° que toutes les pièces de la fleur sont les analogues des feuilles et que conséquemment, on pourrait admettre, si cela était nécessaire à l'explication, un petit bourgeon à l'aisselle

____

(1) « Prolificatio florum *simplicium* e pistillo; *Aggregatorum* vero e receptaculo fit. » (Lin., *Phil. bot.*, 124.)

de chaque pièce florale; 3° que la fleur initiale n'est autre qu'une petite masse de tissu cellulaire tout à fait analogue à celle qui doit donner une infrondescence; 4° qu'enfin, arrivés à l'extrémité de l'axe, où les sucs nourriciers sont plus rares, les phytogènes inférieurs, i i i, du protophytogène (*fig*. 81 bis), mal nourris, ne se développent pas ou plutôt reproduisent peu de tissus, d'où il résulte que le développement de tous les phytogènes circulaires des protophytogènes successifs se fait de façon à être placés immédiatement les uns sur les autres, et à constituer ce que les organographes modernes nomment un *axe contracté* ou *Rosette*.

On voit que les phytogènes circulaires, verticillés autour du phytogène central, doivent conserver leur verticillarité au lieu de se déplacer, comme le font quelquefois certaines feuilles primitivement opposées ou verticillées. (Voir le chapitre *Métathésie végétale*.) La fleur est donc un assemblage de verticilles placés les uns au-dessus ou plutôt en dedans des autres, mais sans que les mérithalles soient appréciables. Son pédoncule ou son pédicelle constitue *un axe* qui se trouve *terminé par la fleur*.

Dans un grand nombre de fleurs, on a observé des productions anomales d'autres fleurs ou même d'infrondescence, et il y a déjà fort longtemps que les premières observations en ont été faites. C'est particulièrement à cette monstruosité que l'on a donné le nom de *fleurs prolifères*.

Lorsqu'un phytogène-fleur reçoit une nourriture assez abondante et qu'en même remps *l'influence florifiante* prédomine, il se fait des excès d'exastosie tels, que chaque phytogène ou tout au moins plusieurs phytogènes du protophytogène qui doit constituer la fleur, *fig*. 81, deviennent eux-mêmes protophytogènes et forment de petites fleurs dans la fleur. Linné avait probablement compris cette cause de la prolification, quand il a dit : « *Proliferi flores fiunt ex causá plenitudinis auctá* (1). »

Si c'est le phytogène central ultime de la fleur qui reçoit cet excès de nourriture ou le phytogène central pénultième, ou même l'antépenultième, la répétition de la fleur sera *médiane*. Dans le premier cas, il pourra exister dans la fleur inférieure un verticille de carpelles; dans le second, ce verticille de phytogènes

(1) *Phil. bot.*, 123.

aura pu être employé à répéter les pièces extérieures de la nouvelle fleur, laquelle se trouvera au centre d'une fleur munie de ses étamines ; enfin, dans le troisième cas, nous ne verrons plus qu'une fleur sortant d'une corolle simple, double ou multiple, les phytogènes staminaux ayant été transformés en pièces extérieures de la fleur surajoutée.

Mais il peut arriver que certains phytogènes des séries circulaires composant chaque protophytogène se développent eux-mêmes en fleur, et bien qu'alors nous ayons encore une fleur dans la fleur, cependant l'origine de cette répétition ne sera plus la même, car nous aurons réellement une répétition *latérale*. Voilà pourquoi les auteurs ont admis des *prolifications médianes* et des *prolifications latérales*, divisions trop naturelles pour que nous ne les admettions pas aussi.

M. Moquin-Tandon a nommé *fleurs floripares* cette répétition de fleurs dans la fleur, et conserve la dénomination de *prolifères* pour exprimer l'ensemble des deux phénomènes. Il nous a semblé qu'il pouvait y avoir une certaine confusion dans toutes ces dénominations, et c'est ce qui explique pourquoi, pour les titres de nos divisions, nous avons préféré à des mots, sans doute très-significatifs, des phrases qui, selon nous, ont l'avantage d'exprimer mieux l'état exact du phénomène que l'on étudie.

Les répétitions des fleurs dans la fleur sont beaucoup moins rares que les répétitions d'infrondescences ; aussi Linné a-t-il écrit : « *Prolifer autem prole florifero frequens est* (1). » On remarque en général que l'excès d'exastosie qui détermine la formation de fleurs dans la fleur détermine aussi des multiplications nombreuses des organes appendiculaires ; en un mot, cette répétition coïncide le plus souvent avec une augmentation de nombre soit dans les parties de chaque verticille, soit dans les verticilles eux-mêmes. C'est ce qui a fait dire à Linné : « *Prolifer flos fit, cum intra florem (sœpius plenum) alii flores enascuntur* (2). » Toutefois, peut-être serait-il plus exact de dire que les répétitions de la fleur dans la fleur se rencontrent plutôt dans les fleurs multiples, où les excès des trois formes de l'exastosie sont mani-

(1) *Loc. cit.*, 123, p. 82.
(2) *Loc. cit.*, p. 81.

festes, car le plus grand nombre de fleurs doubles ne présenten
pas de ces répétitions.

A. Répétitions médianes.

Linné a indiqué les répétitions médianes : « *Prolificatio e centro seu ex pistillo enato in prolem, uno pedunculo peragitur, fitque in floribus non compositis,* » (*loc. cit.*, 124), et à la suite, il cite les *Dianthus, Ranunculus, Anemone, Geum* et *Rosa;* mais il faut dire qu'il ne distingue cette prolification que de celle dont nous avons parlé à propos des inflorescences en capitules et en ombelles, tandis qu'il y a réellement une autre distinction à faire. En effet, dans les capitules ou les ombelles, nons avons vu se produire une répétition d'inflorescence par voie de transformation de l'une des fleurs ou répétition latérale d'inflorescence, tandis qu'ici nous voyons une fleur naître latéralement dans la fleur même, soit à l'aisselle d'un organe appendiculaire, soit à la place d'un de ces organes, soit à la place d'un ovaire. Il se pourrait donc que parmi les répétitions médianes dont parle Linné, il y en eût qui appartinssent à la division suivante.

Quoi qu'il en soit, les fleurs multiples des *Ranunculus, Dianthus, Rosa, Anemone,* sont généralement celles qui ont offert les répétitions de fleurs les mieux observées. Cependant, nous devons faire remarquer qu'il ne suffit pas de voir sortir du centre de la fleur une autre fleur pour conclure à une répétition médiane, car il se pourrait qu'elle fût latérale. Ainsi, dans les Roses, on a cité des exemples de répétition latérale interne de fleurs, et comme la prolification se fait alors sur la paroi interne de l'urcéole, probablement par suite de la métamorphose du *phytogène-carpelle,* il doit en résulter une fleur qui semble réellement médiane ; mais nous avons déjà dit plusieurs fois qu'il n'y a de répétition médiane que celle qui résulte du développement en fleur du phytogène central, et nous savons maintenant que l'urcéole des Roses n'est autre qu'une cyclochorise dont la génération n'a lieu que par défaut de développement du phytogène central.

1° Dans son *Florilegium* (Pars 1, tab. 54), Sweert a figuré une Renoncule multiple, du centre de laquelle s'élève un pédoncule terminé par une autre fleur plus petite, et Jonh Hill a figuré deux Renoncules dans lesquelles la répétition médiane s'était produite deux fois, ce qui constituait trois fleurs superposées (1).

2° Les *Dianthus* nous offrent des fleurs multiples donnant lieu à un phénomène analogue. Ainsi, Schlotterbecc a figuré deux fleurs d'Œillet superposées de telle façon que l'une d'elles paraît sortir du milieu de la fleur et occuper la place de l'ovaire. Dans ces 2 fleurs, les étamines avaient disparu ou s'étaient transformées en pétale. Le calice de la fleur supérieure n'était que de quelques millimètres au-dessus de la fleur inférieure. Schlotterbecc dit avoir trouvé 7 de ces anomalies sur un même individu (2).

Duhamel a bien figuré un Œillet à fleur répétée, mais la fleur surnuméraire n'est qu'imparfaitement formée (3).

Hill a aussi figuré un Œillet (*Supream carnation*) avec 1 fleur parfaitement répétée qui surmontait la fleur normale (4).

3° Le genre *Anemone* fournit aussi des fleurs à répétition médiane de fleurs. Ainsi, l'*Anemone coronaria* a présenté à M. Viala de Castelnaudary une fleur à répétition médiane que M. Moquin a citée dans sa *Tératologie végétale* (5). La fleur supérieure, portée sur un long pédoncule, se trouvait à une assez grande distance de la fleur normale. M. Hill a aussi figuré (*loc. cit.*, tab. 3) une Anémone double (*Imperial Anemone*) offrant une répétition analogue.

Un exemple fort curieux de répétition incomplète a été trouvé sur l'*Anemone ranunculoïdes* et figuré par M. Engelmann (6). L'axe porte une collerette de 4 feuilles à 3 digitations, sur laquelle est posé un seul verticille sépaloïde ayant une division virescente. Ce verticille paraît traversé par un pédoncule assez long et terminé par une fleur ordinaire. Comme la fleur des *Anemone* est sans corolle, on peut voir dans ce fait : 1° ou une fleur sans étamines et sans carpelles, surmontée d'une seconde fleur normale ; 2° ou bien une simple répétition du verticille calicinal, avec développement anormal du mérithalle, qui sépare les deux verticilles de sépales.

---

(1) *The origin and production of proliferous flowers*, etc., tabl. 1 et 2.
(2) *Sched. de Monst. Plant.*, Act. Helvet., t. II, p. 6, tabl. 2, *fig.* 17.
(3) *Phys. arbres*, fig. 307.
(4) *Loc. cit.*, tabl. 6.
(5) P. 369.
(6) *De Antholysi prod.*, tabl. 1, *fig.* 2.

4° Tournefort et Linné ont cité la fleur des *Geum*, du milieu de laquelle s'élève une ou plusieurs fleurs, et Hill (1) a figuré celle d'un *Geum* (*Pyreneam Geum*) ayant 3 fleurs superposées et parfaitement distinctes.

5° Ce sont les Roses surtout qui présentent fréquemment des répétitions de leur fleur. Linné cite un *Rosa rubra prolifera*. Bonnet a donné un dessin d'une Rose commune, du centre de laquelle part une tige carrée qui porte à son sommet 2 boutons-fleurs presque opposés, sans calice. Entre ces boutons et la fleur se trouve un seul pétale irrégulier. Toutes les étamines de la fleur normale sont transformées en pétales (2). Thomas Hopkirk a aussi figuré une Rose prolifère analogue à la précédente (3).

De Candolle a très-bien décrit et figuré (4) un exemple de Rose prolifère, dans lequel le calice est transformé en feuilles et n'adhère point à l'ovaire. Les pétales et les étamines, devenues pétaloïdes, en font une Rose à peu près semi-double. L'axe se prolonge au milieu de la fleur (*fig.* 3) et porte une seconde fleur dans laquelle on constate la présence d'étamines et d'ovules avortés. Entre la première fleur et la seconde, on voit, le long de l'axe, quelques pétales qui ne sont très-vraisemblablement que des étamines transformées.

Quelquefois, cette seconde fleur se trouve surmontée d'une troisième plus petite et souvent plus imparfaite. John Hill en a figuré un joli exemple de celle que les Anglais ont qualifié du nom de *Sovereign Rose*. Les journaux allemands ont aussi indiqué une Rose à cent feuilles, du centre de laquelle s'étageaient deux autres roses superposées et surmontées d'une infrondescence (5).

M. Engelmann a également figuré et décrit plusieurs exemples de Roses prolifères. Dans l'une de ces anomalies, les sépales sont transformées en feuilles composées ou en pétales, et l'une d'elles participe évidemment de la nature des unes et des autres. Un axe spinescent surmonte cet assemblage de parties et se termine par

---

(1) *Loc. cit.*, tabl. 4.
(2) *Rech. usag. feuilles*, pl. XXV, *fig.* 2.
(3) *Flora anomala*, pl. IX, *fig.* 1.
(4) *Org. vég.*, pl. XXXIII, *fig.* 1, 2 et 3, p. 275.
(5) *Journ. des savants*, 1670.

un bouquet de pièces sépaloïdes ou de pétales virescents, du milieu desquels sort une petite touffe de feuilles vertes et plus ou moins incisées (1). Plusieurs autres exemples de Roses prolifères ont été signalés par Hottinger (2), Marchant (3), Preussius (4), Schuster (5), Spadoni (6), Turpin (7), etc. Dans ces Roses y a-t-il toujours répétitions médianes? Dans le doute, nous avons dû les ranger ici.

Toutes ces Roses conduisent aux variétés prolifères du *Rosa centifolia*, dont deux sont bien connues sous les noms de Rosier prolifère ou Rosier folié (*Rosa centifolia foliacea*) et de Rosier mousseux prolifère (*Rosa centifolia muscosa alba*). Dans ces variétés, les fleurs, le plus souvent solitaires à l'extrémité des rameaux, portent communément au milieu de leurs nombreux pétales le rudiment d'une seconde Rose, laquelle s'épanouit à son tour et donne quelquefois une troisième Rose, elle-même prolifère. Il y a donc ainsi 3 et 4 fleurs répétées et superposées (8). Tout l'appareil floral subit cette exagération d'accroissement, car les divisions calicinales se prolongent très-souvent en autant de feuilles incisées et assez semblables aux feuilles ordinaires.

Certaines fleurs cultivées, par cela même qu'elles sont mieux nourries, sont sujettes à des excès d'exastosie (circulaire, centripète et transversale) qui déterminent chez elles des multiplications, parmi lesquelles se trouvent quelquefois les excès d'exastosie qui font les fleurs prolifères. Aussi voyons-nous cette répétition se reproduire dans l'*Anemone hortensis*, dans le *Ranunculus asiaticus* (Hill), dans le *Caltha palustris*, dans le *Ranunculus acris* (Jæger).

6° Nous-même en avons observé des exemples dans l'*Althœa rosea* et un seul dans le *Kerria japonica*. Dans le premier cas, les carpelles circulaires s'étaient parfaitement développés, et l'axe était continué par un pédicelle court qui, traversant le gynécée,

<hr>

(1) *De Antholysi prod.*, tabl. 3, *fig.* 3.
(2) *Ephem. nat. cur.*, déc. 3, ann. 9 et 10, p. 249.
(3) *Mém. Acad. scienc.*, Paris, 1707, p. 488.
(4) *Ephem. cur. nat.*, cent. 7 et 8; App., p. 83.
(5) *Act. Acad. cur. nat.*, t. VI, p. 185.
(6) *Mém. Soc. ital.*, t. V, p. 488.
(7) *Atlas de Goëthe*, pl. 3.
(8) A. de Chesnel, *la Rose chez les différents peuples anciens et modernes*, édit. 2, p. 93 et 94.

s'unissait au pédoncule, et qui portait un bouton de fleur ; la nouvelle fleur était formée par un calice simple, des pétales assez nombreux, des étamines et comme des vestiges d'ovaires, *fig.* 87. Dans le *Kerria*, la répétition était indiquée par un petit axe surmontant la fleur et portant une autre fleur en miniature, mais très-bien conformée, avec calice et pétales nombreux seulement.

7° Enfin, nous pouvons rapporter ici les exemples fréquents de *Paonia moutan*, dans lesquels nous avons observé successivement, en allant de la circonférence au centre, d'abord le calice, puis un cercle de pétales nombreux, suivi d'un cercle d'étamines abondantes. Ces étamines étaient suivies intérieurement par un cercle de pétales, après lesquels se trouvaient une rangée circulaire d'étamines. Cette superposition était elle-même continuée par un troisième cercle de pétales et un troisième cercle d'étamines. Enfin, tout au centre, les carpelles, ainsi que l'indique le diagramme représenté *fig.* 88. Dans un cas spécial, l'intérieur du gynécée a offert quelques pièces pétaloïdes, entremêlées de quelques étamines mal développées. Dans cette espèce, la fleur est dans un état *exagéré* d'exastosie en excès, car les carpelles euxmêmes s'élèvent quelquefois jusqu'au nombre 20 (p. 258).

8° On doit à M. Duchartre une observation de ce genre qu'il a observée dans une Primulacée ; c'est une fleur microscopique qui s'était formée au sommet du placenta central.

9° Une prolification très-curieuse, à notre avis, est celle qu'a observée M. Clos sur un *Papaver :* du fond de l'ovaire naissaient des fleurs qui ont offert cela de particulier que des folioles se transformaient peu à peu en pistils isolés ; sur le milieu de la face interne de cet ovaire, et longitudinalement, il s'était produit une excroissance fongueuse et verticale, qui n'était autre que le placenta chargé de nombreux ovules (1).

10° On a encore observé des répétitions de fleurs dans la fleur chez les Crucifères, dont les parties florales sont d'une facile multiplication. C'est ce qui a fait dire à Jæger que la prolification pouvait être une conséquence de la métamorphose des organes sexuels en pétales ou, comme le dit Engelmann, des parties florales en organes foliacés. Ainsi, les *Hesperis*, les *Cheiranthus*,

(1) *Mém. acad. impér. sciences, de Toulouse,* 5ᵉ série, t. VI, p. 51-70.

les *Mathiola*, les *Barbarea*, qui doublent facilement, sont aussi les genres qui pourront plutôt offrir des répétitions de fleurs dans la fleur. Cependant, on cite les *Diplotaxis* et les *Brassica* comme susceptibles de présenter l'anomalie qui nous occupe. ‒

Ce qui prouve le mieux, selon nous, que tous ces phénomènes d'exastosie exagérée sont intimement liés avec des phénomènes de répétition de fleurs dans la fleur, c'est que toutes les répétitions que nous venons de faire connaître appartiennent aux fleurs polypétales et non aux fleurs monopétales. Or, nous savons déjà (p. 181) que les excès d'exastosie circulaire coïncident le plus souvent avec des excès d'exastosie centripète, et l'exastosie centripète conduit à l'exastosie transversale ; par conséquent, plus l'exastosie circulaire est prononcée (polypétales), plus il y a de chances pour que l'exastosie centripète se prononce (fleurs multiples) ; et l'exastosie transversale étant elle-même la conséquence de l'exastosie centripète, il ne doit plus sembler aussi étonnant de voir paraître des répétitions de fleurs dans la fleur, puisque ces répétitions sont elles-mêmes la conséquence des excès d'exastosie centripète et transversale.

B. *Répétitions latérales.*

M. Moquin-Tandon a distingué deux cas qui pourraient se rapporter aux répétitions latérales : ce sont les *Prolifications axillaires* et les *Prolifications latérales ;* mais comme les prolifications latérales de ce savant ne nous ont semblé être rien autre chose que des métamorphoses de fleurs en axes (inflorescences, phytonies ou infrondescence), ainsi que nous l'avons dit p. 394, nous ne saurions voir, d'après nos idées, aucune répétition latérale à l'égale de celles dont nous allons nous occuper.

1° Ainsi, si l'on veut étudier ces sortes de répétitions latérales, il suffit de fendre longitudinalement par le milieu plusieurs fleurs multiples de Roses trémières (*Althœa rosea*) pour voir disposés circulairement des petits groupes de pétales, au centre desquels on aperçoit un petit bouquet d'étamines ; quelquefois même on en aperçoit ainsi plusieurs superposées, et M. Engelmann en a donné deux bonnes figures, tab. 1, 6 et 7 (1).

(1) *De Antholysi prod.*

Dans une variété de couleur violacée qui se rapporte probablement à celle que les fleuristes nomment *Passe-Rose Arlequin*, nous avons reconnu que la fleur ne paraît réellement multiple que parce qu'elle est formée de plusieurs cercles superposés de petites fleurs parfaitement distinctes. Chacune d'elles étant constituée par une corolle simple ou double, au centre de laquelle s'élève une petite colonne androcéenne, nous avons compté jusqu'à 21 de ces petites fleurs latérales. C'était, dans son genre, une fleur composée qui n'avait qu'un seul calice à 6 divisions et un calicule pareillement à 6 divisions plutôt opposées qu'alternes. La *corolle générale* était double, triple ou quadruple, à disposition alterne, constituant une répétition de verticilles. Dans les petites fleurs à corolles doubles, nous avons reconnu que plusieurs les devaient à une diplasie centripète. La fleur composée était terminée par une petite fleur semblable aux autres et analogue à celle que nous avons représentée *fig.* 87. Il y avait donc Pl. XII. aussi *répétition médiane;* c'est que chaque phytogène circulaire avait produit latéralement une fleur latérale; que cette répétition s'était effectuée plusieurs fois, et que le phytogène central avait lui-même formé une fleur terminant l'axe principal.

Les fleurs multiples de l'*Hibiscus Syriaca* présentent aussi une répétition latérale de ses fleurs, mais nous ne les avons jamais rencontrées aussi nettement conformées que dans l'exemple qui précède.

2° Seringe a décrit et figuré (1) des fleurs d'*Arabis alpina*, dans lesquelles on voyait 2 pédoncules portant chacun une autre fleur. Seringe pensait que ces pédoncules n'étaient que des sépales transformés, opinion que combat M. Moquin, qui suppose qu'ils s'étaient développés à l'aisselle des sépales et avaient déterminé leur avortement : « Dans les fleurs du même pied non floripares, ajoute ce savant, les enveloppes florales et les organes sexuels se trouvaient dans un état de raccourcissement remarquable qui annonçait leur tendance à l'avortement complet. » Ces deux opinions nous paraissent toutes deux fort soutenables, car nous avons déjà vu et nous verrons bien mieux, plus tard, que ces sortes de transformations sont extrêmement probables.

____

(1) *Bull. bot.*, tabl. 11, *fig.* 7 et 8.

3° M. Moquin signale un fait de répétition latérale de fleurs dans la fleur qu'il a observée dans le *Gypsophila saxifraga*. Dans plusieurs fleurs demi-doubles, on voyait, dit-il, sortir d'un point, vers le centre, entre les pistils déformés et les étamines pétaliformes, deux petits boutons floraux portés par des pédicelles inégaux et divergents (1).

4° M. Engelmann a observé quelque chose d'analogue sur les fleurs du *Brassica oleracea*. Il a figuré des fleurs plus ou moins déformées, avec des feuilles calicinales persistantes, à l'aisselle desquelles se sont développés des bourgeons-fleurs paraissant parfaitement constitués (2).

Il est impossible de méconnaître ici un double phénomène, celui de la *répétition médiane* et de la *répétition latérale* des fleurs dans la fleur, lesquelles se trouvent encore assez fréquemment réunies. On remarque que dans la répétition latérale, c'est plutôt à la base interne des feuilles calicinales que se forment les bourgeons, quoiqu'ils puissent naître de l'aisselle de tous les éléments de l'appareil floral (Moq.-Tand.). Ainsi, à la base des folioles calicinales, on a cité le *Caltha palustris* (Spenner), le *Cardamine hirsuta* (D. C.), le *Rumex obtusifolius*, le *Medicago sativa*, le *Melilotus leucantha* (Schimper), le *Veronica chamœdrys*, le *Hyacinthus botryoides* (Braun), le *Gentiana campestris*, le *Cheiranthus cheiri* (Engelm.). A l'aisselle des pétales, on signale le *Tropæolum majus* (Jæger), l'*Erysimum cheiranthoides* (Courtois), le *Brassica Napus* (Schimper). On voit ces répétitions se produire plus rarement à l'aisselle des organes de la reproduction, particulièrement à l'aisselle des carpelles. Ainsi, Schimper a vu une pareille répétition se faisant à l'aisselle des étamines du *Brassica Napus*. Nous, au contraire, nous avons vu les 6 étamines être remplacées par 6 fleurs, et une répétition de fleurs à l'aisselle des carpelles s'est présentée dans le *Brassica oleracea* (Engelm.), et dans le *Dictamnus albus* (Eisenhardt).

5° Dans un *Diplotaxis tenuifolia*, Seringe a trouvé un autre mode de répétitions latérales de fleurs. Chez quelques fleurs, le calice, la corolle et l'androcée sont à peu près normaux; au con-

_____

(1) *Térat. végét.*, p. 374.
(2) *De Antholysi prod.*, tabl. 4, *fig.* 1 et 2, p. 40.

traire, le gynécée, longuement stipité, se trouve changé en 2 feuilles, à l'aisselle desquelles des boutons s'étaient développés. D'autres fleurs de la même plante présentent un calice et une corolle très-déformés, et à leur aisselle naissent des petits rameaux feuillés, à moitié transformés en fleurs, dont le gynécée stipité est transformé en 2 feuilles donnant à leur aisselle des petits rameaux bien constitués ; l'axe, d'ailleurs, se continue au milieu de la fleur, et, à son sommet, ainsi qu'à celui des rameaux, on trouve des fleurs très-déformées (*loc. cit.*, *fig.* 10, 11).

Nous regardons les répétitions latérales des fleurs dans la fleur comme résultant parfois du développement de l'un ou de plusieurs phytogènes circulaires, d'un phytogène central de la fleur, devenu protophytogène, et les exemples qui vont suivre nous paraissent de nature à confirmer ces idées.

6° M. Moquin-Tandon a décrit une Rose prolifère qui nous paraît être un des plus curieux types de cette transformation : c'est une Rose au milieu de laquelle s'étaient formées 7 petites Roses parfaitement conformées, développées les unes à l'*aisselle* des étamines, les autres à l'*aisselle* des pistils. La fleur inférieure présentait tous ses caractères normaux ; on remarquait seulement une légère atrophie dans les organes mâles et une disjonction incomplète dans les feuilles ovariennes. Une partie des pistils se montrait atrophiée ; une autre partie, au contraire, avait subi une dilatation (Moq.-Tand.). Malheureusement, l'auteur ne nous dit pas si le réceptacle ovarien avait modifié sa forme, comme cela arrive d'ordinaire, et c'eût été important pour éclairer la question des axes refoulés admis par quelques auteurs. En effet, l'urcéole ou réceptacle creux des *Rosa* nous paraît être analogue à celui de la Figue (p. 323) ; par conséquent, nous le regardons comme une cyclochorise formée par les phytogènes circulaires du protophytogène initial de la fleur, dans lequel le phytogène central avorte normalement ; mais s'il vient à se développer, il constitue alors une répétition médiane. Si donc c'est une fascie circulaire ou cyclochorise, l'*aisselle* dont il est question plus haut sera *au-dessus* des pistils, puisque chaque ovaire représente une feuille, et que toujours le bourgeon de la feuille s'est trouvé au-dessus de l'exsertion de cette feuille. Dans la théorie d'un *axe refoulé* que nous ne saurions admettre, du moins jusqu'à preuve certaine, l'*aisselle* en question devrait être *au-dessous* de la feuille carpellienne, comme le seraient des bourgeons sur un axe renversé. Quoi qu'il en soit, l'observation de M. Moquin a son importance, car elle appellera sans doute l'attention des savants sur cette question mportante de la science.

Nous devons à M. Engelmann la connaissance de plusieurs observations tératologiques qui se rattachent au sujet qui nous occupe. Cet auteur a décrit et figuré plusieurs monstruosités de Roses à répétition latérale (1). Dans la figure 2, le phytogène central a pris un commencement de développement qui a produit un réceptacle conique, arrondi au sommet, portant à son extrémité supérieure une touffe de pétales, dont quelques-uns sont virescents, et quelques étamines. A l'aisselle des sépales apparents, on aperçoit quelques étamines indiquant un centre vital commençant une répétition latérale. Le réceptacle est *largement évasé*. Dans la *fig.* 4, le phytogène central avorte et ne se montre plus que sous la forme d'une petite éminence, surmontée de un ou de plusieurs ovaires, dont un grand nombre tapisse la paroi interne du réceptacle, qui est assez *largement ouvert* au sommet. A l'aisselle des sépales visibles on voit encore un bouquet d'étamines indiquant un commencement de répétition latérale, et, de plus, le bord supérieur de l'urcéole paraît être terminé par un bouton; à gauche, ce bouton paraît être formé d'un calice *non ûrcéolé*, d'une corolle et d'un certain nombre d'étamines; à droite, il paraît n'être autre chose qu'une infrondescence. La *fig.* 5 représente un réceptacle chez lequel le phytogène central ne manifeste aucun commencement d'évolution; il est *largement évasé*, avec commencement de répétition latérale à l'aisselle des sépales, et à droite un bouton floral paraissant appartenir au bord supérieur de l'axe cyclochorisé, mais qui se serait fortement infléchi dans l'intérieur de la cyclochorise. La *fig.* 6 présente une anomalie plus compliquée en ce que, indépendamment des répétitions à l'aisselle des sépales apparents, indépendamment aussi de la répétition qui borde la cyclochorise à gauche, on voit, de ce même côté, et à l'opposé de la répétition axillaire calicinale, une *répétition interne* assez complète pour que l'on puisse y reconnaître un

____

(1) *De Antholysi prod.*, tabl. 3, *fig.* 2, 4, 5, 6 et 7.

calice, une corolle et un androcée. Enfin, la *fig.* 7 représente une *répétition latérale interne*, dont nous avons déjà parlé aux répétitions des phytonies, p. 370.

Nous avons vérifié plusieurs fois sur les Roses multiples des *Rosa centifolia* et *Gallica* les phénomènes annoncés par M. Engelmann, et ils n'ont véritablement rien d'exagéré, et parfois même nous avons rencontré ce phénomène combiné à la répétition médiane.

7° Plusieurs autres plantes de la famille des Rosacées sont capables de phénomènes semblables. Ainsi, nous avons sous les yeux plusieurs fleurs de *Kerria Japonica* dans lesquelles on reconnaît un phénomène analogue. L'une de ces fleurs, à répétitions latérales, présente au centre une petite touffe d'organes foliacés verts qui proviennent soit des carpelles, soit des étamines transformées; mais dans ces fleurs, le calice n'étant pas urcéolé comme dans les Roses, il se pourrait bien que la répétition fût exactement médiane.

Le *Rubus fructicosus*, variété à fleurs multiples roses, présente aussi parfois des phénomènes tout à fait semblables; mais dans tous ces exemples il est bien difficile d'assurer que la fleur latérale est ou n'est pas le résultat du développement d'un bourgeon axillaire.

8° Dans les anomalies qui précèdent, à l'exception peut-être du *Kerria*, nous avons réellement constaté une répétition latérale des fleurs dans la fleur, placées sur les côtés d'un axe plus ou moins raccourci, et ce phénomène est des plus naturels en admettant, si l'on veut, qu'il se développe un bourgeon à l'aisselle des pétales, des sépales ou des ovaires, et que les excès d'exastosie qui ont fait les fleurs multiples ont pu multiplier aussi les centres floraux. Mais dans les exemples qui vont suivre la fleur sera simple et nous n'allons plus trouver d'axes, et cependant la fleur ordinaire va produire plusieurs fleurs à l'intérieur. Ainsi dans le *Nolana prostrata*, nous avons trouvé une fleur simple réduite à un calice bien constitué; dans l'intérieur de ce calice, on voyait s'élever 3 fleurs égales disposées en triangle et toutes 3 parfaitement semblables sous tous les rapports aux autres fleurs (1), et constituant une cyclochorise triplasique (p. 316).

(1) *Monog. du tabac*, p. 127.

9° Une fleur du *Nicotiana rustica* a été tout à fait dans le même cas; c'est-à-dire qu'au fond d'un simple calice commun à 5 divisions, nous avons rencontré 5 fleurs complètes tout à fait normales (1).

10° Les exemples que nous a fournis le *Brassica Napus* sont plus remarquables, en ce que l'anomalie frappait un certain nombre de fleurs de l'inflorescence. La fleur portait un calice et une corolle naturels; la silique était déformée comme la plupart des siliques des autres fleurs; mais ce qu'il y avait de plus remarquable, c'est que les 6 étamines manquaient, et qu'à leur place il s'était développé six fleurs complétement jaunes portant, elles, des étamines parfaitement tétradynames et une silique normale (2).

11° Chez le *Lythrum Salicaria*, nous avons observé un phénomène assez analogue. La fleur était constituée d'un calice à 6 sépales, d'une corolle à 6 pétales; pas d'étamines; mais à leur place il y avait 6 fleurs complètes : le gynécée manquait absolument. (*Monog. Tab.*, loc. cit.)

12° C'est à un ordre de faits semblables que nous croyons devoir rapporter la monstruosité de Rose observée dans le jardin botanique de Genève par M. Choisy (3). Dans cette Rose, à la place des étamines et sur le bord interne de la cyclochorise ou réceptacle, il s'était développé un verticille de boutons floraux irrégulièrement conformés, mais néanmoins faciles à reconnaître.

Dans les 4 derniers exemples, il est évident que le phytogène central ayant avorté à un instant donné, les phytogènes circulaires ont seuls pu se développer de manière à former des fleurs; mais, comme dans les cas précédents (1° — 8°), ces fleurs provenant des phytogènes circulaires, elles doivent tout aussi bien être regardées comme des répétitions latérales. Il n'y a que le cas du *Nolana prostrata* qui nous semble appartenir à l'ordre de phénomènes que nous avons décrit (p. 314) sous le nom de cyclochorise triplasique, et dont nous avons donné le mode de formation phytogénique.

(1) *Loc. cit.*
(2) *Comptes rend. Acad. sciences,* octobre 1851.
(3) Swert, *Florileg. nov.,* pl. XCVIII, *fig.* 3.

SECTION III. — RÉPÉTITION DES INFRONDESCENCES.

Sous cette dénomination, nous désignons le phénomène en vertu duquel une branche (axe et feuilles *seulement*) se développe, soit à la place d'un axe floral ou d'une fleur, soit au centre d'une fleur plus ou moins développée ou d'une inflorescence, et qui semble la traverser de la base au sommet. Le premier de ces états a été fort peu étudié ; on pourrait le nommer : *Répétition des infrondescences par métamorphose des inflorescences ou des fleurs ;* le second, *Répétition des infrondescences après la floraison* ou *dans la fleur même.*

Théoriquement, on pourrait dire que toute infrondescence devant se terminer par une inflorescence, il est inutile de répéter ce que nous avons déjà dit concernant les répétitions de phytonies ; et en effet, nous serons de cette façon dispensé d'entrer dans des détails aussi nombreux que nous l'avons fait pour les répétitions des phytonies, auxquelles d'ailleurs nous renvoyons. Cependant, il est des phénomènes tellement connus de répétitions d'infrondescences qui ne se terminent jamais par des inflorescences, ou du moins que beaucoup plus tard (*Bromelia ananas*), que nous avons cru devoir lés classer à part.

Les répétitions d'infrondescences peuvent se présenter sous plusieurs formes, savoir :

1° Terminant une inflorescence ;

2° Remplaçant une phytonie, une inflorescence partielle, ou une fleur de l'inflorescence ;

3° Dans une fleur épanouie ;

4° Sur des feuilles ordinaires.

§ 1. — *Répétition des infrondescences au sommet de l'inflorescence.*

Les inflorescences sont généralement regardées comme terminales relativement aux infrondescences, et il est rare en effet que cette dernière se produise à l'extrémité d'un axe floral. Cependant il existe quelques exemples tératologiques rares, dans lesquels on a pu observer un développement anormal de feuilles à l'extrémité d'un épi, d'un chaton ou d'un cône.

1° Ainsi, en 1860, nous avons récolté, dans les environs de Plombières, un épi de *Plantago lanceolata* terminé par une touffe de petites feuilles lancéolées et tout à fait semblables à celles de la rosette radicale ; mais ce cas avait été déjà observé par M. Kirschleger (*Bull. soc. bot. France*, t. II, p. 723) et par quelques autres botanistes.

Le *Plantago major* nous a offert cette année (1862) une anomalie semblable : l'extrémité de l'épi était terminée par une petite rosette de feuilles. Nous l'avions observée dans le parc de M. Dinaux, et nous l'avions laissée sur pied pour observer les phénomènes ultérieurs de sa croissance. Malheureusement, huit jours après, la plante avait été broutée ou fauchée, et il ne restait plus que la base des feuilles de la rosette radicale.

2° Un fruit du *Morus nigra*, qui n'est autre chose que l'agrégation de plusieurs ovaires provenant de plusieurs fleurs femelles (*Sorose*, Mirb.), est une inflorescence en chaton. Un de ces fruits, arrivé à maturité, présentait à son extrémité supérieure 3 petites feuilles oblongues, dentées et portées sur de petits pétioles ;

3° M. Kirschleger a aussi observé une répétition d'infrondescence au sommet de l'inflorescence du *Cheiranthus cheiri*, laquelle était terminée par une rosette de feuilles semblables à celles de l'axe. Ces rosettes se sont allongées, et à l'aisselle de leurs feuilles sont nés des rameaux, et plus haut des fleurs normales ; seulement les sépales avaient pris une forme foliacée. Le *Poa bulbosa* et autres graminées vivipares présentent d'ordinaire un phénomène tout à fait analogue ;

4° Le Mélèze (*Larix europœa*) présente quelquefois des cônes qui sont terminés par une infrondescence. Reygnier et De Candolle en ont figuré qui sont réellement continués par un axe qui semble les avoir traversé (1). M. Moquin dit qu'il en a trouvé une douzaine de pareils sur un Mélèze malade du jardin des plantes de Toulouse (2).

Dans un cône du *Glyptostrobus heterophyllus*, nous trouvons un phénomène non moins remarquable : à l'aisselle d'une des écailles d'un cône primaire, s'est développé un autre petit cône qui est traversé par un axe se terminant, au sommet, par une in-

---

(1) *Journ. de phys.*, t. XXVI, pl. 1. — *Organ. vég.*, pl. 36, fig. 3.
(2) *Élém. térat. vég.*, p. 283.

frondescence; c'est à la fois une *répétition latérale d'inflorescence* et une *répétition médiane d'infrondescence au sommet d'une inflorescence.*

Nous avons sous les yeux des cônes d'*Abies alba*, où le phénomène se montre de la manière la plus remarquable, en ce que l'on peut aisément suivre les progrès de la transformation des feuilles en écailles des cônes. En effet : 1° dans un exemplaire, nous trouvons un cône parfait à écailles normales sur la plus grande partie de sa circonférence; mais dans le reste de la circonférence, sur toute la longueur du fruit, on voit que les feuilles sont restées à l'état normal et se continuent avec l'axe infrondescent qui surmonte le cône ; 2° dans un autre exemple, nous trouvons un cône complet traversé par un axe infrondescent à écailles normales; 3° dans celui-ci, nous voyons un cône complet traversé par une infrondescence; mais les écailles sont toutes terminées par une feuille assez peu réduite, mais d'une couleur rousse comme l'écaille elle-même; 4° dans cet autre, la moitié de l'axe a formé des écailles rousses disposées en un demi-cône, tandis que l'autre moitié de l'axe se continue de couleur et de forme avec l'infrondescence qui surmonte le demi-cône; 5° ici, le cône est constitué par un assemblage de feuilles un peu épaissies à leur base et d'une couleur rousse tranchant avec la couleur verte des autres feuilles, ce qui fait distinguer facilement ce premier état de transformation des feuilles en écailles. En étudiant avec soin les cônes de l'*Abies excelsa*, on pourrait faire de semblables observations; car nous avons sous les yeux un axe qui est moitié cône et moitié feuilles (ce phénomène est très-fréquent), se continuant supérieurement par une infrondescence. Il est probable que l'appendice membraneux en forme de stipule que l'écaille porte sur son dos, selon Gaertner, n'est autre que le vestige de la feuille qui se retrouve, du reste, au dos des écailles de plusieurs autres *Abies.*

5° Quoi qu'il en soit, il est remarquable que ces répétitions d'infrondescences anomales au sommet de l'inflorescence trouvent un état ordinaire dans la couronne de l'ananas (*Bromelia ananas*), qui est tout à fait l'analogue des exemples que nous venons de citer. En effet, quoi qu'en ait écrit un auteur moderne, la couronne ne provient point de la transformation du style en organe foliacé ; car les fleurs sont certainement disposées en épi très-dense, et c'est au sommet de cet épi que se fait la répétition de l'infrondescence. C'est le dernier phytogène central qui, par nourriture suffisante, s'est transformé d'abord en protophytogène, et par suite en infrondescence ;

6° Quelques *Metrosideros* aux dépens desquels Rob. Brown a fait le genre *Callistemon*, particulièrement les *C. lineare* et *lanceolatum*, peuvent donner des exemples analogues aux précédents. Ces espèces présentent des fleurs qui sont disposées en épis denses et cylindriques au sommet des rameaux ; mais, le plus souvent, ces épis sont surmontés par une touffe de feuilles tout à fait analogue à celle de l'ananas, et qui continuent à croître de façon à donner plus tard d'autres inflorescences ;

7° Mais sous ce rapport, les *Eucomis*, en particulier l'*Eucomis regia*, présentent une répétition d'infrondescence remarquable. Sa hampe, qui n'a pas moins de 20 à 35 centimètres de hauteur, porte une quantité considérable de fleurs disposées en épi, lequel est terminé par une touffe de feuilles quelquefois assez distantes pour simuler un rameau court.

8° La couronne impériale peut être regardée comme une inflorescence en couronne, surmontée d'une infrondescence. On a vu quelquefois cette infrondescence être assez allongée, et comme étagée ou interrompue, et dans ce cas, donner lieu à une nouvelle couronne de fleurs surmontée d'une petite touffe de feuilles. Il y a là non-seulement répétition double d'infrondescence au sommet de l'inflorescence, mais encore répétition d'inflorescence.

Peut être convient-il de rapprocher de ce phénomène celui qui fait que l'épi du *Lavendula stœchas* se trouve couronné par un petit faisceau de bractées colorées.

9° Les *Diosma* offrent quelquefois des inflorescences qui, à deux points de vue différents, présentent des phénomènes semblables. 1° Dans quelques espèces, les fleurs sont réunies en petits capitules ombelliformes, dont plusieurs se réunissent en une sorte de corymbe. Bien souvent ces corymbes sont traversés par un ou plusieurs axes qui les surmontent et continuent ainsi l'axe porteur des petits capitules ; 2° d'autres fois, c'est le capitule lui-même qui est traversé par une petite tige surmontant l'inflorescence, de sorte que celle-ci n'est réellement pas terminale.

Cette répétition d'infrondescence au sommet d'une inflorescence qui se présente parfois dans les *Diosma barbigera, hirta, ciliata*, est presque habituelle dans le *Diosma capitata*.

10° Le *Cryptomeria japonica* Don., porte à l'extrémité de ses rameaux et à l'aisselle de feuilles très-réduites, des chatons mâles, ovales, obtus, glabres, et rassemblés plusieurs ensemble en épis terminaux. Il n'est pas absolument rare de rencontrer de ces inflorescences qui se terminent par une infrondescence capable, l'année suivante, de donner une autre inflorescence. Or cette exception devient la règle dans un grand nombre de *Pinus*, tels, par exemple, que les *Pinus sylvestris, Brucia, Laricio*, surtout dans ses variétés : *Calabrica, Caramanica, Austriaca*, etc. Dans ces espèces ou variétés, en effet, les fleurs mâles sont disposées en petits chatons ovoïdes, réunis plusieurs en une grappe pyramidale et terminale; mais au sommet de cette grappe se développe un bourgeon qui produit une infrondescence capable de donner à son tour une nouvelle inflorescence. Nous avons vu cette répétition se reproduire quatre fois sur le *Pinus Laricio caramanica* Spach, et il n'est pas impossible qu'elle se reproduise un bien plus grand nombre de fois encore.

11° On rencontre quelquefois un phénomène analogue dans les *Equisetum*. En effet, M. Cosson a fait connaître à la Société botanique de France une forme remarquable de l'*Equisetum palustre*, dont l'épi était apiculé-mucroné comme l'est celui de l'*E. hiemale* (1). Selon M. Duval-Jouve, l'épi terminal de quelques espèces de ce genre, au lieu de se conformer en sporange, se transforme en un verticille foliaire constituant une petite gaîne lobulée qui s'élève au-dessus de l'épi. On a donné le nom de *Comosum* à cette forme anomale, qui paraît être assez fréquente sur les épis qui terminent les rameaux allongés des *Equisetum arvense* et *Telmateya (forma scrotina polystachya)*. Quelquefois les sporanges sont rudimentaires, à peine reconnaissables, et l'extrémité de l'axe, au lieu de s'étaler en un *clypéole* terminal au-dessus d'eux, s'est allongé en pointe centrale ou *acumen*. Cet acumen se rencontre fréquemment sur l'*Equisetum palustre*, et plus rarement sur les *E. arvense, pratense*, et *Sylvaticum* (2). M. J. Milde mentionne

(1) *Bull. soc. bot. Fr.*, t. VIII, p. 297.
(2) *Ibid.*

aussi la présence exceptionnelle d'un acumen sur les épis des *E. Sylvaticum* et sur ceux de l'*E. palustre* (1). Il est très-probable que l'acumen des Prêles n'est autre qu'une infrondescence avortée.

12° Enfin, nous croyons pouvoir rapporter à cette série de phénomènes ceux que nous avons plusieurs fois observé sur les *Utricularia minor* et *intermedia*. Les pédoncules chargés de 2, 3 ou 4 fleurs, sont parfois terminés par une sorte de bourgeon globuleux, oblong, de la grosseur d'un pois, et formés d'écailles vert foncé : rudiments d'une infrondescence.

MM. Crouan frères, pharmaciens à Brest, ont pareillement vu l'*Utricularia minor* donner des hampes florales qui, après avoir mûri leurs graines, ont persisté quelque temps, se sont ensuite décolorées, et sont devenues tout à fait blanches. Il n'y a eu que leurs sommités très-enroulées qui soient restées d'un très-beau vert foncé, simulant une sorte de bourgeon. Or, par la décomposition de la plante, ces espèces de bourgeons se détachent et tombent au fond de l'eau où, après avoir passé l'automne et l'hiver, ils commencent à végéter sous l'influence de la chaleur et de la lumière. Ces observations ont conduit leurs auteurs à croire que le mode prédominant de reproduction de cette plante a lieu par les bourgeons (2), opinion puissamment appuyée par cette remarque de M. Cosson : qu'aux environs de Paris, l'*Utricularia vulgaris* remplit certaines mares où la plante ne fleurit pas, et que, dans les marais de Malesherbes, l'*Utricularia intermedia* n'est pas rare, mais qu'il n'a pu y recueillir d'échantillons florifères. Nous ferons observer, toutefois, que le phénomène indiqué par M. Cosson est tout autre que celui que nous avons décrit plus haut. Dans le premier cas, nous avons une répétition d'infrondescence au sommet d'une inflorescence, et une reproduction analogue à celle de l'Ananas par sa couronne ; ici nous n'avons plus qu'un phénomène ordinaire : une reproduction analogue à celle que l'on obtient, soit à l'aide du bouturage, soit au moyen des bulbilles.

(1) *Die gefæss-cryptogamen in Schlesien,* in *Nov. act. naturæ curiosorum,* t. XXVI, part. ii, p. 434 et 462.

(2) *Bull. soc. bot. Fr.,* t. V, p. 27.

§ 2. — *Répétition des infrondescences par métamorphose ou des phytonies ou des inflorescences ou des fleurs des inflorescences.*

Ce phénomène qui, jusqu'à ce jour, a été fort peu étudié, et qui pourtant nous a paru extrêmement important au point de vue de notre théorie phytogénique, se rencontre très-fréquemment dans toutes les inflorescences un peu composées. Pour les observateurs moins intéressés que nous à les étudier, ils ne constituent pas une anomalie, car rien n'indique une transformation quelconque ; mais pour nous, qui suivons graduellement ces transformations, nous ne pouvons nous empêcher de les considérer comme tels, bien qu'ainsi l'on soit conduit à considérer tous les phénomènes de la végétation comme des anomalies. Et en effet, les uns ne sont pas moins surprenants que les autres.

PHYTONIES. Nous avons sous les yeux une tige de *Jasminum officinale,* terminée par une inflorescence de 5 fleurs dont 4 verticillées, et la cinquième centrale. Au-dessous de cette inflorescence se trouve, d'un côté, une phytonie composée d'une infrondescence de 4 paires opposées de feuilles et de 3 fleurs terminales ; de l'autre côté, et opposée à la phytonie, on voit une simple infrondescence composée de 6 paires opposées de feuilles et d'un bourgeon terminal indiquant une continuation de cette infrondescence, et nullement la tendance prochaine à une inflorescence. Il y a donc, si l'on veut, répétition d'infrondescence par métamorphose d'une phytonie ; car cette infrondescence eût dû former une phytonie comme son opposée.

En faisant quelques recherches sur les inflorescences générales des *Lythrum,* des *Hypericum,* etc., dont les inflorescences partielles sont bien opposées, on arriverait à constater la présence de phénomènes analogues, et il nous semble inutile d'insister sur ce point, tant ces métamorphoses nous paraissent naturelles.

INFLORESCENCES PARTIELLES. 1o Pour bien comprendre le phénomène dont il s'agit, il suffit d'observer ce qui s'est passé dans la formation d'un thyrse de Lilas ou de Troène. En effet, si l'on commence l'analyse de cette inflorescence par le haut, on trouve d'abord une seule fleur terminant l'axe principal ; puis 2 autres fleurs, le plus souvent opposées ; puis, au-dessous, 2 ou 3 autres fleurs composant des inflorescences partielles qui ont le même mode de formation. Ensuite, et toujours en descendant, on reconnaît des inflorescences partielles de plus en plus composées, suivant le principe que nous avons fait connaître p. 394. Or, souvent à la base, on observe ce fait assez commun, mais dont, généralement, on n'a pas encore assez apprécié la valeur : c'est que dans le Lilas, surtout, *le rameau floral inférieur est* quelquefois *en opposition avec une infrondescence*, laquelle ne fleurit pas d'ordinaire, au moins la première année. Nous avons sous les yeux une panicule de *Syringa persica*, constituée de la manière suivante : au bas de toute l'inflorescence, 2 petits thyrses opposés; au-dessus, 2 thyrses avortés et opposés ; un peu plus haut, deux petits thyrses bien développés et bien conformés, opposés; au-dessus, *une infrondescence* (sans fleurs) *opposée à un petit thyrse bien conformé;* enfin, au-dessus, un thyrse plus grand, composé d'inflorescences partielles opposées 2 à 2, et en croix, les uns par rapport aux autres, comme toutes les autres parties de l'inflorescence générale.

2° Si nous analysons l'inflorescence du *Paulownia imperialis*, ou de l'*Æsculus Hippocastanum*, nous trouvons sa panicule pyramidale formée d'inflorescences partielles ou axes secondaires opposées, décussées, et de plus en plus composées à mesure que l'on s'approche de la base ; or, immédiatement après l'inflorescence de la base, on trouve deux axes infrondescents en croix avec les 2 dernières inflorescences partielles : si l'influence *florifiante* se fût prononcée un peu plus tôt, ces deux infrondescences se fussent certainement transformées en inflorescences ; ou réciproquement, si l'influence *foliifiante* se fût prononcée un peu plus haut, les 2 dernières inflorescences eussent pu se transformer en infrondescence. La preuve se trouve dans les panicules chez lesquelles les inflorescences partielles se sont répétées plus ou moins. Dans cet exemple, les phénomènes sont tout à fait normaux.

3° En considérant un certain nombre d'inflorescences du *Lippia citriodora* Kunt, on voit à l'aisselle des feuilles verticillées par 2, 3 ou 4, une inflorescence spiciforme, ou quelquefois 2 superposées. Ces inflorescences peuvent quelquefois se transformer en infrondescences, offrant, par rapport aux autres inflorescences des positions variables.

4° A l'aisselle des feuilles du *Dioscorea Batatas,* on trouve d'ordinaire 2 inflorescences spiciformes et latérales ; mais parfois on rencontre l'un de ces épis qui s'est transformé en infrondescence.

5° On pourrait encore observer la même chose sur les inflorescences en cymes corymbiformes des *Sambucus* et des *Cornus,* chez lesquels on voit souvent une infrondescence se transformer en inflorescence accidentelle et augmenter ainsi le nombre des inflorescences partielles (p. 396).

6° Dans la Vigne, il est facile de reconnaître la métamorphose *complète* d'une inflorescence en infrondescence. En effet, la vrille opposée à la feuille est un organe axile que, jusqu'à ce jour, les botanistes ont regardé, avec raison, comme une inflorescence avortée, puisque les inflorescences ou thyrses sont pareillement oppositifoliées. Donc, la vrille est l'analogue d'une inflorescence ; mais bien souvent cette vrille, mieux nourrie que d'habitude, se développe en un axe chargé de feuilles ou infrondescence donnant lieu à une fausse chorise diplasique (p. 288) ; par conséquent, il est vrai de dire que l'*inflorescence de la vigne se métamorphose parfois en infrondescence.* D'ailleurs, les inflorescences se comportent, dans quelques cas, absolument comme les thyrses du Lilas, puisque, à la base du thyrse de la Vigne, on trouve souvent une longue vrille opposée à une inflorescence partielle, et nous venons de voir que cette vrille pouvait se transformer en infrondescence : ce qu'au reste, nous avons observé plusieurs fois.

Les inflorescences de certaines Ombellifères ont présenté des faits analogues au précédent. Mais pour se rendre bien compte de l'identité du phènomène, il est bon de bien interpréter la composition d'une *ombelle.* On sait que l'*ombelle simple* ou *sertule* (*Allium, Butomus, Primula,* etc.) est un assemblage de plusieurs fleurs qui partent toutes à peu près d'un même plan, ou du moins d'une surface légèrement sphérique ou conique, que l'on peut appeler réceptacle, d'autant que souvent ce plan est entouré de bractées (collerette ou involucre). Pour se faire une idée de la constitution de cette inflorescence, il faut concevoir un axe *primaire* ou médian, portant une certaine quantité de fleurs longuement pédicellées opposées, verticillées ou même hélicoïdées, et constituant alors un *épi lâche* (p. 393) ; par conséquent, chaque fleur sera attachée directement à l'axe primaire ; mais entre chaque paire ou verticille de fleurs, et même entre chaque fleur, il existera un entre-nœud ou un mérithalle plus ou moins long. Si, par la pensée, on vient à supposer l'axe primaire complétement contracté, c'est-à-dire supprimé par défaut de développement, quoique les fleurs et leurs pédicelles aient conservé leur développement normal, on aura constitué le sertule. *L'ombelle simple est donc un épi lâche, moins l'axe primaire.*

Si, maintenant, on suppose réunis un certain nombre de ces épis opposés, verticillés, ou hélicoïdalement disposés autour d'un axe primaire, alors les axes primaires de ces épis deviendront des axes secondaires, et l'on aura une *grappe lâche* (p. 394). En supposant tous ces axes secondaires supprimés, moins le premier mérithalle, tous les axes tertiaires subsistant, on aura constitué des sertules plus petits réunis en tête et formant alors une ombelle composée. *L'ombelle composée est donc une grappe lâche dont l'axe primaire entier et les axes secondaires,* moins le premier mérithalle, *ont été supprimés par avortement ou défaut de développement.*

D'après notre théorie phytogénique, un protophytogène étant donné A, *fig.* 78, les phytogènes circulaires, d'après ce que nous avons dit, servent à faire les bractées. Le phytogène central, en s'allongeant et devenant protophytogène à son tour (p. 392), forme d'autres centres vitaux représentés par les phytogènes ponctués ou numérotés, 1, 1′ et 2, 2′. Mais au lieu de s'élever tous ensemble, ils se détachent les uns des autres à des hauteurs différentes pour former l'épi théorique, *fig.* 78, A B. Dans ce cas, les éléments organiques de l'infrondescence formés par les phytogènes circulaires se déplacent aussi pour accompagner les fleurs qui se forment à leur aisselle. Mais si l'on supprime l'axe A B, tous les axes secondaires, a s, tombent respectivement sur les petits phytogènes du phytogène central, et constituent une nouvelle disposition représentée *fig.* 77, qui n'est autre que l'ombelle simple. Alors tous les éléments de l'organisme de l'infrondescence se trouvent circulairement disposés, de façon à faire un involucre (1).

(1) Dans notre *Phylogénie* nous discuterons la question de savoir quels sont,

Si maintenant on suppose que chacun des phytogènes, B, *fig.* 77, qui, dans l'ombelle simple, a formé une fleur, vient à se composer comme l'a fait le phytogène A, on aura une inflorescence partielle tout à fait semblable à la première. Nous verrons que c'est une répétition d'appareil de la reproduction ; mais c'est cette répétition qui constitue véritablement l'inflorescence des ombellifères, c'est-à-dire l'ombelle composée. Ajoutons qu'il se produit en même temps une sorte de sphærochorise qui fait que les fleurs du sertule ou les inflorescences partielles de l'ombelle composée sont beaucoup plus nombreuses qu'elles ne devraient l'être. (Voir p. 330 et *fig.* 68 et 69.)

Ceci compris, puisque, ainsi que nous l'avons vu, l'on trouve des inflorescences opposées à des infrondescences, comme le seraient 1 et 1′, *fig.* 78, on doit concevoir que dans un sertule ou dans une ombelle composée on trouve parfois des fleurs ou des inflorescences partielles transformées en infrondescence, et c'est en effet ce qui a lieu.

7° Ainsi les ombellifères présentent quelquefois des ombelles offrant des infrondescences parmi les inflorescences partielles. Dans le *Daucus carota*, nous avons observé 6 infrondescences entourant une inflorescence générale, et en dedans de la collerette générale, 3 de ces infrondescences étaient surmontées d'une inflorescence. Bien évidemment, ici, c'étaient 6 *inflorescences partielles qui avaient revêtu les caractères de l'infrondescence.*

M. Moquin dit qu'il possède un exemple tiré de l'herbier Poiret, de *Chœrophyllum temulum*, dont les fleurs sont entremêlées d'une quantité considérable de petits rameaux foliacés (1).

Le même phénomène nous a été offert par une ombelle d'*Angelica archangelica;* seulement il y avait à remarquer que ces infrondescences étaient plutôt extérieures, et que les plus intérieures étaient à la fois infrondescence et inflorescence, et constituaient par conséquent des phytonies. Plusieurs botanistes ont signalé des phénomènes très-analogues dans plusieurs autres

des phytogènes dont nous venons de parler ou des phytogènes des méats interphytogéniques, ceux qui concourent à la production de toutes les parties des inflorescences. Quant à présent, nous n'avons voulu donner qu'une idée de la formation de l'ombelle.

(1) *Élém. térat.,* p. 378.

genres de cette famille (*Heracleum*, *Œnanthe*), et nous-même en avons trouvé quelques cas sur le *Ligusticum levisticum*, le *Conium maculatum* et le *Peucedanum parisiense*.

8° Si nous appliquons à l'épi dense (p. 393) le raisonnement que nous venons de faire pour la transformation de la grappe en sertule, nous aurons une inflorescence bien connue sous le nom de *calathide* ou de *capitule* des Synanthérées et des Dipsacées. La calathide ou le capitule ne serait donc qu'*un épi dense, moins l'axe médian*. Or on conçoit que le phénomène qui s'est produit sur le sertule ou l'ombelle se reproduise encore dans la calathide, et en effet, M. Moquin indique les Scabieuses, les Soucis, les Camomilles, chez lesquelles on a observé des anomalies semblables aux précédentes.

Si les inflorescences se transforment en infrondescence, on conçoit, à plus forte raison, que les phytonies soient elles-mêmes capables de devenir uniquement infrondescences sans que nous ayons besoin d'en dire davantage à ce sujet.

FLEURS. Il n'est pas plus difficile de démontrer que les éléments de la fleur peuvent donner une infrondescence au lieu d'une fleur :

1° Si nous examinons quelques bouquets ou corymbes de fleurs de Poirier, nous trouvons à l'aisselle de chaque feuille bractéale du sommet une fleur simple ; mais souvent, à la base de cette inflorescence, *nous en trouvons une qui est en quelque sorte opposée à une infrondescence*.

2° L'inflorescence du Pommier se compose généralement de 6 à 7 fleurs qui, dans le jeune bouton, affectent la position que nous avons donnée à nos phytogènes circulaires, par rapport au phytogène central ; c'est-à-dire qu'il y en a 6 groupés autour d'un septième. Dans cet état, on peut considérer les fleurs comme verticillées. Or, bien souvent *on trouve une des 6 fleurs remplacée par une infrondescence*. Alors, autour du bouton central, on ne trouve que 5 fleurs, parce que le bouton de l'infrondescence qui ne prendra son évolution qu'un peu plus tard, tient la place d'une fleur.

3° La transformation de la fleur du Pêcher en infrondescence est plus remarquable encore. En effet, cet arbre présente très-souvent 3 bourgeons axillaires disposés latéralement les uns à côté des autres. Deux de ces bourgeons sont destinés à fournir des fleurs ; l'autre, à produire une branche, et d'ordinaire c'est celle du milieu. Voici alors ce que l'on observe : souvent c'est le *phytogène-fleur de droite qui fournit l'infrondescence ;* d'autrefois, c'est le *phytogène-fleur de gauche ;* tandis que le *phytogène-scion* se transforme en fleur centrale. Quelquefois les 2 *phytogènes-fleurs se développent en infrondescence* et font avorter le *phytogène-scion.* Enfin, quelquefois les 3 bourgeons donnent des fleurs et d'autres fois des infrondescences : ce dernier cas est rare.

4° Un phénomène de transformation réciproque des bourgeons-fleurs et des bourgeons-scions, quoiqu'un peu différent de celui que nous venons d'indiquer, se retrouve aussi dans les *Cucurbita ;* par exemple, dans la variété du *Cucurbita pepo,* nommée *Sucrière du Brésil,* et dans les Gougourdettes ou Fausses Poires (*Cucurbita, pyridaris,* Duch.). Ordinairement, à l'aisselle des feuilles bien développées, on remarque 3 productions : savoir, une fleur, un scion et une vrille. Mais nous avons dit autre part (page 84) que la vrille provenait d'un des 3 phytogènes qui devait constituer la feuille ; nous n'avons donc réellement que 2 éléments axillaires : la fleur et la branche. Or, la fleur est d'habitude située à l'aisselle de la feuille, et le scion un peu sur le côté. Assez souvent la fleur disparaît, et à sa place on trouve une infrondescence axillaire ; par contre, on voit souvent le *phytogène-scion* produire une fleur, et alors, au lieu d'avoir une seule fleur, on en a deux, dont l'une est un peu extra-axillaire. Il va sans dire qu'ici le scion devient un peu plus tard une phytonie, puisqu'il produit des fleurs ; mais la réciprocité de transformation n'en est pas moins facile à saisir.

5° Dans les ombelles simples ou sertules, on rencontre pareillement des fleurs qui se sont transformées en infrondescences ; ainsi l'inflorescence du Jasmin (*Jasminum officinale*), qui peut être assimilée à un sertule très-simple composé de 5 rayons, nous a offert une anomalie de ce genre ; et d'ailleurs les *Allium* vivipares en sont encore des exemples, puisque les bulbilles peuvent être regardées comme des infrondescences initiales.

6° Tournefort a décrit et figuré une inflorescence de *Polygonum bistorta,* dont la plus grande partie des fleurs s'étaient transformées en véritables infrondescences ; car chaque *phyto-*

gène-fleur avait donné lieu d'abord à un bulbille, ensuite à 2 petites feuilles parfaitement semblables aux autres feuilles (1).

Cet état, qui ne se produit que rarement, sert, comme on le sait, de moyen de reproduction naturel au *Polygonum viviparum*, dont les fleurs sont d'ordinaire transformées en bulbilles. Cet exemple et les deux suivants confirment la cinquième proposition que nous avons établie sur les anomalies (p. 206).

7° Sur une vieille muraille de campagne, nous avons trouvé un *Poa compressa* dont les épillets étaient presque tous transformés en bulbilles ayant déjà des feuilles très-développées (5 à 10 millim.). Cette anomalie, qui n'a pas encore été signalée, du moins à notre connaissance, trouve un état normal dans les *Poa nemoralis, bulbosa* et *alpina* qui, toutes trois, ont une variété dite *vivipara*, en raison d'une circonstance tout à fait analogue.

8° M. Durieu de Maisonneuve a observé une production anormale de bourgeons foliaires sur les hampes du *Furcræa gigantæa* Agave Pitte (*Agave fœtida*, Haw.), et après leur floraison, alors qu'elles semblaient devoir se dessécher et mourir. Ces bourgeons peuvent se développer en rosettes sur la hampe et servir à la reproduction de la plante (2). Cet état anormal se trouve reproduit naturellement dans l'*Agave vivipara* L., dont la panicule allongée est chargée de petites fleurs verdâtres, et porte en outre des bulbilles qui, mis en terre, ou tombant d'eux-mêmes, prennent racine, poussent et reproduisent de nouveaux individus (3). D'après M. N. Doumet, la hampe du *Bonapartea juncea* forme de nouveaux bourgeons si on la coupe au moment de la floraison (4).

9° Dans plusieurs cônes de l'*Abies Brunoniana* Wall., M. Parlatore a vu la presque totalité des écailles qui les composent se changer en rameaux plus ou moins développés et plus ou moins chargés de feuilles. Diverses modifications de longueur et d'adhérences des organes anormaux lui font penser que l'organe écail-

---

(1) *Inst. Rei herb.*, p. 511, tabl. 291, *fig.* GHI, KIM.
(2) *Bull. soc. bot. Fr.*, t. VII, p. 151, et t. VIII, p. 164.
(3) *Encycl. méth.*, t. I, p. 53.
(4) *Bull. soc. bot. Fr.*, t. VIII, p. 164. — On sait que plusieurs auteurs, et particulièrement M. Ch. Kock, dans son *Essai monographique des Agave*, ont signalé ce curieux développement de bourgeons dans l'inflorescence.

leux est entièrement formé par les feuilles d'un rameau axillaire, unies ensemble et réduites à l'état de bractéoles. Dans l'état ordinaire, le rameau serait lui-même extrêmement raccourci. Dans les cônes monstrueux, la bractée était d'ailleurs toujours distincte de l'organe écailleux, ce qui est le propre des Sapins (1).

Nous pourrions de beaucoup multiplier ces exemples; mais nous pensons qu'ils suffiront pour établir le fait que nous voulions faire connaître, savoir : qu'il y a des inflorescences partielles et même des fleurs qui se transforment accidentellement et même d'une manière quasi-normale en infrondescence, et cela sans qu'il soit possible de déterminer une cause autre que celle qui proviendrait d'une tendance à une individualisation plus multipliée et d'une nourriture plus abondante là où se produit une infrondescence. Il est bien évident que, dans le principe, les éléments ou protophytogènes qui ont formé la fleur (p. 391) ont pu s'*exastosier* assez souvent pour former plusieurs protophytogènes capables de former plusieurs fleurs ou même, suffisamment nourris, former des répétitions de protophytogènes capables de faire une succession de feuilles constituant l'infrondescence. Et puisqu'il y a, dans les cas précités, une infrondescence à la place d'une inflorescence ou d'une fleur, nous avons réellement *répétition d'infrondescence,* ce que nous voulions prouver.

§ 3. — *Répétition des infrondescences dans la fleur.*

Nous désignons ainsi le phénomène physiologique en vertu duquel un axe qui devrait normalement être terminé dans sa végétation après l'apparition d'une fleur, ne cesse cependant pas de végéter après l'avoir produite. Alors, la fleur, *facile à constater*, ne termine plus l'axe; mais elle est traversée par un axe plus ou moins allongé, de nouvelle formation, et qui n'est chargé que de feuilles et de bourgeons. C'est donc une *infrondescence dans la fleur*. Phytogéniquement, dans la fleur ordinaire, le phytogène central, après être devenu protophytogène et avoir produit le verticille de carpelles, a laissé un phytogène central épuisé qui a avorté. Mais dans les cas anormaux, ce dernier phytogène central,

____

(1) L'*Institut*, 30ᵉ année, nº 1481, p. 164-165.

suffisamment nourri, a pris un nouvel essor et s'est comporté alors, mais dans des proportions bien plus faibles, comme un protophytogène de bourgeon-scion.

Ce phénomène, au reste, est connu depuis longtemps, et Linné, dans sa *Philosophie botanique* (123, p. 81), l'a signalé de la manière suivante : « *Prolifer autem* Frondosus *dicitur, cum proliferi proles foliosus fit*; » seulement, il ajoute un peu plus loin (p. 82) que ce phénomène est très-rare. « *Frondosus prolifer rarissimus est.* » M. Moquin-Tandon a nommé *fleurs frondipares* celles qui présentent cette modification, et *fleurs floripares* celles qui présentent les anomalies dont nous avons déjà parlé p. 408. Il les a réunies sous le nom général de *prolifications médianes* (1). C'est ce phénomène que M. Engelmann nomme *diaphysis* (2).

On a l'habitude, dans ces sortes de monstruosités, de distinguer les prolifications des fleurs de celles des fruits; mais nous ne pensons pas qu'il y ait lieu de faire une semblable distinction; car la prolification des fruits n'est réellement qu'un état plus avancé de la fleur qui a donné la prolification. Il faut concevoir, en effet, que l'infrondescence pourrait se présenter, quoique très-rarement, successivement, 1° soit après la formation des sépales, c'est-à-dire qu'alors les pétales, étamines, etc., revêtiraient les caractères de la feuille; 2° soit après la formation des sépales et des pétales : alors les étamines et les carpelles pourraient revêtir les caractères de la feuille ; 3° soit après la formation des sépales, des pétales et des étamines, et dans ce cas, les carpelles pourraient prendre l'apparence des feuilles : dans ces trois circonstances, l'axe continuant son évolution à la manière des infrondescences; 4° soit enfin après la formation des sépales, des pétales, des étamines et des carpelles. Dans ce dernier phénomène, l'axe seul, continuant à se développer, formerait l'infrondescence. Il faut remarquer qu'alors il peut arriver que la fécondation ait lieu, et dans ce cas, ou bien le fruit porte des graines : c'est lorsque l'infrondescence est postérieure à l'état d'un fruit qui est *noué*, et lorsque l'évolution de cette infrondescence n'est pas prépondé-

(1) *Élém. térat. vég.*, p. 366.
(2) *De antolysi prodrom.*, p. 43 et 48.

rante aux progrès du développement des graines ; ou bien, au contraire, le développement de l'infrondescence est antérieur à l'état du fruit noué, et si surtout son évolution est très-active, alors le fruit ne donne pas de graines. Enfin, il y a encore le cas où l'infrondescence se prononce avant l'ovulation, et par conséquent avant la fécondation, et l'on pense qu'alors on ne saurait rencontrer aucune trace de la formation des graines. Ces distinctions progressives sont tellement rigoureuses qu'il ne nous a pas semblé que nous dussions les séparer. Dans tous ces phénomènes, nous reconnaissons parfaitement qu'il s'est formé une infrondescence dans la floraison, que cette floraison ait eu un commencement ou une fin d'exécution.

Cette succession de phénomènes est une de ces choses que l'on prévoit exister dans la nature, quoique peut-être on n'ait pas eu l'occasion d'en observer les éléments. Cela tient à ce que les sépales, les pétales, les étamines et les carpelles sont d'époques physiologique de formation si rapprochées, que souvent tous ces éléments se développent ensemble, et quelquefois même, par suite d'*arrêt provisoire d'accroissement*, les verticilles intérieurs reçoivent un complément d'évolution avant les verticilles les plus extérieurs (1). D'un autre côté, si l'on observe que les carpelles n'ont presque rien à faire pour revêtir les caractères de l'infrondescence, ainsi que le démontre d'une manière si évidente la variété de Cerisier double (*Cerasus avium flore pleno*), on comprendra que la plupart des prolifications doivent être dues au développement de l'organisme carpellaire dont les carpelles, après avoir pris l'aspect des feuilles ordinaires, se répéteraient un nombre de fois variable selon les circonstances. Dans ces conditions, la fleur peut offrir des verticilles dont la forme, la couleur et la grandeur sont tellement tranchées qu'elles frappent l'œil par la différence que ces verticilles présentent avec la prolification provenant des carpelles, et c'est ce qui fait que ces sortes de phénomènes ont été plus faciles à observer.

Mais admettons que, par suite d'une nourriture suffisante et sans doute d'autres causes encore inconnues, les éléments du ver-

______

(1) Ch. Fd. *Faits pour servir à l'histoire générale de la fécondation*, p. 24. Broch. in-8°. Paris, 1859.

ticille staminal viennent à prendre les caractères consacrés à la feuille, n'est-il pas évident que cela n'aura pas pu avoir lieu sans qu'en même temps les pétales, et à plus forte raison les sépales, qui sont une transformation de la feuille moins avancée que les étamines, sans que, disons-nous, ces pétales ou ces sépales aient revêtu les caractères de la feuille ? et dès lors on comprendra que du moment que la prolification commence par les étamines, elle doit *le plus souvent infailliblement* reproduire une infrondescence que l'œil le plus exercé ne saurait reconnaître. Il y a donc un point de vue sous lequel les deux prolifications (celle des fleurs et celle des fruits) peuvent être assez distinctes pour constituer deux sections différentes; mais à notre point de vue, et d'après ce que nous venons de dire, elles doivent être réunies sous une même rubrique.

On comprend que, du moment que les sépales, les pétales ou les étamines ont revêtu les caractères propres à une feuille, et sont devenus la partie inférieure d'une nouvelle infrondescence, il peut arriver qu'à l'aisselle de l'une des petites feuilles formées il se développe un des phytogènes interphytogéniques, et qu'alors il y ait une véritable *répétition latérale* d'infrondescence; tandis que l'infrondescence qui continue l'axe de la fleur et qui résulte de l'évolution du phytogène central constitue une *répétition médiane* d'infrondescence. Conséquemment, il y a lieu d'établir deux divisions dans l'étude de ces répétitions.

D'après ce que nous avons dit précédemment, on voit que nous n'aurons réellement à nous occuper que des prolifications frondipares ou répétitions d'infrondescences dans les fleurs et dans les fruits.

Fleurs. Les Roses *frondipares* sont, sans contredit, les fleurs qui ont le plus frappé l'attention des observateurs, soit à cause de leurs dimensions, qui font que l'observation de ce phénomène y est plus facile, soit à cause de leur beauté, qui les fait rechercher et cultiver partout, soit à cause d'une plus grande tendance à présenter l'anomalie en question.

Quoi qu'il en soit, la répétition des infrondescences dans la Rose a été signalée par Linnée (1), mais sans aucun détail sur ce

(1) *Phil. bot.*, édit. sec., p. 82.

curieux phénomène. Duhamel (1) cite et figure une Rose traversée à son centre par un axe allongé chargé de plusieurs hélicules de feuilles plus ou moins analogues aux feuilles ordinaires. Dans cet exemple, les étamines sont métamorphosées en pétales et les sépales en feuilles.

Dans une autre Rose trouvée par M. de Grave, de Pamiers, et que M. Moquin a décrite, l'axe qui la traversait avait une longueur de 8 centimètres et portait des feuilles disposées en hélice; il était droit et portait 5 rameaux chargés chacun de petites feuilles hélicoïdées elles-mêmes. Les sépales devenus libres étaient transformés en feuilles, les unes à 6, les autres à 4 folioles. La fleur demi-double ne portait que 3 ou 4 étamines vers le centre, lesquelles étaient demi-pétaloïdes, chiffonnées et serrées contre la base de l'axe prolongé. Un peu plus haut, sur l'axe même, se trouvaient des pistils changés en pétales parfaitement conformés, mais petits, à peine colorés, déplacés et paraissant décrire un commencement d'hélice. Ces anomalies appartiennent-elles réellement aux répétition médianes? En d'autres termes, ces infrondescences sont-elles le résultat du développement anormal du phytogène central qui avorte d'ordinaire dans l'urcéole des *Rosa*?

A. *Répétitions médianes.*

Le *Campanula rapunculoïdes* s'est offert à M. Engelmann avec un certain nombre de sépales du milieu desquels s'élevait un petit axe chargé de feuilles et portant plusieurs axes secondaires également garnis de petites feuilles (2). C'est à la fois une répétition d'infrondescence médiane et latérale.

Plusieurs auteurs ont cité les Anémones, les Œillets, les Aigremoines, les Benoîtes, les Renoncules, les Rutacées, les Polygonées, les Liliacées, les Personnées et même les Labiées, etc., comme ayant offert des répétitions d'infrondescence dans la fleur. Enfin on trouve encore quelquefois des phénomènes analogues dans les fleurs de quelques autres espèces de Rosacées, particulièrement de celles de nos arbres fruitiers (Poiriers, Pommiers, Coignassiers, etc.).

(1) *Phys. arbr.*, liv. III, chap. III, p. 303, pl. 12, *fig.* 306.
(2) *De antholysi prodrom.*, tabl. 3, *fig.* 16,

Nous avons observé une pareille anomalie dans l'*Hesperis matronalis*, le *Cheiranthus cheiri* et dans le *Campanula pyramidalis*. Dans les deux premiers cas, l'infrondescence était arrivée à un tel état d'hypertrophie, que les feuilles et l'axe s'étaient considérablement épaissis et ont fini par ne donner plus, après une végétation plus ou moins continuée, que des axes nombreux grêles et sans apparence de fleurs. Dans le *Campanula pyramidalis*, les sépales avaient augmenté de dimensions tout en conservant leur forme habituelle ; la corolle, toujours monopétale, avait pris la teinte verte des feuilles, ainsi que les étamines, dont quelques-unes offraient un commencement de métamorphose pétaloïde ; enfin, du centre s'élevait un petit axe portant des feuilles très-petites, mais parfaitement cordiformes.

Enfin, c'est aux répétitions médianes que nous paraissent appartenir ces transformations si curieuses des fleurs du *Scrophularia nodosa* et de l'*Œillet monstrueux*, caractérisé par la phrase latine : *Caryophyllus spicam frumenti referens* (1). Dans ces deux exemples la fleur est complétement changée en un axe sur lequel on peut ne voir, si l'on veut, que des petites feuilles ou des sépales plusieurs fois répétés, ce qui alors conduirait à placer le phénomène parmi les répétitions d'organismes dont nous parlerons plus loin.

B. *Répétitions latérales.*

Nous n'avons qu'un très-petit nombre de ces répétitions à signaler.

1° On doit à M. Rœper l'observation d'une curieuse anomalie qu'il a trouvée sur l'*Euphorbia cyparissias*, dans laquelle toutes les pièces florales étaient munies chacune d'un bourgeon plus ou moins développé en une petite infrondescence (2). Cette anomalie a été rangée dans un article à part par M. Moquin sous le nom de *prolification axillaire*.

2° En parlant de la répétition médiane d'une infrondescence observée par M. Engelmann sur le *Campanula rapunculoïdes*

_____

(1) *Éphém. cur. nat.*, t. XIX, cent. 3, p. 368.
(2) *Euphorb. germ.*, pl. 3, *fig.* 58.

(p. 441), nous avons en même temps signalé la présence de plusieurs petites infrondescences secondaires qui ne sont que des répétitions latérales.

Le même auteur a trouvé ce phénomène sur la même plante, coïncidant avec un excès d'exastosie et un développement exagéré des feuilles carpellaires avec des ovules sur les bords (*loc. cit.*).

Il est possible qu'un certain nombre de phénomènes désignés sous les noms de *Chloranthies*, de *Virescences* ou de *Métamorphoses* en sépales puissent rentrer dans cette division, de même que l'on pourrait tout aussi bien reporter ces répétitions d'infrondescences parmi les divisions que nous venons de citer; mais nous pensons qu'il y a avantage pour notre théorie phytogénique à étudier toutes ces répétitions ensemble, lesquelles, d'ailleurs, appartiennent évidemment toutes à un même ordre d'idées.

Fruits. Les répétitions des infrondescences dans les fruits ne sont à proprement parler que les répétitions précédentes dans lesquelles le verticille carpellaire s'est développé, que les ovules aient été ou non fécondés. Néanmoins, comme ces anomalies sont un peu différentes des autres, nous les avons distinguées sans en faire une division à part. Comme pour la répétition des infrondescences dans les fleurs, on peut les diviser en *répétitions médianes* et *répétitions latérales*. Nous verrons que les premières sont bien mieux connues que les autres.

A. *Répétitions médianes.*

Nous avons dit, p. 438, que lorsque la fécondation s'était opérée, ou plutôt après le développement des carpelles fécondés ou non, il pouvait se faire néanmoins que l'axe ne fût point terminé au verticille carpellaire et que le phytogène central suffisamment nourri pût, en se transformant en protophytogène capable de former des feuilles, continuer son évolution, et, partant, l'élongation de l'axe; mais en même temps les carpelles continuent à croître et à donner un fruit du milieu duquel sort une infrondescence. M. Moquin les nomme *fruits frondipares*.

1° On doit à Charles Bonnet la description et le dessin d'une poire de l'ombilic de laquelle sort une touffe de 13 à 14 feuilles :

les unes ont leur grandeur naturelle ; les autres sont plus petites, mais avec la forme ordinaire (1).

Turpin a figuré (2) une poire de Crassane observée par M. Poiteau, et du milieu de laquelle sort un axe allongé portant 8 feuilles hélicoïdées. Sa forme générale n'avait subi aucune altération ; son volume, l'aspect et la saveur de sa chair offraient peu de différence ; on remarquait seulement que l'endocarpe avait entièrement disparu (3).

Haussmann a aussi figuré deux poires, terminées toutes deux par une infrondescence : l'une de 2 feuilles, et l'autre de 4 (4).

2° M. Engelmann a observé et figuré un fruit d'Epervière (*Hieracium fallax?*) portant à son sommet central un petit rameau chargé de feuilles très-rapprochées (5).

Quelquefois l'apparition d'une infrondescence coïncide avec une répétition du verticille carpellaire. Dans ce cas, le phytogène central, au lieu d'avorter comme à l'ordinaire, sous l'influence physiologique qui fait le verticille carpellaire, répète ce dernier, puis, continuant à donner un phytogène central doué d'activité, fournit une nouvelle évolution qui termine les deux fruits par une infrondescence.

3° Ainsi Durande a observé un grain de raisin assez gros, surmonté d'un autre plus petit, portant lui-même, à son sommet, un petit axe chargé d'une feuille.

4° Les Mémoires de l'Académie des sciences (1675, t. X, p. 552) contiennent la description d'une poire observée par Perrault et Sedileau. Cette poire, qui en avait pour ainsi dire enfanté une autre par son sommet, était terminée par un axe chargé de plusieurs feuilles. Coupée par le milieu dans le sens de sa longueur, cette double poire n'a point offert de semences ; sa chair était solide, et les fibres ligneuses du pédoncule passant à travers les deux poires se rendaient dans le rameau terminal.

Il en est de même d'une poire Rousseline qui, après avoir produit une seconde poire par la tête, présentait au sommet de

(1) *Rech. us. feuilles*, pl. 26, *fig.* 1, p. 217.
(2) *Iconog. vég.*, tabl. 2 *bis*, *fig.* 1.
(3) *Ibid.*, *fig.* 2.
(4) *Ephém. cur. nat.* (Décembr., 2, ann. 8, *fig.* 17 et p. 134.)
(5) *De antholysi prodrom.*, p. 45, tabl. 5, *fig.* 27.

cette seconde poire une petite branche chargée de plusieurs feuilles (1).

On peut reconnaître que toutes ces répétitions d'infrondescences sont médianes et ne procèdent que du phytogène central, qui, au lieu d'avorter pour terminer l'axe, s'est développé d'une manière anormale.

B. *Répétitions latérales.*

Existe-t-il réellement de ces répétitions latérales d'infrondescence? Si l'on s'en rapporte à ce que l'on sait de la répétition latérale des fleurs, des inflorescences et même des phytonies, tout doit faire supposer que ce genre d'anomalies doit pouvoir, quoique rarement, se présenter aussi.

Dans l'ordre naturel, la répétition latérale de la fleur doit se présenter plus souvent que celle de l'inflorescence; celle-ci plus fréquemment que celle de la phytonie, et cette dernière étant déjà rare, on comprend que celle de l'infrondescence doit l'être davantage encore. En effet, nous verrons au chapitre des *Formes végétales* que les axes secondaires sont déjà une tendance à la formation des fleurs, et que tandis qu'il y a des végétaux qui n'émettent aucune infrondescence latérale, au contraire ces mêmes végétaux émettent des inflorescences, et souvent même des fleurs seulement, et les Monocotylédones nous en fournissent de nombreux exemples. A plus forte raison les infrondescences sont-elles difficiles à produire, quand ces axes secondaires appartiennent à un axe primaire essentiellement en voie d'inflorescence, comme l'est la fleur que l'on peut regarder comme le produit ultime de l'*influence florifiante*. Quoique nous comprenions bien qu'une pareille anomalie puisse se produire dans un fruit, cependant nous ne connaissons aucun exemple bien avéré de cette production, si ce n'est la formation latérale qui peut se produire sur une infrondescence provenant du dernier phytogène central de l'axe floral normalement développé.

Toutefois, il faut tenir compte de plusieurs phénomènes assez communs que l'on pourrait rattacher à celui qui nous occupe.

(1) *Journ. des savants*, 17 juin 1675.

Nous voulons parler de la graine, non-seulement de la graine normale, mais surtout de la graine parthénogénique, sur le compte de laquelle il y a encore bien des dissidences, mais que nous admettons volontiers, parce qu'elle est tout à fait en rapport avec les idées que fait naître notre théorie phytogénique.

En effet, l'ovulation n'est le plus souvent qu'un bourgeonnement latéral interne, dont la Figue nous fournit un si précieux exemple, et ce n'est vraiment que dans des cas rares que le phytogène *central* se transforme en nucelle destiné à recevoir le tissu cellulaire presque fluide de l'organe mâle, ou en graine parthénogénique, tenant de la graine par sa structure, et du bulbille par son mode de formation. Or, comme la graine et le bulbille peuvent être regardés comme des infrondescences initiales, on pourrait dire qu'il y a alors répétition latérale d'infrondescence dans le fruit, et cette hypothèse serait singulièrement appuyée par les exemples des Oranges, des Citrons, de la Poire d'avocat (*Laurus persea*), et des *Calostemma* dont les graines, encore adhérentes au placenta, reçoivent un commencement d'évolution par la germination qu'elles subissent.

Il est encore quelques autres plantes chez lesquelles ce phénomène se rencontre quelquefois. Ainsi, quelques pieds de *Pernettya mucronata*, placés dans une atmosphère humide, afin de favoriser la maturation des baies, on a pu reconnaître que toutes les graines avaient germé dans leur intérieur, et, mises en terre, elles ont continué leur évolution à la manière ordinaire. Cependant les fruits ne présentaient à l'extérieur rien qui les fît différer de ceux qui avaient mûri à l'air libre (1).

Des faits tout à fait analogues se sont encore présentés dans le *Psammisia penduliflora*, et l'observation en a été faite par M. Decaisne (2) ; dans un fruit du *Lycopersicum esculentum*, M. Germain de Saint-Pierre, a qui l'on doit cet exemple, a reconnu que toutes les graines avaient germé (3).

Beaucoup d'autres exemples viennent fortifier encore cette manière de penser. Ainsi la Crinole d'Asie (*Crinum asiaticum*) est remarquable par la structure de sa capsule qui, au lieu de

(1) *Gardner's Chronicle*, 17 juin 1854,
(2) *Revue horticole*, n° du 1er janvier 1854, p. 6.
(3) *Bull. soc. bot. Fr.*, t. IV, p. 624.

graines, renferme presque constamment des tubercules arrondis, charnus, blanchâtres, de la grosseur d'une petite noix, que Ach. Richard avec Rob. Brown regardent comme des graines ayant reçu un développement extraordinaire (1).

Les *Crinum Taïtense, erubescens* et plusieurs autres Amaryllidées (*Pancratium, Amaryllis, Hymenocallis*), ainsi que quelques *Agave*, présentent des phénomènes analogues. M. Moquin-Tandon ne voit dans ce phénomène qu'une hypertrophie accompagnée d'une viciation complète (2).

En décembre 1857, M. Baillon a fait connaître le résultat de ses observations organogéniques sur le développement des graines charnues de l'*Hymenocallis speciosa*; et par suite d'une expérience qu'il a tentée, il a été conduit à regarder ces tubercules comme de véritables graines. Cette expérience consiste à choisir une inflorescence encore en boutons, à pincer le sommet des fleurs à la hauteur voulue, pour enlever avec le haut des sépales les anthères encore fermées et à laisser la floraison s'accomplir. Dans ces conditions, la fleur s'épanouit privée d'organes mâles; mais l'ovaire est intact, et « si de véritables bulbilles, dit-il, devaient se développer dans sa cavité, il est à croire que leur évolution ne pourrait qu'être favorisée par cette suppression des parties supérieures. Cependant, on acquiert bientôt la preuve qu'il s'agit de véritables ovules; car n'étant pas fécondés, ils ne se développent pas; l'ovaire s'atrophie autour d'eux et tombe bientôt jauni et desséché, tandis qu'il grossit invariablement quand on ne supprime pas l'androcée (3). »

Peut-être nous abusons-nous, mais nous ne regardons pas cette expérience comme parfaitement concluante; car il est possible, probable même, qu'une fleur de laquelle on enlève une grande partie de ses enveloppes florales, au point d'enlever en même temps les anthères, perd par ce fait seul une grande partie des éléments de nutrition des ovaires et des *phytogènes ovules*.

Sans doute il eût été bon de placer d'autres fleurs dans les mêmes conditions et de chercher à opérer sur elles une féconda-

---

(1) *Obs. sur les bulbilles des Crinum.* (*Ann. sc. nat.*, t. II, pl. 1, *fig.* 1 et 2, p. 12.) — Voyez aussi Rob. Brown, *On some remarkable deviations from the usual structure of seeds and Fruits.* Linn., *Trans.*, vol. XII, p. 149.

(2) *Élém. térat. vég.*, p. 141.

(3) *Bull. soc. bot. France*, t. IV, p. 1020.

tion artificielle. Peut-être, malgré cela, l'ovaire et les ovules se fussent-ils atrophiés. Ce qui nous paraît plus concluant, c'est que l'on ne trouve, dans plusieurs des corps dont il s'agit, aucune trace d'embryon, ainsi que l'a reconnu lui-même Rob. Brown, puisqu'il dit, dans le mémoire précité, que « dans l'évolution tardive de l'embryon, lequel, dans quelques cas, *ne devient visible* que lorsque la graine est placée dans des conditions favorables de germination, on observe cette curieuse conséquence : que son extrémité radiculaire peut prendre des directions fort différentes, selon les circonstances dans lesquelles se fait la germination. » Or, peut-on raisonnablement nommer graine tout corps qui ne présente aucune trace d'embryon? Là est toute la question que nous agitons ici.

A la vérité, Richard, dans l'analyse soignée qu'il a faite des bulbilles des *Crinum Taïtense* et *erubescens*, a reconnu (1) que « vers la partie inférieure de la graine, près du hile, on trouve un petit corps irrégulièrement ovoïde, un peu recourbé, plus renflé à sa partie moyenne qu'à ses deux extrémités qui sont obtuses, et que ce corps est l'embryon. D'un autre côté, M. Baillon affirme que « dans le nucelle creusé d'un long sac embryonnaire étroit, il s'est développé un embryon celluleux qui occupe le sommet de cette cavité ; puis les membranes se sont épaissies autour de ce nucelle qui ne prend, à partir de ce moment, qu'un développement peu considérable. »

En présence de ces idées contradictoires, et en observant que ces corps volumineux, charnus et tuberculeux, sont très-différents des graines ordinaires, lesquelles sont le plus souvent minces, comprimées et d'un volume considérablement réduit, on peut, sans inconvénient pour nos études, les regarder comme des bulbilles : voilà pourquoi nous les maintenons parmi les exemples de répétitions latérales des infrondescences, puisque d'ailleurs, bulbilles ou graines, nous avons toujours affaire à une infrondescence initiale, mais dans tous les cas constituant une anomalie.

C'est à ces bulbilles que quelques auteurs ont cru devoir donner le nom de *Bacilli*.

____

(1) *Loc. cit.*

Le Manglier (*Rhizophora mangle*) présente une capsule uniloculaire et monosperme. La graine commence sa germination dans la capsule même ; sa radicule perce sa tunique propre et même le péricarpe qui l'enveloppe, ne se trouvant plus retenu alors, dans l'intérieur du fruit, que par ses 4 feuilles cotylédonaires. Dans cet état, la radicule continue à s'allonger en une massue pendante, et qui avant de se détacher de la mère et de s'enfoncer par son propre poids dans la terre, acquiert quelquefois une longueur de 15 pouces (Turpin). Ce phénomène s'observe aussi dans les vrais Rhizophores (Guillemin).

Les graines de l'*Avicennia tomentosa* et des *Conocarpus* sont comme celles des *Rhizophora*. Dès qu'elles sont mûres, et avant qu'elles ne se soient séparées du fruit, elles commencent leur évolution, et ce n'est que dans un certain état de développement que l'embryon tombe dans la mer ; le flot l'enlève et le porte sur une plage plus ou moins lointaine, où il se fixe et se développe.

Enfin, on retrouve ce phénomène bien plus prononcé encore dans le fruit du *Sechium edule* figuré par Turpin (1), et dans lequel on voit un axe sortir de l'extrémité du fruit, absolument comme s'il provenait d'une répétition médiane d'infrondescence, mais qui n'est dû réellement qu'au développement de l'embryon dans le fruit, lequel restant fixé en véritable parasite, peut vivre, grandir et fructifier aux dépens de l'être qui lui a donné naissance.

Nous allons voir que l'on pourrait ranger ici une foule d'anomalies qui nous semblent mieux placées dans la division suivante.

§ 4. — *Répétition des infrondescences sur les organes appendiculaires.*

FEUILLES. — En admettant la théorie des métamorphoses entrevue par Joachim Jungius (2), professée par Gaspard-Frédéric Wolf et développée par Goëthe, adoptée et confirmée par Du Petit-Thouars, Cassini, Rob. Brown, Aug. Saint-Hilaire, A. de

(1) *Iconog. vég.*, tabl. 2 *bis*, *fig.* 3.
(2) *Isagoge phytoscopica*, 1678.

Jussieu, Gaudichaud, MM. Ad. Brongniart, Lindley, Schimper, Rœper, Moquin-Tandon, Engelmann, etc..... En admettant cette théorie, disons-nous, les exemples que nous venons de citer devaient naturellement conduire à rechercher la formation d'infrondescences sur les feuilles, puisque la graine étant une infrondescence initiale, se développait sur des carpelles, que l'on considère avec raison comme une feuille repliée sur elle-même, idée que justifie pleinement plusieurs exemples de carpelles transformés en feuilles. Cependant, bien que l'on connût quelques exemples de feuilles sur lesquelles se développent facilement des infrondescences, nous ne sachions pas que des recherches sérieuses aient été tentées, avant nous, dans le but d'éclairer ce point de phytogénie.

Partant de nos idées phytogéniques, et surtout en recherchant jusqu'où pouvait remonter l'individualité d'un végétal très-complexe, nous avons dû reconnaître que l'individualité pouvait se retrouver jusque dans des portions de feuilles (p. 38). D'un autre côté, nous avons déjà bien des fois avancé que les feuilles étaient le résultat du développement de plusieurs phytogènes réunis en une sorte de fascie que l'on pourrait appeler *fascie foliaire,* et nous avons fait voir que de l'union de plusieurs de ces phytogènes résultait non-seulement une feuille, mais aussi des bractées, des sépales, des pétales, etc. Conséquemment, puisque la feuille est constituée par un ensemble de phytogènes, il doit arriver des circonstances qui permettront à quelques-uns de ces phytogènes de se développer en un protophytogène qui donnera, par la suite, tous les éléments d'un nouvel individu, commençant par une infrondescence. Nous ne croyons pas trop nous avancer en énonçant la proposition suivante :

Il est toujours possible de faire développer quelques-uns des phytogènes qui composent une feuille de manière à obtenir de nouveaux individus, pourvu que cette feuille ait une certaine épaisseur *et qu'elle soit placée dans des conditions* de bouturage suffisamment bien entendues.

1° Un certain degré d'épaisseur est indispensable; sans cela le nombre de cellules ne serait plus suffisant pour qu'un centre vital puisse se produire, car celles qui constituaient le phytogène ont été employées à former l'épiderme supérieur et l'épiderme inférieur, et les deux couches de parenchyme dont les cellules affectent des formes souvent si dissemblables. Quand les cellules ont ainsi pris le caractère que nous indiquons, elles sont alors incapables du mouvement vital ou du mécanisme qui fait le centre vital ou phytogène. Les cellules les plus propres à cette conversion en phytogène sont des cellules sphériques, et celles-ci ne se trouvent en quantité suffisante que dans les feuilles épaisses; car il ne faut pas oublier qu'*un phytogène est un amas de tissu cellulaire à l'état naissant, par conséquent, de cellules sphériques.*

2° Les conditions de bouturage doivent être suffisamment bien entendues pour que la feuille ne se dessèche pas, et surtout pour qu'elle ne pourrisse pas. Les exemples qui vont suivre tendront à justifier jusqu'à un certain point cette proposition.

On peut distinguer deux formations distinctes dans les répétitions des infrondescences sur les organes appendiculaires, savoir : 1° les feuilles sur lesquelles se développent des bulbilles ou bourgeons, véritables axes capables de propager l'espèce ; nous nommerons ces feuilles *feuilles bulbipares* ; 2° celles sur lesquelles il ne se développe que des membranes foliacées qui tiennent bien plus des organes appendiculaires ; nous les nommerons *feuilles foliipares.* De là, deux divisions dans cette sous-section.

A. *Feuilles bulbipares.*

La science a enregistré un certain nombre d'exemples de feuilles présentant des bulbilles ou des bourgeons qui s'étaient formés sur leurs bords ou sur leurs surfaces, et l'on sait que ces bulbilles, bourgeons ou germes ne sont autre chose que des infrondescences initiales.

1° Naguère encore on ne citait que le classique *Bryophyllum calicinum* dont la feuille fût capable, dans certaines circonstances, de produire *toujours* et *à volonté* dans ses crénelures des petits points noirâtres (phytogènes) qui se développent à la manière des bourgeons et peuvent grandir, s'enraciner et donner lieu à autant d'individus (*fig.* 89, a).

Nous pouvons, aujourd'hui, en faire connaître plusieurs autres, ainsi que nous allons le voir, qui reproduisent toujours à volonté et *certainement* des infrondescences analogues à celles du *Bryophyllum.*

2° Linné dit avoir observé que les feuilles inférieures du *Polygonum bistorta* se métamorphosent, au printemps, en petits bulbes (1) semblables à ceux que Tournefort a vu se développer dans l'inflorescence de la même plante.

3° Des feuilles de *Fritillaria imperialis* mises sous presse entre des doubles de papier ont fourni à Hedwig une multitude de phytogènes qui, nés de leur surface, ont donné des petits corps arrondis qui ont pu reproduire la plante.

4° Il en a été de même des feuilles de l'*Ornithogalum thyrsoides*, qui, pressées entre des doubles de papier, ont donné, au bout d'une vingtaine de jours, à M. Poiteau, un grand nombre de petits corps qui s'étaient développés sur ses bords, et que Turpin a regardé comme des bourgeons adventifs analogues aux bulbilles (2). On sait que les Ornithogales ont une certaine propension à la production de pareils organes ; car il y en a une espèce qui tire précisément son nom spécifique de cette circonstance. Seulement, dans l'*Ornithogalum bulbiferum*, les bulbilles naissent à l'aisselle des feuilles. L'*Ornithogalum thyrsoides* donne lui-même souvent des bulbilles à l'aisselle des bractées inférieures de ses fleurs. Une autre espèce, l'*Ornithogalum minimum*, présente 3 variétés : la variété β *Bulbiferum* et la variété γ *Acaule*, lesquelles donnent aussi à l'aisselle des folioles de la Spathe des petits bulbes agglomérés (3) ; mais, dans la variété *Acaule*, la tige est si courte, que l'ombelle des fleurs paraît sortir de terre, et que les bulbes axillaires se distinguent à peine du bulbe radical (De Cand.).

5° Les feuilles d'une Orchidée, le *Malaxis paludosa*, ont leur extrémité rugueuse et comme frangée. Henslow, qui a fait une étude particulière de ces feuilles, a reconnu que cette apparence était due au développement de phytogènes qui forment de petits bulbes au sommet de la feuille. Il a remarqué que ces bulbilles sont verts sur les feuilles exposées à la lumière, et blancs sur les feuilles que recouvre la mousse ou la tourbe (4).

---

(1) *Flor. lapp.*, p. 110.
(2) *Mém. ann. sc. nat.*, t. XXIII, p. 5, tabl. 1.
(3) De Cand., *Flore franç.*, t. III, p. 215.
(4) *Sur les feuilles du Malaxis paludosa.* (*Ann. sc. nat.*, t. XIX, p. 103, pl. 4, B.)

6° Cassini a observé que les feuilles du *Cardamine pratensis* porte souvent un petit bulbille situé à la base de la face supérieure de chaque foliole et même au milieu de cette face, quoique très-rarement (1).

7° Weinmann a vu accidentellement la feuille de l'*Alchemilla minima* présenter dans les angles rentrants des bords de son limbe une série de petits organes foliacés disposés en rosettes qu'il a figurés, et qui ne sont autres, bien certainement, que des phytogènes développés en bourgeons adventifs (2).

8° Le *Drosera intermedia* a offert à M. Naudin une de ses feuilles sur laquelle s'étaient développés deux phytogènes qui avaient formé deux petits *Drosera* en miniature. L'un d'eux avait 13 millimètres de longueur, l'autre était un peu plus petit. Le *Drosera longifolia* est tout à fait dans le même cas, car M. Kirschleger en a trouvé à feuilles gemmipares (3).

9° Les feuilles du *Rochea falcata* sont journellement employées pour obtenir de nouveaux individus au moyen des phytogènes dont elles sont composées. Les jardiniers placent obliquement les feuilles dans la terre modérément humide, et au bout de quelque temps un certain nombre de petits bourgeons se sont développés à leur face supérieure. Alors on les détache pour en placer la base sur de la terre humide ; ils ne tardent pas à pousser des racines, et la plante est reproduite. Ce petit tubercule réalise donc toutes les propriétés que nous attribuerons à notre phytogène théorique.

10° L'*Eucomis regia* est encore une plante dont les feuilles, pressées dans des feuilles d'un herbier, ont pu produire des petits tubercules bulbiformes sur toute leur surface. Cette observation est due à Hedwig (4) et Rafn (5).

11° Les écailles des bulbes de Lis, qui ne sont aussi que des organes foliacés, placés dans un lieu humide, laissent fréquemment développer de petits bourgeons à leur surface supérieure (6).

<hr>

(1) *Obs. sur feuilles C. pratensis.* (*Opusc. phyt.*, t. II, p. 340.)
(2) *Phytanth.*, n° 36, d.
(3) *Bull. soc. bot. Fr.*, t. II, p. 728.
(4) *Samml. S. abhandl.*, t. XI, p. 128, pl. 1, *fig.* 1.
(5) Cité par Sennebier. *Phys. vég.*, t. IV, p. 364.
(6) De Cand., *Phys. vég.*, t. II, p. 673.

12° On peut rapprocher de ces phénomènes ceux que présentent la feuille des *Lemna*. Ces plantes se développent ordinairement de la manière suivante : sur le bord du disque foliacé qui compose la plante, il se forme un germe ou bourgeon latéral ; ce germe, en se développant, forme un second disque foliacé collé au premier, mais qui se sépare de lui-même un peu plus tard pour former un nouvel individu. Ajoutons que lorsque, par hasard, ce qui est rare, ces plantes viennent à fleurir, c'est précisément au point où est d'ordinaire le germe que se forme aussi la fleur, d'où Léman a conclu avec raison que le même germe peut, suivant les circonstances, se développer avec ou sans fécondation (1) ; et l'on peut ajouter encore que le phytogène-germe peut, selon les circonstances, se transformer en feuille ou en fleur.

13° Une plante qui dans ces derniers temps a beaucoup occupé quelques savants botanistes, présente encore des exemples de feuilles portant des organes reproducteurs : nous voulons parler de l'*Allium magicum*. M. Germain de Saint-Pierre, qui a soumis à un examen attentif un échantillon de ce végétal que lui avait confié M. de Schœnefeld, a reconnu que la base de la feuille gemmipare constitue une tunique fermée analogue aux tuniques des autres feuilles. « Elle se prolongeait, dit-il, en une longue et large gaîne foliacée à bords libres, et se terminait en une partie limbaire très-courte et recourbée en forme de capuchon ; c'est à la partie antérieure et moyenne de ce limbe qu'était inséré un jeune bulbe qui distendait le capuchon et commençait, à cette époque, à entrer en germination (2). »

14° M. Kirschleger, à qui l'on doit la connaissance d'un bon nombre d'observations tératologiques, dit qu'il a observé le fait de feuilles gemmipares comme habituel sur le *Nymphœa cœrulea*, cultivé dans l'*aquarium* du jardin botanique de Strasbourg, mais seulement sur les feuilles qui commençaient à se décomposer ou à pourrir (3).

On avait déjà observé que, dans certaines circonstances, les feuilles de plusieurs Aroïdées et Nymphéacées avaient offert des

(1) De Cand., *Organ. vég.*, t. II, p. 116.
(2) *Bull. soc. bot. Fr.*, t. II, p. 185.
(3) *Ibid.*, p. 723.

bulbilles qui s'étaient développés à l'extrémité du pétiole et à la base du limbe (Ad. Brongniart).

15° Casimir Picard (d'Abbeville) a vu depuis longtemps, sur un grand nombre de feuilles du *Nasturtium officinale*, un bourgeon naître et se développer en tige à la base du limbe de la foliole terminale. Cette observation a été pour l'auteur le sujet d'un travail accompagné de planches et publié en 1840 (1).

16° Bonnet a décrit et figuré une feuille de chou-fleur à nervure plus grosse que d'ordinaire, sur la face supérieure de laquelle s'élevait une tige cylindrique portant une multitude de feuilles dont les unes étaient en cornet, les autres en entonnoir. De la principale nervure d'un des cornets sortait une très-petite tige qui portait 2 petits entonnoirs (2).

17° Nous empruntons à Dutrochet les lignes suivantes, qui sont bien de nature à appuyer puissamment notre théorie phytogénique concernant la composition des feuilles :

« Le hasard, dit l'illustre académicien, m'a fourni l'occasion de faire cette observation (celle de la structure intérieure de ces embryons gemmaires *globuleux* observés par Turpin sur la feuille de l'*Ornithogalum thyrsoides*) sur des embryons gemmaires globuleux produits dans le parenchyme d'une feuille de plante dicotylédone. Des ouvriers travaillant à la terre dans un lieu ombragé, j'aperçus sur la terre qu'ils avaient remuée une portion de feuille sur la face supérieure de laquelle il y avait 6 embryons gemmaires globuleux et de couleur blanche, qui me parurent semblables à ceux que M. Turpin avait observés sur la feuille de l'*Ornithogalum thyrsoides*. Il ne me fut pas possible de savoir à quelle plante appartenait cette portion de feuille, qui me parut provenir d'une feuille radicale, laquelle aurait été recouverte accidentellement de terre, car elle était étiolée. Trois de ces embryons gemmaires adventifs étaient tout à fait globuleux ; les trois autres étaient terminés en pointe à leur partie supérieure (pl. 10, *fig.* 1, a, b) ; les embryons globuleux étaient assez développés pour permettre l'examen de leur structure intérieure. Je vis, en les coupant par tranches dans plusieurs directions, qu'ils étaient

---

(1) *Voir* Picard, deux notes *Sur la reproduction anomale des plantes*, etc. *Bull. soc. linnéenne du Nord*, vol. I, n°, 1. 1°, p. 125 ; 2°, 127-138, pl. 1, 2, 3.
(2) *Rech. us. feuilles*, pl. 25, *fig.* 1.

généralement composés de cellules décroissantes de grandeur de
la circonférence vers le centre, en sorte que ces embryons gemmaires avaient intérieurement la constitution d'une sphère,
comme ils en possédaient extérieurement la forme. C'est au mois
d'août que j'avais fait cette rencontre. Je détachai de la feuille
des embryons plus avancés qui me restaient, et je les plaçai dans
un pot, sur de la terre entretenue constamment humide. Deux
de ces embryons végétaux périrent ; le troisième ne commença à
montrer des phénomènes de végétation qu'au commencement du
printemps suivant ; il produisit inférieurement plusieurs petites
racines, et de sa partie supérieure il sortit une petite tige terminée par deux petites feuilles opposées, sessiles et ovales (*fig. 2*).
Ensuite, au sommet de cette petite tige et entre les deux petites
feuilles primordiales, qui simulaient deux cotylédons, il se déve-
loppa une feuille cordiforme à long pétiole, à laquelle se joignit
peu de temps après une autre feuille semblable, dont le pétiole
s'insérait également entre les deux feuilles ovales primordiales.
Ce fut alors qu'un accident compromit gravement l'existence de
ma jeune plante, en sorte qu'ayant peu d'espoir de la conserver,
lorsque je publiai ce mémoire pour la première fois, je pris le
parti de donner la figure de l'une de ses feuilles (*fig. 3*), afin de
faciliter sa détermination. Les premières feuilles des plantes sont
presque toujours différentes de celles qu'elles produisent dans la
suite. Je reconnus que les feuilles de ma jeune plante étaient
celles que possède la Renoncule bulbeuse (*Ranunculus bulbosus*
L.) dans sa jeunesse. Ces premières feuilles sont cordiformes et
obtuses à leur sommet ; elles ne ressemblent point aux feuilles
profondément incisées et même souvent trilobées que possède
cette plante quand elle est adulte. J'ai obtenu depuis la confirmation de cette détermination spécifique, ma jeune plante, que
j'avais crue morte, ayant repoussé au printemps suivant (1). »

18° M. Duchartre a décrit et figuré les curieux exemples de
feuilles des *Lycopersicum cerasiforme* et *pyriforme*, sur lesquelles se sont développés des bourgeons qui se sont immédiatement allongés en rameaux, souvent d'une vigueur remarquable,
et qui ont produit des feuilles et des fleurs absolument comme

(1) Dutrochet, *Mémoires*, etc., t. I, p. 278, pl. 10, *fig.* 1, 2, 3.

ceux qui sortent normalement des aisselles des feuilles. Leur végétation n'a été arrêtée que par les premières gelées d'automne (1).

19° Les feuilles du *Cardamine latifolia* ont présenté à M. Durieu de Maisonneuve des bourgeons foliaux naissant soit à l'angle
que forment avec le rachis les lobes de la feuille pinnatiséquée,
soit, et très-irrégulièrement, sur les nervures des lobes eux-mêmes.
Les bourgeons anomaux s'y développent en grand nombre sous la
forme d'une petite rosette qui, après avoir pris un certain accroissement, finit par se détacher de la feuille mère encore vivante pour
tomber sur le sol et y prendre racine (2). Cette anomalie s'est
présentée sur les feuilles radicales de 2 individus provenant de
semis. Quatre autres individus provenant d'un même semis n'ont
présenté rien de semblable.

20° Il y a déjà bien des années que nous avons observé un
phénomène analogue qui s'était produit sur la feuille du *Cardamine macrophylla*. A la base de chaque foliole et sur le rachis, il
s'était formé un petit bourgeon qui avait pris l'aspect d'une véritable rosette de petites feuilles tout à fait semblables à celle qui
les produisait (*fig.* 89, b). En examinant de plus près cette feuille,
il nous a été possible de distinguer à la base des folioles des petits
points brunâtres qui, vus à la loupe, nous ont présenté l'apparence de petits bourgeons naissants offrant déjà un commencement d'exastosie à leur sommet, d'où nous avons tiré l'espoir que
nous pourrions les faire se développer à volonté. En effet, il nous
a suffi de placer la feuille soit dans l'eau, soit dans la terre humide, pour voir s'accroître ces petits bourgeons qui ont grandi
suffisamment pour nous permettre d'en constituer plusieurs individus, que nous cultivons actuellement dans notre jardin.
Ajoutons que, comme dans le *Bryophyllum*, les petites rosettes
émettent souvent des petites radicelles blanchâtres qui glissent le
long du rachis et deviennent bientôt les racines à l'aide desquelles, quand le rachis sera décomposé, elles pourront puiser
dans l'eau ou dans la terre la nourriture qui leur sera nécessaire.
Cette formation de bourgeons ou de bulbilles est si fréquente que
nous la regardons comme un moyen naturel de propagation.

(1) *Ann. sc. nat. bot.*, t. XIX, p. 241, pl. 14. 1853.
(2) *Bull. soc. bot. Fr.*, t. VI, p. 705.

21° La nature si voisine, à notre point de vue, des feuilles et des axes fasciés des Ruscus, nous fait un devoir de placer ici l'observation si curieuse qu'a faite M. E. Fournier (1). Elle consiste dans l'insertion, à l'aisselle de la feuille mère des fleurs du *Ruscus hypoglossum*, d'un rameau tertiaire dilaté comme le rameau secondaire, et portant les fleurs en son milieu à l'aisselle d'une deuxième feuille. Cette disposition rappelle les articles des *Opuntia* (Fournier).

22° De même que dans les feuilles des Dicotylédones et des Monocotylédones, nous avons vu des phytogènes *s'exastosier*, et par suite former des bulbilles capables de reproduire l'individu, de même on devait s'attendre à trouver de semblables corps sur les frondes ou parties foliacées des Acotylédones, chez lesquels les sexes, moins distincts ou tout au moins mal caractérisés, font supposer des moyens de reproduction plus simples. Il est, en effet, possible que les spores de ces plantes puissent être regardées comme des phytogènes ou bulbilles à l'état initial, et qu'appartenant à des végétaux inférieurs, leur constitution leur permette de se développer d'elles-mêmes, le plus souvent, sans le secours d'aucun autre organe protecteur. On sait, d'ailleurs, que ces spores, placées dans des circonstances convenables, ne tardent pas à reproduire le végétal. C'est ce qu'a démontré la germination d'un grand nombre de ces spores, et en particulier celles du *Marchantia polymorpha*, si bien étudié par Mirbel.

Si, ce qui arrive quelquefois, l'exastosie transversale, qui a pour but de détacher la séminule de la feuille qui la forme, vient à faire défaut, alors la spore prend un commencement d'évolution sur la fronde même et forme un corps charnu souvent écailleux qui a tous les caractères des bulbilles. C'est ainsi que nous en avons trouvé quelques-uns de très-développés parmi les fructifications de l'*Osmunda regalis*, du *Polypodium vulgare* et du *Scolopendrium officinale*, lesquels, placés dans des conditions d'*habitat* qui leur convenait, ont peu à peu revêtu les caractères de l'espèce.

Il ne faut donc plus s'étonner si certaines Fougères produisent, d'une manière en quelque sorte normale, des corps plus ou moins analogues à ceux que nous avons indiqués chez les Mono et les

(1) *Bull. soc. bot. Fr.*, t. IV, p. 760.

Dicotylédones. Ainsi, il est extrêmement ordinaire de rencontrer sur les frondes du *Cystopteris bulbifera* des bulbilles plus ou moins développés, et se séparant avec la plus grande facilité de la plante. Ces bulbilles, placés sur de la terre humide et sous une légère couche de mousse, ne tardent pas à reproduire l'espèce. On peut, en suivant une série décroissante en volume de ces bulbilles, arriver à reconnaître que ce sont véritablement des spores qui se sont transformées en bulbilles. Le défaut d'exastosie transversale permet à la spore (quelquefois il y en a plusieurs qui participent à la formation du bulbille) de prendre un certain accroissement. Alors, la spore prend la forme d'un gros mamelon un peu concave d'un côté, convexe de l'autre, et terminé par un *mucron,* qui est le premier vestige de la fronde. Du côté de la concavité et de la base de ce mamelon se forme un second mamelon qui grossit peu à peu et revêt les caractères du premier, lui est opposé et est terminé par un mucron déjà enroulé en crosse. Du milieu de ces deux mamelons, qui nous paraissent être comme le pétiole de la fronde, s'élève un troisième mamelon terminé par une véritable petite fronde enroulée en crosse. Telle est, en peu de mots, la manière dont les bulbilles des Fougères se forment, du moins étudiée sur l'évolution du bulbille du *Cystopteris bulbifera.*

Cependant, il y a des exceptions à cette règle; car les *Darea vivipara* et *prolifera* Willd. présentent ce curieux phénomène que des feuilles d'une forme fort différente des autres naissent de bourgeons écailleux placés à la partie inférieure du rachis ou nervure moyenne de la fronde; ces petites feuilles, presque entières ou tout au plus dentelées à leur extrémité, sont d'une structure plus délicate, d'une couleur plus pâle que le reste de la plante. Bory de Saint-Vincent a remarqué sur plusieurs de ces petites frondes particulières des paquets de fructifications absolument dépourvus de téguments, et en tout semblables à ceux des Polypodes (Ad. Brongniart).

Il en est de même du *Woodwardia radicans,* qui donne aussi un bulbille écailleux qui ne semble pas être le résultat d'une transformation des spores, mais qui n'en possède pas moins la faculté de reproduire la plante.

Les *Asplenium bulbiferum* et *ramosum,* le *Cyathea bulbifera,* le *Cystopteris bulbifera,* etc., sont encore des espèces chez lesquelles, indépendamment des spores, on rencontre de véritables bulbilles.

Le *Marchantia polymorpha,* le *Mnium annotinum,* le *Jungermannia nemorosa,* et en général toutes les Jungermannes, indépendamment de leurs graines ou spores, donnent lieu à de petits corps qui ont toutes les propriétés des bulbilles. Enfin, l'on sait que Cassini a reconnu que les petits globules qui se trouvent vers l'extrémité de la fronde du *Physcia tenella* sont capables de reproduire un nouvel individu (1). Or, comme il est de toute évidence que les frondes sont des feuilles, et les bulbilles des infrondescences initiales, nous avons, en conséquence, affaire à des répétitions d'infrondescence sur des infrondescences.

C'est à la suite de nos observations sur les bourgeons foliaires du *Cardamine macrophylla;* mais c'est surtout guidé par nos idées théoriques sur la phytogénie, que nous avons tenté la reproduction des individus par les feuilles, et, sans connaître les travaux de quelques botanistes, nous avions pu nous assurer que les feuilles pouvaient servir à la multiplication des individus. Nos expériences avaient été faites sur un grand nombre de feuilles, et naturellement nous n'avons fait connaître que celles qui avaient offert quelque résultat (2). Or il se trouve que nous avions expérimenté sur des feuilles d'espèces semblables à celles qui avaient été le sujet de pareilles observations de la part des botanistes que nous allons faire connaître, et à qui nous allons donner l'antériorité.

Ainsi, dès 1652, Mandirola, au dire de Du Petit-Thouars, reconnut que des feuilles d'Oranger, détachées de leur tige et enfoncées en terre par le pétiole, pouvaient développer des racines. Ce fait fut répété et confirmé par Munchausen en 1710, et par Mustel en 1781. Nous l'avons nous-même répété en 1851, et nous l'avons trouvé parfaitement exact.

Seringe a écrit (3) que les feuilles de l'*Aucuba japonica* et celles du *Ficus elastica,* placées dans les mêmes conditions, don-

---

(1) *Bull. philom.,* mai 1820. (*Opusc. phyt.,* t. II, p. 391.)
(2) *Sur la formation des racines de feuilles,* etc. *Compt. rend. Ac. sc.,* décembre 1851. — *Voyez* aussi *Bull. soc. bot. Fr.,* t. V, p. 99.
(3) *Flore des jardins,* t. I, p. 246.

naient lieu à de semblables phénomènes. Or, l'*Aucuba japonica* est une des plantes dont les feuilles ont servi à nos expériences, et nous étions arrivé à un résultat analogue (*loc. cit.*).

Bonnet est parvenu à faire pousser des fibres-racines à des feuilles de Haricot incarnat en les plongeant tout simplement dans l'eau par leur pétiole (1).

M. Neumann a reconnu depuis longtemps qu'il était possible de reproduire le *Theophrasta* au moyen de morceaux de feuilles enfoncées en terre, et sur lesquels il se développe alors de vrais bourgeons. Le même horticulteur est aussi parvenu à multiplier les *Gloxinia* en faisant de simples boutures de feuilles (de Parseval).

La feuille du *Hoya carnosa,* par boutures, se prête merveilleusement à la multiplication de l'espèce. C'est au jardinier en chef du jardin botanique de Lyon, M. Hamon, que l'on est redevable de ce moyen (Seringe, *loc. cit.*).

Les feuilles du *Brassica oleracea,* et surtout celle du *B. gongyloides*, ainsi que celles du *Sempervivum tectorum*, placées dans un milieu convenable, ont également pu donner des fibres-racines très-longues, et dont nous avons tracé autre part les principaux caractères (*loc. cit.*).

M. L. Leclère a observé sur la feuille d'une variété de *Crinum* le développement spontané d'une racine de feuille qui s'était formée sur la nervure médiane dorsale sans qu'il y eût eu rupture de la nervure. Une autre feuille de la même plante a aussi présenté une racine plus petite (2). Cette formation de racine indique la tendance de cette feuille à se bouturer ou à donner des bulbilles ou des bourgeons.

Dans l'expérience de Bonnet, ainsi que dans les nôtres, les feuilles n'ont donné que des racines sans émettre aucun bourgeon propre à reproduire l'individu. C'est que le protophytogène qui doit former les organes appendiculaires, et par suite l'axe, est très-long à *s'exastosier*, et que nous n'avions pas eu la persévérance nécessaire ou le soin de placer la feuille dans les conditions convenables pour arriver à la bouturation complète. C'est alors que, persuadé qu'il fallait plus de temps et des précautions

(1) *Rech. us. feuilles*, pl. 27.
(2) *Bull. soc. bot. Fr.*, t. III, p. 645.

plus grandes ou plus multipliées, nous avons répété ces expériences, et les résultats obtenus dans ces nouvelles conditions ont été plus satisfaisants.

Ainsi, en plaçant des feuilles de *Begonia*, de *Dioscorea Batatas*, de *Lychnis coronaria*, de *Fuchsia*, de *Sambucus nigra*, d'*Hemionitis*, de *Phaseolus coccineus*, de *Sempervivum tectorum*, de *Cardamine pratensis* et de *Cardamine macrophylla* dans de la terre de bruyère convenablement humectée et recouvrant le tout d'une cloche bien enfoncée en terre, de manière à avoir une atmosphère étouffée et une chaleur aussi uniforme que possible, au bout de deux ou trois mois nous avons pu voir sortir de terre un petit axe portant de petites feuilles qui ont peu à peu grandi et formé de nouveaux individus.

En général, la base du pétiole, dans ces conditions, commence toujours par s'épaissir considérablement ; des radicelles se forment, et sur un ou plusieurs points, au sommet du bourrelet qui s'est produit, on voit apparaître d'abord un tubercule qui se divise à son sommet, de façon à former les premières feuilles avortées affectant l'apparence d'écailles plus ou moins épaisses. Peu à peu, l'axe s'allonge, les feuilles prennent des formes plus normales, qui sont alors vertes, parce qu'elles reçoivent l'action de la lumière, et dès lors la plante peut vivre avec plus de certitude, quoique avec moins de précautions. Une foule de conditions doivent être prises pour arriver à ce résultat, et nous croyons devoir indiquer les principales, qui sont :

1° Avoir une terre qui ne soit ni trop sèche ni trop humide ; car dans le premier cas, la feuille se flétrit, et dans le second, elle se pourrit ;

2° Avoir grand soin de sécher la cloche à mesure que l'on s'aperçoit qu'elle se couvre d'humidité, ce qui fait moisir la feuille ;

3° Éviter l'action directe de la lumière en recouvrant la cloche d'un paillasson, d'une feuille de papier rouille ou de plusieurs doubles de toile ; sans cette condition, la feuille se crispe, se dessèche et meurt ;

4° Entretenir une chaleur aussi constante que possible : une température comprise entre 20 et 25 degrés centigrades nous a paru être celle qui convenait le mieux à cette expérience ;

5° Presser assez fortement la terre autour du pétiole ou de la partie de la feuille qui est enterrée; peut-être alors y a-t-il moins d'alternative d'humidité ou de sécheresse autour du point où doit se former le bourrelet; peut-être aussi la température, en ce point, est-elle alors moins sujette à varier. Quelle qu'en soit la raison, il est constant que les mêmes feuilles, placées dans une terre non tassée, ne donnent aucun résultat favorable;

6° Quand les feuilles n'ont pas assez d'épaisseur ou de rigidité, il convient de les recouvrir d'une petite cloche, et par-dessus cette petite cloche, on en pose une plus grande. De cette façon, on est bien plus sûr de conserver une chaleur et une humidité plus constantes, ce qui ne doit pas empêcher d'avoir égard aux autres conditions que nous recommandons.

Ces expériences, qui certainement seront répétées sur un grand nombre de feuilles, nous donnent la conviction que toutes les fois que l'on s'y prendra convenablement, on obtiendra, avec certaines feuilles, pourvu qu'elles soient suffisamment épaisses et rigides, et qu'elles ne soient ni trop jeunes ni trop âgées, on obtiendra, disons-nous, des bourgeons qui reproduiront le végétal.

La formation des bulbilles, ou pour parler suivant les idées que nous émettons dans cet ouvrage, l'exastosie des phytogènes qui doivent reproduire l'individu, se fait de façon à donner 5 formes ou sections principales qu'il n'est peut-être pas sans intérêt d'examiner ici.

a. Quelquefois 'exastosie du ou des phytogènes se fait à la base de la feuille, et l'on ne voit pas qu'elle tende à en faire naître ailleurs. C'est le cas des feuilles d'Aroïdées ou de Nympheacées (Ad. Brongniart), ou de celles des *Begonia, Lychnis, Coronaria, Kalanchoe spathula, Phaseolus, Brassica,* et *Lilium Candidum* (écailles), etc.

b. D'autres fois les phytogènes s'exastosient sur les bords de la feuille, comme cela a lieu dans le *Bryophyllum*, le *Malaxis paludosa*, l'*Alchemilla minima*, les *Lemna*, etc.

c. Dans quelques cas, l'exastosie des phytogènes se prononce plutôt de chaque côté et sur la nervure médiane de la feuille, ainsi que l'a vu M. Durieu de Maisonneuve sur le *Cardamine latifolia*, et comme nous l'avons vu nous-même sur les *Cardamine pratensis* et *macrophylla*.

d. Il arrive encore que ces phytogènes s'exastosient sur la surface entière des feuilles, comme on peut le reconnaître sur les feuilles du *Rochea falcata*, l'*Eucomis regia*, l'*Ornithogalum thyrsoides*, etc.

e. Enfin, parfois, c'est au sommet de la feuille que nous voyons l'exastosie produire le phytogène qui doit produire le bulbille. L'*Allium magicum* et le *Nasturtium officinale* nous en ont offert des exemples.

Si nous cherchons à établir un parallèle entre ces productions de bulbilles sur les feuilles et la formation des ovules dans les carpelles, nous y retrouvons tous les modes de placentations correspondant au développement des bulbilles sur les feuilles.

a'. Ainsi, par exemple, les carpelles à ovules dressés comme le sont ceux des Composées, des Dilléniacées, ou des Renonculacées, etc., représentent assez bien les feuilles bulbipares de la section a. Supposons que plusieurs de ces feuilles bulbipares disposées en verticilles viennent, par défaut d'exastosie, à rester unies par leurs bords et que les phytogènes qui doivent former les bulbilles unis aussi, et constituant alors un seul phytogène central, viennent à se développer en axe qui au lieu de feuilles émettrait tout autour de lui un certain nombre de phytogènes-bulbilles, nous aurons dans ce cas une cavité (cyclochorise, p. 334) au milieu de laquelle se trouvera une columelle chargée de bulbilles, comme l'est la columelle centrale du fruit des Primulacées, des Théophrastées, ou des Myrsinées chargées d'ovules.

Les Santalacées sont dans le même cas, avec cette différence que les ovules ne s'épanouissent qu'au sommet de l'axe central et seulement au nombre de 2 à 4. Voilà ce nous semble la *placentation centrale proprement dite* ou *essentielle* (Ad. de Jussieu) ou *libre* (Aug. Saint-Hilaire).

b'. Mais dans la plupart des cas, la placentation est pariétale, tout en produisant des angles plus ou moins rentrants, et c'est du bord des feuilles carpellaires que naissent les ovules. Conséquemment le carpelle se trouve, quant à la formation de ses phytogènes-ovules, tout à fait dans le même cas que les feuilles de la section b, pour la formation de ses phytogènes-bulbilles, et sa déhiscence se fait de façon que les graines restent attachées aux bords devenus libres (*déhiscence septicide*). Il est inutile d'insister sur les modifications qui peuvent résulter, pour l'ovaire, des modes d'adhérence des feuilles entre elles, et il nous suffit d'indiquer qu'ici il y a une ovulation marginale, comme nous avons vu sur les feuilles une gemmation marginale aussi ; ce qui sert à les distinguer de celles qui suivent.

c′. Ici, en effet, de même que nous avons vu les feuilles de la section c, émettre leurs bourgeons par la nervure médiane ou rachis, de même on peut supposer qu'il est des ovelles, qui au lieu d'avoir une ovulation marginale, l'ont au contraire médiane, et l'on s'expliquerait ainsi, d'une manière très-simple, la placentation pariétale, mais dans laquelle la déhiscence se fait par le milieu de la loge, de telle sorte que le placenta serait comme la nervure médiane du carpelle devenu libre (*déhiscence loculicide*).

d′. Nous ne connaissons que deux familles : les Butomées et les Flacourtianées qui représentent, par leur ovulation, la gemmation de notre quatrième section d. Mais dans la plupart des espèces de ces familles chaque feuille carpellaire est comme tapissée d'ovules, lesquelles sont attachées à des veines qui adhèrent à l'intérieur de chaque loge (Ach. Richard).

e′. Au contraire de notre premier exemple d'ovulation, il y a des familles, comme les Loranthées, les Caprifoliacées, les Ombellifères et les Laurinées, par exemple, dont les espèces offrent des feuilles carpellaires chez lesquelles l'ovulation semble se faire au sommet de la feuille, ce qui en fait des ovules renversés. Or nous avons signalé des cas de feuilles ordinaires, e, sur lesquelles la gemmation s'est produite au sommet de la feuille. Par conséquent, ces deux phénomènes présentent une analogie manifeste dans la manière dont se fait l'exastosie soit des phytogènes-ovules, soit des phytogènes-bulbilles.

Hâtons-nous de dire que ce n'est qu'un parallèle que nous avons voulu établir ; car souvent la situation des ovules est bien différente, dans le même végétal, de celle des bulbilles ou des bourgeons qui se développent sur les feuilles.

B. *Feuilles foliipares.*

Il est encore une classe de phénomènes qui se rapprochent de ceux que nous venons d'étudier, mais qui pourtant ne leur sont pas complétement identiques. Nous voulons parler de ces *productions de feuilles sur des feuilles,* qu'il est difficile d'attribuer, 1° soit à un dédoublement, à cause de la différence de grandeur des parties surajoutées, de la longueur du pétiolule qui les porte, de leur direction souvent opposée, en quelque sorte, aux feuilles normales; 2° soit à l'évolution d'un bulbille, car la feuille ou les feuilles surajoutées ne laissent voir nulle trace de bourgeon terminal capable de continuer l'axe, si toutefois on veut considérer le pétiole comme un axe; et les exemples qui vont suivre seront bien de nature à les faire regarder comme tels.

1° Si l'on fait quelques recherches dans les feuilles du *Robinia pseudo-acacia,* on ne tarde pas à rencontrer des feuilles composées à la base desquelles il s'est développé 1 ou 2 petites folioles surnuméraires, dont une se trouve représentée pl. IV, *fig.* 8, a. Quelquefois, mais très-rarement, on trouve à la base de la seconde paire de folioles inférieure, une troisième et même une quatrième petite foliole surnuméraire analogue, et située, par rapport aux folioles normales, de la même façon que celle que nous avons représentée.

2° Les feuilles des *Poterium,* et surtout celles des *Sanguisorba,* offrent quelquefois dans les premières, presque normalement dans les secondes, et à la base de leurs folioles normales, des petites foliolules qui nous paraissent être de même nature que celles du *Robinia.* Avec *la théorie des déplacements,* on pourrait dire 1° que ces productions surnuméraires ne sont que des *stipelles* qui se développent à la base des folioles, et sans déplacement, chez les *Poterium* et *Sanguisorba ;* 2° qu'elles se déplacent en se portant un peu au-dessus du plan limbaire de la feuille, dans le *Robinia,* et 3° qu'elles se déplacent en descendant sur le rachis, mais tout en conservant le même plan limbaire dans un grand nombre de feuilles de Rosacées, comme dans les *Agrimonia,* les *Spirea,* etc.; et cette manière de voir pourrait être justifiée par l'existence des stipules à la base des feuilles, ce qui constitue un des caractères importants des vastes familles des Légumineuses et des Rosacées. Ce serait alors cette tendance si prononcée à la formation des stipules qui se conserverait jusqu'à la base des folioles et qui formerait des stipelles analogues à celles que l'on observe à la base des folioles des *Phaseolus*. Mais les phénomènes que nous allons faire connaître doivent conduire à une autre manière de voir.

On pourrait encore admettre qu'elles sont le résultat d'un commencement de bicomposition analogue à celui du *Staphylea pinnata*, p. 221; mais on ne rencontre aucun passage à cette tendance dans les folioles normales, et d'ailleurs jamais on ne voit la foliole surnuméraire venir se placer au-dessus de l'autre suivant deux plans parallèles; par conséquent il faut encore abandonner cette nouvelle manière d'interpréter le phénomène. D'ailleurs, les faits que nous allons exposer seront de nature à convaincre que ces deux hypothèses ne sauraient être d'une grande valeur.

On doit à M. J. Gay et à M. de Schœnefeld l'observation que les feuilles du *Fragaria collina*, outre ses 3 folioles normales, offrent 2 petites folioles supplémentaires, un peu pétiolulées, et situées de chaque côté du pétiole commun, à une certaine distance des folioles normales. M. J. Gay, qui a vu plusieurs fois ce phénomène reproduit sur les feuilles de cette même espèce, où il paraît être assez fréquent, en a conclu que les feuilles de fraisiers ne sont pas des feuilles palmatipartites, mais des feuilles pinnatipartites (1).

D'après ce que nous avons dit p. 150, on voit que nous ne saurions partager la manière de voir de ce savant botaniste, puisque la feuille du *Fragaria viridis* est essentiellement une feuille *latéricomposée*, appartenant à notre quatrième système de composition des feuilles dont le symbole est L < l. (2).

3º Il n'est pas rare de rencontrer dans le *Tamus communis* des feuilles parfaitement simples et cordiformes, comme les feuilles normales, mais dont le pétiole, au lieu de se terminer comme le limbe de la feuille, se termine par un petit pétiole, ter-

(1) *Bull. soc. bot. France*, t. III, p. 184.
(2) *Études comparées des feuilles*, etc., *Comp. rend. Acad. scienc.*, 1860 et 1861.

miné lui-même par une petite feuille entièrement conformée comme la feuille normale, et à limbe quasi parallèle avec celui de la première feuille, *fig.* 92. Ici, point de dédoublement : la feuille surnuméraire est trop petite, et elle est d'ailleurs pétiolée ; elle ne représente point une stipule, puisque les Dioscorées ne sont pas des plantes dont les feuilles soient stipulées à leur base. Enfin il n'y a nulle apparence que cette feuille surnuméraire représente un commencement de composition de la feuille.

4° La feuille du *Phaseolus* est une feuille composée de 3 folioles dans son état normal. Quand il arrive que la feuille donne anomalement un plus grand nombre de folioles, comme nous l'avons indiqué p. 148, c'est toujours par le côté et suivant un excès d'exastosie plane longitudinale (p. 151) que se fait la composition *exagérée* de ces feuilles. Par conséquent, la feuille dont il va être question ne saurait avoir une formation semblable à celle des feuilles que nous venons de citer. La feuille dont il s'agit ici est une feuille composée de 5 folioles entières et tout à fait semblables aux autres. Seulement le pétiole se trouve continué au point de jonction des trois pétiolules, par un petit pétiole long de 15 à 16 millimètres et terminé par une foliole articulée, parfaitement faite, *fig.* 93. La base de ce pétiolule ne s'exsère, ni sur toute l'étendue que présente le pétiolule qui porte la foliole terminale normale, ni sur sa partie médiane. Elle paraît occuper la moitié gauche supérieure du pétiole, ce qui laisse supposer que l'autre moitié pourrait, dans une condition donnée, fournir une autre feuille ou foliole. Nous ne pensons pas qu'il y ait lieu d'y voir une chorise diplasique centripète de la foliole terminale, par les raisons suivantes : 1° la foliole additionnelle est beaucoup plus petite que la foliole normale ; 2° son pétiolule est au moins d'un tiers plus court et de moitié moins large ; 3° son exsertion est plutôt latérale ; 4° enfin le pétiolule et la foliole surnuméraires semblaient plutôt continuer le pétiole que le pétiolule de la foliole terminale normale. L'idée de stipule ne peut même pas raisonnablement être invoquée. Comment donc considérer cet organe supplémentaire ? Nous pensons que l'exemplaire très-curieux d'une feuille du *Ptelea trifoliata* que nous possédons va nous mettre sur la voie d'une considération nouvelle, que nous développerons dans un autre chapitre.

5° Cette feuille de *Ptelea*, *fig.* 94, n'offre aucune différence avec les feuilles normales les mieux constituées ; mais le pétiole se prolonge, comme dans les exemples du *Tamus* et du *Phaseolus*, en un petit pétiole qui se termine par une petite feuille trifoliolée, ou plutôt constituée par une petite foliole libre, à gauche, et par deux folioles, à droite, qu'un défaut d'exastosie a laissées unies jusqu'aux deux tiers environ de leur longueur. Si l'on observe que les folioles sont sessiles sur l'extrémité du pétiole, tandis que la feuille surnuméraire est longuement pétiolée ; que les folioles normales sont très-grandes comparativement aux folioles surajoutées, et si nous ajoutons que ces dernières n'étaient nullement parallèles aux premières, on conviendra qu'elles ne sauraient être regardées comme le résultat d'une chorise diplasique.

Nous avons eu déjà l'occasion d'avancer que la feuille pouvait être regardée comme l'analogue des axes fasciés, et nous avons fait voir en effet que, dans notre opinion, 6, 3 ou 2 phytogènes circulaires, au moins, *fig.* 27, 28, 29, pl. VII, entraient dans la composition des organes appendiculaires ; que tout organe allongé, cylindrique ou prismatique, devait être regardé comme un axe, p. 312 ; que certaines feuilles ressemblent plus à des axes, et certains axes à des feuilles, que les organes auxquels on a donné ces noms (p. 275). De ces trois antécédents nous tirons cette conséquence qu'un pétiole est l'analogue d'un axe, que les nervures sont les analogues des rameaux, et que ce qui distingue essentiellement la feuille des autres organes, c'est que ces axes ou rameaux sont tous plus ou moins unis entre eux par du tissu cellulaire qui s'est développé dans leurs intervalles. Donc le pétiole, dans les exemples qui viennent de nous occuper, est un mérithalle *foliaire*, si l'on veut, terminé par une *fascie foliaire*, généralement unique dans les feuilles simples, et qui se multiplie d'autant plus que la feuille est plus composée. Cette multiplication se ferait le plus souvent dans un même plan, quoique souvent elle change de plan, comme on peut le voir pour les feuilles composées des Ombellifères, et surtout les feuilles tétragones de quelque *Santolina*; mais enfin on peut, en forçant les analogies, concevoir encore que, même pour les Ombellifères, tous les éléments restent dans un même plan. Dans les feuilles des *Tamus, Phaseolus, Ptelea*, dont il s'agit ici, le plan des feuilles normales et celui des feuilles surnuméraires semblent être *superposés*, et n'ont par conséquent rien de commun avec ceux mêmes des feuilles composées d'Ombellifères, dont les plans seraient plutôt *collatéraux*.

En considérant le pétiole comme un mérithalle dont les feuilles ou les folioles seraient les organes appendiculaires, nous aurions, dans les trois cas dont il s'agit, un mérithalle surnuméraire terminé par des organes appendiculaires surnuméraires aussi. Or, comme nous sommes habitués à ne voir dans ce mérithalle qu'une feuille pétiolée, nous avons alors ici *répétition de feuille pétiolée sur une feuille pétiolée*. C'est un autre mode de composition des feuilles dont nous ne connaissons normalement aucun exemple. Si maintenant on se rappelle les exemples des feuilles des *Cardamine pratensis* et *latifolia*, et surtout celles du *C. macrophylla*, lesquelles donnent *à volonté* des bourgeons à l'aisselle de leurs folioles, on conviendra qu'il y a une grande analogie entre les feuilles et les axes, analogie que nous ferons surtout bien ressortir quand nous parlerons de la *similitude d'origine des organes végétaux*.

Mais si le pétiole et la nervure médiane qui le continue dans le limbe peuvent être regardés comme un axe, on devra considérer les 2 demi-limbes opposés sur cet axe comme les organes appendiculaires de cet axe foliaire; mais alors le plan du limbe lui serait parallèle au lieu de lui être *perpendiculaire*, comme c'est le cas des feuilles, par rapport aux axes ordinaires; d'où il résulte que les limbes seraient, par rapport à lui, dans le cas des phyllodes par rapport aux axes ordinaires. Cette considération devient importante en présence de certains faits que nous allons faire connaître. En effet, puisque nous pouvons considérer la nervure médiane comme un axe, nous pouvons dire aussi que les 2 demi-limbes de la feuille sont, par rapport à lui, ou dans le cas des feuilles *alternes distiques*, à l'égard de l'axe ordinaire qui les porte, et bon nombre de feuilles composées à folioles alternes leur ressemblent beaucoup; ou dans le cas des axes quasi fasciés de certaines espèces de Cactées dont l'axe se trouve recouvert d'un tissu cellulaire s'épanouissant en 2 ailes opposées qui imitent les 2 demi-limbes des feuilles (*Epiphyllum* Pfeiff., *Rhipsalis*,

Gœrtn., *Phyllocactus*, Link). Ces sortes de tiges, mieux que les tiges fasciées des *Xylophylla* et des *Ruscus*, nous paraissent établir le passage entre les fascies proprement dites et les feuilles ; car on y observe au centre un axe solide qui en serait comme la nervure principale, puis des axes ou des nervures secondaires se rendant aux sinus de la tige, où se développent les fleurs ou les axes qui doivent ramifier la plante. C'est à un état analogue que certains axes ailés doivent les membranes vertes parallèles qui font saillie, et qui ne proviennent certainement pas de la décurrence des feuilles ; car dans les axes à ailes opposées du *Genista sagittalis*, ou du *Bossiœa scolopendria*, les feuilles sont assises aux angles rentrants que forment les ailes, et si ces ailes provenaient de quelques décurrences, c'est qu'elles seraient dues à une production dorsale de la feuille.

En conséquence, il devra arriver des cas où cet axe *foliaire* ou nervure, soit normalement, soit d'une manière insolite, offrira des parties appendiculaires, non plus opposées et comprises dans un même plan, qui passerait par la nervure, mais formant un triangle, ou bien 3 ailes longitudinales d'organes appendiculaires, comme on le voit dans quelques plantes que nous allons faire connaître, et qui sont à la nervure ce que sont les feuilles dites *alternes tristiques*, par rapport à l'axe ordinaire.

M. Eug. Fournier a signalé une anomalie assez fréquente sur le limbe foliacé qui termine l'axe primaire des *Ruscus*. On voit, dit cet observateur, une côte herbacée, de même structure que le limbe, se dessiner sur lui en relief, suivant un des faisceaux fibro-vasculaires, et quelquefois acquérir, quand elle est médiane, les mêmes dimensions qu'une des moitiés du limbe, qui paraît alors trifurqué (1). Ce phénomène est à coup sûr de même nature que celui que l'on observe dans les *Cereus* à 3 côtes (*C. gladiator, hamatus, obtusus, variabilis, tylophorus*, etc.), et représente, au point de vue où nous nous placions tout à l'heure, un axe avec 3 limbes *parallèles* correspondant aux axes ordinaires à feuilles alternes tristiques *perpendiculaires*. Cette manière d'être des axes se rencontre encore quelquefois à l'état normal dans les *Genista sagittalis* et *Triquetra*. On retrouve un

(1) *Bull. soc. bot. France*, t. IV, p. 759.

diminutif de cette disposition dans les feuilles de certains *Aloe*, (*A. Carinata*, par exemple), de quelques Ficoïdes (*Mesembryantheum deltoïdes*), de l'*Allium triquetrum*, du *Sparganium simplex*, du *Butomus umbellatus*, etc., et il est remarquable que la feuille de ces dernières espèces ne se distingue pas sensiblement de l'axe des *Cyperus*, de quelques *Carex*, des *Scirpus triqueter, tuberosus*, etc., du *Mariscus ovularis*, etc., si ce n'est qu'ici l'axe se termine toujours par une inflorescence, ce qui n'a pas lieu pour les feuilles.

Nous avons aussi décrit, p. 216, un cas de feuille de *Mahonia tenuifolia*, dans lequel la première paire de folioles s'était dédoublée, mais de deux façons : l'une des folioles par chorise circulaire; l'autre, par chorise centripète (p. 251); mais il y avait eu en même temps déplacement de l'une des deux folioles chorisées, de sorte que les 3 folioles formaient entre elles un verticille autour du rachis; seulement, le plan des limbes était nécessairement parallèle au rachis, et conséquemment formait 3 folioles assez analogues aux 3 ailes dont nous venons de parler.

Il y a des axes chez lesquels on rencontre des ailes membraneuses au nombre de 4, opposées 2 à 2; mais il faut dire que, dans la plupart des cas, ces ailes correspondent aux bords des feuilles, et que, par conséquent, elles peuvent être regardées comme des décurrences de ces feuilles, si tant est que les décurrences soient une vérité botanique, ou mieux encore comme un défaut d'exastosie entre l'axe et la nervure médiane, ainsi que nous l'avons déjà dit p. 129. Cependant on observe de ces ailes ou côtes dans des végétaux chez lesquels on ne saurait évidemment leur accorder une semblable origine. Ainsi dans les *Cereus* (*punctatus, thalassinus, horridus, hamatus, obtusus*, etc.), les côtes saillantes sont souvent fort prononcées et ne sont autre chose que des productions latérales de l'axe central qui, dans l'ordre d'idées où nous nous trouvons placé, constituent une sorte d'organes appendiculaires à plans *parallèles à l'axe*, répondant tout à fait aux feuilles opposées décussées sur les tiges ordinaires, avec cette différence que, dans ce dernier cas, les plans sont *quasi perpendiculaires à l'axe*, et cette disposition des côtes sur les axes se trouve parfaitement réalisée dans certaines feuilles, particulièrement celles des *Santolina chamœcyparissus, pin-*

nata, rosmarinifolia, tomentosa, etc., chez lesquelles les parties limbaires sont disposées sur 4 rangs, opposés 2 à 2. Par conséquent, il n'y aurait rien d'extraordinaire dans l'observation inattendue d'une feuille offrant, au lieu de 2, 4 demi-limbes plus ou moins disposés en croix (1). Or, cette disposition paraît avoir un commencement de réalisation dans certaines anomalies de feuilles. Mais pour comprendre la formation de ces anomalies, il est nécessaire d'entrer dans quelques considérations dont nous n'avons pas encore parlé, mais qui peuvent se déduire de celles que déjà nous avons eu l'occasion de faire connaître.

Il y a une catégorie de feuilles qui sont douées de la propriété de se diviser d'une manière inégale, irrégulière, variable, et dont, à cause de cela, nous avons fait une classe à part dans nos *Études comparées des feuilles*. Elles appartiennent à notre septième système, dont le symbole assez compliqué $= \dfrac{L < l}{L > l}$.

Dans ces sortes de feuilles, on reconnaît des excès d'exastosie

---

(1) Dans cet ordre d'idées, les côtes plus ou moins nombreuses des espèces du genre *Cereus* pourraient se rapporter aux formes phyllotaxiques ordinaires. Ainsi, la forme quinconciale 2/5, serait représentée par cinq côtes (*C. pentalophus, pellucidus, virens, polychœtus*, etc.); la forme insolite 2/6, que nous avons quelquefois rencontrée dans les *Rosa, Campanula, Heliotropium, Rubus, Betula*, etc. (*), par 6 côtes (*C. Dumortieri, eriocomus, alacripontinus, azureus, cœsius, Ehrenbergii*, etc.); la forme 3/8, par 8 côtes (*C. serruliflorus, monoclonos, Curtisii, cœrulescens*, etc.); la forme 5/13, par treize côtes (*C. micracanthus, fluminensis, cometes, gilvus*, etc.); la forme 8/21, par vingt et une côtes (*C. senilis*), etc. Mais les côtes des *Cereus* qui varient depuis deux jusqu'à un très-grand nombre, en offrant tous les nombres intermédiaires, sembleraient indiquer des formes insolites plus nombreuses que celles que nous avons fait connaître (**), et si l'on observe que, dans ces espèces, les feuilles sont le plus souvent nulles ou réduites à l'état le plus rudimentaire et toujours promptement caduques, on en conclura que ces côtes remplissent le rôle des limbes de feuilles étant comme elles couvertes de nombreuses stomates. De ces côtes à celles des *Echinopsis, Echinocactus, Melocactus*, etc., ou aux mamelons des *Mammillaria*, il n'y a presque aucune distance, et pour les espèces de ces genres comme pour les *Cereus*, il n'y a réellement pas de difficulté à admettre que les côtes représentent des *limbes foliacées parallèles à l'axe* et plus ou moins analogues aux *phyllodes* des *Acacias* de la Nouvelle-Hollande. Mais, loin d'être assimilables aux prétendues décurrences, ces sortes de limbes n'étant pas interrompus comme les phyllodes et commençant par le bas et continuant à s'allonger avec l'axe, on pourrait leur donner un nom différent, et au lieu de les appeler feuilles ou limbes décurrents, il serait mieux de les nommer feuilles ou limbes *précurrents*.

(*) *Compt. rend. de l'Instit.*, janvier 1861.
(**) *Loc. cit.*

incertains, irréguliers, sorte de mélange d'excès et de défauts qui font souvent de ces feuilles des organes de figures souvent étranges. Il arrive souvent alors qu'un excès d'exastosie plus ou moins régularisé en fait des feuilles presque composées, tandis que dans ces mêmes feuilles de la même espèce (*Sonchus oleraceus lævis*) le défaut d'exastosie en a fait une feuille parfaitement simple.

Nous avons dit, en parlant des chorises, qu'il pouvait arriver que le dédoublement d'une feuille, au lieu de se faire suivant un plan perpendiculaire au limbe et parallèle à l'axe (chorise circulaire), se fît suivant un plan parallèle au limbe, et en quelque sorte perpendiculaire à l'axe (chorise centripète); et nous avons supposé que la chorise portait sur la feuille tout entière. Mais si l'on suppose que ce dédoublement ne se fait qu'accidentellement sur les phytogènes qui bordent les nervures ou les extrémités des feuilles, on aura des phénomènes variables très-faciles à apprécier.

Pour concevoir ces phénomènes, il faut rappeler que 2 ou 3 phytogènes circulaires s'associent pour former les feuilles ou fascies foliaires; que ces phytogènes, par exemple, *fig.* 95, produisent symétriquement de chaque côté de la ligne A B, du tissu cellulaire qui s'exastosie en d'autres phytogènes capables de se séparer plus ou moins, de façon à former les feuilles plus ou moins composées, ou plus ou moins découpées, ou seulement plus ou moins lobées. Dans tous ces cas, c'est l'exastosie circulaire qui a produit les découpures, et les exastosies centripète et transversale n'ont pris aucune part au phénomène, excepté l'exastosie transversale dans les feuilles composées articulées.

En supposant une feuille composée, nous concevons aussitôt au moins une double succession de phytogènes se superposant, se tenant toujours unis. C'est ce point d'union qui formera le rachis, et c'est surtout à leur point de réunion que les actions vitales seront le plus prononcées, et que par conséquent les divers tissus pourront le mieux se produire. Si la tendance à la fascie foliaire de chacun des phytogènes superposés est bien prononcée, comme cela a presque toujours lieu, alors chaque phytogène s'épanouit suivant un plan, en vertu des forces dont nous avons parlé p. 281, et là il prend la figure d'une *fascie foliolaire*.

Mais il peut arriver, quoique très-rarement, que chaque phytogène, ou que quelques phytogènes, au lieu d'une tendance à une fascie foliaire, ait, au contraire, une tendance à une production axile, et voici comment : Nous avons dit que chaque phytogène pouvait, dans certaines circonstances, devenir protophytogène a son tour, et par conséquent se composer de phytogènes entourant un phytogène central (12 phytogènes en enveloppant un 13e). Ce protophytogène peut *évoluer* en un tube plus ou moins allongé, cylindrique ou prismatique, et former, 1º un axe ou une nervure : ce sera un axe ou un diminutif d'axe, lorsqu'il n'y aura aucune production latérale, et les épines du *Gleditschia*, les vrilles des *Lathyrus*, ou ce qui compose la feuille dans le *Rumia microcarpa*, certains *Fœniculum*, etc., nous en offrent des exemples; 2º ce sera une nervure lorsque le phytogène, en s'allongeant, émettra des productions latérales de tissu cellulaire et d'autres subdivisions de nervures ou axes plus petits, émettant eux-mêmes des productions latérales de tissu cellulaire.

Ainsi, dans une feuille composée, le premier protophytogène, en s'allongeant, produira le rachis, A B, *fig.* 95; mais sur ce rachis, les phytogènes latéraux pourront s'exastosier, devenir à leur tour protophytogènes, et former des axes ou nervures secondaires, a b. Le phytogène central, en s'élevant et devenant C′, prendra les qualités d'un protophytogène, et donnera naissance à des phytogènes latéraux ou circulaires; mais les latéraux seuls évolueront en de nouveaux axes latéraux, a′ b′, et le phytogène central de ce second protophytogène, en s'élevant, continuera le rachis, tandis que 2 de ses phytogènes latéraux produiront les axes secondaires a″ b″, et ainsi de suite; de sorte que l'on pourra avoir une succession d'axes ou nervures *dans un même plan*, a b — a‴ b‴, etc. (1).

Ceci posé, on peut aisément comprendre que ce que nous venons de dire sur la formation des nervures secondaires, par rapport au rachis, peut tout aussi bien se dire des nervures tertiaires, quaternaires, etc., par rapport aux nervures secondaires, tertiaires, etc. Quant aux phytogènes intermédiaires p p, p′ p′, p″ p″, etc.,

---

(1) Nous verrons plus loin, à l'article *Similitude d'origine des organes végétaux*, qu'il y a des végétaux dont tous les vrais axes sont développés suivant un même plan, absolument comme les nervures secondaires, tertiaires, etc., des feuilles.

fig. 95, qui ne se sont pas exastosiés, ils concourent à la formation du pétiole P, ou des mérithalles foliaires, et peut-être aussi au tissu cellulaire qui doit former le parenchyme de la feuille. Si ce parenchyme est abondamment produit, il réunira tous ces axes ou nervures en comblant les intervalles compris entre eux, et alors la feuille sera *simple*, ainsi que l'indique la courbe ponctuée qui circonscrit tous les axes de la figure 95.

Si les protophytogènes successifs peuvent donner lieu à une sorte de fascie foliaire par le développement latéral de quelques-uns de leurs phytogènes, on comprend, à plus forte raison, que l'union ou l'assemblage de plusieurs phytogènes placés dans un même plan produisent par leur évolution une fascie foliaire ou feuille, et il est inutile que nous insistions sur la manière dont se formera la feuille simple ou composée.

Nous pouvons maintenant revenir au sujet qui nous occupe dans cette section.

Puisque chaque phytogène latéral a b, a′ b′, etc., *fig.* 95, peut former un axe, c'est que, par son évolution, il s'est constitué protophytogène, c'est-à-dire qu'il s'est composé de 12 phytogènes en entourant un 13ᵉ. Dans cet état, il constitue sur le rachis tout nouvellement formé un petit mamelon qui se développera comme nous venons de le dire, si la feuille se comporte d'une manière normale. Mais il peut arriver que ce protophytogène s'exastosie à son sommet, de façon à produire une ouverture en s, *fig.* 96, a, et qu'en même temps le phytogène central c, avorte; dans ce cas, les phytogènes périphériques s'accroissent en restant intimement unis et forment bientôt une cupule ou godet qui sera plus ou moins régulier, selon que l'évolution des phytogènes périphériques sera elle-même plus ou moins régulière. De ce développement régulier naîtront des organes normaux, parmi lesquels nous citerons les 4 glandes vasculaires en forme de burette que l'on observe sur le pétiole, au-dessous de la feuille du *Passiflora alata, fig.* 96, b, et que leur position doit faire regarder comme des folioles rudimentaires. On peut remarquer dans la formation de ces glandes par le protophytogène, a, que par un développement un peu plus grand à sa base, l'ouverture du tissu cellulaire a été un peu déjetée sur le côté, et a été portée en s′. Elles ne sont autres, dans ces conditions, que des axes

avortés tout à fait analogues aux cyclochorises dont nous avons
parlé p. 323. On en rencontre accidentellement sur le pétiole des
feuilles de l'Abricotier; mais leurs bords sont alors beaucoup
moins relevés en coupe, et ils se rapprochent plus de la forme
discoïde.

En supposant un développement inégal dans ces bords, on
peut concevoir la formation de folioles de figures irrégulières, que
nous allons examiner, et dont nous avons déjà reproduit deux
des formes trouvées sur la feuille de Vigne, *fig.* 23, et sur celle
du *Staphylea pinnata, fig.* 22, pl. VI. Cette inégalité des bords
peut cependant tenir à une autre cause que celle du développement irrégulier de la cyclochorise. Il se peut, en effet, que l'exastosie ou séparation en un point des 12 phytogènes périphériques
du protophytogène, au lieu de se faire au sommet, se fasse sur le
côté, sans toutefois arriver à la base du pétiolule; et dans ce cas,
on a une forme analogue à celle d'un cornet plus ou moins ouvert.

En observant et en suivant le développement du mamelon protophytogénique sur une très-jeune feuille de Chou, celle par exemple
du Chou dit *de Bruxelles,* sur laquelle nous avons fait nos observations, on voit que le mamelon se fend beaucoup plus sur le
côté supérieur et que la fente se prolonge jusqu'à la base du mamelon, arrivant ainsi au rachis, *fig.* 97, a. D'abord rond, ce mamelon s'allonge dans le sens de la fente et du rachis, comme on
le voit en b; et quand la feuille est beaucoup plus grande, elle
affecte plus ou moins la forme d'une foliole creuse offrant 2 bords
longitudinaux rapprochés et complétement unis à la base, qui
présente quelquefois une très-grande profondeur, tandis que les
bords supérieurs vont en diminuant et s'éteignant sur le rachis,
fig. 97, c. Chacun de ces bords représente un demi-limbe par
rapport au rachis, et si l'on suppose en effet ces deux demi-limbes
unis par la base, on aura la figure des appendices foliacés qui se
rencontrent très-fréquemment sur les feuilles dont nous parlions
un peu plus haut, appartenant au système $\dfrac{L < l}{L > l}$, particulièrement
dans celles des *Brassica oleracea, Napus,* etc. Il arrive parfois,
quoique très-rarement, que 2 folioles constituées comme nous
venons de le dire, se trouvent en opposition sur le rachis; et

comme parfois aussi l'exastosie de cette foliole se prononce à la base, e, et se prolonge jusqu'au rachis, il en résulte que de chaque côté de cette nervure principale on a 2 demi-limbes de foliole dont le plan, parallèle au rachis, en fait accidentellement une nervure à 4 ailes, et dont la section transversale a la forme indiquée par la *fig.* 97, f.

Quelquefois ces sortes d'oreillettes foliolaires se trouvent unies par le sommet à la grande foliole terminale, et forment de chaque côté et à la base de la feuille 2 petites poches plus ou moins profondes. D'autres fois, la feuille, quoique entière, présente sur le milieu de son rachis une ou 2 lames foliacées plus ou moins développées parallèles au rachis, et n'étant autres qu'une des portions d'un phytogène latéral de la feuille qui s'est exastosié, comme nous venons de le dire, 1, 1', *fig.* 97, f, pour former cette lame, qui prend parfois un tel développement que l'on croirait à 1 ou 2 demi-limbes surnuméraires. Nous devons dire cependant que jamais nous ne les avons rencontrés ayant les mêmes dimensions que les 2 demi-limbes normaux. Cependant, en supposant une exagération du phénomène, on arriverait à concevoir la rencontre fortuite de 4 demi-limbes de mêmes dimensions ; et dans ce cas, nous aurions une feuille qui ressemblerait fort à 2 feuilles restées unies par le rachis et ayant leurs deux faces qui se regarderaient. Or, nous avons dit p. 247 qu'il y avait des feuilles qui se trouvaient dans ces conditions-là ; et voilà que, par un raisonnement analytique, nous arrivons précisément à un résultat pareil à ce que nous avions déjà entrevu ; c'est-à-dire que les feuilles précitées ne sont autres que des feuilles dédoublées centripètement.

La conséquence à tirer de ces observations, c'est que la formation de ces appendices foliacés n'est autre chose que le résultat d'un dédoublement d'un ou de plusieurs éléments phytogéniques de la feuille, et que par conséquent nous eussions pu tout aussi bien étudier cet ordre de phénomènes avec les chorises qu'avec les répétitions d'organismes. Cependant, d'après ce que nous avons dit p. 476, en observant que c'est par suite de l'avortement du phytogène central qu'a eu lieu la formation d'un double demi-limbe, il s'ensuit, en admettant aussi que le phytogène central n'avorte pas et se développe au contraire comme dans un axe, que nous avons un phénomène analogue à celui qui produit les bulbilles sur les feuilles; par conséquent, le phénomène que nous étudions tient à la fois des chorises et des répétitions d'infrondescences; et comme le résultat définitif est une infrondescence à son début, nous avons cru pouvoir l'étudier dans cette grande section.

M. Germain de Saint-Pierre, à qui l'on doit un grand nombre d'observations tératologiques, nous a fait connaître une curieuse anomalie que l'on peut rapporter aux feuilles qui sont le sujet de nos études actuelles. Elle s'est présentée sur une feuille du *Morus nigra;* en voici là description telle que la donne l'auteur : « Un même pétiole se termine au même niveau par 2 folioles stipulaires latérales et par un limbe d'aspect presque normal ; de la base de ce limbe part une ample expansion foliacée, divisée en 2 expansions distinctes, ayant chacune la forme d'un large cornet dont le bord est lobé. Enfin, une nervure filiforme libre, qui semble être la nervure terminale de cette expansion, s'élève entre les 2 cornets et se termine par un très-petit limbe de forme bilabiée. » M. Germain de Saint-Pierre présente ce phénomène comme une preuve de ce qu'il nomme *expansivité,* et a désigné la feuille qui offre cette anomalie sous le nom de *feuille frondipare,* pour la distinguer de la feuille prolifère, c'est-à-dire portant des bourgeons capables de propager la plante (1). Nous serions très-disposé à adopter cette manière de désigner cette feuille monstrueuse, si le mot *frondipare* n'était pas depuis longtemps employé pour exprimer la formation anomale d'un axe chargé de feuilles. L'expression *foliipare* nous semble préférable, quoique exprimant exactement la même chose, en ce que, nouvelle, on pourrait lui donner une acception spéciale qui serait conservée uniquement pour tous les phénomènes analogues à ceux que nous venons de décrire.

SÉPALES. Les sépales n'étant que des feuilles modifiées, il semblerait que l'on dût voir se produire sur eux les phénomènes que nous venons de signaler dans les feuilles. Cependant, ce n'est que dans des cas fort rares que l'on a vu les sépales produire à leur surface des bourgeons ou des bulbilles, et c'est à peine si

____

(1) *Bull. soc. bot. France,* t. VII, p. 586.

nous aurons quelques cas à citer qui nous soient connus, et encore faudra-t-il les chercher dans les Cactées ou Opuntiacées (Kunth), particulièrement parmi les *Opuntia*, et sur les calices, qui sont plutôt des axes, que sur les sépales eux-mêmes.

Voici les phénomènes que l'on peut généralement observer : après la floraison, la corolle se flétrit et tombe ; l'ovaire, dont l'ensemble constitue un axe et qui est infère, grossit peu à peu et prend les caractères d'un fruit mûr. Le plus souvent, quand on ouvre ce fruit, on le trouve stérile. Cependant, au bout d'un certain temps, et au moment où il semble devoir se flétrir, le sommet nu du fruit se couronne de jeunes pousses semblables à celles que portent les axes, en même temps qu'à la base il se développe des racines. Ce fruit, placé alors dans les conditions convenables, continue à végéter à la manière ordinaire et reproduit ainsi l'individu.

Afin de mettre un certain ordre chronologique dans l'observation des faits, nous dirons que la première observation de ce genre a été faite par M. Tenore, sur les *Opuntia amyclœa* et *Italica* Tenore, et qu'il a fait connaître dans un mémoire publié en 1832 (1). Selon M. J. Gay, M. Gasparrini aurait observé le même fait sur des espèces du même genre.

Dans sa *Flore des jardins*, Seringe dit que « le Conservatoire botanique de la ville (de Lyon) possède des dessins d'Opontie commune dont le fruit a poussé inférieurement des racines, tandis que l'orifice du tube des sépales a donné naissance à des tiges. » (*Loc cit.*, t. I, p. 216.) C'est probablement aux soins de M. Hamon, jardinier en chef du jardin botanique de Lyon, que nous sommes redevables de ce document scientifique.

M. Trécul a aussi depuis longtemps observé, au Texas, un fait analogue sur l'*Opuntia fragilis*. « Si les ovaires, dit-il, tombent à terre, ils poussent des racines adventives et reproduisent la plante comme des boutures (2). »

D'un autre côté, MM. Pfeiffer et Otto ont mentionné dans leur ouvrage (*Abbildung und Beschreibung bluehender Cacteen*), ce

---

(1) *Su di una singolare trasformazione de frutti della Nymphœa alba*, lu à l'Académie des sciences de Naples et inséré dans le *Compte rendu des actes de cette Académie*, t. IV, 1839.

(2) *Bull. soc. bot. France*, t. I, p. 307.

mode de propagation par des rameaux nés sur les fruits des Cactées, lorsque ces fruits étaient en contact avec le sol, et M. Moquin a rencontré en Corse, sur l'*Opuntia vulgaris*, un fruit qui
donnait naissance à deux rameaux : ce fruit n'était pas mûr (1).

En février 1858, M. Napoléon Doumet est venu confirmer les
faits précédents en faisant connaître à la Société botanique de
France des phénomènes analogues à ceux que nous avons déjà
décrits, et qu'il a pu observer sur l'*Opuntia Salmiana*, Parm.
« Les petits bourgeons, dit l'auteur, sortent des aréoles ou petits
faisceaux de laine et d'épines qui garnissent le fruit, mais seulement de ceux placés tout autour du sommet. Après être restés
quelque temps stationnaires, ces jeunes pousses s'allongent et
prennent l'apparence des longs rameaux de la plante ; elles fleurissent l'année suivante, et leurs fruits offrent de nouveau la même
particularité (2). »

M. Guillard a vu se reproduire un phénomène analogue chez
un *Pereskia*, et il pense que les faisceaux d'épines ou de laine
qui couronnent le fruit des *Opuntia* représentent les sépales.
Quoique la génération des axes sur des sépales soit complète-
ment en rapport avec nos idées phytogéniques, cependant, pour
les soutenir, nous serions fâché d'avoir recours à des opinions
qui ne nous sembleraient pas être l'expression exacte de la vérité : *Amicus Plato, sed magis amica veritas.* Ainsi, loin de
partager l'opinion de M. Guillard à l'occasion des faisceaux de
laine ou d'épines, nous croyons, au contraire, que le fruit dans
son ensemble représente un axe ou plutôt une cyclochorise ou axe
fascié circulairement (p. 323), et que chaque faisceau n'est qu'une
rosette de feuilles dégénérées, dont le bourgeon central reste
plus ou moins longtemps dans un état stationnaire, ou même ne
se développe jamais. Les aiguillons des Cactées sont, pour nous,
l'expression du développement, avec dégénérescence des 6 phytogènes circulaires, d'un protophytogène axillaire plusieurs fois
répété, d'une feuille avortée ou tombée de bonne heure ; et le
phytogène central prendrait, dans certaines conditions, un développement normal qui en ferait un axe ordinaire ou une fleur.

M. Labouret, qui a si bien étudié le développement des aiguil-

(1) *Bull. soc. bot. France*, t. VI, p. 203.
(2) *Ibid.*, t. V, p. 114.

lons et l'évolution de l'aréole, semble donner raison à cette manière de voir. « Un certain nombre de points, dit-il, annoncent la première apparition des aiguillons ; pendant qu'ils se développent, ou après leur développemement, une seconde série de points se montre, et de même, après l'apparition de cette série, il s'en présente successivement une troisième, une quatrième, etc. Sur certaines plantes, j'ai remarqué jusqu'à 7 *stratum* qui se sont montrés successivement. » Or il y a entre cette évolution et celle que nous avons observée sur les bourgeons-feuilles du *Larix europœa* une telle analogie, qu'il nous est impossible de n'y pas voir l'expression d'un rameau dégénéré et arrêté dans sa croissance. »

Dans l'étude qu'il a faite tout particulièrement du développement des *Mammillaria*, M. Labouret ne nous semble pas éloigné de notre manière de voir, quoiqu'il pense que l'aréole de ces plantes n'est pas un rameau déprimé, puisqu'il dit que cette aréole serait plutôt l'aisselle d'une feuille. Sur les jeunes pousses d'un grand nombre de *Cereus*, on peut, en effet, reconnaître que les petits faisceaux d'aiguillons naissent, le plus souvent, à l'aisselle d'une toute petite feuille qui ne tarde pas à tomber ; et M. Labouret, dans de jeunes gemmes de *Mammillaria* à végétation active, a vu sur le mamelon de forme conique, et portant déjà des aiguillons, une petite écaille plane et triangulaire qui disparaissait en peu de temps. Cet observateur est convaincu que les Cactées considérées comme dépourvues de feuilles (*Mammillaria, Cereus, Echinocactus, Echinopsis*, etc.) sont réellement munies de petites feuilles qui s'atrophient et tombent de bonne heure (1). Or il ne peut y avoir qu'un bourgeon qui se développe ainsi à l'aisselle d'une feuille, et par conséquent les faisceaux de poils ou d'aiguillons ne sauraient être bourgeons sur les mamelons ou sur les axes fasciés des Cactées, et simplement sépales au sommet de l'axe cyclochorisé qui constitue le fruit des espèces de cette curieuse famille. Donc, nous ne voyons réellement pas de raisons suffisantes pour conclure à la production de bourgeons développés sur les sépales de ces plantes, quoique cependant nous soyons enclin à penser que cette production n'est pas absolument impossible.

(1) *Bull. soc. bot. France*, t. II, p. 177.

M. Tenore, dans le mémoire cité, décrit avec détail et figure un phénomène à peu près analogue que lui a présenté le *Nymphœa alba*, cultivé au jardin botanique de Naples. Mais il s'en faut que le phénomène soit tout à fait assimilable, puisque, dans ce cas, le fruit étant supère, la production de jeunes individus serait plutôt effectuée par les feuilles carpellaires, tandis qu'il est loin d'être prouvé qu'il en soit ainsi dans les Cactées. Il n'y a d'analogie qu'en ce que ces deux fruits, mais l'un infère et l'autre supère, ont produit des bourgeons capables de propager le végétal.

Nous ne quitterons pas ce sujet sans faire observer que, suivant la remarque de M. le professeur Chatin, l'ovaire infère du *Valisneria spiralis* présente à la base de ses ovaires et vers le moment de la floraison, un ou plusieurs petits tubercules qui se prolongent en de véritables radicelles. Celles-ci s'accroissent pendant la maturation du fruit, qu'elles semblent contribuer à fixer dans le vase, et M. Timbal-Lagrave s'est assuré que ces radicelles existent d'ordinaire chez les individus qui croissent dans les environs de Toulouse (1). Peut-être dans certaines conditions ces ovaires pourraient-ils donner aussi des organes appendiculaires et même des bourgeons.

PÉTALES ET ÉTAMINES. Les pétales et les étamines étant, dans les idées reçues, des feuilles modifiées, devraient aussi, dans quelques circonstances, donner lieu à la formation de bourgeons capables de reproduire l'individu. Mais si l'on observe que ces organes sont essentiellement les organes de l'inflorescence, et par cela même sont le plus éloignés possible des organes de l'infrondescence, on comprendra aisément que ce ne soit que très-rarement que ces sortes d'anomalies se montreront, si tant est qu'elles se présentent jamais, à moins que ce ne soit après avoir subi l'effet de la chloranthie ou de la virescence, et encore peut-être compliquée d'hypertrophie. Ainsi les fleurs des Crucifères (*Brassica, Raphanus, Hesperis*, etc.), non-seulement se montrent assez souvent virescentes, mais en même temps hypertrophiées; et dans ces conditions, il n'y aurait rien d'étonnant quand des

(1) *Mémoire sur le Valisneria spiralis*, p. 12, pl. 1, b, c. Brochure in-4°. Paris, 1855.

circonstances extraordinaires feraient naître le phénomène dont nous parlons. Hors ce cas, nous croyons la chose très-difficile, sinon impossible ; car c'est vainement que nous avons cherché à bouturer des pétales. Il est vrai que nous n'avons expérimenté que sur ceux de fleurs d'oranger et de *Camellia*.

CARPELLES. Nous venons de voir les fruits des *Opuntia* produire des infrondescences ; mais, bien que dans la plupart de ces plantes, les fruits soient formés de 4 ou 5 carpelles, cependant, comme ils sont infères et unis en une cyclochorise, il en résulte que ces productions n'émergent point directement des parois extérieures des carpelles.

Dans l'étude que nous allons faire, il pourrait être utile de distinguer les productions internes de celles qui se font sur *la face externe*. Mais comme, jusqu'à présent, nous n'avons à signaler qu'un petit nombre de ces cas normaux ou anomaux à l'extérieur des carpelles, nous examinerons ensemble ces deux ordres de faits, et nous nous contenterons présentement de la division que l'on peut faire dans l'étude de leurs productions internes. On peut donc, dès à présent, diviser les carpelles en *foliifères* ou *foliipares, gemmifères* ou *gemmipares* et *séminifères* ou *séminipares*.

A. *Carpelles foliipares.*

On a dit que les carpelles portaient quelquefois des petits organes foliacés que l'on pourrait peut-être regarder comme un commencement d'infrondescence ; car les phénomènes connus de ce genre n'ayant le plus souvent montré que la formation d'organes foliacés assez simples, il est fort probable que l'anomalie se rapproche de celle que nous ferons connaître sur le *Brassica Napus*, p. 487 et 491.

L'exemple le plus connu de production externe, et qui est presque normal, se rencontre très-fréquemment, mais non constamment, sur les ovaires du *Prismatocarpus hybridus*. Il n'est pas rare, en effet, de trouver dans cette espèce des ovaires sur les angles desquels on peut observer le développement de petites folioles, et bien que ce caractère lui soit pour ainsi dire particulier, cependant M. Trécul et nous-même, il y a déjà bien longtemps, l'avons observé sur la capsule du *Prismatocarpus speculum*. L'observation d'un ovaire portant un bourgeon ou bulbille à la place d'une feuille, quoique étant dans les choses possibles, était à coup sûr un fait des plus curieux à enregistrer, et l'on doit à MM. Trécul (1) et Schimper, de Mayence (2), l'observation d'ovaires de *Prismatocarpus* présentant de véritables rameaux sur le calice, à l'aisselle d'une petite feuille bractéale.

Toutefois, si l'on observe que l'ovaire des *Prismatocarpus* est infère, qu'il est nécessairement recouvert par la base du calice ou *décurrences des feuilles calicinales*, suivant l'opinion de M. Germain de Saint-Pierre, et que, conséquemment, comme nous l'avons dit autre part, il constitue aussi bien un axe que l'ovaire des Cactées, on ne trouvera plus dans ce fait qu'un phénomène rentrant dans la règle commune, d'un axe qui émet des organes foliacés, et dont nous avons plusieurs exemples à consigner.

Cette opinion, que nous avons développée dans nos réflexions sur les chorises des axes, est aussi celle de M. Trécul, qui a vu que la petite feuille appartenait à un cycle quinconciale et tombait sur une 6ᵉ feuille prise inférieurement sur l'axe. Elle paraît indiquer, dit-il, que le fruit n'est que la continuation du rameau qui le supporte, et l'anatomie est venue le confirmer dans cette opinion.

M. Irmisch a vu plusieurs fois des pommes foliipares, et M. Decaisne dit que certaines variétés de *Cratægus* portent des feuilles sur leurs fruits. En effet, pour peu que l'on recherche avec soin ce qui se passe sur certains pédoncules du *Cratægus racemosa*, on aura la preuve de la nature axile de l'ovaire. Dans cette espèce, les pédoncules velus sont garnis de bractées filiformes, colorées, mais caduques. Or, avec un peu d'attention, on peut voir ces bractées s'élever sur les pédoncules, et même arriver à se développer sur quelques ovaires. Nous avons observé un fait pareil sur quelques fruits de Rosiers, ce qui confirme l'opinion de M. Brongniart sur la nature axile du tube qui, dans certaines familles, enveloppe l'ovaire infère, notamment dans les Rosacées, et peut-être aussi dans les Myrtacées (3). Ce savant ajoute « qu'il ne

(1) *Ann. scienc. nat. bot.*, 1843, 2ᵉ semestre.
(2) *Botan. zeit.*, nᵒˢ 44 et 45, 30 octobre et 6 novembre 1857.
(3) *Ibid.*, t. VIII, p. 453.

faudrait pas, suivant lui, dans l'état actuel de la science, généraliser cette manière de voir. »

Cependant, un botaniste distingué, dont l'opinion est d'un certain poids dans le jugement de pareilles questions, a dit que « le véritable ovaire infère n'est nullement formé par des feuilles carpellaires, mais purement et simplement par l'axe, qui se comporte à peu près comme dans le *Ficus*. » (Schleiden, *Sur la signification morphologique du placentaire. Ann. scienc. nat.,* 2e série, t. XII, p. 373.) Voyez aussi p. 323 l'explication théorique que nous donnons de cet axe.

M. Germain de Saint-Pierre admet aussi la nature axile dans les ovaires infères; mais il croit que le tube calicinal est formé par les décurrences des feuilles de la fleur (1).

Si nous nous sommes bien fait comprendre en donnant la théorie de la formation des ovaires infères et même des ovaires supères, p. 325, 339, 345, on doit concevoir que tout ovaire infère est nécessairement de nature axile, et qu'aucune raison ne peut faire que, parmi les ovaires infères, les uns soient de nature axile quand les autres seraient de nature appendiculaire. Contrairement à l'opinion du savant professeur français que nous venons de nommer, et jusqu'à ce que le contraire nous soit démontré, nous pensons qu'il est logique de généraliser cette manière de voir, d'autant mieux que nous avons avancé déjà que les ovaires supères, d'après leur mode de formation phytogénique, devaient être regardés comme étant aussi de nature axile. D'ailleurs, c'est ce que nous chercherons à démontrer d'une manière plus exacte au chapitre des *Organes axiles et appendiculaires*.

Une anomalie bien plus remarquable a été observée par M. Chatin sur les ovaires de l'*Henophyton deserti*. Les ovaires s'étaient accrus et déformés d'une façon si singulière, qu'ils avaient l'aspect d'une sorte de galle produite par la piqûre d'un insecte. Or ces ovaires, *quoique bien clos*, offraient sur la commissure placentaire de petites feuilles analogues à celles que l'on trouve sur les angles des ovaires des *Prismatocarpus*. M. Chatin fait observer avec raison que, si dans les idées qui tendent à prévaloir sur la nature axile des ovaires infères, la présence d'appendices folia-

____

(1) *Bull. soc. bot. France*, t. I, p. 306.

cés sur l'ovaire du *Prismatocarpus*, comme sur celui de l'*Opuntia* est chose toute naturelle, il n'en est plus de même quand il s'agit de l'ovaire supère des crucifères (1).

Nous avons déjà dit, p. 345, que les ovaires supères ayant une formation phytogénique analogue à celle des ovaires infères, il n'y a pas de raison pour qu'ils ne soient pas tout aussi bien de nature axile, et l'observation importante de M. Chatin, ainsi que celle de M. Tenore sur le *Nymphœa alba* (p. 483), qui surprennent dans les idées actuelles, viennent appuyer les idées phytogéniques que nous cherchons à faire connaître. Il y a mieux, c'est que, dans nos idées, tout carpelle est de nature axile, absolument comme toutes les cyclochorises dont nous avons donné des exemples. On comprend dès lors, malgré la nouveauté des observations de MM. Tenore et Chatin, que les phénomènes observés sur le *Nymphœa alba* et l'*Henophyton* soient sensiblement de la même nature que celui qui produit les petites feuilles sur l'ovaire des *Prismatocarpus;* mais il faut faire remarquer qu'ici la production est plutôt calicinale, tandis que dans l'*Henophyton* et le *Nymphœa,* elle est essentiellement carpellaire. Quoi qu'il en soit, ce sont les seuls exemples que nous ayons à signaler de véritables *carpelles* extérieurement *foliifères*. Nous comprenons d'ailleurs à merveille la difficulté que nous aurons à faire admettre qu'un carpelle est de nature axile; mais nous avons l'espoir qu'après avoir lu et commenté le chapitre des *Organes axiles et appendiculaires,* quelques botanistes ne trouveront plus nos idées si déraisonnables qu'elles peuvent le paraître au premier abord.

B. *Carpelles gemmipares.*

Nous nommons ainsi les carpelles qui, au lieu d'offrir des graines, présentent des petits organes foliacés, que l'on ne peut confondre avec les graines. Un des plus beaux exemples de cette anomalie nous a été offert par le *Brassica Napus.* Sur un grand nombre de pédoncules, tous les fruits étaient déformés et transformés en silicules. Aucun de ces fruits ne contenait de graines : à leur place, nous avons trouvé des feuilles petites, repliées sur

(1) *Bull. soc. bot. France,* t. VII, p. 10.

elles-mêmes et n'ayant aucune ressemblance avec les cotylédons
de la graine, car elles étaient réduites à l'unité, ou plutôt l'une
d'elles était beaucoup plus développée que les autres, qui paraissaient être à l'état rudimentaire (1). Depuis la publication de
cette observation, nous avons eu plusieurs fois l'occasion de retrouver ce fait, qui se montre surtout dans les années chaudes et
pluvieuses, et nous croyons avoir acquis la certitude que ce ne
sont point des graines transformées; car il est très-facile, non-
seulement de châtrer la fleur, mais aussi d'enlever le stigmate
dans le bouton avant son épanouissement, et quand l'opération
a été faite avec dextérité, presque toujours le fruit se développe
avec les caractères que nous venons d'indiquer. C'est une sorte
de parthénogénèse ou de formation de bulbille, ou de gemmation
interne par développement anomal d'un ovule non fécondé.
Dans nos idées, c'est un phytogène latéral qui s'est *exastosié*
suffisamment et qui, bien nourri, s'est développé en une infrondescence initiale. Avant comme depuis ces observations, plusieurs
botanistes distingués en ont signalé des cas dans des espèces différentes. En voici quelques exemples, d'après leur ordre chronologique de publication.

On doit à M. Brongniart des observations sur une monstruosité de *Delphinium elatum* présentant des carpelles sur lesquels
se rencontraient tous les degrés de transformations foliaires, et
montrant sur leurs bords des ovules, tantôt à peine différents des
ovules normaux, tantôt passant insensiblement à l'état de lobes
latéraux de la feuille carpellaire elle-même. Quelques ovaires
étaient étalés dans toute leur étendue et représentaient une petite
feuille trinervée, lobée sur les côtés, à lobes ordinaires, triden-
tés, tantôt étalés, tantôt recourbés en dessus. De ces deux cas,
le premier présentait un ovaire à peine modifié; le second, une
feuille petite, mais n'ayant de commun avec les carpelles que la
position; et rien dans ces dernières fleurs ne montrait comment
les ovules naissaient de la feuille carpellaire, comme cela a lieu le
plus souvent dans le cas de pistils devenus foliacés, où les ovules
ont en général complétement disparu. (Brongniart.)

<hr>

(1) *Note sur div. transf. flor. du navel ordinaire.* (*Compt. rend. Acad.
sciences,* octobre 1851.)

De ces observations, et par une suite de déductions logiques, M. Brongniart a été conduit à admettre qu'il y aurait deux origines différentes pour les ovules : l'une appartenant à une immense majorité des végétaux phanérogames, dans lesquels les ovules naîtraient du bord même des feuilles carpellaires et représenteraient des lobes ou dentelures de ces feuilles ; l'autre, propre à un petit nombre de familles, telles que les Primulacées, Myrsinées, Théophrastées, et probablement les Santalacées, dans lesquelles les ovules correspondraient à autant de feuilles distinctes portés sur la prolongation de l'axe floral (1).

Le 23 novembre 1855, M. Schlectendal a signalé des fleurs anomales d'*Arenaria media*, dont les pistils, variables de formes, consistaient parfois en 3 petites feuilles adhérentes inférieurement, libres et ouvertes supérieurement ; d'autres fois, le pistil formait 3 feuilles entièrement séparées. Ces pistils renfermaient : les uns, un certain nombre de petites feuilles ; les autres étaient complétement vides (2).

Le 14 décembre 1855, M. Kirschleger a fait connaître un *Silene inflata* monstrueux, chez lequel les sépales membraneux étaient entièrement libres ; les pétales étaient semblables à ces sépales, et les carpelles, au nombre de 3-10, libres, plus ou moins cohérents par la suture ventrale, portaient des ovules transformées en petits bourgeons. (*Bull. soc. bot. France*, t. II, p. 723.)

Sur une Chloranthie de pied-d'alouette vivace (*Delphinium elatum*), trouvée par M. Hérincq, M. Weddell a constaté que les carpelles, dont le nombre s'était considérablement accru, au point de former environ 3 verticilles, offraient des anomalies trèsvariables, parmi lesquelles il en signale qui sont remarquables par la transformation de leurs ovules, et qui se rapprochent beaucoup de celles de M. Brongniart.

« Examine-t-on, dit M. Weddell, ces petits organes (ovules transformés) à la partie inférieure du bord de la feuille carpellaire, où leur forme s'éloigne le plus de la normale, on les voit réduits à un lobule parfaitement continu avec le reste du limbe ; à un niveau un plus élevé, ces lobules sont très-légèrement creu-

(1) *Examen de quelques monstruosités végétales*, etc. *Ann. scienc. nat. bot.*, t. II, 1844.
(2) *Botan. zeit.*, n° 47, 23 novembre 1855.

sés en cuiller ; plus haut encore, leur extrémité libre se recourbe de manière à simuler un petit capuchon ; et si l'on examine avec attention le fond de celui-ci, on voit qu'il en naît une petite masse celluleuse, qui n'est autre chose que l'ovule, moins son enveloppe extérieure. Le capuchon et le corps celluleux qui en occupe le fond, se prononçant enfin de plus en plus, revêtent, vers le sommet de la feuille carpellaire, la forme des ovules anatropes normaux de la plante. Or, si pour expliquer la nature des téguments de l'ovule on voulait s'appuyer sur ce fait, on serait conduit à admettre (avec M. Brongniart) que l'enveloppe extérieure de l'ovule, ou primine, est de nature foliaire ; et on pourrait voir dans le reste de l'ovule, à savoir la secondine et le nucelle, un corps bulbillaire qui en naîtrait à peu près comme les bourgeons naissent d'une feuille de *Bryophyllum*… »

M. Weddell ajoute « qu'en supposant la primine formée par une expansion de la feuille carpellaire, et en admettant que la secondine soit la première et unique feuille d'un bourgeon né du bord de cette feuille, on peut s'expliquer pourquoi cette secondine naît avant l'enveloppe extérieure : l'expansion de la feuille carpellaire ne se formerait en effet, dans cette manière de voir, que lorsque le petit axe nucellaire, déjà muni d'un bourrelet qui est le rudiment de la secondine, a fait appel de vitalité vers le point de la feuille carpellaire où il a pris naissance (1). »

M. Duchartre, en 1860, a fait connaître aussi une monstruosité du *Delphinium ajacis*, qui se rapprochait beaucoup de celles de MM. Brongniart et Weddell, en ce que les carpelles offraient tous les passages entre de simples petites feuilles plus ou moins concaves et des carpelles closes, pourvues de 2 files longitudinales d'ovules. De plus, on y reconnaissait des ovules à des degrés très-divers de formation, depuis les simples dentelures épaissies des bords de la feuille carpellaire jusqu'à l'ovule parfait et normal sous tous les rapports (2).

Des phénomènes analogues ont été indiqués par MM. Lecoq et de Parseval-Grandmaison, sur des *Rumex*, et par M. Tassi, sur l'*Aquilegia vulgaris*. Ce dernier savant a aussi fait connaître une

(1) *Bull. soc. bot. France,* t. III, p. 346.
(2) *Ibid.,* t. VII, p. 483.

anomalie des carpelles du *Symphytum officinale,* dans laquelle on reconnaissait tous les passages entre la forme mamelonnée de l'ovule et sa métamorphose en petites feuilles linéaires. Enfin, le même auteur cite encore une anomalie curieuse de carpelles du *Lunaria biennis,* dans laquelle l'axe surnuméraire sortait de l'intérieur même de la carpelle après avoir écarté les parois, sans déterminer la séparation des bords (1).

Dans l'été de 1860, remarquable par ses pluies abondantes et presque continuelles, nous avons observé sur un *Brassica Napus* une anomalie remarquable à plusieurs titres, et que nous avons cherché à reproduire *fig.* 22 *bis,* pl. VI. La plupart des fleurs étaient modifiées et semblables à celles figurées en c, c'est-à dire que les fleurs privées de corolles portaient des étamines du milieu desquelles s'élevait un long podogyne terminé par une véritable silicule sous-orbiculaire; quelquefois ces silicules s'allongeaient et prenaient la forme d'une silique, comme on en voit deux représentées en b. Mais l'anomalie la plus remarquable consiste en 2 feuilles a, qui sont restées unies, l'inférieure au dos de la supérieure, en même temps qu'au mérithalle qui les sépare. La seconde feuille a l'apparence d'une feuille carpellaire, car non-seulement elle porte sur l'un de ses bords une rangée d'ovules foliacés, mais aussi sur une des nervures qui se trouve être à peu près parallèle à la nervure médiane; et comme cette situation n'est pas en rapport avec l'autre ligne placentaire, il est à supposer qu'il y a eu défaut d'exastosie entre le bord de la feuille, d'abord replié sur la feuille, et la feuille elle-même, ce qui expliquerait en même temps l'apparence contre nature d'une seconde nervure parallèle à la médiane. (Voir aussi page 137.)

C. *Carpelles séminipares.*

Les phénomènes que nous venons de passer en revue établissent certainement un passage entre les feuilles ordinaires simples, les feuilles gemmipares, les carpelles gemmipares et les carpelles séminipares. Ce serait en conséquence le moment de traiter de

____

(1) *Esame d'una singularità di struttura del fiore dell' Aquilegia vulgaris* (I. Giardini, 7e année, p. 295).

cet ordre de phénomènes; mais comme d'une part nous rentrerions essentiellement dans les cas les plus naturels, et que d'ailleurs l'étude de ces phénomènes trouvera beaucoup mieux sa place dans notre Phytogénie, nous nous bornerons ici à faire saisir les rapprochements que nous venons d'indiquer.

Répétition des infrondescences chez les acotylédones.

Comme chez les acotylédones, les organes de la reproduction sont le plus souvent confondus avec les organes constituant ce que l'on pourrait nommer le *système végétal*, sorte de *phytonie composée;* que l'appareil de l'infrondescence semble y être celui qui domine, et que d'ailleurs il est à peu près impossible d'y reconnaître un appareil de la reproduction aussi distinct que chez les phanérogames, nous avons été en peine pour classer les quelques phénomènes de répétition que nous allons faire connaître; voilà pourquoi nous avons cru devoir les placer à la suite des répétitions des infrondescences.

On sait depuis longtemps que le nom de *prolifère* a été donné à certains Champignons, tels que l'*Agaricus turritus*, que l'on regarde comme prolifère; à certains Lichens, lorsque sur les bords de leurs scyphules ou godets (*Origoma* Necker, *Perithecium* et *Apothecium* des auteurs modernes) il s'en développe d'autres. Ici nous avons une sorte de fructiparité, puisque les scyphules doivent être regardés comme constitués par les organismes de la reproduction. Enfin les Mousses sont appelées prolifères lorsqu'elles laissent échapper d'une partie quelconque de leur tige, des rameaux qui les reproduisent. (Desvaux, *Dict. bot.* de Gérardin, p. 459.)

Jusqu'à ce jour, les observations de cette nature faites sur les acotylédones ont été peu nombreuses; mais il est probable que des recherches ultérieures les multiplieront. Quelques-unes ont été signalées dans ces derniers temps, particulièrement sur les champignons du genre *Agaricus*.

1° M. le professeur Clos, en 1860, a vu le chapeau d'un *Boletus edulis* surmonté d'un autre individu do même espèce, plus petit, mais parfaitement conformé, adhérent par la base de son pédicule à la partie supérieure du chapeau, qui était un peu dé-

primé en ce point. Ce savant, tout en ne se prononçant pas sur
la nature de cette superfétation, paraît enclin à penser que la
croissance du second champignon sur le premier pourrait bien
être un phénomène de parasitisme (1).

2° Une observation semblable a été faite par M. Ch. des Moulins sur un Agaric (*Agaricus ruber* D. C. *A. sanguineus* Bull.)
dont le chapeau portait, au lieu d'un seul individu, *deux* individus vivants de son espèce, distincts et *superposés* l'un à l'autre.
Ce naturaliste pense que cette superfétation est plus probablement due à un parasitisme par développement d'une spore à la
surface du support. Voici, en peu de mots, la disposition observée sur ce champignon. Le chapeau *inférieur* a 12 centimètres de
diamètre ; *l'intermédiaire* sans pédicule, incomplet, renversé (les
feuillets tournés vers le ciel et bien normaux), a 4 centimètres
de diamètre ; le *supérieur* (à la base duquel est *adné* celui du
milieu), jeune et parfaitement régulier ; son pédicule est blanc,
mince, long de 27 millimètres et épais de 14 millimètres (2).

M. Moquin-Tandon, qui a rencontré deux cas semblables chez
la même espèce, et qu'il a disséqués, croit que cette superfétation est le résultat d'une prolification et non de la germination
d'une spore sur le chapeau du champignon. « En effet, ajoute ce
savant, ce que l'on appelle vulgairement un champignon n'est
qu'une partie du végétal, un appareil de fructification, et il faudrait un mycélium pour constituer réellement un nouvel individu (3). » M. Ed. Bureau a pareillement observé un fait analogue sur un Bolet.

L'opinion de M. Moquin-Tandon concorde parfaitement avec
celle que nous nous sommes formée sur ce singulier phénomène,
et nous croyons aussi à une prolification dans l'un des cas cités
dans la note que nous avons communiquée à la Société botanique
de France, en juillet 1860. Nous croyons devoir reproduire les
passages intéressant la question qui nous occupe, parce qu'ils
vont faire comprendre qu'il y a de *fausses prolifications* qu'il ne
faut pas confondre avec le phénomène ordinaire de la prolification.

(1) *Bull. soc. bot. France,* t. IV, p. 744.
(2) *Ibid.,* t. V, p. 211.
(3) *Ibid.,* p. 212

Les champignons de la division des Agarics nous ont présenté quelquefois un phénomène que l'on retrouve assez fréquemment dans certaines fleurs et certains fruits *prolifères*, et qui consiste dans la présence d'un ou de plusieurs champignons surnuméraires paraissant émerger du chapeau du champignon mère. Mais ce phénomène, toujours le même en apparence, nous a montré trois origines différentes, ou plutôt il faut reconnaître que la prolification, si tant est que l'on doive considérer comme telle l'un de ces phénomènes, n'a véritablement lieu que dans un seul cas, et que, par conséquent, les deux autres ne doivent être regardés que comme de *fausses prolifications* dont nous avons reconnu le mode de formation.

A. Sur le champignon de couches (*Agaricus edulis*), nous avons trouvé plusieurs fois sur le chapeau 1, 2 et 3 champignons plus petits et offrant l'apparence d'une véritable prolification. Il n'en était cependant rien, car il était aisé de séparer les petits champignons du chapeau qui les portait, sans même déterminer la moindre déchirure de la membrane qui le revêtait; ils y étaient tout simplement appliqués. Il semblait que, le premier se développant mieux ou plus rapidement, et ayant pris naissance sous de plus petits individus en voie d'évolution, ceux-ci, soulevés et simplement collés sur le premier, aient continué à vivre d'une manière tout à fait indépendante de lui. Cet exemple semble se rapporter à ceux qu'ont observés MM. Clos et des Moulins; et les petits champignons surnuméraires se seraient développés par suite de parasitisme, ou peut-être encore en puisant dans l'air humide et chargé de matières organiques, les éléments d'une nourriture insuffisante qui, tout en leur permettant un certain degré de développement, était loin de suffire à les faire atteindre une grosseur normale; car nous les avons toujours vus alors rester beaucoup plus petits relativement qu'ils n'auraient peut-être dû le faire.

B. Nous avons bien souvent aussi trouvé une espèce d'Agaric de la section des *Cortinarius*, offrant une sorte de chapeau renversé, à peu près au centre et au sommet du chapeau principal, Pl. XIV. *fig.* 105, d. Au premier abord, on serait tenté d'attribuer ce phénomène à une prolification, mais qui offrirait cela de remarquable que le petit chapeau surnuméraire serait complétement

renversé, c'est-à-dire qu'au lieu d'avoir ses lamelles ou feuillets
en dessous, il les présenterait en dessus ; d'un autre côté, ce chapeau était complétement sessile, alors que le champignon normal était assez hautement stipité. Nous devons faire remarquer,
en passant, que ce phénomène du renversement du chapeau surnuméraire est tout à fait le même que celui du chapeau intermédiaire observé sur l'anomalie décrite par M. Ch. des Moulins.

Nous avons voulu avoir la raison de cette sorte d'anomalie, et
voir si réellement il y avait prolification avec renversement du
chapeau surnuméraire. Après quelques recherches, nous avons
acquis la certitude que nous n'avions affaire qu'à une fausse prolification dont le mécanisme est des plus simples.

En effet, les bords du chapeau de ce champignon sont souvent
comme frisés par un excès de formation de tissu, et quelquefois,
quand l'individu est jeune, cet accroissement est tel sur un point
du bord, que celui-ci se relève ; le chapeau continue à croître de
chaque côté du bord relevé ; il en résulte bientôt une vraie *soudure* qui délimite et sépare, à peu près au centre du chapeau
principal, une sorte de chapeau plus petit ; et, comme l'accroissement a lieu quelque temps encore dans les deux chapeaux superposés, les bords de nouvelle formation se séparent complétement
et figurent ainsi une prolification qui, en réalité, n'existe pas. En
cherchant sur un grand nombre d'individus, on trouve, en effet,
tous les passages (a, b, c, *fig.* 105) entre le moment où ce point
se relève et celui où les bords de chaque côté de ce point vont se
souder (1).

C. Enfin, l'exemple de l'*Agaricus edulis*, que nous avons eu
l'honneur de présenter à la Société botanique de France, semble
être un cas de véritable prolification, ce qui serait d'autant plus
remarquable que l'on ne devait guère s'attendre à un phénomène
de ce genre dans une espèce d'Agame où l'évolution ascendante
de l'individu se termine d'ordinaire au chapeau. Cependant, ici,
nous trouvons un chapeau de 55 à 60 millimètres de diamètre,
fig. 107, porté par un stipe de 64 millimètres de hauteur. Au-
dessus de ce premier chapeau, mais cette fois sortant véritablé-

____

(1) Faisons observer que nous avons ici un véritable phénomène de *soudure* bien différent de ceux que nous avons décrits sous le titre : *Défauts
d'exostosie.*

ment de son centre, nous voyons deux autres champignons plus petits, d'inégales dimensions; l'un, ayant un chapeau de 38 millimètres de diamètre et un stipe de 36 millimètres de hauteur; l'autre, offrant un chapeau de 30 millimètres de diamètre et un stipe de 24 millimètres de hauteur; les deux stipes n'en faisant qu'un à la base et donnant aux deux champignons supérieurs une apparence de chorise diplasique malgré le développement inégal des deux individus. Tous trois étaient accompagnés de leur *velum*, réduit à un anneau qui entourait le haut de chaque pédicule.

Pour découvrir la cause de cette superfétation, nous avons dû rechercher si l'anatomie ne nous offrirait pas quelque moyen d'expliquer ce phénomène. Or, en coupant longitudinalement le stipe et le chapeau du champignon principal, mais en faisant passer la section par le milieu des deux champignons surnuméraires, on reconnaissait que les petits champignons, ainsi que le premier, semblaient émerger d'un *mycelium* commun. En effet, le stipe et la substance du premier chapeau étaient longitudinalement traversés par un tissu cellulaire d'une nuance différente, séparés, en quelques endroits, du tissu général, et qui, partant de la base du stipe principal, se rendait dans les deux champignons surnuméraires.

Pour expliquer ce fait, deux explications se présentent :

1° On pourrait raisonnablement admettre une sorte d'enclavement de deux champignons dans un seul, qui aurait lieu de la manière suivante :

On sait que le tissu cellulaire des champignons est susceptible de soudures très-faciles. Supposons trois spores germant ensemble dans un espace fort étroit et confondant ensemble leur *mycelium*; admettons, ce qui peut arriver, qu'il y ait un champignon qui grandisse plus vite que les deux autres et que, tous trois soudés en un seul, le premier les enveloppe complétement comme dans un sac. Quand celui-ci aura terminé sa croissance, les deux autres reprendront une croissance relativement plus grande, n'étant plus affamés par le premier, et bientôt perceront la membrane du chapeau qui les porte et simuleront ainsi la continuation du stipe principal, avec une sorte de bifurcation. On peut encore admettre que l'enclavement n'a pas eu lieu d'une manière complète au sommet, et qu'alors la base du stipe des deux petits champignons a été seule enveloppée pendant la croissance du plus grand.

2° Mais ce phénomène peut tout aussi bien être expliqué au moyen de notre théorie phytogénique. En effet, supposons un phytogène, a, *fig*. 106, et, pour plus de commodité pour l'explication, considérons-le dans sa coupe verticale. D'après ce que nous avons dit bien des fois déjà, le phytogène, en passant à l'état de protophytogène, se compose de 12 phytogènes en entourant un 13°. Par conséquent, on aura, dans la coupe verticale, la disposition suivante des phytogènes : en C, le phytogène central ; en S, un phytogène inférieur qui appartiendra au stipe ; en c, c, c′ c′ et c″, cinq phytogènes qui constitueront le chapeau. Pour cela, il suffira que l'exastosie, ex, se prononce entre les phytogènes, c, c, et le phytogène S, comme on le voit en b ; et dans ce cas, si l'on fait attention que le phénomène se fera circulairement autour du stipe S′, S, C, on aura la raison de la formation du champignon ordinaire, tel qu'on est habitué à le voir.

D'après ce mode de formation, et avec les idées que nous avons émises sur les cyclochorises, on devra rapporter le chapeau des champignons Basidiosporés à une cyclochorise ouverte, mais *ouverte inférieurement* au lieu de l'être *supérieurement*, comme chez les *Ficus*, ou mieux le *Mithridatea*. Dans les *Agaricus*, les lamelles sont comme des sortes de placentaires sur lesquelles se développent les basides ou fructifications des champignons. Or, ces lamelles ou feuillets indiquent autant d'éléments axiles entrant dans la composition de la cyclochorise ; et si l'on observe que ces placentaires sont extrèmement nombreux, on conclura que la cyclochorise est constituée par un beaucoup plus grand nombre de ces éléments que le phytogène primitif ne semblerait en indiquer. Il y a par conséquent une série de chorises phytogéniques qui, persistant dans une union intime circulaire, nous semblent appartenir véritablement au phénomène des cyclochorises. Au reste, ici, la fructification est bien interne et complétement analogue à celle des *Ficus*.

Ce point établi, supposons que le phytogène central et terminal c″ *fig*. 106, b, suffisamment nourri, vienne à se développer avec la prédisposition organique des phytogènes de ces espèces, il ne tardera pas à se comporter comme le premier phytogène, et dès lors un stipe et un chapeau dus au même mode de développement résulteront de cette évolution : on aura donc une véritable prolification, ou tout au moins une répétition des organismes du végétal analogue aux répétitions d'inflorescences; car quelques botanistes, avec Dutrochet, pensent que l'appareil végétal que nous connaissons sous le nom de Champignon, n'est autre qu'un assemblage de fleurs ou inflorescence de plantes parasites dont le *mycelium* pourrait être l'analogue de l'infrondescence.

Enfin, si l'on admet que ce phytogène central supérieur vient à subir l'influence de la chorise diplasique, on aura deux champignons surnuméraires au lieu d'un seul, mais qui, nourris inégalement, auront des développements différents et donneront lieu à la prolification représentée *fig.* 107.

On pourrait aussi regarder comme une sorte de répétition d'organisme normale, le phénomène en vertu duquel une simple cellule constituant le végétal entier de quelques espèces, chez les Algues zoosporées (Decaisne) et les Champignons arthrosporées (Léveillé), arrive dans d'autres espèces à produire, par cloisonnement, à la vérité, une succession de cellules superposées bout à bout et formant ces filaments qui constituent des individus d'un degré de composition plus avancé quoique appartenant aussi aux classes précitées.

SECTION IV. — RÉPÉTITION DES ORGANISMES PROPREMENT DITS.

Les études que nous venons de faire n'ont jusqu'à présent porté que sur des systèmes et des appareils végétaux formés par un nombre plus ou moins considérable d'organismes simples et composés. C'est l'étude de la répétition de ces organismes qu'il convient de faire actuellement.

Nous avons dit, p. 354, qu'il n'y avait, rigoureusement, pas d'organismes simples, puisque théoriquement on peut toujours supposer à l'aisselle d'une partie de l'organisme simple (cotylédon, feuille, sépale, pétale, etc.) un bourgeon se développant dans quelques circonstances et venant ainsi composer l'organisme simple. Conséquemment nous n'aurons à étudier que les répétitions des organismes composés; mais il sera facile de voir qu'en faisant l'étude des uns nous aurons nécessairement fait l'étude des autres.

Toutefois, dans cette section, nous aurons à examiner des organismes si différents qu'il nous faudra la diviser nécessairement en deux parties, comprenant :

1° La répétition des organismes de la nutrition.

2° La répétition des organismes de la reproduction.

§ 1. — *Répétition des organismes de la nutrition.*

Ainsi que nous l'avons déjà dit, les organismes du système nutritif se bornent aux cotylédons et aux feuilles. Le plus souvent ces organismes sont plus ou moins espacés entre eux par des portions de l'axe que l'on a nommées mérithalles, et cette tendance à l'écartement est telle que très-souvent les feuilles qui devraient être opposées ou verticillées sont hélicoïdalement disposées sur les tiges. En effet, si l'on examine les feuilles à leur naissance, on les voit se former à des distances très-voisines les unes des autres, et ce n'est que par les progrès de la végétation que ces feuilles se séparent quelquefois d'une manière prodigieuse (*Cyperus papyrus*). D'ailleurs, parmi les feuilles opposées on en rencontre fréquemment qui sont devenues alternes, et réciproquement, parmi les feuilles alternes on en trouve qui sont redevenues opposées. Or cette opposition est la conséquence de la constitution du protophytogène tel que nous l'avons fait connaître.

COTYLÉDONS. Les cotylédons sont les premiers organismes du système nutritif des plantes mono et dicotylédones; d'où il suit que chez les monocotylédones le premier organisme est formé par un seul cotylédon, et chez les dicotylédones de 2 ou 3 cotylédons. Lorsqu'il y a 3 cotylédons, comme on le voit fréquemment (*Acer, Apium, Raphanus*, etc.), nous ne regardons pas le cotylédon surnuméraire comme le résultat d'une répétition d'organisme, mais bien comme un retour au type naturel qui se trouve représenté par les 3 cotylédons normaux de quelques conifères : du *Pinus nigra* et du *Cupressus pendula*, par exemple.

Il nous paraît y avoir répétition d'organisme dans les cotylédons du froment (*Triticum sativum*) et de l'orge (*Hordeum vulgare*), attendu : 1° que des 2 cotylédons que l'on observe, l'un est très-petit et l'autre beaucoup mieux développé ; 2° qu'ils ne sont pas sur une même ligne et en parfaite opposition dans l'embryon, ce qui n'en fait pas l'analogue d'un embryon dicotylédoné (1).

Turpin a figuré (2) la germination du cornifle nageant (*Ceratophyllum demersum*) de façon à nous faire croire à une répétition d'organisme cotylédonaire.

Il en serait de même des 4 cotylédons que nous avons plusieurs fois rencontrés dans l'*Acer Pseudo-platanus*, lesquels nous semblent d'autant plus être une répétition d'organisme, 1° que les 4 cotylédons étaient parfaitement égaux et en croix ; 2° que 2 des cotylédons étaient bien évidemment un peu supérieurs aux deux autres ; 3° et que les deux feuilles primordiales étaient superposés aux deux cotylédons inférieurs.

Faut-il rapporter à une répétition de cotylédons l'exemple d'amandes communiquées par M. Bosquet, capitaine d'artillerie, à M. Moquin (3)? En voici la description, telle que l'a donnée ce savant naturaliste : « Chaque amande avait 2 embryons placés l'un sur l'autre ; l'inférieur recevait le supérieur dans un écartement de ses cotylédons. Ces derniers étaient petits, atrophiés, sinueux sur leurs bords et réduits, dans 2 ou 3 cas, au cinquième ou au sixième de leur substance. Ce qui est digne de remarque, c'est que, malgré leur application intime contre les cotylédons supérieurs, malgré la forte pression qui semblait l'avoir déterminée, il ne s'était formé entre eux aucune espèce de cohérence. Rien n'annonçait d'ailleurs l'union de 2 embryons appartenant à 2 graines différentes. » M. Moquin dit que l'on peut regarder ce phénomène comme une *prolification de l'embryon*.

Cependant il ne faudrait pas toujours regarder les 4 cotylédons que l'on rencontre quelquefois comme des répétitions de cotylédons ; car les 4 cotylédons sont souvent le résultat d'une chorise circulaire diplasique dont nous avons donné des exemples, p. 215, et à laquelle paraissent se rapporter les 4 cotylédons du Palétuvier des marais (*Rhizophora mangle*, L.). Ainsi l'*Acer*

(1) Turpin, *Iconog. vég.*, tabl. 35, *fig.* 10, et tabl. 36 *bis*, *fig.* 8 et 9.
(2) *Iconog. vég.*, pl. 36 *bis*, *fig.* 15.
(3) *Élém. térat. vég.*, p. 364.

Pseudo-platanus nous a offert tantôt des cotylédons répétés (rares) et tantôt des cotylédons chorisés (fréquents).

FEUILLES. Si nous devions passer en revue tous les végétaux chez lesquels on peut reconnaître, par l'analyse, des répétitions d'organismes, il faudrait passer en revue la presque totalité de ceux qui sont connus. Une tâche pareille serait évidemment impossible et, disons mieux, inutile. Mais pourtant il est bon de se rendre compte d'une manière générale de ce que peut être une répétition d'organismes, en même temps qu'il est curieux d'en rechercher la cause. Commençons par citer quelques exemples.

1° Dans quelques espèces, très-rares à la vérité, comme on le voit dans les *Cuscuta*, les organismes de la nutrition sont pour ainsi dire réduits à 0.

2° Certaines plantes, moins rares, ne sont composées, à part l'organisme cotylédonaire, que d'un seul organisme (1); tel est l'*Ophyoglossum vulgare*, qui n'est formé que d'une seule feuille lancéolée-ovale, de la base de laquelle s'élève une petite tige droite, terminée par un double rang de capsules disposées en épi, et qui n'est autre qu'une seconde feuille ou un second organisme transformé en organisme de reproduction. Les *Ophyoglossum lusitanicum* et *reticulatum* sont tout à fait dans le même cas.

On ne trouve aussi qu'un seul organisme de nutrition dans l'*Ophrys ovata*, Lin. (*Neottia ovata*, Rich., ou *Listera ovata*, Rob. Br.), car ses 2 feuilles, par une exception rare dans les monocotylédones paraissent être parfaitement opposées.

3° Le *Sanguinaria Canadensis* (*Puccoon* des Américains) ne donne aussi qu'un seul organisme de nutrition, qui se répète quelquefois et donne alors deux feuilles au lieu d'une seule.

Le *Malaxis Lœselii* (*Liparis Lœselii*, Cl. Rich.) est aussi une espèce ordinairement à 2 feuilles ou 2 organismes.

A part quelques écailles membraneuses, l'*Eranthis hyemalis* ne produit aussi que 2 organismes, en comptant pour un organisme la collerette subflorale. Le *Podophyllum peltatum* et le *Scilla bifolia* ne produisent également que 2 organismes par leurs deux feuilles alternes.

(1) Voyez p. 353 pour la signification exacte que nous donnons à ce mot.

4° Dans l'*Allium carinum* le nombre normal des organismes de nutrition est de 2; mais quelquefois il s'en forme un troisième qui porte le nombre de feuilles à 3. Il en est absolument de même de l'*Orchis bifolia*, Lin. (*Platanthera bifolia*, Rich.). Il y a donc ici répétition *surnuméraire* d'un organisme. On trouve deux répétitions surnuméraires d'organismes dans l'*Ornithogalum luteum,* car cette espèce ne possède le plus souvent qu'une seule feuille qui se répète 1 ou 2 fois, de manière à former 2 ou 3 feuilles radicales.

5° Chez l'*Hyacinthus amethistinus,* le nombre normal des organismes de nutrition paraît être de 3, mais souvent il y a répétition d'un organisme par la formation d'une quatrième feuille.

6° Il en est de même du *Scilla umbellata,* avec cette différence que la répétition peut être doublée de façon à donner 5 feuilles au lieu de 3.

Les rosettes fructifères, que l'on peut assimiler, à certains points de vue, aux plantes précédentes telles que les Cerisiers, Pommiers, Poiriers, Coignassiers, Groseilliers, Sorbiers, *Kerria Japonica, Berberis, Cytisus Laburnum,* etc., paraissent souvent se contenter d'un seul organisme de 2 ou 3 feuilles quasi-opposées ou verticillées, mais souvent ces organismes se répètent 1, 2 ou 3 fois et font varier le nombre des feuilles entre 4 et 12 (1).

7° Le *Scilla amœna* peut fleurir après l'évolution de la quatrième feuille, ce qui paraît être son état habituel; cependant on trouve assez souvent des plantes à 5 ou 6 organismes.

8° Dans les *Hyacinthus orientalis* et *serotinus* la composition normale des infrondescences est de 5 organismes, ce qui n'empêche pas cependant de trouver des individus qui en ont 6 et d'autres qui n'en ont que 3 ou 4 seulement. Dans le premier cas, il y a excès d'un organisme; dans le second, défaut de 2 ou de 1.

9° Chez l'*Ophrys spiralis*, L. (*Neottia spiralis*, Sw.), 3 organismes radicaux et 2 caulinaires paraissent suffire à la production de l'épi floral. Néanmoins il y a répétition d'organismes non-seulement 1 fois pour les radicaux, mais encore 1 ou 2 fois pour les caulinaires, ce qui porte le nombre des feuilles de 5 à 8.

(1) Ch. Fd., *Recherches sur le nombre type des parties constituant les divers cycles hélicoïdaux,* etc. (Feuilles alternes). *Compt. rend. Acad. sciences,* janvier 1861.

10° Le nombre normal des organismes paraît être de 6 dans l'*Allium angulosum,* mais souvent il y a répétition de 2 ou 3 autres organismes et les feuilles sont portées au nombre de 8 ou 9.

11° Le *Scilla nutans* se présente d'ordinaire avec 8 organismes, mais il peut y avoir répétition surnuméraire de 2 ou 3 organismes, ce qui porte le nombre des feuilles à 10 ou 11.

12° Chez l'*Orchis maculata,* Lin., le nombre normal de feuilles paraît être de 9 ou 10, mais par répétition surnuméraire d'organismes ou par défaut de répétition, il peut être porté à 11 et à 12, ou réduit à 8.

Nous pourrions ainsi citer à l'infini de ces exemples et faire voir qu'il y a des espèces qui ont des organismes de plus en plus multipliés, et que, chez quelques-uns, selon certaines circonstances, par exemple une mauvaise exposition, les organismes se multiplient à l'infini sans arriver à la floraison, comme la vigne quand elle ne reçoit qu'insuffisamment l'action des rayons solaires, alors que dans quelques espèces les organismes de l'infrondescence sont réduits à un très-petit nombre.

Il est donc à peu près impossible, au milieu de ces différences, d'indiquer d'une manière tant soit peu probable un type de la composition des organismes de la nutrition, et si l'on peut avancer que chaque espèce devrait, dans des conditions semblables, donner toujours le même nombre d'organismes, il n'y a réellement pas une seule donnée qui puisse servir de base à la création d'un type dont les autres s'écarteraient soit par des défauts soit par des excès de répétitions d'organismes.

Il ne resterait donc plus qu'à partir du nombre normal des organismes pour reconnaître les défauts ou les excès de ces répétitions ; mais malheureusement c'est un champ entièrement neuf, surtout très-vaste et souvent impossible à parcourir, que celui qui consisterait à rechercher quels sont les nombres normaux d'organismes qui doivent se trouver dans une espèce placée dans les meilleures conditions pour arriver à une fructification parfaite. Ainsi, il est impossible de dire combien le Tulipier (*Liriodendron tulipifera,* Lin.) doit former d'organismes avant d'arriver à la fructification, puisqu'il ne donne de fleurs qu'à l'âge de 25 à 30 ans. L'*Aristolochia sypho* paraît être dans des conditions analogues, non pas qu'il ne fleurisse de bonne heure, mais parce que ce n'est que fort tard qu'il donne des fruits mûrs.

Un petit nombre d'auteurs ont prétendu que toutes les plantes devaient avoir un nombre déterminé de feuilles pour arriver à la fructification. Mais si l'on fait attention à la difficulté qui se présente pour les plantes, d'avoir toujours la même lumière, la même température, la même humidité, le même sol, le même engrais et en même temps la même quantité, la même mobilité du terrain, etc., etc., on comprendra l'impossibilité où l'on est de dire au juste le nombre normal des organismes nutritifs qui doivent se former dans une plante.

Nous avons rapporté autre part, p. 175, les exemples du Lilas, de la Vigne, du Rosier, qui n'avaient jamais fleuri avant une circonstance qui, ayant augmenté la quantité de lumière annuelle, les ont disposés à fournir des fleurs et des fruits.

Mais, sans faire intervenir les conditions dont nous venons de parler à l'occasion du Lilas, de la Vigne, etc., il en est une autre que va facilement faire comprendre notre théorie phytogénique et qui expliquera en même temps pourquoi nous avons placé ce genre de phénomènes parmi les *répétitions*, expression qui est pour les fleurs et les fruits le synonyme de *prolification*.

Puisque nous avons dit que le phytogène n'était autre qu'une masse de tissu cellulaire qui n'a encore reçu aucun mouvement d'exastosie, on peut comprendre que cette exastosie pourra s'exercer sur de petites masses de tissu cellulaire ou phytogène plus ou moins volumineuses, et cette différence dans le volume, qui peut être fort variable, est difficile à établir exactement. Cependant nous ne croyons pas la chose impossible. Quoi qu'il en soit, si la plante se trouve dans des conditions très-favorables, si le bourgeon naissant (phytogène) a crû peu vigoureusement sur un axe lui-même peu vigoureux, le phytogène ou petite masse cellulaire sur lequel agira l'exastosie pourra être peu volumineux, c'est-à-dire renfermer un petit nombre de cellules, comme l'est la petite masse m m m, *fig.* 85, a, pl. XII; ou, au contraire, beaucoup plus volumineux, c'est-à-dire contenir un très-grand nombre de cellules, comme l'est la grosse masse m m m, *fig.* 85, b, s'il s'est développé vigoureusement sur un axe lui-même très-vigoureux (1). Alors l'exastosie

(1) Ces deux masses ont été copiées sur la tranche horizontale de 2 bour-

agira de la même façon sur les deux masses pour les transformer en protophytogènes; mais, tandis que la quantité de cellules composant chaque phytogène partiel sera petite dans le premier cas, elle sera grande dans le second cas, et les organes produits seront en rapport de volume avec cette quantité de cellules. Dès lors le phytogène central restera proportionnellement plus petit dans un cas et plus grand dans l'autre, et les protophytogènes centraux qui se formeront successivement continueront à rester dans le même rapport. Mais il arrivera un moment où le plus petit protophytogène ne sera plus formé d'un assez grand nombre de cellules : dès lors il cessera de produire des feuilles et il se transformera en protophytogène de l'inflorescence, tandis que le plus gros protophytogène, encore composé d'un nombre suffisant de cellules, continuera à produire des organismes de l'infrondescence, et ce n'est que plus tard que le phytogène central deviendra un protophytogène de l'inflorescence. Il pourra donc en résulter un ou plusieurs organismes de l'infrondescence de plus que dans le premier cas, et ainsi s'expliquent suffisamment les différences énormes que l'on peut constater entre les deux extrêmes que nous venons de faire connaitre : le premier pouvant conduire au *nanisme* des plantes, pendant que le second pourrait conduire au *géantisme*.

Quelques expériences que nous avons tentées dans le but d'appuyer cette idée théorique vont démontrer que notre manière de voir est très-vraisemblable.

On peut commencer par observer sur les graines comme sur les bourgeons qu'il existe de très-grandes différences dans leur volume, et cette différence peut être quelquefois dans le rapport de 1:8, surtout pour certaines graines, par exemple, pour les pois, dont les plus petits peuvent n'avoir que 4 à 7 millimètres de diamètre et néanmoins germer parfaitement, tandis que les plus gros peuvent offrir de 8 à 11 millimètres de diamètre.

On savait bien depuis très-longtemps que les plus belles semences donnaient toujours les plus beaux individus, et que ceux-ci naturellement donnaient plus de fleurs en même temps qu'ils produisaient de plus beaux fruits, mais nous ne sachions pas qu'il

geons naissants pris sur le *Syringa vulgaris* : le premier, a, sur une tige faible; le deuxième, b, sur une tige très-volumineuse, toutes deux châtrées de leurs feuilles et de leurs bourgeons.

ait été tenté aucune expérience ayant pour but d'asseoir sur des données exactes les résultats de ces observations, et surtout de rechercher la proportionnalité des produits obtenus et des semences employées.

Nous avons cherché à combler cette lacune par quelques expériences que nous devons rapporter ici, puisqu'elles ont précisément pour objet de répondre à la question principale qui se présente dans la répétition des organismes, savoir : si cette répétition dépend de la grosseur des phytogènes.

Première expérience faite sur les Pois (Pisum Sativum) *de la variété dite Michaux de Hollande.*

Nous avons choisi 10 pois des plus gros et sensiblement de même volume, et 10 pois des plus petits, pareillement de même grosseur. Nous les avons exposés pendant plusieurs heures à la température de 100° et jusqu'à ce qu'ils ne perdissent plus rien de leur poids.

Voici quels étaient les rapports respectifs de leur volume et de leurs poids :

Les 10 grosses semences avaient à très-peu de chose près chacune 8 millimètres de diamètre et pesaient ensemble 4 grammes, soit 0,4 chacune.

Les 10 petites semences n'avaient, au contraire, que 4 millimètres de diamètre environ et pesaient 0,5 grammes, soit 0,05 centigrammes chacune.

Les semences n'étant pas parfaitement rondes, ces mesures ne sont autres que les moyennes proportionnelles des grands et des petits axes pris dans les 3 dimensions de toutes les graines, et, comme on le voit, nous avions eu soin de choisir des graines ayant des diamètres dont le rapport était : 1.2, de façon à simplifier les calculs.

D'après la formule $4\pi \times R^2 = $ la surface d'une sphère, on a pour les surfaces :

Gros pois : $4 \times 3{,}141 \times 16 = 201{,}024$ millim. $= S = $ aire ou surface.
Petits pois : $4 \times 3{,}141 \times 4 = 50{,}256$ millim. $= S = $ aire ou surface ;

d'où le rapport suivant pour la surface :

$$201{,}024 : 50{,}256 :: 4 : 1,$$

et comme le volume d'une sphère $= S \times \dfrac{R}{3}$,

on a sensiblement

Gros pois : $201{,}024 \times 1{,}33 = 267{,}4,$
Petits pois : $50{,}256 \times 0{,}66 = 33{,}17 ;$

d'où le rapport de volume suivant :

$$267{,}4 : 33{,}17 :: 8 : 1,$$

c'est-à-dire que la surface des gros pois était très-sensiblement 4 fois celle des petits, et le volume 8 fois.

Ces pois, semés séparément, mais à côté les uns des autres, dans une terre rendue aussi semblable que possible par un mélange intime, et ayant très-certainement une même exposition, ont tous germé et ont été surveillés et arrosés de la même manière. Or voici les résultats obtenus :

A. Chez les petits pois la première fleur apparaît après la septième ou huitième feuille. La fleur est solitaire et la gousse produite ne donne que 1 ou 2 semences ; un seul pied en a donné 3. La première et la seconde feuille supérieures à la première fleur donnent aussi des fleurs solitaires avec 1 ou 2 semences, mais plus souvent 1 seule ; enfin, au-dessus de ces 2 autres fleurs, on aperçoit une fleur qui s'épanouit avec peine et qui ne donne qu'une gousse stérile. La tige se termine par des feuilles à peine développées et des bourgeons-fleurs qui avortent par défaut de nourriture. Les tiges mesurent environ 2 millimètres de diamètre, 55 centimètres de hauteur, et les feuilles sont relativement petites.

Le pied exceptionnel qui a fourni 3 semences dans la gousse de la première fleur a donné 2 graines dans la seconde gousse et une seule dans la troisième. Les 2 autres fleurs supérieures n'ont produit aucune graine capable de germination ; mais, par contre, deux individus n'ont donné qu'une seule graine dans chacune des 2 ou 3 fleurs qui ont produit des graines capables de germination. Somme toute, les 10 pieds ont fourni 46 graines bien conformées ; ce qui fait en moyenne 4,6 graines susceptibles de germer, dont 7 ou 8 étaient assez grosses pour produire des individus de taille et de production moyennes ; car ils avaient 6 millimètres de diamètre, tandis que la plupart des autres semences se rapprochaient, pour la grosseur, de la semence mère. Nous avons calculé qu'en poids cette culture n'avait rapporté que 15 à 16 fois environ la valeur de la semence. En effet, nous avions 0,5 de semence et nous avons récolté 7,9 grammes de semence, d'où

$$\frac{7,9}{0,5} = 15,8.$$

B. Les gros pois ont donné des résultats infiniment plus satisfaisants, ainsi que cela était prévu. La première fleur, ou plutôt les premières fleurs ne se sont développées qu'à l'aisselle de la quinzième ou seizième feuille. Elles étaient presque toujours 2 pour les 3 ou 4 premières feuilles ; puis elles se sont présentées solitaires à l'aisselle de 4 ou 5 feuilles ; de sorte que nous avons obtenu d'une manière générale les résultats suivants :

1re feuille. 2 fleurs donnant chacune une gousse de 5 ou 6 semences bien conformées.

2e feuille. 2 fleurs donnant chacune une gousse à 4, 5 ou 6 semences.

3e feuille. 2 fleurs produisant chacune une gousse à 3, 4 ou 5 semences bien conformées.

4e feuille. 2 fleurs donnant chacune une gousse à 3 ou 4 semences (6 pieds seulement, les 4 autres n'ayant fourni qu'une seule fleur à 4 ou 5 semences).

5e feuille. 1 fleur donnant une gousse à 5 ou 6 semences.

6e feuille. 1 fleur avec une gousse à 4 ou 5 semences.

7e feuille. 1 fleur avec une gousse à 3 ou 4 semences.

8e feuille. 1 fleur avec une gousse à 2 ou 3 semences.

9e feuille. 1 fleur avec une gousse à 1 ou 2 semences.

2 pieds ont donné une dixième feuille offrant une petite gousse avec une seule semence bien conformée.

Ces deux pieds ont donné la décroissance régulière suivante : 1re feuille, 2 gousses à 6 graines bien développées ; 2e feuille, 2 gousses à 5 graines encore bien développées ; 3e feuille, 2 gousses à 4 graines un peu plus petites ; 4e feuille, 2 gousses à 3 graines ; 5e feuille, 1 seule gousse à 5 semences et une 6e très-petite ;

6ᵉ feuille, 1 gousse à 4 semences ; 7ᵉ feuille, 1 gousse à 3 semences et une petite ridée et quasi-avortée ; 8ᵉ feuille, 1 gousse
et 3 semences ; 9ᵉ feuille, 1 gousse et 2 semences ; 10ᵉ feuille
1 gousse et une seule semence.

Il est impossible de décrire toutes les variétés décroissantes de
grosseur des graines, mais on reconnaît aisément cette décroissance régulière, avec cette différence que la graine est en général
plus grosse dans la fleur solitaire qui surmonte immédiatement
les 2 fleurs de la quatrième ou troisième feuille, que celles qui
viennent après, ou celles qui les précèdent immédiatement.

Quant aux feuilles qui suivent, elles donnent des fleurs solitaires s'épanouissant à peine, ou tout au moins donnant des
gousses stériles. La tige est terminée aussi par des feuilles et des
bourgeons-fleurs avortant par épuisement des sucs nutritifs. Les
tiges ont un diamètre de 5 à 6 millimètres et atteignent à une
hauteur de 2 mètres au moins. Les feuilles sont relativement
grandes.

Voici maintenant le produit obtenu : Les 10 pieds ont produit
535 graines, ce qui fait une moyenne de 53,5 graines par individu. Or, d'après le rapport suivant :

$$\frac{535}{46} = 11,65,$$

on voit que le nombre des gros pois produits, comparé à celui des
petits, a été environ 12 fois aussi considérable. Nous avons donc
récolté environ 53 graines pour une ; mais si l'on observe que
parmi ces semences, il y en avait un certain nombre qui étaient
loin d'atteindre le volume des semences mères, on comprendra qu'il
faille réduire cette proportion et chercher ailleurs une autre proportion plus satisfaisante. Comme nous avions eu soin de peser
la graine mère, il nous a été possible de chercher un autre rapport. Or les 10 gros pois pesaient ensemble environ 4 grammes, et
le produit 129,5. On a donc

$$\frac{129,5}{4} = 32 ;$$

c'est-à-dire que le rendement a été égal à 32 fois le poids de la
semence mère employée. En comparant maintenant ce rende-

ment des grosses graines avec le rendement des petites qui a été environ de 16 fois la graine mère, on trouve

$$\frac{129,5}{7,9} = 16 \text{ environ};$$

c'est-à-dire que les produits des petits pois et des gros sont dans le rapport de 1:16.

Enfin, si nous comparons ces rendements avec les surfaces respectives des semences, nous trouvons ce fait remarquable, qu'ils sont, pour les cas dont il s'agit, en raison de leurs surfaces multipliées par 4. En effet, nous avons pour les grosses semences comparées aux petites, p. 507 :

$$\frac{201,024}{50,256} = 4, \text{ et } 4 \times 4 = 16,$$

forme équivalente à

$$\frac{129}{7,9} = 16;$$

Donc, on peut dire que pour ces semences et dans les circonstances où nous nous sommes placés, *les produits obtenus ont été en raison directe des surfaces des graines multipliées par 4.*

Deuxième expérience faite sur les Pois (Pisum sativum),
de la variété dite de Knight.

Les résultats obtenus avec les pois ridés de Knight ont été sensiblement les mêmes ; c'est pourquoi nous croyons inutile d'entrer dans autant de détails que pour les pois Michaux. Nous indiquerons seulement les principales données de l'expérimentation et les résultats obtenus.

Ces pois sont, comme on le sait, beaucoup plus volumineux que les précédents, et comme leurs rides s'opposaient à la mesure exacte de leur volume, nous avons commencé par en choisir un certain nombre des plus gros et des plus petits, que nous avons pesés après les avoir desséchés à 100°. 10 des plus gros pesaient chacun en moyenne, 0,61, et 10 des plus petits, 0,1. Nous entendons parler des plus petits pois capables de germination.

Un fait qui a bien son importance au point de vue de la structure des graines, de la grosseur de leurs cellules et des espaces compris entre ces cellules, c'est que toutes ces graines ont absorbé pendant la macération une quantité d'eau proportionnelle à leur poids.

Au bout de quarante-huit heures de macération, nous avons choisi, aussi semblables que possible, 10 gros pois qui, alors, n'étaient plus ridés. Nous avons pris la grandeur de leurs 3 diamètres, et nous en avons tiré une moyenne proportionnelle pour chacun d'eux ; toutes ces moyennes additionnées et divisées par 10, nous ont donné une moyenne proportionnelle générale qui était égale à 14 millimètres. Nous avons opéré de la même manière sur 10 des plus petits pois en cherchant ceux qui se rapprochaient le plus d'un diamètre de 7 millimètres, ce qui n'a pas été sans difficulté; mais enfin nous sommes arrivé à avoir une moyenne proportionnelle générale égale à 7,1 millimètres, fraction qui nous semble à peu près insignifiante pour l'objet que nous nous sommes proposé. Nous avions donc, en négligeant la fraction :

Gros pois : 14 millim. $= 7 =$ R ;
Petits pois : 7 millim. $= 3,5 =$ R ;

d'où nous tirons :

Gros pois : $4 \times 3,141 \times 49 \quad = 615,636 = $ S ;
Petit pois : $4 \times 3,141 \times 12,25 = 153,9 \quad = $ S ;

et par suite :

$$\frac{615,636}{153,9} = 4;$$

c'est-à-dire que le rapport moyen des surfaces était pour chaque pois comme 4 : 1.

Leur volume était donc :

Gros pois : $615,636 \times 2,33 = 1434,43 = $ volume ;
Petits pois : $153,9 \quad \times 1,166 = 186,34 = $ volume ;

d'où :

$$\frac{1434,43}{186,33} = 8 \text{ environ,}$$

ou comme 8 : 1.

A. Chez les petits pois, la première fleur, qui était solitaire à l'aisselle de la huitième ou neuvième feuille, a donné une gousse de 2 pois ; la seconde fleur a encore donné 2 pois ; la troisième et la quatrième, 1 pois seulement, en tout 6 pois ; mais 2 pieds seulement ont donné ce nombre de graines ; 2 autres pieds n'ont donné que 5 graines, 4, 4 seulement, et un seul 3. Les dernières fleurs supérieures n'ont pas donné de gousse offrant des graines capables de germination.

En somme, nous avons récolté de ces 10 pieds 41 graines bien constituées, un grand nombre petites et plus ou moins semblables à la graine mère ; les autres avaient un volume plus grand, mais étaient relativement des petites semences. Leur poids total, desséchées, a été de 12,5, c'est-à-dire un peu moins de 13 fois autant que celui de la semence mère.

Les tiges mesuraient 3 millimètres de diamètre, 70 à 75 centimètres de hauteur, et leurs feuilles étaient relativement petites.

B. La floraison chez les gros pois a commencé aux 18e, 19e et 20e feuilles ; le pédoncule était biflore aux 3 ou 4 premières, et devenait uniflore aux 3e, 4e, 5e et suivantes. Les gousses avaient 5, 4, 3 ou 2 pois seulement dans les premières fleurs, c'est-à-dire sur les pédoncules biflores, et ces nombres arrivaient à l'unité dans les gousses des fleurs solitaires. Voici les résultats exacts :

1re feuille : 2 fleurs offrant chacune une gousse à 5 ou 6 semences bien constituées.

2e feuille : 2 fleurs portant une gousse à 4 ou 5 semences.

3e feuille : 2 fleurs avec une gousse de 3 ou 4 semences.

4e feuille : 2 fleurs avec gousse contenant 3 et 2 semences. (4 individus seulement étaient dans ce dernier cas.) La 4e feuille des 6 autres était uniflore, avec une gousse de 4 semences.

5e feuille : 1 fleur avec une gousse de 5 ou 4 semences.

6e feuille : 1 fleur avec gousse de 4 semences.

7e feuille : 1 fleur avec gousse de 3 semences.

8e feuille : 1 fleur avec gousse de 2 semences.

9e feuille : 1 fleur avec gousse de 2 semences, dont 1 quelquefois incapable de germination.

10e feuille : 1 fleur avec gousse de 1 semence, 6 pieds ont présenté cette 10e feuille à fleur séminifère. Les autres fleurs mal fleuries ou donnant des gousses à semences avortées.

La somme des semences obtenues a été de 498, dont un bon nombre égalaient la grosseur des semences mères, ce qui fait une

moyenne de 49,8 graines par individu. Or, d'après le rapport
suivant :

$$\frac{498}{41} = 12,14,$$

on voit que le rendement des gros pois comparé à celui des petits
pois a été un peu plus de 12 fois aussi considérable. Sur les
50 graines environ, pour une, que nous avons récoltées, il faut
observer qu'il y en avait un assez grand nombre qui étaient plus
petites que la semence mère, et qu'aucune n'était plus grosse ; par
conséquent, il y a une réduction à faire sur le produit. En effet,
ces 498 semences pesaient ensemble 194^{gr},5, d'où l'on tire :

$$\frac{194,5}{61} = 31,8, \text{ ou presque } 32,$$

nombre très-voisin de celui que nous avons trouvé avec les pois
Michaux (p. 509). En comparant ce rendement avec celui des
petites, que nous avons vu être environ de 12,5 fois la graine
mère, on a la proportion suivante :

$$\frac{194,5}{12,5} = 15,6,$$

c'est-à-dire que les produits des petits pois par rapport à celui des
gros a été environ :: 1 : 16.

Enfin, en établissant les proportions suivantes :

$$\frac{615,636}{153,9} = 4 \text{ et } 4 \times 4 = 16$$

équivaut à

$$\frac{194,5}{12,5} = 15,6 \text{ ou presque } 16 ;$$

donc, comme précédemment on peut dire que *les produits obtenus ont été en raison directe des surfaces des graines multipliées
par 4.*

Les tiges sont aussi terminées par des feuilles et des bourgeons-fleurs épuisés ; elles ont environ 3 mètres de hauteur, un
diamètre de 8, 9 et 10 millimètres. Les feuilles sont très-grandes.

Voici le tableau comparatif de tous les rapports précédents :

	Nombre des grosses graines comparé à celui des petites.	Poids des graines obtenues par rapport à celui des graines employées.	Poids des grosses graines obtenues par rapport à celui des petites graines.	Poids des graines obtenues par rapport aux volumes des graines employées.
POIS MICHAUX	$\dfrac{\text{G. }535}{\text{P. }46} = 11,65$	$\dfrac{\text{P}'.\ 129,5}{\text{p. }4} = 32$	$\dfrac{\text{P}'.\ 129,5}{\text{p}'.\ 7,9} = 16,3$	$\dfrac{\text{V.G. }207,5}{\text{V.P. }33,17} = 8$
POIS DE KNIGHT	$\dfrac{\text{G. }498}{\text{P. }41} = 12,1$	$\dfrac{\text{P}'.\ 194}{\text{p. }6,1} = 31,8$	$\dfrac{\text{P}'.\ 194}{\text{p}'.\ 12,5} = 15,6$	$\dfrac{\text{V.G. }1434,43}{\text{V.P. }461,} = 8$

G = gros pois ; P = petits pois ; P′ = poids des produits obtenus des gros pois ; p = poids des graines semées ; p′ = poids des produits des petits pois ; V = volume.

Il est encore quelques observations à faire sur ces expériences que nous devons faire connaître ici, car il est probable que nous n'aurons pas l'occasion d'y revenir, attendu que, pour tirer quelques déductions utiles des faits observés, il faudrait considérablement multiplier le nombre des expériences dont nous allons donner un spécimen.

Nous avons dit que dans nos expériences nous avions reconnu que la quantité d'eau absorbée était proportionnelle au volume de pois de Knight. En effet, 10 gros pois de Knight desséchés pesant 5,1, mis en macération dans l'eau jusqu'à ce qu'ils n'acquissent plus de poids, ont pesé 12,2 ; et 10 petits pois de Knight desséchés pesant ensemble 1,6, après une macération suffisante, ont pesé 3,85. On a donc sensiblement :

$$5,1 : 1,6 :: 12,2 : 3,85 ;$$
$$\text{car} \quad 1^{\circ}\ 51 \times 3,85 = 19,635 ;$$
$$\text{et} \quad 2^{\circ}\ 122 \times 16 = 19,52.$$

Des résultats identiques ont été obtenus avec les pois Michaux.

Donc, on peut dire que la quantité d'eau absorbée est proportionnelle au volume des graines, et la différence en moins trouvée pour les grosses graines pourrait bien provenir d'une macération plus prolongée, qui est nécessaire pour leur complète saturation de l'eau. En effet, tandis qu'au bout de 72 heures les petites graines ne gagnent plus de poids, les grosses, au contraire, mettent le double de temps pour absorber une quantité d'eau telle qu'ils en soient saturés et incapables d'en absorber de nouvelles quantités. Or, pendant ce temps, l'eau dissout une certaine quantité de principes solubles de la graine, principes qui compensent très-probablement la quantité d'eau absorbée en moins trouvée par l'expérience. D'ailleurs, il est impossible, au microscope, de saisir la moindre différence dans la grosseur des cellules et leurs distances prises comparativement dans les gros et les petits pois. Donc, on peut dire que *le nombre des cellules,* dans les pois que nous avons examinés, *est en raison directe de leurs volumes.* Ainsi s'expliquent aisément les répétitions plus multipliées, les nombres plus grands, et les parties mieux développées dans les tiges provenant des grosses semences ; ce qui concorde parfaitement avec les idées que nous avons exposées à l'occasion des 2 bourgeons de Lilas, l'un gros et l'autre petit (p. 504).

En résumé, on peut conclure des observations et expériences précédentes : 1° que les cellules sont de même grosseur ; 2° qu'elles sont à des distances égales les unes des autres ; 3° qu'elles sont en nombre proportionnel au volume des graines.

Antérieurement à ces expériences nous avons cru remarquer que les Haricots et les Fèves donnaient des résultats analogues ; mais, comme ces expériences étaient incomplètes, nous ne saurions donner pour ces semences aucun rapport exact. Nous ferons observer seulement que le rendement des semences dans les Haricots nous a paru être beaucoup plus fort, et dans les Fèves beaucoup plus faible que celui que nous avons obtenu des Pois. Quelquefois ce rendement est infiniment plus considérable, ce qu'il est bien facile de constater sur un pied d'*Amarantus* (1) *caudatus,* qui peut fournir plusieurs milliers de graines toutes capables de germer. Il serait donc curieux de poursuivre un grand nombre d'expériences dans ce sens afin de connaître exactement les rapports des produits employés et ceux obtenus, en même temps que les autres rapports dont nous avons essayé de fournir un exemple.

(1) Amarante, venant du grec α, privatif, et μαραίνω, flétrir, d'où l'on a fait l'adjectif Ἀμάραντος (*immarcessibilis*), doit évidemment s'écrire sans H, quoiqu'on ait fait souvent le contraire, malgré l'observation de Ray, et quoique les dictionnaires classiques l'aient écrit aussi sans H. M. Moquin, avec raison, a relevé cette erreur de quelques botanistes qui, pensant que le mot ἄνθος entrait dans la composition du mot, l'écrivaient avec un H. (*Bull. Soc. bot. France,* t. V, p. 217.)

Ajoutons enfin, qu'en variant la nature du sol, le degré d'humidité, de chaleur, de lumière, et la distance des pieds, il pourrait être possible d'arriver à établir des lois dont aujourd'hui nous n'avons pas le premier mot.

Revenant donc aux répétitions des organismes de l'infrondescence, nous reconnaissons qu'il est difficile d'établir un type du nombre de ces répétitions, puisqu'elles dépendent du volume des phytogènes. A la vérité on pourrait le concevoir dans le plus petit phytogène, qui, par exemple, dans le pois Michaux, donnerait 6 ou 7 feuilles avant d'arriver à l'inflorescence ; mais nous ne sommes même pas certain qu'il n'y aurait point ou des conditions ou des graines plus petites qui abaisseraient encore le nombre type de ces répétitions d'infrondescence. Heureusement que cela importe peu et que ce que nous savons maintenant suffit pour donner des renseignements quelquefois utiles. Ainsi, il est certain qu'au lieu de prendre les semences *tout-venant*, il y aurait un avantage incontestable à ne prendre que les semences qui n'auraient pas pu passer à travers les mailles d'un crible, mailles dont les grandeurs seraient appropriées à la grosseur des semences.

Enfin, comme la floraison arrive beaucoup plus tôt chez les petits pois que chez les gros, peut-être la précocité ou la tardiveté de certaines variétés de plantes ont-elles pour raison d'être une cause voisine de celle qui ressort de ces expériences.

§ 2. — *Répétition des organismes de la reproduction.*

Nous comprenons sous le nom d'organismes de la reproduction l'*exanthophylle* ou verticille de sépales, l'*énanthophylle* ou verticille de pétales, l'*androphylle* ou verticille d'étamines, le *métandrophylle* ou verticille de lépales, et le *gynéconophylle* ou verticille de carpelles. (P. 342, note.)

La répétition des organismes de la fleur, en dehors du nombre normal qui appartient à chacune des deux grandes divisions végétales, constitue un excès d'exastosie centripète dont nous avons parlé page 172. Il y a seulement à rappeler ici qu'il ne faut pas confondre ces excès d'exastosie qui répètent les parties homologues à la manière des prolifications, avec les excès d'exastosie qui répètent les parties par voie de dédoublement ; c'est seulement aux premiers que nous appliquons le nom de répétitions des organismes. Or, comme nous nous sommes longuement étendu sur ce sujet en parlant des excès d'exastosie centripète, nous n'aurons qu'à signaler ici quelques cas particuliers plus propres à nous éclairer sur la nature du phénomène.

Mais, indépendamment de ces répétitions d'organismes simples ou de parties homologues, il en est d'autres que l'on pourrait nommer répétitions d'organismes *composés* ou d'*appareils de la reproduction* ; ce sont ces répétitions, non plus d'organes de même nom, mais d'appareils comprenant des éléments de nature différente (p. 188), auxquels nous serions enclins à conserver le nom de *prolification*, déjà bien connu et employé depuis longtemps, en les qualifiant de *frondipares* lorsque la répétition serait composée d'infrondescence seulement ; de *floripares*, lorsqu'elle donnerait des fleurs, et de *fructipares*, lorsqu'elle donnerait des fruits. Dans ce dernier cas, observons que de deux choses l'une : ou le fruit provient d'une fleur surajoutée et fécondée, pouvant donner un fruit, et alors on a à volonté une prolification *floripare* ou *fructipare*, ce qui embarrasserait pour classer le phénomène ; ou bien le fruit provient d'une répétition pure et simple des carpelles, et, dans ce cas, on a un phénomène qui serait une prolification bien différente de la précédente. Mais nous avons dit que cette fructiparité n'était autre qu'une répétition de carpelles, analogue aux répétitions des étamines ou des pétales ; par conséquent, il nous a semblé difficile de conserver le nom de prolification fructipare sans donner des noms analogues aux répétitions des étamines, des pétales, des sépales, des feuilles et des cotylédons. C'est pourquoi nous avons préféré l'expression de répétition, qui dit mieux la nature du phénomène, et qui surtout s'étend à tous les organes que nous venons d'énumérer. D'ailleurs, en faisant du mot répétition d'organismes le synonyme de prolification, on reste dans les idées de quelques auteurs, qui ont dit fort peu de chose à la vérité sur les prolifications, mais qui ont bien étendu l'acception de ce mot.

Nous avons vu plus haut la manière dont Linné comprend la prolification, et ce qu'il entend par fleurs prolifères. (p. 438.) On voit que, dans les idées de Linné, la prolification ne peut affecter que les fleurs, et cette idée paraît partagée par M. Moquin-

Tandon, qui ne distingue que deux sortes de prolifications : celle des fleurs et celle des fruits (1). Il est évident cependant que le même phénomène peut se reproduire dans les calices, les corolles, les androcées ; il peut encore s'effectuer à l'extrémité d'une inflorescence, ainsi que nous en avons donné de nombreux exemples (p. 423), et même à l'extrémité des axes eux-mêmes. C'est ainsi que Poiret dit que l'on nomme aussi *tiges prolifères* celles qui ne produisent de rameaux qu'à leur extrémité, d'où ils partent tous, comme d'un centre commun (2), et c'est ce que l'on voit très-bien dans les Pins et les Sapins. Toutefois cette manière d'appliquer les mots prolifère ou prolification serait susceptible d'une telle extension que nous serions bientôt conduits à ne voir que des tiges prolifères dans toutes les tiges rameuses ; car pourquoi les autres tiges terminées par 3 bourgeons, 1 central et 2 latéraux, comme dans le Lilas, ne seraient-elles pas aussi bien prolifères, puisque 2 tiges partiraient d'un centre commun, qui lui-même serait terminé par un autre axe? Évidemment l'extension de ce mot répond bien à un besoin d'exprimer le fait observé ; mais le fait observé est beaucoup plus général qu'on ne l'a indiqué, et s'appliquerait à tous les végétaux rameux. Il y a mieux encore cependant, c'est que les axes simples peuvent eux-mêmes devenir prolifères, à la vérité après avoir fourni une inflorescence, comme le prouvent les exemples que nous avons cités p. 423 à 428. Par conséquent, en ne conservant le mot prolification qu'aux fleurs qui produisent d'autres fleurs ou des axes que l'on peut supposer devoir se terminer plus tard par d'autres fleurs, nous exprimerions mieux la différence qu'il y a entre la répétition des organismes simples et la répétition des organismes composés ou appareils de la reproduction, et c'est très-probablement ce qu'ont eu en vue Linné et, après lui, M. Moquin-Tandon. Mais alors on fait une distinction entre deux phénomènes analogues : l'un qui s'effectue sur des organes simples, et l'autre sur des organes composés ou appareils, et c'est précisément ce que nous avons voulu éviter. On comprendra sans doute suffisamment pourquoi, avec les réserves que nous venons d'indiquer, nous

(1) *Élém. térat. vég.*, p. 364.
(2) *Encyclop. méthod.*, t. V, p. 630. — Voyez aussi Desvaux : *Dictionnaire raisonné de bot.*, p. 459.

avons préféré ranger tous ces phénomènes sous le titre général de répétition des organismes, n'imposant d'ailleurs nullement nos idées à des hommes appelés plus tard à décider si notre manière de faire est rationnelle.

Quoi qu'il en soit, et bien que nous ayons déjà en grande partie traité cette question au lieu indiqué, nous nous croyons obligé de rappeler quelques observations plus récentes qui compléteront ainsi beaucoup mieux et nos idées sur les excès d'exastosie, et les répétitions des organismes de la reproduction.

CALICE. Y a-t-il des cas véritablement bien observés de répétitions anomales du calice parmi les dicotylédones ? Il est probable que ces sortes de répétitions existent ; mais les cas sont rares, et nous avons vu (p. 256) que le calice observé sur le *Linaria* par M. Rœper pouvait être considéré comme formé du calice ordinaire et des éléments de la corolle retournés à l'état de sépales. On a encore cité les Primevères, qui présentent fréquemment des calices doubles ; mais il faut dire que dans la plupart des cas le calice interne est tellement coloré qu'il est autant corolle que calice ; et quelquefois même sur les variétés cultivées du *Primula grandiflora,* nous avons vu ce calice interne et même l'externe complétement colorés comme une corolle. Nous ne savons donc réellement pas s'il y a ici répétition du calice ou de la corolle.

Nous avons décrit autre part deux monstruosités du fruit du *Mespilus germanica,* dans lesquelles il semble qu'il y ait répétition du calice ou tout au moins des lobes du calice. Mais l'une de ces monstruosités offrant ses divisions internes placées directement en face des divisions externes (*fig.* 98), il s'ensuit que cette anomalie n'est qu'un dédoublement, et appartient aux phénomènes que nous avons décrits sous le nom de chorises. Nous lui avons donné le nom de *fructiparité par dédoublement,* parce qu'il était évident qu'il sortait une seconde nèfle de la première. Sa coupe verticale a en effet démontré qu'il n'y avait pas continuité de tissu entre le fruit externe et le fruit interne, et qu'un assez large vide circulaire séparait la partie externe e, de la partie interne i, *fig.* 98 *bis ;* on voit en même temps que le phytogène central s'est développé et a formé un fruit surnuméraire s'annonçant par une saillie assez marquée portant cinq divisions calicinales, mais ici parfaitement opposées aux cinq divisions normales. Au reste, les deux fruits ne contenaient pas la moindre trace de noyau osseux.

C'est bien à tort que nous avons décrit sous le nom de *fructi-parité par répétition de verticilles calicinaux* une monstruosité plus compliquée que la précédente : l'ombilic, beaucoup plus large et comme irrégulièrement boursouflé, se trouvait recouvert de gibbosités dont la principale, de beaucoup plus élevée que le calice normal, portait un sépale assez bien développé. A côté de ce sépale on pouvait reconnaître l'existence de 2 tubercules, indiquant encore les vestiges de 2 autres divisions de ce calice interne, *fig.* 99. Ces gibbosités nous paraissaient accuser une fructiparité. Les bords de l'ombilic présentaient 10 divisions calicinales, nombre double des divisions normales. En considérant avec attention la position de ces divisions, on reconnaissait qu'elles n'étaient pas toutes sur une même ligne circulaire, et qu'il y en avait 5 plus internes qui alternaient avec les 5 autres. Cette circonstance doit faire admettre, non un dédoublement, comme dans l'exemple précédent, mais une répétition du verticille calicinal, répétition dans laquelle chaque division a pris moins de développement que celles du verticille externe. De plus, si l'on fait attention à la position des 3 divisions dont nous avons parlé plus haut, on voit que chacune des divisions alterne avec celles du second calice interne, et est, au contraire, opposée aux divisions du calice externe.

Dans sa tranche verticale, on observe aussi des solutions de continuité qui séparent la partie externe, e, de la partie interne, i, *fig.* 98 *bis;* mais ces cavités ne constituent pas un vide circulaire, comme dans l'exemple précédent. Enfin, dans cette partie interne et en un point correspondant à la plus grosse gibbosité, se trouve un seul noyau osseux.

Il résulte de cette observation qu'il faut reconnaître dans cette anomalie la double répétition du verticille calicinal, ce qui fait 3 verticilles, et comme l'un au moins de ces verticilles (le supérieur incomplet) semble être la conséquence de la fructiparité, il est mieux de dire : *double répétition de verticilles calicinaux par fructiparité,* que de dire l'inverse, ainsi que nous l'avons fait au commencement de cette description, car nous allons voir un exemple de répétition du calice, sans que l'on puisse saisir la moindre trace de fructiparité. Toutefois, il est bon de constater que dans les calices supères, la fructiparité a toujours pour conséquence de répéter le calice ; tandis que la répétition du calice, n'entraîne pas toujours nécessairement l'idée d'une fructiparité. Au contraire, dans les calices infères, il peut y avoir fructiparité sans que le calice ait été répété, et c'est même le cas le plus fréquent. Le second exemple que nous avons à présenter offre un premier calice à divisions très-amplifiées, *fig.* 99 *bis;* plus intérieurement et alternant avec les divisions de ce premier calice, on constate la présence de 5 autres divisions calicinales, constituant de la manière la plus évidente un calice répété. Au reste, toutes les parties étaient dans un état de répétition analogue, car la corolle était elle-même formée de deux rangées de pétales, et les étamines étaient plus nombreuses que de coutume. Il est remarquable que le premier calice, appartenant plus à l'infrondescence que le second, participait beaucoup des caractères de la feuille. Ainsi ses divisions étaient dentées, présentaient la même nervation que les feuilles, et 3 d'entre elles étaient même rétrécies à la base, de façon à simuler une véritable feuille sessile.

Nous avons aussi trouvé des calices répétés dans le *Spirea Ulmaria*, le *Rubus idæus*, le *Geranium Robertianum*, l'*Erodium alpinum* et le Poirier, ainsi que nous l'avons dit p. 177.

Hors les quelques exemples que nous venons de citer, et que nous regardons comme des cas où le calice s'est réellement répété d'une manière anomale, nous n'en connaissons pas d'autres dont la répétition soit aussi parfaitement confirmée.

Il n'en serait pas de même des calices des monocotylédones, si toutefois on doit conserver le nom de calice à ces parties, qui ressemblent tant à des corolles. Quoi qu'il en soit, il est évident que chez les monocotylédones dont les fleurs offrent des périanthes multiples, ce n'est souvent que par répétition des verticilles floraux qu'a lieu cette multiplication, car on trouve alors soit les carpelles et les étamines, soit plusieurs rangées de pétales en plus du nombre qu'auraient donné tous les verticilles floraux réunis. A cette occasion, il nous semble qu'une petite digression ne sera pas inutile pour la recherche de la vraie nature de ces organismes, et nous fournira quelques arguments de plus en faveur de l'opinion des auteurs qui pensent que les enveloppes florales des monocotylédones sont à la fois calice et corolle.

Il nous a toujours semblé difficile de regarder les pièces du périanthe des monocotylédones comme des sépales purs et simples, attendu que, lorsque les étamines se métamorphosent, elles doivent naturellement commencer par se transformer en pétales, puisque ces derniers organes sont la forme la plus voisine des étamines. Or, si ces étamines se transforment en pétales dans les dicotylédones, elles doivent aussi, ce nous semble, se transformer en pétales dans les monocotylédones. Mais si ce sont des pétales qu'elles forment, puisque ces pétales sont si semblables aux pièces du périanthe, pourquoi donc ces pièces ne seraient-elles pas des pétales? Dans les *Tradescantia* et les *Alisma,* déjà on reconnaît entre les 3 pièces sépaloïdes externes et les trois pièces internes des différences de consistance et de coloration assez grandes pour avoir donné à penser que les premières sont un calice et les autres une corolle, et, par suite, quelques botanistes ont admis 3 sépales et 3 pétales dans les périanthes dont les 6 pièces sont également colorées. Or, cette manière de voir a été celle de Linné, qui y reconnaissait un calice et une corolle quand le verticille intérieur était d'une couleur verte et d'une consistance bien distinctes de celles que présentait le verticille intérieur, et elle a été aussi partagée par Auguste Saint-Hilaire, qui a discuté cette question avec sa sagacité habituelle (1).

Si maintenant on observe que, dans ces enveloppes, auxquelles, afin de tourner la difficulté qui se présente, quelques auteurs ont donné le nom de *périanthe,* d'autres celui de *périgone,* quelques-uns celui de *périgynandre* ou *péristème;* si, disons-nous, on observe que dans ces enveloppes presque toujours le verticille externe, quoique coloré comme le verticille interne, présente des modifications de forme ou de grandeur, on aura une donnée de plus en faveur de l'opinion qui les fait considérer comme constitués par un calice et une corolle.

Ajoutons de plus qu'au point de vue phytogénique, les monocotylédones se distinguent surtout par une grande tendance relative aux défauts d'exastosie, de laquelle résulte :

(1) *Morphol. vég.,* p. 802.

1° Que les phytogènes cotylédonaires des monocotylédones restent unis en un seul cotylédon, tandis qu'ils en forment 2 ou plusieurs dans les dicotylédones ;

2° Que les phytogènes foliaires des monocotylédones ne forment en général qu'une seule feuille pour chaque répétition d'organisme de leur infrondescence, alors qu'ils forment le plus souvent 2 feuilles opposées ou 3 feuilles verticillées dans les dicotylédones ;

3° Que les phytogènes floraux des monocotylédones se répètent par verticilles de 3 parties, pendant que chez les dicotylédones, ils se répètent d'ordinaire par verticilles de 5 (normal) ou 6 parties (type).

C'est pourquoi il nous a semblé plus rationnel de penser que ces défauts d'exastosie relatifs se reproduisant d'une manière proportionnelle dans les cotylédons, dans les feuilles et dans les fleurs, quand on reconnaît un calice et une corolle de 5 ou 6 parties dans les dicotylédones, on doit reconnaître aussi un calice et une corolle de 3 parties dans les monocotylédones.

Ce qui nous paraît constituer une difficulté sur la manière de s'entendre dans la désignation des enveloppes florales des monocotylédones, c'est précisément le sens que, par habitude, on attache aux mots calice et corolle. Mais supposons qu'au lieu de dire calice, nous disions *exanthophylle*, nous saurons que nous voulons parler du verticille *externe* de la fleur, et cette expression devient applicable aussitôt aux mono et aux dicotylédones ; de même, si, au lieu de dire, corolle nous disons *énanthophylle*, nous comprenons aussitôt que c'est le deuxième verticille *interne* de la fleur, et la même dénomination sert pour les dicotylédones et les monocotylédones. Quant aux autres dénominations : *anthophylle, prinanthophylle, gynéconophylle*, comme elles expriment les verticilles d'étamines, de sépales ou de carpelles, on voit qu'elles peuvent servir à désigner les parties plus intérieures des fleurs des deux grands embranchements des végétaux phanérogames. (Voir p. 342, note.)

La considération de couleur et de consistance nous paraît avoir une valeur très-secondaire, et en voici la raison. D'une manière générale, dans les dicotylédones, le calice et la corolle sont distincts et rarement adhérents entre eux, tandis que dans les monocotylédones le calice et la corolle sont souvent adhérents de façon à former un périanthe d'une seule pièce, ou, pour parler le langage dont nous nous servons ici, en admettant un défaut d'exastosie dans les parties constituant les verticilles, dans les premières, nous avons une cyclochorise externe (calice gamosépale), et une cyclochorise interne (corolle gamopétale); alors.que dans une fleur normale de monocotylédone, nous n'avons qu'une seule cyclochorise externe correspondant à volonté au calice ou à la corolle précédente. Mais si l'on observe que, dans ce cas, il est toujours facile de reconnaître 3 pièces internes et 3 pièces externes unies en une seule cyclochorise, on verra qu'elle est réellement composée de 2 verticilles. Mais puisque dans les monocotylédones la tendance aux défauts d'exastosie est si prononcée, il en résulte qu'elle n'est pas seulement influente sur les éléments *circulaires*, mais qu'elle l'est encore (cette tendance) sur les éléments centripètes, d'où résulte l'adhérence des 2 verticilles extérieurs. On pourrait ajouter que cette adhérence des 2 verticilles extérieurs indique des époques physiologiques de formations très-voisines, qui causent l'adhérence fréquente de ces deux verticilles, adhérence ou défaut d'exastosie qui se prononce même quelquefois dans l'intérieur de la fleur, comme on peut le remarquer dans l'androcée et le gynécée, constituant alors le *gynostème* des Orchidées. Or, ce sont précisément ces 2 époques physiologiques, de formations si voisines, qui font que chez les monocotylédones l'exanthophylle et l'énanthophylle, non-seulement restent souvent unis par défaut d'exastosie centripète (p. 133), mais encore font que souvent les 2 verticilles prennent soit l'apparence d'une corolle (Liliacées), soit l'apparence d'un calice, comme on peut le constater sur la plupart des Joncées.

Chez les dicotylédones, au contraire, où l'exastosie circulaire est plus manifeste, l'exastosie centripète l'est aussi davantage, ce qui accuse des époques physiologiques de formation plus distantes, et par conséquent il s'ensuit 1° que les adhérences ou défauts d'exastosie centripète ne sont pas sensibles au point de faire que le verticille de sépales ne fasse souvent qu'une seule cyclochorise avec le verticille de pétales, etc., 2° que le calice n'a pas aussi généralement la même coloration que la corolle. (Voir d'ailleurs nos réflexions générales sur les 3 formes de l'exastosie, p. 198.)

Quoi qu'il en soit, la multiplication des périanthes de monocotylédones peut être due à un phénomène dont nous n'avons dit qu'un mot en parlant de la couronne des Narcisses, mais que nous devons examiner ici, phénomène bien différent de la répétition ordinaire des organismes, au moins d'après ce que nous savons jusqu'à ce jour. Peut-être de nouvelles observations apporteront-elles de nouveaux exemples de ce mode de multiplication.

Nous avons dit, p. 159, comment nous envisagions la manière dont se sont formés les éléments de la couronne des Narcisses, et nous avons démontré, p. 265, comment phytogéniquement cette couronne prenait naissance, et comment elle devait nécessairement conduire à l'idée de dédoublement ou chorise centripète diplasique. Cependant, si dans les *Narcissus Pseudo-Narcissus* et *poeticus*, rien, dans les divisions de la couronne, ne vient contredire l'idée de dédoublement, puisque la couronne n'offre aucune division autre que des petites crénelures, et que l'on peut toujours supposer que les éléments de cette couronne sont en parfaite opposition avec les pièces du périanthe, il n'en est pas de même des couronnes de quelques autres Narcisses, qui présentent des divisions plus ou moins profondes, lesquelles sont alternes avec les divisions du périanthe.

Pour arriver à concevoir ce nouveau mode de multiplication, commençons par supposer que les 6 divisions du périanthe sont représentées par les 6 phytogènes circulaires, *fig.* 51, *pl.* IX, ce qui ne fait rien à la démonstration que nous allons présenter (1). De plus, admettons que chaque phytogène circulaire soit devenu protophytogène à son tour, et que ses 6 phytogènes circulaires se soient développés chacun en une cyclochorise ouverte au sommet, mais inégale, de façon à ce que les 3 phytogènes ponctués exté-

(1) On peut admettre que chez les monocotylédones le phytogène central, au lieu de s'exastosier ultérieurement en 6 phytogènes circulaires en entourant un septième central, s'exastosie seulement en 3 phytogènes circulaires et un central, comme cela a lieu pour les cyclochorises de Jacynthe et de Tulipe, p. 315, et la formation des cornets appuierait fortement cette idée ; cependant, on peut dire aussi qu'il y a 6 phytogènes circulaires formés, mais que 3 se développent avant les 3 autres, et qu'ils sont d'époques physiologiques de formations peu différentes, ce qui expliquerait à la fois le nombre 3 des verticilles floraux, la facile adhérence des 2 verticilles et la formation des cornets.

rieurs aient formé le grand côté de la cyclochorise correspondant aux grandes divisions du périanthe de la fleur des Narcisses, et les 3 phytogènes intérieurs, le petit côté correspondant à la couronne. Nous avons déjà dit que c'était de cette façon que se formaient les fleurons ou demi-fleurons qui constituent les sphærochorises florales des composés. Nous avons dit aussi (p. 159) que si l'exastosie était complète entre chaque phytogène circulaire du protophytogène général, l'organe, ou cyclochorise, prenait alors l'aspect d'un cornet, *fig*. 9, a, b, ou d'une petite hotte, c (pl. V). Or si, par la pensée, on dispose circulairement 6 de ces petites cyclochorises en plaçant tous les grands côtés à l'extérieur, tous les petits côtés, étant intérieurs, deviennent les éléments de la couronne. Maintenant que nous connaissons combien sont variables et facilement transmutables les effets de l'exastosie, on comprendra qu'il peut arriver que l'*exastosie circulaire* qui a séparé chaque cyclochorise ait disparu pour faire place à une *exastosie centripète*, qui sépare chaque grand côté de chacun des petits côtés de la cyclochorise ; mais si le défaut d'exastosie qui fait que les petits côtés se tiennent tous en une seule couronne n'est pas complet, et si la séparation qui en résulte se trouve précisément vis-à-vis de la séparation des pièces ordinaires du périanthe, on a un véritable phénomène de dédoublement (p. 265, 2°) ; mais il peut arriver que l'exastosie qui fait les divisions de la couronne subisse l'influence de la loi d'alternance, et qu'au lieu de faire ces divisions opposées à celles du périanthe, elle les fasse alternes : d'où résultera une répétition d'éléments qui pourrait être rapportée aux répétitions des parties calicinales.

En effet, si l'on suit, comme nous l'avons fait, une série de fleurs multiples des *Narcissus Pseudo-Narcissus* ou *poeticus*, on peut saisir tous les passages intermédiaires entre la complète exastosie circulaire des pièces sépaloïdes, transformées alors en cornet, et le défaut d'exastosie des éléments de la couronne, accompagnée de l'exastosie centripète qui sépare la couronne des pièces sépaloïdes, et l'on acquiert ainsi la certitude que les choses doivent se passer comme nous venons de l'indiquer. Cette tendance des phytogènes circulaires à se transformer en cornet est telle qu'on la retrouve même dans les verticilles les plus intérieurs ; d'où il résulte qu'à mesure que les verticilles se multiplient, les couronnes se multiplient aussi, toujours internes par rapport aux pièces du périanthe répété.

On peut ainsi expliquer les diverses opinions émises par les auteurs qui ont donné différentes manières d'envisager la couronne des Narcisses.

Par exemple, Turpin a cru devoir appeler *phycostème* cette couronne (1), supposant toujours que cet organe est le résultat d'une transformation des étamines.

Aug. Saint-Hilaire la croit formée par 2 verticilles alternant comme l'enveloppe extérieure, et la regarde comme étant le résultat d'une multiplication, parce qu'il se fonde uniquement sur la loi d'alternance que l'on observe entre les parties libres de la couronne de quelques espèces et les sépales, opinion partagée par M. Germain de Saint-Pierre ; mais nous venons d'expliquer comment cette alternance pouvait prendre naissance.

Pour M. Lindley, c'est une rangée d'étamines stériles, plus extérieures que les étamines normales, et situées devant les pièces du périgone.

Link la regarde comme un appendice des pièces du périgone, analogue à celui que l'on observe à la base des pétales des *Lychnis* ou des *Ranunculus*.

M. Louis Cagnat la considère comme étant le résultat d'un dédoublement des pièces du périanthe (2).

M. J. Gay, qui s'est spécialement occupé de la question, et qui a étudié les formes que la couronne présente dans certaines conditions tératologiques, après avoir émis l'idée que la couronne provenait de la soudure de plusieurs appendices, jouant à la base des folioles du périgone le même rôle que les stipules intraires des feuilles de végétation, analogie qui avait été remarquée par M. Dœll (3), M. J. Gay, disons-nous, est revenu sur cette opinion, et a été conduit à lui donner une autre origine.

Ce savant a résumé son opinion sur la couronne des Narcisses de la manière suivante :

« 1° La couronne n'est point un organe d'une seule pièce, com-

<hr>

(1) *Iconog. vég.*, tabl. 44.

(2) *Note sur la couronne des Narcissus. (Ann. scienc. nat.*, Bot., 1845, 1er semestre.)

(3) *De la Couronne des Narcissées. (Bull. soc. bot. France*, t. VI, p. 131.)

parable aux folioles d'un périgone, comme elle le paraît au premier abord ; c'est un organe composé, comme une corolle gamopétale, de parties soudées entre elles par les bords, de manière à former un tube plus ou moins allongé. Cette composition se révèle de trois manières : d'abord, par les lobes dont le bord du tube est marqué dans certaines espèces, telles que les *Ajax*, le *Narcissus incomparabilis* et le *N. odorus;* ensuite, par le *Narcissus serotinus* et l'*Aurelia Broussonnetii,* dans lesquels les parties de l'organe composé sont souvent entièrement disjointes ; enfin, par les fleurs doubles de l'*Ajax pseudo-Narcissus* et du *Narcissus Tazetta,* où la complète disjonction des parties de la couronne accompagne toujours la multiplication des folioles du périgone. »

« 2° Disjointes ou seulement indiquées par les lobes, les parties de la couronne sont opposées aux folioles intérieures du périgone, et à celles-là seulement. C'est un fait qui est hors de doute pour les fleurs simples, lorsque la couronne y montre des divisions, et aussi pour la fleur semi-double du *N. poeticus* ci-dessus décrite, où les éléments de la couronne sont entièrement séparés et détachés jusqu'à la base..... »

« 3°..... Aujourd'hui que le verticille extérieur semble hors de cause, on pourrait se demander si la couronne est ou un dédoublement, ou un appendice, ou une ligule des 3 folioles intérieures. Mais toutes ces questions semblent devoir tomber devant les observations que m'a fournies le *N. poeticus flore semipleno* de Lattes, et que plus haut j'ai rapportées tout au long. Là, en effet, j'ai vu les 6 étamines converties en autant de folioles pétaloïdes, dans chacune desquelles on retrouvait le filet et l'anthère. Or l'anthère était là transformée de manière à reproduire exactement l'appareil d'une foliole périgoniale intérieure munie de son appendice liguliforme. De là l'opinion que j'ai énoncée plus haut, suivant laquelle le verticille périgonial intérieur d'une fleur de Narcisse à l'état simple, folioles et couronne comprises, peut et doit être considéré comme composé des anthères de 3 étamines métamorphosées.....

«..... Le verticille calicinal étant plus extérieur, en même temps qu'il est d'une autre nature, il n'est pas étonnant qu'il n'ait ni couronne, ni rien de ce qui pourrait rappeler une origine staminale. »

En terminant son mémoire (1), l'auteur ajoute : « Quoique nouvelle dans son ensemble, l'opinion que je viens de formuler a une véritable analogie avec celle que M. Lindley professait il y a vingt-cinq ans, une de celles que je repoussais le plus nettement dans mon mémoire de l'an dernier. M. Lindley considérait alors la couronne des Narcissées comme provenant d'un ou de plusieurs verticilles d'étamines surnuméraires, intercalées entre le périgone et les étamines parfaites. La pensée de l'auteur anglais n'est sans doute pas justifiée par les faits que je viens d'exposer, mais il est remarquable que, dans sa manière de voir comme dans la mienne, l'étamine métamorphosée entre comme élément essentiel dans la composition de la couronne. La différence entre les deux opinions est d'ailleurs sensible. Pour M. Lindley, la couronne est exclusivement formée d'étamines surnuméraires fondues ensemble, filaments et anthères, dans un même tissu. Pour moi, les éléments dont se compose la couronne ne sont ni des organes complets, comparables à une étamine, ni même des parties d'organes comparables à une anthère. Pour qu'ils signifient quelque chose, il faut qu'ils soient considérés comme une partie intégrante, comme un simple repli de la foliole périgoniale à laquelle ils sont opposés, et alors ce n'est pas une étamine qu'ils représentent, mais seulement une anthère. »

M. Cosson ne serait pas loin d'admettre l'explication donnée par M. Gay, relativement à la formation de la couronne des pétales supplémentaires de la fleur double ; cependant cette explication lui paraît moins vraisemblable pour la fleur normale, où le nombre des étamines est égal à celui du périanthe, et où la symétrie est régulière, et M. Decaisne fait remarquer avec raison que l'hypothèse de M. Gay ferait supposer un androcée ou verticille de 9 étamines, ce qui serait un fait bien étrange dans les Monocotylédones.

Depuis le travail important, sous plusieurs points de vue, de M. Gay, M. Baillon a cherché à donner une autre explication dé-

___

(1) *Nouvelles observations sur la couronne des Narcissées.* (*Bull. soc. bot. France,* t. VII, p. 309.)

duite de ses observations organogéniques. Ses études sur plusieurs *Narcissus*, le *Peliosanthes* et le *Pancratium maritimum*, lui ont démontré, dans toutes les fleurs qu'il a examinées, que la couronne ne commence à se montrer que postérieurement aux étamines et aux carpelles, et sur un point supérieur à l'exsertion des étamines dans le tube de la fleur. D'où il tire la conséquence que l'on ne saurait admettre que la couronne a une origine staminale, et, considérant le tube assez court qui est compris entre l'exsertion des pétales et celle des étamines comme un *organe réceptaculaire*, puisqu'il porte le calice, puis la corolle, puis l'androcée, l'auteur est conduit à admettre que la couronne n'est autre chose qu'une production tardive du disque apparaissant sur l'axe, après que le gynécée s'est constitué.

Si nous résumons en peu de mots les diverses opinions que nous venons de rapporter, on voit que la couronne des Narcissées a été regardée, savoir :

1° Comme étant de nature staminale (Turpin, Lindley, J. Gay);

2° Comme représentant un appendice des divisions périgoniales (Linck);

3° Comme résultant d'une multiplication (Aug. Saint-Hilaire et Germain de Saint-Pierre);

4° Comme provenant d'un dédoublement des pièces du périanthe (Louis Cagnat);

5° Comme étant formée par un développement particulier du disque (Baillon);

6° Enfin, dans notre opinion, comme résultant du développement des 3 phytogènes internes de chaque phytogène circulaire qui est passé à l'état de protophytogène.

Or, ce qu'il y a de remarquable, c'est que toutes ces opinions peuvent être soutenues; et d'abord nous devons faire observer qu'il y en a trois si voisines qu'elles peuvent être confondues en une seule, car elles ne diffèrent que dans la manière dont elles sont exprimées. En effet, dire comme Linck, que les parties coronales sont des appendices des folioles calicinales; ou, comme Louis Cagnat, qu'elles proviennent d'un dédoublement; ou, comme nous, qu'elles résultent du développement des trois phytogènes internes, d'un phytogène circulaire devenu protophytogène (p. 265, *fig.* 52, n), c'est dire qu'au-devant de la lame sépaloïde, il s'est formé un corps intermédiaire à la lame et aux étamines, mais dépendant de cette lame. Seulement le premier auteur indique le fait pur et simple ; le second, applique au fait même une théorie en usage; tandis que nous, nous prévoyons phytogéniquement la formation de cet appendice et nous en indiquons les éléments. Nous entrons, en un mot, plus avant dans le cœur de la question organogénique. Voyons maintenant si les faits tératologiques et organogéniques seront en faveur de notre opinion.

Cette année, 1862, sur un grand nombre de très-jeunes boutons de fleurs de *Narcissus poeticus* et *Pseudo-Narcissus*, mais surtout des premières, nous avons cherché à faire l'organogénie des pièces du périanthe, et nous avons reconnu que ces pièces apparaissaient d'abord sous la forme d'un petit mamelon. Il y en avait d'abord 3 disposés en triangle, 1, 1, 1; puis 3 autres petits mamelons alternant avec les premiers se sont montrés, 2, 2, 2, *fig.* 97 *bis*, a, pl. XIII. En prenant des boutons un peu plus avancés, nous avons vu de chaque côté de ces mamelons s'en développer un autre qui, unis avec le premier, 2, 2, b, ont continué à croître ensemble, constituant la pièce sépaloïde. Remarquons en passant que dans cet état les trois petits mamelons ainsi unis, peuvent représenter, jusqu'à un certain point, les éléments de 2 anthères attachées de chaque côté d'un connectif, et, comme chacun le sait, les pièces pétaloïdes étant d'une nature très-voisine de celle des étamines, il doit arriver que sous l'influence d'une nourriture moindre, ces éléments puissent se transformer en une étamine plus ou moins modifiée, et c'est ce que montre très-bien la *fig.* 6 qui accompagne le mémoire de M. Gay; seulement, il y a cette distinction à faire : c'est que, pour nous, ces trois mamelons devront former le sépale, et pour M. Gay l'élément de la couronne.

Dans un bouton de fleur plus avancé, et lorsque notre bonne fortune nous a fait observer des pièces pétaloïdes qui devaient rester libres, nous avons reconnu que 3 autres petits mamelons se développaient plus intérieurement, au-devant et un peu au-dessous des 3 précédents, 3, 3 et 4, *fig.* 97 *bis*, c, et croissant presque ensemble, mais unis dans la plus grande partie de leur hauteur, en même temps qu'ils adhéraient aux bords des 3 premiers mamelons, plus développés alors. Enfin dans des boutons bien formés nous retrouvions encore les mêmes éléments unis en une cyclochorise semblable à celle que nous avons décrite p. 265, et formant un cornet plus ou moins semblable à ceux que nous avons représentés *fig*. 9, b et c, pl. V.

Si maintenant on compare cette *fig*. 97 *bis* c, avec le protophytogène d, dont à dessein nous avons désigné les éléments par les mêmes chiffres, on trouvera une identité de composition remarquable, et nous ne serions nullement étonné quand un jour l'on trouverait des sépales de Narcissées complétement transformés en une fleur ou cornet portant intérieurement une ou plusieurs autres pièces pétaloïdes ou des étamines, par suite du développement, très-anomal alors, du phytogène central.

Dans l'évolution de ces 6 mamelons nous avons pu reconnaître que l'ordre de leur apparition allait en décroissant de chaque côté et à partir du premier mamelon formé, 1, de sorte que les mamelons 2, se formaient après, puis les mamelons 3, et que le dernier mamelon formé, 4, était exactement en face du premier mamelon, ce qui explique assez bien la forme en cornet reproduite *fig*. 9, a, pl. V, quoique cette figure réprésente la formation anomale d'un cornet au-devant d'une pièce sépaloïde, et formé seulement aux dépens des éléments de la couronne seule.

Quoi qu'il en soit, si l'on compare ces résultats d'observation avec ceux qu'ont obtenus MM. Gay et Baillon, on voit qu'ils sont d'accord avec ce dernier auteur, en ce que véritablement les éléments de la couronne sont de dernière formation, et avec M. Gay, en ce que les *fig*. 3 et 4 données à la suite de son travail font reconnaître les 6 mamelons ou phytogènes circulaires dont nous avons parlé. Mais ici le premier mamelon correspondant au phytogène le plus externe (1, *fig*. 97 *bis*, b, c) a subi l'influence de la chorise pollaplasique ou tout au moins triplasique et a fait le sépale, tandis que les autres phytogènes sont restés peu développés et ont constitué ce que, dans les *fig*. 3 et 4 de M. Gay, on pourrait regarder comme les éléments de la couronne; quant à la chorise du phytogène le plus externe, elle est nettement indiquée dans la *fig*. 4 de ce savant, par les 3 petits lobes qui surmontent le sépale.

Enfin, de même qu'il y a des cas où le phytogène externe peut se choriser et former le sépale, de même aussi, il peut arriver que l'un des phytogènes (ordinairement le plus interne) vienne à ne pas se développer, et alors les 3 phytogènes extérieurs s'unissent pour faire le sépale ou le pétale et les 2 autres se développent en laissant entre eux une échancrure parfaitement indiquée dans la *fig.* 5 de M. Gay. Dans ces nouvelles conditions, et en supposant un phénomène semblable pour tous les sépales ou pétales d'un même verticille, s'il arrivait, ainsi que nous le disions, p. 526, que l'exastosie qui, dans les cas précédents, est *circulaire* fût remplacée par l'exastosie *centripète*, on conçoit alors que la couronne serait détachée des divisions périgoniales et que, divisée seulement en face du milieu de chaque division, par l'avortement précité, cette couronne paraîtrait formée de pièces alternes avec les divisions périgoniales (*Narcissus odorus*, *papyraceus*, etc.) et simulerait ainsi une véritable multiplication qui donnerait gain de cause à l'opinion d'Aug. Saint-Hilaire; mais on voit par l'origine même de cette formation que cette manière de voir n'est pas exacte.

Or il est évident que cette exastosie *centripète* remplaçant l'exastosie *circulaire* conduit indubitablement à l'idée d'un dédoublement et donne ainsi raison à Linck et à M. Louis Cagnat, à ce point de vue que le dédoublement produit un appendice dérivant de l'élément phytogénique qui a dû former le sépale.

Ces explications sont pour nous la preuve la plus saisissante des nombreuses opinions que l'on peut se former sur la nature des organes végétaux, opinions qui cependant touchent toutes plus ou moins, par un côté, à l'explication la plus rationnelle. Il nous semble donc que l'on ne peut espérer découvrir la vérité qu'autant que l'on remontera le plus possible à l'origine des choses. Voilà pourquoi l'organogénie peut rendre de grands services à la science, et voilà pourquoi aussi, les idées que nous cherchons à faire comprendre, c'est-à-dire la *Phytogénie*, nous paraît appelée à rendre peut-être de plus grands services encore, puisqu'elle pénètre plus intimement dans les phénomènes de physiologie végétale.

Il y a des plantes chez lesquelles les pièces du calice se répètent normalement d'une manière fort remarquable : 1° les unes en passant progressivement de l'état de sépales à l'état de pétales,

ainsi que l'on peut s'en assurer sur les fleurs de la plupart des
Cactées ; 2° les autres, en conservant tous les caractères assignés
aux sépales et les couleurs vives de la corolle tranchant alors brusquement avec la coloration verte du calice ainsi que cela a lieu
dans les *Camellia*. Bien que les auteurs modernes aient cru devoir
ne regarder comme calice que les 5 ou 6 sépales concaves et coriaces
qui environnent immédiatement la corolle, cependant on n'en
rencontre pas moins 10 ou 12 autres écailles imbriquées qui tiennent au système calicinal et que, par conséquent, on peut regarder
aussi comme des sépales, et c'est en effet ainsi que plusieurs botanistes, avec de Lamarck (1), les ont considérés. Il y aurait ici
deux répétitions du nombre 5 ou 6, et il arrive même quelquefois
que ce nombre de sépales est encore augmenté jusqu'à 22 ou 24.
Le *Nandina domestica* se trouve exactement dans le même cas
que le *Camellia* par ses 5 rangées d'écailles sépaloïdes, p. 178;
3° d'autres enfin, en offrant des sépales exactement de la même
couleur que la corolle; par exemple dans les *Calycanthus*, chez
lesquels les parties du périanthe présentent un très-grand nombre
de divisions et d'une couleur si uniforme qu'il est impossible d'é-
tablir une ligne de démarcation entre le calice et la corolle. Aussi
quelques auteurs, avec Ach. Richard, donnent-ils le nom de périanthe aux enveloppes florales des espèces de ce singulier genre,
tandis que d'autres, regardant toutes les pièces de ce périanthe
comme des sépales, leur refusent une corolle. Enfin Lamarck y
reconnaît un calice turbiné écailleux, se terminant en plusieurs
folioles linéaires-lancéolées, un peu pubescentes en dehors et colorées comme les pétales; ceux-ci sont ligulés, pointus, portés
sur le calice et disposés sur un rang intérieur relativement à ses
folioles, auxquelles d'ailleurs ils ressemblent entièrement (*loc.
cit.*, p. 565).

Corolle. Nous venons de voir, p. 521 le *Mespilus germanica,
fig.* 99 bis, donner une seconde corolle dont les divisions alternaient avec la corolle normale, et nous avons constaté la présence d'un plus grand nombre d'étamines. Il est donc supposable
que cette corolle ne provient point de la métamorphose descendante d'une rangée d'étamines et que par conséquent nous avons

(1) *Encyclop. méth.*, t. 1, p. 572.

bien une répétition de la corolle. Un fait analogue s'est présenté sur quelques fleurs de Poiriers, et comme aussi le nombre des étamines a été trouvé semblable à la fleur normale, il est à peu près certain qu'il y avait répétition de la corolle. Sur une fleur de Poirier de Bon-Chrétien d'hiver, nous avons même constaté la formation d'une troisième corolle à pétales alternant avec ceux de la seconde corolle et le commencement d'une quatrième corolle, dont les pétales étaient plus ou moins bien formés. Le nombre des étamines paraissait être celui de la fleur normale; mais, comme il aurait pu se faire que, par excès d'exastosie centripète, les verticilles d'étamines eussent été répétés, nous sommes moins sûrs de la formation par répétition de cette quatrième corolle, qui pourrait bien être, après tout, le résultat d'une métamorphose descendante, ainsi que nous l'avons fait pressentir p. 178, à laquelle nous renvoyons pour les phénomènes de multiplication des corolles par répétition de verticilles.

Nous avons dit aussi qu'il nous paraissait probable que les corolles de quelques *Althœa*, particulièrement l'*Althœa rosea*, pouvaient doubler et même tripler leur corolle par répétition des verticilles pétaloïdes, sans que l'on puisse attribuer cette multiplication aux étamines, car lorsque les étamines subissent cette métamorphose, elles forment souvent une répétition latérale de fleurs dans la fleur (p. 417); ou, si cette répétition n'est pas nettement appréciable, on trouve presque toujours des pétales moins grands constituant au centre de la fleur une masse plus ou moins globuleuse bien distincte de la corolle simple, double ou triple qui s'étale autour de l'androcée transformée en un certain nombre de pétales.

Les pétales du *Caltha palustris* nous ont semblé se multiplier d'une façon analogue à ceux de l'*Althœa*.

C'est par une véritable répétition que l'énanthophylle ou verticille de pétales arrive à se doubler et même se tripler dans les *Datura fastuosa* et *ceratocaula* (1). Il en est de même de certaines campanules : telles sont les *Campanula medium, persicœfolia, trachelium, glomerata, rotundifolia*, etc. Il faut toutefois

---

(1) Un oubli typographique nous a fait dire, p. 182 : « Les *Datura fastuosa* présentent... » C'est : « Les *Datura fastuosa* et *ceratocaula* présentent... » qu'il faut lire.

remarquer que dans certaines de ces fleurs doubles on reconnaît manifestement la participation de la chorise centripète dans la multiplication, sans compter la métamorphose des étamines, et que dans le *Campanula persicœfolia*, le calice revêt parfois accidentellement le caractère de la corolle, accident qui est normal dans la variété de cette espèce dite *coronata*.

Il y a des espèces chez lesquelles la tendance à la multiplication de la corolle est telle, qu'il est presque impossible de les cultiver sans qu'aussitôt la corolle se multiplie, soit par répétition des verticelles pétaloïdes, soit par métamorphose descendante des étamines et même des carpelles. Une des espèces les plus remarquables sous ce rapport nous est offerte par la Corète du Japon (*Kerria japonica*), laquelle, présentant dans l'état de nature une corolle jaune à 5 pétales, dès qu'on vient à la cultiver, n'offre plus que des fleurs à corolles multiples et rarement des étamines et des carpelles. Le *Calystegia pubescens* est peut-être plus remarquable encore, en ce que l'on ne connaît pas sa fleur à l'état de simplicité. Mais Robert Brown qui, en raison de la présence de deux grandes bractées à la base des fleurs, dans son Prodrome de la Flore de la Nouvelle-Hollande, a créé le genre *Calystegia* aux dépens du genre *Convolvulus*, lui a assigné pour caractères ceux du *Convolvulus sepium*, devenu le *Calystegia sepium* R. Brown; c'est-à-dire un calice persistant à 5 divisions, une corolle en cloche plissée sur ses 5 ou 6 angles (type), cinq étamines, un ovaire à 2 loges séparées l'une de l'autre par une cloison incomplète et surmontées d'un seul style. Or, le *Calystegia pubescens*, au moins à notre connaissance, n'a jamais donné que des fleurs très-multiples dans lesquelles on constate un très-grand nombre de pétales (p. 183). Un grand nombre d'espèces ou de variétés du genre *Rosa* sont à peu près dans le même cas; il est difficile de les cultiver en leur conservant les caractères de simplicité qu'elles devraient avoir dans l'état de nature.

Il y a dans la répétition des corolles des *Rosa* et celles du *Calystegia pubescens* et de beaucoup d'autres espèces une grande différence qu'il est bon de signaler ici.

En effet, dans le premier cas (*Rosa*) la corolle et les étamines sont périgynes, et dans le second, la corolle et les étamines sont réellement hypogynes (*Calystegia*, *Mathiola*, *Lychnis*, etc.). Il en résulte que la répétition se fait, d'une part, au sommet du calice, qui n'est autre qu'un axe cyclochorisé ; tandis que de l'autre, la répétition se fait au sommet d'un axe ordinaire. Mais nous avons vu, p. 323, que dans la cyclochorise, le phytogène central du *protophytogène-fleur* avorte, et que les phytogènes circulaires seuls se développent à la manière des axes, tout en restant intimement et circulairement liés entre eux : d'où il suit que les organes appendiculaires se développent à l'intérieur ; au contraire, tous les organes appendiculaires se développent à l'extérieur dans les évolutions ordinaires des fleurs. La conséquence de ces développements est donc que dans les *Rosa* les parties les plus récemment formées sont précisément les plus inférieures ; on pourrait dire que *les formations sont descendantes*, alors que dans les *Calystegia, Mathiola, Lychnis,* etc., les parties les plus nouvelles sont plus supérieures, c'est-à-dire que les formations sont ascendantes. De sorte que l'idée d'un axe refoulé dans le premier cas se trouverait justifiée jusqu'à un certain point, sauf la restriction que nous avons présentée p. 419.

Si, par exemple, nous ouvrons verticalement une fleur de rose multiple, nous trouvons une cavité portant au sommet le calice et la ou les premières corolles, quand, au-dessous, on aperçoit les corolles ou les pétales de nouvelles formations, puis les étamines, ou tout au moins les carpelles qui occupent les parois inférieures et la base de la cyclochorise. Il est d'ailleurs bien évident que les carpelles sont d'époque physiologique de formation postérieure aux autres parties de la fleur. Donc la génération des organes floraux est *descendante*. Si, au contraire, nous coupons verticalement une fleur de *Calystegia pubescens*, de *Lychnis flos cuculi*, de *Mathiola* multiples, nous voyons le réceptacle se disposer en cône plus ou moins allongé autour duquel sont exsérés les corolles ; par conséquent il y a ici *génération ascendante* des organes floraux.

Étamines. Tout ce que nous avons dit à propos des excès d'exastosie centripète des étamines, p. 184 et suivantes, se rapporte aux répétitions des verticilles staminaux. Mais comme il est un certain nombre d'observations qui peuvent trouver place ici, nous allons les présenter, parce qu'elles n'ont point été faites à l'endroit que nous venons d'indiquer.

On sait que Linné a en partie basé son système de classification sur le nombre des étamines, et nous n'avons pas besoin de rappeler les reproches qui ont été adressés à cette classification. Cependant il est un ordre de phénomènes qui se présentent assez souvent pour qu'il soit utile d'en dire un mot d'une manière générale : nous voulons parler de la répétition des verticilles staminaux. Lorsque l'immortel botaniste constitua sa treizième classe : *la Polyandrie*, avec les espèces dont les étamines sont indéfinies, ou de 20 à 100, il est évident qu'il voulait que l'on s'épargnât la peine de les compter, et que, bien qu'il puisse exister de nombreuses répétitions de verticilles, il ne pouvait s'ensuivre de graves erreurs, puisqu'il n'existe pas d'autres classes composées d'espèces à étamines plus nombreuses. Il n'en est déjà plus de même de son *Icosandrie*, car si l'on prend le soin de compter le nombre des étamines de beaucoup de genres qui lui appartiennent, on trouve que bien souvent le nombre dépasse le chiffre 20 que le nom de la classe voulait exprimer (εἰκοσι, vingt, et ανηρ, mari). C'est pour échapper à cette difficulté que, plus tard, pour caractériser cette classe et y comprendre les espèces qui s'y rapportaient d'une manière bien évidente, l'on a été obligé d'admettre un grand nombre d'espèces comportant plus de 20 étamines. Cependant, comme l'on se trouvait alors placé dans les conditions de la polyandrie, on a été forcé de chercher une différence entre les fleurs polyandres et les fleurs icosandres, et l'exsertion est venue donner un moyen à peu près capable d'offrir cette différence ; on a dit, en conséquence, que dans la polyandrie les étamines étaient attachées au torus ; c'est-à-dire sous l'ovaire, pendant que dans l'icosandrie les étamines étaient exsérées sur le calice. Mais il n'était pas difficile de constater que, même avec cette nouvelle division, on ne satisfaisait pas aux exigences de la classification, puisque dans la seule famille des Rosacées on trouve à la fois des genres à étamines subovariennes, comme on le voit dans les Spiréacées, les Amygdalées, les Fragariacées ou Dryadées, les Chrysobalanées, et, d'un autre côté, il était fort souvent difficile de distinguer le torus du fond du calice, puisque quelques botanistes sérieux vont même jusqu'à nier l'existence de ce torus.

Si l'on aborde sa onzième classe : la *Dodécandrie*, on n'est

pas moins en peine pour classer certaines espèces qui sont évidemment d'un seul et même genre. En effet, si nous choisissons,
pour prouver ce que nous avançons, le seul genre *Portulaca*,
nous trouvons que la fleur du *Portulaca pilosa* L. porte 15 étamines, que celle du *Portulaca quadrifida* n'en donne plus que 8,
et que celle du *Portula oleracea* en donne tantôt 8, tantôt 12,
et même quelquefois davantage, ainsi que nous l'avons quelquefois constaté.

Pour ramener ces faits à la question qui nous occupe présentement, nous devons nécessairement admettre des répétitions
de verticilles staminaux. Alors on trouve 1° dans le *Portulaca
pilosa* 5 divisions à la corolle : dans ce cas, le nombre 15 devient
un multiple de 5, ce qui indique 3 verticilles de 5 étamines, par
conséquent 2 répétitions de verticilles; 2° dans le *Portulaca
quadrifida* une corolle à 4 pétales jaunes : ici, le nombre 8 des
étamines, multiple de 4, indique 2 verticilles staminaux, conséquemment une répétition de verticilles ; 3° enfin dans le *Portulaca oleracea* on peut dire que les nombres 8, 12 ou 16 sont des
multiples du nombre 4, anomal de l'espèce, normal dans le *P.
quadrifida*, et indiquant 3 ou 4 répétitions d'étamines.

Il est extrêmement probable que la plupart des plantes appartenant aux classes que nous venons de citer doivent leur grand
nombre d'étamines à des répétitions de verticilles, mais, ainsi
que nous l'avons déjà indiqué p. 185, il est bon, avant de se
prononcer sur cette manière d'être, de faire la part des phénomènes de chorise centripète et circulaire qui, à coup sûr, inter-
viennent souvent plus ou moins dans la multiplication des étamines (p. 227 et 255).

Carpelles. La répétition des verticilles carpellaires constitue
une prolification assez communément observée et dont nous
avons longuement parlé en traitant des excès d'exastosie centripète, p. 187. Nous ne répéterons point ce que nous avons dit à
cet endroit, nous ajouterons seulement ici quelques faits que
nous n'avions pas cru devoir y placer. Nous pouvons reconnaître
dans ces sortes de productions des *répétitions médianes* et des
répétitions latérales.

A. *Répétitions médianes.*

Nous rappellerons seulement ici les exemples de répétitions des carpelles dans le *Gentiana purpurea* (D. C., p. 187), dans le *Nigella damascena* (p. 188), dans les *Pyrus* (p. 189), dans le Raisin (Durande, p. 190), dans le *Lychnis Githago* (Seringe), et dans les *Passiflora* (p. 191), et surtout les gynécées à carpelles nombreux, tels que ceux des *Fragaria* , *Rubus*, *Geum*, *Ranunculus sceleratus* et *Myosurus minimus*, chez lesquels on peut compter de 20 à 66 verticilles carpellaires (p. 192), exemples qui, par excès d'exastosie centripète, appartiennent tous aux répétitions médianes.

C'est à plusieurs répétitions médianes qu'il faut rapporter l'exemple de la poire de Bon-Chrétien d'hiver que nous avons figurée pl. XIV, *fig*. 100. C'est une poire présentant 3 fruits superposés : l'inférieur à 5 côtes arrondies couronnées par une dizaine de dents calicinales; du milieu du fruit s'élève une seconde poire à 5 divisions inégales, à peu près alternes avec les 5 premières divisions, un peu plus marquées, et qui sont terminées par 5 pièces calicinales; du sommet de cette répétition sort un groupe de carpelles arrondis, dont 2 sensiblement opposés, l'un un peu plus gros que l'autre, et entre lesquels, de chaque côté, on remarque : d'une part, un carpelle formant un renflement sillonné indiquant la réunion de 2 carpelles, et de l'autre, opposé à ce dernier, un cinquième carpelle de la grosseur d'un gros grain de groseille. Les divisions calicinales qui terminent ce troisième fruit sont rejetées sur le côté par le développement inégal des 5 carpelles.

Il est probable que c'est à une semblable répétition qu'il faut rapporter les exemples de fruits du *Mespilus germanica*, *fig*. 98, 98 *bis* et 99, qu'en raison du grand développement du calice et aussi de l'incertitude où nous sommes qu'il y a bien réellement répétition des carpelles, nous avons placés parmi les exemples de répétitions des calices.

Des poires de la variété nommée *Eisenbaerte*, en Allemagne, ont offert à M. Irmisch une prolification que nous devons faire connaître. Ces poires, oblongues, presque cylindriques et turbiniformes à la base offraient, vers le tiers inférieur, un cercle de 5 ou 6 petites écailles sépaloïdes sèches qu'il a reconnu être le calice normal. Du centre s'élevait le corps même de la poire, portant sur sa surface et à diverses hauteurs de semblables écailles foliacées alternant assez régulièrement avec les sépales, et que l'auteur regarde comme des pétales déplacés. Comme dans les fruits normaux, le sommet de ces poires présentait les restes desséchés d'un calice, pas de pétales, des étamines et un style secs. Dans une petite cavité, on reconnaissait des ovules non développés et brunis. M. Irmisch ajoute que ces monstruosités prouvent une fois de plus que les poires et tous les fruits analogues sont des métamorphoses d'axes, dans lesquelles sont enfoncées les feuilles carpellaires (1), observation qui se rapporte à ce que nous avons déjà dit, savoir : que les ovaires adhérents ou infères constituaient des cyclochorises, et que celles-ci ne sont que des axes circulairement unis.

Il est remarquable, ou du moins il nous a paru certain qu'en général, lorsque l'exastosie centripète des verticilles floraux est complète, les répétitions sont plus nettement tranchées, et dans ce cas il n'y a point confusion des diverses parties florales dans les prolifications. Aussi, dans le *Gentiana purpurea*, le *Nigella damascena*, les *Passiflora*, le Raisin, le *Lychnis*, etc., espèces à ovaire supère, les répétitions de carpelles se sont-elles toujours faites sans être accompagnées d'étamines, de corolle et de calice. Au contraire, lorsque l'ovaire est infère, la prolification semble ne pouvoir se faire que par répétition de tous les organismes floraux. Voilà pourquoi le calice étant persistant, tandis que la corolle et les étamines sont caduques, quand on rencontre une prolification dans les fruits à étamines périgynes, et à plus forte raison épigynes, tous les calices, les corolles et les étamines se trouvent répétés. C'est au moins ce que nous avons observé sur les fruits de l'Angélique et du Fenouil. Comme ces répétitions de fruits sont tout à fait analogues à celles qu'a observées M. Engelmann sur l'*Athamanta cervaria*, en indiquant ces répétitions on se fera aisément l'idée de celles que nous avons observées sur les espèces précitées.

---

(1) *Botanische Mittheilungen. Flora*, 21 janvier 1858, n° 3, p. 33-42, pl. I.

Dans son cinquième tableau (1), cet auteur a reproduit une fleur d'*Athamanta cervaria*, que nous lui empruntons, *fig.* 101, a, du centre de laquelle s'élève une seconde fleur. Mais cette fleur semble dépourvue de son ovaire infère, et l'auteur ne dit rien, p. 45, qui soit de nature à nous éclairer sur ce point. Dans tous les cas, la répétition se serait faite sur tous les verticilles floraux, à l'exception peut-être du verticille carpellaire. Il eût été curieux de chercher à voir si cet ovaire ne se serait point retrouvé au milieu de la fleur; dans ce cas, il eût pu être supère par exastosie centripète complète. La figure 101, b, que nous lui empruntons également, est plus nettement fructipare. Du milieu d'un fruit couronné par le calice et un peu brisé sortent deux petits pédicelles terminés par une fleur complète avec son ovaire infère.

Dans les exemples que nous avons observés sur le Fenouil, la répétition avait lieu sur toutes les pièces florales, avec ovaire infère, et bien au centre du premier fruit, *fig.* 102, a. Il en a été absolument de même de l'Angélique, *fig.* 102, b. Mais tandis que dans le premier exemple nous n'avons rencontré cette répétition que dans la seule fleur qui occupe exactement le centre de l'ombelle générale, dans le second nous l'avons rencontrée sur des fruits appartenant aux ombellules. Il est probable toutefois que cette répétition pourrait réciproquement se trouver soit dans les ombellules de Fenouil, soit au centre de l'ombelle générale de l'Angélique. Si on le voulait, il y aurait donc à distinguer plusieurs cas de répétitions médianes, savoir : 1° la répétition médiane continuant l'axe général ; 2° la répétition médiane continuant l'axe secondaire ; 3° et même les répétitions médianes continuant les axes tertiaires, quaternaires, etc. Ajoutons que dans les deux exemples qui précèdent, les 2 carpelles supérieurs étaient disposés en croix avec les 2 carpelles inférieurs, ce qui constitue bien une vraie répétition des organismes de la reproduction.

Cette répétition s'est présentée d'une manière remarquable sur un *Cucumis melo saccharinus*, de la variété dite *Cul-de-Singe*, que nous avons cherché à reproduire *fig.* 103. On voit à la base une sorte de premier fruit formé de 12 côtes bien marquées et

____

(1) *De antholysi prodromus.*

qui, contrairement à ce qui a lieu d'ordinaire, est resté plus petit
que le fruit qui le surmonte. Celui-ci, beaucoup plus développé,
est également formé de 12 côtes bien indiquées et alternant avec
les douze premières. Enfin le second fruit est terminé, comme
dans la variété normale, d'un ombilic saillant qui a valu à cette
variété la dénomination sous laquelle on la connaît. Comme l'ombilic saillant est déjà une anomalie qui, selon Couverchel (1), ne
se reproduit pas sur tous les individus, lors même qu'ils proviennent de la même graine ; il se pourrait que cet ombilic accusât
le commencement d'une répétition des organismes de la fleur, et
l'espèce de couronne brodée qui entoure souvent sa base semblerait appuyer cette manière de penser, fortifiée d'ailleurs par
l'exemple d'un de ces melons à fruit répété qui avait affecté la
forme exacte d'une gourde de pèlerin, c'est-à-dire que le premier
fruit était resté beaucoup plus petit que le second. Chacun d'eux
étant rond et séparé par un étranglement assez prononcé offrait
à l'intérieur deux cavités remplies de graines, mais celles du premier fruit moins bien développées et souvent moins fertiles que
celles du fruit supérieur. Dans cette supposition, le fruit reproduit *fig.* 103 serait un fruit dans lequel il y aurait une double
répétition.

C'est un phénomène analogue qui semble se présenter dans le
fruit des *Lycopersicum*, si ce n'est qu'au lieu de se produire
dans un ovaire infère, il se prononce sur un ovaire supère, et
c'est peut-être pour cette raison que l'on fera probablement
quelque difficulté à admettre une fructiparité dans le melon,
jusqu'au moment où l'on saisira la nature en flagrant délit de la
formation anomale que nous avons eue sous les yeux. Mais
d'après ce que nous avons dit des ovaires cyclochorisés *infère*,
p. 339, et *supère*, p. 345, on doit maintenant comprendre que
ces répétitions soient aussi faciles chez les uns que chez les autres ; seulement, dans le second cas, tous les organismes de la
reproduction se répètent, tandis que chez les autres il n'y a que
les carpelles seuls qui se prolifient.

Quoi qu'il en soit, dans le *Lycopersicum esculentum*, il arrive
fréquemment que le fruit, au lieu d'être simplement formé de

____

(1) *Traité des fruits,* p. 238.

8 à 12 côtes et terminé au sommet par un seul point noirâtre indiquant la base du style, s'ouvre en ce point et laisse voir une sorte d'ombilic plus ou moins saillant et plus ou moins profondément divisé, indiquant ainsi l'apparition de carpelles surnuméraires. Nous avons reproduit, *fig.* 104, a, un de ces fruits monstrueux présentant une douzaine de côtes et surmontés d'un paquet de carpelles, parmi lesquels on en voit deux plus volumineux, sphériquement développés, puis un troisième un peu cordiforme et offrant 3 côtes peu saillantes. De chaque côté de ce dernier on en aperçoit deux autres sous forme de tubercules inégalement développés et constituant une première répétition de carpelles. Enfin, au centre de ces carpelles plus ou moins séparés, s'en élève un autre arrondi et terminé par un point noirâtre, qui n'est autre que le vestige du style qui terminait tout le système. Ce dernier, par sa position plus élevée, nous a paru n'être autre chose qu'une seconde répétition de carpelles.

Le *Lycopersicum pyriforme* se présente aussi assez fréquemment avec l'apparence d'une petite gourde de pèlerin, *fig.* 104, b. Or, en ouvrant un de ces fruits, nous avons pu constater la présence de graines fertiles dans l'un et l'autre des renflements que présentait le fruit, ce qui nous a fait supposer qu'il se pourrait qu'il y eût ici encore fructiparité. Mais comme ce fait se rapproche de celui du Melon cité plus haut, on peut se demander si cette anomalie ne deviendrait pas l'état habituel du fruit du *Cucurbita Lagenaria*, dans la variété appelée *Gourde de pèlerin*. Malheureusement nous n'avons pas eu l'occasion de rechercher ce que cette opinion pourrait avoir de fondé.

C'est très-probablement à une répétition médiane de carpelles qu'il faut rapporter le fruit de l'*Acer Pseudoplatanus* observé par M. Schlechtendal, lequel présentait 4 loges et 4 ailes, non sur un même plan, mais dont deux se trouvaient être à un niveau plus élevé et en croix avec les deux premières opposées (1).

M. E. Fournier nous a fait connaître une répétition médiane fort curieuse du *Cheiranthus cheiri* dont toutes les fleurs étaient singulièrement modifiées, et que nous ne signalons ici que pour constater qu'il peut y avoir de *fausses prolifications* qu'il est bon

____

(1) *Abnorme Bildungen.* (*Botan. zeitung*, 2 novembre 1855, n° 44.)

de ne pas confondre avec les prolifications ordinaires. Les deux verticilles extérieurs, très-peu développés, ne présentent point d'androcée à leur intérieur, mais un ovaire ovoïde à 6 côtes distinctes ouvert à sa partie supérieure qui présente 6 dents; du milieu de cette ouverture sort la partie supérieure d'un ovaire normal portant à son extrémité un stigmate bilobé; l'ovaire extérieur paraît formé de 6 carpelles terminés chacun par son stigmate sessile et courbé en dehors. Les bords de ces carpelles sont cohérents jusqu'au-dessous des stigmates, formant ainsi un ovaire creux, dont la cavité est tapissée par 6 placentaires pariétaux portant des ovules le plus souvent rudimentaires, mais quelquefois développés, par suite, sans doute, d'une fécondation voisine (1). Ce fait, que l'on pourrait prendre pour une prolification de carpelles, n'est en réalité que le résultat d'une métamorphose ascendante des étamines en carpelles, et il se pourrait que, rencontré après la chute des sépales et des pétales, on eût pu les prendre pour une vraie prolification. Selon M. J. Gay, cet état monstrueux paraît avoir été observé depuis longtemps, et de Candolle, dans le premier volume du *Prodromus*, l'a même mentionné comme variété, sous le nom de *Cheirantus cheiri gynantherus*. Le fait est très-fréquent et a été souvent constaté à Paris même (2).

M. Brongniart a signalé des observations analogues sur la même espèce et surtout sur le *Sempervivum tectorum* et le *Polemonium cœruleum;* mais comme ces répétitions sont dues à une métamorphose ascendante des étamines, il sera plus rationnel d'y revenir à l'article des métamorphoses.

M. E. Fournier a aussi décrit une répétition de carpelles dans le *Nigella damascena.* Les carpelles, surnuméraires mal développés, étaient rejetés sur les parties latérales du fruit, où ils alternaient avec les carpelles normaux. Ils ne leur étaient unis par les placentaires que jusqu'à la moitié de leur hauteur; les ovules étaient en grande partie avortés dans l'ensemble. M. Duchartre a pareillement observé un fruit de la même plante dont les carpelles laissaient entre eux une cavité où était logé un

(1) *Bull. soc. bot. France,* t. III, p. 352.
(2) *Loc. cit.,* p. 354.

second verticille carpellaire (1). Ces deux faits constituent une répétition plus complète que celle que nous avons observée, décrite p. 188, et reproduite pl. VI, *fig*. 21.

M. C. Delavaud a décrit et figuré un fruit prolifère du *Paritium tiliaceum* croissant au jardin des plantes de Saint-Denis (île Bourbon). Tous les fruits de cet arbre, qui sont des capsules à 5 valves, renferment une autre capsule plus petite à graines avortées. Cette particularité est constante sur ce seul arbre et se reproduit tous les ans (2).

Faut-il placer ici l'exemple de fructiparité que M. Engelmann a trouvé sur le *Medicago lupulina* et qu'il a décrit en ces termes? « *In Medicagine lupulinâ* inter tria floris primarii carpia secun- « darium inveni (3). » Il est fâcheux que la description soit si courte, car il est impossible de se former une opinion exacte sur la nature de ce phénomène. Toutefois nous pensons qu'il est analogue à celui qui a produit la cyclochorise d'*Amygdalus*, p. 316, *fig*. 66, si ce n'est que dans le *Medicago* les 3 phytogènes ont donné 3 fleurs comme dans le *Nolana prostrata*, p. 316, au lieu de 3 carpelles, tandis que le phytogène central a fourni un carpelle analogue à celui qui se trouve au centre des trois autres dans l'*Amygdalus* précité. Mais, nous le répétons, la description est trop brève pour être sûr de ce que nous avançons.

Une autre répétition de carpelles avec cyclochorise s'est présentée plusieurs fois à notre examen dans le fruit de l'*Amygdalus communis*. Il faut seulement observer que le fruit central, *fig*. 66, pl. X, n'avait qu'un commencement de développement, et que, sessile au centre des 3 autres carpelles circulaires, il ne pouvait les surmonter; mais comme il est le produit du développement du phytogène central ultime, il doit être regardé comme une répétition de carpelle ou une fructiparité.

B. Répétitions latérales.

Nous ne sachions pas que jusqu'à ce jour on ait rencontré des répétitions latérales de carpelles autrement que sur les fruits à

(1) *Bull. soc. bot. France*, t. VI, p. 271.
(2) *Bull. soc. bot. France*, t. V, p. 687, pl. 2, *fig*. 5.
(3) *De antholysi prodr.*, p. 45.

calices adhérents, ou, pour mieux dire, provenant d'ovaires infères.

Ainsi on doit à M. Engelmann l'indication de plusieurs fruits
d'*Athamanta cervaria* dans lesquels on reconnaît une sorte de
répétition ou *fructiparité latérale*, qu'il faut bien distinguer de
la précédente, tab. V, *fig.* 14, 15, 16 et 17. Dans sa *fig.* 15, on
voit un fruit émerger du bord gauche d'un fruit primaire, et, au
premier abord, il semblerait que ce fruit secondaire naît au
sommet du calice du premier fruit. Ce fruit secondaire est en tout
conforme au fruit qui le porte, et évidemment il a été formé de
toutes les pièces qui entrent habituellement dans le diakène primaire. Mais si l'on remarque qu'à la base du premier fruit il
existe une petite bractée que l'on retrouve encore dans ses
figures 14, 16 et 17, alors on est conduit à l'interprétation suivante. Ce fruit secondaire ne paraît être qu'une fleur qui s'est
développée à l'aisselle de la bractée, mais son pédicelle, par défaut d'exastosie, est resté uni dans toute sa longueur avec le côté
du premier fruit, d'où résulte une émergence qui semble avoir
lieu au sommet du calice du premier fruit; quelquefois même,
par ce même défaut d'exastosie, la bractée elle-même semble
émerger du sommet du premier calice, *fig.* 14. Or, dans sa *fig.* 16,
on constate parfaitement ce défaut d'exastosie par la trace plus
apparente du pédicelle, et dans sa *fig.* 17, où l'on voit 3 fruits
latéraux, on trouve la preuve de ce que nous venons d'avancer
par un fruit complétement exastosié qui naît évidemment de
l'aisselle de la bractée quand les deux autres sont encore unis
avec le premier fruit. Dans tous les cas, on ne peut nier qu'il y
ait là une fructiparité latérale.

On doit à M. Trécul une curieuse observation de prolification
du fruit de l'*Opuntia fragilis*. Cette plante, qu'il a observée au
Texas, présente souvent 3, 4, 5 ovaires qui se surmontent et
s'allongent en rameaux atteignant jusqu'à 2 décimètres. Ces
rameaux, dit-il, offrent quelquefois la trace des cavités ovariennes
et conservent toujours leur couleur rouge (1). Il est fâcheux que
ce botaniste ne nous ait point éclairé sur plusieurs points de ce
singulier phénomène; savoir : 1° si les ovaires inférieurs étaient

____

(1) *Bull. soc. bot. France*, t, I, p. 306.

fertiles ; 2° si chaque ovaire possédait ses organismes floraux ; 3° en supposant la fertilité des ovaires inférieurs et l'absence d'étamines autour ou au sommet de chaque ovaire, comment alors se faisait la fécondation? les styles étaient-ils assez longs pour se rendre aux placentaires inférieurs? 4° Était-ce une première fleur qui après la fécondation émettait de son centre une deuxième fleur, puis une troisième, etc., constituant une *répétition médiane?* ou bien étaient-ce des fleurs successives qui se produisaient *latéralement* au sommet des calices cyclochorisés?

Le *Pereskia Bleo* présente un phénomène qui se rapproche beaucoup d'une prolification latérale, mais dont le mode de formation semble se rapprocher un peu de celui de l'*Athamanta cervaria*. En effet, M. C. Delavaud a décrit et figuré une de ces particularités qui en font une sorte de prolification dans laquelle le fruit semble se répéter trois ou quatre fois en formant des espèces de grappes pendantes. Tous ces fruits sont articulés à leur point d'attache, à l'aisselle de feuilles assez souvent caduques. M. C. Delavaud, rapportant ce singulier groupement aux inflorescences connues, le regarde comme le résultat d'une inflorescence mixte : l'axe primaire étant terminé donnerait naissance à un nombre variable (1 à 4) d'axes secondaires.

§ 3. — *Répétitions des bourgeons ou organismes composés.*

Certains bourgeons constituant des infrondescences et des inflorescences initiales, c'est ici le lieu d'examiner quelques cas de répétitions de ces bourgeons.

Ainsi il n'est pas rare de voir les *Allium* produire des groupes de bourgeons superposés, mais dont le mode de formation exige une explication qui nous paraît être des plus indispensables pour faire comprendre les phénomènes dont nous allons nous occuper.

Les bulbes des *Allium* sont ce que les botanistes sont convenus d'appeler *bulbes à tuniques*. Ils sont constitués par un axe fort court auquel on a donné le nom de *plateau*, lequel dans l'*Allium senescens* prend un assez grand développement pour qu'il ne reste aucun doute sur la nature axile du plateau des bulbes (1).

____

(1) A l'exemple d'Ach. Richard, nous faisons le mot *bulbe* masculin, parce

La partie inférieure de ce plateau émet une certaine quantité de racines fibreuses, tandis que de sa partie supérieure s'élèvent des parties écailleuses que l'on regarde comme des feuilles dont la base seule s'est développée ou a résisté alors que la partie supérieure s'est détruite.

Si les 6 phytogènes circulaires, plus les 3 supérieurs, sss, d'un protophytogène, *fig.* 81 *bis*, pl. XII, qui doivent former la base de ces feuilles, viennent à vivre en commun, c'est-à-dire s'il n'y a pas *exastosie circulaire,* si ce n'est au sommet, la couche super-périphérique de phytogènes reste sans divisions latérales, et l'ensemble constitue une sorte de cyclochorise (p. 335) sous laquelle une nouvelle couche de phytogènes se développera en donnant lieu à une autre cyclochorise interne, sous laquelle s'en formera une troisième plus interne encore. C'est cette succession de cyclochorises qui constitue les tuniques du bulbe dit *à tuniques* (*Allium, Hyacinthus, Scilla,* etc.).

Mais si l'exastosie circulaire vient à se prononcer entre deux ou plusieurs phytogènes (1), alors les bases des feuilles sont toutes distinctes et le bulbe est composé d'écailles; de là le nom d'*écailleux,* par lequel on le désigne (*Lilium*).

Enfin, si l'on admet qu'il peut y avoir *défaut d'exastosie centripète* en même temps que *défaut d'exastosie circulaire* entre plusieurs séries concentriques de phytogènes, comme nous avons vu un défaut d'exastosie circulaire dans les bulbes à tuniques, nous aurons une troisième forme de bulbe, qui, pour cette raison, prendra le nom de *bulbe solide* (*Crocus, Gladiolus,* etc.). Nous verrons dans notre *Phytogénie* que telle est, en effet, la meilleure manière de concevoir la formation de ces sortes de bourgeons.

Ces écailles, tuniques ou parties solides, ne sont autre chose que la base engaînante des feuilles dont le limbe avorte souvent, et sont, pour nous, les analogues des gaines des feuilles de

que *bulbus, i,* étant masculin et tiré du grec βύλβος, masculin aussi, il n'y a pas de raison pour faire le mot français féminin, comme l'ont fait quelques auteurs.

(1) N'oublions pas que les phytogènes s s s du protophytogène, *fig.* 81 *bis,* pl. XII, entrent toujours dans la composition des organes destinés à former les corps appendiculaires, ainsi que nous le démontrerons mieux dans notre *Phytogénie,* et que ce n'est que pour abréger les phrases que nous disons souvent *phytogènes circulaires.*

Graminées ou de Cypéracées, ce dont la preuve peut être fournie par la base engaînante des feuilles de l'*Allium cepa*, par exemple.

Le bulbe est donc rigoureusement un bourgeon ayant un axe et des organes appendiculaires. Or, comme il paraît que le phytogène central, au bout de deux, trois ou plusieurs années, finit le plus souvent par constituer une hampe ou une tige chargée de fleurs, et qu'ensuite il meurt, il s'ensuit que le plateau ne prend jamais un bien grand développement. Mais il suit aussi de là que les productions de cayeux ou bourgeons doivent souvent être considérées comme des répétitions latérales.

Toutefois un auteur classique, justement célèbre à plusieurs titres, a écrit que les bulbes, de même que les rhizomes, tantôt se continuent par un bourgeon terminal (Jacinthe, Perce-neige), tantôt seulement par des bourgeons latéraux (Tulipe), ce qui ne nous paraît pas parfaitement exact; car en analysant le bulbe de la Jacinthe, nous avons reconnu que la hampe était exactement le résultat du développement du phytogène central : par conséquent c'est par bourgeonnement latéral que le même bulbe arrive à reproduire chaque année une nouvelle hampe.

Cependant nous devons considérer comme une répétition médiane de bourgeon l'anomalie singulière que nous avons observée deux fois sur les Tulipes. Dans des plates-bandes où nous avions mis des oignons suffisamment développés pour espérer les voir produire des fleurs, deux de ces oignons n'ayant pas donné de fleurs, nous en avons cherché la cause, et nous avons constaté la production d'un bulbe à la place de l'inflorescence qui devait terminer l'axe. Ce bulbe, en tout semblable au premier, en était séparé par un mérithalle ligneux, cassant et comprenant une longueur de deux et trois centimètres entre le sommet du bulbe inférieur et la base du bulbe supérieur. Ce mérithalle était réellement médian par rapport aux enveloppes ou tuniques. L'année suivante, ces deux bulbes supérieurs ont produit des fleurs et par conséquent n'ont plus donné de répétitions de bulbes. Les bulbes inférieurs, replantés, sont restés sans produire de feuilles, mais nous avons constaté sur la périphérie supérieure du plateau la formation de 2 ou 3 cayeux très-petits.

Nous regardons la formation de ce bulbe supérieur comme le

résultat de la transformation du phytogène-fleur en phytogène-bulbe, lequel résulte du phytogène central qui, se trouvant dans une condition spéciale, s'est transformé en bulbe, de la même manière que les phytogènes-bulbes de l'*Allium* dont nous allons parler.

Nous avons sous les yeux une tête d'*Allium scorodoprasum* constituée par 6 bulbes circulairement disposés, et surmontée d'un septième bulbe porté sur un petit axe grêle de deux centimètres de hauteur environ. Cet axe part exactement du centre du plateau et tient la place de la hampe, et le bulbe terminal celle du sertule. C'est le phytogène central d'un protophytogène dont les 6 phytogènes circulaires se sont constitués à l'état de cayeux. Il y a donc ici aussi répétition médiane de bulbe.

Quant aux répétitions latérales, elles se sont généralement montrées plus fréquentes, particulièrement sur les Aulx. Mais il faut bien reconnaître que dans la plupart des cas cette répétition n'est due qu'à la transformation des fleurs du sertule en bulbilles. Ainsi M. Att. Tassi a parfaitement décrit et figuré une pareille répétition dans l'*Allium sativum*, et il en a reconnu la véritable nature. La portion souterraine était formée par un plateau déprimé et un peu conique. Sa face inférieure présentait de nombreuses racines fibreuses, et sa face supérieure offrait, vers son pourtour, un cercle de petits bulbes charnus ovales-oblongs et acuminés. Du centre de ce cercle s'élevait une hampe longue de sept centimètres, laquelle était terminée par un faisceau de 6 bulbes très-analogues à ceux du bas. « Ces bulbes, dit-il, qui s'étaient substitués à l'inflorescence, avaient une forme légèrement triquètre, et une couleur verdâtre à leur sommet, qui se prolongeait en une petite queue. La nature de ces bulbes était nettement indiquée par la présence, un peu inférieurement, de quelques folioles à nervures parallèles, remplaçant évidemment la spathe scarieuse qui dans l'état normal sert à protéger le développement des jeunes fleurs (1). »

Le phénomène observé par M. Tassi est extrêmement commun dans l'*Allium sativum*, et c'est même pourquoi il fleurit rare-

____

(1) *Intorno ad una particolarita di struttura dell'* Allium sativum, Lin. (*I. Giardini,* cah. de juillet 1856.)

ment dans le nord de la France. On voit très-fréquemment alors se former un axe court qui reste enveloppé dans les parties vaginales des feuilles et qui est terminé par 2, 3, 4, 5 et 6 gousses ou bulbilles, plus petits d'ordinaire que les bulbes normaux, et qui ne sont vraisemblablement que le résultat d'une transformation des phytogènes-fleurs en bourgeons qui acquièrent quelquefois d'assez fortes dimensions dans la Rocambole (*Allium scorodoprasum*), et qui, souvent mêlés avec de véritables fleurs dans cette espèce, se trouvent portés au sommet d'une longue hampe.

Du milieu de ce nouveau groupe de bourgeons ou bulbilles, et toujours dans l'*Allium sativum,* nous avons pu voir l'axe se continuer et porter à son sommet une troisième génération de bulbilles plus petits encore, constituant alors une véritable *répétiion médiane,* mais dont les bourgeons étaient *latéraux.* Enfin une seule fois nous avons constaté la production d'un nouveau mérithalle sortant de ce troisième groupe, d'une longueur de un centimètre et demi, et terminé par un seul bulbille qui, lui, nous a paru être le résultat du développement du phytogène central du dernier protophytogène. Il y avait donc ici triple répétition de bourgeon ; mais les deux premières essentiellement *latérales,* et l'autre évidemment *médiane.* Toutefois il faut observer, ainsi que nous venons de le dire, que les premiers bourgeons avaient pris la place d'une inflorescence ordinaire, comme cela a lieu chez un certain nombre d'*Allium,* ainsi que nous l'avons constaté chez les *Allium sativum, scorodoprasum , arenarium, carinatum, roseum, vineale, oleraceum, ophioscorodon, porrum, cepa ,* etc., quoique rarement dans les deux dernières espèces.

Dans l'exemple que nous venons de citer, nous avons pu compter 7 bulbes primaires, 6 bulbes secondaires, 3 bulbes tertiaires et un bulbe quaternaire. Toutes ces générations étaient bien distinctes les unes des autres par l'existence de mérithalles plus ou moins courts, toutefois avec un peu de déplacement dans les 3 bulbes tertiaires. Ces générations, pour nous, représentent des répétitions de phytogènes centraux qui se sont successivement transformés en protophytogènes ayant été capables de produire les bulbilles latéraux, à l'exception du dernier, qui n'a formé qu'un seul bulbille. La somme de ces bulbes était donc de 17, et il n'est pas rare de trouver des têtes d'ail qui ont ce nombre de gousses et même davantage. Or, si l'on suppose que ces mérithalles ne se sont pas développés, tous ces cayeux se trouveront réunis ensemble sur le même plateau et comme emboîtés les uns dans les autres, et dans ce cas l'on aura reproduit, par la pensée, le phénomène ordinaire qui se présente dans la tête d'ail, chez laquelle en effet on peut reconnaître aisément que les cayeux extérieurs sont d'une formation antérieure à ceux du centre.

Comment convient-il de regarder ces bourgeons? Sont-ils le résultat du développement d'un bourgeon normal à l'aisselle d'une feuille, ou bien ne sont-ils autre chose que le développement isolé de chacun des phytogènes circulaires d'un protophytogène? La réponse à ces questions exige que nous entrions dans quelques considérations particulières.

Dans quelques *Allium* (*sativum, scorodoprasum*, etc.) on peut remarquer que les bourgeons ou bulbilles sont généralement disposés circulairement autour de la base de la hampe; que très-souvent (*A. scorodoprasum*) ils sont au nombre de six parfaitement distincts, et d'ordinaire d'un développement sensiblement égal; ils ne paraissent point être *circulairement* séparés par les vestiges scarieux de la base des feuilles, et sont au contraire tous ensemble assez également enveloppés par les parties vaginales desséchées des feuilles.

Si maintenant on observe que dans les *Allium* les feuilles sont généralement alternes distiques, et qu'en admettant qu'il se formât des bourgeons successifs à l'aisselle de chaque feuille, on n'aurait jamais que des cayeux ou bulbilles superposés de chaque côté de l'axe, et jamais circulairement, on voit que, conséquemment, nous sommes obligé d'abandonner l'idée du développement d'un ou de plusieurs bourgeons normaux à l'aisselle des feuilles. A la vérité, on pourrait soutenir que les méats interphytogéniques, a, *fig.* 32, ou p, *fig.* 31, pl. VII, au nombre de 6 autour du phytogène central et alternant avec les 6 phytogènes circulaires qui entrent dans la constitution d'une feuille de monocotylédone, *fig.* 27, pl. VII, on pourrait soutenir, disons-nous, que ces 6 méats interphytogéniques, pleins de tissu cellulaire peuvent, à un moment donné, s'exastosier et former autant de phytogènes, et par suite de bourgeons (p. 267); mais l'observation semble prouver qu'alors le développement irait décroissant à partir du bulbe médian, correspondant à la nervure médiane de la feuille, si bien qu'en admettant la possibilité d'un pareil développement, on aurait des cayeux inégaux en grosseur et placés dans un ordre de décroissance tel que le plus gros serait exactement opposé au plus petit. Or c'est ce qui n'arrive pas.

Sans trop exiger de complaisance de la part de notre intelligence, on peut, ce nous semble, supposer que plusieurs séries de phytogènes circulaires successifs, après avoir fourni chacune les éléments d'une feuille, une ou plusieurs séries plus internes de phytogènes circulaires peuvent s'exastosier complétement et donner lieu à autant d'axes initiaux qui ne seront autres que les bulbes de nouvelle formation. Nous avons dit, en effet, p. 312, que tout phytogène ou protophytogène qui se développe *seul* donne toujours lieu à un axe pourvu ou dépourvu d'organes appendiculaires. Dans ces conditions, nous ne voyons plus aucune raison qui doive faire que l'un des bulbes puisse être mieux développé que les autres; et, en effet, ce n'est qu'accidentellement et dans des positions variables que dans l'*Allium scorodoprasum* il y en a de plus petits, à moins que, par chorise, le nombre des cayeux ne se trouve excéder le chiffre 6.

Ainsi, dans notre manière de voir, de ce que les 6 bulbes de nouvelle génération sont circulairement disposés autour de l'axe et ne sont point alternativement superposés de chaque côté de cet axe; de ce que chaque bulbe n'est point enveloppé de la base scarieuse et engainante des feuilles, nous croyons qu'ils sont le résultat du développement des 6 phytogènes circulaires d'un phytogène central qui s'est transformé, par exastosie, en protophytogène.

Mais chacun de ces phytogènes circulaires, après l'exastosie qui les a *individualisés*, se sont, en croissant, transformés à leur tour en protophytogènes. Pour comprendre cette nouvelle manière de se constituer, il suffit de jeter un coup d'œil sur la *fig.* 35, A, pl. VII, pour en comprendre aussitôt la possibilité, et le mécanisme que nous allons indiquer va achever d'en donner la théorie.

Au début, chacun des 6 phytogènes circulaires, *fig.* 35, A, n'est qu'une petite masse de tissu cellulaire homogène dans toutes ses

parties; mais bientôt l'exastosie se prononce, et l'un des 6 phytogènes circulaires (que nous examinerons isolément ici, en faisant
observer que chacun des 6 phytogènes circulaires se comportera
de la même façon) va à son tour se constituer protophytogène;
mais, probablement par suite d'une végétation suffisamment
active dans ce centre vital ou phytogène, les 6 phytogènes circulaires de ce nouveau protophytogène vivront en commun, c'est-
à-dire que l'exastosie circulaire fera défaut, tandis que l'exastosie
centripète les isolera d'une petite masse centrale de tissu cellulaire, constituant dans cet état le phytogène central. Dans ces
conditions, les phytogènes circulaires vivant en commun grandissent en formant une sorte de cyclochorise enveloppant de
toutes parts, excepté au sommet, le phytogène central; c'est la
première tunique du cayeux. Un peu plus tard, le phytogène
central s'exastosie à son tour de la même façon, forme d'abord
un second protophytogène dont les phytogènes circulaires forment une seconde cyclochorise ou tunique enveloppant un nouveau phytogène central. Celui-ci subit la même série de phénomènes et donne lieu à une troisième cyclochorise ou tunique, et
ainsi de suite pour toutes les tuniques qui se forment à la suite.
Ajoutons qu'ordinairement après la troisième ou quatrième tunique, chaque cyclochorise, que nous avons regardée comme la
base engaînante d'une feuille sans limbe, plus active dans son
évolution, arrive à donner un limbe, par suite de l'évolution
ultérieure d'un ou de plusieurs phytogènes constituant la cyclochorise dont nous avons parlé.

Ce n'est que beaucoup plus tard et ordinairement l'année suivante que la formation des cayeux ou bulbes de nouvelle génération se prononce, et encore faut-il remplir certaines conditions
pour que cette formation s'effectue d'une manière évidente et
utile. En effet, s'il arrivait que l'on mît trop tard en terre les
cayeux ou gousses de l'ail, on n'arriverait qu'à produire une série
de tuniques, et nullement les cayeux que l'on cherche à reproduire : cela tient à ce qu'alors, moins bien nourris et arrivant à
l'époque de l'année où toute végétation s'arrête dans le végétal,
les phytogènes-bulbes n'ont pas eu le temps de se développer de
façon à acquérir le volume que nous espérions leur voir prendre.
A peine forment-ils des points indiquant leur apparition, mais

dans lesquels il serait difficile de découvrir la trace des tuniques qui doivent les constituer. Dans ce cas, le cayeux que l'on a planté comme semence se développe peu , prend une forme arrondie, et n'est généralement formé que par une série de tuniques qui se recouvrent les unes les autres, et le cayeux reste unique, formant alors un bulbe plus gros qui, replanté l'année suivante, donne alors, toujours certainement, une quantité variable de nouveaux bulbes.

Cette série de phénomènes que nous avons étudiés avec soin donne l'explication d'un fait bien connu des jardiniers du centre de la France (Charente), et qui consiste dans ce fait que lorsque l'on plante le bulbe de l'*Allium sativum* en mars seulement, on ne récolte que des bulbes simples, que l'on désigne alors sous le nom d'*ail de mars*, et peut-être est-ce à une circonstance analogue qu'est due la variété β de l'*Allium sativum* découverte par Gérard, sur les bords de la mer, près des îles d'Hyères (1). Aussi est-il d'usage de planter les cayeux de cette plante dès la fin de l'automne ; alors on est toujours sûr de récolter des têtes d'ail composées de *gousses*, souvent très-volumineuses, selon la manière dont l'hiver et le printemps se sont comportés.

Ici se borne ce que nous avons à dire pour le moment sur la formation des bulbes pris à leur naissance ; mais dans notre *Phytogénie* nous aurons soin de chercher à faire comprendre la manière dont se forment et le plateau et les racines fibreuses.

On doit à M. J. Gay la connaissance d'une curieuse répétition de bourgeon dans le *Leucoium œstivum*. Cette répétition paraît être médiane, puisque M. Gay est certain que chaque bulbe superposé provient du bourgeon terminal du bulbe sous-jacent. Voici le passage qui confirme ce point et que nous empruntons au mémoire même de ce savant : « Quant au bourgeon terminal du bulbe supérieur, bourgeon qui deviendra bulbe l'année prochaine, je l'ai trouvé sessile dans les 5 bulbes que j'ai successive-

(1) D. C., *Fl. Française*, t. III, p. 220. Il est fort possible aussi que ces bulbes simples provenant des bulbilles de l'inflorescence, en général peu développés, n'aient pas eu le temps, dans l'année, de former des cayeux de seconde génération. C'est au moins ce qui arrive souvent pour les bulbilles de l'*Allium scorodoprasum*, que l'on plante dès le mois de décembre ou janvier, ce qui n'empêche pas le bulbe simple de donner quelquefois une hampe chargée de très-petits bulbilles.

ment analysés pendant que la plante était encore en végétation. »
Et un peu plus loin : « Pendant que le bulbe supérieur végète
vigoureusement, accompagné de longues feuilles et quelquefois
d'une inflorescence parfaite, on ne trouve sous les tuniques des
autres bulbes (qui ont été base de feuilles en leur temps) qu'un
rudiment complétement avorté d'inflorescence, qui même y
manque très-souvent (1). Il suit de cette manière d'être que,
dans cet exemple, nous avons affaire à une inflorescence qui serait axillaire et partant latérale.

Quoi qu'il en soit, M. Gay a décrit des bulbes de cette plante
avec une ou deux répétitions superposées de ces bulbes. « Avec
deux bulbes, dit-il, l'entre-nœud varie de 4 à 11 centimètres de
longueur. Avec trois bulbes, c'est tantôt l'entre-nœud inférieur
qui est le plus long, tantôt le supérieur, sans que les 2 entre-
nœuds réunis soient nécessairement plus longs que l'entre-nœud
unique. »

M. Ch. Martins, qui a fourni à M. J. Gay les exemplaires de
Leucoium œstivum qui ont été le sujet de ses études, l'a mis
aussi sur la voie de la cause probable et très-rationnelle de ce
singulier phénomène. Cette plante, commune aux environs de
Montpellier, se présente le plus souvent avec un seul bulbe et se
rencontre alors dans les prairies et au bord des fossés, dans un terrain compacte et depuis longtemps tassé ; au contraire, la plante à
plusieurs bulbes ne s'est montrée que dans des terrains rapportés,
là où des travaux de terrassement avaient recouvert l'ancien sol
d'une couche plus ou moins épaisse de nouvelle terre. Là serait
vraisemblablement la cause du phénomène. « Enfouie à un décimètre de profondeur de l'ancien sol, dit M. Gay, la plante uni-
bulbée aura, par des mouvements périodiques d'année en année,
allongé successivement son axe au travers du remblai, pour
amener enfin son bourgeon terminal à la même distance de la
surface de ce remblai qu'était le bulbe primitif de la surface de
l'ancien sol, allongement qui est de 4 à 14 centimètres dans les
cas que j'ai vus. En commençant ce mouvement, la plante a dû
souffrir, pour se remettre ensuite à mesure qu'elle se rapprochait
davantage du milieu atmosphérique ; de là l'infirmité des bulbes

_____

(1) *Bull. soc. bot. France*, t. VII, p. 458.

inférieurs et la bonne végétation du bulbe terminal. Aussi ai-je sous les yeux une plante à deux bulbes, dont le bulbe supérieur renfermait, sous ses tuniques extérieures, les restes évidents d'une inflorescence précédente. Ce bulbe avait donc deux années d'âge, et il se composait de 2 générations, dont la seconde avait suivi la première sans aucun écartement, parce que cette dernière était depuis plus d'un an dans sa position normale, relativement à la surface du sol et aux agents atmosphériques. »

« Ici donc, comme le pense M. Ch. Martins, le remblai à percer a été très-probablement cause de l'allongement de l'axe et de la production de plusieurs bulbes sur un même axe. Une expérience bien conduite de bulbes enfouis à dessein à différentes profondeurs pourra convertir la conjecture en certitude. Cette expérience, M. Ch. Martins l'a déjà commencée (1). »

Comparés aux phénomènes normaux, tous les phénomènes de répétitions dont nous venons de parler très-longuement peuvent être regardés comme des *excès d'exastosie générale* comprenant les trois formes de l'exastosie (circulaire, centripète et transversale), tandis qu'il y a un autre ordre de phénomènes rigoureusement inverses que l'on peut assimiler aux défauts d'exastosie générale : tel est d'une manière anomale l'avortement du bourgeon terminal d'un certain nombre de végétaux, et dont nous avons donné un seul exemple dans le Haricot, *fig.* 71 et p. 197, lequel se reproduit d'une manière régulière et normale dans certains végétaux, qui doivent à cette circonstance la forme dichotomique ou trichotomique de leurs ramifications. Mais comme ces phénomènes tiennent essentiellement à l'*amblosie* ou *avortement* d'un bourgeon médian, ou du phytogène central continuant l'axe primaire dans la très-grande majorité des cas, nous croyons devoir remettre cette étude à l'article *Amblosie végétale*, bien qu'elle eût tout aussi bien trouvé sa place à la suite des *Prolifications* ou *Répétitions d'organisme*, en considérant ces nouveaux phénomènes comme des défauts de répétitions.

(1) *Bull. soc. bot. France,* t. VII, p. 459.

SECTION V. — DE LA PROLEPSIE VÉGÉTALE.

Sous cette dénomination tirée du grec προλήψις, *anteoccupatio*, nous rangeons des phénomènes de floraison qui se rapprochent des répétitions anormales d'inflorescences en ce qu'au lieu de se produire en leur temps, elles apparaissent quelque temps après les floraisons *normales* et *périodiques* ou à des époques *antérieures* à celles où elles auraient dû se faire.

C'est à Linné (1) que paraît être due la première idée de ce fait assez général. Cet illustre botaniste avait remarqué qu'un arbre placé dans une caisse très-grande et abondamment nourri, poussait pendant plusieurs années des rameaux qui se superposaient sans produire de fleurs, tandis que le même arbre, placé dans une caisse plus étroite, se chargeait beaucoup plus tôt de fleurs et de fruits. De là le nom de *Prolepsis* qu'il donna à ce phénomène. Mais cette dénomination a reçu aujourd'hui une acception plus large, et se rapporte surtout à ces floraisons qui, n'ayant dû se faire qu'à une certaine époque, se produisent par anticipation à une époque de beaucoup antérieure. Ce sont ces phénomènes qui, dans ces derniers temps, ont reçu les noms de *floraisons tardives, anticipées, automnales* auxquels M. de Schœnefeld a préféré le nom de *floraison intempestive*, parce que, se produisant hors saison, elle est, dit-il, toujours nuisible à la santé et à la vigueur du végétal (2).

Lorsque les végétaux ligneux ont commencé à fleurir, il est rare que leur floraison ne vienne pas à se reproduire chaque année à peu près à la même époque, et cette époque, variable pour les espèces différentes, est tellement constante pour les mêmes espèces, que tout le monde sait que les fleurs ont été rangées dans quatre classes, suivant l'époque de l'année où les fleurs s'épanouissent; de là les plantes *printanières* qui fleurissent en mars, avril et mai (*Hyacinthus, Ranunculus, Primula, Syringa, Viola*, etc.); les plantes *estivales*, qui donnent des fleurs en juin, juillet et août (*Phlox, Rosa, Reseda*, etc.), et qui

(1) *Prolepsis plantarum*, etc., et *Amœnitates academicœ*, t. IV, p. 327. — Voyez aussi Goethe, *la Métamorphose des Plantes*, § 30. Traduction par C. F. Martins.

(2) *Bull. soc. bot. France*, t. VI, p. 39.

sont en très-grand nombre; les plantes *automnales* qui épanouissent leurs fleurs en septembre, octobre et novembre (*Colchicum, Tagetes, Aster, Chrysanthemum indicum,* etc.); enfin, les plantes *hibernales* ou *hiémales* qui fleurissent depuis le mois de décembre jusqu'en février, et qui sont en très-petit nombre (*Helleborus niger, Galanthus nivalis, Corylus,* Mousses, Jungermannes, etc.).

Non-seulement les végétaux se couvrent de fleurs aux époques déterminées que nous venons d'indiquer, mais il en est qui fleurissent à des époques plus précises et assez fixes pour avoir pu conduire Linné à établir son *Calendrier* de Flore. Voici un aperçu de quelques plantes dont la floraison se fait, sous le climat de Paris, à des époques assez fixes pour que Lamarck ait pu les disposer suivant les mois de l'année (1).

JANVIER. — *Helleborus niger.*

FÉVRIER. — *Galanthus nivalis, Corylus, Populus alba, Daphne.*

MARS. — *Cornus mas, Hepatica triloba, Buxus sempervirens, Arabis alpina, Ficaria ranunculoïdes, Amygdalus communis,* Pêchers, Abricotiers, *Cheiranthus cheiri,* Primevères, *Narcissus, Pseudo-Narcissus,* etc.

AVRIL. — *Prunus mahaleb, Tulipa gesneriana, Cardamine pratensis, Asarum europæum, Paris quadrifolia,* Jacinthes, Pruniers, *Anemone nemorosa, Fritillaria imperialis,* Poiriers, etc.

MAI. — Pommiers, *Syringa, Æsculus hypocastanum, Cercis siliquastrum, Cytisus, Prunus padus, Spirea filipendula, Pæonia, Erysimum alliaria, Ajuga, Asperula odorata, Convallaria maialis, Berberis vulgaris, Borrago officinalis, Fragaria vesca, Iris,* etc.

JUIN. — *Salvia, Physalis alkekengi, Papaver rhœas, Tilia europœa, Vitis, Nigella, Nymphœa alba? Nuphar lutea? Secale, Avena, Hordeum, Triticum sativum,* etc.

JUILLET. — *Hyssopus officinalis, Mentha, Daucus carota, Origanum vulgare, Dianthus, Lactuca, Tanacetum vulgare, Erythrœa centaurea, Lythrum Salicaria, Cichorium intybus, Bignonia Catalpa et virginica, Humulus lupulus, Cannabis sativa,* etc.

AOUT. — *Scabiosa succisa, Parnassia palustris? Gratiola officinalis, Impatiens Balsamina, Rudbeckia, Sylphium,* etc.

(1) *Encyclop. méthod.,* t. II, p. 510-511.

Septembre. — *Ruscus racemosus ? Aralia, Colchicum autumnale, Crocus sativus,* etc.

Octobre. — *Helianthus tuberosus, Aster,* etc.

Novembre et décembre. — Quelques Mousses et Jongermannes.

Ce n'est pas tout, car non-seulement l'épanouissement de la plupart des fleurs se fait périodiquement, comme nous venons de le dire, mais il est un assez grand nombre de plantes dont la floraison se fait à des heures à peu près fixes de la journée, et c'est sur cette propriété que Linné a basé la création de son *Horloge de Flore* (1). Ainsi, de Candolle a dressé la série suivante pour le climat et le méridien de Paris ; il y a vu s'épanouir :

De 3 à 4 heures du matin, les *Convolvulus Nil* et *Sepium ;*

De 4 à 5, le *Tragopogon* et quelques autres chicoracées, le *Matricaria suaveolens ;*

A 5 heures, le *Papaver nudicaule,* la plupart des chicoracées ;

Entre 5 et 6, le *Momordica elaterium,* le *Lampsana communis,* le *Convolvulus tricolor ;*

A 6 heures, l'*Hypochœris maculata,* plusieurs *Solanum,* le *Convolvulus siculus ;*

De 6 à 7, les *Sonchus,* les *Hieracium ;*

A 7 heures, les Nénuphars, les Laitues, les Camelines, le *Prenanthes muralis ;*

De 7 à 8, le *Mesembryanthemum barbatum,* le *Specularia speculum,* le *Cucumis anguria ;*

A 8 heures, l'*Anagallis arvensis ;*

De 8 à 9, le *Nolana prostrata ;*

A 9 heures, le Souci des champs ;

De 9 à 10, la Glaciale ;

De 10 à 11, le *Mesembryanthemum nodiflorum ;*

A 11 heures, le Pourpier, l'*Ornithogalum umbellatum,* le *Tigridia pavonia ;*

A midi, la plupart des Ficoïdes ;

A 2 heures après midi, le *Scilla pomeridiana* (à Montpellier) ;

De 5 à 6 heures du soir, le *Silene noctiflora ;*

De 6 à 7, la Belle-de-Nuit ;

(1) *Philos. bot.,* ed. Vindob., 1763, p. 278.

De 7 à 8, le *Cereus grandiflorus*, le Ficoïde noctiflore , les *Ænothera tetraptera* et *suaveolens;*

Enfin, à 10 heures du soir, le *Convolvulus purpureus* que les jardiniers ont nommé *Belle-de-Jour,* sans doute parce qu'ils la trouvaient toujours ouverte avant leur lever (de Candolle, *Phys. vég.,* p. 484).

Si nous avons rapporté tout au long certains exemples de floraisons représentant soit les mois de l'année, soit les heures du jour, c'est que nous avons espéré tirer une conséquence intéressante de ces faits au point de vue mécanique de la végétation.

Mais avant de chercher à faire comprendre ce point de vue mécanique, il faut faire observer que le calendrier ou l'horloge de Flore ne peuvent indiquer approximativement l'heure du jour ou l'époque de l'année que pour le climat, ou pour parler plus exactement, pour le pays situé rigoureusement sous la latitude et le méridien sous lesquels les observations auront été faites, et encore doit-on reconnaître que la question se complique de toute la différence qui peut exister entre l'extrême froid ou l'extrême chaleur et l'extrême humidité ou l'extrême sécheresse, qui se seront produits en hiver, au printemps, en été ou en automne, sans compter encore l'influence des vents, des phénomènes électriques et peut-être magnétiques qui ne laissent pas sans doute, comme agents mécaniques ou sources de mouvements, d'avoir une certaine influence sur la végétation.

Voyons d'abord quelques-unes des observations qui ont été faites sur le problème difficile de la *vitesse de la végétation* particulièrement appliquée à la floraison. Les deux agents principaux sont sans contredit la chaleur et la lumière.

CHALEUR. Généralement la chaleur comme source de mouvements moléculaires a une grande influence sur la végétation et surtout sur la floraison qu'une température élevée accélère et que le froid retarde. Par exemple, Aug. Saint-Hilaire rapporte [1] qu'il a vu à Brest, le 1er avril 1816, les Pêchers privés encore de leurs fleurs et de leurs feuilles ; le 8, à Lisbonne, ils étaient complétement en fleurs ; le 20, à Madère, les pêches étaient nouées ; et le 29, à Ténériffe, elles étaient mûres. M. Schubler, à qui l'on

______
[1] *Pl. remarq. du Brésil,* introd., p. ɪ.

doit un mémoire allemand (1) où il a comparé les floraisons des
mêmes plantes dans divers pays, a constaté aussi que l'Amandier
qui, à Smyrne, fleurit dans la première moitié de février ne fleurit
en Allemagne que dans la seconde moitié d'avril, et à Christiania,
que dans les premiers jours de juin.

Il résulte de cette première appréciation que chaque pays,
pour peu que la latitude soit différente, aurait besoin de son calendrier particulier, et c'est ce qu'ont compris quelques botanistes.
Ainsi Linné a dressé un tableau des floraisons successives d'un
grand nombre de plantes sous le climat d'Upsal (1755), et Stil-
lingfleet a établi la comparaison du calendrier de Flore de Strat-
ton en Norfolck (52° 45' de latitude) avec celui d'Upsal (59°, 51'
de latitude) pour la même année 1755. Lamarck a publié un
tableau de la floraison mensuelle d'un certain nombre de plantes
des environs de Paris (2). Rœmer a donné, dans les *Annales
d'Usteri*, celui de la Suisse; Gilibert, celui de Grodno en Lithua-
nie (3), et avec madame Lortet il a composé celui de Lyon (4).
En 1828, M. Bigelow a, sous ce point de vue, comparé ensemble
divers endroits des Etats-Unis et a rappelé l'attention des botanistes sur ce genre de recherches (5). En 1840, M. Quetelet a
publié un Calendrier de Flore pour les végétaux cultivés dans le
jardin de l'Observatoire royal de Bruxelles bien plus complet que
celui de Lamarck (6). Enfin un grand nombre de Flores contiennent les éléments que pourraient nécessiter l'entreprise d'un pareil travail, lequel, disons-le en passant, serait d'autant plus utile
que l'on ne résoudra réellement le problème de la végétation que
lorsque tous les éléments de l'équation très-complexe qui pourraient la représenter seront parfaitement connus. Peut-être la
résolution de ce problème est-elle difficile en raison de la rencontre fortuite de certains éléments anormaux qui peuvent venir

(1) Publié dans le *Flora*, 1830, p. 353.
(2) *Encyclop. méthod.*, t. II, p. 510.
(3) *Chloris grodnensis* et *Syst. pl. eur.*
(4) *Calendrier de Flore pour Grodno et Lyon*. 1 vol. in-8°. Lyon, 1809.
(5) *Facts sarving to shew the comparative forwandness*, etc, in-4°. Cam-
bridge.
(6) *Résumé des observations sur la météorologie, le magnétisme, les températures de la terre, la floraison des plantes*, etc., 1840. (*Mém. de l'Acad.
roy. des sciences de Bruxelles.*)

influencer le phénomène ; mais, parce qu'il y a dans la question un côté difficile, est-ce une raison pour ne pas l'aborder ?

Déjà Adanson a cherché à expliquer par la simple chaleur les différences que l'on a dû observer entre les différents calendriers de Flore. En consultant les températures précédant la floraison, il a supputé le nombre de degrés de chaleur que la plante a subie depuis le commencement de l'année jusqu'au moment où la fleur de chaque espèce vient à s'ouvrir. Or, il dit avoir trouvé que le Peuplier blanc épanouit sa fleur lorsque la somme des degrés additionnés de chaque jour arrive au nombre 168 ; la Violette, lorsque cette somme atteint le chiffre 272 ; le Lilas, 725 ; la Vigne, 1770, etc.

Pour peu que l'on réfléchisse sur cette théorie, on arrive bientôt à comprendre qu'elle ne saurait être l'expression de la vérité et plus d'une objection peut lui être faite. Nous laisserons de Candolle se charger de ce soin.

« Cette manière d'estimer l'époque des fleuraisons annuelles aurait l'avantage de pouvoir comparer facilement les années et les localités différentes : ainsi on comprendrait pourquoi la violette fleurit à Lyon plus tôt qu'à Upsal, et un même chiffre suffirait pour tous les lieux. Mais quelqu'ingénieuse que soit l'idée d'Adanson elle est bien loin d'être aussi exacte qu'elle le semble. Ainsi : 1° Quel sera le point de départ de cette supputation ? Adanson a pris arbitrairement le 1er janvier. Mais n'est-il pas évident que la température de l'automne influe aussi sur le phénomène, et que tous les arbres n'arrivent pas au 1er janvier à une égale disposition à fleurir ?

« 2° Comment supputera-t-on ces degrés de chaleur ? Prenez-vous le chiffre exprimant la température à midi, je suppose, de chaque journée ? Mais qui ne voit que le froid plus ou moins grand de la nuit peut retarder plus ou moins l'effet de la chaleur du jour ? Prendrez-vous la moyenne de toutes les heures de la journée, ce qui est beaucoup plus exact ? Êtes-vous certain que la même température obtenue par une grande uniformité, ou par la compensation d'extrèmes très-inégaux, produira le même effet sur la végétation ?

« 3° Les degrés thermométriques sont ordinairement estimés d'après l'état de l'air à l'abri des rayons directs du soleil ; mais l'action directe de ces rayons influe beaucoup sur la végétation, et il est probable que si l'on comparait l'effet d'une journée sans soleil avec une autre d'égale température, obtenue sous l'influence solaire, on aurait des résultats différents quant à la végétation.

« 4° Tout ce que nous avons dit sur le développement des bourgeons, au chapitre XIV du livre II, tend encore, par analogie, à montrer le vide de cette théorie (1). »

A ces objections fort justes, selon nous, il en est une autre qui n'est pas sans gravité et que l'on peut déduire des propriétés physiques des terrains. Ainsi un terrain noir comme celui qui constitue le terreau ou la tourbe, et dont, par conséquent, la propriété d'absorption pour le calorique est très-grande est capable d'élever très-sensiblement la température autour du pied de la plante ; tandis qu'un terrain grisâtre ou blanchâtre comme les terrains argileux ou calcaires dont la propriété absorbante est beaucoup moindre, ne permettra que fort peu à la température de s'élever autour du pied de la plante. Si bien que, sous l'influence d'un même soleil et d'une température égale dans l'atmosphère où sera placé un thermomètre, dans la terre noire la température *moyenne du végétal entier* sera certainement de plusieurs degrés au-dessus de la température moyenne de tout le végétal placé dans de la terre blanche. Dans l'équation de la végétation, il est donc de la plus grande importance de tenir compte de toutes les variables qui peuvent entrer dans la constitution du problème.

Mais où, selon nous, la théorie d'Adanson semble surtout être fautive, c'est dans la végétation de certaines espèces pour lesquelles les questions de température semblent d'une importance insignifiante, par exemple, pour certaines espèces d'*Allium*. On sait que la plupart de ces espèces ont une végétation particulièrement déterminée à partir de janvier et se continuant jusqu'en juillet ou août. Pendant ces sept ou huit mois la plante a accompli toutes les phases de sa végétation : ses cayeux se sont parfaitement formés et sont très-sensiblement ce qu'ils seront six mois plus tard quand on les mettra de nouveau en terre comme semences. Si l'on vient à les planter vers les mois de juin ou de

(1) D. C., *Phys. végét.*, p. 476.

juillet ils ne présenteront aucuns phénomènes de végétation, et pourtant les conditions de chaleur, de lumière, d'humidité, etc., auront pu être artificiellement les mêmes. Ce que nous venons de dire des Aulx peut se dire des Jacinthes, des Ornithogales et de beaucoup d'autres végétaux. Il y a donc un autre agent qu'il faut chercher et qui est tout-puissant sur le développement des espèces dont nous venons de parler.

Malheureusement des expériences spéciales n'ont jamais, à notre connaissance, été entreprises dans le but de faire la part exacte qui revient à la chaleur dégagée de la lumière ou à la lumière dégagée de la chaleur dans les phénomènes de la floraison, et cela tient peut-être à ce qu'il est difficile d'appliquer l'un de ces agents d'une manière absolue sans qu'il y ait plus ou moins participation au phénomène de la part de l'autre. Ainsi lorsque certaines plantes placées à l'obscurité des caves arrivent à végéter, étiolées, et même quelquefois à fleurir (*Brassica Napus*), on n'est pas certain que l'obscurité ait été parfaite et peut-être la floraison n'arriverait-elle que parce que l'exastosie s'était déjà prononcée dans les fleurs. D'un autre côté, il est évident que là où pénètre la lumière, du moins par les moyens mis en usage jusqu'à ce jour pour la recevoir, il est impossible que la chaleur n'y pénètre pas avec elle. Mais on sait qu'il faut une certaine température pour que la végétation se révèle et les hivers sont là pour nous donner la preuve de ce fait.

Mais supposons une température *minimum* constante, quelle somme de lumière faudrait-il pour arriver à la floraison? et réciproquement, une lumière *minimum* constante étant donnée, quelle somme de chaleur faudrait-il pour parvenir à la floraison? et d'ailleurs y arriverait-on en faisant l'un des deux agents *variable*, et l'autre *constant*? Voilà certainement des questions auxquelles il ne nous est pas donné de répondre aujourd'hui.

Lumière. Quant à la lumière, il est de toute impossibilité que l'on puisse nier son action sur les progrès de la végétation, et sans parler des expériences de Tessier (1), qui établissent d'une manière péremptoire que les tiges se dirigent du côté de la lumière, la preuve de l'influence de la lumière nous est encore

(1) D. C., *Phys. végét.*, p. 831.

donnée dans les floraisons *mensuelles* ou *horaires* dont nous venons de parler. A cet égard nous devons faire connaître quelques particularités et quelques vues que nous n'avons trouvé consignées nulle part. Nous voulons parler de la lumière considérée non plus comme agent de mouvement moléculaire pur et simple, mais comme direction de ces mouvements. Mais auparavant, il nous paraît indispensable de rappeler, en peu de mots, les principes les plus élémentaires de géographie astronomique et les plus indispensables à l'intelligence des idées qui vont suivre.

Tout le monde sait que la terre tourne autour du soleil suivant une courbe presque circulaire dont le plan passe par le centre du soleil. C'est l'*orbite* que la terre, abstraction faite de son mouvement de rotation, parcourt dans l'espace de 365 jours moyens, 5 heures, 48 minutes, 50 secondes. On nomme cet espace de temps année *solaire* ou *tropique* pour la distinguer de l'année *sidérale*, qui dure 365 jours, 6 heures, 9 minutes, 14 secondes.

Mais indépendamment de ce mouvement annuel, la terre tourne sur son axe en accomplissant une révolution entière dans l'espace de 24 heures, constituant la durée du *jour moyen,* c'est-à-dire l'intervalle qui s'écoule entre deux passages consécutifs du soleil par le méridien du même lieu, en supposant le mouvement apparent du soleil d'une vitesse uniforme. Toutefois ce mouvement est un peu inégal, ou, pour parler plus exactement, la terre n'emploie pas tout à fait 24 heures pour accomplir sa rotation, car dans le même temps que la terre met à tourner sur son axe, elle s'avance dans son orbite un peu vers l'orient, d'où il suit que chacun de ses méridiens, après chacune de ses révolutions entières, anticipe un peu sur la révolution suivante, de telle façon que son plan se rapporte à celui qui passe par les centres de la terre et du soleil. Il s'ensuit que l'intervalle entre deux passages d'une étoile fixe au même méridien, qui mesure la véritable durée de la rotation terrestre ou du jour *sidéral,* n'est que de 23 heures, 56 minutes, 4 secondes.

On nomme *équateur* ou *ligne équinoxiale* le cercle qui coupe la terre en deux parties égales et dont le plan est exactement perpendiculaire à l'axe de rotation de la terre dont les deux extrémités ont été nommées *pôles.* On a aussi donné le nom d'*écliptique* au cercle que parcourt la terre dans son mouvement annuel autour du soleil. Le plan de ce cercle, qui n'est pas parallèle à celui de l'équateur, forme avec ce dernier un angle d'environ 23 degrés et demi (1). Il suit de cette disposition relative de ces deux cercles que le mouvement de l'axe de la terre fait tourner l'intersection du plan de l'équateur avec celui de l'écliptique ; d'où il résulte que les premiers points du *Bélier* et de la *Balance* (deux signes opposés du *Zodiaque*), décrivent l'écliptique entière d'un mouvement rétrograde dans l'intervalle d'environ 25748 ans. Ce transport du premier point du Bélier et de la Balance fait que le soleil, quand il s'est éloigné de l'un de ces points, y revient avant qu'il ait achevé sa révolution dans l'écliptique ; en d'autres termes, par suite du mouvement apparent de l'axe de la terre, les points équinoxiaux paraissent rétrograder par rapport aux étoiles. C'est ce retour anticipé du soleil qui donne naissance au phéno- mène désigné sous le nom de *précession des équinoxes.*

Enfin Bradley a démontré que l'axe de la terre n'était pas tou- jours dans la même position par rapport au plan de l'écliptique, et que son inclinaison était sujette à de très-légères oscillations qui l'élèvent et qui l'abaissent alternativement sur ce plan. L'é- tendue de ces oscillations est d'environ 18 secondes ; c'est à ce balancement que l'on a donné le nom de *nutation de l'axe de la terre.* Sa période est d'environ 19 ans.

Ainsi, nous constatons nettement quatre causes de changements relatifs des différentes obliquités que prendrait une droite, qui partant du centre du soleil se rendrait à une heure déterminée du jour, à midi par exemple, à l'un des points quelconque de la sur- face terrestre, savoir : la première, qui ferait les rayons solaires de plus en plus obliques pendant six mois, puis de moins en moins obliques pendant les six autres mois de l'année et que l'on pourrait nommer *obliquité mensuelle,* parce que ces obliquités sont faciles à constater chaque mois avec d'assez notables diffé-

(1) Laplace a démontré que cet angle que l'on nomme *obliquité de l'éclip- tique* oscille dans des limites qui ne peuvent dépasser 3 degrés. Cet angle est actuellement de 23°,27′ 1/2. Les observations chinoises faites 1100 ans avant notre ère, établissent que l'inclinaison était plus grande alors, et les anciens astronomes avaient aussi observé que le fond d'un puits de la ville de Syène, dans la haute Égypte, était éclairé par le soleil, ce qui n'a plus lieu actuelle- ment. Conséquemment, ce phénomène prouve que le *tropique du Cancer* passait alors par cette ville, c'est-à-dire à la latitude boréale de 24° 5′ 23″.

rences ; la seconde, qui ferait chaque jour les rayons solaires de moins en moins obliques jusqu'au moment où le soleil passe sur la méridienne du lieu, puis de plus en plus obliques à partir du moment où il descend vers l'horizon : on pourrait les nommer *obliquités diurnes* ; la troisième, qui déterminerait une variabilité d'obliquité dans les deux autres ordres d'obliquités (mensuelles et diurnes), variabilité qui durerait dix-neuf ans, après lesquels les rayons obliques mensuels et diurnes reviendraient à leur exacte obliquité relative : elle constituerait un troisième ordre d'obliquités, qui pourraient prendre le nom *d'obliquités de nutation,* parce qu'elles sont déterminées par l'inclinaison de l'axe de la terre sur l'écliptique ; enfin, la quatrième, qui déterminerait une variabilité *insensible* dans les trois autres ordres d'obliquités précédentes, laquelle serait due au phénomène de la précession des équinoxes. Pour désigner ces obliquités, on pourrait se servir du nom *d'obliquités insensibles,* par la raison que la période ayant une durée de 25748 ans, elle n'a qu'une très-faible influence sur la direction apparente des rayons solaires comparée d'année en année.

De ces quatre ordres d'obliquités des rayons solaires, deux seulement, nous paraissent avoir une action bien constatée sur la végétation : ce sont les obliquités mensuelles et les obliquités diurnes. Quant aux deux autres, bien que l'on puisse soutenir avec quelque raison qu'elles peuvent exercer une certaine influence sur les formes de la végétation, cependant rien évidemment n'est de nature à appuyer cette hypothèse, et il serait prématuré de les présenter ici comme jouant assurément un certain rôle dans les phénomènes de la vie végétale. Toutefois, et lorsque les phénomènes mécaniques de la végétation seront mieux étudiés, peut-être reconnaîtra-t-on que ces mouvements, insignifiants en apparence, pourraient être la cause d'un changement insensible dans la physionomie générale des plantes. Malheureusement la vie de l'homme est si courte et nos descriptions sont si imparfaites que l'on est ainsi conduit à la désespérance fatale de ne jamais pouvoir connaître quelle était la physionomie des plantes au commencement de cette longue période de la précession des équinoxes pour la comparer à celle de la fin de cette même période. Qu'est, en effet, la vie d'un homme comparée au temps que met cette période à s'accomplir? Il est donc à peu près impossible de conduire le raisonnement jusque là, et heureusement que, pour nos jouissances intellectuelles, nous n'avons pas besoin de porter nos vues aussi loin.

Donc, nous bornant aux deux premières obliquités, nous allons chercher à bien en faire saisir la nature.

Il est de toute évidence que la physionomie des plantes de l'équateur est très-différente de celle des plantes de nos pays tempérés et à plus forte raison de celle des plantes qui viennent spontanément dans les pays compris dans les *zones glaciales*. En observant que dans tous ces endroits divers, en vertu de la rotation de la terre sur son axe en 24 heures, le soleil coïncide à midi avec un point quelconque de la même méridienne, on est conduit à penser que l'on peut, jusqu'à un certain point, faire abstraction de l'obliquité diurne des rayons solaires dans la physionomie des plantes équatoriales comparée à celle des plantes venues dans les zones tempérées ou glaciales et reconnaître que *très-probablement* cette physionomie est déterminée par l'influence de l'obliquité mensuelle des rayons solaires, de sorte que si, par impossible, il nous était donné de changer tout à coup la position des pôles et par conséquent la direction de l'équateur, il tombe sous le sens qu'immédiatement la physionomie des plantes changerait et s'intervertirait au point que si ce changement de position se faisait perpendiculairement, la physionomie des plantes équatoriales deviendrait celle des zones glaciales et réciproquement, du moins au bout d'un temps dont il est impossible de supputer la durée.

Examinons donc maintenant, un peu en détail, la cause déterminante de l'obliquité mensuelle des rayons solaires. On sait que par le mouvement *apparent* du soleil qui s'éloigne de l'équateur tantôt au nord tantôt au sud, cet astre passe successivement au *Zénith* de tous les points de la terre compris entre deux cercles parallèles à l'équateur et sur lesquels ses rayons tombent verticalement au deux *solstices*. Personne n'ignore que ce sont ces limites où le soleil semble s'arrêter et revenir sur ses pas, que l'on a désignées sous le nom de *tropique :* l'un étant le *tropique du Cancer* et qui répond au solstice d'été; l'autre, le *tropique du Capricorne,* répondant au solstice d'hiver.

Pl. XV.　　Cela compris, si l'on suppose une aiguille, As, *fig.* 108, fixé sur un plan horizontal et située à Paris, le plan correspondra à l'horizon, H, H, de Paris, et l'aiguille au Zénith de ce lieu, a. Il est évident que la projection de l'ombre de l'aiguille aura son sommet en 6 sur le plan horizontal H H, quand le soleil S, passera au méridien du lieu, m, m, m, à l'époque du solstice d'hiver, car la droite 6′6, sera l'expression des rayons parallèles partant du soleil et tombant sur l'horizontale H H en passant au sommet s, de l'aiguille. De même, quand le soleil S′ passera au même méridien six mois après, c'est-à-dire quand il sera arrivé au solstice d'été, l'ombre de l'aiguille projètera son sommet en 1, car la droite 1′1 exprimera les rayons parallèles tombant sur HH en passant sur l'extrémité s, de l'aiguille. Il en sera de même des points intermédiaires 2, 3, 4, 5 par rapport à la position du soleil aux points 2′, 3′, 4′, 5′, de la méridienne, et l'on pourra remarquer alors que tous les points marqués de mois en mois, à midi, sont précisément *suivant une droite* A H, *fig.* 108. Or si l'on élève sur l'horizontale des perpendiculaires p, p′ aux points 6 et 1, il sera évident que l'angle 1′1 p′, sera plus petit que l'angle 6′6p, car les droites 1 p′ et 6 p sont parallèles, tandis que 1′1 et 6′6 ne le sont pas et que par conséquent 6′6 est plus oblique par rapport à notre horizon. D'ailleurs en prolongeant A suivant, a, parallèle aux deux droites parallèles aussi à 1 p′ et 6 p, on reconnaît aussitôt S′ s a < S s a, puisque ce dernier angle contient le premier. Enfin, par un raisonnement pareil, on trouverait que les rayons 2′3′4′5′ s compris entre le plus oblique 6′6 et le moins oblique 1′1, sont de plus en plus obliques. Or, il tombe sous le sens que l'action des rayons solaires sur la végétation ne peut pas être la même quand ils ont ces deux obliquités extrêmes, et les exemples que nous avons cités viennent à l'appui de cette vérité.

C'est dans cette obliquité mensuelle qu'il nous semble important de rechercher la cause de la floraison périodique qui a servi à construire les divers Calendriers de Flore. Il est, en effet, très-probable que c'est elle qui influence la *floraison mensuelle* d'un certain nombre de végétaux ; comme c'est aussi, à notre avis, l'obliquité diurne qui influence la *floraison horaire*, de laquelle on a tiré l'Horloge de Flore. Toutefois observons que quelque vraisemblable que soit cette hypothèse, elle a besoin d'être sanctionnée par une série d'observations dont la base est facile à saisir et dont tout à l'heure nous allons donner l'idée.

Nous venons de dire en vertu de quel phénomène astronomique les rayons solaires étaient mensuellement obliques ; il nous reste à dire un mot de l'obliquité diurne que tout le monde a été en mesure d'observer journellement. Ce que nous allons dire permettra de se rendre mieux compte des phénomènes de la floraison horaire.

On sait que la méridienne d'un lieu est le cercle qui, passant par les deux pôles, passe en même temps au Zénith de ce lieu. Ainsi pour Paris la méridienne passe par l'Observatoire. Si l'on prend l'aiguille et le plan qui nous ont servi à faire nos observations sur l'obliquité mensuelle, et si à chaque heure de la journée, depuis 5 heures du matin jusqu'à 7 heures du soir, on vient à marquer un point au sommet de l'ombre que projettera l'aiguille verticale sur le plan horizontal, on obtiendra une série de points qui seront en *ligne courbe*. En effet, supposons une aiguille A perpendiculaire à l'horizon H H, *fig.* 109, et au plan de cette figure. Quand le soleil se lèvera à 5 heures (5″) par exemple, l'aiguille projettera son ombre suivant A, 5, et son sommet sera au point 5 ; à midi juste (12′), le soleil coïncidera avec la méridienne de Paris et l'ombre de l'aiguille sera suivant A o et son sommet tombera au point o, c'est-à-dire au point qui marque 12 heures ; à sept heures du soir (7‴), l'ombre de l'aiguille aura son sommet au point 7′. Les positions intermédiaires du soleil dans la courbe diurne H, 12′, H, que semble décrire le soleil, donneront lieu à des points intermédiaires formés par le sommet de l'ombre de l'aiguille, savoir : 6″ en 6, 7″ en 7, 8″ en 8.... 6‴ en 6′, 5‴ en 5′, 4′ en 4, etc. Or, on pourra remarquer que tous ces points, comme nous l'avons déjà dit, seront en ligne courbe et que cette courbe qui exprimera les heures de la journée coupera au point o, la droite indiquant la position du soleil sur le méridien, aux différents mois de l'année.

Pl. XVI. On peut donc tracer une sorte de *Gnomon, fig.* 110, dans lequel l'aiguille, perpendiculaire à un plan horizontal, porterait, à midi, son sommet aux différents points marqués sur la ligne A 12, indiquant ainsi la position du soleil aux différents mois de l'année ; tandis que l'aiguille portant le sommet de son ombre de 4 en 8, indiquerait en été la position du soleil aux différentes heures de la journée ou portant le sommet de son ombre de 9 en 3, représenterait la position du soleil à toutes les heures des journées d'hiver. Les différents quadrilatères qui résulteraient des principales intersections de la direction des rayons solaires mensuels et diurnes indiqueraient la position exacte du sommet de l'aiguille au moment de la floraison de certaines plantes. Par exemple, l'*Ornithogalum umbellatum* qui fleurit d'ordinaire en mai et juin, et de 11 heures à midi, circonstance qui lui a mérité le nom de *Belle* ou *Dame-d'onze-heures*, trouverait sur notre *Gnomon botanique* l'époque de sa floraison dans le quadrilatère 24. Pareillement la floraison du *Tigridia pavonia* qui arrive en juillet et août, et à peu près aux mêmes heures que l'*Ornithogalum umbellatum*, trouverait sa place dans le quadrilatère 9 (1). Mais comme cette dernière a une floraison qui va de mai à juin, intervalle où le soleil va s'élevant encore *mensuellement* au-dessus de l'horizon, tandis que l'autre plante fleurit de juillet à août, intervalle où le soleil commence à décliner *mensuellement* vers l'horizon, on pourrait convenir d'un signe indiquant cette croissance ou cette décroissance. Ainsi, un trait horizontal placé au sommet du nom spécifique de la plante, à la manière d'un exposant algébrique (*Ornithogalum umbellatum* ‾) ou au bas (*Tigridia pavonia*‗), indiquerait la croissance dans le premier cas et la décroissance dans le second. Enfin, si la plante avait une floraison qui se fît de juin à juillet ou de mai à août, c'est-à-dire tout l'été, alors un trait horizontal placé sur le nom spécifique indiquerait cette floraison comme se faisant également à une époque où le soleil monte encore et à une époque où il redescend. Ainsi, supposons qu'il s'agisse du *Prismatocarpus speculum*. De Candolle l'indique comme fleurissant à Paris de 7 à 8 heures, et la Flore de Paris, de Thuillier, en juin et juillet ; par conséquent, sa position est indiquée dans le Gnomon botanique au quadrilatère 13 ; mais pour démontrer qu'il fleurit en juin et juillet, on peut

---

(1) Quand une floraison se fait pendant une période de deux ou plusieurs mois, ou de deux ou plusieurs heures, on placera toujours l'époque de la floraison au quadrilatère qui correspond au premier mois et à la première heure. Voilà pourquoi la floraison de l'*Ornithogalum* étant indiquée par le quadrilatère 24 sur la colonne de mai, celle du *Tigridia* doit se trouver au quadrilatère 9, appartenant à la colonne juin et juillet.

exprimer cette circonstance par cette forme $\overline{13}$ ou par celle-ci : *Prismatocarpus speculum*. Supposons maintenant une plante fleurissant tout l'été, par exemple le *Nymphæa lutea*, que de Candolle dit fleurir à 7 heures, et que Thuillier indique comme fleurissant tout l'été ; comme cette saison correspond aux mois de mai et août qui sont en regard sur une même ligne verticale du Gnomon botanique plutôt qu'avril qui n'est pas encore l'été, ou septembre qui ne l'est plus, la position de la floraison est indiquée. En effet, 7 à 8 (chiffres des heures) correspond à l'espace compris entre 7 A 8, et mai et son correspondant août se trouvent sur une ligne courbe coupant les deux côtés de l'angle 7 A 8, il s'en suit que c'est au quadrilatère 28 qu'il convient de rapporter la floraison du *Nymphœa lutea*, et comme cette plante fleurit aussi bien pendant la croissance que pendant la décroissance, un trait horizontal sur le nom spécifique (*lutea*) indiquerait cette particularité de la plante.

Il serait plus simple de se contenter du nom de la plante que l'on ferait suivre du chiffre du quadrilatère auquel correspond la floraison, et peut-être ce moyen serait-il plus commode : alors ce serait le chiffre qui serait affecté du signe de la croissance ou de la décroissance des rayons solaires. Ainsi nous aurions les no-tations suivantes pour les espèces précitées :

Ornithogalum umbellatum, 24 ‾ ;

Tigridia pavonia, 9 ‿ ;

Prismatocarpus speculum, $\overline{13}$;

Nymphœa lutea, $\overline{28}$;

Voici quelques autres exemples :

Calendula arvensis, $\overline{26}$;

Prenanthes muralis, $\overline{13}$;

Hypochœris maculata, 14 ‾ ;

Anagallis arvensis, $\overline{27}$ (1).

Mais pour que le Gnomon botanique devînt utile, il faudrait qu'il fût fait plus exactement que nous ne pourrions le faire avec les données que nous possédons et qui ne sont pas toujours très-rigoureuses à plusieurs points de vue.

---

(1) Cet instrument, que nous n'avons pas encore pu faire construire, pourra fort bien varier quant aux chiffres affectés aux différents quadrilatères. Ces chiffres ne sont là que l'expression d'une idée à réaliser.

1° Ce n'est qu'à peu près que l'on a établi la floraison des plantes. Ainsi Lamarck place la floraison des *Nymphœa alba* et *Nuphar lutea* au mois de juin, alors que cette floraison se fait tout l'été pour Thuillier.

2° L'été, pour ce dernier auteur, est une saison assez vague, puisqu'il dit que les *Nymphœa* fleurissent tout l'été aussi bien que l'*Alsine media*, le *Senecio vulgaris*, le *Viola tricolor*, etc. Or, il est évident que ces dernières espèces ne fleurissent pas seulement tout l'été, mais aussi tout le printemps, tout l'automne et même tout l'hiver, quand l'hiver est doux, ainsi que nous l'avons observé cette année (1862-1863), alors que les *Nymphœa* ne fleurissent réellement que pendant les mois de mai, juin, juillet et août.

3° D'un autre côté, la question d'exposition pour la floraison horaire est très-importante au point de vue de l'heure exacte de l'épanouissement de la fleur, et il peut y avoir des différences assez marquées pour qu'il soit utile de réviser les heures de ces floraisons. Ainsi la Dame-d'onze-heures peut fleurir à 9 heures dans certains expositions en plein midi, et ne fleurir qu'à midi dans une exposition en plein nord. Mais avec des moyennes et en tenant compte de certains écarts, on peut arriver à avoir une floraison moyenne qui ne s'éloigne pas beaucoup des indications que fournirait un Gnomon botanique bien construit.

Maintenant voici l'usage que l'on pourrait faire du Gnomon botanique.

1° Supposons que nous nous trouvions porté assez au nord, mais toujours suivant la méridienne de Paris, pour que le soleil en passant au méridien du lieu à l'époque du solstice d'été, au lieu de porter le sommet de l'ombre de l'aiguille en 1, *fig*. 108, ne le projette qu'au point 2, il est évident que l'obliquité du rayon 1′ 1, devient celle du rayon 2′ 2. Or, s'il y a quelques espèces qui, toutes choses d'ailleurs égales, ne fleurissent que sous l'influence du rayon 1′1, il est certain que ces espèces fleuriront sous le climat de Paris et ne fleuriront plus sous le nouveau climat auquel nous faisons allusion ; tandis que les espèces fleurissant sous les obliquités mensuelles représentées par 2, 3, 4, 5 et 6 pourront très-bien fleurir. Peut-être y aura-t-il alors d'autres espèces vivant et fleurissant sous l'influence de rayons plus obliques que ceux représentés par 6′6 sans que le même résultat soit obtenu sous le climat de Paris. Ce que nous venons de dire pour l'obliquité 1′1 peut à plus forte raison se dire des obliquités 2, 3, 4, 5 et 6.

Il serait donc curieux de rechercher parmi les plantes qui croissent spontanément à Paris et qui y fleurissent de juin à juillet, s'il y en a qui vivraient sans fleurir dans le climat plus septentrional dont nous venons de parler. Par exemple, les *utricularia vulgaris* et *minor* vivent et fleurissent parfaitement dans les départements de la Charente et de la Dordogne, qui sont à 3 ou 4 degrés de latitude plus au midi que Paris. Elles fleurissent encore dans le département de la Côte-d'Or, selon la Flore de MM. Lorey et Duret qui est de 1 degré de latitude plus au sud, et même suivant MM. Crouan frères, à Brest, qui n'est qu'à un demi-degré environ plus au sud que Paris ; tandis qu'elle paraît fleurir rarement ou même plus du tout sous le climat de Paris, selon l'observation de M. Cosson (p. 428). A la vérité De Candolle la présente comme y fleurissant ; mais il se pourrait que ce ne fût qu'exceptionnellement et que les environs de Paris fussent la limite nord où cette plante pourrait donner des fleurs. Il serait donc intéressant de s'assurer que dans les départements plus au nord elle ne fleurit plus du tout, en tenant compte, bien entendu, des autres conditions dont nous allons dire un mot un peu plus loin.

Le *Vallisneria spiralis* vit et fleurit parfaitement dans les eaux du midi de la France, tandis que ce n'est que par exception qu'elle a été mentionnée dans les eaux de la Seine, près de Mantes, d'après plusieurs Flores qui n'ont fait que copier celle déjà ancienne de Dalibard, et nous ne sachions pas qu'on l'ait retrouvée dans les départements plus septentrionaux.

D'un autre côté M. Ch. Martins qui a étudié avec soin la somme de chaleur *efficace* nécessaire à la floraison du *Nelumbium speciosum* fait observer que la lumière joue un grand rôle dans la floraison du *Nelumbium*, puisque cette plante fleurit rarement dans les serres de l'Angleterre et de la Hollande où la chaleur ne lui fait pas défaut, tandis qu'elle fleurit tous les ans en plein air à Montpellier (1).

(1) *Bull. soc. bot. France*, t. IV, p. 657.

Quoique ces exemples n'aient rien de concluant relativement à l'action de l'obliquité mensuelle des rayons solaires sur la floraison de ces trois espèces, cependant ils sont de nature à appeler l'attention des savants sur cette action même qui semble être dévoilée par la floraison exactement mensuelle de certaines plantes. C'est pourquoi il nous a semblé utile de nous étendre un peu sur un pareil sujet.

On doit à M. Ch. Martins des observations du plus haut intérêt, pour le sujet qui nous occupe. Ce savant botaniste, le 28 février 1846, a compté 72 végétaux en pleine floraison à l'école botanique de Paris, tandis qu'en 1847, il n'y en avait que 16. Or, sur ces 16, il n'y en avait que 4 appartenant à la liste des 72 plantes fleuries en 1846 : ce sont les *Helleborus fœtidus*, *Cornus mas*, *Taxus baccata* et *Crocus biflorus*. Si nous prenons pour base de notre parallèle à établir, l'exemple du Lilas-Varin qui, d'après les dates de floraisons établies par M. J. Gay pour une quarantaine d'années, paraît échapper à l'action des obliquités mensuelles des rayons solaires, nous trouvons qu'en 1846, cette plante a fleuri le 8 avril, tandis qu'en 1847, elle n'a fleuri que le 8 mai ; mais si les quatre espèces précédentes, malgré la différence de température qu'ont dû offrir ces deux années, ont fleuri exactement à la même époque, il est difficile de soutenir, pour elles, la théorie des sommes de chaleur dont nous parlerons plus loin, et il est fort possible que les obliquités mensuelles des rayons solaires entrent pour une grande part dans ces floraisons si régulièrement fixes.

2° Supposons maintenant que nous tenant toujours sous un même degré de latitude, toutes choses égales d'ailleurs, nous passions sous un degré de longitude, ou si l'on veut sous un méridien plus à l'est ou plus à l'ouest. Quand le soleil passera au méridien du lieu l'ombre de l'aiguille du Gnomon botanique se trouvera sur la ligne A, 12, *fig.* 110, et indiquera qu'il est midi pour le lieu où l'on se trouve et comme alors le lever et le coucher du soleil, toute obliquité mensuelle gardée, se fait proportionnellement à l'heure où le soleil passe au méridien du lieu, on comprend que si midi a lieu une heure plus tôt ou une heure plus tard qu'à Paris, les heures qui précèdent ou qui suivent midi seront toujours en avance ou en retard d'une heure sur les heures correspondantes à Paris. Par conséquent, toutes choses égales d'ailleurs, certaines plantes qui fleurissent sous l'obliquité diurne à Paris devront fleurir une heure plus tôt ou une heure plus tard sous le nouveau climat où l'on stationnera et l'heure de la floraison indiquée par le Gnomon botanique à Paris, sera la même dans tous ces lieux; c'est-à-dire que l'aiguille du Gnomon tombera sur le même quadrilatère indiquant la floraison, que l'on soit à Paris ou dans tout autre lieu, pourvu que l'on tienne compte surtout de l'altitude et de la *ligne isotherme* qui est très-variable selon l'observation de M. de Humboldt (1).

Il serait intéressant, en conséquence, de rechercher si une même plante, dont la floraison serait influencée par les obliquités mensuelles et horaires et qui fleurirait à Paris quand l'aiguille marque par exemple 20, au Gnomon botanique, fleurit aussi à Portsmouth ou à Erasmus-Hall quand l'aiguille du même instrument tombe pareillement sur le quadrilatère 20, en admettant, bien entendu, que la même plante pût vivre et fleurir dans ces deux dernières localités. Si cela était, il est clair qu'il

(1) M. de Humboldt, le premier, a démontré d'une manière certaine que les lignes parallèles à l'équateur ne présentaient pas, sur tous ses points, des climats et des températures moyennes semblables, et que des contrées situées sous des parallèles très-éloignés l'un de l'autre, peuvent avoir des climats très-analogues. Par exemple, Boston, qui est sur la côte orientale d'Amérique et sous la même latitude que Perpignan, n'a qu'une température moyenne annuelle = 8° 9, tandis que celle de Perpignan = 15° 5. Il en est de même de Baltimore, qui, bien que sous le même parallèle que Cagliari en Sardaigne, ne possède qu'une température annuelle moyenne = 11° 6, alors que celle de Cagliari est de 16° 3. D'où il suit qu'une même ligne isotherme, au lieu de former une courbe parallèle à l'équateur forme une courbe plus ou moins sinueuse, et dont les différents points sont souvent très-éloignés de lui. En considérant plusieurs lignes isothermes différentes, on s'aperçoit qu'elles ne sont même pas parallèles entre elles. Ainsi, si l'on cherche l'isotherme de Paris, qui est à 48° 50' de latitude, en passant en Angleterre ou aux États-Unis, on la retrouve à Portsmouth, qui est à 50° 48', ou à Érasmus-Hall, qui n'est qu'à 40° 38' de l'équateur. Toutefois, les lignes isothermes suivent une direction croissante ou décroissante, selon qu'on les observe dans l'un ou l'autre hémisphère. Ainsi, en les suivant d'occident en orient, dans l'hémisphère boréal, on les voit s'abaisser vers le sud, dans l'intérieur des deux grands continents, et surtout de l'Amérique. Au contraire, on les voit se relever vers le nord dans les grandes mers qui lui sont interposées, et surtout dans l'océan Atlantique. D'où il résulte que la température de l'ancien continent est généralement plus élevée que celle du nouveau; celle des continents, moins à l'intérieur que sur les bords de la mer, et beaucoup plus sur le rivage occidental que sur l'oriental.

faudrait reconnaître l'influence des obliquités mensuelle et horaire des rayons solaires sur la floraison, puisque placée sous des latitudes différentes, la même plante fleurirait sous les mêmes obliquités solaires. Cependant on conçoit qu'il pourrait arriver que la floraison, tout en étant influencée par ces obliquités solaires, fût dans certaines circonstances avancée ou retardée sans que pour cela on dût nier absolument cette influence ; en un mot, il se pourrait bien que cette influence fût dissimulée par des causes que nous devons analyser.

A. L'influence de la chaleur est tellement évidente qu'il serait absurde de chercher à la nier, et l'on sait parfaitement que certaines plantes intertropicales, qui ne reçoivent jamais à Paris l'influence des obliquités qui ont lieu entre les tropiques, n'en fleurissent pas moins dans nos serres chaudes. Mais ici, l'influence de l'obliquité est peut-être *compensée* par une moyenne de degrés de chaleur plus élevée que celle que les mêmes plantes exigent sous les tropiques. Il y a donc là une question à approfondir. Or il se pourrait que la plante qui fleurit à Paris sous l'obliquité représentée par 20 sur le Gnomon pût fleurir plus tôt si la température moyenne annuelle était plus élevée, ou plus tard si cette même température était moins élevée.

Pour comprendre cette distinction, nous admettrons que l'obliquité solaire représente une force et la température une autre force, qui toutes deux concourent aux progrès de la végétation de certaines plantes. Dans cette hypothèse, si le *Nelumbium speciosum* ne fleurit pas dans les serres de l'Angleterre ou de la Hollande, malgré une somme de chaleur calculée nécessaire et efficace (p. 580), c'est que la première des forces (l'obliquité) n'est plus suffisante, et si elle fleurit quelquefois dans ces mêmes conditions, c'est qu'une quantité de chaleur plus grande que la somme calculée nécessaire et efficace est venue compenser les effets de l'obliquité nécessaire absente. Par un raisonnement contraire on voit que si la même plante fleurit tous les ans à Montpellier, c'est que l'obliquité solaire jointe à une somme de chaleur moindre suffit pour la conduire à la floraison. Les formules suivantes feront mieux comprendre notre pensée tout entière.

Londres est située par 50° 30′ et Montpellier par 43° 36′ de latitude nord, par conséquent, les rayons solaires sont beaucoup plus obliques à Londres qu'à Montpellier. Maintenant prenons le chiffre 925 représentant la somme totale de la température efficace nécessaire, selon M. Martins, à la floraison du *Nelumbium speciosum*, et comme nous ne connaissons point encore le moyen de mesurer la force représentée par l'obliquité des rayons solaires, admettons, pour plus de simplicité, que la somme des actions de cette force, à Montpellier, est égale à la somme des actions de la chaleur représentée par le chiffre 925; nous aurons alors :

$$\left.\begin{array}{l} \text{F. S. (1)} = 925 \\ \text{F. C.} = 925 \end{array}\right\} = 1850 = \text{floraison du } \textit{Nelumbium} \text{ à Montpellier.}$$

Maintenant faisons *arbitrairement*, pour Londres, F.S. = 500; pour arriver au chiffre 1850, il faudra nécessairement faire F.C. = 1350; car, dans l'hypothèse.

$$\left.\begin{array}{l} \text{F. S.} = 500 \\ \text{F. C.} = 1350 \end{array}\right\} = 1850 = \text{floraison du } \textit{Nelumbium.}$$

Pareillement, admettons que F.S. = 1000 sous une latitude plus voisine de l'équateur, ne peut-il pas arriver alors que F.C. = 850 suffise pour conduire le *Nelumbium* à sa floraison puisque :

$$\left.\begin{array}{l} \text{F. S.} = 1000 \\ \text{F. C.} = 850 \end{array}\right\} = 1850.$$

Il est très-possible que ces deux forces entrent pour la plus grande part dans les phénomènes qui font que les phytogènes au lieu de ne former que des infrondescences, arrivent à former des inflorescences et par suite des fruits et des graines. Malheureusement c'est une idée tellement nouvelle que nous n'avons pu encore trouver aucune base à la manière de mesurer la force solaire, comme nous en avons une, dans le thermomètre, pour mesurer la force calorifique. Cependant nous ne désespérons pas de pouvoir y arriver, même assez prochainement. Quoi qu'il en soit, il est fort possible qu'il y ait des plantes qui échappent complétement à l'influence des obliquités solaires, comme il se peut aussi

---

(1) **F. S.** représente la force solaire ou la somme des actions de l'obliquité des rayons solaires, et F. C. la force calorifique ou la somme totale des températures efficaces.

qu'il y en ait qui soient essentiellement influençables par ces obliquités.

B. D'un autre côté les températures moyennes de l'année peuvent être obtenues de diverses façons. Par exemple, elle peut, dans un lieu, résulter de l'ensemble des degrés de chaleur compris dans une échelle de peu d'étendue ; tandis que dans un autre lieu, la température moyenne de l'année peut ressortir de l'ensemble des degrés de chaleur, compris dans une échelle dont les deux limites extrêmes sont très-éloignées l'une de l'autre. En effet, il ne suffit pas que les deux lieux dont nous venons de parler soient situés sur une même ligne isotherme pour qu'ils représentent un climat identique, car la somme de température peut se distribuer de différentes manières entre les douze mois de l'année et conséquemment entre les différentes saisons. Ainsi avec une même somme de chaleur annuelle, la répartition se faisant avec une certaine égalité, il se peut que l'hiver et l'été soient fort tempérés ; alors qu'au contraire, la répartition se faisant très-irrégulièrement, il se peut que l'hiver soit très-froid et l'été très-chaud : ces différences doivent nécessairement avoir beaucoup plus d'influence sur la végétation que la température moyenne et il est fort possible qu'en raison de cette circonstance, l'influence des obliquités mensuelle et diurne des rayons solaires soit souvent dissimulée (1).

Pour comprendre la valeur de ces différences dans l'acte de la floraison, il importe que l'on prenne la plante à sa naissance et que l'on analyse les phénomènes de sa végétation. Nous avons signalé autre part (pag. 175), l'influence de la lumière solaire sur la floraison de la Vigne, des Rosiers, des Lilas et du Sureau et nous avons constaté que la lumière solaire était indispensable à la formation des fleurs, au moins de certaines plantes. Or, bien avant la floraison il y a le moment où l'exastosie prépare les phytogènes à se transformer en bourgeons-fleurs au lieu de continuer à former les feuilles ; mais ce moment est bien souvent tout à

---

(1) La ligne qui passerait par tous les lieux où l'hiver (année moyenne) descendrait au même degré, a été désignée sous le nom de *ligne isochimène* (de χειμών, hiver), et celle qui passerait par tous les lieux où l'été s'élève au même degré de chaleur a été nommé *ligne isothère* (de θέρος, été), et ces nouvelles lignes sont loin de coïncider avec les lignes isothermes.

fait difficile à saisir et nous ne saurions dire avec certitude si la chaleur seule suffit à déterminer cette exastosie. Toutefois nous croyons que la lumière solaire pure et simple, son intensité et la direction de ses rayons peuvent avoir une certaine influence dans le phénomène; non que la lumière ait besoin d'agir directement sur le tissu cellulaire qui doit *s'exastosier* en bourgeons-fleurs, car ces bourgeons se forment dans le centre même d'un gros *bourgeon-inflorescence* écailleux bien clos de toutes parts, comme nous le voyons journellement sur les Marronniers d'Inde, les Lilas, les fleurs composées, etc., et où certainement la lumière solaire ne saurait pénétrer. Mais c'est plutôt par une sorte de *trépidation moléculaire* non perceptible à nos sens, régulièrement exercée de proche en proche et jusqu'au centre du phytogène que les cellules reçoivent le mouvement particulier qui fera que ces cellules se disposeront de telle ou telle façon. Or la direction de ces mouvements ne doit pas être indifférente à la manière dont s'effectueront les divers groupements des cellules.

Mais s'il y a des plantes qui, pour fleurir, ont un indispensable besoin de l'action directe des rayons solaires longtemps continuée, il en est d'autres qui ne paraissent pas en avoir un besoin aussi absolu. Ainsi nous avons constaté qu'il suffit au *Digitalis purpurea* de moins d'une heure de soleil, le soir, pour arriver à une parfaite floraison suivie d'une fructification fertile. Le *cardamine macrophylla* fleurit avec beaucoup moins de soleil encore, puisque nous l'avons vu fleurir, cette année (1863), dans un endroit où le soir vers 3 ou 4 heures, le soleil l'éclairait directement pendant quelques minutes seulement. Enfin il est certaines plantes telles que le *Chelidonium majus*, le *Lamium album*, le *Parietaria officinalis*, un certain nombre de Graminées, etc., qui peuvent fleurir et fructifier sans la moindre action directe des rayons solaires. La nature a donc créé certaines espèces capables de vivre et de fructifier dans toutes les circonstances de lumière, de température, d'humidité, de sécheresse, etc., afin qu'en tous lieux, la terre fût recouverte par une végétation quelconque. Des Navets conservés dans une cave presque obscure ont même poussé des tiges florifères étiolées couvertes de feuilles dans lesquelles le principe colorant jaune de la chlorophylle était très-développé. Ces tiges étaient terminées par un bouquet de petites fleurs ayant tous les organes de la fleur ordinaire, et les pétales présentaient une coloration jaune plus intense et parfaitement distincte de celle des autres organes appendiculaires. Quant à l'axe, il avait la blancheur mate de l'ivoire.

D'après les belles expériences de M. Frémy sur la chlorophylle, nous avons été conduit à penser que dans les *fleurs jaunes* le principe colorant bleu ne se forme plus; tandis que dans les *fleurs bleues* c'est le principe colorant jaune qui fait complétement défaut. Cependant, dans les feuilles de ces deux types des séries *Xantique* et *Cyanique*, les deux principes colorants semblent se former d'une manière à peu près égale dans les parties vertes; toutefois, ce serait la proportion plus ou moins grande de ces principes colorants *jaune* ou *bleu* qui serait la cause des teintes si variées que présentent les feuilles vertes.

Il y a des plantes chez lesquelles les bourgeons-fleurs sont plusieurs années à se préparer. Ainsi chez certains de nos arbres fruitiers (Poiriers et Pommiers) le bourgeon-inflorescence met trois ans à préparer le bourgeon-fleur, tandis que chez les Pruniers, Cerisiers, etc., les bourgeons-inflorescences ne mettent qu'un an à préparer les bourgeons-fleurs. Dans la Jacinthe les bourgeons-fleurs sont préparés l'année qui précède celle de la floraison (1); chez d'autres, les Figuiers par exemple, le bourgeon-inflorescence ne met guère que cinq à six mois à préparer le bourgeon-fleur et mûrir son fruit. Un très-grand nombre des plantes que nous cultivons mettent moins de temps encore pour accomplir les mêmes phénomènes et Bauman a observé que les Rosiers du Bengale venus de graines, présentent un bouton-fleur, immédiatement après la germination et le développement des feuilles primordiales. De Candolle dit « qu'en coupant en long, par le centre, le tronc de plusieurs Palmiers, on y trouve les rudiments des régimes qui doivent se développer la première, la seconde, et, dit-on, jusqu'à la septième année. » A la vérité, il ajoute qu'il y aurait un intérêt très-grand à étudier avec détail cette préfleu-

---

(1) On dit que François Ier, empereur d'Autriche, profitant de cette circonstance, sans doute, après avoir réuni deux demi-bulbes de Jacinthe, l'une blanche et l'autre bleue ou rouge, obtint, par suite d'une *vraie soudure*, un axe formé de deux demi-hampes *soudées,* dont un des côtés portait des fleurs toutes blanches, tandis que l'autre côté ne donnait que des fleurs bleues ou rouges.

raison qui n'a été indiquée que d'une manière vague et sur laquelle on ne trouve aucun renseignement précis (1).

Le temps qui s'écoule entre la germination de la plante et sa floraison peut donc varier avec les nombreuses circonstances qui influent sur son développement antérieur à la floraison et l'influence de l'obliquité solaire être dissimulée sous ces diverses circonstances. Quelques exemples vont rendre plus claire cette proposition.

Ainsi la limite de la culture de l'Orge se trouve, sous le méridien des Iles-Britanniques, aux îles Fœroë situées sous le .62ᵉ degré de latitude nord, où la température moyenne de l'été = 12° 1. Or, à Yakoutzk, en Sibérie, situé pareillement sous le 62ᵉ degré de la même latitude où la température moyenne s'élève à 16°, l'orge ne mûrit plus ; tandis qu'au contraire il mûrit encore à Alten, en Laponie situé à 70° de latitude, avec une température moyenne qui ne s'élève qu'à 10°. Si, d'après ce que nous avons dit p. 580, l'on accorde une certaine part dans la végétation totale de l'Orge, aux obliquités solaires, il est évident que cette influence est complétement dissimulée à Yakoutzk, puisque étant sous une même latitude qu'aux îles Fœroë et possédant une température moyenne supérieure, l'Orge n'y mûrit pas. C'est qu'il y avait un inconnu dans cette équation compliquée de la végétation de l'Orge que M. Alphonse De Candolle est parvenu à déterminer de la manière suivante :

Si au lieu d'adopter la méthode des températures moyennes de l'année on applique la méthode indiquée par Réaumur (2), suivie depuis par MM. Boussingault, (3) Gasparin, (4) et Alph. De Candolle, laquelle consiste à calculer les sommes de chaleur à partir de celle à laquelle la graine peut entrer en germination, on arrive à une explication plus satisfaisante de la

---

(1) D. C., *Phys. végét.*, p. 467. — L'assertion de cette dame anglaise qui a dit avoir vu dans l'intérieur des troncs d'arbres, sous le microscope, des bouquets tout préparés d'avance et destinés à se développer successivement, n'est qu'une pure illusion d'optique ou de la pensée.

(2) *Observ. thermom.*, etc. (*Mém. de l'Acad. des sciences de Paris*, 1735, p. 558.)

(3) *Compt. rend. Acad. des sciences*, 1837, t. IV, p. 178.

(4) *Cours d'agricult.*, 1844, t. II, p. 86.

maturation de l'Orge dans les lieux précités. Ainsi, M. Alph. De Candolle a calculé que l'Orge pouvait mûrir dans les hautes latitudes, pourvu qu'à partir de l'époque de sa germination qui a lieu à une température de + 5° elle put recevoir une somme de chaleur = 1500 degrés, quelle que fût d'ailleurs la distribution de la chaleur au printemps en été et en automne. A Yakoutzk, la somme totale des températures *efficaces* n'atteignant pas 1500 degrés, l'orge n'y peut évidemment pas mûrir ; mais en serait-il de même de l'orge cultivé dans des conditions complétement semblables sous tous les rapports, excepté le degré de latitude que l'on supposerait plus rapproché de l'équateur, ou en d'autres termes sous l'influence de rayons solaires moins obliques ? C'est ce que nous ne saurions dire, mais il serait à coup sûr très-intéressant de tenter ce genre de recherches.

Pareillement, le blé ne germe qu'à une température de + 6° et exige, à partir de ce moment, une somme de température = 2000 degrés environ pour arriver à son complet développement, c'est-à-dire à la maturation de ses graines. Or, on a pu remarquer que ces températures, années moyennes, commençaient à Orange, le 1er mars ; à Paris, le 20 mars, et à Upsal, seulement le 20 avril, et cette somme de chaleur est généralement atteinte le 25 juin à Orange, le 1er août à Paris, et le 20 août à Upsal. D'où il résulte que ce total se produit en 117 jours à Orange, en 133 jours à Paris, et en 122 jours à Upsal.

Dans sa note sur la somme de chaleur efficace nécessaire à la floraison du *Nelumbium speciosum*, M. Ch. Martins a parfaitement démontré, en suivant une méthode analogue, qu'entre le moment où commence la végétation de cette espèce (12 avril 1856), jusqu'à l'époque de sa floraison (17 juillet), comprenant un espace de 98 jours, la somme totale de température *efficace* a été de 925° (1). Mais nous avons vu p. 579 que cette somme de température nécessaire, mais suffisante sous le climat de Montpellier, ne l'est plus lorsque la plante est cultivée, même dans les serres, dans un climat où les rayons solaires n'y arrivent que sous une grande obliquité.

Quand une plante commence son évolution et arrive à la florai-

____

(1) *Bull. soc. bot. France*, t. IV, p. 656.

son sans interruption, on comprend qu'une quantité déterminée de chaleur puisse être obtenue, d'une manière générale et par suite de nombreuses compensations, vers une époque qui sera toujours la même, d'autant que cette limite n'est jamais parfaitement fixée. C'est ce qui arrive aux végétaux qui ne mettent que 3, 4, 5 ou 6 mois pour germer, fleurir et fructifier, et qui, pour nos climats tempérés, commencent leur végétation au printemps et la terminent en automne ou au commencement de l'hiver, comme cela a lieu pour nos plantes annuelles. Mais si la plante parcourt son évolution en 2 ou plusieurs périodes, si elle subit un ou plusieurs temps d'arrêt dans sa croissance, comme la Jacinthe, par exemple, elle peut présenter dans l'époque de sa floraison des variations assez notables. En effet, c'est toujours pendant l'année qui précède celle de sa floraison que le bourgeon-inflorescence se forme. Si à partir du moment où a lieu cette formation, il se passe un été sec et très-chaud, un automne lui-même assez chaud, un hiver doux, il est évident que le printemps suivant, surtout s'il est lui-même chaud, la fleur devra se développer beaucoup plus tôt, puisque, abstraction faite de la somme de chaleur de l'hiver qui pourrait être inefficace, la somme de chaleur nécessaire à la Jacinthe pour arriver à la floraison a dû être constituée plus tôt dans ces conditions que si l'été et l'automne avaient été moins chauds, et si l'hiver, plus rigoureux, s'était prolongé plus longtemps vers le printemps suivant, époque voisine de la floraison. Or s'il était constaté que, malgré ces différences dans les sommes de chaleur obtenues dans ces deux conditions extrêmes, la floraison se fît sensiblement à la même époque, il faudrait bien reconnaître les effets de l'obliquité mensuelle, et c'est précisément ce que semblent prouver les exemples cités p. 577. Il y a mieux : c'est qu'alors même que cette floraison serait en avance dans le premier cas et en retard dans le second, ce ne serait pas une raison pour nier absolument l'influence de l'obliquité mensuelle des rayons solaires.

On voit quel intérêt s'attache à l'étude de l'influence des obliquités mensuelle et horaire dans la floraison, et nous pensons que notre Gnomon botanique pourrait rendre de nombreux services dans la résolution de ces importantes questions.

C. L'intensité de la lumière est depuis longtemps connue

comme exerçant une influence favorable à la floraison ou plutôt à la transformation des phytogènes ou centres vitaux en bourgeons-fleurs, et nous avons cité p. 175 des exemples qui confirment cette manière de voir. D'ailleurs, l'on sait que les plantes que nous cultivons pour leurs graines ou pour leurs fruits donnent beaucoup moins de produits quand elles sont cultivées dans le voisinage de grands arbres qui interceptent une certaine quantité de lumière, non-seulement par l'ombre qu'ils portent sur la végétation circonvoisine, mais aussi par l'absorption d'une certaine quantité de lumière par leurs parties vertes (1). Ainsi les Pois, les Haricots, les Lentilles, les céréales en général, etc., n'ont un *maximum* de rendement que lorsqu'ils sont cultivés en plein champ et loin de toute influence fâcheuse de la part des hautes végétations. La Vigne, dans nos climats tempérés, s'accommode mal de l'ombre des arbres, et l'on a observé que, toutes choses d'ailleurs égales, ses produits sont bien moindres par des années *précédentes*, pluvieuses ou nébuleuses, que par des années précédentes plus sèches et surtout dont l'atmosphère a été plus limpide et conséquemment la lumière plus intense.

Cette influence de l'intensité de la lumière se déduit encore des observations que M. Paul Sagot a faites sur la végétation des légumes comparée sous l'équateur et dans les pays tempérés (2). Cet observateur a constaté que bien que la lumière soit plus perpendiculaire dans les pays équatoriaux, ce qui y entretient une température plus élevée que dans les pays tempérés, cependant, comme l'atmosphère y est chargée d'une énorme quantité d'humidité latente, la lumière solaire y est moins intense en raison surtout de l'abondance des nuages et de la demi-vapeur qui règne de 10 heures à 2 heures, même dans les beaux jours. D'où il suit que d'une manière générale les fleurs apparaissent bien plus rares que dans les pays tempérés ou dans les pays chauds et secs. Ainsi, même les céréales propres aux pays chauds n'y ont qu'un rendement faible et inégal. Le Riz y rend en grain, sur une même surface, moins que dans des climats plus riches en lumière, et les

---

(1) On sait que dans les épreuves photographiques cette absorption est accusée par une action insensible, sur les épreuves, de la lumière qui tombe sur les feuilles et autres parties vertes de la plante.

(2) *Bull. soc. bot. France*, t. IX, p. 147.

légumineuses, qui dans les pays chauds remplacent nos Haricots et nos Pois : Pois de sept ans (*Phaseolus lunatus*)), Pois-chiche (*Dolichos sphœrospermus*), Pois d'Angole, Cajongi ou Ambrevade (*Cajanus flavus*), Pois-Boucoussou (Guadeloupe, *Lablab vulgaris*), ont un rendement inférieur à celui des légumineuses nutritives des pays tempérés. (P. Sagot, *loc. cit.*) Wydler avait déjà observé que nos arbres fruitiers et nos légumes, transportés entre les tropiques, y donnent des feuilles abondantes, mais rarement du fruit, et que les arbres des forêts équatoriales fleurissent rarement.

D'après tout ce que nous venons de dire, il y aurait donc dans la lumière solaire, comme action mécanique sur la végétation, 3 forces ou influences à distinguer, savoir : 1° la direction de ses rayons; 2° son intensité; 3° sa propre chaleur, et dans les formules indiquées p. 580, il faudrait introduire l'intensité, qui serait représentée par F.I. Quant à cette dernière force, les divers moyens photométriques employés en physique pourraient en déterminer approximativement la valeur.

D. L'influence de l'humidité sur la végétation peut être considérée sous deux points de vue, selon qu'on la considère comme appartenant à la terre ou à l'atmosphère.

1° Personne n'ignore que les corps noirs possèdent un pouvoir absorbant pour la chaleur plus grand que les corps plus ou moins voisins de la couleur blanche ou grise; et que l'eau a la propriété de donner à la terre grise une couleur brune. Par conséquent, une même terre devrait absorber la chaleur et élever la température de plusieurs degrés de plus au pied de la plante, si la terre était dans un état le plus voisin possible de son *humidité utile*, qu'au pied de cette même plante, si le terrain était plus voisin de son maximum de sécheresse. Or c'est précisément le contraire qui arrive, ce qui tient à ce que l'élévation de température produite ne compense pas les effets de l'abaissement de température par suite de l'évaporation de l'eau qui se produit.

Nous avons tenté quelques expériences pour déterminer autant que possible quelle pouvait être cette différence. En voici les résultats :

Après avoir choisi trois thermomètres à alcool marchant régulièrement ensemble depuis le 0 jusqu'à 45 ou 50°, nous en avons placé deux dans la même terre et à la même exposition, jusqu'au trait qui marque 0; tandis que le 3ᵐᵉ était simplement soutenu à la surface de la même terre entre les deux autres. La portion de terre de l'un des thermomètres enterrés a été parfaitement arrosée tandis que l'autre est restée sèche. C'est le 28 avril 1863, à 9 heures du matin, que nous avons commencé nos expériences, au moment où les 3 thermomètres marquaient 12° à l'air. Nous les avons suivies avec soin pendant 8 jours, et nous consignons ici le tableau des différences que nous avons observées :

DATES.		TERRE HUMIDE.	TERRE SÈCHE.	AIR.	DIFFÉRENCE.
28 avril	9 heures, matin. C. V. (1).	12	12	12	0
	Midi	14	15,25	14,5	1,25
	4 heures	13	15	13	2
29 —	6 heures, matin, C.	9,5	10,75	5,5	1,25
	9 heures, S.	11	12,25	26,5	1,25
	Midi	14	15,75	31,5	1,75
	4 heures	13,5	15	17,5	1,5
30 —	6 heures, matin, C.	9	10,75	5,5	1,75
	9 heures, S. V.	10,75	12,25	30,5	1,5
	Midi, S.	15	16,75	32,5	1,75
	4 heures, V.	13	15	14	2
1er mai	6 heures, matin, C. V.	8	9	13,5	1
	9 heures	11	11,75	18	0,75
	Midi, V.	13,5	14,25	16	0,75
	4 heures	13	13,75	13,5	0,75
2 —	6 heures, matin	10	10,25	9,5	0,25
	9 heures	13	13,5	29,5	0,5
	Midi	17	17,25	28,5	0,25
	4 heures	15	15,25	20	0,25 (2)
3 —	6 heures, matin, C. C.	10	12,25	9,5	2,25
	9 heures	11	13,25	16	1,25
	Midi	13	14,75	21,5	1,75
	6 heures	15	17,25	16,5	2,25
4 —	6 heures, matin, C. C.	10	12,25	7,5	2,25
	9 heures, S.	12,75	14	33,5	1,25
	Midi, S.	20,5	22	44,5	1,5
	3 heures.	21	23	22,5	2
5 —	6 heures, matin	13,25	15	10	1,75
	9 heures	15,75	16,75	35	1
	Midi	21	22,5	43	1,5
	4 heures	20	21,5	23	1,5

On voit, d'après ce tableau, que si la terre devient plus brune quand elle est mouillée, ce qui devrait lui permettre d'élever un peu sa température sous l'influence des rayons solaires, cependant l'observation prouve que cette température reste constamment au-dessous de celle que le thermomètre accuse dans la terre

(1) C. signifie un temps couvert; C.C. un temps calme couvert; S. soleil; V. vent.

(2) Du 28 avril au 2 mai nous avons laissé la terre sans l'arroser de nouveau : c'est ce qui explique pourquoi les différences entre les degrés thermométriques de la terre sèche et ceux de la terre humide arrivent au *minimum* indiqué; mais le 3 mai, la terre ayant été arrosée une seconde fois, on peut reconnaître qu'aussitôt les différences ont été très-marquées.

sèche et que la différence en moins est en moyenne très-voisine de 1° 35.

2° D'un autre côté, on conçoit que la quantité d'humidité contenue dans l'atmosphère ne soit pas sans influence sur la végétation ; car, d'après ce que nous avons dit, elle doit avoir pour effet d'absorber une certaine quantité de rayons lumineux, ou, pour parler plus exactement, de diminuer l'intensité lumineuse des rayons solaires ; mais il se pourrait, selon la remarque de M. Duchartre, que cette action ne fût pas d'une très-grande importance, car, pouvant être compensée dans certain cas par une température plus élevée, la transpiration ne s'en effectuerait pas moins aussi bien. Toutefois, il faut reconnaître que la transpiration de la plante n'est pas le seul acte par lequel se fait la végétation, et que les faits connus démontrent assez que l'intensité de la lumière est des plus efficaces à la formation des bourgeons-fleurs. Sans parler d'une foule de plantes cultivées dans nos serres chaudes, qui n'y fleurissent pas ou qui n'y fleurissent qu'accidentellement et encore d'une manière imparfaite, et où pourtant on est maître de leur donner la somme de chaleur dont elles auraient besoin, on sait que tous nos arbres fruitiers exposés en plein soleil (Pêchers, Abricotiers, Cerisiers, etc.) donnent manifestement plus de fleurs et de fruits que lorsqu'ils sont plus ou moins placés à l'ombre.

D'après les expériences de Tessier, que la nature s'est chargée de reproduire sous plusieurs formes, la lumière solaire nous semble être une force mécanique manifeste mais complexe, et par conséquent tout ce qui tend à diminuer son intensité tend à diminuer cette force. Or trois causes contribuent à cette diminution de force, savoir : la distance du soleil, l'obliquité et l'interception de ses rayons. Nous avons parlé des deux dernières causes, nous ne dirons qu'un mot de la première. Or, dans l'ordre naturel de notre système planétaire, et surtout pour notre hémisphère, une distance moindre, à la vérité relativement faible, aurait plutôt une influence négative. En effet, si l'on remarque que l'orbite de la terre est une ellipse ou un cercle allongé dont le soleil occupe un des foyers, et que la terre emploie plus de jours pour aller du point qui commence l'équinoxe du printemps au point de l'équinoxe d'automne en passant par le solstice d'été, que pour parcourir la seconde partie de son orbite, on reconnaîtra ces deux phénomènes, savoir : que l'hémisphère boréal que nous habitons a l'avantage d'un printemps et d'un été un peu plus longs que ceux dont jouissent les habitants de l'hémisphère austral (1); que le soleil est plus éloigné de nous en été qu'en hiver, et que la chaleur plus forte de l'été dépend uniquement de la direction de ses rayons (2). Une autre cause qui, toutes choses égales d'ailleurs, doit retarder ou avancer la végétation, consiste dans la grosseur du phytogène ou de la graine. En effet, nous avons dit p. 504 que les végétaux, selon la grosseur du phytogène, devaient donner des organismes de l'infrondescence d'autant plus répétés que ce phytogène était plus gros, et nous avons vu p. 506 que les petits pois donnaient des bourgeons-fleurs après la 7ᵉ ou 9ᵉ feuille, tandis que les gros pois pouvaient arriver à ne donner des fleurs qu'après la 18ᵉ ou 20ᵉ feuille; or, s'il s'écoule quinze jours entre la 8ᵉ et la 20ᵉ feuille, il y aura nécessairement dans leur floraison un retard de quinze jours des seconds sur les premiers, ou inversement quinze jours d'avance des premiers sur les seconds.

(1) Malte-Brun, *Géograph. compl. descript. et histor.*, etc., 1837, p. 122.

(2) Nous rappellerons ici, pour expliquer la différence des *saisons*, que notre atmosphère s'échauffe par l'influence des rayons solaires; mais pour cela, il faut qu'ils soient réfléchis par des corps ou par la surface de la terre, et cette influence est en raison de la perpendicularité des rayons solaires à la surface de la terre. D'où il résulte que les causes de la chaleur augmentent lorsque les jours croissent par l'approche du soleil vers le pôle qui est sur l'horizon; car la hauteur méridienne du soleil devient alors chaque jour plus grande, ce qui fait demeurer cet astre plus longtemps sur l'horizon. De plus, l'obliquité des rayons diminue, nouvelle cause qui contribue à augmenter l'intensité de la chaleur.

Dans les régions boréales, la chaleur devrait atteindre son *maximum* lorsque le soleil décrit le tropique du Cancer, mais à cette époque la chaleur n'est pas la plus grande, car elle n'est jamais l'effet de l'action instantanée du soleil. Elle se compose des actions exercées successivement, et que l'absence du soleil n'a point détruites. De même, on remarque que la chaleur diurne *maximum* ne correspond jamais à midi, bien qu'alors l'action instantanée du soleil soit la plus grande. D'où il résulte que la chaleur doit être plus considérable lorsque le soleil descend du tropique du Cancer à l'équateur, que lorsqu'il monte de l'équateur à ce même tropique.

Un raisonnement inverse fait comprendre l'augmentation du froid. Seulement, le froid le plus intense ne doit pas se faire sentir lorsque l'action instantanée du soleil est à son *maximum*, c'est-à-dire lorsque cet astre décrit le tropique du Capricorne. Il doit donc augmenter pendant tout le temps que la somme de ses actions, longtemps continuées, diminue. (Libes., *Nouv. dict. d'hist. naturelle*, 1803, t. XX, p. 38.)

Nous avons observé bien des fois dans des semis d'*Amarantus caudatus* des individus dont les inflorescences terminales se produisaient après les deux premières feuilles primordiales, alors que les grappes terminales d'autres individus ne se formaient plus qu'après la 22ᵉ feuille; et il doit y en avoir qui, mieux nourris encore, ne les produisent que lorsqu'un plus grand nombre de feuilles se sont développées. Entre ces deux extrêmes, il s'écoule un intervalle de temps qui peut être de près d'un mois : conséquemment il serait difficile de faire coïncider la floraison des uns et des autres. Ce que nous venons de dire sur des plantes qui fleurissent tout l'été ne pourrait-il pas s'appliquer aux plantes qui fleurissent à des époques fixes? Peut-être même cette différence entre-t-elle pour quelque chose dans la floraison des plantes constituant le Calendrier de Flore; de là la latitude d'un mois qu'on doit lui accorder pour rester dans les limites de la vérité. Ainsi, par exemple, Lamarck a classé la Carotte parmi les plantes qui fleurissent en juillet, sous le climat de Paris, et nous avons dit p. 401 qu'il y avait des individus constitués par une seule phytonie terminale ou primaire et une seule secondaire, tandis qu'il y en a qui ont jusqu'à 14 phytonies secondaires; mais comme la terminale est celle qui fleurit la 1ʳᵉ, il s'ensuit qu'il doit y avoir un grand écart entre la floraison du 1ᵉʳ individu et celle du second. Il est vrai que Lamarck, tout en donnant une latitude d'un mois pour la floraison de la Carotte, n'a même pas été très-exact, car cette plante (et sans doute il entendait parler de la plante sauvage), sous le climat de Paris, fleurit non-seulement tout l'été, mais encore une bonne partie de l'automne, et comme cette observation peut plus ou moins se faire à l'égard de beaucoup d'autres plantes de la liste constituant son Calendrier, on voit combien il serait important de faire un Calendrier sur des bases plus exactes.

Le tableau que nous avons présenté p. 400 fait voir quels écarts certaines plantes peuvent présenter dans l'époque de leur floraison, puisqu'il y a des individus de même espèce qui, comme le *Veratrum nigrum*, peuvent n'offrir que 21 phytonies, quand d'autres en ont jusqu'à 40, ce qui suppose, dans le premier cas, un phytogène-bourgeon relativement beaucoup plus petit que dans le second.

E. Il est encore un phénomène occulte que nous devons faire connaître et qui semble agir sur le végétal de façon à retarder sa floraison et à déjouer les idées théoriques les plus vraisemblables. Examinons le fait en lui-même.

Dans un semis de Choux de Bruxelles opéré vers les mois de juillet et août dans l'espoir d'obtenir du plant pour l'hiver, il nous est arrivé plusieurs fois de voir, dans certaines conditions de terrain (en général quand le terrain est sec et compact), ce plant végéter languissant. Le terrain est le même pour tout le semis et pour tout le plant ; parmi les pieds les uns montent et donnent des bourgeons infrondescents connus sous le nom de *Choux de Bruxelles* ; mais il en est d'autres qui ne montent pas, quoique présentant une végétation active. Or ceux qui montent et même quelques-uns de ceux qui ne montent pas, l'hiver, dès qu'arrive le printemps, se mettent à grandir considérablement et à donner aux mois de mars et avril une abondante quantité de fleurs, tandis que les autres continuent à grossir et ne commencent à monter qu'à l'automne suivant, et alors ils donnent des bourgeons infrondescents l'hiver, et des fleurs le second printemps qui suit le semis. En un mot les uns semblent *annuels* et les seconds *bisannuels*. Quelles que soient les précautions que l'on prenne pour choisir une semence uniforme, un terrain homogène et également arrosé, il arrive toujours, dans les conditions précitées, que les uns fleurissent le printemps suivant, tandis que les autres n'arrivent à la floraison que le second printemps. Les *Allium porrum* et *Cepa* nous ont offert de pareils phénomènes. On voit par ces faits que la théorie des sommes de chaleur, aussi bien que celle de l'obliquité mensuelle des rayons solaires, sont insuffisantes pour rendre compte du phénomène. La question des alternatives de sécheresse et d'humidité est elle-même impuissante à en donner l'explication, et le phénomène pourrait peut-être être mieux expliqué par l'admission d'une sorte de répétition d'infrondescence générale qui retarderait la floraison, laquelle ne pourrait plus se produire sous l'obliquité trop grande des rayons solaires aux mois de mai, juin, juillet et août, mais pourrait exceptionnellement avoir lieu aux mois de septembre et octobre, au moment où l'obliquité redevient *efficace* pour la floraison ; et c'est en effet ce que nous avons observé plusieurs fois.

Cette longue exposition de faits et d'observations nous a semblé nécessaire pour faire bien comprendre certains phénomènes de prolepsie végétale dont nous allons parler maintenant.

S'il était vrai que l'obliquité mensuelle des rayons solaires eût une certaine influence sur la floraison, il serait possible de comprendre pourquoi certaines floraisons se répètent à deux époques différentes de l'année. Malheureusement les observations ne sont ni assez multipliées, ni peut-être suffisamment exactes, pour que ce que nous allons dire puisse être regardé comme l'expression d'une vérité acquise à la science. Toutefois, il en est qui pourront avoir leur importance.

Il y a déjà longtemps que nous avons observé des phénomènes de floraisons anticipées ou de prolepsie chez des plantes qui d'ordinaire, dans nos climats, ne fleurissent qu'une seule fois, et de tout temps on a remarqué ce phénomène, mais sans chercher une autre cause que celle qui est généralement accréditée, et que M. de Schœnefeld a parfaitement exposée dans un travail publié en 1859 et auquel nous renvoyons nos lecteurs (1). Cependant, si l'on observe que quelques floraisons anticipées ne sont pas constantes, tandis qu'il y a des plantes qui fleurissent régulièrement deux fois par an, comme on le voit chez certaines Primevères, on en conclura qu'il pourrait bien se faire que plusieurs causes, qu'il est bon d'examiner, présidassent à cette répétition de la floraison.

Dans certaines années, quand le printemps, l'été et l'automne ont été relativement chauds, pourvu qu'une sécheresse trop grande ne soit pas résulté de cette chaleur, la première floraison se fait de bonne heure, et la végétation, interrompue par la sécheresse, reprend aussitôt que les conditions indispensables d'humidité sont revenues. Dès lors une nouvelle évolution se prononce, et souvent de nouveaux bourgeons-fleurs se sont suffisamment formés pour qu'une seconde floraison s'effectue à la fin de l'été ou dans l'automne. Or, on n'a point cherché encore à établir aucune relation entre ces deux floraisons et l'obliquité mensuelle des rayons solaires, et c'est ce que nous allons faire en

____

(1) *Bull. soc. bot. France*, t. **VI**, p. 37.

parlant de la cause probable ou tout au moins possible de cette seconde floraison.

1° Si l'on observe la floraison de certaines variétés cultivées des *Primula*, on reconnaît que cette plante donne des fleurs en février, si le commencement de l'année a été chaud comme cette année 1863, et en mars, si l'hiver s'est prolongé plus avant dans les jours qui précèdent le printemps. De plus, on peut observer que cette première floraison passée, la plante ne donne plus de fleurs qu'à la fin de l'année, et encore assez tard, puisque cette seconde floraison ne se produit qu'en octobre ou en novembre. Or, il est facile de voir sur le Gnomon botanique que l'obliquité mensuelle des rayons solaires en février et mars est sensiblement la même qu'en octobre ou en novembre. Pourquoi ce long intervalle de temps entre ces deux floraisons? Doit-on attribuer ces floraisons à des conditions de chaleur et d'humidité analogues dans le commencement du printemps et la fin de l'automne? *A priori* cette opinion semble être la plus rationnelle ; mais les exemples suivants donnent quelque fondement à l'idée que l'obliquité mensuelle des rayons solaires n'est pas étrangère au phénomène.

2° Une observation analogue peut quelquefois être faite sur l'*Hepatica triloba*. Cette plante donne des fleurs vers la fin de février ou en mars, comme les *Primula*. Le plus souvent la plante, après avoir fourni ses nouvelles feuilles et mûri ses graines, reste stationnaire jusqu'au printemps suivant. Mais par exception, nous l'avons de nouveau vue fleurir à l'automne, en octobre et novembre, précisément aux deux époques de l'année où les rayons solaires ont sensiblement la même obliquité qu'en février.

3° On doit à M. le comte Jaubert l'observation d'un Lilas blanc, qui a refleuri le 15 septembre, près du château de Saulière, commune de Saint-Péreuse (Nièvre), et se trouvant très-vraisemblablement dans le cas de l'exemple suivant (1). Le *Syringa persica* fleurit dans nos jardins aux bonnes expositions méridionales en avril, ou au plus tard en mai. Or, il n'est pas absolument rare de le voir refleurir en septembre ou octobre, aux deux

____

(1) *Bull. soc. bot. France*, t. VI, p. 710.

moments de l'année où le soleil nous envoie ses rayons sous des obliquités à peu près analogues. C'est ce que nous avons observé dans l'automne de 1862.

4° M. le baron de Mélicocq a vu dans la forêt de Raismes (Nord) les *Vaccinium Myrtillus* et *Vitis idæa* répéter leur floraison aux mois de septembre et octobre, et il se trouve précisément que ces mêmes espèces fleurissent aux mois du printemps où le soleil nous apparaît sous un même angle, c'est-à-dire en mars et avril.

5° Nous avons vu à Paris l'*Amygdalus persica*, en espalier, refleurir en octobre, mois dont l'obliquité des rayons solaires correspond à celle que l'on a dans le même lieu en mars, époque générale de la floraison des Pêchers.

6° M. Kirschleger a observé en 1855, à Strasbourg, une seconde floraison chez le *Cytisus Laburnum*, laquelle s'était faite en août et septembre, alors que la première avait eu lieu en mai, époque où les rayons solaires ont une obliquité à peu près égale (1). En 1859, nous avons aussi vu fleurir le *Cytisus Laburnum* dans la première quinzaine d'avril, et cette même année, il refleurissait encore au mois de septembre, correspondant au mois d'avril pour l'obliquité des rayons solaires.

7° Il n'est pas rare de voir la Vigne refleurir au mois d'août, correspondant pour l'obliquité des rayons solaires au mois de mai, qui est l'époque générale de la floraison première.

8° Les Fraisiers non remontants de nos jardins fleurissent souvent en mars, et plus souvent encore en avril; ils donnent leurs fruits et restent tout l'été dans un état voisin du repos, si ce n'est qu'ils fournissent des stolons terminés par des rosettes, vrais propagules destinés à perpétuer l'espèce ou la variété. Mais vers les mois de septembre ou octobre, les pieds qui ont déjà fleuri donnent une nouvelle floraison, et si l'automne est suffisamment chaud, les fruits qui en résultent peuvent arriver à maturité. Or, les rayons solaires de septembre et octobre ont sensiblement la même obliquité que ceux de mars et avril.

9° M. Amblard assure qu'il n'est pas rare de voir refleurir en automne, dans les environs d'Agen, le Prunier, qui y est si abon-

____

(1) *Bull. soc. bot. France*, t. II, p. 722.

damment cultivé, et il a vu aussi, en 1858, refleurir à la fin de
septembre un pied de *Prunus spinosa*. Or, si l'on observe qu'à
Paris cette espèce fleurit en avril, on comprendra qu'à Agen,
toutes choses égales d'ailleurs, elle puisse fleurir en mars, époque
où le soleil nous envoie ses rayons sous un angle fort voisin de
celui sous lequel il nous les envoie en septembre ou octobre.

10° Nous avons vu, en 1859, le *Viola odorata* fleurir en février et mars, et ne refleurir qu'à la fin de l'automne, en novembre. La question des sommes de chaleur était ici amplement
en défaut, puisque la chaleur, cet été-là, aurait suffi à produire
3 et 4 floraisons successives. Au reste, ce qui est arrivé cette
année se reproduit presque tous les ans avec cette différence, que
la première floraison est moins précoce, et la seconde moins tardive. Il y a là, évidemment, un inconnu que nous ne saurions
actuellement découvrir, puisque, en 1859, les rayons solaires qui
ont produit les 2 floraisons étaient bien plus obliques que ceux qui
produisent les 2 floraisons dans les années ordinaires. Ajoutons
que bien qu'appartenant à la section des *Nominium*, cette Violette, quoique fertile, a toujours fleuri avec ses pétales. Or, Koch,
(*in Synopsis*), regarde toutes les espèces de cette section comme
susceptibles de donner des fleurs pétalées souvent stériles et des
fleurs apétalées à capsules fertiles. Il est toutefois à remarquer
que les pétales de cette seconde floraison étaient très-petits, relativement à ceux de la première floraison. Le *Cheiranthus cheiri*
est dans le même cas; fleurissant au printemps, en mars et avril,
il a souvent une seconde floraison en septembre et octobre.

11° Plusieurs botanistes ont observé la floraison automnale de
l'*Æsculus hippocastanum* [Martin (1), Boreau (2), J. Gay (3),
Puel (4)]. On a annoncé que cette floraison se faisait à des époques
différentes, ce qui tendrait à combattre l'idée de l'influence de
l'obliquité des rayons solaires; mais si l'on observe que cette
seconde floraison s'est produite à Nîmes à la fin d'octobre 1856
(Germain de Saint-Pierre), et à Montpellier, en septembre et
octobre, la même année (Martins); et si l'on suppose sous cette

(1) *Bull. soc. bot. France*, t. IV, p. 621.
(2) *Ibid.*, t. V, p. 704.
(3) *Loc. cit.*, p. 705.
(4) *Ibid.*

latitude une floraison plus précoce qu'à Paris, en avril au lieu de mai, on trouve que l'obliquité des rayons solaires du printemps se rapproche beaucoup de celle des rayons solaires de l'automne, et que des conditions dont bientôt nous dirons un mot peuvent encore avoir influencé les deux floraisons de manière à rendre l'explication favorable à cette théorie de l'influence de l'obliquité mensuelle.

12° Enfin une observation de M. Germain de Saint-Pierre vient encore fortement appuyer cette idée théorique. Ce savant botaniste a remarqué une seconde floraison de l'*Amygdalus communis* s'effectuant, à Nîmes, le 15 décembre 1856, tandis qu'un mois plus tard, en janvier, la floraison normale se produisait comme à l'ordinaire. Or, les rayons solaires ont, dans ces deux mois, le même degré d'obliquité.

A côté de ces faits, que l'on peut regarder comme des *preuves positives* de l'influence de l'obliquité des rayons solaires sur les floraisons, il est une autre sorte de preuves pour ainsi dire *négatives* qui n'en viennent pas moins étayer la théorie que nous cherchons à faire connaître ici.

1° Nous avons dit que certains *allium* ne présentaient aucuns signes de végétation pendant les mois de juillet et août, malgré des conditions artificielles identiques à celles que l'on aurait en mars, avril, mai et juin : l'obliquité mensuelle seule n'étant plus la même.

2° Beaucoup de nos Liliacées bulbeuses (*Hyacinthus*, *Tulipa*, *Narcissus*) ne manifestent plus la moindre végétation dès les mois de mai et juin, et cependant il ne serait pas difficile d'obtenir artificiellement des conditions de température et d'humidité analogues à celles que l'on observe dans les mois où elles végètent le mieux.

3° L'*Eranthis hiemalis*, les divers *Crocus* (*C. vernus, aureus, Suzianus, sulfureus, luteus, biflorus*, etc.), le *Galanthus nivalis*, le *Leucoium vernum*, etc., ne fleurissent plus dès les mois de mars ou avril, et, au contraire, jamais, à notre connaissance, on n'a vu le *Colchicum autumnale* devenir vernal, et cependant il y aurait un certain intérêt à pouvoir obtenir leurs charmantes fleurs en tout temps. On pourrait bien saisir toutes les conditions de leur végétation, mais l'obliquité mensuelle voulue des rayons solaires ferait défaut, et nous doutons, pour cette raison, que l'on parvienne jamais à les faire fleurir hors leur temps habituel.

4° Certaines plantes potagères ne peuvent être cultivées qu'à de certaines époques de l'année. Les Navets, les Epinards, etc., semés à l'automne ou au printemps suivant, n'en fleurissent pas moins les uns et les autres à l'époque où l'obliquité des rayons solaires oblige les phytogènes à s'exastosier en bourgeons-fleurs. La seule différence que l'on observe alors c'est que les semis d'automne donnent des pieds infiniment mieux développés, probablement parce que l'obliquité mensuelle des rayons solaires n'a pas influencé la plante, et que tous les phytogènes ont concouru par leur développement à l'augmentation de nombre et de volume des organes de l'infrondescence. D'un autre côté, la plante, mieux nourrie, donne des phytogènes de l'inflorescence plus volumineux, lesquels se résolvent en un plus grand nombre de fleurs (pag. 504, 506 et suiv.).

5° Le *Scandix Cerefolium*, semé à toutes les époques comprises entre le printemps et le mois d'août, accomplit toutes les phases de sa végétation, c'est-à-dire arrive à la floraison et à la fructification; mais semé après le mois d'août, il végète même pendant l'hiver sans donner le moindre signe de tendance à la floraison jusqu'au printemps suivant, où celle-ci se prononce plus abondante et plus fertile qu'en toute autre saison. Mais sa floraison, qui s'accomplit pendant tout l'été, trouve alors pour se produire des obliquités mensuelles très-différentes des obliquités mensuelles de l'hiver. Or, si l'on observe que, semé au mois de juillet, la floraison arrive 5 ou 6 semaines après, et que dans cet espace de temps la somme de chaleur *efficace* est beaucoup moindre que la somme de chaleur efficace que l'on pourrait obtenir dans les 7 ou 8 mois suivants, on sera tenté d'admettre que la somme de chaleur efficace n'est pas toujours suffisante pour conduire une plante à sa floraison.

Il est donc difficile, d'après les exemples qui précèdent et qui pourraient être beaucoup plus multipliés, de ne pas reconnaître une corrélation intime entre les obliquités solaires mensuelles et les doubles floraisons des espèces dont nous venons de parler; mais il faut reconnaître que dans une foule de cas il semble que cette corrélation n'existe plus, ce qui peut tenir à plusieurs **causes,** dont nous devons analyser ici les quatre principales.

A. Il est extrêmement probable que l'échelle de l'influence de l'obliquité mensuelle des rayons solaires sur la floraison mensuelle des espèces, que nous nommerons simplement *échelle de floraison*, n'est pas d'une égale étendue pour tous, exactement comme l'échelle de l'influence de l'obliquité diurne sur la floraison horaire. On sait en effet qu'il y a des fleurs qui ne s'épanouissent qu'à de certaines heures de la journée, dont la floraison dure peu, et que pour cette raison on a nommées *éphémères* (*Tradescantia virginica*); tandis qu'il en est d'autres qui fleurissent presque à toute heure de la journée et dont la floraison dure relativement longtemps (*Camellia*). Eh bien, ce qui arrive pour les fleurs au point de vue des heures de leur épanouissement, arrive certainement pour d'autres fleurs au point de vue des mois de leur épanouissement; et de même qu'il y a des fleurs qui s'épanouissent à des heures variables de la journée, de même aussi il y a des espèces qui donnent des fleurs à presque toutes les époques de l'année; ce sont celles que l'on désigne d'une manière générale comme fleurissant tout l'été, et nous avons dit que l'*Alsine media*, le *Senecio vulgaris*, le *Viola tricolor*, etc., fleurissaient toute l'année, en y comprenant même l'hiver lorsqu'il se montrait doux. Evidemment pour les plantes auxquelles nous faisons allusion, l'échelle de floraison est pour ainsi dire indéfinie; tandis qu'au contraire, il est des plantes dont l'échelle de floraison est beaucoup plus limitée; telle est celle des *Senecio viscosus, sylvaticus, abrotanifolius*, qui ne fleurissent qu'en juillet, du *Solidago virga aurea*, qui ne fleurit guère qu'en août, sous le climat de Paris et beaucoup d'autres. L'échelle de floraison n'est donc, pour ces plantes, que d'un mois. Il en est dont l'échelle de floraison est de 2 mois; telles sont en particulier l'*Arenaria segetalis* (*Alsine segetalis* L.), les *Sambucus nigra, Ebulus*, le *Chærophyllum temulum*, etc., qui fleurissent en juin et juillet seulement. D'autres plantes ont une échelle de floraison qui dure 3 mois et sont indiquées comme fleurissant tout l'été (*Helianthemum vulgare, fumana; Nymphæa alba*, etc.), mais réellement elles n'ont que 3 ou 4 mois de floraison possible, et ces mois correspondent en effet à notre véritable été. On voit donc que sous cette dénomination, *tout l'été*, on confond la floraison qui dure toute l'année avec celle qui dure l'été seulement, et ce sont deux choses qu'il est bon de distinguer.

Ce n'est pas tout. Indépendamment des plantes qui, d'après ce que nous venons de dire, ont des floraisons obéissant aux influences des obliquités mensuelles ou diurnes, il est extrêmement probable qu'il en est qui ont des floraisons *indifférentes* et pouvant donner des fleurs sous toutes les obliquités possibles et peut-être un grand nombre de végétaux étrangers qui fleurissent dans nos serres sont-ils dans ce cas, à moins que l'on ne veuille attribuer le phénomène de la floraison que l'on observe à une compensation par un excès de chaleur, d'une obliquité mensuelle quelconque.

B. La lumière dont nous ferons, dans notre *Phytogénie*, la source des mouvements mécaniques qui président ou peut-être qui déterminent la végétation, doit être regardée comme composée de deux sortes de mouvements ondulatoires, les uns qui font la lumière, les autres qui font la chaleur ; et qu'il est possible, d'après les ingénieuses expériences de M. Melloni, d'isoler les uns des autres au moyen de corps *diaphanes* ou *diathermanes*. Mais, ainsi que nous l'avons fait pressentir, p. 588, cette cause mécanique est complexe, puisque la lumière dégagée de son calorique peut avoir son action spéciale sur la végétation aussi bien que le calorique dégagé de la lumière. Malheureusement ces actions mécaniques si distinctes n'ont pu être, l'une indépendamment de l'autre, soumises à une analyse rigoureuse, et il serait très-important de chercher à établir d'une manière exacte quelle est la part de chacune d'elles dans l'acte de la végétation ; mais il est permis de penser *à priori* que dans de certaines limites l'une peut venir en compensation de l'autre, et comme il est possible de constituer des sortes de petites serres dans lesquelles la lumière n'arriverait qu'après avoir été dépouillée d'une grande partie de son calorique (1), il nous paraît probable que la végé-

(1) Ces serres pourraient être éclairées au moyen de doubles carreaux de vitres dont les plans seraient parallèles, bien clos de tous les côtés, et dont on conserverait entre eux un certain espace qui serait rempli par une dissolution saturée d'alun, sel qui, d'après les expériences de M. Melloni, ne laisse passer que 12/100 des rayons calorifiques incidents, alors que le verre à glace en aisse passer 62/100, et le sel gemme 92/100.

tation étudiée dans ces conditions donnerait bientôt la solution du problème que nous soumettons à la recherche des savants, et très-probablement aussi l'on reconnaîtrait que ces deux agents mécaniques de la végétation peuvent, jusqu'à un certain point, se compenser l'un l'autre, ce que nous avons supposé plutôt par toutes les observations qui composent cet article que par des expériences directes.

C. Mais si l'obliquité mensuelle des rayons solaires a une certaine influence sur la floraison de certaines espèces, il doit arriver que, dans des conditions particulières, les plantes, sous une latitude donnée où elles ne fleuriraient pas, arrivent pourtant à donner des fleurs. Mais encore ici nous sommes obligé de nous confier à la voie de l'hypothèse, car, de ce que nous n'avons pu établir expérimentalement l'influence active d'une obliquité donnée de la lumière privée de son calorique, il s'ensuit que l'on sera tout d'abord disposé à accorder à la chaleur accrue dans les conditions auxquelles nous faisons allusion la part d'influence que, dans notre opinion, l'on doit accorder à la lumière simple. Toutefois, nous n'en donnerons pas moins l'explication du phénomène supposé, en le faisant reposer sur cette influence que nous regardons provisoirement comme logiquement infaillible.

Ainsi, supposons une plante ne pouvant fleurir que sous l'influence des rayons solaires qui, au lieu de tomber suivant un angle $S'1\,p'$, *fig.* 108, devraient former l'angle plus aigu $S''o\,p''$, quand le soleil passe sur la méridienne du lieu; il est évident que cette plante ne fleurira pas sous le climat de Paris, puisque le soleil, en passant sur la méridienne de l'Observatoire, au moment où il émet ses rayons les moins obliques possibles, ne donne jamais que l'angle $S'1\,p'$, et qu'à partir de ce moment l'angle, formé par l'obliquité des rayons et la verticale, devient successivement $2'2\,p^{iv}$ à $6'6\,p$; c'est-à-dire formant avec le zénith un angle de plus en plus ouvert. Au contraire, cette plante pourra fleurir si, toutes choses égales d'ailleurs, l'on se rapproche de l'équateur au lieu où l'obliquité des rayons peut former avec le zénith l'angle $S^2o\,p''$. Il semble donc *a priori* que si par une cause accidentelle ou *volontaire* on arrivait à placer la plante sous l'influence de pareils rayons, on devrait obtenir des effets analogues. Il ne s'agirait alors que de trouver une position telle que l'*horizon virtuel* local pût conduire à un pareil résultat.

En effet, si le Gnomon botanique, au lieu d'être placé suivant l'*horizon réel* du lieu A H, *fig.* 108 *bis*, était incliné suivant A H′ ou suivant un nouvel horizon faisant avec le premier un angle H′A H= à l'angle 1′s o″, il en résulterait que le soleil tomberait sur le plan du gnomon en formant avec la perpendiculaire à ce plan représentée par l'aiguille As un angle semblable à o″o′p″; car de ce que nous avons fait H′AH=1′s o″, il s'ensuit que l'angle p‴o′p″ = 1′s o″ et que la ligne o′p‴, ou sa parallèle 1‴p^v, est perpendiculaire sur A H′: donc on a o″o′H=1′1‴H′; en retranchant de part et d'autre la valeur d'un angle droit, il reste o″o′p″ = 1′1‴p^v. Or, 1′1‴p$_v$ est l'angle que l'on obtiendrait sous l'horizon virtuel A H′ : par conséquent le soleil formerait l'image de l'aiguille du gnomon au même point que dans un endroit quelconque plus voisin de l'équateur.

Réciproquement, au pied des montagnes sur le versant qui tourne le dos au soleil dans le moment où il passe sur la méridienne du lieu, il est possible de faire fleurir et fructifier des végétaux qui ne pourraient d'ordinaire parcourir les diverses phases de leur vie que dans des pays qui sont plus voisins des pôles.

En effet, par un raisonnement analogue, mais inverse à celui que nous venons de faire, on doit voir que si l'horizon virtuel est incliné en sens contraire de l'horizon virtuel trouvé sur le versant opposé de la montagne, les rayons solaires sont beaucoup plus obliques et peuvent être équivalents à ceux qui arriveraient sur un horizon réel plus voisin des pôles.

Car en faisant H AH″ = H′AH, on a o″o‴H″ = 1′1 H, et en faisant p′1 p^{IV} = HAH″, on a la droite 1 p^{IV} ou sa parallèle o‴p^{VI} perpendiculaire à AH″. Donc, en retranchant des deux angles égaux o″o‴H″=1′1 H, un angle droit, il reste o″o‴p^{VI}=1′1 p′. Or, il est aisé de voir que les droites 1 p′ étant perpendiculaires à AH et o‴p^{VI} perpendiculaire à A H″ par construction, ces deux perpendiculaires n'étant pas parallèles, 1 p′ est oblique par rapport a AH″, et conséquemment, tous les rayons solaires tombent plus obliquement sur AH″. D'où il suit qu'en marchant vers les pôles, il arrive un moment où l'aiguille du Gnomon botanique doit marcher avec le soleil comme sur le versant de la montagne auquel nous venons de faire allusion. Conséquemment, toutes choses égales d'ailleurs, les végétaux qui peuvent vivre et fleurir sous ces obliquités des rayons solaires pourraient *peut-être* également vivre et fleurir dans un lieu plus voisin des pôles et correspondant au lieu du versant de la montagne où l'on a fait l'observation.

Or, il est une foule de lieux où jusqu'à un certain point ce résultat pourrait être obtenu. Ainsi, sur le versant méridional de certaines montagnes suffisamment déclives, et par rapport à l'horizon virtuel qui en résulte, on pourrait obtenir dans une latitude plus voisine des pôles des obliquités solaires équivalentes à celles que l'on obtiendrait sur l'horizon réel sous une latitude plus voisine de l'équateur, et dès lors la végétation pourrait offrir une certaine analogie dans ces deux localités cependant très-distantes l'une de l'autre. Mais pour cela il faut tenir compte de l'altitude du lieu où se fait l'observation et des autres conditions environnantes, et les différents faits observés qu'a enregistrés la science sont conformes à cette manière de voir (1).

Réciproquement, au pied des montagnes et sur le versant qui tourne le dos au soleil dans le moment où il passe sur la méridienne du lieu, il serait possible de faire fleurir et fructifier certains végétaux qui ne pourraient d'ordinaire parcourir les diverses phases de leur vie que dans des pays qui sont plus voisins des pôles.

On pourrait désigner sous le nom de *points, lieux* ou *contrées isophotoplagiques* (ἴσος, égal, φωτός, lumière, et πλάγιος, oblique), ou *ishélioplagiques* (de ἥλιος, soleil), tous les endroits où le soleil, aux mêmes époques, marquerait ou donnerait, à midi, une même ombre sur le Gnomon botanique.

D. Enfin, il est extrêmement probable que l'établissement des moments exacts de la floraison des espèces n'a pas été fait avec tout le soin qu'exigerait un pareil ordre de recherches pour conduire à des données positives desquelles on pût tirer des conséquences rigoureuses, et c'est précisément ce qui ressort des observations que nous avons faites, p. 575, sur les *Nymphæa*, l'*Alsine media*, etc.

D'après ce que nous venons de dire de tant de *variables* qui

(1) Consulter à ce sujet un excellent travail de M. E. Cosson, intitulé : *Considérations générales sur l'Algérie, etc.* (*Bull. soc. bot. France*, t. IX, séance du 12 décembre 1862.)

entrent dans les conditions de la végétation, il est donc tout à
fait impossible d'établir des règles générales précises, et si nous
nous sommes longuement étendu sur ces sortes de phénomènes,
c'est que nous y avons vu un certain nombre de questions sur
lesquelles il importerait que les savants fixassent leur attention.
Quoi qu'il en soit, un grand nombre de plantes ont présenté des
cas de prolepsie ; car, indépendamment des exemples précités, il
en est plusieurs autres que nous pouvons indiquer comme bien
authentiques.

Ainsi M. Kirschleger a vu refleurir en automne le *Salix cinerea*
et le *Rubus tomentosus* (1) ; M. Germain de Saint-Pierre a rencontré dans les environs d'Hyères des Myrtes et des Orangers en
fleurs aux mois de décembre et janvier (2) ; M. Touchy rapporte
qu'en décembre 1839 on a mangé des Cerises rouges chez M. Du-
pin, secrétaire de la Société d'agriculture de l'Hérault (3). Le
Prunus spinosa présente un cas de prolepsie remarquable. « A
Saint-Patrice, côté droit de la Loire, entre Tours et Saumur, est
un *Prunus spinosa*, dit M. Boreau, qui ne semble différer en rien
de l'espèce ordinaire, et qui, chaque année, quelle que soit la
température, entre en fleur à la fin de décembre ; un seul buisson
offre cette particularité ; les autres, placés à côté, restent inertes.
On dit que des éclats transportés dans un autre terrain n'ont
point conservé cette floraison intempestive. » Cette plante, qui,
en raison de cette circonstance et du lieu où elle refleurit, est
connue sous le nom d'*Epine de Saint-Patrice*, a été le sujet de
la légende suivante : Saint Patrice, venu d'Irlande pour visiter
saint Martin, entra se reposer sur ce coteau à l'abri d'un buisson,
et quoique ce fût aux fêtes de Noël, l'arbrisseau se trouva tout à
coup couvert de fleurs, et depuis ce temps il a toujours continué
de fleurir à Noël (Boreau). M. de Schœnefeld a trouvé aussi (1858)
autour de Saint-Germain des *Prunus spinosa* portant quelques
fleurs au mois d'octobre, et M. le comte Jaubert a vu, dans la
Nièvre, une haie de cette espèce qui avait été taillée au printemps
se couvrir de fleurs en septembre 1859 (4). Les Chênes-liéges et
les Lilas ont été vus en fleur au mois de novembre 1858, à

(1) *Bull. soc. bot. France*, t. II, p. 722.
(2) *Ibid.*, t. IV, p. 621.
(3) *Ibid.*
(4) *Ibid.*, t. V, p. 705.

Toulon, suivant une lettre adressée à M. J. Gay (1). M. le comte
Jaubert, indépendamment du *Prunus spinosa* et du Lilas blanc
dont nous avons parlé, p. 596, a encore vu dans le département
du Cher un *Pavia rubra* refleurir le 20 octobre, et des Houx le
4 novembre. M. Eug. Fournier a signalé.le *Daphne Mezereum*
comme ayant fleuri le 15 octobre 1859, dans un jardin de Passy.

M. Victor Personnat a observé un Poirier dit *Beurré blanc
d'été* qui a fleuri en avril et refleuri en juillet. Le fruit de la
première floraison a mûri au mois d'août, et deux des fruits de
la seconde floraison, protégés contre toute atteinte fâcheuse, ont
pu mûrir parfaitement au mois d'octobre (2).

M. Mangin a fait des observations analogues, dans un jardin
de Douai (Nord); il a vu, le 12 juin 1859, plusieurs Poiriers
(*Passe-Colmar*, *Beurré-de-Rans*, Poire-de-Livre, Poire-Bour-
bon), couverts de fleurs comme ils le sont d'ordinaire au printemps (3).

M. Ed. Bureau dit qu'il a vu, en 1857, aux environs de Pornic,
beaucoup d'Aubépines (*Cratœgus monogyna* Jacq.), refleurir
vers la mi-novembre, dans des haies qui semblaient abandonnées
à elles-mêmes.

D'après ce que nous avons dit, p. 601, A, il y a à distinguer
deux classes de floraisons; savoir : 1° les *floraisons restreintes ;*
2° les *floraisons continues ;* à la première appartiennent tous les
cas de prolepsie, et à la seconde, se rapportent toutes les plantes
remontantes et celles qui fleurissent tout l'été, suivant la plus
large acception attribuée à cette période. Mais il y a un certain
nombre de causes qui viennent souvent modifier ces floraisons.
Il est donc utile d'entrer, à cet égard, dans quelques considérations indispensables à l'explication des faits.

A. Floraisons continues. Nous nommerons ainsi les floraisons
qui paraissent être complétement indépendantes de l'obliquité
mensuelle des rayons solaires; car on pourra les rencontrer à
toutes les saisons de l'année, et les fleurs se succédant alors d'une
manière non interrompue. C'est ainsi que la floraison de l'*Alsine
media* est essentiellement une floraison continue, non-seulement

(1) *Bull. soc. bot. France,* t. V, p. 705.
(2) *Ibid.,* t. VI, p. 345.
(3) *Ibid.,* p. 465.

parce que l'on trouve cette plante en fleur toute l'année, puisque même pendant les hivers doux il n'est pas rare de la trouver en fleur, mais encore parce que son évolution appartient à notre troisième *système-type* de la végétation, dans lequel l'inflorescence générale étant définie, puisque l'axe se termine par une seule fleur, les phytonies qui se développent latéralement continuent indéfiniment l'élongation de tout le système végétal (p. 407).

Un grand nombre de plantes se trouvent à peu près dans les conditions que nous venons d'indiquer, c'est-à-dire offrant des floraisons qui se continuent toute l'année, l'hiver excepté. Parmi elles nous citerons comme exemples : le *Viola tricolor ;* le *Senecio vulgaris ;* le *Thymus Serpyllum ;* l'*Ajuga reptans ;* les divers *Plantago,* au moins ceux qui croissent spontanément aux environs de Paris ; les *Teucrium Chamœdrys* et *Scorodonia ;* le *Lamium album ;* les *Ranunculus repens, acris, arvensis, reptans, flammula,* etc.; les *Trifolium repens, pratense, arvense,* etc.; les *Vicia dumetorum, sativa,* etc.; le *Coronilla varia ;* le *Phaseolus coccineus,* etc., etc., etc.; toutes plantes qui, pouvant fleurir tout l'été, montrent évidemment des successions non interrompues de fleurs.

Les floraisons continues ne sont point le privilége exclusif d'un seul *système-type* de la végétation ; car de même que nous avons vu le 3ᵉ système représenté par l'*Alsine media,* fournir des floraisons continues, de même il y en a dans le 1ᵉʳ système, puisque les deux éléments qui servent de base à ce système, l'inflorescence et la génération des phytonies, sont pour ainsi dire indéfinies, et le *Phaseolus coccineus* en est un exemple ; il en est de même du 2ᵉ système, car l'un des éléments, l'inflorescence, est indéfinie. Toutefois, quoiqu'indéfinie théoriquement, l'inflorescence finit toujours par s'arrêter à un certain moment, par suite de l'épuisement de l'axe floral général. Le 4ᵉ système lui-même, que nous avons regardé comme basé sur des inflorescences définies et des phytonies définies, n'est pas excepté de ce point de vue général, puisqu'il y a des plantes qui lui appartiennent et qui, comme les *Chœrophyllum pecten* et *Cerefolium,* les *Apium petroselinum* et *graveolens,* l'*Heraclum sphondylium,* le *Daucus carota* sauvage, etc., fleurissent rigoureusement presque toute l'année mais ici c'est plutôt par succession d'individus. En effet, ces plantes germent et se développent presque toute l'année, et bien que souvent bisannuelles ou vivaces, elles n'en fleurissent pas moins à toutes les époques de la saison chaude. Souvent c'est par suite de la taille que du sommet de la racine se forment des bourgeons adventifs produisant de nouveaux axes qui fleuriront plus tard.

C'est parmi les floraisons continues qu'il nous paraît convenable de placer les plantes dites *remontantes*. On sait que ce nom a été appliqué à certaines variétés de plantes ligneuses qui, ayant d'ordinaire une floraison restreinte ou limitée, arrivent néanmoins à donner des fleurs presque toute l'année, pourvu que l'on ait soin de les tailler convenablement. Les Rosiers sont, sous ce rapport, les plantes qui ont le plus occupé les horticulteurs; mais, quoi qu'ils aient pu faire ou tenter, ils n'ont jamais pu transformer les Rosiers non remontants en Rosiers remontants. C'est ainsi que les *Rosiers cent-feuilles* et les *Rosiers de Provins* sont restés ce qu'ils ont toujours été. Toutefois, il est possible que le Rosier dit *de tous les mois* (*Rosa bifera*. Lamk) ne soit qu'une variété du *Rosa centifolia*, obtenu par culture. Son nom spécifique lui vient de ce qu'il fleurit 2 fois par an, à la fin du printemps et vers l'automne, et que ses fleurs se succèdent assez longtemps sans laisser un long intervalle entre ces deux floraisons. Cette variété est le type d'un grand nombre d'autres variétés, remarquables en ce qu'elles conservent aussi l'avantage de fleurir 2 fois par an. Enfin, on a découvert d'autres variétés qui ont le privilége de fleurir toute l'année, et les *Rosiers noisette, thé, du Bengale*, les races du *Rosier Portland* et certains *hybrides*, les *Rosiers indica, Semperflorens*, etc., en sont des exemples, et c'est à eux que l'on doit toutes les variétés de Rosiers dits remontants.

Parmi les plantes ligneuses que l'on pourrait regarder comme remontantes, nous citerons le *Robinia hispida*, qui fleurit normalement 2 fois par an, et le *Robinia Pseudo-Acacia* qui présente une tendance analogue par sa floraison automnale, qui a lieu dans les années favorables.

Par extension, l'expression *remontant* a été appliquée d'une manière générale aux plantes herbacées qui fleurissent plusieurs fois dans l'année comme cela a lieu pour certains *Viola* et *Fragaria* dits *remontants*.

Quoique nous ayons cru devoir placer les *Rosa* remontants parmi les plantes à floraisons continues à cause des variétés telles que les *Rosa semperflorens* et *indica* qui, selon les auteurs, fleurissent toute l'année sans intervalles bien tranchés dans leurs floraisons, cependant il se pourrait qu'elles pussent aussi être regardées comme appartenant aux floraisons restreintes. En effet, si nous nous en rapportons au *Rosa bifera*, dont nous avons parlé, lequel a donné lieu à un grand nombre de variétés qui ont conservé la faculté de donner deux floraisons, il est probable qu'un grand nombre d'autres variétés dites remontantes ne doivent aussi leur apparence de floraison continue qu'à ce que la première floraison se trouve continuée assez longtemps pour atteindre la seconde floraison, qui se continue elle-même plus ou moins longtemps, de telle façon que l'ensemble des floraisons paraît être de toute l'année, exactement comme cela a lieu pour la génération des figues. Ainsi il n'y aurait réellement que deux générations de fleurs ; mais chaque génération donnant une longue succession de fleurs dont les dernières de la première génération atteindraient l'époque de la seconde génération, laquelle se continuerait longtemps encore, en vertu d'une idiosyncrasie particulière à la variété.

Si cette hypothèse était admise, en remarquant que la première formation des bourgeons-fleurs a lieu en mai pour fleurir en juin, juillet et août (toutes fleurs de la première génération), et que la seconde formation des bourgeons-fleurs a lieu en août pour fleurir en septembre, octobre et novembre (toutes fleurs de la deuxième génération), il serait possible de ramener les Rosiers remontants aux plantes à floraisons restreintes, et comme l'obliquité mensuelle des rayons solaires de mai est égale à celle des rayons solaires d'août, les Rosiers remontants rentreraient dans les cas de prolepsie générale influencée par l'obliquité mensuelle des rayons solaires, et il est fort possible que, étudiées sous ce nouveau point de vue, un grand nombre de plantes puissent venir se ranger sous cette loi générale.

B. Floraisons restreintes ou limitées. Dire que les cas de prolepsie appartiennent aux floraisons restreintes, c'est dire que

les floraisons pourraient bien, suivant notre opinion, être déterminées par les obliquités mensuelles des rayons solaires. Cependant
dant même encore nous sommes obligés de reconnaître qu'il y a
des exceptions à cette règle, et la floraison ou la fructification du
Figuier (*Ficus cárica*) va nous en donner une preuve remarquable.

Il n'est aucun botaniste qui n'ait été en mesure d'observer la
double fructification que présentent les diverses espèces de *Ficus*
que nous cultivons en Europe. Un grand nombre d'ouvrages
parlent de cette particularité; mais on doit à M. Gasparini un
travail important où se trouvent consignées des observations relatives à cette double fructification (1). Voici d'une manière générale la marche des choses telles qu'on peut la remarquer à Paris.
Dès le mois d'avril, on voit naître sur le bois le plus nouvellement formé et au-dessus de la cicatrice que laisse la feuille, un ou
deux bourgeons ou phytogènes qui apparaissent ensemble et avec
la même forme. Bien souvent, quand il y a deux phytogènes, l'un
des deux se transforme en bourgeon-scion, tandis que l'autre
devient bourgeon-inflorescence; mais souvent aussi ces deux
phytogènes se transforment tous deux en bourgeons-inflorescences et deux figues se développent ensemble à l'aisselle de la même
feuille. L'existence de ce phytogène devenu bourgeon a été signalée par M. de Pommaret dans une lettre adressée à M. Gay (2),
mais elle ne constitue pas un fait ignoré en botanique, puisque
depuis longtemps les cultivateurs d'Argenteuil ont l'habitude de
supprimer le bourgeon-scion collatéral à la figue naissante, afin
que celle-ci puisse profiter de la sève qui se serait portée sur la
nouvelle branche au détriment du fruit. A partir du moment où
la jeune figue se distingue, elle grossit peu à peu pendant deux
mois et demi ou trois mois, époque où elle reste stationnaire
pendant environ cinq à six semaines, après quoi elle grossit tout
à coup, triple ou quadruple son volume et mûrit, tout cela dans
l'espace d'une quinzaine de jours (3).

(1) *Ricerche sulla natura del Caprifico et del Fico, e Sulla Caprificazione,*
avec 8 planches. Napoli, 1845.

(2) *Bull. soc. bot. France,* t. VI, p. 343.

(3) C'est à ce curieux phénomène que nous avons donné le nom d'*arrêt
provisoire d'accroissement,* lequel se retrouve dans les autres parties végé-

Mais pendant qu'a lieu l'évolution de l'inflorescence et sa fructification, les bourgeons-scions s'allongent et forment une pousse nouvelle, à l'aisselle des feuilles de laquelle se développeront vers la fin de juin ou dans le mois de juillet, de nouveaux phytogènes, les uns devenant bourgeons-inflorescences, les autres bourgeons-scions : les premiers grossissent encore et arrivent souvent à maturité en parcourant les mêmes phases, avec les mêmes particularités que ceux qui proviennent des générations printanières. Mais comme la formation de ces bourgeons-inflorescences ne se fait que successivement, aussi bien pour ceux de première génération que pour ceux de deuxième génération, il s'ensuit que la maturation n'est que successive et se continue pendant un temps plus ou moins long, mais jamais assez cependant pour qu'il n'y ait pas entre les derniers fruits mûrs de la première génération et les premiers fruits mûrs de la seconde génération un intervalle assez notable pour qu'il soit aisé d'y constater une sorte d'arrêt d'évolution générale. En effet, d'ordinaire les bourgeons-inflorescences qui se forment en avril mûrissent leurs fruits, sous le climat de Paris, aux mois de juillet et d'août. C'est un espace de temps de 4 à 5 mois, tandis que la maturation de ces fruits dure un mois ou tout au plus six semaines ; mais pendant cette période de formation et de maturation il se forme de nouveaux bourgeons-inflorescences qui sont déjà assez développés quand viennent à mûrir les premiers fruits de la première génération. Ainsi, quoiqu'il y ait arrêt dans la production et dans la maturation successives des figues, il y a comme une sorte d'anticipation de la seconde génération sur la maturation de la première, si bien que l'on peut dire que les figues se renouvellent sur l'arbre tous les 4 mois, et que, placés dans des conditions supposées les plus favorables, c'est-à-dire sans hiver, le *Ficus carica* devrait donner trois successions de bourgeons-inflorescences et trois maturations par année. Or, cette supposition est en quelque sorte réalisée dans le *Figuier sauvage*, dont un individu stérile ou à fleurs toutes mâles est connu sous le nom de *Caprifiguier*.

Pline n'ignorait pas que les Figuiers produisaient des fruits deux fois par an et que les Figuiers sauvages en donnent trois

tales. (Ch. Fa., *Faits pour servir à l'histoire générale de la fécondation chez les végétaux*. Broch. in-8°, 1859, p. 24.)

fois par an ; car il dit : « Sunt et biferæ in eisdem. In Cea insula Caprifici triferæ sunt. Primo fœtu sequens evocatur, sequenti tertius » (1). D'un autre côté, Tournefort, dans son *Voyage du Levant*, nous apprend que dans la plupart des îles de l'Archipel on y cultive avec soin deux espèces de Figuiers. La première, nommée *ornos* (de l'ancien mot grec ἐρινὸς), qui n'est autre que le Figuier sauvage ou *Caprificus* des Latins ; la seconde est le Figuier des jardins. Il dit que : « le Figuier sauvage porte 3 sortes de fruits appelés *fornites*, *cratitires* et *ornis*, absolument nécessaires pour faire mûrir ceux des figuiers domestiques. Les *fornites* paraissent en août et durent jusqu'en novembre sans mûrir ; dans ces fruits s'engendrent de petits vers qui se changent en une espèce de moucheron qu'on ne voit voltiger qu'autour de ces arbres. En octobre et en novembre, ces insectes piquent d'eux-mêmes les seconds fruits appelés *Cratitires*, qui ne se montrent qu'à la fin de septembre, et les *fornites* tombent peu de temps après que les moucherons les ont quittés. Les *cratitires* restent sur l'arbre jusqu'en mai et renferment les œufs déposés par ces insectes. Dans le mois de mai, la troisième espèce de fruits commence à pousser sur les mêmes Figuiers sauvages qui ont produit les deux autres ; ces dernières figues sont beaucoup plus grosses et s'appellent *ornis* : quand elles sont parvenues à une certaine grosseur et que les yeux commencent à s'ouvrir, elles sont piquées dans cette partie par les moucherons des *Cratitires*, qui se trouvent en état de passer d'un fruit à l'autre pour y déposer leurs œufs. »

Nous ne pouvons nous empêcher de faire observer qu'il y a peut-être une erreur d'observation ou de typographie dans le passage cité, car il n'y a aucune relation raisonnable en ce qui concerne l'apparition des *fornites* (en août) et l'apparition des *cratitires* (en septembre), tandis que la troisième génération n'aurait lieu qu'en mai pour former les *ornis*. Or, entre mai et août il y aurait un intervalle de 3 à 4 mois ; entre août et septembre un intervalle de 1 mois à 6 semaines seulement, et entre septembre et mai il y aurait un intervalle de 8 mois, correspondant sans doute aux mois les plus froids et pendant lesquels la végétation

(1) Pline, *Hist. nat.*, lib. XVI, cap. xxvii.

marche lentement, mais qui ne nous semble pas en rapport avec l'intervalle qui existe entre août et septembre. Quoi qu'il en soit, on reconnaît aisément qu'il y a trois ordres de générations, et que bien qu'elles ne soient pas également réparties dans l'année, elles n'en accusent pas moins une floraison limitée pour chacun de ces trois ordres de génération. Par conséquent, on peut dire que chacune de ces générations est réellement *restreinte ;* mais il est probable que l'obliquité des rayons solaires n'est pour rien dans ce phénomène.

Il paraît en être de même de certains Pommiers ou Poiriers et de la Vigne, que les anciens naturalistes savaient fort bien produire des fruits deux ou trois fois par an. Ainsi, Pline, au lieu cité, a écrit : « Biferæ et in malis ac pyris quædam, sicut et precoces. Malus Sylvestris bifera... Vites quidem, et triferæ sunt, quas ob id insanas vocant. » Marcus Varron dit qu'il y avait à Smyrne, non loin du temple de la mère des dieux (1), une Vigne qui produisait deux fois chaque année, et il dit la même chose d'un Pommier venu dans le territoire de Cosenza (2). Pline a écrit qu'au milieu des sables d'Afrique, en se dirigeant vers les Syrtes et la grande Leptis, est une ville nommée *Tacape,* dont le territoire est d'une merveilleuse fertilité. L'eau y arrive à volonté, grâce à une vaste fontaine qui fournit de l'eau à environ trois mille pas de terrain, en tous sens et avec une égale abondance, et, ce qu'il y a surtout de remarquable, c'est que la Vigne y donne des fruits deux fois par année (3).

Nous connaissons sous le nom de *Muscat bifère* (du Gard et de l'Hérault) une variété qui, dans le midi de la France, produit souvent deux récoltes (*Seringe, Flore des jardins,* t. III, p. 578).

Enfin, Pline dit encore que le Cyprès porte trois fois par an, et que ses pommes (*galbules*) sont cueillies aux mois de janvier, mai et septembre, et affectent trois grosseurs différentes (4).

(1) Cybèle, appelée en grec Μετρῷον par Strabon, lib. XIV, p. 646.
(2) Varron, *De re rusticâ,* lib. I, cap. vii, p. 51.
(3) Civitas Africæ in mediis arenis, petentibus Syrtes Leptinque magnam, vocatur Tacape, felici super omne miraculum riguo solo : ternis fere millibus passuum in omnem partem fons abundat, largus quidem..... Super omnia est, biferam vitem bis anno vindemiare (Pline, *Hist. nat.,* lib. XVIII, cap. xxii).
(4) Trifera est et cupressus : namque baccæ eius colliguntur mense Januario, et Maio et Septembri, ternasque earum gerit magnitudines (lib. XVI, cap. xxvii).

Nous ferons observer que ces trois ordres de générations sont parfaitement échelonnées et semblent prouver, par conséquent, que l'obliquité des rayons solaires est sans action sur la formation des inflorescences et des fruits. Toutefois, parmi les ouvrages nombreux que nous avons entre les mains, il n'y a que Pline qui parle de ce *Cyprès trifère*.

De Candolle signale aussi la Vigne d'Ischia (*Vitis vinifera trifera*) comme présentant une semblable particularité, mais alors, due à la taille : « A l'époque de la floraison, dit-il, et lorsque le raisin vient à nouer, on taille sur deux ou trois yeux au-dessus du fruit ; le cep développe de nouvelles branches qui fleurissent ; et, après cette seconde floraison, on agit comme la première fois et on obtient une troisième floraison. On a ainsi trois époques de maturité qui, sous le climat de Paris, ont lieu en août, septembre et octobre (1). »

La manière dont se succèdent ces trois floraisons en font une floraison restreinte, quoique voisine des floraisons continues dont nous avons parlé. Il y a en effet, ici, un temps d'arrêt fort court sans doute, mais qui est indiqué par le temps que le bourgeon-inflorescence met à grossir, grandir, fleurir et nouer ses fruits.

Ainsi, nous reconnaissons parmi les floraisons restreintes, celles qui semblent être favorisées par l'obliquité mensuelle des rayons solaires et celles qui semblent en être indépendantes.

Parmi les floraisons *restreintes* qu'il nous semble utile de distinguer des prolepsies, nous signalerons les *floraisons prolongées* et les *floraisons tardives*. Ainsi, quoique restreintes les unes et les autres, il y a cette différence essentielle que dans la prolepsie c'est très-souvent une partie de la floraison du printemps suivant qui se produit en automne.

En effet, chez beaucoup de végétaux ligneux le bourgeon-inflorescence se prépare, en général, longtemps d'avance, comme on peut l'observer en particulier pour certains de nos arbres fruitiers (Pommiers et Poiriers), qui mettent deux ou trois années à le former. Quelquefois ils le préparent dans le courant de l'été, et dès le printemps suivant la floraison a lieu (Pêchers). Or, il

(1) *Phys. végét.*, p. 1318.

arrive que selon la manière dont le temps s'est comporté, *les bourgeons les plus avancés* se sont épanouis à l'automne, au lieu de s'épanouir au printemps suivant; mais il est rare que tous ces bourgeons-inflorescences soient assez avancés pour fleurir en automne, si bien qu'il en reste toujours quelques-uns qui ne fleuriront qu'à leur époque normale. Il y a donc avance des premières sur les dernières; c'est une anticipation réelle de floraison, et c'est là véritablement ce que l'on doit entendre sous le nom de *Prolepsie végétale.*

Au contraire, dans les floraisons tardives ou prolongées, c'est la floraison normale de l'époque qui, dans le premier cas, est reculée, c'est-à-dire que, commencée plus tard, elle finit aussi plus tard, et M. Gay en a fourni un bel exemple dans le *Tamarix chinensis*, Lour., cultivé au jardin du Luxembourg et qui, au moyen d'une taille bien dirigée, tous les ans, ne donne des fleurs que deux mois plus tard (1). Dans le second cas, la floraison commence à l'époque ordinaire; mais par des causes encore inconnues, cette floraison se continue bien au delà de l'époque habituelle où toutes les fleurs doivent avoir terminé leur apparition. C'est dans ce cas une *floraison prolongée*, mais restreinte, qu'il faut bien distinguer de la *floraison continue*. Nos arbres fruitiers, (Pommiers, Poiriers), nous fournissent de nombreux exemples de floraisons prolongées, car on voit souvent une petite rosette de feuilles se terminer par un axe grêle pourtant une, deux ou trois fleurs s'épanouissant un mois ou six semaines après la floraison générale et la prolongeant ainsi de tout ce temps. D'autres fois, c'est une inflorescence générale dont les bourgeons-fleurs ont le temps de s'épanouir, de nouer leurs fruits, alors que de la base ou même quelquefois du sommet de cette inflorescence s'élève un petit axe qui se termine par une ou plusieurs fleurs plus petites et ne fructifiant presque jamais. Cependant nous avons vu ces dernières fleurs sur un Poirier *Doyenné d'hiver*, nouer parfaitement et donner en décembre 1862, une poire, plus petite sans doute, mais qui a pu arriver au mois de février suivant à une parfaite maturité.

Nous avons sous les yeux des inflorescences du Poirier qui

(1) *Bull. soc. bot. France*, t. VI, p. 711.

fournit la poire dite *Epargne* ou *Beau présent,* dont les trois ou quatre premiers bourgeons-fleurs de la base se sont transformés en un axe allongé grêle et portant 3, 4, 5 et 6 fleurs à l'aisselle de petites feuilles bractéales. C'est une répétition d'inflorescence partielle par métamorphose d'une fleur (p. 381).

C'est encore à une floraison prolongée que l'on peut rapporter celle que l'on obtient sur certaines plantes en les empêchant de fructifier quand une fois elles ont commencé à fleurir, et l'exemple de la Digitale, page 397, en est une preuve.

Il résulte de ce que nous venons d'établir, que l'on peut distinguer plusieurs sortes de floraisons, ainsi qu'il suit :

1° Floraisons continues;

2° Floraisons restreintes $\left\{\begin{array}{l} \text{normales,} \\ \text{anticipées ou prolepses,} \\ \text{tardives,} \\ \text{prolongées.} \end{array}\right.$

Indépendamment de l'obliquité mensuelle des rayons solaires comme cause de la floraison, et qui ne paraît réellement avoir d'action que sur un certain nombre de plantes, il en est d'autres qui semblent échapper à cette action, et ce sont ces autres causes que nous devons maintenant examiner un peu plus en détail. Pour bien en comprendre la valeur, il est bon de rappeler ce que tous les botanistes observateurs ont pu reconnaître dans les comparaisons qu'ils ont dû faire de l'époque plus ou moins variable de la floraison de certaines espèces. Ainsi, tandis qu'il est des végétaux qui semblent fleurir à des époques parfaitement fixes et ne paraissant être influencés sous ce rapport ni par la chaleur, ni par la sécheresse ou l'humidité, il en est d'autres, au contraire, pour lesquels ces agents ont la plus grande influence sur la floraison.

Voici quelques observations propres à faire comprendre cette idée :

1° Dans un même jardin, les conditions étant aussi identiques que possible, et dans les mêmes années, nous avons vu le *Viola odorata,* des *Primula* (variétés du *P. grandiflora*), l'*Hyacinthus orientalis* et l'*Hepatica triloba* commencer leur floraison à peu près à la même époque, qui est d'ordinaire vers le milieu de mars. Or, en 1846, 1854, 1859, 1863, les violettes et les *Primula* ont commencé leur floraison vers le 10 février, tandis que l'Hépatique et les Jacinthes n'ont pas changé l'époque de leur floraison, qui est arrivée du 19 mars (1863) au 15 mars pour les autres années. Les *Viola* et *Primula* étaient donc en avance d'un mois sur l'*Hepatica* et les *Hyacinthus*.

2° Dans un autre jardin, où se trouvait un bosquet constitué par des Lilas, des faux Ébéniers et un Chèvrefeuille, nous voyions chaque année la floraison s'accomplir à une époque sensiblement la même, laquelle arrive ordinairement en mai. Mais nous trouvons parmi nos notes que les Lilas ont commencé à fleurir en 1843, 1846 et 1859, dans la première quinzaine d'avril, ainsi que le *Cytisus Laburnum*; tandis que la floraison du *Lonicera Caprifolium* a eu lieu comme à l'ordinaire, c'est-à-dire en mai.

3° Le *Narcissus Pseudo-Narcissus* fleurit d'ordinaire en avril, un mois environ après la Jacinthe; cependant, en 1846 et 1859, nous avons vu ces deux espèces fleurir en même temps.

4° M. de Schœnefeld a fait une observation analogue sur le *Narcissus Pseudo-Narcissus* : il a vu, le 26 mars 1860, cette espèce en pleine fleur dans les environs de Paris; tandis que d'autres espèces vernales (*Anemone nemorosa; Ficaria ranunculoides; Vinca minor*, etc.), qui, dans les années précoces, fleurissent en même temps que ce Narcisse, se trouvaient encore très-peu développées. Il paraîtrait donc, dit-il, que certaines plantes bulbeuses n'offrent pas, entre leurs dates extrêmes de floraison, le même écart que les autres végétaux, suivant que le printemps est précoce ou tardif (1).

Ces sortes d'observations sont malheureusement encore trop peu multipliées, pour qu'on en puisse déduire aucune conséquence certaine. Cependant, on peut déjà observer qui si la chaleur, la sécheresse ou l'humidité plus ou moins grandes ont pu avoir une certaine influence sur la précocité de certaines floraisons, il ne paraît pas que toutes aient été influencées par ces mêmes agents. Mais, poussant l'analyse un peu plus loin, on pourrait admettre que certains végétaux ayant des racines plus profondément enfoncées en terre que certains autres, il se pourrait bien que le retard dans la floraison des premiers fût dû précisément à ce que

---

(1) *Bull. soc. bot. France*, t. VII, p. 308. — Voir aussi les observations intéressantes de M. J. Gay sur la floraison du Lilas-Varin et quelques autres plantes observées à Paris, etc. (*Ibid.*, t. VI, p. 267, et t. VII, p. 307.)

la *température moyenne de tout le végétal*, constituée par la
chaleur de là terre où pénètrent les racines et la chaleur atmosphérique où vivent les parties aériennes, était inférieure à la température moyenne de tout le végétal chez les seconds. Mais cette
manière, séduisante peut-être, d'expliquer le phénomène en
question, n'est plus applicable à nos deuxième et troisième observations. En effet, le *Cytisus Laburnum* qui a ses racines plus
profondément enterrées que le Lilas, n'en a pas moins fleuri à
peu près en même temps que celui-ci; de même des bulbes du
Narcissus Pseudo-Narcissus et de celles du *Hyacinthus orientalis* qui étaient sensiblement plantés dans le même terrain et à
une égale profondeur. Donc, il importe de faire intervenir une
autre cause que celles de la chaleur, de la sécheresse ou de l'humidité plus ou moins grandes, dans certaines limites, et jusqu'à
preuve du contraire nous osons avancer que, pour les plantes en
retard relatif dont nous venons de parler, l'obliquité mensuelle des
rayons solaires peut seule rendre compte des différences observées.

Cependant, on comprend que lorsque les plantes sont faible-
ment enracinées ou que leurs racines sont traçantes, la chaleur
exceptionnelle de certains printemps en élevant la température
moyenne de tout le végétal, puisse alors avoir une efficacité incontestable sur la précocité des floraisons printanières, précocité
qui ne doit pas être sans influence sur les prolepsies, puisque le
végétal peut avoir tout le temps nécessaire à l'évolution d'autres
individualités qui fleuriront à une époque relativement prochaine,
et cette époque pourra être l'automne, au lieu de n'être que le
printemps suivant. Selon de docteur Ménière, si l'on a constaté,
en 1859, un grand nombre de secondes floraisons, c'est que le sol
avait reçu, pour ainsi dire, une seconde dose de chaleur durant
les mois de juillet et d'août de cette année (1).

Une théorie très-rationnelle pour expliquer les prolepsies est
celle que nous allons emprunter au travail de M. de Schœnefeld.
« Non-seulement, dit ce botaniste distingué, la chaleur et l'humidité sont les deux agents les plus essentiels de toute végétation, mais l'action *simultanée* de ces deux agents lui est indispensable. Dès que l'un d'eux n'est plus en quantité suffisante,

____

(1) *Bull. soc. bot. France*, t. VII, p. 309.

la végétation languit ou peut s'arrêter tout à fait. En hiver, l'humidité ne manque presque jamais, elle est même parfois surabondante, cependant la végétation est presque nulle, car la chaleur fait défaut ; mais, aussitôt que le soleil printanier vient échauffer le sol humide, tous les bourgeons se développent avec rapidité. Au printemps succède l'été, où le défaut d'humidité amène à son tour, pour un grand nombre d'espèces, un *assoupissement*, une sorte de sieste (pour ainsi dire) de la végétation, qui peut, quand la sécheresse est excessive, devenir presque semblable au *sommeil* d'hiver. Enfin, lorsque les pluies ou même seulement les rosées abondantes du commencement de l'automne météorologique, c'est-à-dire du mois d'août, viennent rendre à la végétation celui des deux principes d'activité qui lui a manqué pendant l'été, elle reprend un nouvel essor.

« Cette reprise de la végétation est vulgairement appelée, pour les arbres, la *sève d'août*. Mais son action ne se borne pas aux végétaux ligneux ; elle est beaucoup plus étendue qu'on ne semble généralement l'admettre, et il en résulte aussi un travail de germination presque égal à celui du printemps...

« Chez les Arbres qui fleurissent au printemps, la végétation, par l'effet de la chaleur de l'été, s'arrête complétement. La vie du végétal semble consacrée uniquement à la maturation du fruit. Un Marronnier d'Inde, un Poirier, un Prunier, etc., etc., ne produisent pas de feuilles nouvelles pendant les mois de juin et juillet. Les feuilles de ces arbres ne grandissent pas : souvent même un grand nombre d'entre elles jaunissent et tombent durant ce dernier mois. Tous ces arbres aussi subissent, plus ou moins tôt et d'une manière plus ou moins vive, l'action de la sève d'août. Quand cette action est normale et modérée, l'arbre ne développe en automne qu'un certain nombre de bourgeons à feuilles ; quand cette action est anormale et excessive, quelques bourgeons floraux se développent aussi, et alors a lieu le phénomène qu'on a appelé floraison *tardive* ou floraison *anticipée*, et qui mérite certainement le nom de floraison *intempestive*, car, se produisant hors de saison, cette floraison est toujours nuisible à la santé et à la vigueur du végétal (1). »

(1) Sur les floraisons automnales intempestives. (*Bull. soc. bot. France*, t. VI, p. 37.

Nous avons donné avec détails cette théorie qui nous paraît s'appliquer non-seulement au phénomène de la sève d'août, mais aussi peut-être à certains cas de prolepsie. Toutefois, si l'un des deux agents venait à manquer dans une proportion notable, il nous semble évident que nulle floraison automnale ne viendrait répéter la floraison printanière, et la preuve se remarque dans l'absence de ces secondes floraisons dans la plupart des années normales. Cependant, ces mêmes années, on voit une reprise de végétation arrivant surtout après les pluies qui surviennent communément vers la fin de juillet ou au commencement d'août. Il s'en faut donc que cette explication soit applicable d'une manière générale, car lorsque les étés sont chauds et secs, s'il ne manquait que de l'humidité pour reproduire une floraison, il serait à coup sûr facile de la fournir par des arrosements artificiels et partant, d'avoir à volonté une seconde floraison, par exemple pour les Rosiers non remontants, les fraises du printemps, etc., etc.; par conséquent, bien que nous admettions la théorie de M. de Schœnefeld, à cause de la chaleur et de la sécheresse excessives de l'été qui agiraient dans le sens de l'une des causes de souffrances dont nous allons parler, cependant nous ne saurions lui reconnaître une application générale non plus qu'à la théorie des sommes de chaleur efficace; pas plus encore que nous ne voudrions, d'une manière générale aussi, appliquer à tous les phénomènes connus de prolepsie, celle relative à l'obliquité mensuelle des rayons solaires.

Plusieurs auteurs ont cru trouver une cause à ces répétitions de floraisons dans un état de souffrance du végétal, et il est certain que toutes les conditions qui ont pour objet d'affaiblir le végétal et de l'empêcher de pousser trop *vigoureusement* ont aussi pour effet de le pousser à fleurs ou à fruit. C'est ce qui arrive à certaines opérations bien connues, telles que *la taille*, *l'arcure* ou *la torsion* des branches, *la ligature* ou *l'incision annulaire* autour du tronc ou des branches principales, *la greffe*, *la transplantation* des végétaux ligneux, *la mutilation des racines* qui se produit toujours plus ou moins par un labourage plus ou moins profond autour du pied des arbres, *les mutilations répétées* sur l'écorce du tronc, ou *la plantation* des arbres dans des *climats trop chauds* ou sur un fond *trop sableux, rocailleux* ou *pierreux* comme cela arrive sur des terres riches en gravois (1), etc. Mais de ce que ces accidents, le plus souvent déterminés volontairement, conduisent à des floraisons plus précoces ou plus multipliées, s'ensuit-il que l'on doive en conjecturer que l'arbre est toujours dans un état de souffrance telle, qu'on doive craindre pour sa vie lorsque l'on voit apparaître exceptionnellement de ces floraisons prolepses ou plus abondantes? C'est ce que nous ne saurions penser, car nous avons vu des Pommiers ou des Poiriers refleurir en automne sans que cela nuisît en rien à la floraison ou plutôt à la fructification du printemps suivant. Il y a mieux, c'est que souvent cette floraison anticipée ayant pour effet de n'agir que sur les bourgeons-inflorescences les plus avancés de l'année, il arrive qu'au printemps suivant les bourgeons-inflorescences moins nombreux fleurissent parfaitement et la fructification qui s'ensuit s'accomplit mieux. La nature dans ce cas, s'est chargé du travail de l'arboriculteur en détruisant prématurément des bourgeons-inflorescences que l'homme eût été obligé d'enlever pour assurer la *nodation* des fruits restants. Cependant, malgré ces floraisons exceptionnelles, il n'est pas rare de voir ces arbres vivre si longtemps qu'il serait hasardeux de dire que ces arbres périront certainement à cause des floraisons prolepses qu'ils auront pu offrir de temps en temps.

Quand le végétal arrive à la floraison et que ses racines ont atteint un fond qui ne convient plus à son alimentation, il ne doit plus vivre alors que très-imparfaitement ; il fleurira plus souvent et plus abondamment puisque ses bourgeons-scions, moins bien nourris, se transformeront en bourgeons-inflorescences, ses fruits, s'ils mûrissent, seront en petit nombre ou beaucoup moins volumineux et, en fin de compte, l'arbre périra, mais par défaut de nourriture. Il en est de même d'un arbre planté dans un climat trop chaud ; sous l'influence de la chaleur, de la sécheresse, ou de l'intensité de la lumière, ses bourgeons-scions moins bien nourris, deviendront des bourgeons-inflorescences et ainsi

(1) Selon la remarque du docteur Ménière, les Marronniers de l'allée de l'Observatoire (Paris) qui refleurissent presque chaque automne, sont plantés sur un remblai pierreux, terrain qui ne leur convient nullement. (*Bull. soc. bot. France*, t. VI, p. 42.)

que l'a observé M. Cosson sur les Pommiers de l'Algérie, l'arbre donnera des fleurs automnales suivies de fruits qui seront pour lui une cause d'épuisement et il ne tardera pas à périr. Par conséquent, tout en reconnaissant que l'état de souffrance d'un arbre puisse être la cause d'une floraison anticipée, cependant, nous ne croyons pas devoir dire d'une manière générale qu'une ou plusieurs floraisons prolepses soient le signe certain d'un état de souffrance du végétal.

En résumé, parmi les causes qui nous paraissent faire naître les floraisons anormales, nous reconnaissons les 4 suivantes comme à peu près certaines; savoir :

1º Les alternatives de chaleur et de pluie suivant la théorie de M. de Schœnefeld appuyée de l'opinion de M. Germain de Saint-Pierre.

2º L'état de souffrance du végétal ou toutes les causes qui ont pour but d'empêcher le développement du bois (Cosson, J. Gay, comte Jaubert, Martins, Touchy, etc.).

3º La quantité ou la somme de chaleur qui dans certaines années serait doublée (Ménière).

4º L'obliquité mensuelle des rayons solaires qui est égale en sens contraire deux fois par an; mais il est évident qu'il faut une quantité de chaleur et d'humidité suffisantes qui ne se rencontrent que dans les années exceptionnelles, et si ces conditions se rencontraient toujours en raison même de ces obliquités égales 2 fois chaque année, le phénomène d'anormal qu'il est, deviendrait dans cette hypothèse, nécessairement normal.

Nous verrons en parlant de la germination qu'il y a certaines graines chez lesquelles cet acte est singulièrement influencé par l'action des obliquités mensuelles des rayons solaires.

EXPLICATION RAISONNÉE DES FIGURES

SYMÉTRIE MINÉRALE OU SYMÉTRIE PAR RAPPORT A UN POINT.

Fig. 1. Symétrie parfaite régulière par rapport au point central C
Les chiffres représentent des parties toutes homologues. Dans une
figure plane, ce serait celle du *cercle*, et dans un solide, celle d'une
sphère, pourvu que les corps fussent homogènes.

Fig. 2. Symétrie parfaite irrégulière par rapport à un point C,
quoique les chiffres ne soient pas semblables; il y a cependant
symétrie, parce que les parties homologues représentées par des chiffres semblables *sont à égales distances du centre C et sur une même
droite passant par le point* C (p. 51).

Fig. 3. Exemple d'*asymétrie*, car les parties de même nom ne sont
point dans les conditions précédentes (p. 51).

Fig. 4. Symétrie parfaite d'un rectangle, car les parties A a, B b,
semblables sont opposées chacune à chacune et situées sur une droite.
passant par le centre P. Il en est de même des points A′a′A″a″, et
l'on peut observer que tandis que la succession des points A A′A″ se
fait en descendant, celle des points a a′a″ se fait en montant, et sont
par conséquent en *mouvements contraires* (p. 52).

Fig. 5. Symétrie parfaite. Cette figure est destinée à prouver que
les points homologues de la figure précédente ne sont point A et B,
a et b, mais bien A a, B b, car, par la mobilité des droites qui composent la figure, on peut obtenir une autre figure symétrique, dans
laquelle évidemment A═a et B═b (p. 53).

Fig. 6. Figure plane géométrique symétrique se rapportant à la
figure théorique 2. Les mêmes lettres indiquent les parties homologues opposées chacune à chacune de chaque côté du point central
(p. 53).

Fig. 7. Cube dans lequel on peut voir que les parties homologues
sont exactement opposées chacune à chacune et situées sur une droite
passant par le point central P, et que par conséquent la symétrie, par

I.   40

rapport à un point, est aussi bien celle des solides que celle des figures planes géométriques.

Fig. 7 *bis.* Autre exemple de symétrie parfaite, irrégulière : parfaite, car les côtés homologues qui composent la figure plane sont opposés chacun à chacun et à égale distance du centre P; irrégulière, car ces côtés ne sont pas de mêmes grandeurs (p. 54).

Fig. 8, 9, 10. Figures planes ou solides régulières (à volonté) mais *non symétriques*, établissant le passage entre les corps symétriques et les corps qui ne présentent plus la moindre trace de symétrie ou même de régularité. Ainsi la *fig.* 8 peut représenter à volonté un triangle équiangle ou un tétraèdre régulier, et la *fig.* 9 un triangle isocèle ou une pyramide triangulaire régulière dans lesquels les mêmes chiffres représentent des angles semblables; mais la *fig.* 10, qui représente un triangle scalène ou une pyramide triangulaire à faces inégales, n'a plus rien de régulier (p. 56).

SYMÉTRIE VÉGÉTALE OU SYMÉTRIE PAR RAPPORT A UNE LIGNE.

Fig. 11. Symétrie par rapport à la ligne A B, parfaite, régulière et simple, car les parties homologues 1 1, 2 2, 3 3, sont opposées chacune à chacune et placées à égale distance de la ligne A B et sur une droite perpendiculaire à cette ligne (p. 61).

Fig. 12. Symétrie par rapport à la ligne A B, parfaite, régulière et composée, car, formée comme dans la figure précédente des mêmes parties homologues situées de la même façon, il y a d'autres parties homologues 1'1', 2'2', 3'3', etc., disposées symétriquement aussi de chaque côté de la ligne A B (p. 61).

OBSERVATION. Les deux figures théoriques précédentes représentent les exemples nombreux en botanique de feuilles opposées ou de *symétrie oppositive.*

Fig. 13. Symétrie par rapport à la ligne A B, parfaite, régulière, composée, mais différente de la *fig.*12, en ce qu'il y a 6 parties homologues opposées 2 à 2 et placées sur une droite perpendiculaire à la ligne A B (p. 61).

OBSERVATION. Cette figure théorique représente la disposition des éléments verticillés (feuilles, sépales, pétales, etc.,) autour de l'axe d'une plante. C'est la *symétrie verticillaire.*

Fig. 14, 15, 16, 17, 18. Exemples de symétrie botanique. Dans la *fig.* 14, on démontre que l'homologue de A se trouve en B, à l'autre extrémité d'une droite passant par le centre T, et que par conséquent l'homologue de n, du côté C, se trouve être n du côté D, et non n'; car C D est la droite perpendiculaire à la tige et passant par son centre. La *fig.* 15 est destinée à démontrer d'une autre façon la vérité que nous venons d'exposer (p. 63). Les autres *fig.* 16, 17, 18, sont d'autres exemples variés sur lesquels on peut faire les mêmes observations (p. 62 et suiv.).

OBSERVATION. La *fig.* 14 trouve son représentant dans les feuilles opposées du *Vinca minor*; la *fig.* 15, dans le *Rubia tinctorum*; la *fig.* 16, dans le *Rochea falcata*; la *fig.* 17, dans le *Mercurialis annua*; et la *fig.* 18, dans les feuilles quelquefois opposées du *Cucurbita pepo*.

PLANCHE II

Fig. 19. Exemple plus compliqué de symétrie végétale où l'on voit que les droites A B, a b, c d, passant par l'axe principal A p, conduisent seules à des parties exactement homologues. Cet exemple est copié sur le *Valerianella olitoria* (p. 65).

Fig. 20. Feuilles opposées du *Syringa persica*. Exemple qui prouve de la façon la plus frappante que la droite qui unit les parties homologues doit nécessairement passer par le centre de l'axe A x (p. 66).

Fig. 21 et 22. Ces deux figures démontrent que les organes appendiculaires simples ou composés, considérés isolément, sont soumis à la même loi de symétrie que ces organes sur leur tige. En effet, C C', D D', E E', perpendiculaires à la ligne A B, conduisent évidemment, seules, à des parties homologues (p. 66).

OBSERVATION. La *fig.* 21 trouve son représentant dans le genre *Vitis*, et la *fig.* 22 dans le genre *Rosa*.

Fig. 23, 24, 25, 26. Ces 4 figures sont destinées à faire comprendre l'application de notre loi de symétrie par rapport à une ligne, aux fleurs dites *irrégulières*. On peut admettre que ces fleurs sont toujours opposées, et que si elles deviennent alternes, ce n'est que par *déplacement*, ou mieux par *diastasie*. Mais en les supposant revenues à leur position originelle et en traçant leur diagramme de chaque côté d'un axe A, on voit que les parties homologues des deux fleurs se trouvent toujours sur la droite qui, passant par le centre de l'axe, lui est en même temps perpendiculaire (p. 66).

OBSERVATION. La *fig.* 23 représente le diagramme de 2 fleurs opposées de *Cypripedium*; la *fig.* 24, celui de 2 fleurs opposées d'*Antirrhinum majus*; la *fig.* 25, celui de 2 fleurs opposées de l'*Aconitum Napellus*; la *fig.* 26, celui de 2 fleurs opposées de Papilionacées.

Fig. 27 et 28. Explication des symétries précédentes au moyen de figures théoriques dans lesquelles A B représente l'axe, et les chiffres semblables les parties homologues; mais la *fig.* 27 représente une *symétrie parfaite, régulière* indiquée par des chiffres semblables; tandis que la *fig.* 28 représente une *symétrie parfaite, irrégulière*, en raison de ce que les chiffres indiquent des organes différents (p. 69).

Fig. 29 et 30. Exemple de symétrie parfaite des axes. En effet, de ce que les parties homologues sont c c′, d d′, e e′, sur une droite perpendiculaire à A B, *fig*. 30, et non point b b′ oblique à A B, *fig*. 29, il s'ensuit que la loi de symétrie·par rapport à une ligne se rapporte tout aussi bien aux axes qu'aux organes appendiculaires et aux fleurs. Donc la symétrie par rapport à une ligne est la symétrie végétale.

OBSERVATION. Les figures cordiformes 29 et 30 ont été prises sur une pomme de terre qui avait subi le phénomène que nous désignons sous le nom d'*épipédochorise diplasique* (p. 72 et 284).

Fig. 31. Exemple de symétrie *dissimulée* par développement inégal (p. 80). Elle est remarquable dans les cotylédons des *Phaseolus*. ·

Fig. 32. Exemple de symétrie conservée malgré le développement inégal des deux cotylédons (p. 80). On en trouve de nombreux exemples dans le *Raphanus sativus*, les *Brassica*, etc.

PLANCHE III

Fig. 33. Autre exemple de symétrie dissimulée par développement inégal des deux côtés de la feuille, mais ramenée à une symétrie parfaite, en admettant l'opposition des 2 feuilles sur l'axe A B, car la droite C D, perpendiculaire à l'axe, conduit aux parties homologues des deux feuilles, savoir a═a′ et b═b′ (p. 81).

Fig. 34, 35, 36, 37. Exemples de feuilles et de vrilles de cucurbitacées composées théoriquement avec les 6 phytogènes circulaires. Lorsque, accidentellement, elles se trouvent opposées, on peut remarquer que 3 des 6 phytogènes entrent dans la composition de chaque feuille, *fig*. 34, et la symétrie est parfaite. Elle est encore parfaite dans la *fig*. 35, quoique l'un des phytogènes se soit séparé de la feuille pour former la vrille, car de l'autre côté c'est exactement le phytogène symétrique qui s'est également séparé de la feuille; si bien qu'en supposant l'observateur placé au centre de l'axe, il trouve alors la vrille située à la gauche de la feuille. Dans la *fig*. 36, la symétrie est encore parfaite, pour les mêmes raisons que pour la *fig*. 35, mais ici c'est le phytogène droit qui s'est séparé de la feuille, d'où il suit que l'observateur doit trouver la vrille à la droite de la feuille. Enfin la *fig*. 37 représente un cas de symétrie dissimulée par dégénérescence ou transformation. Ce phénomène se rencontre assez fréquemment sur les cucurbitacées (p. 82).

Fig. 38. Cette figure théorique est destinée à faire comprendre qu'alors même que l'on voudrait admettre la symétrie par rapport à un plan employé par Ad. de Jussieu, comme tous les plans viennent s'entrecouper au centre même de l'axe et suivant une ligne, on n'a jamais qu'une seule symétrie par rapport à cette ligne, et que, conséquemment encore, la symétrie végétale est celle qui est ordonnée par rapport à une ligne (p. 85).

Fig. 39, 40. Une flèche A B, placée devant une glace, donne une image qui paraît formée derrière le plan de la glace, et de telle façon que des perpendiculaires au plan de la glace conduisent à des parties homologues qui semblent être exactement à égales distances de ce plan; si bien que les parties a b, de la flèche, les plus voisines, forment leur image en a′ b′, plus rapprochée, et les parties A B, qui sont les plus éloignées, forment leur image en A′B′, plus éloignées aussi du plan. Donc, si l'on suppose la moitié droite ou gauche d'un animal, exactement appliquée sur la face d'une glace, par cela même que la glace reproduit en sens contraire cette première moitié, on aura reproduit l'animal entier, symétrique par rapport à un plan. Par conséquent cette symétrie par rapport à un plan est celle d'après laquelle sont formés la plupart des animaux. Il y a mieux, c'est que certains animaux qui, au premier abord, ne paraissent pas appartenir à cette symétrie comme les Oursins, les Etoiles de mer, etc., n'en sont pas moins symétriques par rapport à un plan, car si l'on coupe l'animal en 2 parties, suivant A B, *fig*. 40, et si l'on applique exactement l'une des moitiés sur le plan de la glace, par cette section même, l'animal entier semble être reproduit. D'où il suit que les parties homologues d'une Étoile de mer, par exemple, sont D=D′ et C=C′.

Fig. 41, 42, 43, 44, 45. Enfin, en jetant les yeux sur les figures que nous venons de désigner, il est impossible que l'on ne saisisse pas aussitôt le caractère essentiel des 3 symétries animale, végétale et minérale; mais tandis que dans cette dernière les éléments constitutifs de l'individu se ressemblent tous, *fig*. 45, g,g′, dans les végétaux, ces éléments affectent des formes très-variables, formes qui varient bien plus encore chez les animaux. La *fig*. 41 représente un jeune vertébré, le *Capra œgagrus;* la *fig*. 42, l'*Argymis Pandora;* la *fig*. 43, une Mousse, le *Webera nutans;* la *fig*. 44, le *Nauclea gambir;* enfin, la *fig*. 45, les 6 formes principales de la cristallographie (p. 93).

PLANCHE IV

EXASTOSIE.

Fig. 1. Cette figure théorique est destinée à faire comprendre les effets de l'exastosie suivant les trois dimensions de l'étendue (p. 97).

Fig. 2. Défaut d'exastosie (*soudure des auteurs*) entre les 3 fleurs du Prunier. On sait que chaque bouton floral porte 2 ou 3 fleurs qui, dans cet exemple, sont fondues en une seule (p. 111).

Fig. 3. Défaut d'exastosie d'organes appendiculaires opposés. Chez le *Phaseolus* a, le défaut d'exastosie s'est fait sentir sur les bords des 2 feuilles, d'où est résulté un cornet unique portant 2 nervures primaires et 2 lobes distincts. Dans le *Chærophyllum bulbosum* b, ce sont les 2 cotylédons qui restent normalement unis dans toute la longueur de leur pétiole, s'ouvrant seulement à la base pour laisser passer le phytogène central qui, par son développement, formera les autres organes de la plante (p. 115).

Fig. 4. Autre exemple de défaut d'exastosie portant sur les 2 bords latéraux d'une seule feuille du *Phaseolus*, de façon à constituer un cornet, mais à une seule nervure principale. La feuille opposée s'est développée normalement (p. 115).

Fig. 5. a, feuille de Vigne offrant un défaut d'exastosie semblable au précédent. b, foliole de *Staphylea pinnata* présentant un développement normal à sa base, mais la nervure médiane se sépare, s'allonge, et porte à son extrémité un petit cornet indiquant un défaut d'exastosie analogue aux précédents. c, la même anomalie vue de face (p. 116).

Fig. 6, 7. Autres exemples de défauts d'exastosie, mais envisagés à un autre point de vue. Les feuilles sont réduites à la moitié de leur limbe, parce que les phytogènes d'un côté de la nervure ne se sont pas *exastosiés*. On peut tout aussi bien dire que ce phénomène a eu lieu par avortement des phytogènes de ce côté. La *fig.* 6 représente une vrille de Vigne portant une seule demi-feuille très-réduite, et la *fig.* 7, des feuilles opposées du *Syringa vulgaris*, où le défaut d'exastosie des parties d'un côté de la feuille se fait remarquer à divers degrés.

Fig. 8. C'est par un phénomène analogue que les feuilles composées du *Robinia pseudo-Acacia* arrivent à présenter l'absence de certaines folioles arrivées à l'état adulte, a, et cette anomalie se retrouve aussi dans les très-jeunes feuilles en état de vernation, b : ce qui prouve bien que ces anomalies tiennent à des défauts d'exastosie ou à des avortements, et non à la chute des folioles (p. 116).

PLANCHE V

Fig. 9. En a, nous avons figuré un cornet qui s'était développé sur le côté d'un des éléments avorté de la couronne du *Narcissus pseudo-Narcissus*, le sépale n'ayant subi aucune altération. En b, est le dessin d'un autre cornet provenant de l'élément de la couronne tout entier (p. 119). En c, est un sépale du *Narcissus poeticus* portant son élément coronal qui, lié par défaut d'*exastosie centripète* avec la base du sépale, forme avec lui un cornet qui a la forme d'une petite hotte.

OBSERVATION. La tendance des éléments verticillaires des *Narcissus* à former des cornets est rendue manifeste par ces exemples, et ce sont ces anomalies qui nous semblent devoir servir de base à la théorie des couronnes (p. 159 et 525).

Fig. 10. Exemples de pétales transformés en cornet par défaut d'exastosie et pris sur les *Fuchsia.* En a, on remarque un défaut d'*exastosie circulaire* entre deux étamines e, et en b, défaut d'*exastosie centripète* entre l'étamine et le petit côté du cornet (p. 120).

Fig. 11. Défaut d'exastosie centripète d'une feuille bractéale et d'un fruit trouvé sur l'*Angelica Archangelica* (p. 132).

Fig. 12. Pétales et étamines offrant à divers degrés des défauts d'exastosie centripète. En a, le filet est libre et ne se trouve attaché qu'à la base du périanthe (*Aletris, Aloe,* etc.); en b, le filet se fond avec le corps pétaloïde jusqu'en son milieu d'où il paraît émerger, comme on le voit dans les *Muscari;* quelquefois le filet est entièrement fondu avec le pétale et les deux anthères seules apparaissent sessiles au sommet du pétale, c, (*Bocagea viridis*); dans le *Castrea falcata,* d, les anthères mêmes disparaissent et le pétale ne montre plus qu'un pore à son sommet où se trouve le pollen. Enfin, dans le *Viscum album,* e, il n'y a, pour ainsi dire, plus d'anthère et le pollen est répandu sur la plus grande partie de la surface interne du pétale qui paraît comme alvéolé (p. 134).

Fig. 13. Jeunes pieds de *Calendula officinalis* montrant dans leurs cotylédons et dans leurs feuilles des défauts d'exastosie circulaire en c' et f', A et en fff, B. Mais en même temps il y a excès d'exastosie circulaire, puisqu'au lieu de 2 cotylédons ou 2 feuilles opposées, nous avons 3 cotylédons et 3 feuilles verticillées (p. 146).

Fig. 14. Feuille du *Gincko biloba* offrant six lobes au lieu de deux.

OBSERVATION. Quand on a étudié avec soin la monstruosité végétale connue sous le nom de *fascie,* il est impossible que cette feuille ne fasse pas naître l'idée qu'elle n'est autre qu'une fascie dont elle a les principales propriétés, et nous avons reproduit, *fig.* 58, une fascie de *Lactuca Sativa* qui la rappelle parfaitement (p. 148 et 303).

Fig. 15. Feuille du *Linaria Cymbalaria* présentant un excès d'exastosie circulaire telle que la feuille, a, est littéralement devenue une feuille latéricomposée de 5 folioles; b, feuille normale (p. 148).

Fig. 16. Feuille du *Rubus spectabilis* destinée à montrer les excès d'exastosie de la génération longitudinale en a' et b et de la génération latérale en b' (p. 154).

PLANCHE VI

Fig. 17. Tige de *Syringa vulgaris* indiquant un excès d'exastosie circulaire, remarquable en ce que l'une des 2 feuilles opposées inférieure a, a' s'est divisée complétement en son milieu pour former 2 demi-feuilles qui non-seulement ne sont plus opposées à la feuille entière, mais encore chacune de ces demi-feuilles se sont séparées et l'une d'elles est au-dessus de l'autre, de façon à laisser entre la feuille entière et la demi-feuille supérieure deux intervalles à péu près égaux (p. 156).

Fig. 18. Un des sépales du *Rosa canina,* offrant des excès d'exastosie longitudinale et latérale qui en font une feuille bicomposée, alors que la feuille ordinaire n'est que composée.

Fig. 19. a, coupe transversale d'un ovaire double du *Lilium candidum*; b, coupe transversale d'une silique double du *Brassica oleracea*; c, d, f, coupes transversales de divers légumes monstrueux de *Phaseolus* de la variété dite du *Saint-Esprit* (p. 168); e, coupe transversale d'un ovaire d'*Hemerocallis fulva* et *lutea.*

Fig. 20. Expression graphique qui, suivant nos idées phytogéniques, sert à expliquer les nombres 1, 2, 3, 6 que l'on retrouve si fréquemment dans les verticilles (p. 170).

OBSERVATION. Chaque cercle représente un *centre vital* ou *phytogène,* dont 6 en entourent un septième central. Cet ensemble constitue pour nous un *phytogène composé* ou *protophytogène,* parce que nous le considérons comme étant le premier de ceux qui se composeront par la suite (1). Le phytogène central, un peu plus tard, se composera lui-même de 6 phytogènes en entourant un septième, et se constituera par cela même protophytogène. Le phytogène central de ce nouveau protophytogène se composera à son tour pour devenir protophytogène et ainsi de suite. (Voyez aussi Pl. VII, *fig.* 35, A.)

Fig. 21. Excès d'exastosie centripète qui a répété deux carpelles au sommet de la capsule du *Nigella damascena* (p. 188).

Fig. 22. Feuille composée du *Staphylea pinnata.* Exemple de foliole complétement transformée en cornet; d'où il résulte que l'excès d'exastosie circulaire longitudinale qui fait la feuille composée se joint ici à un défaut d'exastosie circulaire d'un autre ordre qui fait la foliole en cornet.

Fig. 22 *bis.* Monstruosité du *Brassica Napus.* a, feuille carpellaire

---

(1) Cette manière de distinguer le phytogène simple des phytogènes composés nous semble la plus rationnelle en ce qu'elle exprime un fait sans préjuger le nombre ou le degré de composition des phytogènes qui sont certainement beaucoup plus complexes que nous ne saurions le supposer.

portant des ovules avortés et unie par le dos à une portion de la feuille inférieure (excès d'exastosie circulaire dans le carpelle et défaut d'exastosie centripète dans l'union de la feuille au carpelle); b, silique déformée et dédoublée par excès d'exastosie centripète; c, fleur anomale composée d'un calice à 4 sépales, 4 étamines modifiées et un ovaire transformé en une silicule sous-orbiculaire.

Fig. 23. Excès et défaut d'exastosie circulaire sur une feuille de Vigne : défaut qui a fait un cornet des 2 lobes, secondaire et tertiaire; excès qui a déterminé la séparation complète de ce cornet du reste de la feuille.

Fig. 24. Exemple d'excès d'exastosie circulaire, qui fait que la vrille de la Vigne au lieu d'être opposée à la feuille supérieure est restée bien au-dessous.

Fig. 25. Expression graphique de la manière dont les familles naturelles, les genres et les espèces devraient être disposées et dont l'idée principale est donnée p. 199.

Fig. 26. Expression graphique de la manière dont un protophytogène, m m m, se compose et se bicompose dans quelques cas.

PLANCHE VII

EXASTOSIE-CHORISES.

Fig. 27. Expression graphique de la manière dont les 6 phytogènes circulaires entrent dans la composition d'une feuille simple, f, par *une seule* exastosie circulaire au point ex. C'est ce qui arrive en général aux Monocotylédones (p. 212).

Fig. 28. Expression graphique de la manière dont les 6 phytogènes circulaires se séparent, au moyen de *deux* exastosies circulaires, ex, ex, pour former les 2 feuilles opposées ff.

Fig. 29. Expression graphique de la manière dont les 6 phytogènes circulaires se disposent, au moyen de *trois* exastosies circulaires, ex, ex, ex, pour former les 3 feuilles verticillées fff.

Fig. 30. Expression graphique de la manière dont les 6 phytogènes se séparent aux points ex, par *six* exastosies circulaires, pour former 6 feuilles verticillées.

OBSERVATION. Dans notre théorie nous regardons le nombre 6 comme étant *le maximum* des parties constituantes de tout verticille. Tout nombre supérieur doit donc être le résultat d'une *multiplication anormale*.

Fig. 31. Expression graphique de la façon dont 2 des 6 phytogènes circulaires, par chorise diplasique, arrivent à augmenter le nombre des organes appendiculaires (p. 213).

Fig. 32. Les phytogènes étant sphériques, on comprend qu'ils ne

doivent avoir que des points de contact très-restreints avec les phytogènes voisins. Entre chacun d'eux et le phytogène central il reste
un espace triangulaire a, (méat interphytogénique), plein d'un tissu
cellulaire qui ne s'est pas encore exastosié; mais à un moment donné
et dans certaines circonstances, le mouvement vital se fait sentir sur
cette petite masse de tissu cellulaire et un centre vital ou phytogène
a, se produit, qui donnera lieu à un bourgeon capable de former un
rameau par son développement (p. 267).

Fig. 33. Il est probable que dans beaucoup de plantes, les feuilles
opposées n'admettent pas la totalité des 6 phytogènes circulaires
dans leur composition, et se contentent de 2 pour chaque feuille
c, c, f; alors les deux phytogènes opposés c' c' ou avortent ou se
transforment en axes aphylles ou vrilles, comme dans les Cucurbitacées. (Pl. iii, *fig.* 35 et 36.) Il résulte de cette manière de voir que le
bourgeon provenant du phytogène a, de la *fig.* précédente, doit être
exactement situé au centre de la feuille p f (p. 270).

Fig. 34. Expression graphique de la manière dont le phytogène
a, A, se *diplasie* en 2 autres phytogènes a' a', B. (p. 272).

Fig. 35, 36, 37. Expression graphique de la manière dont se font
les chorises suivant un plan (*Epipédochorise*), un cercle (*Cyclochorise*) ou une sphère (*Sphærochorise*). En admettant que le protophytogène A, *fig.* 35, soit formé d'autres protophytogènes formés eux-
mêmes d'autant de protophytogènes qu'il y a de petits cercles dans
la figure et que tous ces protophytogènes viennent à se développer ensemble, on aura le phénomène de la *sphærochorise*, dont les calathides,
les ombelles et les inflorescences en tête du Platane et du Mûrier à
papier nous fournissent d'excellents exemples (p. 273). Si les phytogènes circulaires subissent seuls l'influence de la chorise comme on
le voit, *fig.* 35, B, alors on a le phénomène de la *Cyclochorise* (p. 274).
Il se peut qu'un phytogène m, m, m, avant de devenir protophytogène se triplasie comme en A. *fig.* 36 et donne lieu à 3 centres vitaux
C, c, c, disposés en triangle; on a dans ce cas une forme de cyclochorise
que nous avons nommée *triplasique* (p. 314). Il se peut encore qu'un
phytogène m, m, m, *fig.* 37, avant de devenir protophytogène se diplasie et donne lieu à 2 centres vitaux, B, ou se triplasie suivant un
plan c, c'', c', D. Dans ces conditions on a une fascie ou *épipédochorise diplasique triplasique* ou *pollaplasique*. Enfin B, D, *fig.* 36, A, B,
C, D, *fig.* 37, sont destinées à faire comprendre la manière théorique
dont doivent avoir lieu l'adhérence ou la disjonction des parties chorisées (p. 278, 312, 314, 324).

Fig. 38. Expressions graphiques de l'action vitale des phytogènes
considérés seuls ou réunis plusieurs ensemble (p. 281).

PLANCHE VIII

Fig. 39. Expressions graphiques de la formation d'une corolle de Papilionacée d'après notre théorie phytogénique. A, protophytogène dont les phytogènes circulaires vont produire : les 2 supérieurs, l'étendard, e,t; les deux latéraux, les 2 ailes, a,i ; les 2 inférieurs la carène, c,a. Cette figure théorique représente assez exactement, comme on le voit, la fleur étalée d'une Papilionacée B et B'.

OBSERVATION. On peut reconnaître que l'étendard échancré ou bifide des Papilionacées ne sont point le résultat d'une chorise diplasique, puisque 2 phytogènes normaux entrent dans leur composition. Ces deux phytogènes restant unis dans la plupart des genres de cette famille par défaut d'exastosie circulaire, arrivent cependant à se séparer dans le genre *Securigera* D. C. qui était autrefois le genre *Securidaca* de Tournefort, et dont la figure théorique est donnée en C. (p. 224).

Fig. 40. Expression graphique de la formation d'une corolle de Pensée : A. figure théorique; B. figure réelle.

OBSERVATION. Il résulte de notre figure théorique que le grand pétale des Pensées est constitué par 2 des phytogènes circulaires, ce qui est généralement indiqué par une échancrure médiane, et que par conséquent il n'indique aucune chorise diplasique. Dans les *Viola hybanthus* et *hederacea* cette échancrure se prononce tellement qu'il est difficile de douter de l'origine théorique de ce pétale (p. 224).

Fig. 41. Expression graphique de la constitution d'une corolle de Labiée : A, figure théorique; B, figure réelle.

OBSERVATION. Notre figure théorique nous indique que 3 des 6 phytogènes circulaires entrent dans la constitution de la lèvre inférieure, l, i, et que raisonnablement on ne saurait la regarder comme le résultat d'une chorise triplasique. Quant à la lèvre supérieure, elle serait aussi formée par 3 des 6 phytogènes circulaires, mais le médian, av, avorterait sans doute et ainsi s'expliquerait l'échancrure que cette lèvre présente dans plusieurs genres (p. 236).

Fig. 42. Exemples de chorises circulaires *pollaplasiques.* A. un des sépales du *Chamelaucium plumosum,* Desf.; B. un des pétales du *Dianthus Monspessulanus;* C, D, pétales du *Lychnis flos cuculi.*

OBSERVATION. Dans ces exemples il y a évidemment chorises, car chaque sépale ou pétale (et il peut y en avoir 6 dans une corolle) est réellement formé d'autant de parties que nous en indiquons dans les figures (p. 242).

Fig. 43. Exemples de chorises circulaires *triplasiques* affectant les étamines. a, fleur apétalée du *Capsella Bursa-pastoris;* b, une des étamines triplasiée (anormale) ; c, étamine triplasiée du *Laurus persea ;* d, celle de l'*Allium sativum* (normales, p. 237).

Fig. 44. Exemples de chorises pollaplasiques affectant les étamines. a, androcée de l'*Hypericum perforatum* ; b, androcée et gynécée de l'*Hypericum Ægyptiacum* (p. 244).

Fig. 45. Exemples de chorises pollaplasiques affectant les carpelles. a, fruit de l'Abutilon ; b, celui de l'*Alisma Plantago* (p. 246).

Fig. 46. Expressions graphiques et théoriques de la manière dont se font les chorises centripètes diplasiques des organes appendiculaires (p. 248).

Fig. 47. Exemple de chorise centripète pollaplasique formée par 5 pétales emboîtés de l'*Aquilegia vulgaris* (p. 253).

Fig. 47 *bis.* Exemple de chorises centripètes pollaplasiques affectant les étamines du *Melaleuca hypericifolia* (p. 256).

Fig. 48. Fruit du *Nelumbium.* On y peut concevoir la formation d'une chorise centripète ou plutôt une répétition des carpelles (p. 257).

PLANCHE IX

Fig. 49. Expression graphique de la manière dont les étamines peuvent arriver à être opposées aux pétales sans être le résultat d'une chorise centripète (p. 262).

Fig. 50. Expression graphique de la manière dont les étamines arrivent à être nécessairement alternes aux pétales, par suite du développement des phytogènes des *méats interphytogéniques* (p. 263).

OBSERVATION. On peut reconnaître, à l'inspection de ces deux figures, que les étamines alternes, e, sont d'une *époque physiologique de formation* antérieure à celles qui font les étamines opposées, et que, par conséquent, dans les familles qui présentent leurs étamines opposées aux pétales, on peut toujours supposer que c'est par suite de l'avortement d'un verticille d'étamines que le phénomène a lieu (p. 264).

Fig. 51 et 52. Expressions graphiques de la manière dont les organes opposés aux sépales ou aux pétales se forment et doivent être regardés comme des chorises centripètes. Chacun des phytogènes circulaires c, *fig.* 51, dans certaines fleurs, se constitue protophytogène, et dès lors, il est formé transversalement de 6 phytogènes circulaires et d'un phytogène central. Dans ce cas, ce sont les trois phytogènes extérieurs ponctués qui forment le pétale. Puis, le phytogène central se développant seul, peut encore donner naissance à une étamine opposée, e, *fig.* 52, ou à une pointe, a, comme dans l'*Asclepias syriaca,* ou à une petite écaille, l, r, comme dans les *Lychnis* et les *Ranunculus.* Mais il se peut que ce phytogène central vienne à ne pas se développer, et que ce soient au contraire les 3 phytogènes plus intérieurs ponctués des protophytogènes circulaires, *fig.* 2, qui en s'évoluant arrivent à donner naissance à un organe véritablement appendiculaire, plan constituant alors un véritable dédoublement. C'est ce qui a certainement lieu pour la couronne de Narcisses n, et probablement pour les grandes écailles des *Achras*, s, *fig.* 52 (p. 264 et 525).

Fig. 52 *bis.* A, pétale de *Ranunculus*, ayant à sa base sa petite écaille; a, cette écaille détachée du pétale; B, pétale d'un *Lychnis*.

Fig. 53. Expression graphique de l'*Épipédochorise diplasique* de l'axe de la Vigne : A, chorise directe; B, chorise inverse dorsale; c, chorise inverse ventrale (p. 285).

Fig. 54. Épipédochorise diplasique du tubercule de pomme de terre (p. 297).

Fig. 55. *Epipédochorise pollaplasique* du *Fraxinus excelsior* que nous devons à l'obligeance de M. Houbigant (p. 303).

Fig. 55 *bis.* Epipédochorise pollaplasique de l'*Helianthus tuberosus* (p. 302).

Fig. 56. Epipédochorise pollaplasique du *Populus nigra*, que nous devons à l'obligeance de notre beau-père, M. Arthur Dinaux (p. 304).

Observation. Toutes ces épipédochorises ou *fascies* sont des états anormaux de la tige des plantes sus-indiquées.

Fig. 57. Épipédochorise pollaplasique du *Celosia cristata* (p. 282).

Observation. Cette épipédochorise est normale ainsi que dans le *Sedum cristatum* et l'*Opuntia cristata*.

Fig. 57 *bis.* Expression graphique de la manière dont on peut considérer certaines hampes aplaties (*Crinum zeylanicum, longiflorum*, etc.); ou ce serait une sorte de sphærochorise, a, ou mieux une épipédochorise diplasique, b (p. 309).

PLANCHE X

Fig. 58. Épipédochorise pollaplasique du *Lactuca sativa* privé de ses feuilles et ne présentant que ses bourgeons (p. 303).

Observation. Cette fascie rappelle assez bien l'anomalie de la feuille du *Gincko biloba*, que nous avons reproduite (pl. V, *fig.* 14).

Fig. 59. Épipédochorise pollaplasique de feuille de Haricot, de la variété dite *Flageolet* (p. 309).

Fig. 60. Feuille entière normale du *Gincko biloba* servant ici à montrer les rapports qu'il y a entre cette feuille et certaines fascies.

Fig. 61. Épipédochorise pollaplasique du fruit de l'*Amygdalus communis*, composée de 5 carpelles placés sur un même plan (p. 311).

Fig. 62. Rapprochement fait entre un axe fascié, a, du *Xylophylla latifolia*, et une vraie feuille, b, du *Myrtus communis*.

OBSERVATION. Assurément la feuille représentée *fig.* 60, a bien plus les caractères d'une fascie que la fascie représentée en a, *fig.* 62, et réciproquement cette fascie a bien plus les caractères d'une feuille que la vraie feuille du *Gincko*. En effet, dans le premier cas, la nervation ou plutôt les cannelures, sont exactement celles des fascies, et dans le second, les cannelures, ou plutôt la nervation, est exactement celle des feuilles. La monstruosité nommée fascie a donc sa signification comme toutes les autres monstruosités, en nous indiquant que la feuille est une fascie, tandis qu'autrement, dans l'ordre philosophique, elle reste sans but comme sans utilité.

Fig. 63. a, Tige fasciée florifère du *Xylophylla falcata*; b, celle du *Ruscus aculeatus*.

OBSERVATION. La position de la fleur a lieu indifféremment sur la face supérieure ou sur la face inférieure du rameau fascié dans le *Ruscus aculeatus*, mais surtout dans les *Ruscus hypoglossum* et *hypophyllum*.

Fig. 64. a, Coupe verticale d'une loupe ou *Sphærochorise;* b, sa coupe transversale. Elle est l'expression du développement incomplet de *séries successives* et *sphériques* de phytogènes qui n'ont eu qu'un commencement d'exastosie sans arriver à une complète individualisation (p. 326).

Fig. 65. Expression graphique du développement des phytogènes circulaires en organes appendiculaires opposés o, ou verticillés v, f, et servant à faire comprendre la formation des *cyclochorises* (p. 313).

Fig. 66. Cyclochorise triplasique de l'*Amygdalus communis* (p. 316).

Fig. 67. Cyclochorise pollaplasique du *Pisum sativum* var. dite de Knight (p. 319).

Fig. 68. a, Sphærochorise ou loupe du *Tilia europæa;* b, calathide ou inflorescence de synanthérée, pour faire voir l'analogie qu'il y a entre ces deux ordres de phénomènes (p. 329).

Fig. 69. a, ombelle d'*Angelica Archangelica* : b, ombellule détachée de l'ombelle générale.

Fig. 70. Fruit du *Fragaria vesca*.

OBSERVATION. Il est évident que les phénomènes sont les mêmes pour les *fig.* 68 a, et b, 69 a et b, et 70. La seule différence qui existe entre eux, c'est que dans le premier cas, a, c'est une sphérochorise dont les phytogènes sont à peine individualisés, et sont des *phytogènes-scions;* dans le second, l'individualisation est plus prononcée, puisque chaque phytogène donne une fleur sessile à la vérité, mais distinctes les unes des autres, et de plus, les phytogènes sont des *phytogènes-fleurs.* Dans la *fig.* 69, b, nous avons encore des *phyto-*

gènes-fleurs ; mais l'individualisation est plus tranchée encore, puisque chaque fleur est assez longuement pédicellée. Dans la même figure a, le phénomène est encore le même ; mais chaque élément est devenu un *phytogène-inflorescence.* Enfin, dans la *fig.* 70, le phénomène est ordinaire jusqu'au moment où le fruit se forme, et, dans ce cas, chaque élément devient *phytogène-ovaire.* Donc, on a la série suivante des sphærochorises, savoir :

1° Sphærochorise des phytogènes-scions (Loupes);
2°   —   des phytogènes-inflorescences (ombelles);
3°   —   des phytogènes-fleurs (calathides-ombellules);
4°   —   des phytogènes-pétales (fleurs multiples);
5°   —   des phytogènes-étamines (Ricin);
6°   —   des phytogènes-carpelles (Fraisier, *Ranunculus*);
7°   —   des phytogènes-ovules (fruits globuleux à placentation centrale).

(Voir les pages 329-330 et 350.)

PLANCHE XI

EXASTOSIE-PROLIFICATIONS.

Fig. 71. Défaut de répétition des organismes du *Phaseolus*, avec défaut d'exastosie d'un côté des 2 feuilles primordiales. On voit en a une sorte d'épâtement à la place du bourgeon terminal (p. 558).

Fig. 72, 73, 74, 75. Expressions graphiques des divers modes de formations et de combinaisons des inflorescences et des phytonies. La *fig.* 72 représente des générations indéfinies de phytonies avec des inflorescences indéfinies ; la *fig.* 73, des générations définies de phytonies avec des inflorescences indéfinies ; la *fig.* 74, des générations indéfinies de phytonies avec des inflorescences définies ; enfin la *fig.* 75, des générations définies de phytonies avec des inflorescences définies. Il y a donc 4 *grands systèmes types* de la végétation (p. 403).

Fig. 76. Capitule de *Scabiosa atropurpurea* avec répétition externe de 2 phytonies a, a, et répétition latérale de 2 inflorescences, b, b. (p. 283.)

Fig. 77. Expression graphique du mode de formation phytogénique des ombelles simples et composées. A. protophytogène initial de l'inflorescence. B, assemblage des 7 phytogènes centraux A, qui se sont accrus, élevés et transformés en protophytogènes-fleurs constituant le sertule ou ombelle simple. Si chacun des phytogènes de ces protophytogènes-fleurs se comporte de la même façon que le phytogène central du protophytogène A, ils formeront des sertules ou ombelles simples répétés, et l'ensemble de tout le système constituera l'ombelle de la plupart des ombellifères (p. 433).

Fig. 78. Expression graphique du mode de formation phytogénique d'un épi simple (p. 432).

Fig. 79. Exemples du passage réciproque d'une inflorescence à une phytonie pris sur le *Mercurialis annua*. Dans la *fig.* a, les bourgeons-fleurs f, sont à gauche, et les bourgeons-scions, b, à droite : c'est exactement le contraire dans la *fig.* b, où les mêmes lettres désignent les mêmes choses. Or, pl. I, *fig.* 17, nous avons fait voir qu'en vertu de notre loi de symétrie végétale (par rapport à une ligne), b était opposé à b et f à f, et placés sur une droite qui passe par le centre de l'axe. Donc, l'élément botanique (phytogène), toujours le même, prend, selon les circonstances, les caractères de l'inflorescence ou de la phytonie (p. 377).

PLANCHE XII

Fig. 80. Calathide coupée verticalement pour montrer de chaque côté de la calathide principale 2 calathides latérales très-courtes et se confondant un peu avec la médiane dans un involucre commun, i, c, (p. 384).

Fig. 81. Construction phytogénique d'une fleur complète (p. 391). s, sépales dont l'ensemble constitue le calice ou *exanthophylle;* p, pétales dont l'ensemble forme la corolle ou *énanthophylle :* e, étamines dont l'ensemble compose l'androcée ou *androphylle;* c, carpelles composant ensemble le gynécée ou *gynéconophylle.*

(Voir p. 342, note).

Fig. 81 *bis.* Composition hypothétique d'un phytogène quand il est arrivé à l'état de protophytogène (p. 392).

OBSERVATION. Chaque masse cellulaire sphérique, avons-nous dit, constitue un phytogène ou centre vital particulier : quand l'exastosie commence à se prononcer pour le faire passer à l'état de protophytogène, il se divise en 12 petites masses cellulaires ou phytogènes, en enveloppant sphériquement une treizième. c, phytogènes circulaires; i, phytogènes inférieurs; s, phytogènes supérieurs. Les phytogènes inférieurs concourent spécialement, par leur multiplication, à l'allongement des mérithalles; il n'y a que les phytogènes circulaires et supérieurs qui entrent dans la formation des organes appendiculaires.

Fig. 82. Expression graphique de la manière dont un protophytogène forme une inflorescence. A, inflorescence verticillaire; B, inflorescence alternative (p. 391).

OBSERVATION. Ces deux sortes d'inflorescence, si ce n'est la fleur simple, forment les inflorescences dans toute leur simplicité, et ce n'est que par des chorises ou des répétitions médianes ou latérales que les inflorescences se composent de plus en plus.

Fig. 83. Expression théorique de la *répétition médiane* des inflorescences par le développement successif de plusieurs phytogènes centraux devenus successivement protophytogènes (p. 392).

Fig. 84. Expression graphique de la façon dont se forment les inflorescences composées (p. 394).

Fig. 85. Section transversale de deux phytogènes ou bourgeons naissants pris sur le Lilas (*Syringa vulgaris*). a, phytogène pris sur une faible tige; b, phytogène pris sur une tige très-volumineuse (p. 504).

Fig. 86. Exemple de répétition d'inflorescence pris dans le *Ficus carica*, et compliqué de chorise diplasique (p. 390).

Fig. 86 *bis.* Inflorescence scorpioïde de l'*Heliotropium peruvianum*, conduisant à l'explication de l'inflorescence des *Ficus* considérée comme *cyclochorise* (p. 323).

Fig. 87. Exemple de répétition médiane de la fleur, pris dans l'*Althœa rosea* (p. 414).

Fig. 88. Diagramme de la fleur du *Pœonia moutan*, dans laquelle on rencontre successivement des pétales, des étamines trois fois répétés, et au centre un groupe de carpelles; les pétales étant représentés par des lignes brisées; les étamines par des points; les carpelles par des petits cercles (p. 415).

Fig. 89. Feuilles bulbipares *à volonté*. a, feuille du *Bryophyllum calicinum*, offrant des bulbilles dans ses sinus peu profonds (p. 451); b, feuille composée du *Cardamine macrophylla*, formant ses bulbilles sur le rachis, à la base de chaque foliole (p. 457).

PLANCHE XIII

Fig. 90. Tige monstrueuse de Pommier dans laquelle on peut observer comme première anomalie une forte torsion de l'axe. De plus, en a, une feuille ayant subi la chorise circulaire pollaplasique que nous avons retrouvée dans la feuille du *Phaseolus* (Pl. X, *fig.* 59). On voit en b, des feuilles diplasiées; en c, des feuilles verticillées. Il se pourrait bien que cet axe fût le résultat d'une cyclochorise dont nous avons décrit plusieurs exemples en parlant de cette anomalie (p. 241 et 312).

Fig. 91. Exemples de chorise pollaplasique centripète normale pris sur le *Passiflora Cœrulea*. 1, 2, 3, 4, 5 sont les divers éléments qui résultent de la pollaplasie centripète (p. 256).

Fig. 92. Feuille foliipare du *Tamus communis* (p. 467).

Fig. 93. Feuille foliipare d'un *Phaseolus* (p. 468).

Fig. 94. Feuille foliipare du *Ptelea trifoliata* (p. 469).

Fig. 95. Expression graphique de la façon dont, phytogéniquement, se compose une feuille (p. 474).

Fig. 96. Expresssion théorique de la formation des glandes en godet du *Passiflora alata* b ; a, R R, rachis ou pétiole ; ,c. phytogène devenu protophytogène (p. 476).

Fig. 97. Organogénie des appendices foliacés concaves qui se forment à la base de certaines feuilles de *Brassica* (p. 477).

Fig. 97 *bis.* Organogénie des sépales et de la couronne des *Narcissus Pseudo-Narcissus* et *poeticus.* On voit en a, la disposition des 3 mamelons externes 1 et des 3 mamelons internes 2, devant constituer les sépales ; en b, chaque mamelon sépaloïde, 1, se compliquant, de chaque côté, de 2 autres petits mamelons 2 ; en c, l'apparition postérieure des éléments de la couronne 3, 3, 4 ; en d, l'expression phytogénique de l'ensemble des éléments 1, 2 2, 3 3, 4 de la *fig.* c, les mêmes lettres exprimant les mêmes éléments. Seulement l'ordre du développement de chaque phytogène est tel que l'indiquent les chiffres ; c'est-à-dire que le phytogène 1 se développe le premier ; puis les phytogènes 2, 2 ; ensuite les phytogènes 3, 3 ; enfin le phytogène 4 qui se développe le dernier et qui parfois ne se développe que peu ou pas (p. 531).

PLANCHE XIV

Fig. 98. Exemple de fructiparité dans le *Mespilus germanica* par suite de chorise centripète ; car les pièces surnuméraires sont opposées aux pièces calicinales ordinaires (p. 519).

Fig. 98 *bis.* Coupe verticale du fruit précédent pour montrer qu'avec la chorise il y avait en même temps *fructiparité,* car il n'y a pas continuité de tissu entre le fruit externe, e, et le fruit interne, i.

Fig. 99. Exemple de fructiparité dans le même fruit par suite de répétition double de verticilles calicinaux, car les pièces calicinales sont alternes les unes par rapport aux autres (p. 520).

Fig. 99 *bis.* Exemple de répétition du calice et de répétition de la corolle dans le même végétal.

OBSERVATION. On peut remarquer que le calice externe ayant participé de l'*influence foliifiante* plus que le calice interne, s'est développé anormalement en 5 folioles qui ont beaucoup des caractères de la feuille ordinaire (p. 521).

Fig. 100. Exemple de double fructiparité par suite de répétitions médianes des carpelles, pris sur une Poire dite de *Bon-chrétien d'hiver* (p. 540).

Fig. 101. Exemple de fructiparité dans l'*Athamanta cervaria.* a, fleur du centre de laquelle sort une autre fleur dépourvue de son

vaire infère; b, fleur du centre de laquelle sortent deux autres
fleurs ayant chacune son ovaire infère (p. 542).

Fig. 102. a, Fruit répété du Fenouil; b, fruit répété de l'Angélique
(p. 542).

Fig. 103. fruit monstrueux du *Cucumis melo saccharinus* de la variété dite *cul-de-singe*, où la répétition du fruit des plus évidentes
peut être regardée comme double (p. 542).

Fig. 104. a, fruit monstrueux à double répétition du *Lycopersi-
um esculentum;* b, celui du *Lycopersicum pyriforme* (p. 544).

Fig. 105. Exemples de fausse prolification trouvé sur un agaric.
a, commencement du phénomène dû au relèvement d'un côté du
bord du chapeau; b, état plus avancé; c, état presque complet; d,
phénomène complet (p. 494).

Fig. 106. Expression théorique du développement d'un champignon conduisant à l'explication du phénomène de prolification suivant (p. 497).

Fig. 107. Prolification de l'*Agaricus edulis*, avec chorise diplasique.

PLANCHE XV

PROLEPSIE VÉGÉTALE.

Fig. 108. Expression graphique des différentes obliquités mensuelles des rayons solaires par rapport à l'horizontale A H quand le
soleil SS′S″ s'élève ou descend aux différents points de la méridienne
du lieu m,m. (p. 570).

Fig. 108 *bis.* Expression graphique de l'obliquité mensuelle
des rayons solaires par rapport aux versants opposés des montagnes AH′ et AH″ comparée à cette même obliquité par rapport
à l'horizontale A H (p. 604).

Fig. 109. Expression graphique des différentes obliquités diurnes
des rayons solaires par rapport à l'horizontale H A H, quand le soleil
s'élève de 5″ en 12′ et descend de 12′ en 7‴ (p. 572).

PLANCHE XVI

Fig. 110. Expression graphique de la construction d'un Gnomon
botanique. Les lignes courbes expriment les différents points qu'occupe, sur un plan horizontal, le sommet d'une aiguille A, perpendiculaire à ce plan, aux différents mois de l'année; les lignes droites
indiquent les principaux points qu'occupe le sommet de l'aiguille
aux principales heures de la journée. Les quadrilatères qui résultent
des diverses intersections des lignes sont l'expression de la résultante

des deux obliquités combinées (mensuelle et diurne) aux différentes époques de l'année et aux différentes heures du jour (p. 572).

Observation. Les distances inégales des courbes indiquent que le soleil, en s'élevant sur la méridienne, ne porte pas, pour chaque mois, le sommet de l'aiguille sur le plan du Gnomon à des distances croissantes ou décroissantes égales. On peut observer, en effet, que les distances correspondantes aux mois de mars et avril, septembre et octobre, sont les plus grandes et représentent les mois où les jours augmentent ou diminuent proportionnellement plus; tandis que les distances représentant les mois de juin et juillet ou de janvier et décembre sont les plus petites et correspondent aux mois où les jours augmentent ou diminuent relativement moins.

Quand aux distances qui représentent les heures de la journée, elles sont extrêmement différentes et n'ont pu être, même approximativement, représentées sur la *fig.* 110. Mais on sait que ces distances décroissent subitement d'abord, puis plus lentement à mesure que le soleil se rapproche de la méridienne et qu'elles croissent en sens inverse à mesure qu'il descend sous l'horizon.

Ce projet de Gnomon présente d'assez grandes difficultés dans son exécution; mais un instrument de ce genre nous a semblé être si indispensable pour simplifier l'étude des floraisons mensuelles et horaires que nous avons dû céder à l'envie d'en donner une idée.

FIN DU PREMIER VOLUME.

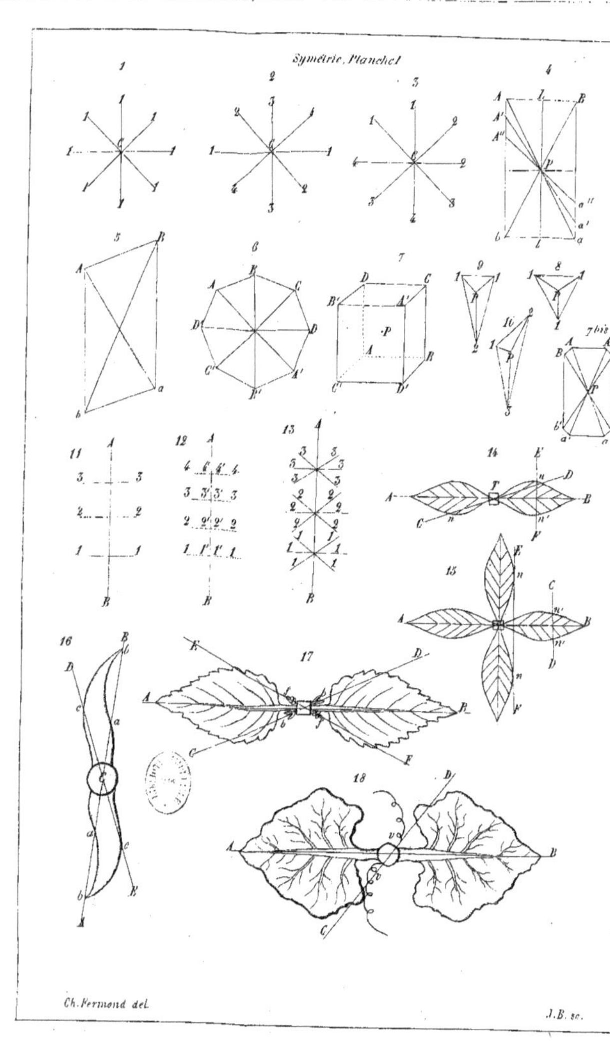

Symétrie, Planche 1
Ch. Fermond del.
J.B. sc.

Symétrie. Planche II
19
21
20
22
23
24
25
26
27
28
29
30
31
32
Ch. Fd. del.
J.B. sc.

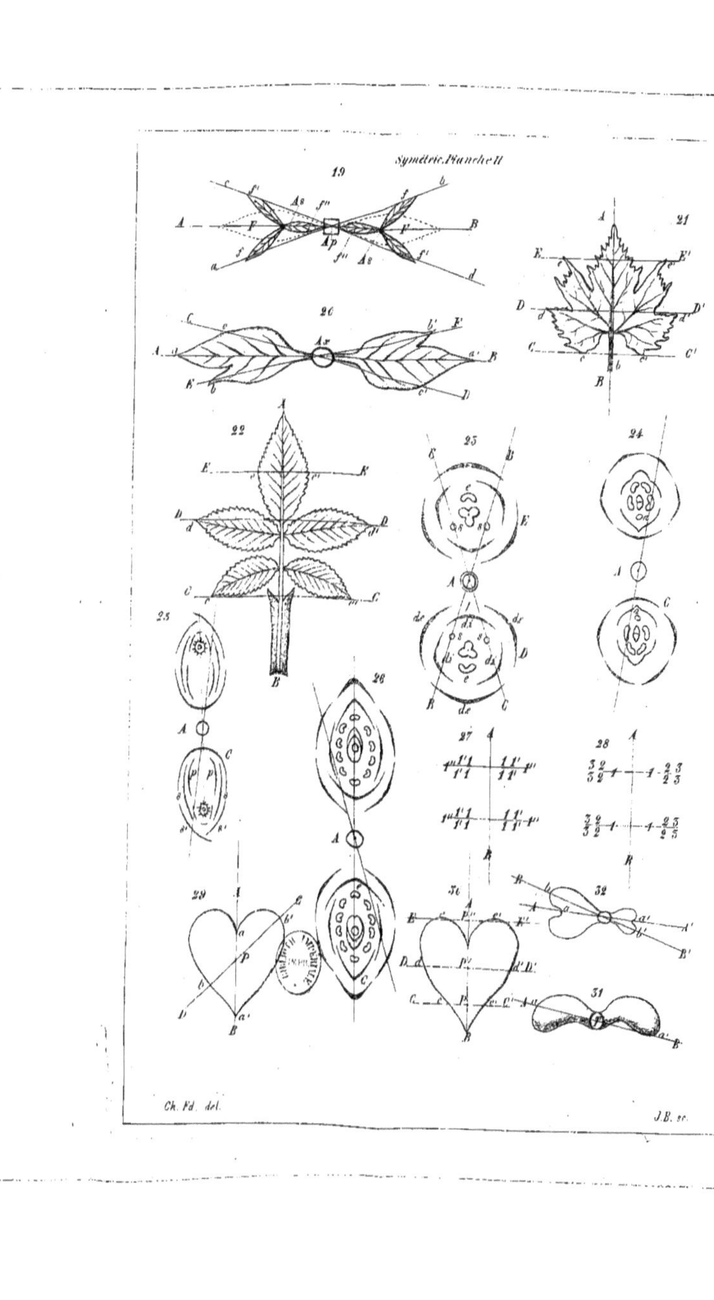

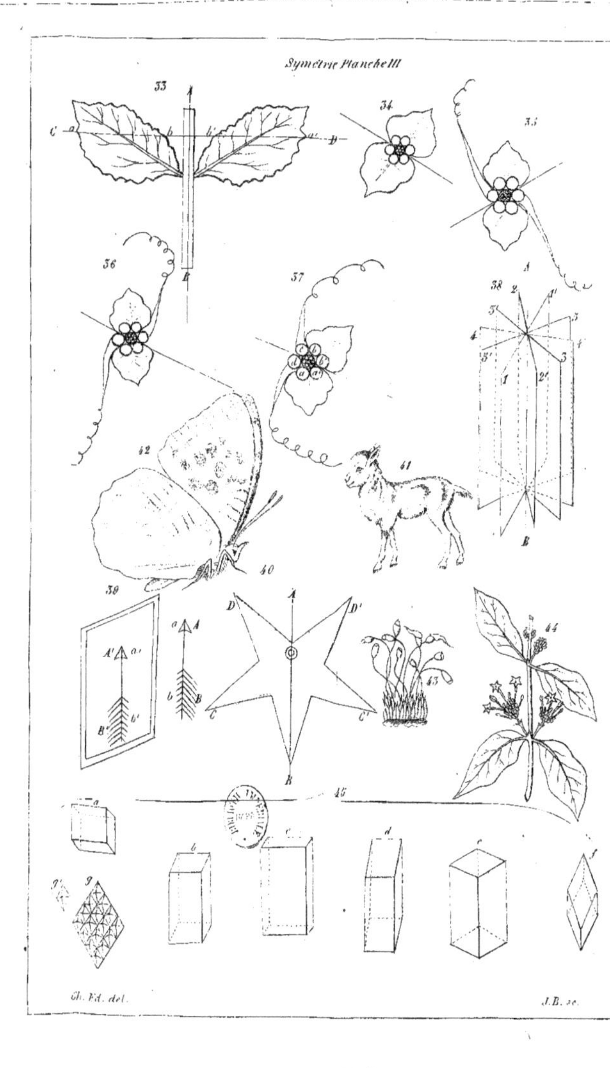

Symétrie Planche III
Ch. Éd. del.
J.B. sc.

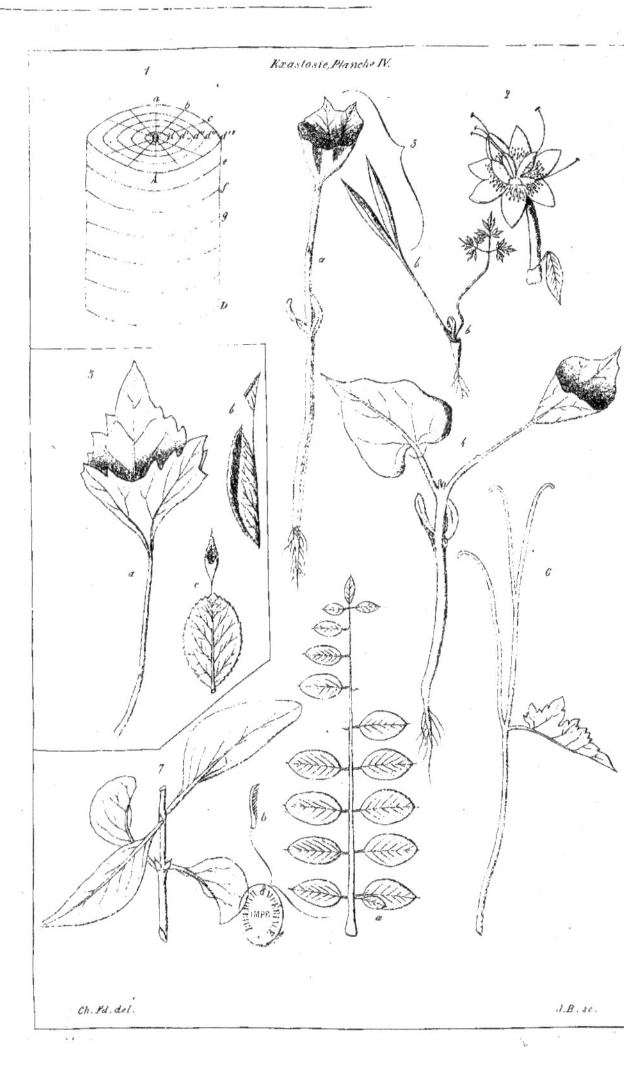
Exostosie, Planche IV.
Ch. Fd. del.
J.B. sc.

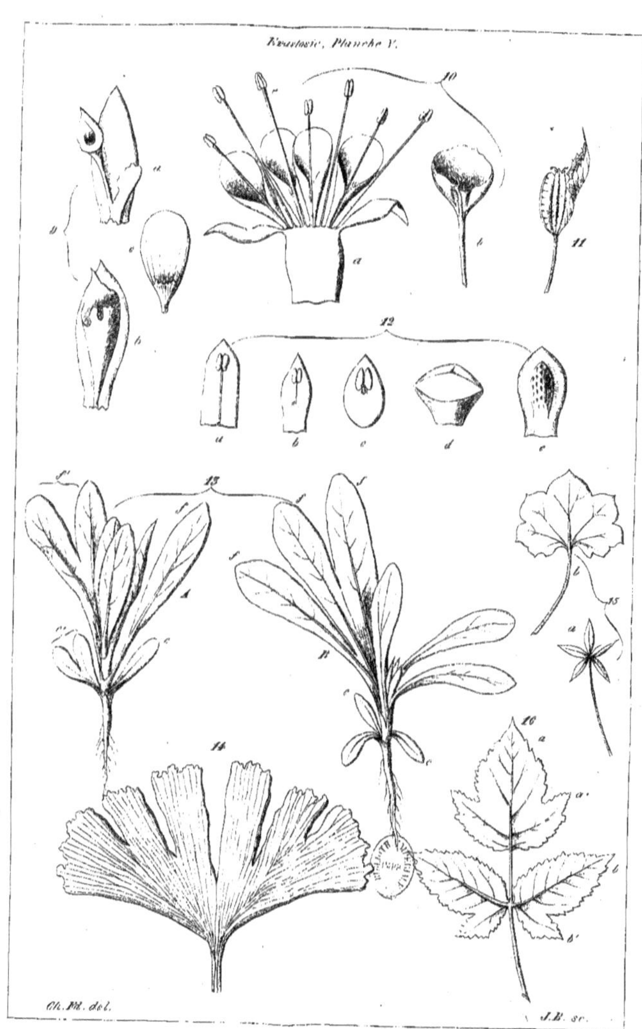

Eventasie, Planche V.

Ch. Ph. del.
J.B. sc.

Ékastasie. Planche VI
17
18
19
20
21
22
22 bis
23
24
25
26
Ch. Fd. del.
A.B. sc.

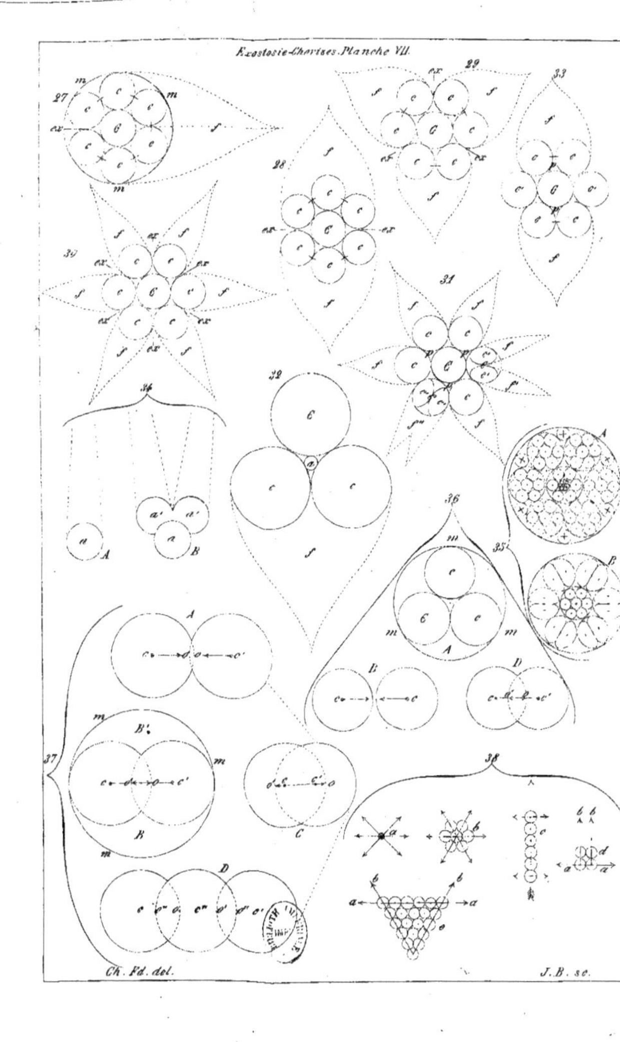
Exostosie-Charises. Planche VII.
Ch. Fd. del.
J.B. sc.

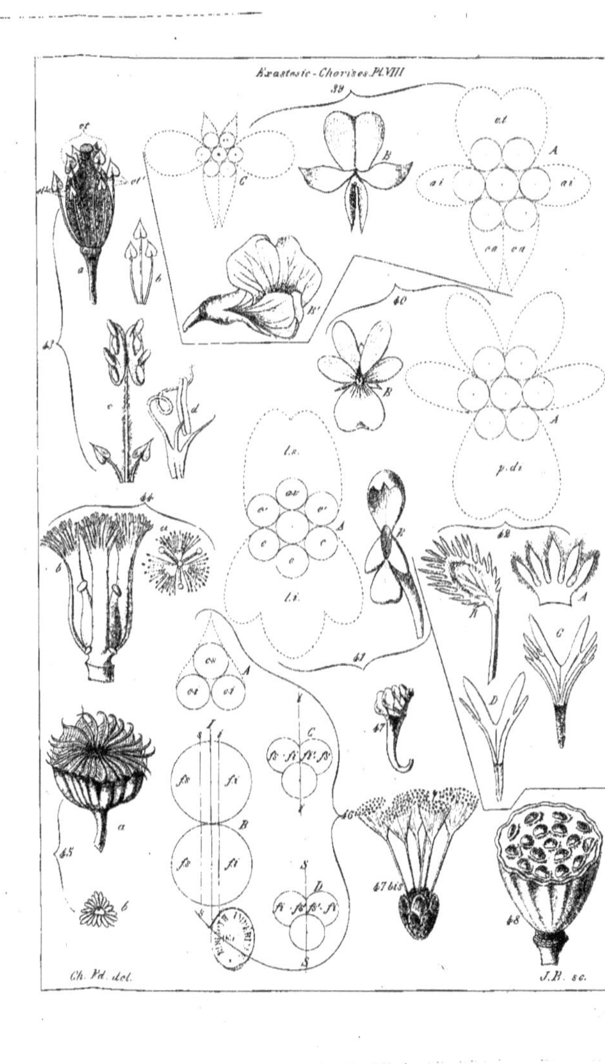

Exastosie - Chorises. Pl.VIII
Ch. Vd. del.
J.R. sc.

Exastosie-Chorisee. Pl. IX.
Ch. Vd. del
J. B. sc.

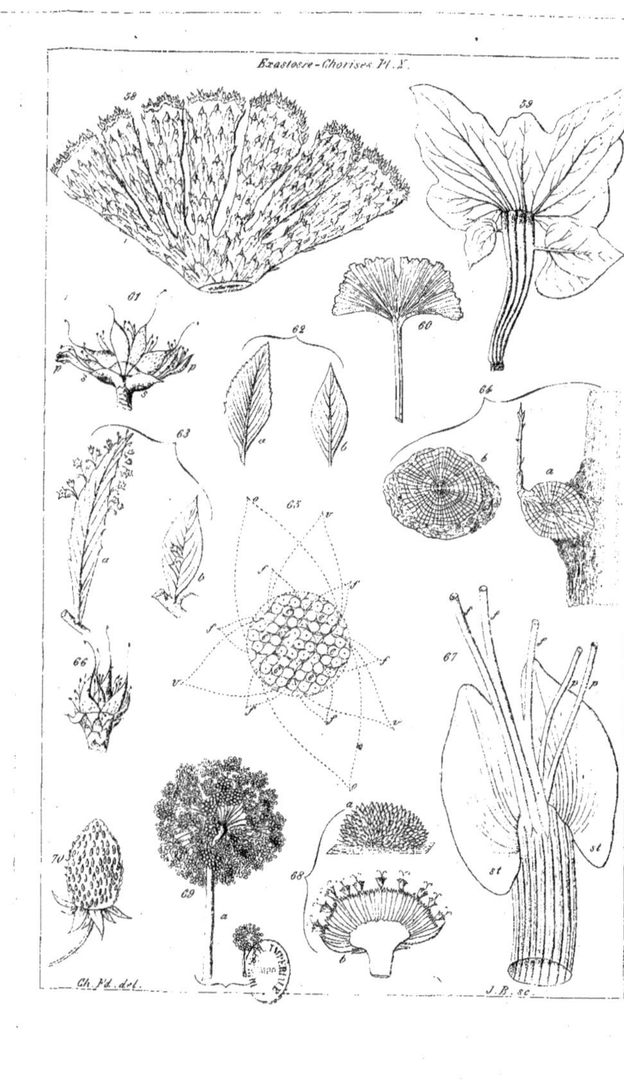

Exostose - Chorises Pl. X.
Ch. Pd. del.
J. B. sc.

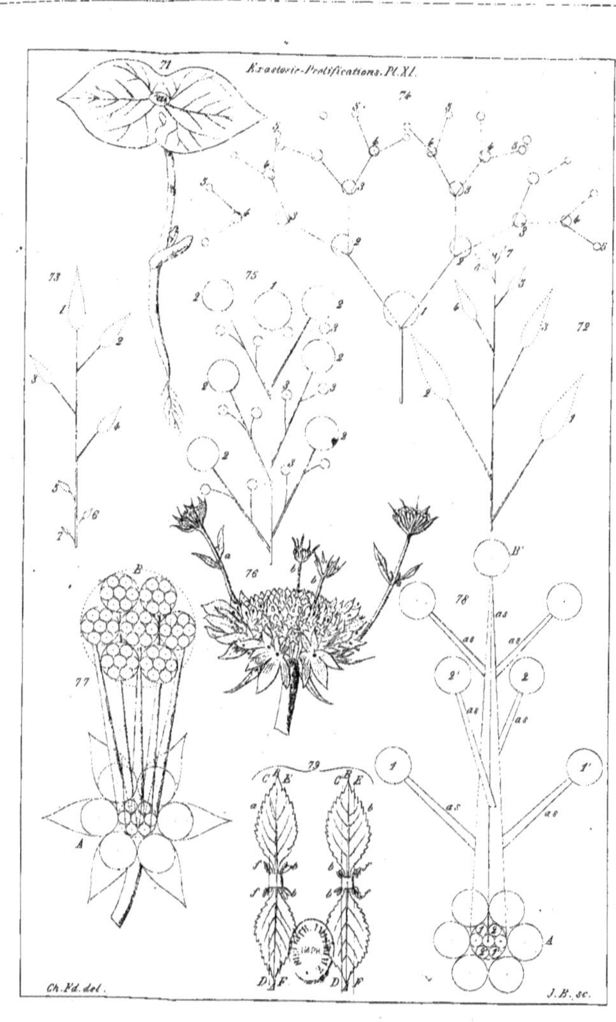

Exastosie-Prolifications. Pl. XI.
Ch.Fd.del.
J.B.sc.

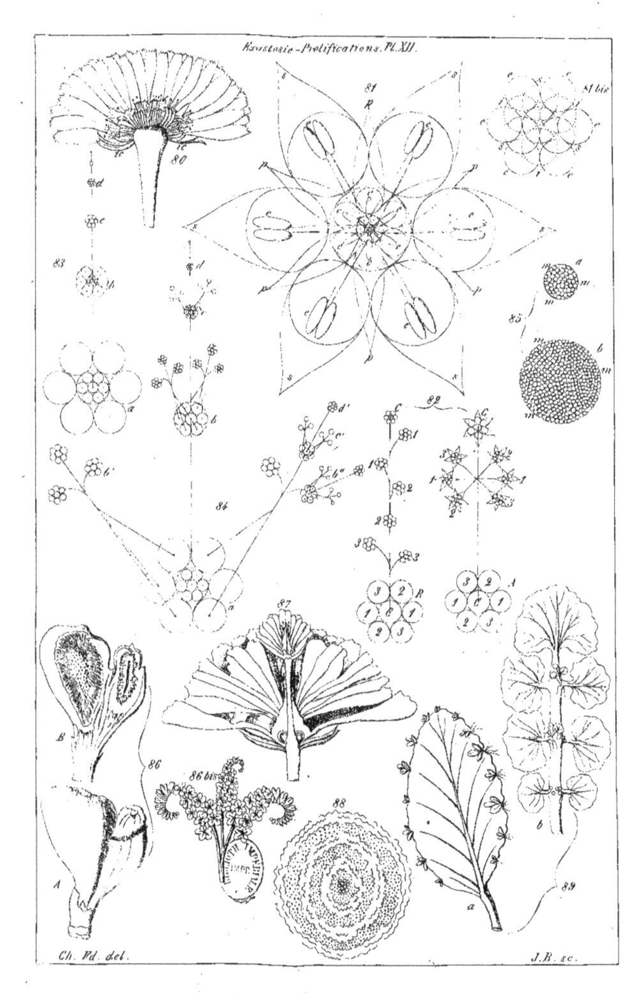

Ch. Vd. del.
J.B. sc.

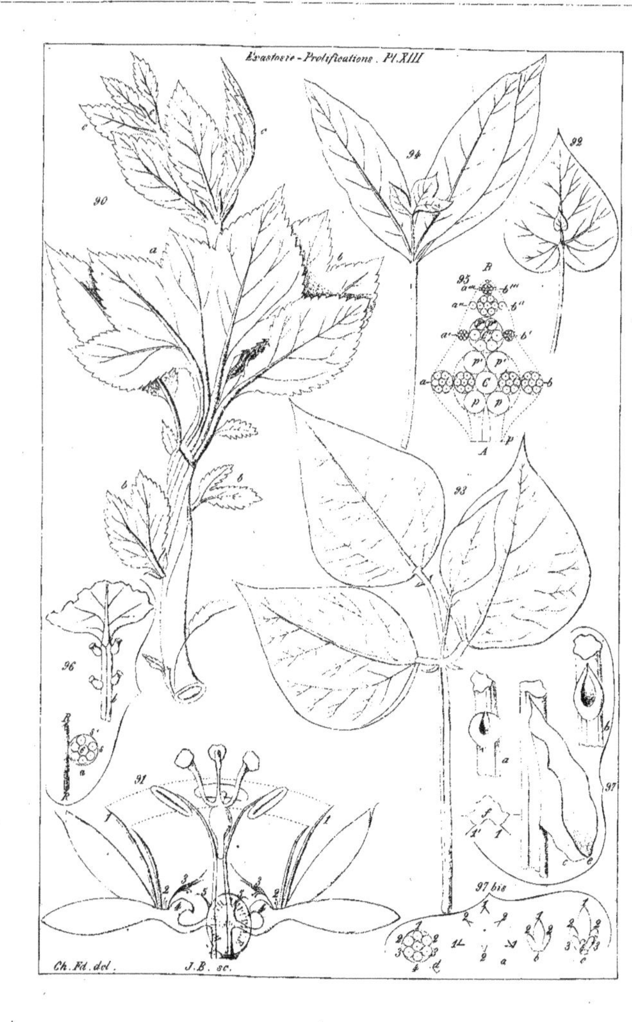

Exostose-Prolifications. Pl.XIII
Ch. Fd. del.
J. B. sc.

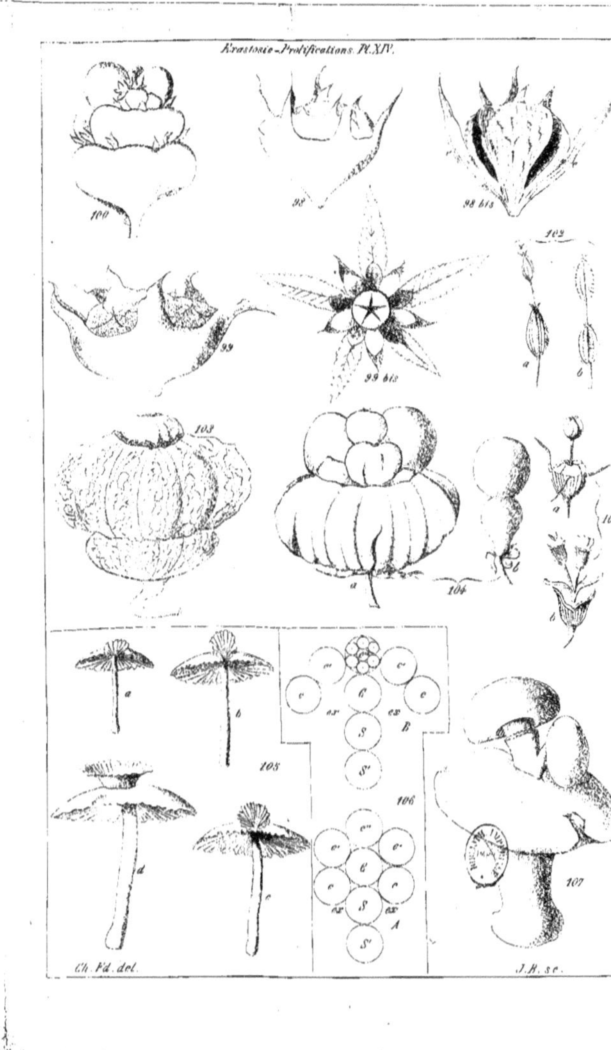

Fasciatie-Prolifications. Pl.XIV.
Ch.Fd. del.
J.H. sc.

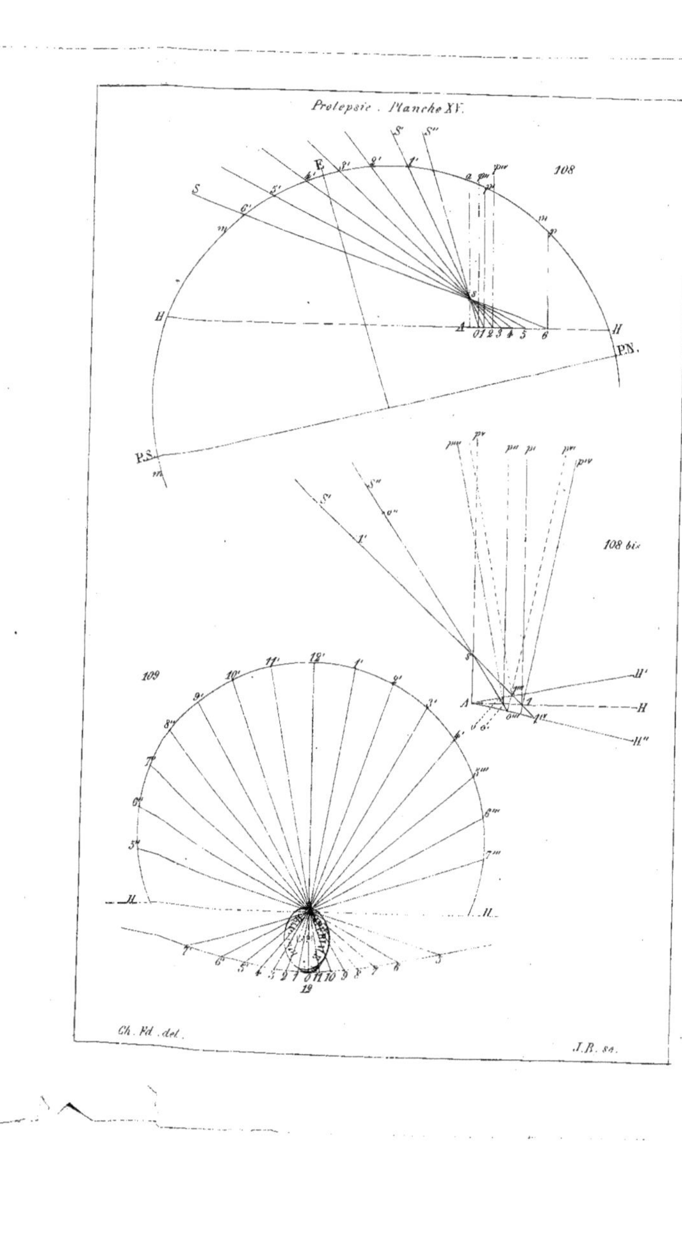

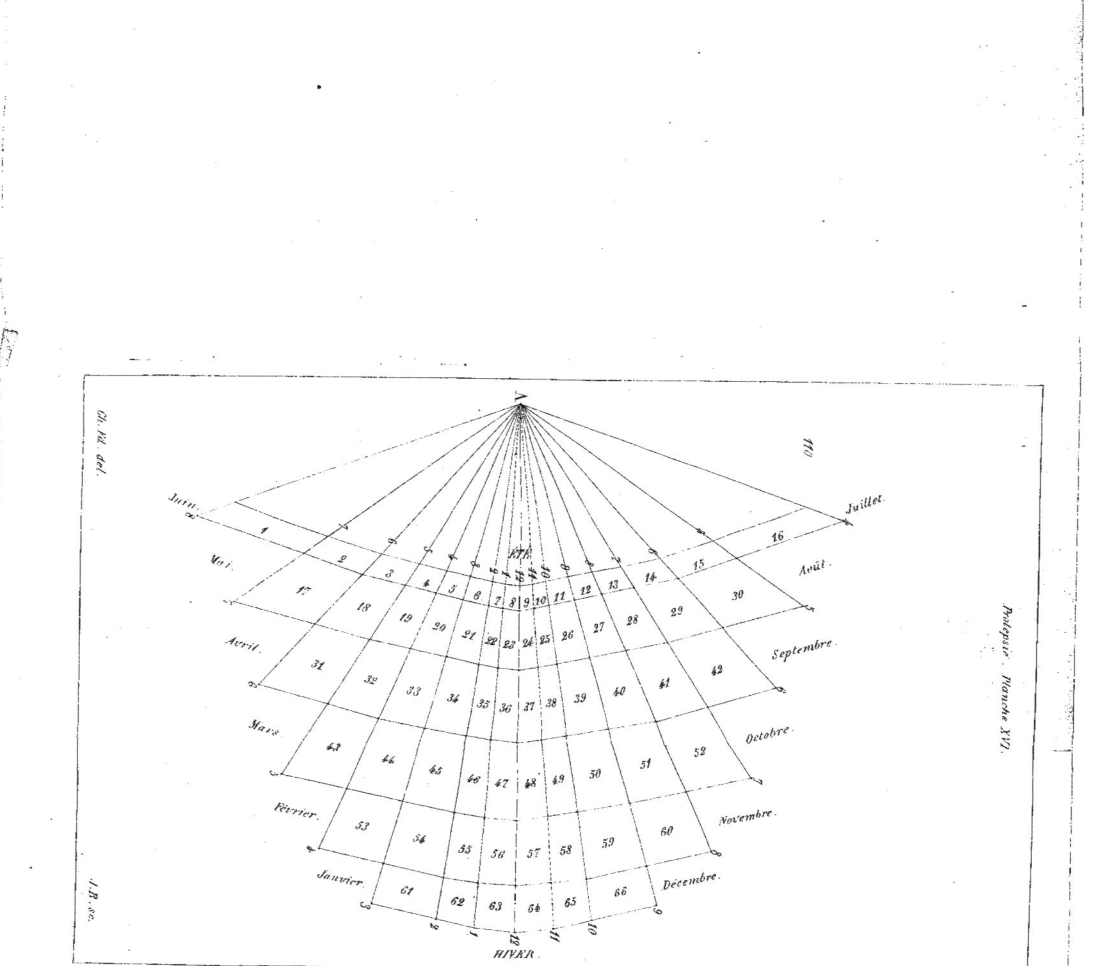
Prolepsie. Planche XVI.
Juin
Juillet
Mai
Août
ÉTÉ
Avril
Septembre
Mars
Octobre
Février
Novembre
Janvier
Décembre
HIVER
Ch. Vd. del.
J.B. sc.